零点
起飞

零点起飞学

Protel DXP 2004 原理与PCB设计

◎ 许向荣 张涵 闫法义 编著

清华大学出版社
北 京

内 容 简 介

本书面向Protel DXP 2004初级读者，全书分为三大篇共12章，根据原理图和PCB设计流程分别介绍了Protel DXP 2004的原理图和PCB设计的基本操作、编辑环境设置、元器件封装生成、电气规则检查、层次原理图设计、PCB生成和布局布线、各种报表的生成、信号完整性分析、电路的仿真、FPGA设计、原理图与PCB设计综合实例等内容。

本书每一章都划分为两部分，基础部分与进阶部分。基础部分强调基础知识和功能的讲解，逐个讲解各知识点，并设计了相应的小例题，以提高用户的动手操作能力；进阶部分强调案例的讲解，以提高用户对本章知识的综合掌握。同时，作者结合在实际设计中积累的大量实践经验，总结了诸多实际应用中的注意事项。

本书内容翔实、排列紧凑、安排合理、图解清楚、讲解透彻、案例丰富实用，能够使用户快速、全面地掌握Protel DXP 2004各模块功能的应用。本书适合作为大中专及高职院校的教材用书，也可作为工程技术人员及入门用户的自学教材。

图书在版编目（CIP）数据

零点起飞学Protel DXP 2004原理与PCB设计 / 许向荣等编著. —北京：清华大学出版社，2014（2017.7重印）
（零点起飞）
ISBN 978-7-302-33505-4

Ⅰ. ①零… Ⅱ. ①许… Ⅲ. ①印刷电路－计算机辅助设计－应用软件 Ⅳ. ①TN410.2

中国版本图书馆CIP数据核字（2013）第191297号

责任编辑：袁金敏
封面设计：张 洁
责任校对：徐俊伟
责任印制：沈 露

出版发行：清华大学出版社
网　　址：http://www.tup.com.cn，http://www.wqbook.com
地　　址：北京清华大学学研大厦A座　　**邮　　编**：100084
社 总 机：010-62770175　　**邮　　购**：010-62786544
投稿与读者服务：010-62776969，c-service@tup.tsinghua.edu.cn
质 量 反 馈：010-62772015，zhiliang@tup.tsinghua.edu.cn
印 刷 者：北京鑫丰华彩印有限公司
装 订 者：三河市溧源装订厂
经　　销：全国新华书店
开　　本：185mm×260mm　　**印　　张**：27.75　　**字　　数**：693千字
（附光盘1张）
版　　次：2014年6月第1版　　**印　　次**：2017年7月第2次印刷
印　　数：3501～4500
定　　价：69.00元

产品编号：053248-01

前　言

基本内容

EDA是电子设计自动化（Electronic Design Automation）的缩写，EDA技术的出现，极大地提高了电路设计的效率，减轻了设计者的劳动强度，为电子工程师提供了便捷的工具。EDA软件已经成为电子设计人员进行电子电路设计过程中不可缺少的工具。Protel DXP 2004是Altium公司最新一代的板级电路设计系统，给用户带来了全新的设计感受。它采用优化的设计浏览器（Design Explorer），通过把设计输入仿真、PCB绘制编辑、拓扑自动布线、信号完整性分析和设计输出等技术完美融合在一起，为用户提供了全线的设计解决方案，从而可以轻松地进行各种复杂的电路板设计。

针对市场上同类型入门书籍的不足，为了使用户迅速掌握使用Protel DXP 2004软件入门的要点与难点，本书中每个知识点都是通过一个典型的例题来说明，并给出重要的设置选项含义。本书根据作者多年使用Protel DXP 2004进行PCB设计的实践经验，按照案例式教学的写作模式，以实际测控电路为实例，由浅入深、图文并茂、全面剖析Protel DXP 2004软件的功能及其在电路设计领域中的应用。

全书分为三大部分共12章，各章具体内容如下。

- 第1章：概括地介绍了Protel DXP 2004软件，包括软件的功能特点、安装、集成环境和总体设计流程等内容。
- 第2章：主要介绍了Protel DXP 2004的原理图设计过程，包括原理图设计的基本流程、原理图的建立与保存、图纸参数和环境参数的设置、元器件库的装入、元器件的放置、原理图的绘制等。
- 第3章：主要介绍了Protel DXP 2004的元件及元件库的创建，包括元件库编辑器界面的组成、元件库的管理、常用绘制工具的使用、元器组件的编辑、元器件的制作、报表生成等。
- 第4章：主要介绍了Protel DXP 2004的电气规则检查及网络表，包括原理图的电气检查、创建网络表、元器件列表、交叉参考表的生成等。
- 第5章：主要介绍了Protel DXP 2004的层次原理图的设计，包括层次或原理图设计的方法、层次式原理图之间的切换、层次式原理图的报表生成等。
- 第6章：重点介绍了在Protel DXP 2004中PCB的设计基础，包括PCB图的设计流程、PCB文档的基本操作、PCB文档环境参数的设置、PCB中图件的设置、PCB元件库的载入、网络表和元器件的载入、PCB布局与布线等。
- 第7章：主要介绍了Protel DXP 2004中PCB报表的生成与打印，包括PCB各种报表的生成、PCB图文件的保存和打印等。

- 第 8 章： 主要介绍了 Protel DXP 2004 中 PCB 库元件的制作过程，包括元器件封装库编辑器的使用、元器件封装的添加、元器件库文件的建立及集成元器件库的创建等。
- 第 9 章：主要介绍了 Protel DXP 2004 中信号完整性分析，包括信号完整性分析模型的添加和设定等。
- 第 10 章：主要介绍了 Protel DXP 2004 中的电路仿真技术，包括电路仿真步骤、常用仿真元器件、仿真信号源及仿真模式、显示窗口的设置等。
- 第 11 章：主要介绍了 Protel DXP 2004 中的 FPGA 设计技术，包括 FPGA 设计初步、基本概念、设计流程、属性设置及对 VHDL 和原理图的混合设计与仿真等。
- 第 12 章：通过原理图与 PCB 设计综合实例。使用户能够全面掌握 Protel DXP 2004 设计电路原理图与 PCB 板的方法与步骤。

主要特点

本书作者为长期使用 Protel DXP 2004 进行教学、科研和实际生产工作的教师和工程师，有着丰富的教学和编著经验。本书内容在编排上，按照用户学习的一般规律，结合大量实例讲解操作步骤，能够使用户快速、真正地掌握 Protel DXP 2004 软件的使用。

本书具有以下特点：

- 从零开始，轻松入门；
- 图解案例，清晰直观；
- 图文并茂，操作简单；
- 实例引导，专业经典；
- 学以致用，注重实践。

读者对象

- 学习 Protel DXP 2004 设计的初级读者。
- 具有一定 Protel DXP 2004 基础知识、希望进一步深入掌握电路设计的中级读者。
- 大中专院校机电类相关专业的学生。
- 从事电路设计的工程技术人员。

本书约定

- 对话框名称采用“【】”标识，以区别正文；对话框的栏目名称也用“【】”来标识，输入的内容用“”来标识。
- 为使语句更简洁、易懂，利用“→”表示上下级菜单或命令的关联。比如“【Utility Menu】→【File】→【Resume From】”表示选择工具栏中的 File 下拉菜单，执行其中的 Resume From 命令。
- 没有特别说明时，“单击”、“双击”和“拖动”等均表示对鼠标左键的操作。

配套光盘简介

为了方便用户学习，本书配套提供了多媒体教学光盘，其中包含本书主要实例源文件，这些文件都被保存在与章节相对应的文件夹中。同时，主要实例的设计过程均被采集成视频录像，相信会为读者的学习带来便利。

注意：由于光盘上的文件都是“只读”的，因此，不能直接修改这些文件。用户可以先将这些文件拷贝到硬盘上，去掉文件的“只读”属性，然后使用。

本书由许向荣、张涵、闫法义主编，参加本书编著工作的还有管殿柱、宋一兵、付本国、赵秋玲、赵景伟、赵景波、张洪信、王献红、张忠林、王臣业、谈世哲、初航等。

感谢您选择了本书，希望我们的努力对您的工作和学习能有所帮助，在使用过程如有不妥之处，也希望您能批评指正。

零点工作室网站地址：www.zerobook.net
零点工作室联系信箱：gdz_zero@126.com

目　　录

第 1 章 Protel DXP 2004 概述

EDA 是电子设计自动化（Electronic Design Automation）的缩写，EDA 技术的出现，极大地提高了电路设计的效率，减轻了设计者的劳动强度，为电子工程师提供了便捷的工具。EDA 软件已经成为电子设计工作人员进行电子电路设计过程中不可缺少的工具。

EDA 软件的发展最早可以追溯到 1988 年，美国 ACCEL Technologies Inc 公司推出了 TANGO 软件包，之后随着大规模集成电路的发展，Protel Technology 公司及时推出了 TANGO 的升级版本——Protel for DOS 软件。随后又相继推出了 Protel for Windows 1.0、Protel for Windows 2.0、Protel for Windows 3.0、Protel 98、Protel 99 及 Protel 99SE 等产品。于 2002 年 7 月，Altium 公司又推出了 Protel 家族的最新成员 Protel DXP。

2004 年年初，Altium 公司推出了 Protel 的最新版本——Protel DXP 2004，它是 Altium 公司最新一代的板级电路设计系统，它的出现为用户带来了全新的设计感受。它采用优化的设计浏览器（Design Explorer），通过把设计输入仿真、PCB 绘制编辑、拓扑自动布线、信号完整性分析和设计输出等技术完美融合在一起，为用户提供了全新的设计解决方案，使用户可以轻松地进行各种复杂的电路板设计。

【学习目标】

- ❑ Protel DXP 2004 的组成及特点
- ❑ Protel DXP 2004 SP2 的启动与安装
- ❑ Protel DXP 2004 SP2 的集成环境
- ❑ 电路板的一般设计流程

1.1 Protel DXP 2004 的组成与特点

Protel DXP 2004 是 32 位电子设计系统，不仅继承了 Protel 系列产品的优点，而且在很多方面均有很大幅提升，使其功能更加完备、风格更加成熟，界面更加灵活，如完全集成的设计工具提高了同步化程度；Windows XP 的界面风格更体现了人性化等，使设计者很容易从设计概念形成最终的板卡级设计。

1.1.1 Protel DXP 2004 的组成

Protel DXP 2004 主要由以下四部分组成。

- ❑ Schematic Document：原理图编辑器。
- ❑ Schematic Library Document：原理图元件库编辑器。
- ❑ PCB Document：PCB 编辑器。

- ❑ PCB Library Document：PCB 零件库编辑器。

新增的部分功能包括以下几个方面。

- ❑ FPGA 系统：用于可编程逻辑器件的设计。
- ❑ VHDL 系统：用于进行硬件的编程及仿真等。

由于本书作为 Protel DXP 的基础与进阶用书，因此，本书内容更着重讲述原理图设计系统和印制电路板设计系统的相关知识。

1.1.2 Protel DXP 2004 的特点

Protel DXP 2004 SP2 是基于 Windows XP 的一款优秀的 EDA 软件，相比 Protel 的前期版本（如 Protel 98、Protel 99 和 Protel 99SE 等）有如下新特点。

（1）全新一代的 EDA 前端设计工具

Protel DXP 2004 引入了项目的概念，在独特的设计浏览器集成平台上，采用项目的管理方式，将 Protel DXP 系统的各个模块链接在一起，由一个项目文件统一管理其他的设计文件，就像在操作单一的模块工具，界面统一。

（2）库文件的集成化组织管理

Protel DXP 2004 采用集成元件库来管理元器件，把各种元器件信息集成到一个库中，该集成库中既有元器件的原理图符号（Symbol），又有元器件的 PCB 封装形式（Footprint），还有元器件的仿真模型（SPICE）和信号完整性模型（SI），使得用户无论在原理图编辑器还是在 PCB 编辑器中，都可以把各种模型信息同步地传输到具体的项目中。

（3）双向同步设计功能

Protel DXP 的同步器功能比以往更强大，可以在电路的原理图文件和 PCB 文件中实现真正的同步功能，在原理图文件和 PCB 文件中都可以随时修改元器件和网络，利用 Protel DXP 的设计同步器很容易实现原理图文件和 PCB 文件之间的同步更改。

（4）支持 FPGA 设计

Protel DXP 2004 全面支持 FPGA 的设计，用户采用 Protel DXP 2004 的原理图编辑器就可以完成 FPGA 的设计输入，实现原理图和 VHDL 的混合输入及仿真。

（5）数模混合电路仿真功能

Protel DXP 2004 支持用户从原理图输入阶段就进行信号完整性分析，有效避免了设计师在初级阶段存在的问题，极大地提高了设计师的设计效率。

（6）信号完整性分析

Protel DXP 2004 支持用户原理图和 PCB 上的信号完整性分析，提供了一组全面的信号完整性设计规则（如网络阻抗、上冲、下冲及延时等）和信号完整性面板集成 SI 分析工具，方便完成各种信号完整性设置和分析。

（7）强大的自动布线功能

Protel DXP 2004 引入了新一代的基于拓扑逻辑分析的自动布线器，采用 Situs 拓扑算法，完全摆脱了基于网络、基于形状自动布线技术的正交几何约束，可以实现真正的非正交布线，最大限度地利用板上的有限空间，找出最佳的布线路径，大大提高了自动布线的布通率。

（8）PCB 机电一体化设计

Protel DXP 2004 的 View3D 可以提供 PCB 板图设计真实尺寸的 3D 视图；提供 VRML、IDF 及 DWG 等格式文件的输出，这样设计者可方便地实现和其他软件，如 AutoCAD 等的数据交换，并用 Web 浏览器直观形象地表示出期间和 PCB 板级结构，实现机电设计的一体化。

（9）真正实现 PCB 制造的 CAM（Computer Aided Manufacturing）系统

Protel DXP 2004 提供了智能导入/导出工具，可以导入和导出 ODB++文件和 IPC-D356 网络表，将很多 PCB 设计系统的光绘文件转换成 Protel PCB 文件，另外，还能够快捷地导入和转换其他 CAM 格式的严格的设计信息。

1.1.3　Protel DXP 2004 的 SP2 升级包新特点

SP2 在 Protel DXP 2004 的基础上新增了 150 多种新特性和新功能，这些新增的功能涉及 Protel DXP 2004 的所有方面，包括项目管理、原理图的输入、元件库的建立与管理、PCB 设计、CAM 文件生成、FPGA 设计与开发、脚本、DXP 环境及所有最基础的编辑任务，大大节省了设计时间，提高了设计效率，改进了工作流程，使设计者快速完成更加复杂的设计任务。SP2 新增的关键功能如下。

- 增强的项目文件管理功能（新增的存储管理器）。
- 增强的版本控制支持（文档历史管理器）。
- 强大的设计比较引擎，支持原理图或 PCB 文档的物理比较。
- 增强的平坦式设计方式，不再需要只包含网络表的顶级表。
- 增强的工程变更指令。
- 增强的剪切板功能，支持直接将 Windows 剪贴板中的文本、图形粘贴进原理图中。
- 图形化的编译屏蔽在编译期间能屏蔽掉设计的一部分。
- 在原理图级支持用户进行元器件和网络类的定义，增强的自动类生成控制。
- 用内嵌的电路阵列特性直接将 PCB 面板化。
- 支持带切割区的实心灌铜模式，采用 Gerber 覆铜图元，降低了设计数据库的开销。
- 改进的网络分析性能。
- 新增的 Situs 拓扑自动布线模式。
- 增强的 FPGA 设计，支持附加的 Verilog 设计。
- 针对基于 HDL 设计的智能化的层次分级。
- 支持简体中文、日文、德文、法文。

1.2　Protel DXP 2004 软件的安装

软件的正确安装是使用的前提。Protel DXP 2004 对硬件的要求比较高，但是作为标准的 Windows 应用程序，其安装过程十分简单。本节从 Protel DXP 2004 的安装过程，SP2 升级包的安装，Protel DXP 2004 的启动和中英文界面切换等方面详细叙述 Protel DXP 2004 软件的安装过程与启动方法。

1.2.1 Protel DXP 2004 的安装

Protel DXP 2004 是标准的基于 Windows 的应用程序，其安装过程非常简单，用户只需运行光盘中的“Setup.exe”应用程序，然后按照提示一步步进行操作，就可以成功地完成安装。

下面通过实例具体介绍 Protel DXP 2004 的安装过程，以供用户参考。

【例 1-1】 Protel DXP 2004 的安装。

本例要求将光盘中的 Protel DXP 2004 软件安装到 C:\Program Files\Altium2004 目录中。

（1）用虚拟光驱软件打开 Protel_DXP_2004.iso 文件，或将安装光盘（Protel_DXP_2004.iso 刻在光盘中）放入光驱，如图 1-1 所示。

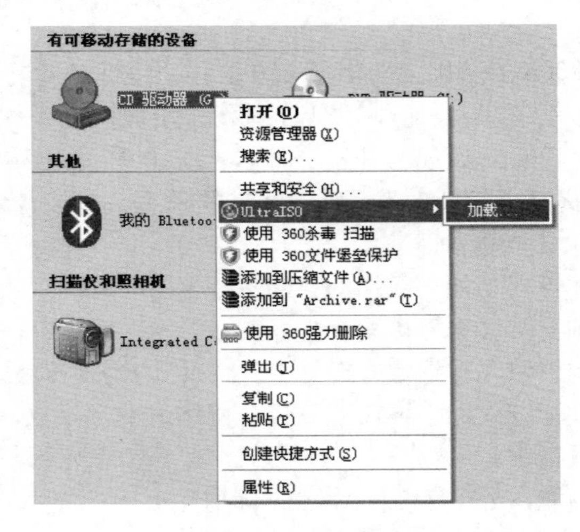

图 1-1 加载 Protel_DXP_2004.iso 文件

（2）运行 setup\Setup.exe 文件，安装 Protel DXP 2004，出现安装向导程序界面，如图 1-2 所示。

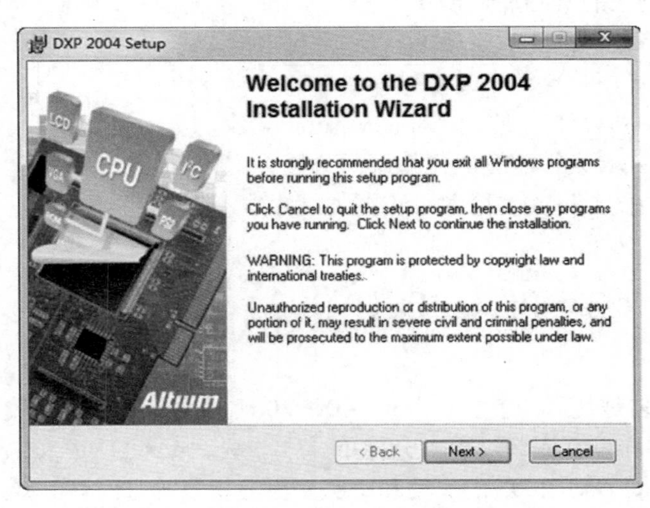

图 1-2 Protel DXP 2004 的初始安装界面

（3）单击Next >按钮进入下一步安装，如图 1-3 所示。

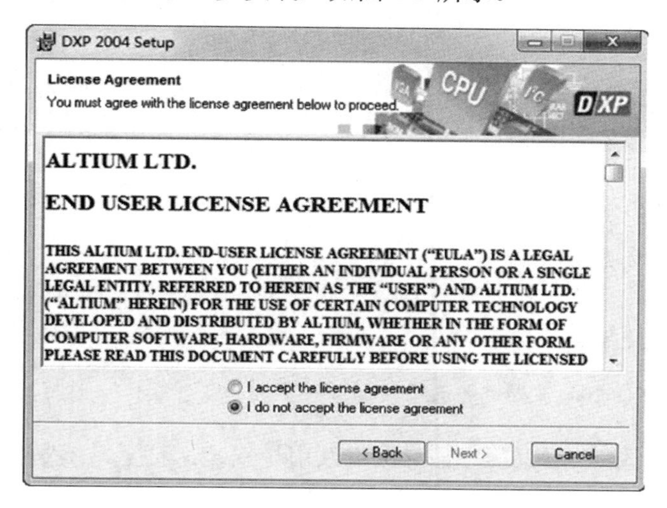

图 1-3　Protel DXP 2004 的安装许可说明

（4）在图 1-3 中出现的选择项中，默认选项是“I do not accept the license agreement”，此时Next >按钮成灰色，不能被选中，只有选中“I accept the license agreement”单选按钮后，单击Next >按钮才能进入下一步安装，如图 1-4 所示。

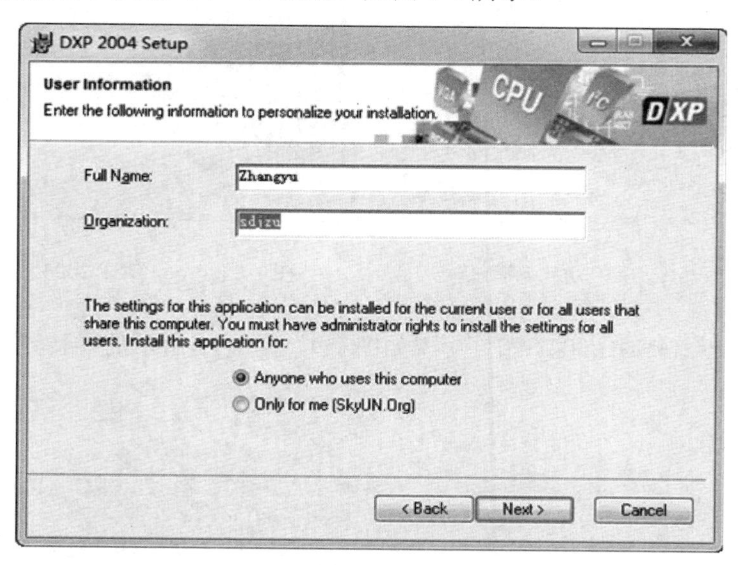

图 1-4　Protel DXP 2004 用户信息

（5）在图 1-4 所示的对话框中，在“Full Name”输入框中输用户名，在“Organization”输入框中输入公司名称，单击Next >按钮，出现如图 1-5 所示的安装界面。

（6）在图 1-5 中选择将要安装的目录。系统默认的安装路径为“C:\Program Files\Altium2004”，正好符合本例安装要求，所以不需修改。如果安装目录不符合要求，用户也可以单击Browse按钮，选择其他路径进行安装，如图 1-6 所示，设定好新的安装目录后，单击OK按钮，返回图 1-5 所示的对话框。

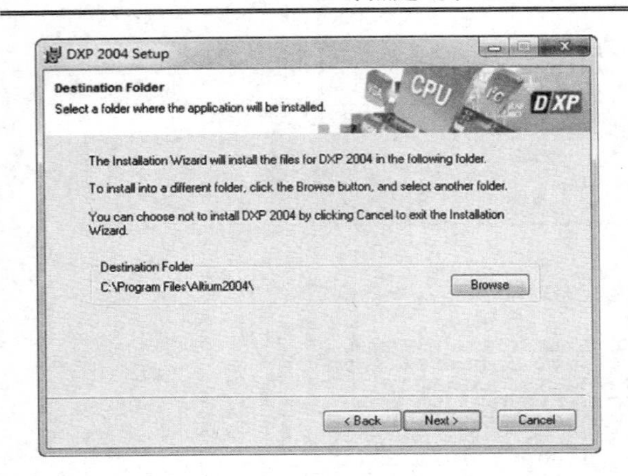

图 1-5　Protel DXP 2004 安装路径选择

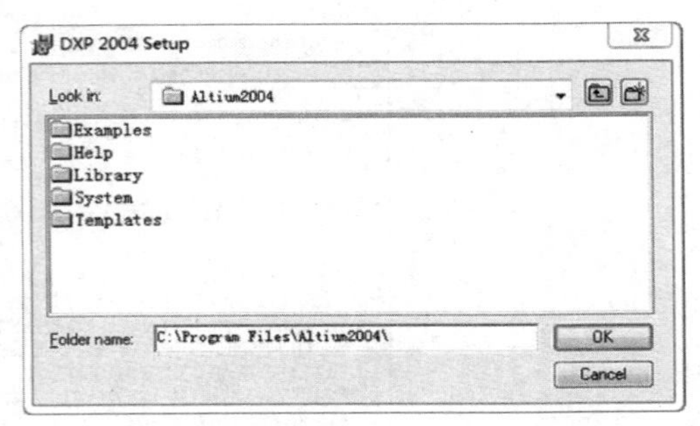

图 1-6　选择其他路径

（7）单击 Next > 按钮后，程序向导会继续引导安装，直至系统安装完成。如图 1-7、图 1-8 所示。

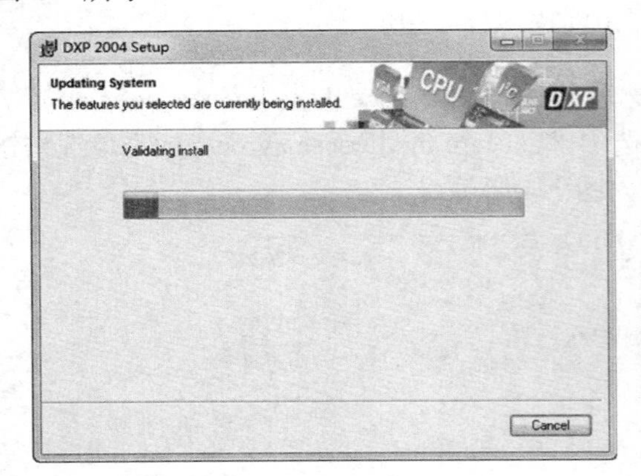

图 1-7　Protel DXP 2004 安装过程

图 1-8　Protel DXP 2004 安装完成界面

（8）安装 Protel DXP 2004 SP2，出现如图 1-9、图 1-10 所示的安装界面。

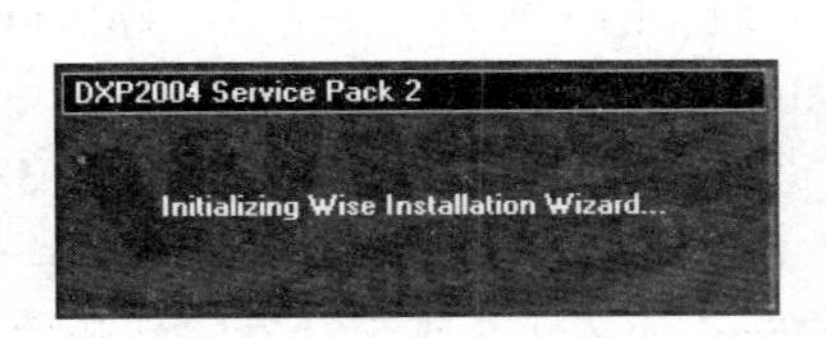

图 1-9　Protel DXP 2004 SP2 安装向导

图 1-10　Protel DXP 2004 SP2 的许可协议

（9）单击图 1-10 中的“I accept the terms of the End-User License agreement and wish to CONTINUE”，进入下一步安装，即出现安装路径选择窗口，如图 1-11、图 1-12 所示。

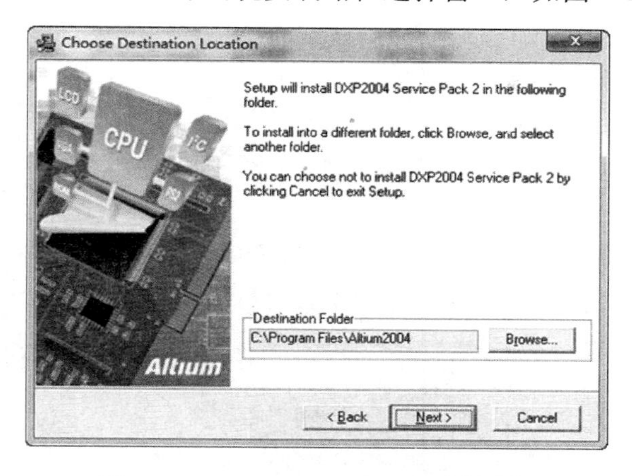

图 1-11　Protel DXP 2004 SP2 路径选择

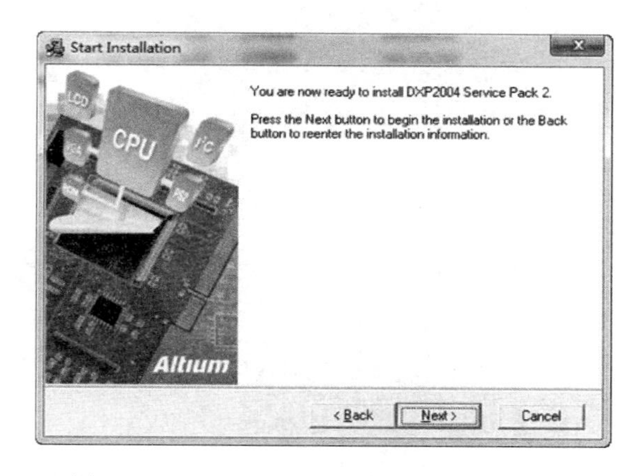

图 1-12　Protel DXP 2004 SP2 初始安装界面

（10）设置好安装路径后，单击 Next > 按钮就可以继续安装，直至安装完成，如图 1-13、图 1-14 所示。

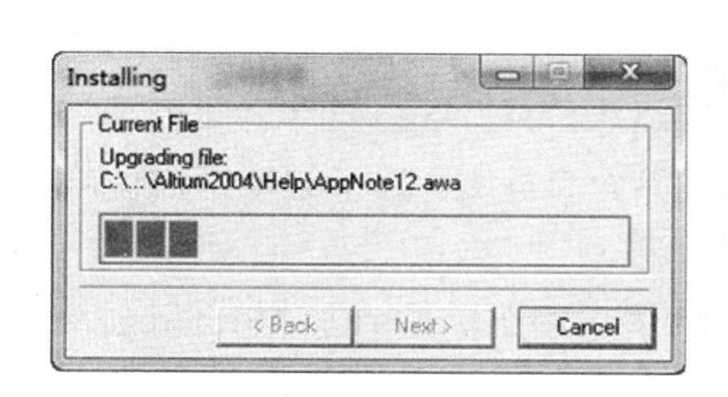

图 1-13　Protel DXP 2004 SP2 安装过程

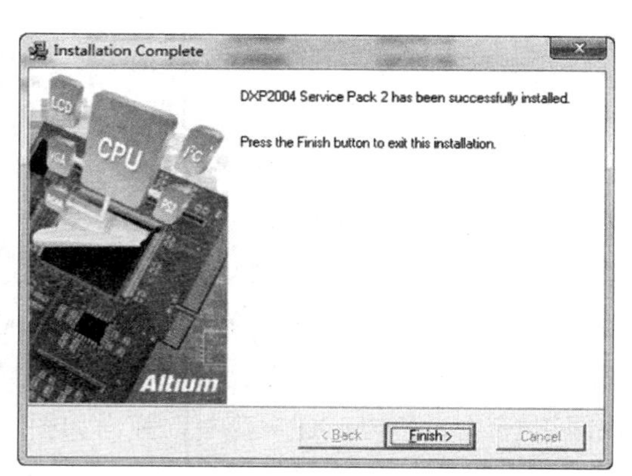

图 1-14　Protel DXP 2004 SP2 安装完成

1.2.2 Protel DXP 2004 的启动与中英文界面切换

Protel DXP 2004 有以下四种启动方式。

（1）利用桌面上的快捷方式启动。

双击桌面上的图标，即可启动 Protel DXP 2004。

（2）利用启动菜单启动。

选择“开始→程序(P)→Altium→DXP 2004”，启动程序，就可以看到 Protel DXP 2004 漂亮的启动界面，如图 1-15 所示。

图 1-15　Protel DXP 2004 启动过程界面

启动界面自动加载完成编辑器、编译器、元器件库等模块后进入设计主界面，如图 1-16 所示。

（3）直接执行“运行”命令启动。

选择“开始→运行(R)...”，进入运行程序界面，如图 1-17 所示。

单击“浏览(B)...”按钮，找到 Protel DXP 2004 所在的路径，如图 1-17 所示，单击确定按钮即可启动 Protel DXP 2004。

（4）在打开已经存在文件的同时，启动 Protel DXP 2004，双击文件名即可。

在图 1-16 中，Protel DXP 2004 SP2 启动后的主界面为英文，为了方便用户使用，可以将 Protel DXP 2004 SP2 的英文界面切换到中文界面。

在图 1-16 中单击“DXP”菜单，弹出如图 1-18 所示的菜单，单击“Preferences...”菜单项，出现如图 1-19 所示属性设置窗口，在该窗口中单击“General”选项后，勾选“Use localization resources”复选框。单击 OK 按钮，即可完成设置。

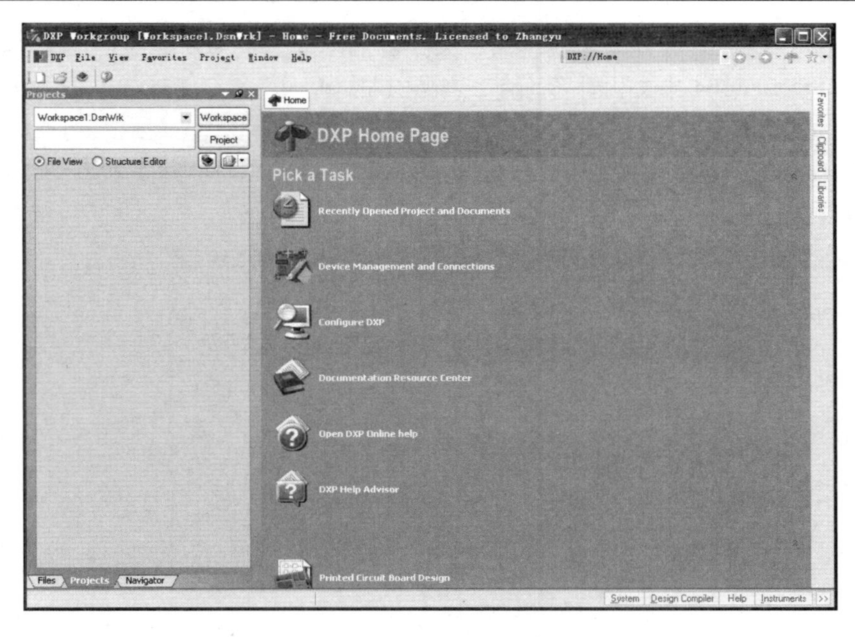

图 1-16　Protel DXP 2004 主界面

图 1-17　Protel DXP 2004 命令行启动开始界面

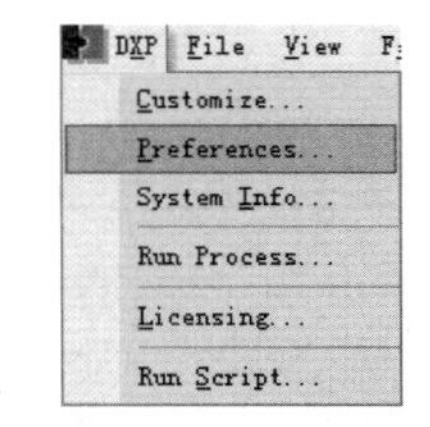

图 1-18　Protel DXP 2004 英文/中文界面切换命令

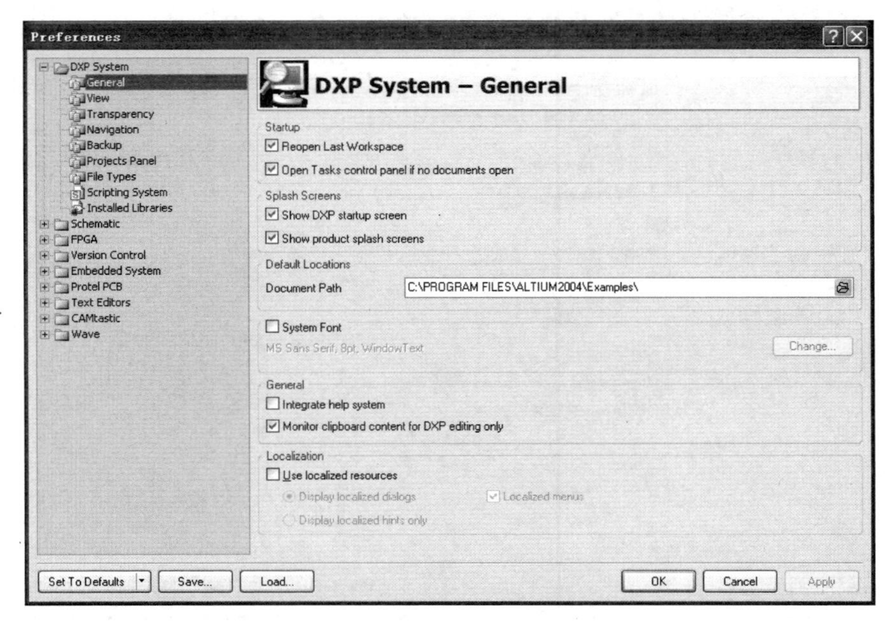

图 1-19　Protel DXP 2004 英文/中文界面切换属性设置窗口

关闭 Protel DXP 2004 并重新启动后，系统界面就变成了中文界面，如图 1-20 所示。

在 Protel DXP 2004 中文设计界面下，如图 1-21 所示，执行【DXP】→【优先设定...】菜单命令，出现如图 1-22 所示属性设置窗口。在该界面中单击“本地化”选项后，取消“使用经本地化的资源”的选择，单击 确定 按钮，关闭 Protel DXP 并重新启动后，系统又回到英文界面下。

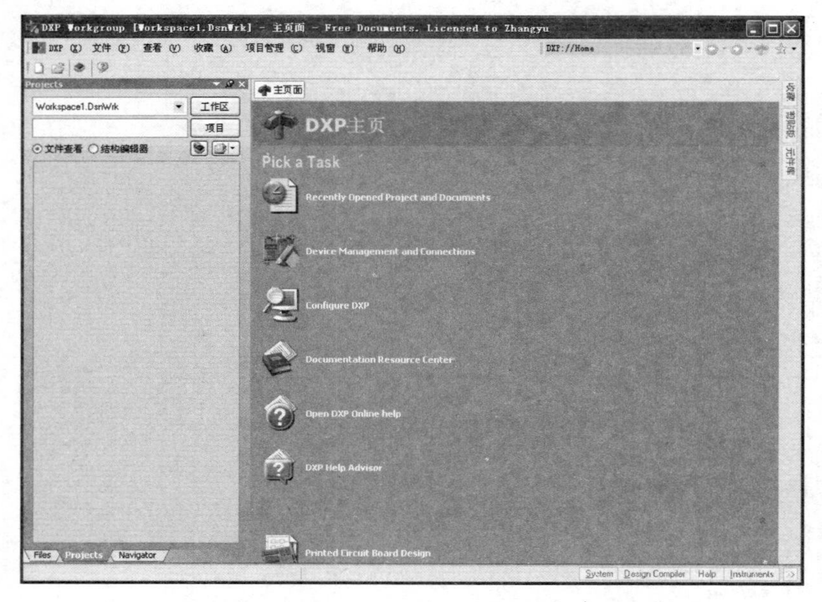

图 1-20 Protel DXP 2004 中文设计界面

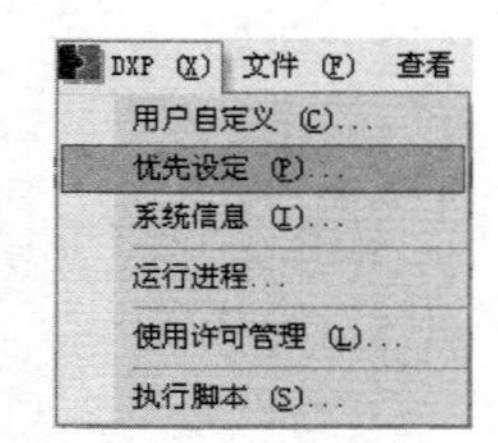

图 1-21 Protel DXP 2004 中文/英文界面切换命令

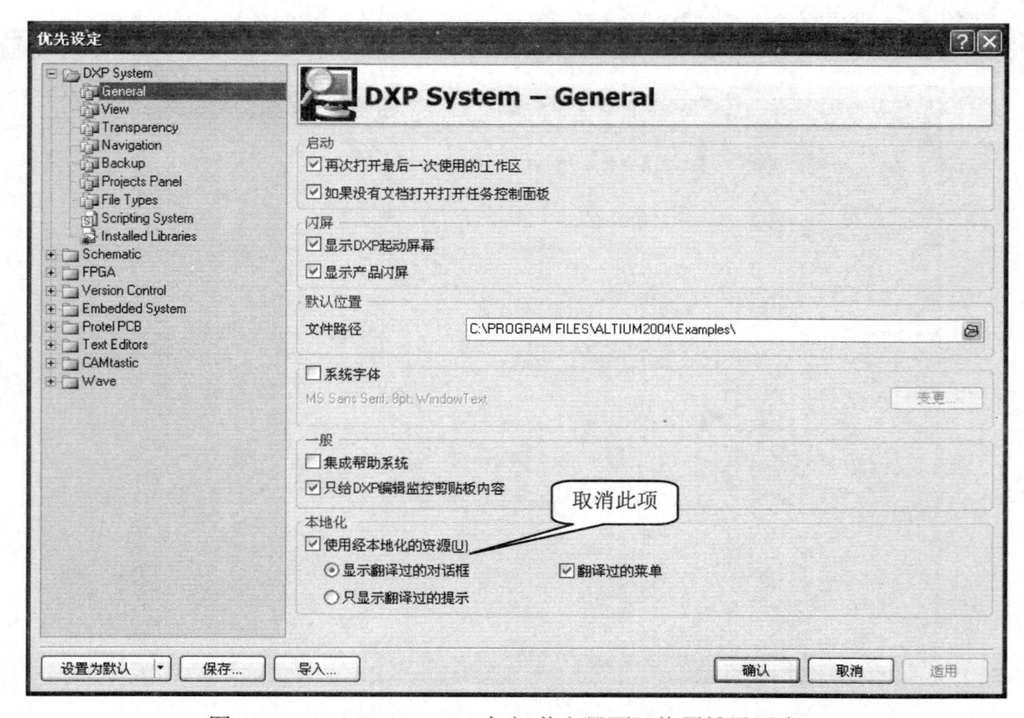

图 1-22 Protel DXP 2004 中文/英文界面切换属性设置窗口

1.3　Protel DXP 2004 集成环境

启动 Protel DXP 2004 程序，将打开“Protel DXP Design Explorer”对话框，如图 1-19 所示。Protel DXP Design Explorer 是设计者的设计工具界面。当从 Windows 打开 Protel DXP 软件后，将显示最常用的初始任务以方便设计者选择。

不同的操作系统在安装 Protel DXP 2004 后，首次看到的主界面可能会有所不同，如图 1-23 所示的主界面，包括工具栏、菜单栏、Files 工作面板、标签面板、常用的任务快捷图标、状态栏和标签栏等。

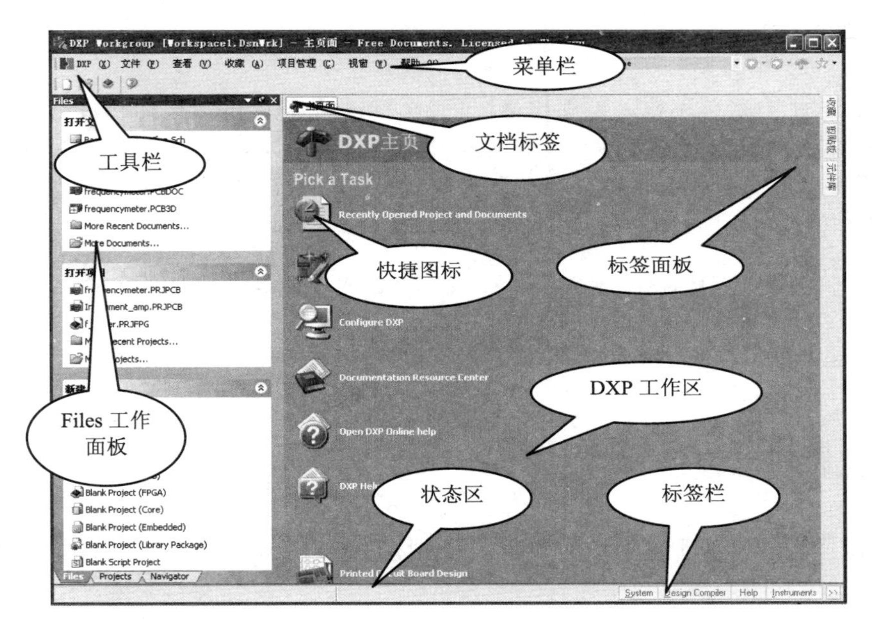

图 1-23　Protel DXP 2004 集成工作环境主窗口

1.3.1　Protel DXP 工作区

Protel DXP 工作区列出了常见的任务，使用户可以快速启动。由于用户使用最多的是 Protel DXP Design Explorer，因此在 Protel DXP 2004 软件中提供了【Pick a task】和【open a project or document】两个快捷图标。

（1）Pick a task

用户可以在这里创建新的 PCB 项目或打开已有的 PCB 项目，对元器件进行管理和连接，配置 DXP，FPGA 设计与开发，同时也可以自定义资源和寻求在线帮助等。

（2）open a project or document

用户可以在这里选择打开任何设计项目或者文档，而不需要使用 File 菜单或工具栏。

1.3.2 标题栏

整个窗口的最上面一行是该窗口的标题栏，如图 1-24 所示，用来显示该软件标志、当前打开的项目文件及授权。

DXP Workgroup [Workspace1.DsnWrk] - 主页面

图 1-24 标题栏

1.3.3 菜单栏

标题栏的下方是菜单栏。菜单栏是用户启动和优化设计的入口，它具有命令操作、参数设置等功能。由于当前没有打开任何文件，因此这里只显示了基本的菜单项:【DXP（X）】、【文件】、【查看】、【收藏】、【项目管理】、【视窗】、【帮助】7 个下拉菜单，如图 1-25 所示。打开不同类型的文件，对应有更多不同功能的菜单项。

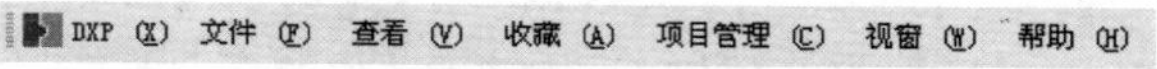

DXP (X) 文件 (F) 查看 (V) 收藏 (A) 项目管理 (C) 视窗 (W) 帮助 (H)

图 1-25 Protel DXP 2004 菜单栏

1.3.4 工作区面板

工作区面板通常位于主窗口的左边，可以隐藏或显示，也可以被任意地移动到窗口其他位置。

1. 工作区面板的移动

用鼠标左键按住工作区面板的状态栏不放，拖动光标在窗口中移动，当移动到窗口的适当位置后，松开鼠标，则移动后的面板将在相应的窗口位置显示。

2. 工作区面板的面板选项切换

工作区面板中通常包含【Files】、【Projects】和【Navigator】等选项卡，如图 1-26 所示。

当要查看不同的面板内容时，只要单击相应的选项卡即可，也可以单击工作区面板上方状态栏的按钮，出现面板选项菜单，如图 1-27 所示。在查看的面板选项上单击，则相应的选项前就会出现，此时工作区面板内容则转换为当前选中的面板内容。

3. 工作区面板的显示或隐藏

当工作区面板显示在窗口的左边时，面板的状态栏中显示如图 1-28 所示。单击按钮，则其形状变为，此时，如果把鼠标移出工作区面板，则工作区面板将自动隐藏在窗口的最左边，如图 1-29 所示。

图 1-26　工作区面板选项

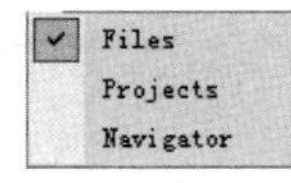

图 1-27　查看面板内容选项

图 1-28　工作区面板未隐藏时的状态栏

图 1-29　工作区面板的隐藏

如果将光标移动到图 1-29 所示的隐藏的工作区面板的相应选项上后，如把光标指针移动到【Files】选项卡上，则对应的【Files】面板将自动显示。如果不再隐藏工作区面板，则将光标放到图 1-29 所示的隐藏的工作区面板的任意一个选项上，当相应的面板自动显示时，单击状态栏的按钮，则其形状又恢复为，此时，工作区面板将不再自动隐藏。

4．工作区面板的关闭、打开和添加

如果要关闭工作区面板，则单击相应面板上部状态栏中的按钮，工作区面板就会关闭。如果关闭某个面板选项，如要关闭【Files】面板选项卡，则右键单击【Files】，出现如图 1-30 所示的菜单，单击“Close Files”选项，则工作区面板选项中就看不到【Files】选项卡，如图 1-31 所示。

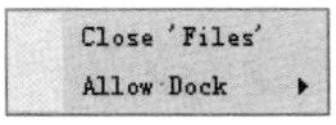

图 1-30　【Files】右键菜单选项

图 1-31　【Files】选项卡关闭

如果要重新开启该面板选项或者添加新的面板选项，如重新添加【Files】选项，则执行【查看】→【工作区面板】→【System】→【Files】菜单命令，则在工作区面板下面的选项卡中，就会重新出现面板【Files】选项卡。

1.3.5　工具栏和状态栏

1．工具栏

工具栏用于快速执行命令操作，在没有打开任何文件时，提供了基本的工具，如图 1-32

所示。打开不同类型的文件时，在不同的编辑环境中将增加相应的编辑工具。

图 1-32　工具栏

2. 状态栏

状态栏位于窗口底部，执行【查看】→【状态栏】菜单命令可以在 Protel DXP 主窗口底部显示或者隐藏状态栏，单击状态栏底部相应的按钮，则可以查看相应的面板内容。

1.4　电路板的总体设计流程

一般而言，采用 Protel DXP 软件设计电路板要经过以下 3 大步骤：

（1）电路原理图的设计

电路原理图直接体现了电子电路的结构和工作原理，表达了各种电路元件符号及其之间的相互连接方式。因此，在原理图的设计中，要充分利用 Protel DXP 软件提供的各种原理图绘制工具、编辑功能，来设计绘制一张正确合理的电路原理图。

（2）产生网络表

网络表主要包含原理图中各元件的封装、名字、大小等基本属性，是生成印制电路板时的一个条件检测表格。因此，网络表是连接电路原理图设计（SCH）与印制电路板设计（PCB）的一座桥梁，它是电路板中的灵魂。网络表一般通过电路原理图来生成，也可以从印制电路板中提取出来。有些有经验的设计工程师往往不用绘制电路原理图，而是直接编写网络表来生成 PCB。

（3）印制电路板的设计

印制电路板用于支撑电子元器件，为电子元器件电气提供连接。因此，印制电路板的设计一般要以电路原理图为根据，实现电子元器件的电气连接。在这个过程中，设计者可以借助 Protel DXP 软件提供的强大功能实现电路板的版面设计，完成其所需要的功能。

虽然 Protel DXP 的元件库非常丰富，但是随着硬件厂家的飞速发展和器件的不断更新，在设计电路原理图和印制电路板时，设计者往往还需要手工添加原理图器件或封装。此时，Protel DXP 软件设计电路板的设计流程远不止上面 3 个步骤。

1.5　本章小结

本章简单介绍了 EDA 软件在现代电子电路系统设计中的地位和应用，重点介绍了 Protel DXP 2004 的功能和特点，使用户对 Protel DXP 2004 有一个大概的认识，在介绍 Protel DXP 2004 的基础上，简单介绍了 Protel DXP 2004 SP2 升级包的更新功能，详细介绍了 Protel DXP 2004 及 SP2 的安装过程，并介绍了 Protel DXP 2004 SP2 中英文界面的切换方法，为进一步学习 Protel DXP 2004 奠定基础。

1.6　思考与练习

（1）简述 Protel DXP 2004 的特点。

（2）练习如何安装 Protel DXP 2004 及其升级包 SP2。

（3）练习启动 Protel DXP 2004。

（4）练习对 Protel DXP 2004 进行中英文界面切换。

第 2 章　Protel DXP 原理图设计入门

Protel DXP 工作界面采用 Windows 风格界面，使得操作简洁高效强大。设计者要设计出高质量的 PCB 项目，必须首先进行原理图的设计。因此，本章主要介绍 Protel DXP 原理图的一般设计流程，并依据该设计流程顺序介绍每个阶段的操作步骤，包括图纸参数及工作环境参数的设置、工具栏、菜单栏的使用、元器件库的载入、元器件的放置等。这些都是 Protel DXP 软件基本的入门级知识，用户只有熟练掌握各步骤的操作方法，才能快速、高效地设计出电路原理图。

【学习目标】

- ❑ 原理图设计流程
- ❑ 新建项目和原理图
- ❑ 图纸参数和环境参数的设置
- ❑ 装入元器件库
- ❑ 放置元器件
- ❑ 绘制电路原理图

2.1　原理图的设计流程

原理图的设计步骤，如图 2-1 所示。

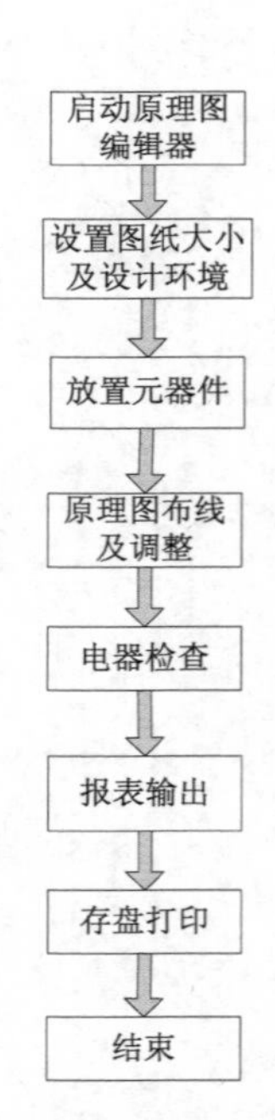

图 2-1　原理图设计流程

（1）启动原理图编辑器

设计者必须先启动原理图编辑器，才能进行原理图的设计工作。

（2）设置图纸大小及设计环境

在绘制原理图之前，需要根据实际设计的规模和复杂程度进行构思，设置图纸的大小是设计好原理图的第一步。用户可以设置图纸的大小、方向、网格大小及标题栏等。

（3）放置元器件

设计者根据电路图的需要，将元件从元件库里取出放置到图纸上，并对放置零件的序号、元件封装进行定义和设定等工作。这里，用户可以根据元器件之间的布线关系，对所放置的元器件位置进行调整、修改。

（4）原理图布线及调整

利用 Protel DXP 软件提供的各种工具，将图纸上的元器件用具有电器意义的导线、符号连接起来，构成一个完整的原理图。设计者可以对初步绘制好的电路图做进一步的调整和修改，使得原理图更加美观。

（5）电器检查

布线完成后，对所设计的原理图进行电气检查，并根据所生成的错误检查报告修改原理图。

（6）报表输出

通过 Protel DXP 软件提供的各种报表工具生成各种报表，其中，最重要的是生成网络表，通过网络表为后续的 PCB 电路板设计做准备。

（7）文件保存及打印输出。

保存原理图文件并设置打印参数进行原理图打印输出。

2.2　启动原理图编辑器

启动原理图编辑器一般需要以下四步：

（1）新建项目。

（2）保存项目。

（3）追加原理图文件。

（4）保存原理图文件。

下面通过实例介绍各步的具体操作过程。

【实例2-1】 以 PCB 项目为例，新建一个空白的项目文件“MyDesign.PrjPCB”，并为该项目添加原理图文件“MySch.SchDoc”。

1．新建项目

创建一个新的项目文件的方法有以下三种：

- 启动 Protel DXP 后，执行【文件】→【创建】→【项目】→【PCB 项目】菜单命令。
- 单击工作区面板的【Files】选项卡，单击【新建】→【Blank Project（PCB）】空白 PCB 工程选项。
- 在【主页面】标签页下的【Pick a Task】任务项中单击“Printed Circuit Board Design”选项，弹出【Printed Circuit Board Design】标签页和有关 PCB 项目的各种文档，在【PCB Projects】区域中选择“New Blank PCB Project”选项。

采用上述任意一种方法，系统都会自动建立一个名为“PCB_Project1.PrjPCB”的空白项目文件，并在该项目中列出“No Documents Added”，表示在该项目下没有添加任何文件，如图 2-2 所示。

2．保存项目

执行【文件】→【保存项目】菜单命令，弹出【Save [PCB_Project1.PrjPCB] As…】对话框，如图 2-3 所示。通过【保存在（I)】文本框右端的下拉文本框，设置项目的保存路径，在【文件名（N)】文本框中输入要保存的项目名称“MyDesign.PrjPCB”，单击 保存(S) 按钮，就可以按照设置的项目名称保存新建的空白项目。

图 2-2 【Projects】选项卡

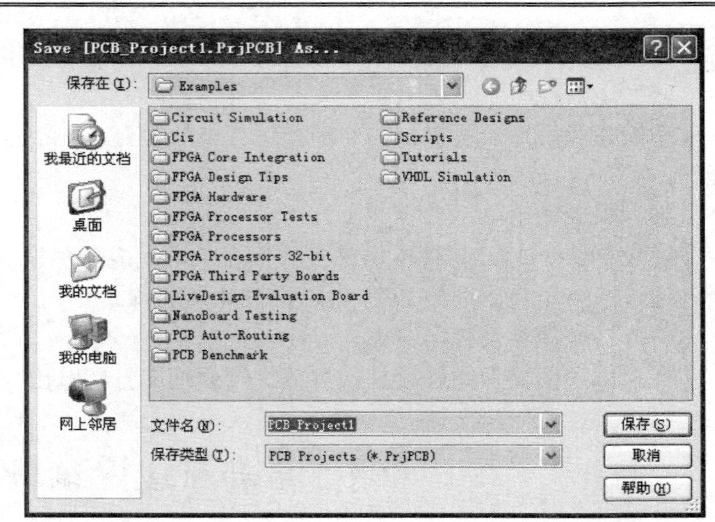

图 2-3 【保存项目】对话框

3. 追加原理图文件

新建的 PCB 项目中没有添加任何文件，下面在该项目中追加一个新的原理图文件。追加原理图文件的方法有以下三种：

- 在新建的 PCB 项目下，执行【文件】→【创建】→【原理图】菜单命令。
- 在工作区面板的【Projects】选项卡中，右键单击新建的空白项目的名称，在弹出快捷菜单中，选择【追加新文件到项目中】→【Schematic】菜单命令。

📖：通过该步骤可以将不同的子菜单命名，如【PCB】、【Schematic Library】等文件追加到项目中。

- 在【Files】面板中的【新建】标题栏中单击“Schematic Sheet”原理图文件选项。

采用上述任意一种方法，系统都会自动在【Projects】面板中 PCB 项目下添加一个新的原理图文件，默认文件名为“Sheet1.SchDoc”，并在该项目中新建一个“Source Documents”文件夹，将原理图文件列表在该文件夹下，如图 2-4 所示。

4. 保存原理图文件

执行【文件】→【保存】菜单命令，在弹出的保存文件对话框【文件名】栏内输入新的文件名“MySch”，单击保存(S)按钮，对新建的原理图重新命名，如图 2-5 所示。

图 2-4 原理图编辑窗口

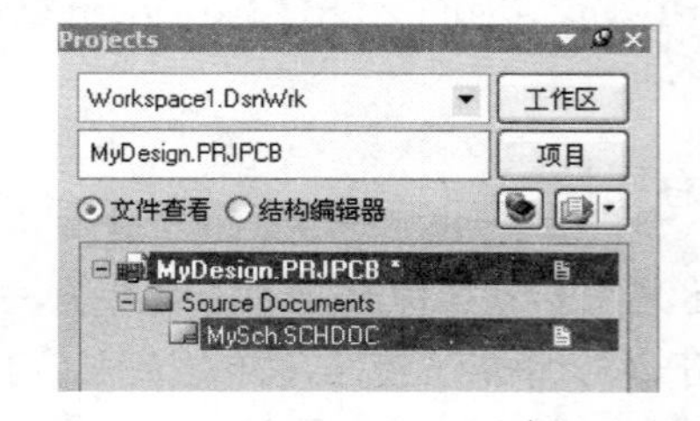

图 2-5 添加原理图文件的【Projects】面板

2.3　图纸参数和环境参数的设置

Protel DXP 为用户提供了十分友好易用的设计环境。用户通过设置文档选项，可以设置绘制原理图时所用图纸的参数，改变原理图的绘图效果及某些操作方式等。

2.3.1　设置【文档选项】

在设计绘制一张原理图时，首先要正确设置图纸和环境参数，如图纸的大小、方向和颜色等，以方便后续的原理图设计。

在原理图编辑状态下，执行【设计】→【文档选项】菜单命令，系统弹出【文档选项】对话框，如图 2-6 所示。在该对话框中可以对原理图的图纸和环境参数进行设置。

图 2-6　【文档选项】对话框

1. 设置图纸大小

（1）设置标准图纸

单击【图纸选项】选项卡，出现如图 2-6 所示的界面。在该选项卡中，可以设置图纸的大小、方向、颜色、系统的字体及网格的可视性和电气网格等属性。在该选项卡中，单击【标准风格】选项右侧的下拉按钮，可以选择不同标准的图纸，各选项及其对应的格式见表 2-1。我国常用的图幅有 A4～A0。

表 2-1　标准图纸格式

公制	A0、A1、A2、A3、A4
英制	A、B、C、D、E
OrCAD 图纸	OrCAD A、OrCAD B、OrCAD C、OrCAD D、OrCAD E
其他	Letter、Legal、Tabloid

（2）自定义图纸的大小

如果用户有特殊要求，不需要标准图幅的图纸，Protel DXP 允许用户对图幅的大小进行自定义设置。勾选图 2-6 中【自定义风格】栏内【使用自定义风格】右端的复选框，激活自定义功能。用户可以对图幅的宽度、高度、X 和 Y 坐标分格数、边框的宽度分别进行设置，然后单击 从标准更新 按钮即可完成自定义设置。

2．设置图纸的风格

（1）设置图纸的方向

单击【选项】区域中【方向】右端的下拉按钮，可以设置图纸的放置方向，系统默认的图纸放置方向一般为 “Landscape”（横向），如果用户要设置图纸方向为纵向，只要选择“Portrait”即可。

（2）设置图纸明细表

勾选【选项】区域中【图纸明细表】左侧的复选框后，单击复选框后的下拉按钮，可以选择图纸标题栏的类型。Protel DXP 提供两种类型的标题栏：“Standard”（标准型）和“ANSI”（美国国家标准协会模式）。一般选择“Standard”模式，如图 2-7 所示。

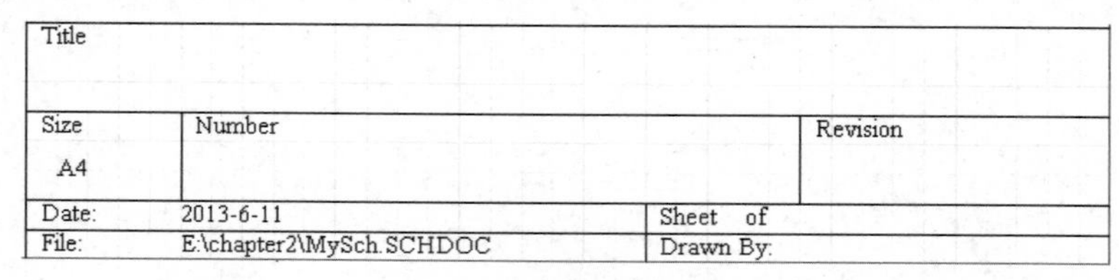

（a）“Standard”标题栏

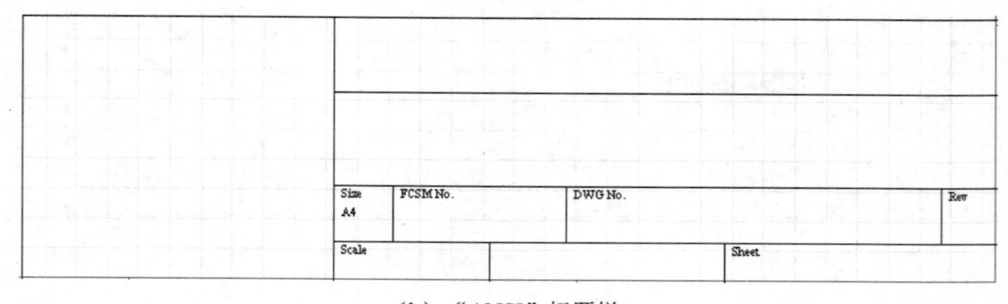

（b）“ANSI”标题栏

图 2-7　标题栏

（3）其他设置

- 勾选【选项】区域中【显示参考区】左侧的复选框后，可以设置图纸的参考坐标的显示与隐藏。
- 勾选【选项】区域中【显示边界】左侧的复选框后，可以设置图纸边框的显示与隐藏。
- 勾选【选项】区域中【显示模板图形】左侧的复选框后，可以设置是否显示图纸模板中的图形。
- 勾选【选项】区域中【边缘色】右侧的颜色框，可以弹出【选择颜色】对话框，如图 2-8 所示，可以设置图纸的边缘色。Protel DXP 默认的颜色为黑色，用户一旦选择好新的边缘色，则【边缘色】右侧的颜色框就显示新选定的颜色。

- 勾选【选项】区域中【图纸颜色】右侧的颜色框，可以设定图纸的颜色，方法与设定图纸边缘色的方法相同。
- 勾选【网格】区域中【捕获】左侧的复选框，可以设定光标的移动距离，光标移动时的基本单位由其后设定的值来决定，系统默认为 10。
- 勾选【网格】区域中【可视】左侧的复选框，可以设置是否显示图纸上的网格，其大小取决于其后的对话框中的设定值，系统默认为 10。
- 勾选【电气网格】区域中的【有效】复选框，并设置“网格范围”，则在绘制导线时系统会以光标所在位置为中心，以“网格范围”中设定的值为半径，向四周搜索电气节点，如果在搜索半径内有电气节点的话，就会自动将光标移到该节点上，建议勾选此项。
- 单击 改变系统字体 按钮，弹出如图 2-9 所示的【字体】对话框。通过该对话框，可以设置图纸中字体、效果、颜色、字形及大小等属性。

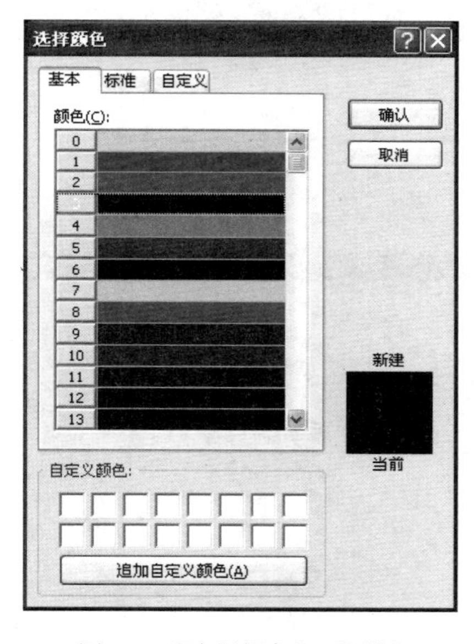

图 2-8　【选择颜色】对话框

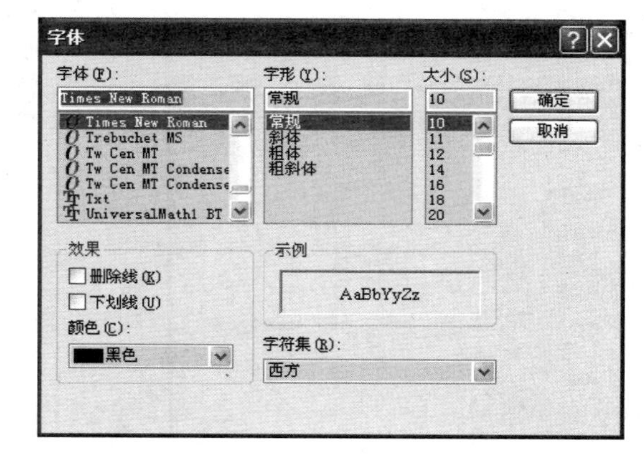

图 2-9　【字体】对话框

3．设置图纸设计信息

单击【参数】选项卡，出现如图 2-10 所示的界面。在该选项卡中，可以设定图纸的各种信息，包括公司或单位的地址、批准人姓名、设计人姓名等。

在“名称”一栏中单击需要设置的参数，在“数值”一栏中输入相应的参数值，在“类型”一栏中设置该参数的类型（STRING-字符串型，INTEGER-整型、FLOAT-实数型或 BOOLEAN-布尔型）。

此外，还可以通过单击 追加(A)... 或 编辑(E)... 按钮，为原理图追加参数，或者对该参数进行编辑等。如图 2-11 所示为【追加】参数对话框，图 2-12 所示为【编辑】参数对话框。在【追加】对话框中，可以追加参数的【名称】和【数值】，同时设置其是否显示，勾选“可视”前面的复选框来实现。如果勾选 “锁定”前面的复选框，则【名称】或【数值】都只能读取，不能编辑。此外，【属性】区域可以设置 x 轴和 y 轴坐标位置，参数的旋转方向、颜色、字体和类型等。“唯一 ID”是系统自定义值，可以单击重置按钮，进行重新定义。所有属性设置完毕，单击确认按钮，即可完成设置。

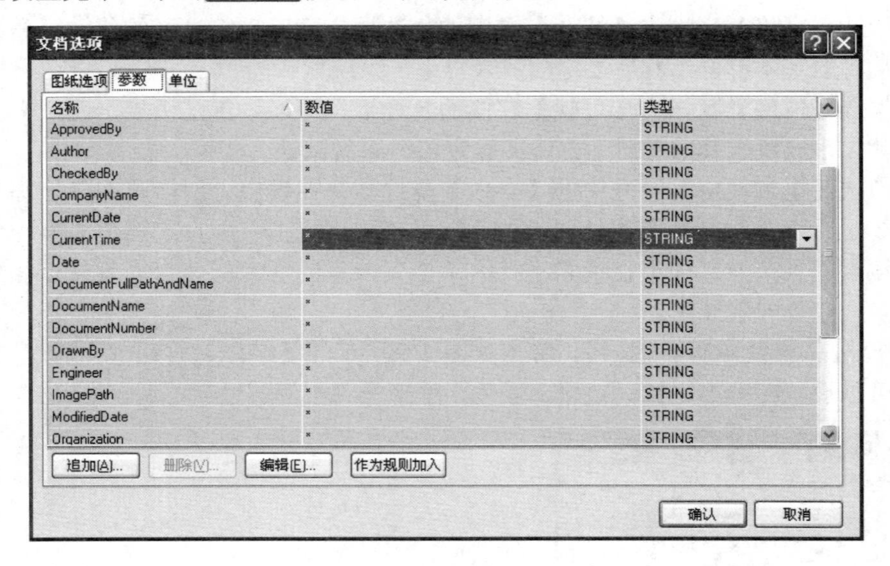

图 2-10 【参数】选项卡

图 2-11 【追加】参数对话框

图 2-12 【编辑】参数对话框

4．设置图纸单位

单击【单位】选项卡，出现如图 2-13 所示的界面。在该选项卡中可以设定图纸所采用的单位。

Protel DXP 提供英制单位系统和公制单位系统两种。只要勾选相应的单位系统前的复选框，并设置使用该单位制式的基本单位即可。

2.3.2 设置原理图工作环境参数

原理图绘制的正确与效率，往往与原理图工作环境参数的设置有关。通过执行【工具】

→【原理图优先设定】菜单命令，打开【优先设定】对话框，如图 2-14 所示，来设置原理图工作环境中的一些属性，如一般属性、图形编辑、编译等。

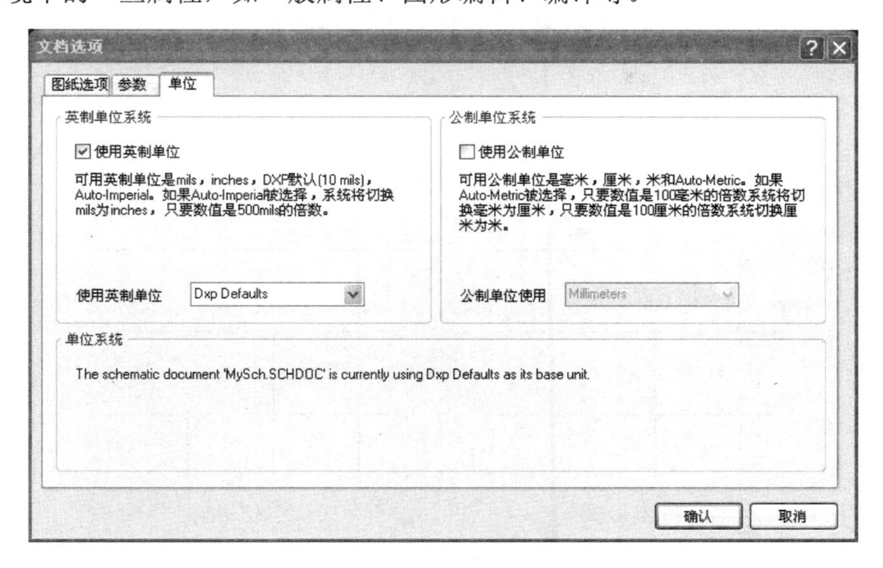

图 2-13 【单位】选项卡

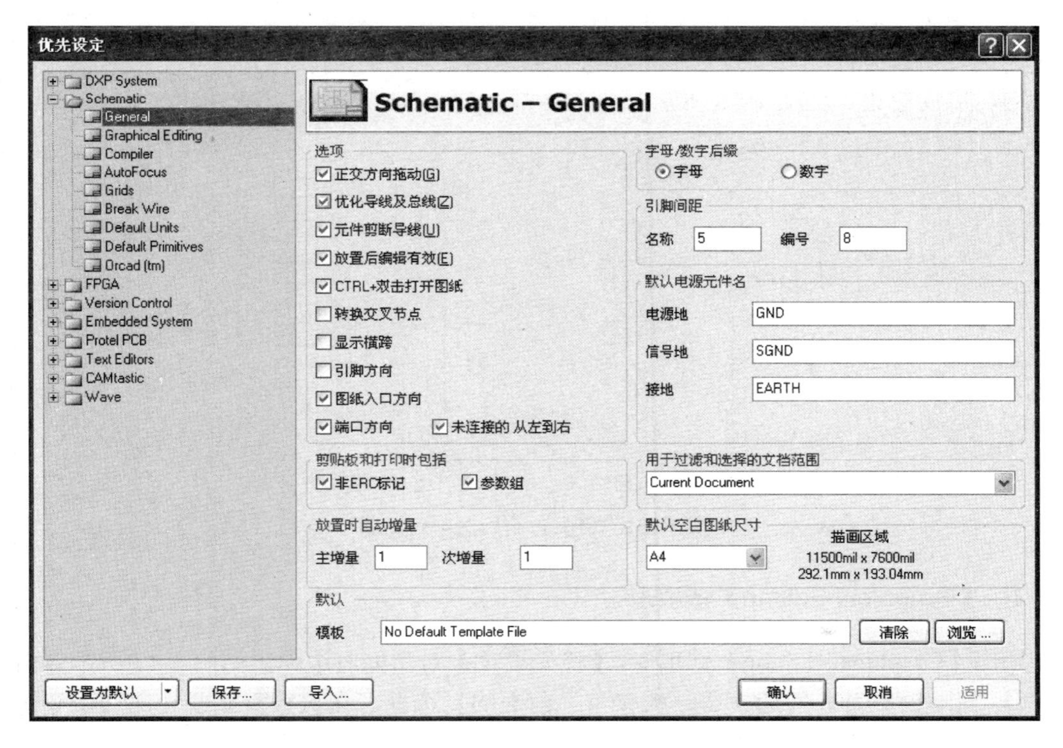

图 2-14 【优先设定】对话框

1. 【General】选项卡

单击【General】选项卡，在【优先设定】对话框的右边弹出如图 2-14 所示的界面。

一般情况下，不需要修改系统的默认值，下面主要对几个常用的选项进行介绍。

（1）正交方向拖动

勾选“正交方向拖动”前的复选框，在原理图中绘制导线时鼠标只能沿着 x 轴和 y 轴方向正交移动。

（2）显示横跨

勾选“显示横跨”前的复选框，在进行原理图设计时，可以设定横跨的导线交叉时交叉点的显示情况，如图 2-15 所示。

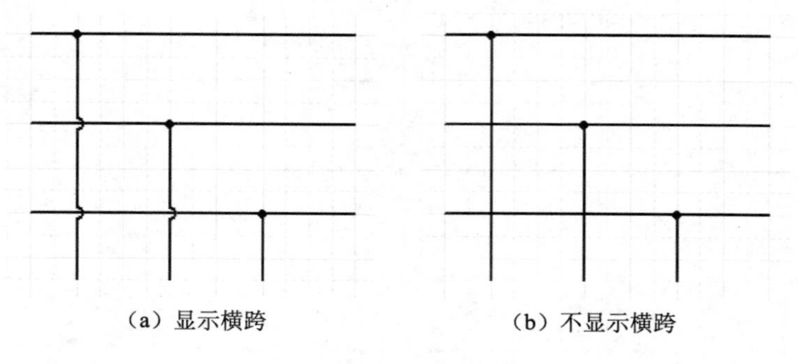

（a）显示横跨　　（b）不显示横跨

图 2-15 “显示横跨”选项对比图

（3）引脚方向

勾选“引脚方向”前的复选框，在进行原理图设计时，可以在元器件上显示信号的电气方向，以便纠错，如图 2-16 所示。

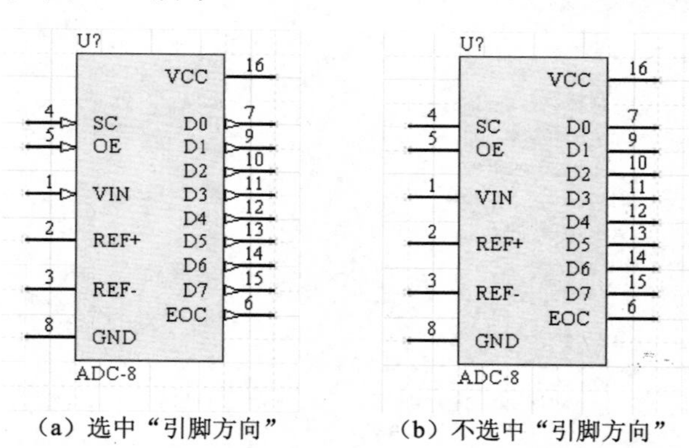

（a）选中“引脚方向”　　（b）不选中“引脚方向”

图 2-16 “引脚方向”选项对比图

2. 【Graphical Editing】选项卡

单击【Graphical Editing】选项卡，【优先设定】对话框右边弹出如图 2-17 所示界面。

- 剪贴板参考：勾选“剪贴板参考”前面的复选框，在执行复制或者剪切命令时，将提示选择一个参考点。
- 加模板到剪贴板：勾选“加模板到剪贴板”前面的复选框，当执行复制或者剪切命令时，将图纸模板也一并复制到剪贴板上。
- 对象的中心：勾选“对象的中心”前面的复选框，当执行移动或拖动对象命令时，光标会自动移到其参考点或者其中心。

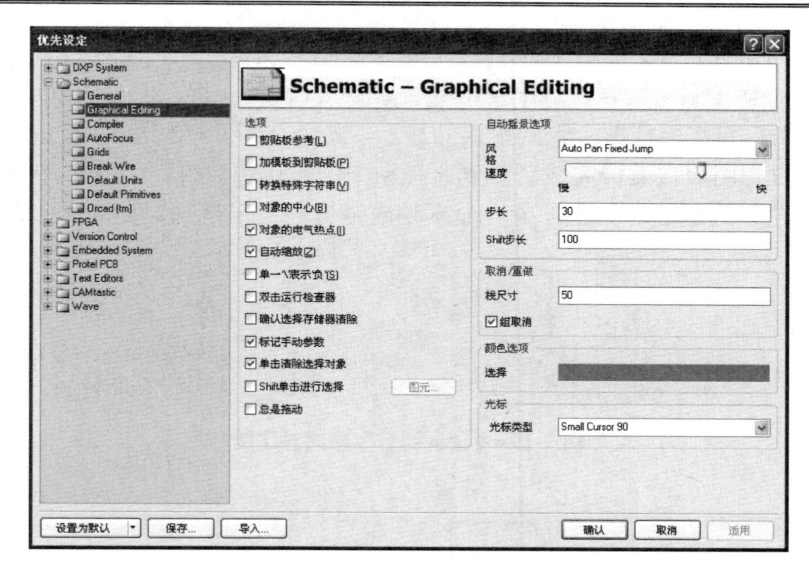

图 2-17 【Graphical Editing】选项卡

- ❑ 对象的电气热点：勾选“对象的电器热点”前面的复选框，当移动或者拖动对象时，跳到最近的电气热点。
- ❑ 双击运行检查器：勾选“双击运行检查器”前面的复选框，在编辑器窗口中双击被操作的对象后，将打开【Inspector】对话框。
- ❑ 单击清除选择对象：勾选“单击清除选择对象”前面的复选框，在编辑器窗口中单击被选择的对象后，将会清除该对象。
- ❑ 单击【光标】→【光标类型】后面的下拉列表按钮，可以选择光标的类型。

3. 【Compiler】选项卡

单击【Compiler】选项卡，优先设定对话框右边弹出界面，如图 2-18 所示。

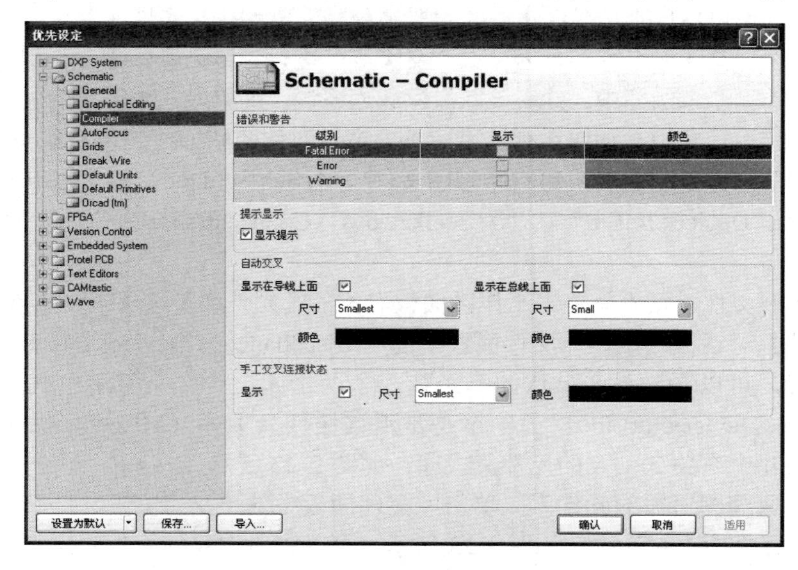

图 2-18 【Compiler】选项卡

该对话框用于设置原理图文件编译处理结果的相关属性。用户可以选择不同颜色来设定不同错误的类型【致命错误（Fatal Error）、错误（Error）和警告（Warning）】在原理中的显示。如果用户想在原理图上看到错误的显示，必须勾选相应【显示】复选框。勾选“显示提示”复选框，用户在编译完成后看到原理图中的错误和警告，如图 2-19 所示。只要将光标放到显示错误问题的对象上，就会显示相应错误的提示信息，如图 2-20 所示。

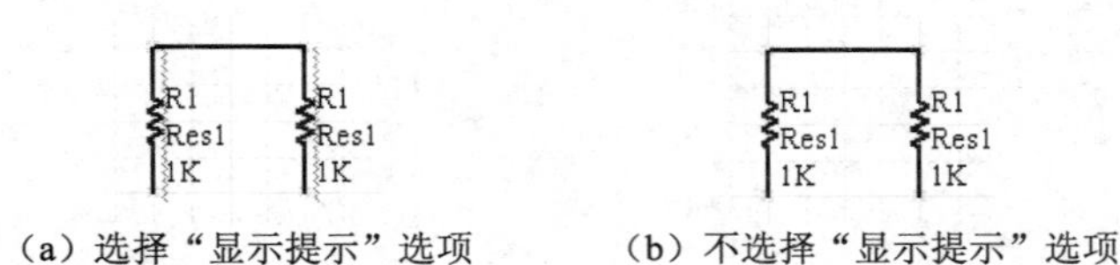

（a）选择“显示提示”选项　　（b）不选择“显示提示”选项

图 2-19　“显示提示”选项对比图

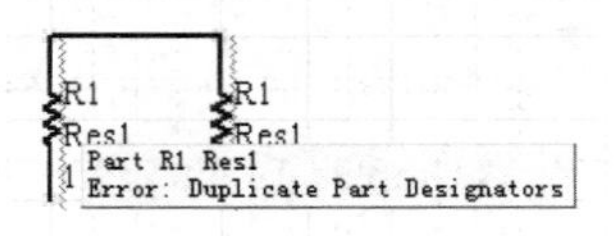

图 2-20　提示错误信息

2.4　装入元器件库

原理图主要包括两个基本要素：元器件符号和电路连线。绘制原理图的过程就是将表示实际元器件的符号放置到原理图上，并用表示电气连接的连线或者网络标号连接起来，形成正确的电气连接关系。

首先要在图纸上放置元器件符号，因此，需要知道元器件属于哪一个库中，并将该库载入原理图中。Protel DXP 的元器件库中的元器件分类非常明确，先以元器件厂家进行一级分类，再以元器件种类（如电容类、运算放大器类等）进行二级分类。因此，用户需要的元器件位于器件库的哪个二级库中，并将该二级库载入系统。仅载入几个需要的元器件二级库即可，以减轻系统运行负担，加快运行速度。下面通过实例介绍如何装入元器件库。

【实例 2-2】 为 2.2 节中新建的原理图文件“MySch.SchDoc”装入以下几个元件库：“Miscellaneous Devices.IntLib”、“Miscellaneous Connectors.IntLib”和“FSC Amplifier Buffer.IntLib”。

（1）打开库文件对话框。单击工作区面板右侧的【元件库】选项卡，出现如图 2-21 所示的【库文件】对话框。单击库文件面板中的“Miscellaneous Devices.IntLib”文本框右边的下拉按钮，可以看到系统默认的已经装入了两个库；一个是常用电气元器件杂项库（Miscellaneous Devices.IntLib）；另一个是常用接插件杂项库（Miscellaneous Connectors.IntLib），以及几个有关 FPGA 的元件集成库，如图 2-22 所示。

（2）装入原理图所需的元件库。单击库文件面板中的 元件库... 按钮，打开添加、移除元器件库【可用元件库】对话框，如图 2-23 所示。可以将所需要的元件库添加或移出，窗口中显示的是当前系统中已经装入的元件库。

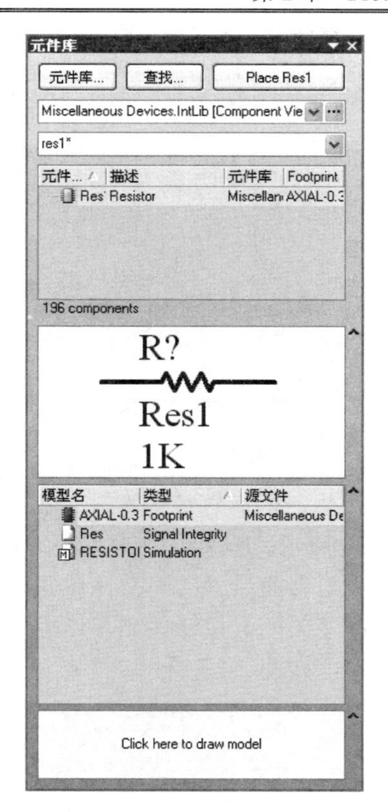

图 2-21 【库文件】对话框

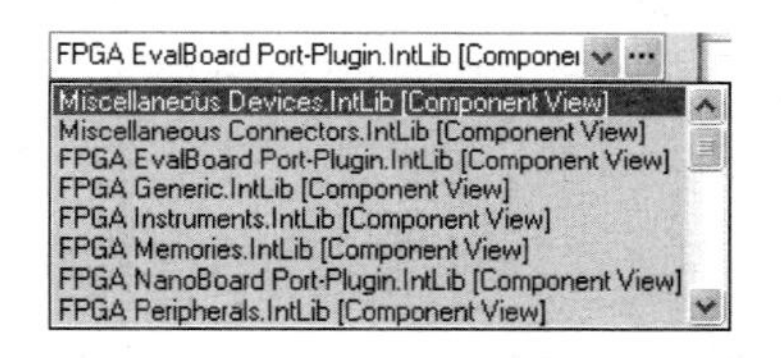

图 2-22 已加载的元件库列表

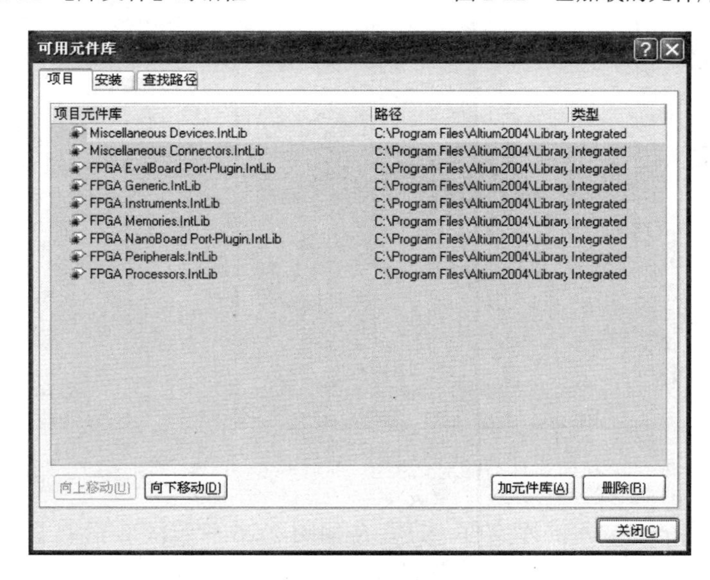

图 2-23 【可用元件库】对话框

（3）单击加元件库(A)按钮，弹出【打开】库文件对话框，如图 2-24 所示。

（4）双击所需元器件厂商的一级元件库文件夹，例如，仙童公司的“Fairchild Semiconductor”文件夹。随后在窗口中将显示仙童公司产品的二级子库名称，如图 2-25 所示。

图 2-24 【打开】库文件对话框

图 2-25 【打开】二级元件库对话框

（5）选中所需种类的二级库，这里需要仙童公司生产的运算放大器芯片，选中“FSC Amplifier Buffer.IntLib”，单击[打开(O)]按钮，如图 2-26 所示。所选中的库文件就出现在【可用文件库】对话框中的【项目元件库】列表框中，成为当前活动的库文件，重复上述操作即可依次添加不同的库文件依次到系统中。然后单击【关闭】按钮关闭【可用库文件】窗口。此时，所装入的元件库就出现在了库文件面板中，如图 2-27 所示。

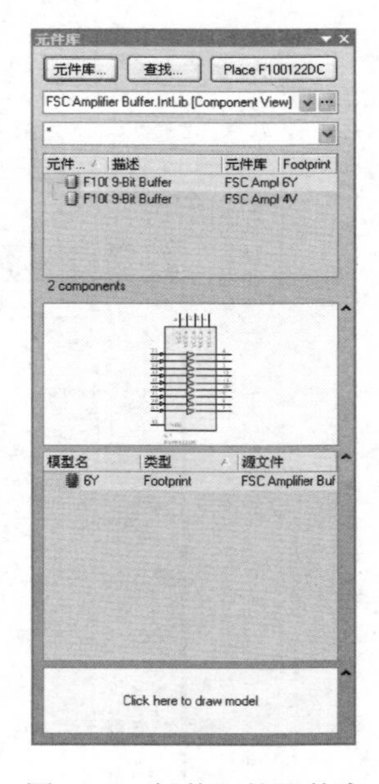

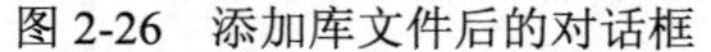

图 2-26 添加库文件后的对话框　　　图 2-27 新装入的元件库

如果想移除某个已装入的库文件，只要在如图 2-26 所示的对话框【项目元件库】列表框中选中该文件，然后单击[删除(R)]按钮即可。

📖：打开【可用文件库】对话框，也可以通过执行【设计】→【追加】→【删除元件库...】菜单命令来实现。Protel DXP 自带的库文件安装在系统安装目录下(如默认 C:\Program Files\Aitium\Library)。此外，也可以使用用户自建的 Protel DXP 单个库(*.SchLib 和 *.PcbLib)或 Protel 99SE 导出的库文件(*.Lib)。

2.5　放置元器件

当用户将元器件库载入设计系统后，就可以从该库中选取所需要的元器件进行放置了。放置元器件的方法一般有两种：利用库文件面板放置元器件；利用菜单命令放置元器件。

2.5.1　利用库文件面板放置元器件

【实例 2-3】 利用库文件面板在原理图文件“MySch.SchDoc”中放置仙童公司生产的“F100122DC”9 位缓冲器芯片。

（1）打开库文件面板，方法如【实例 2-2】中的第（1）步所述。

（2）装入原理图所需的元器件库，方法如【实例 2-2】中的第（2）步所述。

（3）打开元件所需的元件库。单击库文件名列表框的按钮，在下拉列表中单击选中所需要的库，如图 2-28 所示。

（4）在所选的元件库中选定所需要的元器件，【元件库】对话框中右上角的【放置元件】按钮会相应地变为放置所选的元器件，如所选的元器件为仙童公司的“F100122DC”芯片，则此按钮会变为 Place F100122DC ，如图 2-29 所示。

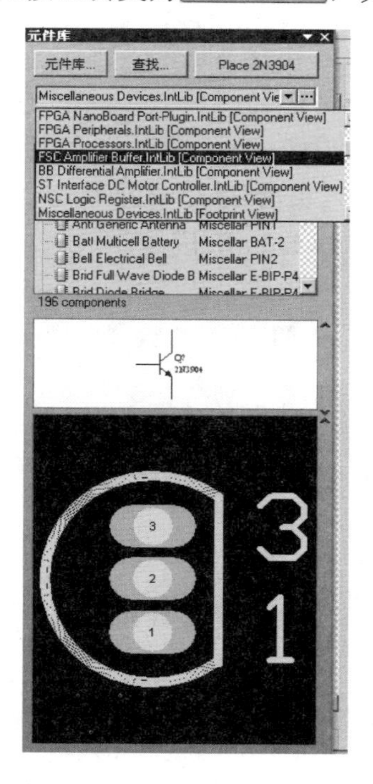

图 2-28　选择所需的元件库

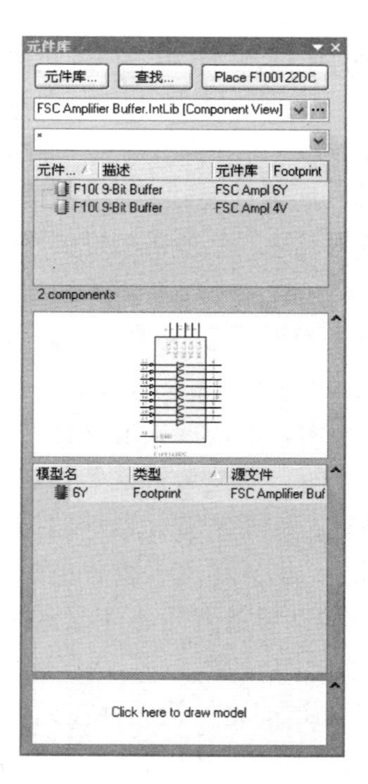

图 2-29　选择所需的元器件

（5）单击 Place F100122DC 按钮，将光标移到工作平面上，此时光标上是待放元器件的虚影，可以随光标移动，选择合适的位置，单击即可放置元器件到工作平面上，如图 2-30 所示。

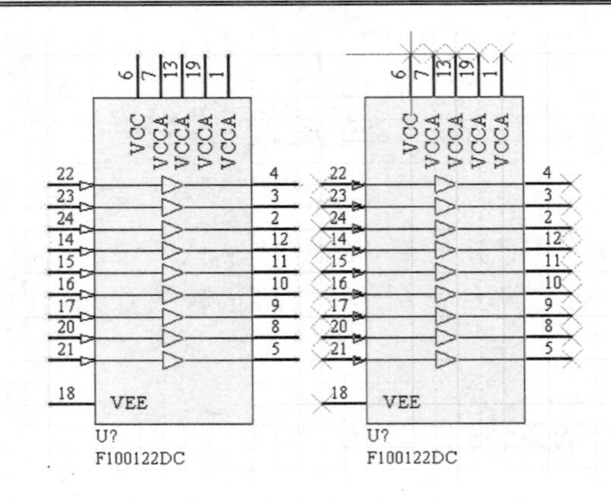

图 2-30　放置元器件到工作平面上

（6）此时鼠标光标上仍然有一个待放的元器件虚影，也就是系统仍处于放置元件状态，如图 2-30 所示，在不同的位置多次单击，则可以在不同的位置放置多个相同的元件。如果要退出该命令状态，可以按【Esc】键或单击右键，之后用户才被允许执行其他命令。

📖：如果用户事先已经知道元器件的名称和所在的元件库，则可以在如图 2-30 所示的关键字过滤栏中直接输入该元件的名称或头几个字母，则元件列表选框中就会出现匹配元器件名称的一个或几个元器件。

2.5.2　利用菜单命令放置元件

【实例 2-4】 利用菜单命令放置元件：三极管 2N3904。

（1）装入所需的元件库。执行【设计】→【添加→删除元件库...】菜单命令，弹出【可用元件库】对话框，将所需的库文件“Miscellaneous Devices.IntLib”依次装入，方法如【实例 2-2】中第（3）～（5）步所述。

（2）执行【放置】→【元件】菜单命令，出现如图 2-31 所示【放置元件】对话框。

下面是对话框中选项的详明。

- 库参考：所需放置的元器件在库中的名称；
- 标识符：即将放置元器件在当前原理图中的编号；
- 注释：即将放置元器件的描述信息；
- 封装：即将放置元器件的封装代号。

如果已知即将放置元器件在元件库中的名称，可以直接在【放置元件】对话框中输入如图 2-32 所示的内容。

如果不知道即将放置元件在元件库中的确切名称，但知道其所在元件库，则可以单击【库参考】栏右侧的按钮后，弹出【浏览元件库】对话框，如图 2-33 所示。

找到相应的库“Miscellaneous Devices.IntLib”，在元器件列表框中找到 2N3904 后单击“2N3904”以选中该元器件，单击确认按钮后出现与图 2-32 相同的对话框。

（3）对【标识符】栏进行设置后，单击确认按钮或按【Enter】键确认。

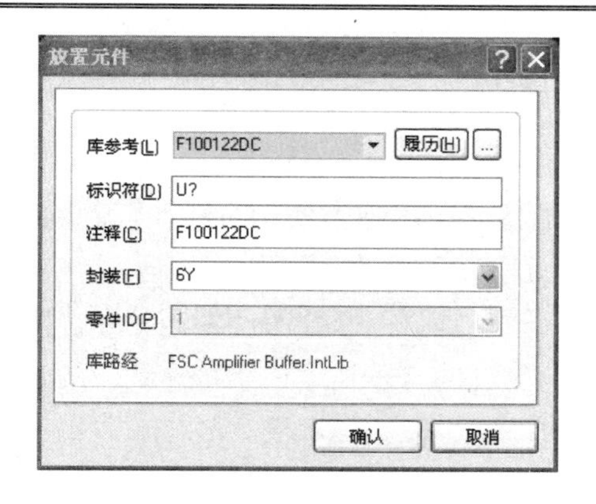

图 2-31 【放置元件】对话框　　　　图 2-32 放置元件 2N3904 对话框

（4）移动鼠标到工作平面，就会发现光标有一个待放的元件虚影，且随光标的移动而移动。将元件随光标移到工作平面上的适当位置处单击，即可将元件放置到光标当前所在的位置，如图 2-34 所示。

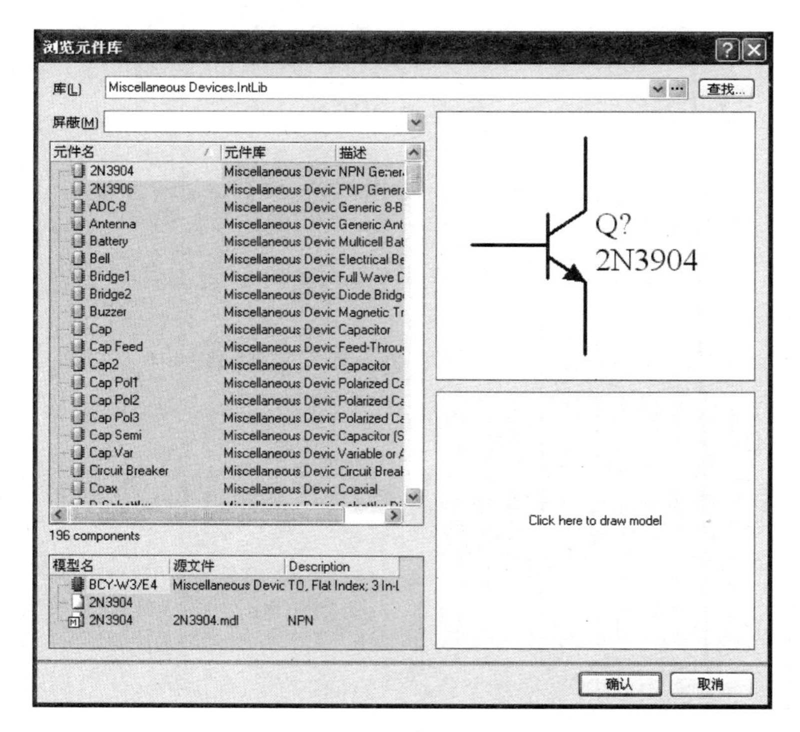

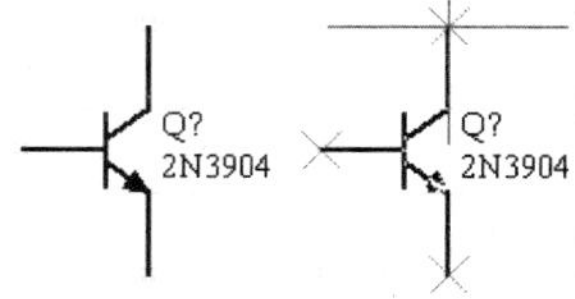

图 2-33 【浏览元件库】对话框　　　　图 2-34 放置 2N3904

📖：放置元件时，一般不将原理图中所有元件一次性放置完，否则很难把握原理图的绘制。可以分块多次完成元器件的放置，将位置接近的一组元件一次性放置，并设置好属性后，再进行下一组元件的放置。对于原理图比较简单，元器件比较少的情况，可以考虑一次性都放置完所有的元器件。

2.5.3 删除元件

放置完所需的元器件后，发现有些元器件需要删除，下面通过实例讲述如何删除不需要的元件。

【实例 2-5】 将已放置的元件 F100122DC 缓冲器和三极管 2N3904，如图 2-35 所示，从原理图“MySch.SchDoc”中删除。

1. 执行菜单命令删除一个元件

（1）执行【编辑】→【删除】菜单命令。

（2）当光标变为十字形状后，将光标移到三极管 2N3904 上，如图 2-36 所示，单击将该元件从工作平面上删除。此后，程序仍处于【删除】命令状态。重复操作即可依次删除其他元件，直到单击右键或按【Esc】键即可退出删除命令。

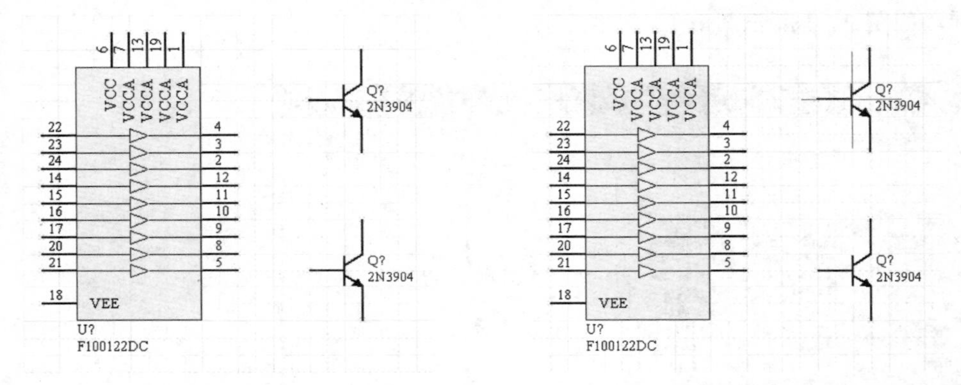

图 2-35　删除元件实例　　　　图 2-36　删除三极管 2N3904

2. 单击鼠标删除一个元件

先单击选中该元件，此时元件的周围会出现捕捉点，然后按【Delete】键即删除该元件，如图 2-37 所示。

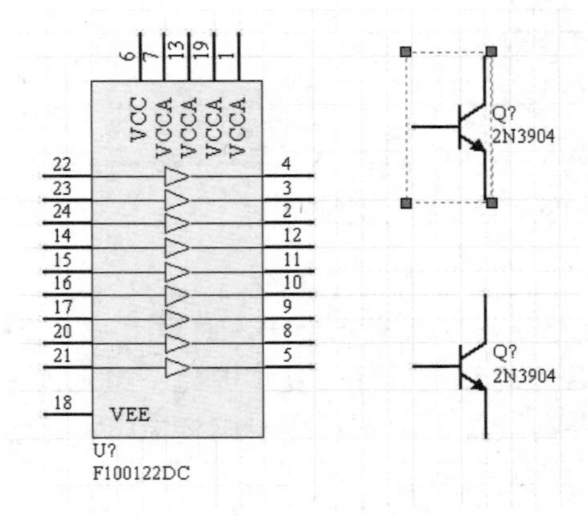

图 2-37　单击鼠标删除元件

3. 一次删除多个元件

（1）选中所要删除的多个元件。按住鼠标左键不放，用鼠标拖出的选框框住所要删除的多个元件，如图 2-38（a）所示。然后松开鼠标，选中所要删除的多个元件，如图 2-38（b）所示。

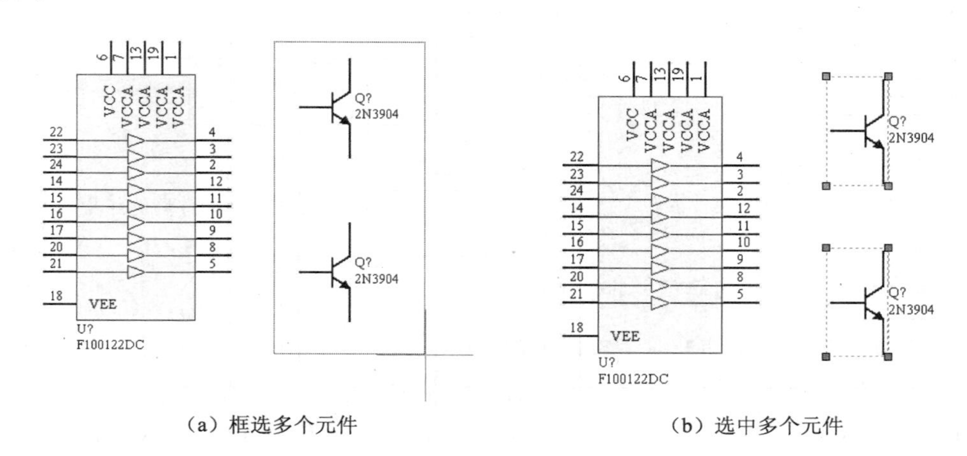

（a）框选多个元件　　（b）选中多个元件

图 2-38　删除多个元件

（2）执行【编辑】→【清除】菜单命令，或直接按【Delete】键，即可完成删除多个元件的操作。

📖：在进行各种操作时，将鼠标与键盘配合或使用快捷键将会大大简化操作步骤，提高工作效率。

2.5.4　调整元件位置

在绘制原理图时，为了使布线简单明了，在放置好元器件后，往往需要适当调整元器件的位置，如移动、取消选择或者旋转元件等。下面将通过实例介绍其具体操作。

2.5.4.1　移动元件

1. 单击移动单个元件

【实例 2-6】 采用单击的方法移动图 2-35 中的三极管 2N3904。

（1）选中元件。将光标移动到需要移动的三极管上，然后按住鼠标不放，此时元件上出现了以鼠标箭头为中心的十字光标，如图 2-39 所示，选中该元件。

（2）移动元件。按住左键不放，移动十字光标，元件的虚框轮廓会随光标的移动而移动，移到适当的位置后，松开左键即完成了移动操作。移动后的结果如图 2-40 所示。

📖：在移动过程中必须按住左键不放。如果松开鼠标，所选中的元件将会以选中状态保持在原位不变。

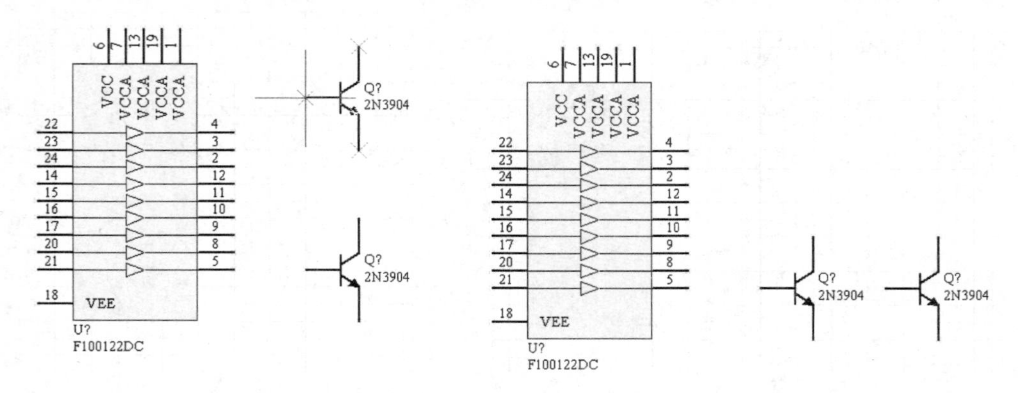

图 2-39　选中元件　　　　图 2-40　移动单个元件后的结果

2．执行菜单命令移动单个元件

执行【编辑】→【移动】→【移动】菜单命令，之后会出现十字光标，方法同鼠标单击移动单个元件。所不同的是此过程中不必按住左键不放，且移动一个元件后，系统仍处于移动命令状态，此时还可继续移动其他元件，直到单击右键或按下【Esc】键取消命令为止。

3．同时移动多个元件

【实例 2-7】 采用同时移动多个元件的方法移动图 2-35 中的两个三极管 2N3904。

（1）拖放同时选中多个元件。方法与单击选中单个元件相同，这种方法适合于规则区域的选中。

（2）执行【编辑】→【选择】→【区域内对象】菜单命令。方法同（1）。所不同的是此过程不必按住鼠标不放。

（3）逐个选中多个元件，这种方法适合于不规则区域的选择。执行【编辑】→【切换选择】菜单命令。出现十字光标后，依次单击逐个选中多个元件。所选中的元件周围会出现绿色的虚线框，如图 2-41 所示。在该命令状态下，可执行多次操作，直至单击右键或按下【Esc】键取消命令为止。

（4）选中元件后，单击所选中的元件组中任意一个元件并按住鼠标左键不放，出现十字光标后即可移动所选中的元件组到适当位置，然后松开鼠标，元件组便被放置在了当前位置。移动后的结果如图 2-42 所示。

（5）执行【编辑】→【移动】→【移动选定的对象】菜单命令，出现十字光标后，单击所选中的元件，移动鼠标即可将其移动到适当位置，然后单击确认即可放置在当前位置，此过程中不必按住左键不放。

2.5.4.2　取消元件选择

当执行【编辑】→【选择】→【区域内对象】或【编辑】→【选择】→【切换选择】菜单命令将元件选中时，通过执行【编辑】→【取消选择】→【区域内对象】或【编辑】→【取消选择】→【切换选择】菜单命令对应取消单个元件的选中状态。也可以在图纸空白处单击，取消所有元器件的选中状态。

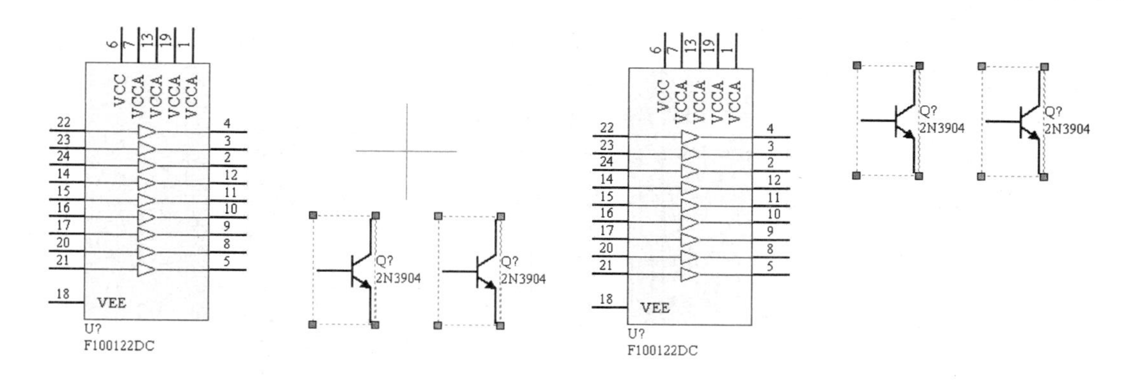

图 2-41　逐个选中多个元件　　　　图 2-42　移动多个元件后的结果

2.5.4.3　旋转元件

为了方便布线，在放置元件时往往要对元件进行适当旋转。主要利用以下快捷键完成：

- Space 键（空格键）：将被选中的元件逆时针旋转 90°。
- X 键：将被选中的元件水平翻转。
- Y 键：将被选中的元件垂直翻转。

【实例 2-8】 将图 2-43 中的 F10022DC 元件 U?旋转 90°，二极管 D？水平翻转，三极管 Q？垂直翻转。

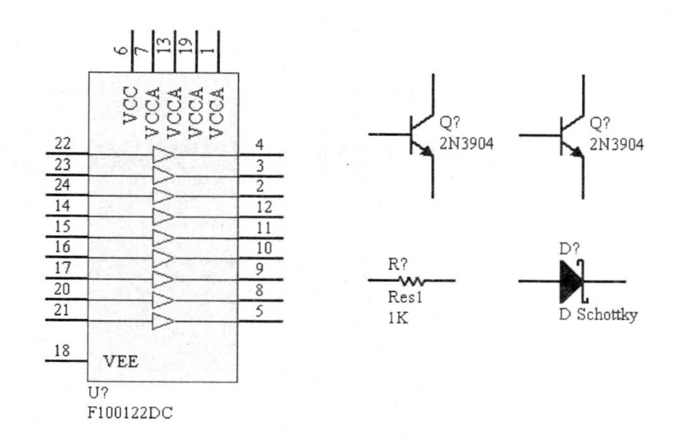

图 2-43　元件旋转实例

- 元件的逆时针旋转

（1）单击元件 F100122DC 并按住左键不放，选中该元件。

（2）按住左键不放，同时按【Space】键，即可将元件 F100122DC 逆时针 90°旋转。

（3）将元件方向调整好后即松开左键，旋转后的结果如图 2-44 所示。

- 元件的水平翻转

（1）单击二极管 D？并按住左键不放，选中该元件。

（2）按住左键不放，同时按【X】键，即可将二极管 D？水平翻转。

（3）将元件方向调整好后即松开鼠标，旋转后的结果如图 2-44 所示。

❑ 元件的垂直翻转

（1）单击三极管 Q? 并按住左键不放，选中该元件。

（2）按住左键不放，同时按【Y】键，即可将三极管 Q? 垂直翻转。

（3）将元件方向调整好后松开鼠标，旋转后的结果如图 2-44 所示。

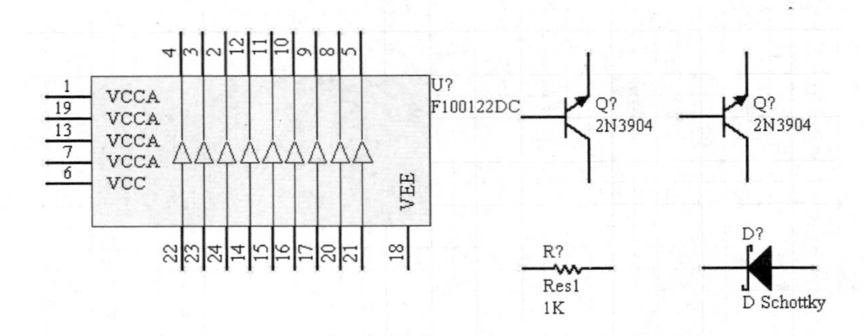

图 2-44　旋转元件后的结果

2.5.5　编辑元件属性

将元件位置调整好后，还需要对各元件的属性进行编辑，如元件的标示符、封装、管脚号定义等。下面通过实例介绍如何对元件属性进行编辑。

【实例 2-9】 对图 2-44 中的元件属性进行编辑。

（1）双击图 2-44 中的电阻 Res1，弹出【元件属性】对话框，如图 2-45 所示。

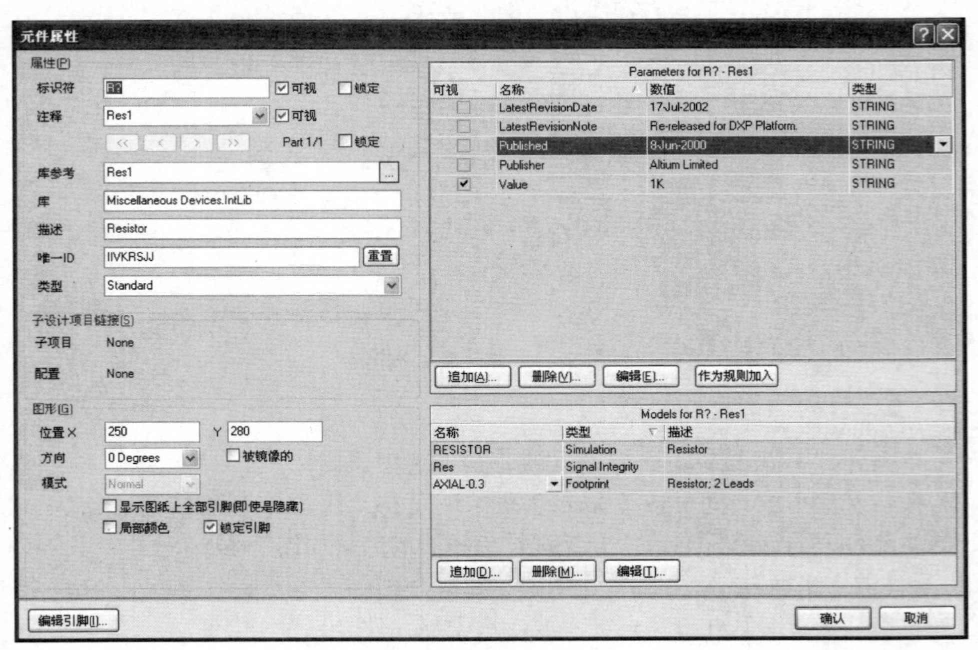

图 2-45　【元件属性】对话框

（2）设置元件的各种属性。

由于 Protel DXP 已为自带元件库中的元器件进行了默认设置，因此，元器件的很多属性不需要修改。下面仅对几个常用的属性进行介绍。

【属性】区域用来设置元器件的基本属性。其中，【标识符】文本框用来输入或修改元器件的序号，本例中输入“R1”。勾选其右边的【可视】复选框，则元件序号将在原理图上显示。勾选其右边的【锁定】复选框，只能读取元件标示符而不能进行修改。【注释】栏内标出元件型号，补充说明元件的有关信息，勾选其右边的【可视】复选框，元器件注释将在原理图上显示，一般默认，不需修改。

【图形】区域用来设置元器件的外形属性。其中，【位置 X】定位元件在原理图中的 X 坐标，【位置 Y】定位元件在原理图中的 Y 坐标。【方向】下拉列表提供了 4 个选择项分别是 0°、90°、180° 和 270°，用来设置元件的放置方向。【显示图纸上全部引脚】复选框被选中后，将在原理图上显示元器件的所有引脚。

【局部颜色】复选框用来指定是否用本地的颜色设置。选中会弹出相应的局部色板，可供修改，如图 2-46 所示。在该对话框中可以设置电阻的填充、直线、管脚的颜色。单击其相应的色块，即可弹出调色板对话框进行设置，如图 2-47 所示，一般使用默认颜色。

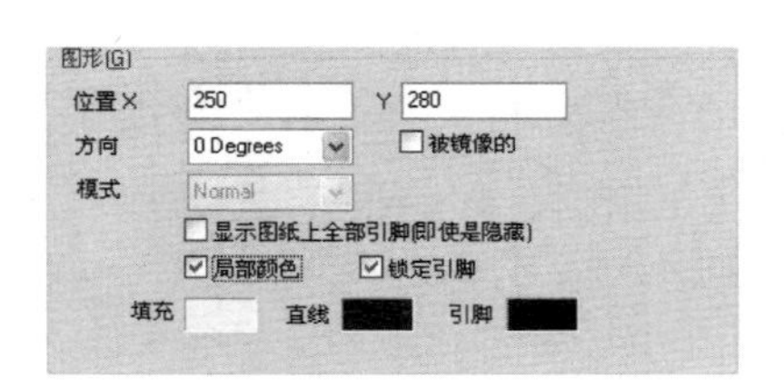

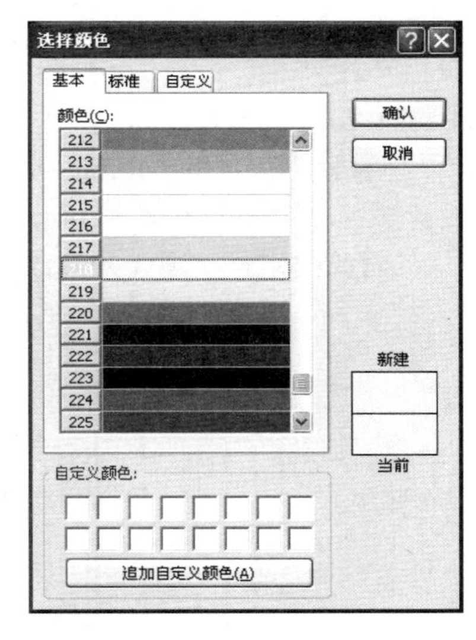

图 2-46　选中【局部颜色】复选框　　图 2-47　【选择颜色】对话框

勾选【锁定引脚】复选框，则下原理图中元器件的所有引脚不能修改，默认为选中。

单击［编辑引脚(I)...］按钮，则可以打开【元件引脚编辑器】对话框，如图 2-48 所示，单击［编辑(E)...］按钮详细编辑该元件的引脚信息。

【Parameters for（R?-Res2）】区域用于设置元件的参数，不同元器件，其参数列表是不同的。其中，【名称】用于设置元件的参数名称。对于初学者，最关键的是设置【Value】参数，即电阻阻值的大小设置。【数值】用于设置元件参数的数值大小，本例中设置为 1K，并在【可视】前面的复选框中打“√”，这样在原理图中将显示该电阻的阻值大小。【类型】用于设置元器件的类型，Protel DXP 为电阻元件提供了 STRING、INTEGER、FLOAT 和 BOOLEAN 四种类型。本例中选择 STRING，表示字符串类型。

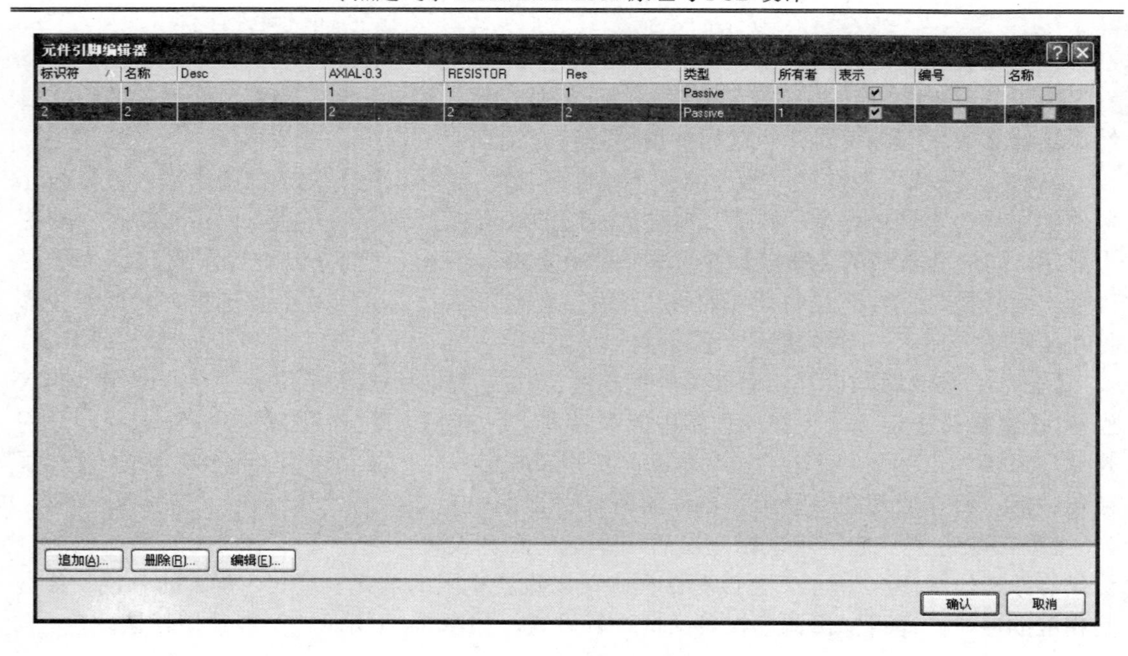

图 2-48 【元件引脚编辑器】对话框

【Models list for（R?-Res2）】区域显示元器件的集成模型，一般包括 3 种类型："Simulation"（仿真模型）、"Signal Integrity"（信号完整性模型）和"Footprint"（管脚封装模型）。对于初学者，最关键的是"Footprint"，在 Protel DXP 自带的集成元器件库中，元器件都有默认的管脚封装，一般无须修改。

（3）设置结束后，单击 确认 按钮，关闭该对话框。编辑后的元件如图 2-49 所示。

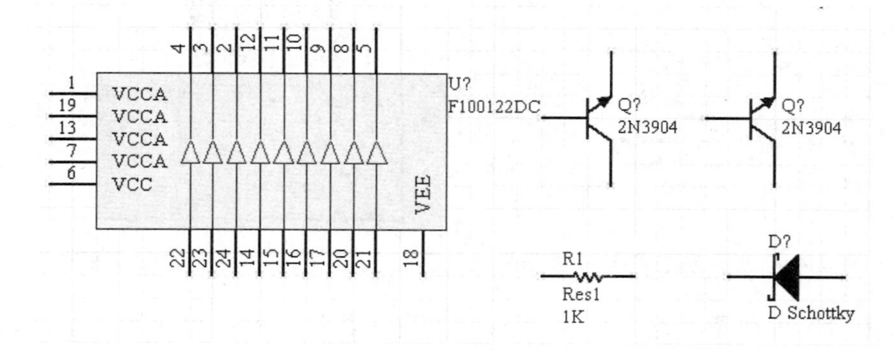

图 2-49 编辑元件属性后的结果

📖：打开元件属性对话框还可以通过以下两种方式：在放置元器件的状态下按 Tab 键；执行【编辑】→【变更】菜单命令，出现十字光标后将光标移到需要编辑属性的元件上，即可打开【元件属性】对话框。

如果只对元件标识符和型号属性进行编辑，则可以通过双击需要修改的标识符，弹出【参数属性】对话框进行设置，如图 2-50 所示。

图 2-50　元件【参数属性】对话框

2.6　绘制电路原理图

将元件放置在原理图上的合适位置并设置好元件的属性后，就可以按照设计要求绘制电路原理图了。在原理图上放置元器件只是说明了电路的组成部分，并没有在元器件之间进行布线，建立起需要的电气连接。因此，绘制电路原理图的主要工作就是要建立起正确的电气连接关系。

2.6.1 【布线】工具栏

为了便于绘制电路图，Protel DXP 提供了布线工具栏。执行【查看】→【工具栏】→【配线】菜单命令，打开【布线】工具栏，如图 2-51 所示。

直接单击布线工具栏上的各个按钮，即可选择相应的工具进行绘制，将不同元件之间连接起来。布线工具栏在原理图编辑窗口中是浮动的，可以通过单击拖放的方法来移动工具栏，将其放置在工作区面板的任何位置。注意拖放过程中不能松开鼠标。

Protel DXP 提供了移动鼠标提示功能，将鼠标移动到相应的工具图标上，就会显示该工具的功能，如图 2-52 所示。

图 2-51 【布线】工具栏

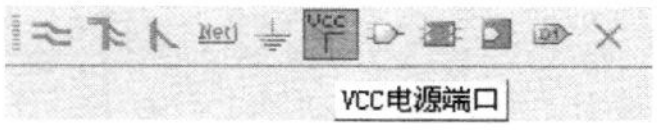

图 2-52　鼠标提示功能

📖：也可以通过执行【放置】菜单下的各个命令选项或者利用快捷键，如图 2-53 所示，得到与【布线】工具栏上按钮相同的操作结果。快捷键对应菜单中的每一个命令名称旁带下划线的字母，直接按带下划线的字母键，如放置导线快捷键为 P+W，这种方法会使下拉菜单出现在光标处。

2.6.2 绘制导线

下面通过一个实例电路原理图，来逐一介绍原理图的布线方法。

【实例 2-10】 绘制如图 2-54 所示的电路原理图。

（1）执行放置【导线】的命令。先将原理图中的两个电阻，一个运算放大器放置，并调整好位置后，单击【放置导线】图标，出现十字光标。将光标移到电阻 R1 右边的引脚上，单击确定导线的起始点，如图 2-55 所示。

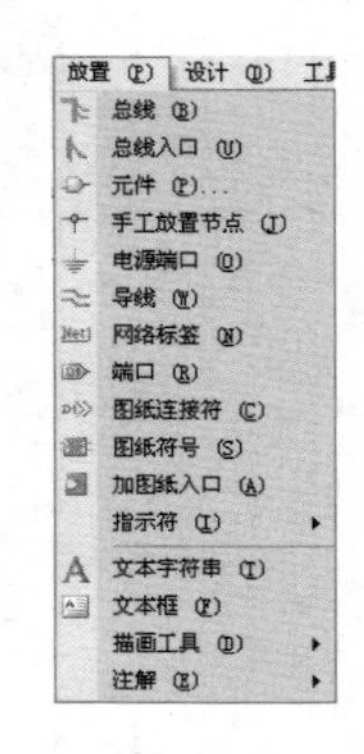

图 2-53 【放置】菜单下的布线工具

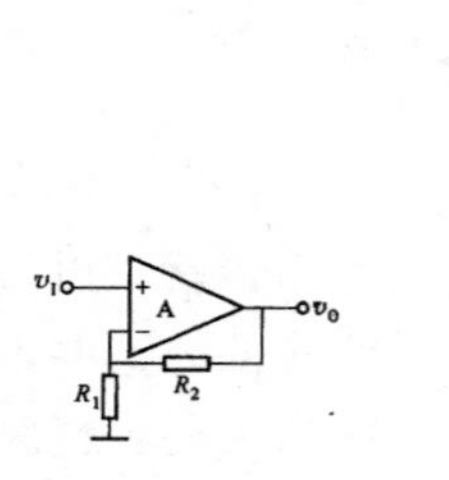

图 2-54 绘制原理图实例

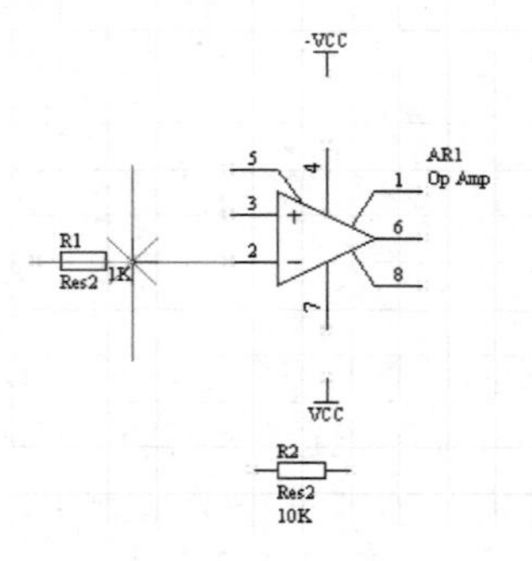

图 2-55 确定导线起始点

📖: 导线的起始点一定要设置在元件的引脚上，否则导线与元件并没有电气连接关系，因此，在绘制原理图之前一定要设置自动捕获电气节点属性，也就是如果系统捕捉到电气节点，就会自动在鼠标旁边显示如图 2-55 中的米字形图形，表示导线的起始点。

（2）移动鼠标绘制导线。将鼠标拖动到运算放大器左侧的第 2 引脚上单击，确定导线的终点，如图 2-56 所示。同样，导线的终点也一定要设置在元件的引脚上。

由于绘制原理图之前设置了“正交方向拖动”属性，因此，当用户在画导线时，系统将只随用户的鼠标移动方向绘制水平和垂直导线，如图 2-56 所示。

如果需要绘制 45° 斜导线，如连接 R1 右端点和 R2 的左端点时，一般通过快捷键的方式来完成，即在绘制导线的命令状态下，按下 Shift+空格键，则在导线的拐弯处就可以随鼠标的移动在导线折弯处绘制出相应的 45° 斜导线，如图 2-57 所示。

再次按下 Shift+空格键，则随鼠标的移动在导线起点和当前鼠标光标位置间绘制一般的斜导线，如图 2-58 所示。

不过，不论是直线还是斜线，在电气意义上都是相同的。因此，为了原理图的美观和清晰，通常都绘制成水平和垂直状态。

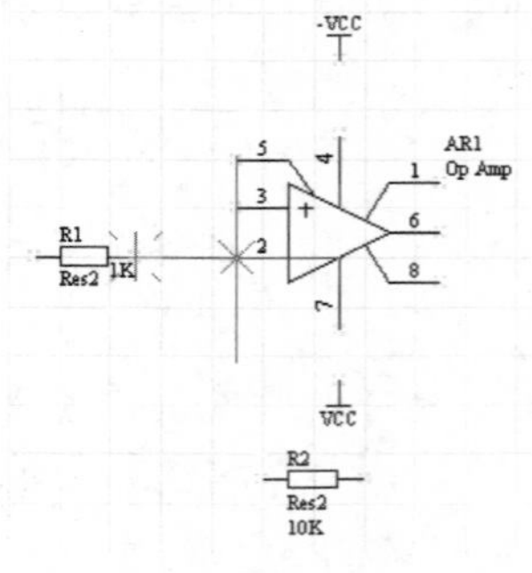

图 2-56 确定导线的终点

（1）单击右键或按下【Esc】键，完成一条导线的绘制。此时，光标仍然是十字形状，即程序仍处于绘制导线的命令状态。

（2）重复上述步骤完成其他导线的绘制。在绘制过程中，系统会自动为交叉导线放置节点，如图 2-59 所示。

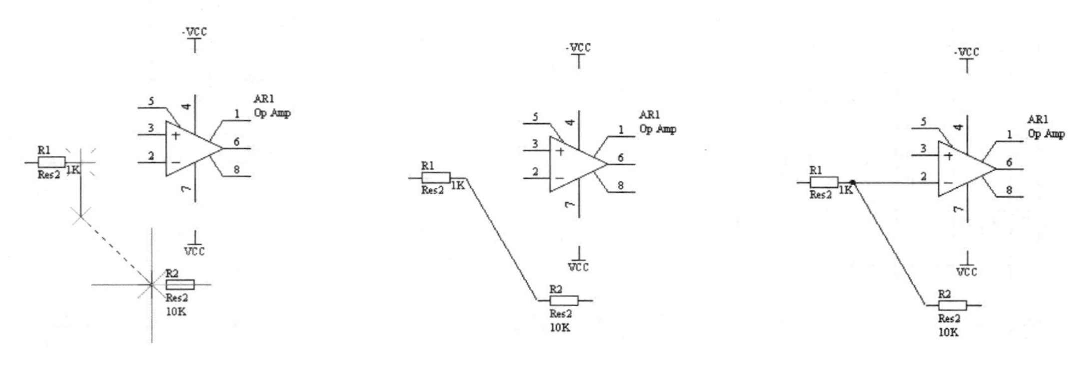

图 2-57　拐弯处 45° 斜导线　　图 2-58　一般斜导线　　图 2-59　放置节点

（3）单击右键或按下【Esc】键，十字光标消失，系统退出绘制导线的命令状态。

（4）修改已经绘制好的导线。如果需要修改某段导线，可以双击该段导线，弹出【导线属性】对话框进行修改，如图 2-60 所示。也可以直接单击该段导线，按【Delete】键删除该段导线，重新绘制。当单击某段导线时，该导线的各个转折点处（包括起点和终点）就会出现绿色小方块，单击某个小方块，按住鼠标不放松，拖放，就可以对转折点的位置进行调整，如图 2-61 所示。

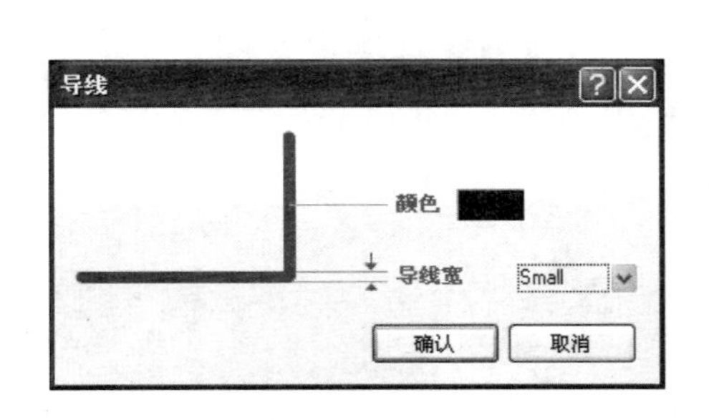

图 2-60 【导线】属性对话框

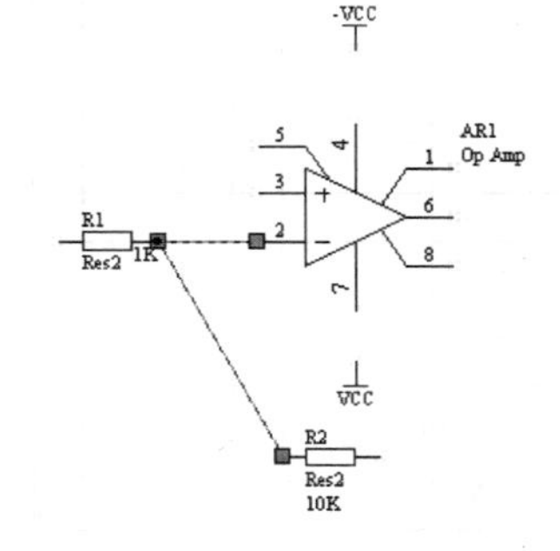

图 2-61　导线捕捉点

2.6.3　放置电源及接地符号

Protel DXP 提供了多种不同形状的电源和接地符号，可供用户选择。单击菜单栏右侧的【实用工具】中接地符号右侧的下拉按钮，如图 2-62 所示，即可显示如图 2-63 所示多种电源和接地符号。

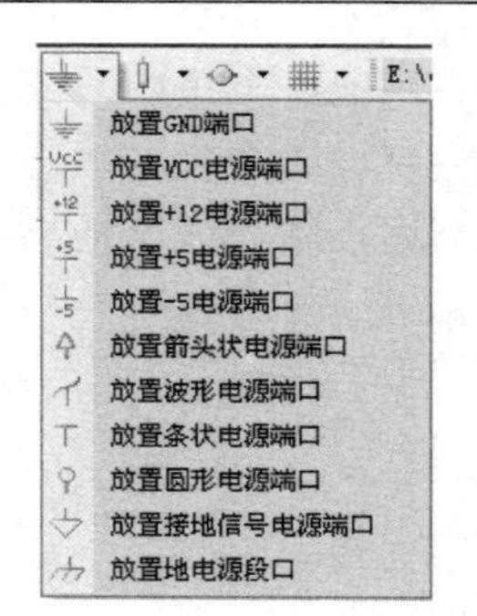

图 2-62 【实用工具】栏　　　　图 2-63　电源和接地符号

【实例 2-11】 为图 2-61 所示的电路原理图中加入接地符号。

（1）单击图 2-63 中的【放置 GND 端口】。

📖：也可采用以下 3 种方法完成上述操作：单击【布线】工具栏中的【GND 端口】按钮；使用快捷键 P+O；执行【放置】→【电源端口】菜单命令。

（2）放置电源或接地符号。执行完上述命令后，将鼠标移动到原理图工作平面上时，出现十字光标，拖动光标将电源或接地符号放置在如图 2-64 中所示的位置，单击确认。

（3）设置电源及接地符号属性。

- ❑ 方法一：双击图 2-64 中的接地符号，弹出【电源端口】属性对话框，如图 2-65 所示。
- ❑ 方法二：单击电源及接地符号按钮，然后按【Tab】键，弹出【电源端口】属性对话框，如图 2-65 所示。

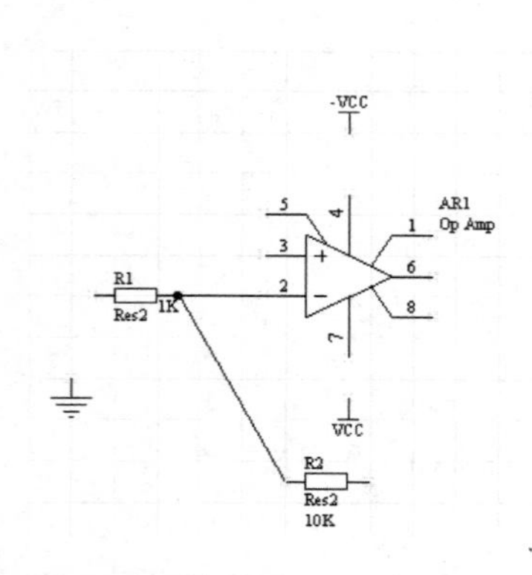

图 2-64　放置【GND 端口】

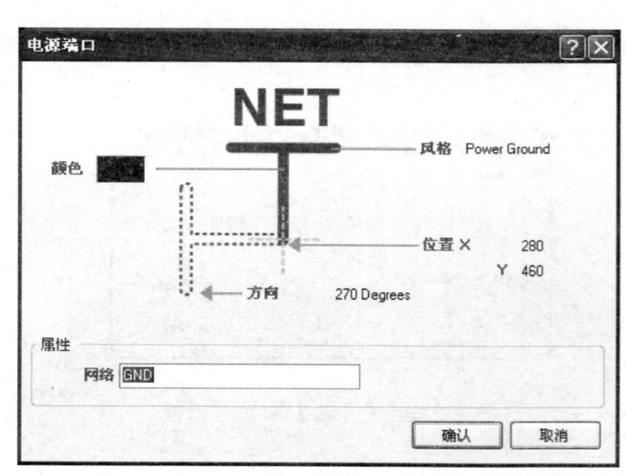

图 2-65 【电源端口】属性对话框

在该对话框中可以对电源及接地符号的颜色、风格、位置、方向及网络属性进行设置，其中各个选项具体功能如下。

- ❑ 网络：网络标号，表示元件的电气连接点名称。具有相同网络标号的管脚在电气上是连接在一起的。本例采用系统默认的网络标号“GND”，注意这里要区分大小写，可以根据实际要求来修改。

- ❑ 风格：用于设定元件的外形。Protel DXP 提供了 7 种不同风格的电源符号。将光标移到【Power Ground】时，在其右侧会出现按钮，单击该按钮，如图 2-66 所示。选择“Power Ground”，其外形为⏚。

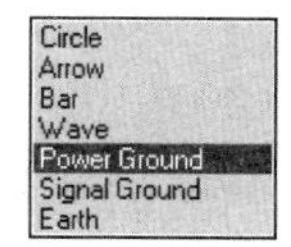

图 2-66　电源及接地符号的【风格】

- ❑ 位置 X：设置元件在原理图中放置的 X 坐标。不能修改，随着鼠标位置的变化而变化。
- ❑ 位置 Y：设置元件在原理图中放置的 Y 坐标。不能修改，随着鼠标位置的变化而变化。
- ❑ 方向：设置电源及接地符号的放置方向，方法同【风格】的设置方法。
- ❑ 颜色：单击其右侧的颜色框，弹出【选择颜色】对话框，修改电源及接地符号的颜色。

（4）单击 确认 按钮，完成放置。

（5）放置电源符号 VCC，方法同接地符号 GND 的放置方法。

2.6.4　设置网络标号

在一些复杂的电路图中，过多地画导线会使图纸显得杂乱无章，此时，一般采用设置网络标号的方法，使整张图纸变得清晰易读。网路标号主要用于连接层次式电路或多重式电路中各个模块电路，即将两个以上没有相互连接的网络，通过命名为同一网络标号，而使其在电气上连接在一起。网络标号也同样适用于单张式电路原理图，这在利用网络表进行印制电路板自动布线时非常重要。

【实例 2-12】 用设置网络标号的方法，为图 2-67 所示的电路原理图中的单片机 DS87C520-MCL 和 A/D 转换芯片 MAX118CPI 设置网络标号，将其数据线（D0-D7）在电气上连接起来。

（1）在对应的元件引脚处画上导线，结果如图 2-68 所示。

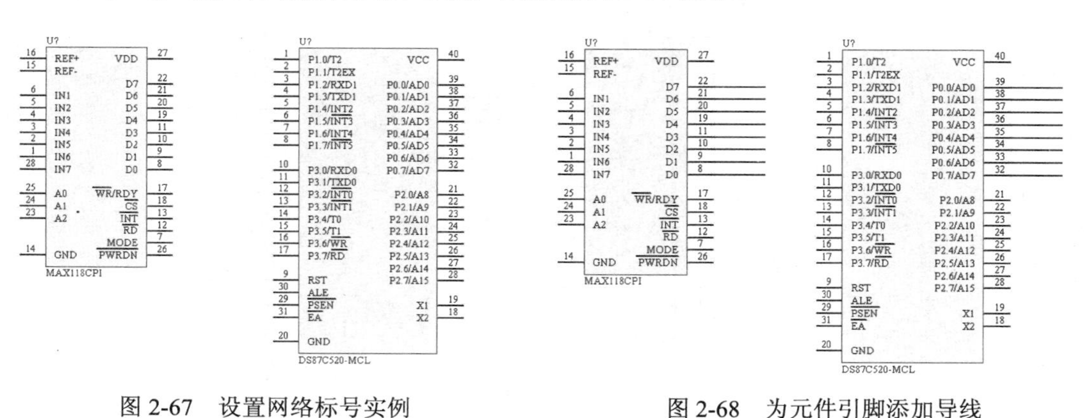

图 2-67　设置网络标号实例　　　　图 2-68　为元件引脚添加导线

📖：执行下述操作之一即可：单击【布线】工具栏中的按钮；使用快捷键 P+N；执行【放置】→【网络标签】菜单命令。

（2）放置网络标号。此时光标变为十字形状，并出现一个带虚线方框的网络标号，随着光标移动而移动，且其缺省值为“NetLabe1”，如图 2-69 所示。将鼠标指针移动至单片机的 P0.0 脚上方，当出现红色米字形电气捕捉标志时，单击确认，完成设置。此时光标还处于放置状态，可以继续在其他管脚上放置网络标号，最后单击鼠标右键或按【Esc】键退出。放置好网络标号后的结果如图 2-70 所示，此时网络标号的名称为缺省值“NetLabell”。

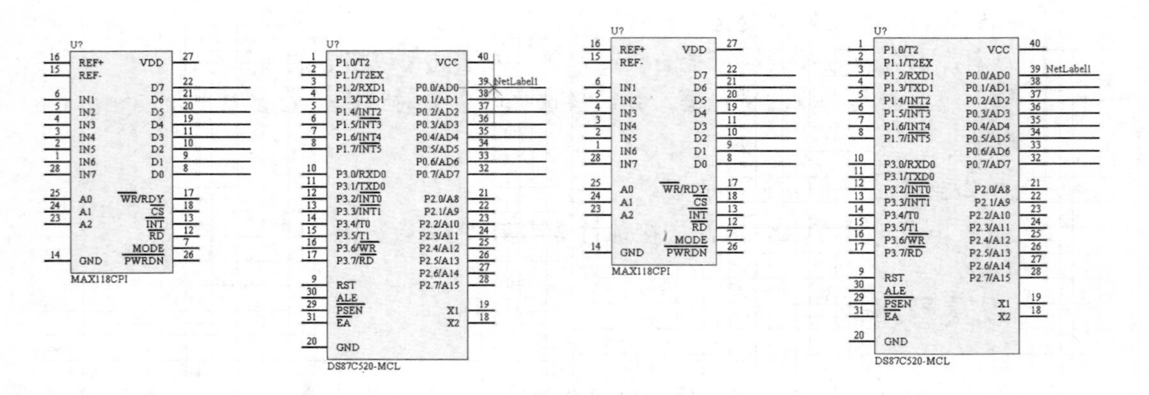

图 2-69　执行【放置网络标号】命令后的状态　　　　图 2-70　放置网络标号的结果

（3）设置网络标号的属性。双击图 2-70 中的网络标号，弹出【网络标号】属性对话框。如图 2-71 所示，该对话框类似于电源/接地符号的属性对话框，将【网络】属性设置为需要的网络标号，此处可以设为“D0”，其他不再赘述。

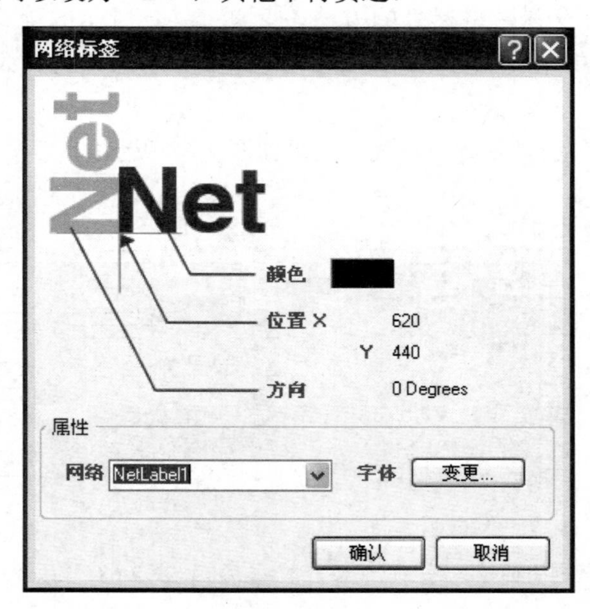

图 2-71　【网络标签】属性对话框

（4）设置好网络标号属性后，单击 确认 按钮，完成设置网络标号的工作，如图 2-72

所示。

（5）调整网络标号的位置。其方法与元件的位置调整方法相同。依据上述方法为所有管脚添加网络标号，结果如图 2-73 所示。

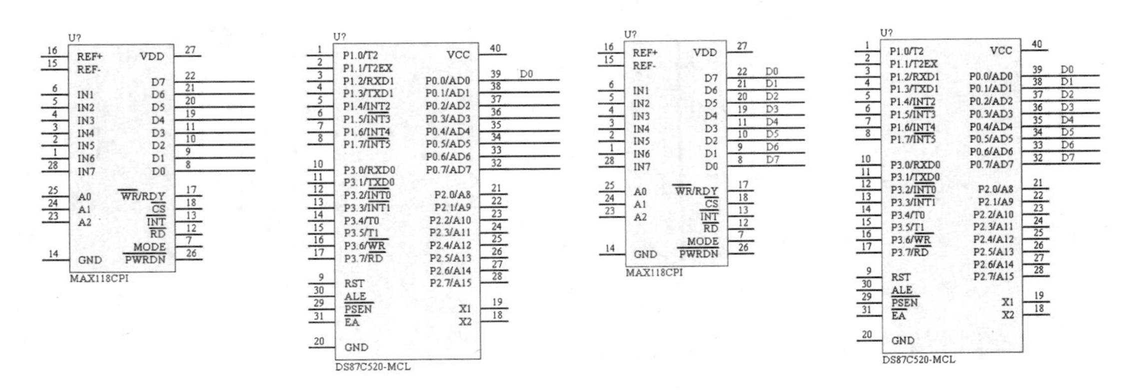

图 2-72　修改【网络标签】属性对话框内容的结果　　　　图 2-73　给所有元件引脚添加网络标号

📖：设置网络标号的名称时，如果设置成同一网络的网络标号，其名称及字母的大小应该完全相同，否则将被视为不同的电气节点。

2.6.5　绘制总线

当电路原理图中有多条并行导线需要连接时，此时为了减少图中的导线，简化原理图，使原理图变得清晰简单，可以采用绘制总线的方法来实现。所谓总线，就是代表多条并行导线的一条线，其本身并没有任何电气连接意义，还是靠网络标号来表示。总线常用于元件的数据总线或地址总线的连接，一般需要与总线分支线配合使用。

【实例 2-13】 采用绘制总线和总线分支的方法，将图 2-67 中单片机 DS87C520-MCL 的数据线和 A/D 转换芯片 MAX118CPI 的数据线（D0-D7）连接起来。

（1）单击【布线】工具栏中的 按钮，执行绘制总线的命令。

📖：还可以通过以下两种方法之一来完成：使用快捷键 P/B；执行【放置】→【总线】菜单命令。

（2）绘制总线。执行画总线的命令后，将鼠标放置到工作平面上时出现十字光标，按照和绘制导线的操作相同的方法绘制总线。绘制好的总线如图 2-74 所示。

（3）此时程序仍处于绘制总线的命令状态。可以按照上述方法继续绘制其他的总线，也可以单击右键或按【Esc】键退出绘制总线的命令状态。

（4）修改总线属性。同样，用户也可以双击总线，在弹出的【总线】属性对话框中修改其宽度、颜色，如图 2-75 所示。

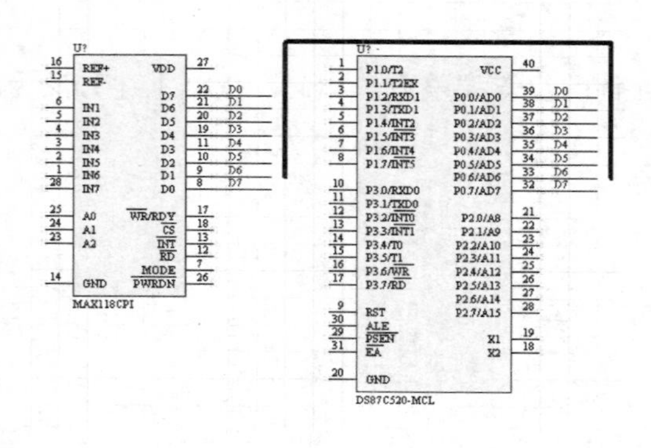

图 2-74　绘制总线

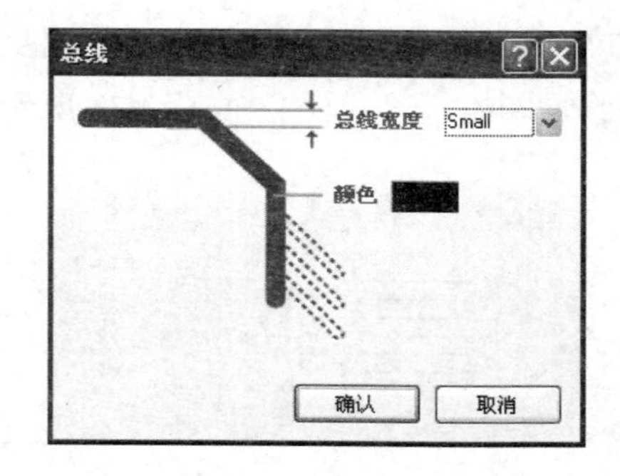

图 2-75　【总线】属性对话框

2.6.6　绘制总线分支线（Bus Entry）

绘制好总线后，还需要使用总线分支线将导线与总线相连。

【实例 2-14】 采用绘制总线分支线的方法，将图 2-74 中绘制好的总线与单片机 DS87C520-MCL 及 A/D 转换芯片 MAX118CPI 上的导线连接起来。

（1）单击【布线】工具栏中的按钮，执行绘制总线分支线命令。

📖：可以通过以下两种方法之一来完成：利用快捷键 P/U；执行【放置】→【总线入口】菜单命令。

（2）放置总线分支线。执行完（1）的操作后，鼠标光标变成了十字光标并且带着总线分支线符号“/”或“\”，如图 2-76 所示。此时可以根据实际情况在命令状态下按空格键进行选择。将十字光标移动到所需要的位置单击，即可绘制好总线分支线。然后用同样的方法继续放置其他的总线分支线，结果如图 2-77 所示。

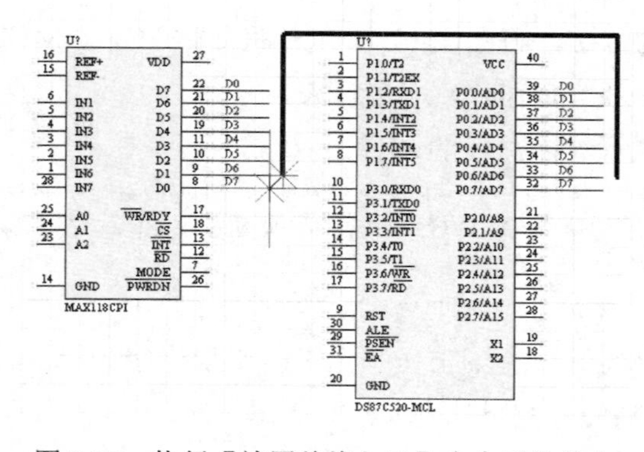

图 2-76　执行【放置总线入口】命令后的状态

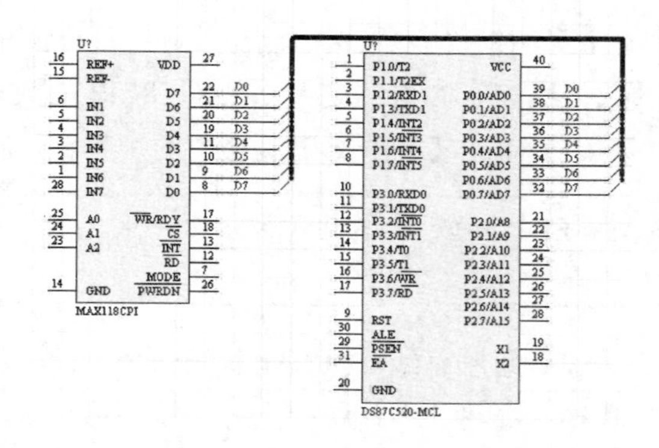

图 2-77　放置总线分支线后的结果

（3）单击右键或按【Esc】键退出命令状态。

（4）修改总线分支线属性。同样，用户也可以双击总线分支线，在弹出的【总线入口】属性对话框中修改其宽度、颜色等，如图 2-78 所示。

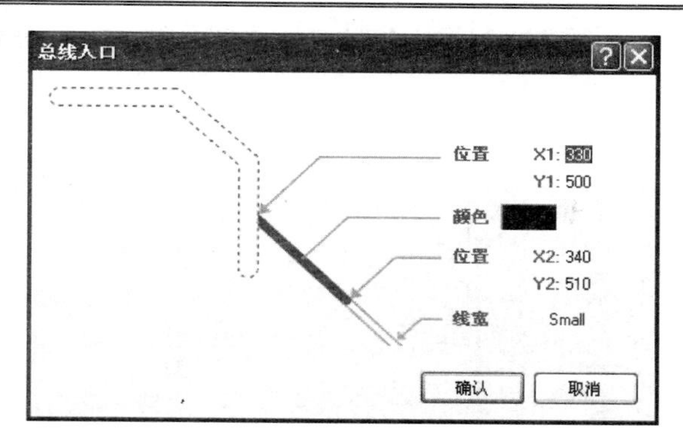

图 2-78　【总线入口】属性对话框

2.6.7　绘制电路的输入/输出端口

绘制输入/输出端口（I/O 端口）同样可以将两个电路在电气上连接起来，该方法使两个电路具有相同的输入/输出端口名称，常用于绘制层次电路原理图中。

【实例 2-15】 利用绘制电路的输入/输出端口的方法，在图 2-77 中，在单片机 DS87C520-MCL 的串行接口（第 3、4 引脚）上制作 I/O 端口。

（1）单击【布线】工具栏中的按钮，执行制作电路的 I/O 端口的命令。

📖：可以通过以下两种方法之一来完成：利用快捷键 P+R；执行【放置】→【端口】菜单命令。

（2）放置 I/O 端口。执行完（1）的操作后，鼠标光标变成了十字光标，并带着一个 I/O 端口的符号，如图 2-79 所示。像绘制导线一样，先移动 I/O 端口到所需要的位置，单击确定 I/O 端口一端的位置，然后拖动鼠标，在合适的位置再次单击确定 I/O 端口另一端的位置，如图 2-80 所示。

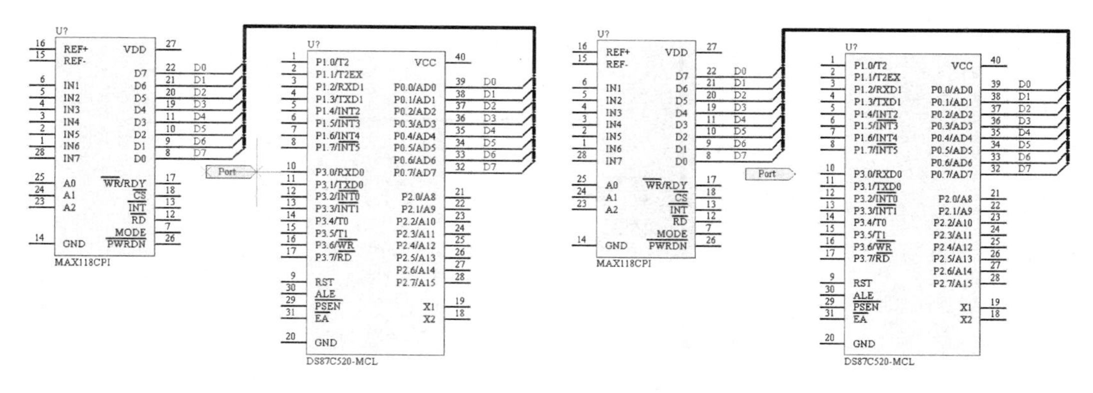

图 2-79　执行【放置端口】命令后的状态　　　　图 2-80　放置端口

（3）用导线连接 I/O 端口的一端与管脚，如图 2-81 所示。

（4）设置修改电路 I/O 端口的属性。用户也可以双击总线，在弹出的【端口属性】对话框中修改其相应的属性，如图 2-82 所示。

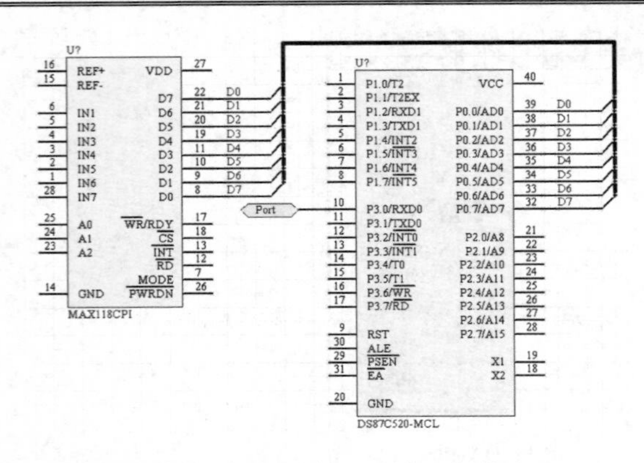

图 2-81　用导线连接 I/O 端口和管脚

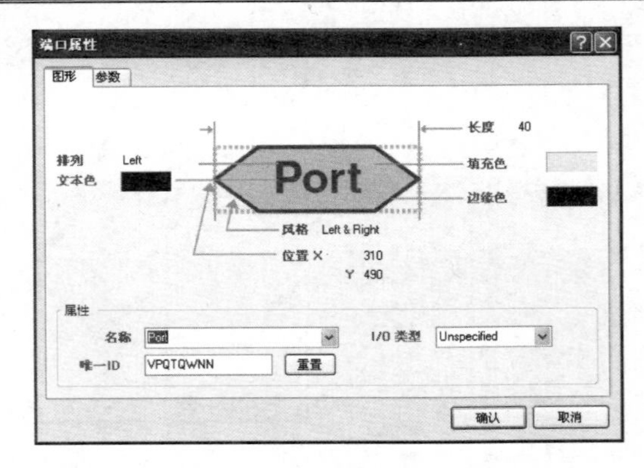

图 2-82　【端口属性】对话框

在该对话框中，可以对文本的排列形式、颜色、输入输出端口的长度及宽度、填充色、边缘色、风格、输入输出端口的位置、类型、名称等属性进行设置。其中，【名称】用于设置 I/O 端口的名称。只有 I/O 端口名称一致的两个电路才能认为其在电气上是连接在一起的。本例中设置 I/O 端口的名称为“RXD”。【风格】用于设置 I/O 端口的外形，即 I/O 端口的箭头方向。Protel DXP 中提供了八种风格的端口外形，如图 2-83 所示。本例中将外形设置为“Right”。【I/O 类型】用于定义端口的输入/输出类型。Protel DXP 提供了四种端口电气类型：“Unspecified”（未指明或不确定）、“Output”（输出端口型）、“Input”（输入端口型）和“Bidirectional”（双向型）。【对齐方式】用于设置端口名称的对齐方式。一般有三种方式，分别为“Center”（居中对齐）、“Left”（左对齐）和“Right”（右对齐）。本例中选择“Center”居中设置。其他属性，如 I/O 端口的宽度、位置坐标、边线颜色、填充颜色和文本的颜色等，可以根据实际情况自行设定。

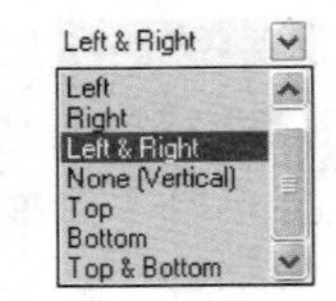

图 2-83　I/O 端口的外形

（5）设置完 I/O 端口属性后，单击 确认 按钮完成。

（6）依据同样的方法对单片机串口的另一个管脚设置输入输出端口，名称为“TXD”，外形为“Left”，电气类型为“Output”，端口形式为“Center”。制作好的电路 I/O 端口如图 2-84 所示。

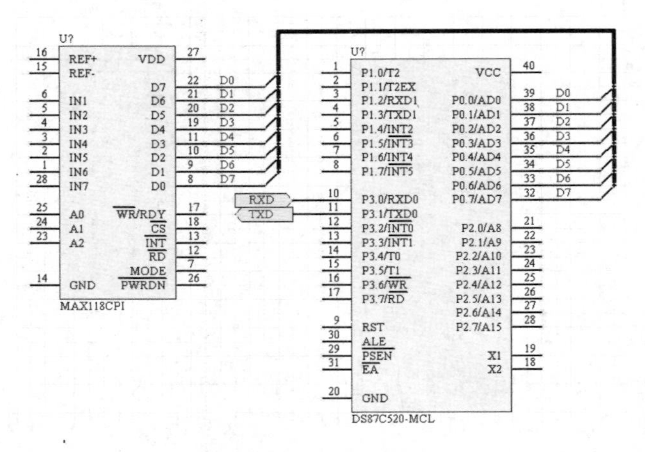

图 2-84　放置 I/O 端口后的结果

2.6.8　放置节点

绘制导线过程中，当两条导线在原理图中相交叉时，系统会自动为其在交叉点上放置电路节点，表示它们在电气上是连接的。因此，可以通过有无电路节点来判断两条导线相交时是否电气连接。

【实例 2-16】 放置节点。

（1）执行【放置】→【手工放置节点】菜单命令，放置电路节点。

📖：还可以利用快捷键 P/J 来完成。

（2）执行完上述命令后，鼠标光标会变成十字光标并且带着电路节点，如图 2-85 所示。

（3）移动鼠标到两条导线的交叉点处单击，即放置节点，结果如图 2-86 所示。

图 2-85　执行手工放置节点命令后的状态　　　　图 2-86　放置节点后的结果

（4）单击右键或按【Esc】键，退出放置电路节点的命令状态。

（5）修改【节点】属性。同样，用户也可以双击总线，在弹出的【电路节点属性】对话框中修改其大小、颜色等，如图 2-87 所示。

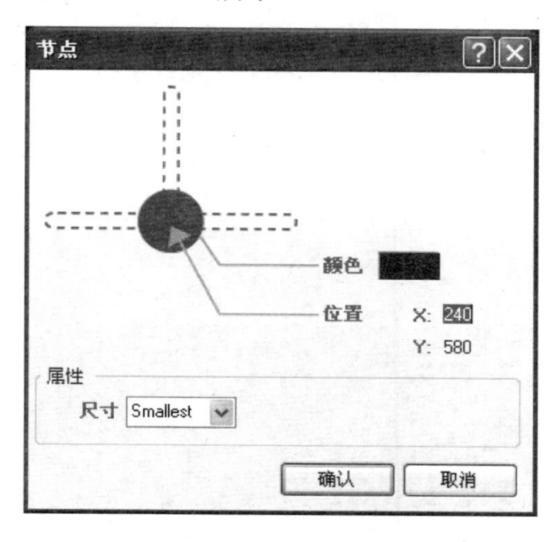

图 2-87　【节点】属性对话框

📖：执行【工具】→【原理图优先设定】菜单命令，弹出【优先设定】对话框，单击【Compiler】选项卡，勾选【自动交叉】选项下端的“显示在导线上面”复选框，如图 2-88 所示。在绘制电路原理图过程中，系统会自动检测并放置电路节点。

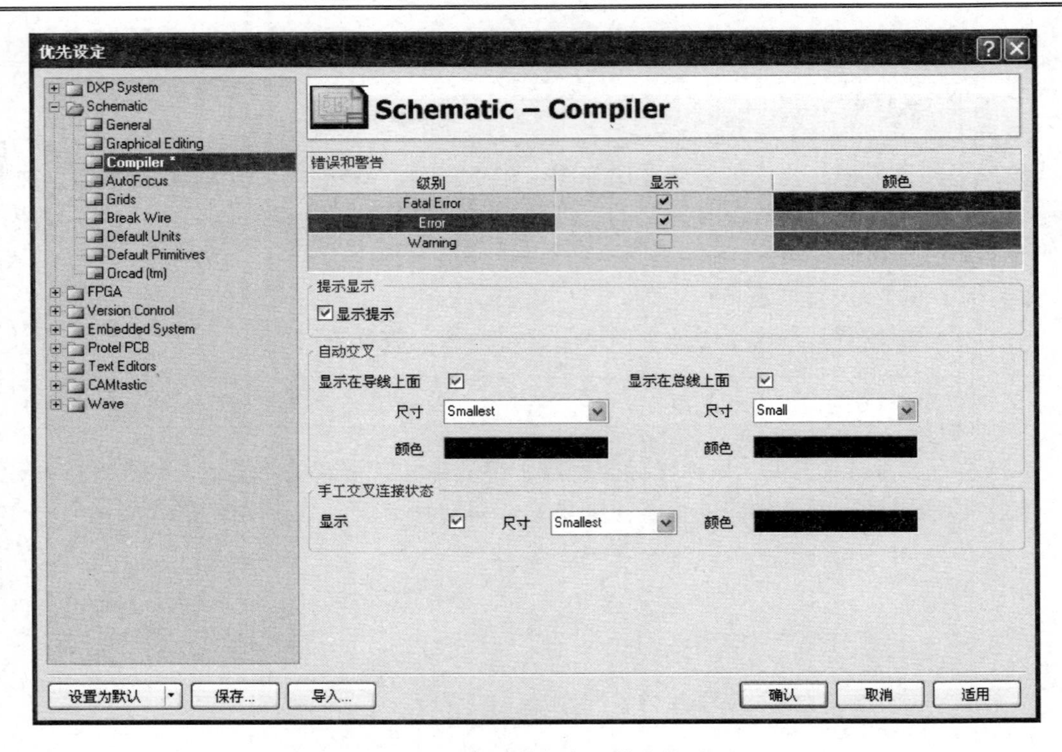

图 2-88　自动放置交叉节点设置

2.7　实例讲解

以前面所介绍的章节内容为基础，本节按照原理图设计的一般步骤来设计一个仪用放大器电路。

【实例 2-17】 利用原理图设计的一般步骤设计仪用放大器电路，如图 2-89 所示。

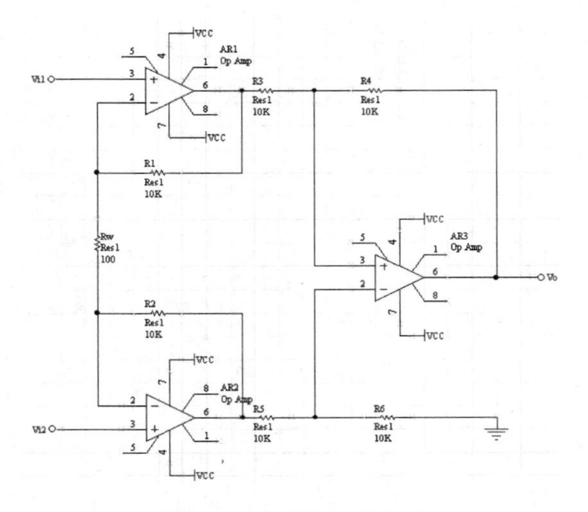

图 2-89　仪用放大器电路

1. 新建一个原理图文档

（1）执行【文件】→【创建】→【项目】→【PCB 项目】菜单命令，系统自动创建一个名为“PCB_Projectl.PrjPCB”的 PCB 项目文件，执行【文件】→【保存项目】菜单命令，选择路径“E:\Chapter2\”，将项目保存为“Amplifier.PrjPCB”。

（2）打开工作区面板的【Projects】选项卡（一般系统会自动打开），移动光标到项目名称“Amplifier.PrjPCB”上单击右键，在出现的快捷菜单中单击【追加新文件到项目中】→【Schematic】，创建一个名为“Sheetl.SchDoc”的原理图文件，并自动打开该文件，进入原理图编辑界面，执行【文件】→【保存】菜单命令，将新建的原理图文件保存为“Amplifier.SchDoc”，如图 2-90 所示。

2. 设置图纸参数和环境参数

在进行原理图绘制之前，要先对图纸参数和环境参数进行设置，当然也可以利用系统默认参数，直接进入下一步设计。

（1）在原理图编辑状态，执行【设计】→【文档选项】菜单命令，弹出【文档选项】对话框，如图 2-91 所示，选择【图纸选项】选项卡，系统默认“方向”为“Landscape”；“标准风格”为“A4”，这里接受默认设置即可。

图 2-90　新建的原理图文件

图 2-91　【文档选项】对话框

（2）单击[确认]按钮，关闭对话框，完成对图纸尺寸和版面的设置。

（3）执行【工具】→【原理图优先设定】菜单命令，弹出【优先设定】对话框，如图 2-92 所示。可以按照个人的使用习惯，对原理图的环境参数进行设置。此处采用默认设置。

（4）单击[确认]按钮，关闭对话框，并执行【文件】→【全部保存】菜单命令，保存当前的原理图参数设置。

3. 装入元器件库

（1）执行【设计】→【浏览元件库】菜单命令或者单击窗口右侧工作区面板的【元件库】选项卡，打开如图 2-93 所示的【元件库】对话框。

（2）单击【元件库】对话框的【元件库…】按钮，弹出如图 2-94 所示的【可用元件库】对话框，单击【项目】选项卡下的[加元件库(A)]按钮，弹出如图 2-95 所示对话框。

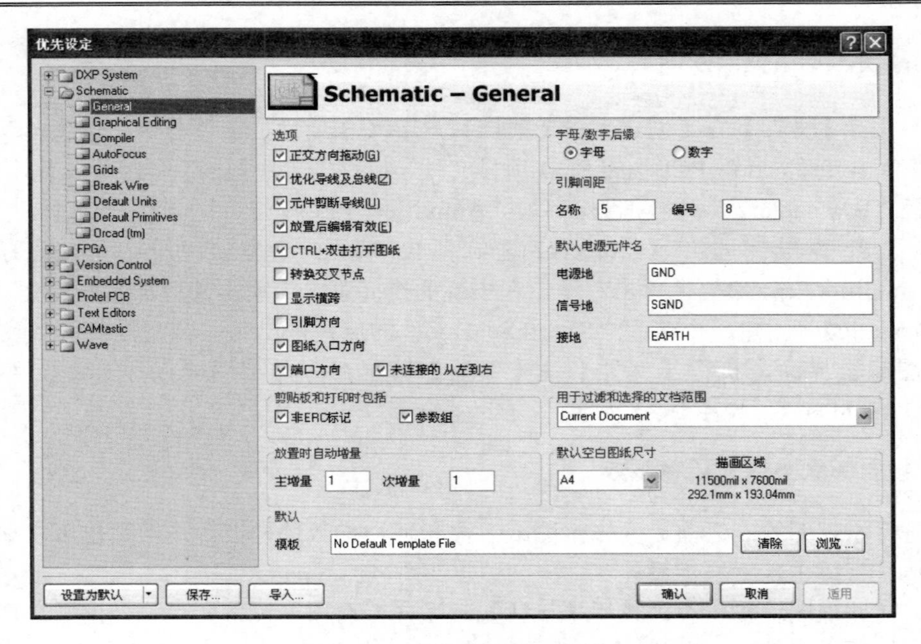

图 2-92 【优先设定】对话框

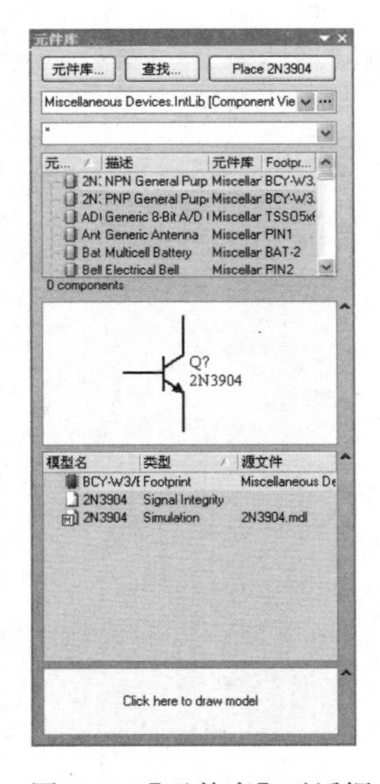

图 2-93 【元件库】对话框

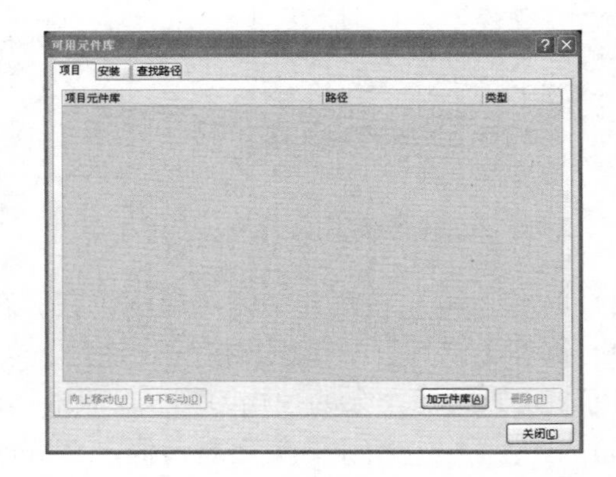

图 2-94 【可用元件库】对话框

（3）添加所需要的元件库，本例只用到电阻、运算放大器和电源等元器件，因此只需要添加“Miscellaneous Devices.IntLib”库，则选择该库后单击打开(O)按钮，回到【可用元件库】对话框，可以看到新添加的库文件已经出现在【可用文件库】列表中，如图 2-96 所示。

（4）单击关闭(C)按钮，回到【元件库】对话框窗口，可以看到新添加的库已经列在表中了，如图 2-97 所示。

图 2-95 【打开】库文件对话框

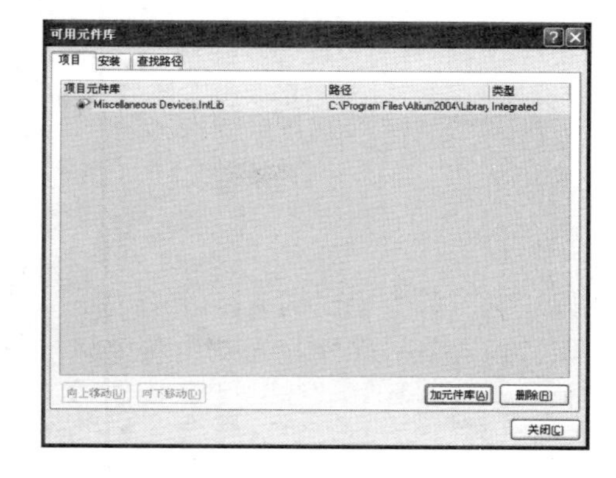

图 2-96 【可用文件库】列表

4．放置元器件

装入元器件库后，就可以进行原理图设计了，也就是在原理图纸上放置所需要的元器件。为了提高绘制效率，最好将所设计电路中的每个元器件所在的元器件库整理出来。下面开始放置仪用放大器电路中的各个元器件。

（1）放置电阻元件。在图 2-97 中，拖动元器件列表框的滚动条，找到所需的电阻元件“Res1”，如图 2-98 所示。

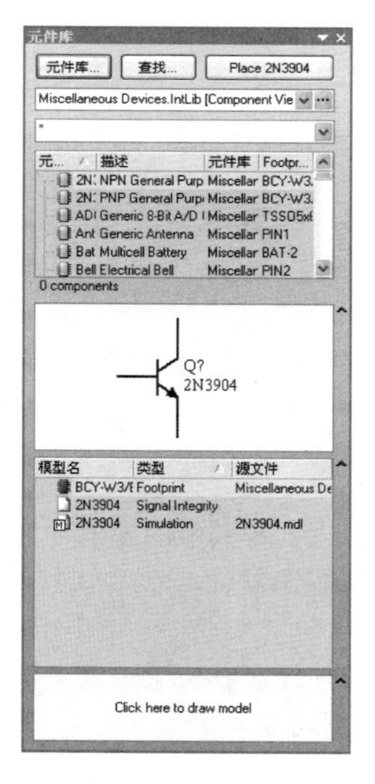

图 2-97　装入元件库的结果

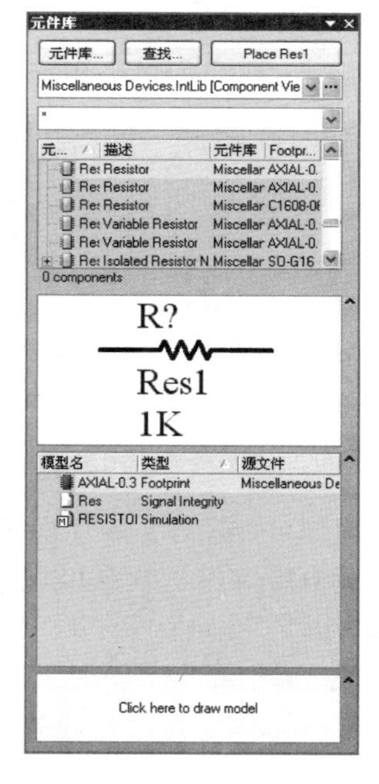

图 2-98　找到电阻元件

然后单击 Place Res1 按钮，返回原理图编辑状态，此时一个浮动的电阻符号随着光标一起移动，如图 2-99 所示。移动光标到原理图中适当位置，单击放置该元件。在光标仍处于放置状态的情况下，多次单击连续放置多个电阻元件。然后单击右键或按【Esc】键退出元器件放置命令。

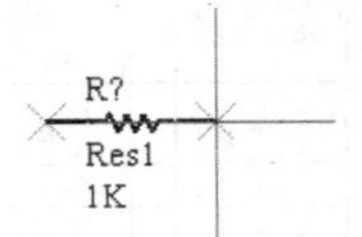

图 2-99　执行【Place Res1】命令后的状态

（2）单击各个电阻的 R?，弹出如图 2-100 所示的【元件属性】对话框，修改电阻元件的标识符、数值等属性。本例中各电阻阻值见表 2-2 所示。

表 2-2　仪用放大器电路中电阻元件参数

元件标识符	数　值	元件标识符	数　值
R_1	10K	R_4	10K
R_2	10K	R_5	10K
R_W	100K	R_6	10K
R_3	10K		

设置结果如图 2-101 所示。

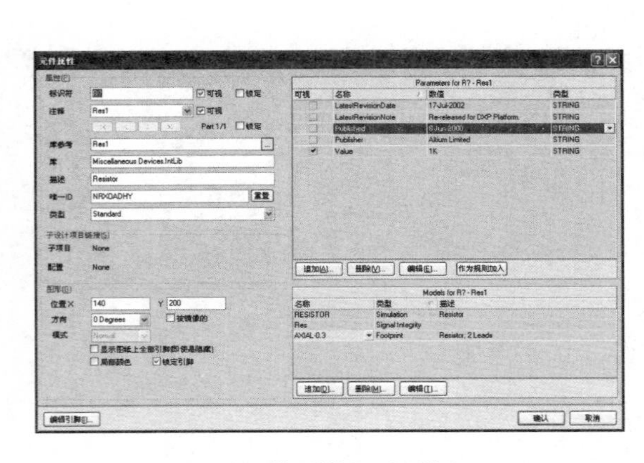

图 2-100　【元件属性】对话框

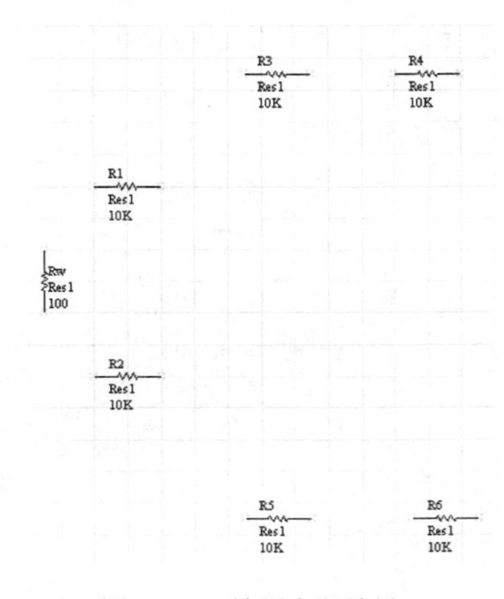

图 2-101　放置电阻结果

（3）放置其他元器件。采用同样的方法添加运算放大器等其他的元器件并修改属性。

（4）放置电源端口。单击工具栏上的按钮，放置电源器件。然后单击按钮放置接地器件。

（5）调整元器件的位置。在元器件放置完成以后，如果对其位置不满意，可以拖动元器件调整其位置。合理调整布局后的原理图如图 2-102 所示。

5. 连接电路

放置完电路元器件后，接下来依据电气规则用导线将原理图中的元器件的引脚连接起来。

（1）执行【放置】→【导线】菜单命令，或者单击工具栏中的按钮。

（2）移动光标到要连接元件的引脚处，确定导线的起始位置。由于系统会自动捕捉电气节点，因此当光标移动到一个元器件的引脚处时，就会变成一个大的红色星形连接标志，表示其电气节点，如图 2-103 所示。

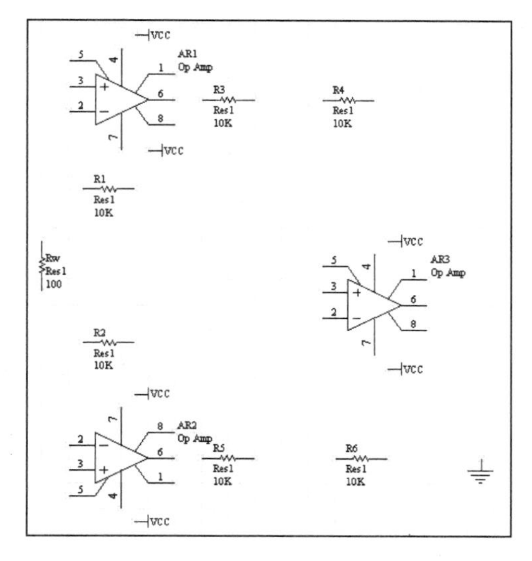

图 2-102　合理电路中元器件的结果

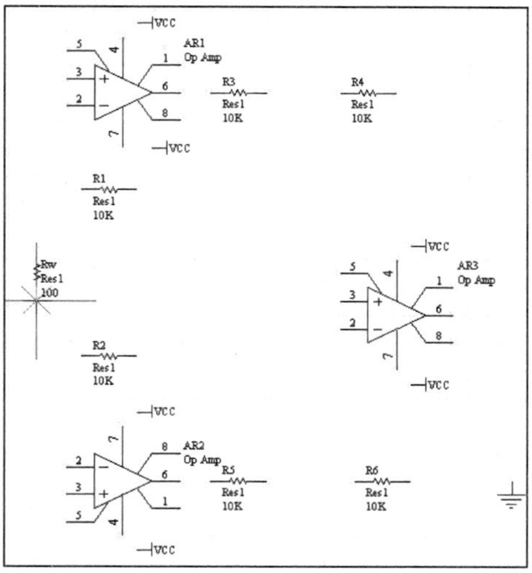

图 2-103　捕捉电气节点

（3）单击或者按【Enter】键确定导线的一端，移动光标会看见一个导线从所确定的端点延伸出来，如图 2-104 所示。

（4）移动光标绘制导线，如果当遇到折点时，单击确定折点的位置；单击要连接的另一个元器件的电气节点，确定导线的第二个端点，完成连接。

（5）移动鼠标，选择新的端点绘制导线。

（6）重复上述方法，直到完成所有元器件之间的电路连接后，单击右键或按【Esc】键退出导线的绘制状态。完成后的电路原理图如图 2-105 所示。

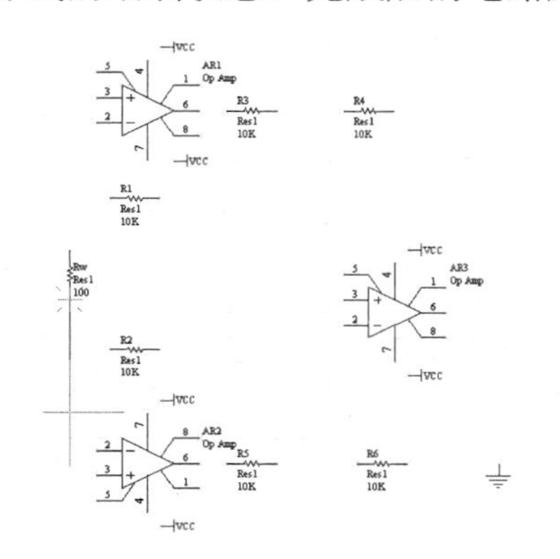

图 2-104　导线端点的延伸

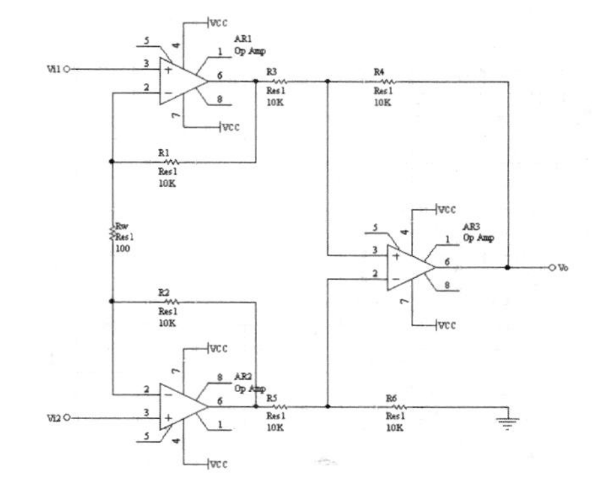

图 2-105　仪用放大器电路原理图结果

6．输出原理图

原理图绘制完成后，可以用打印机将其输出。

（1）执行【文件】→【页面设定】菜单命令，打开【页面设置】对话框，如图 2-106 所示。在该对话框中可以设置打印纸的相关属性，如页面尺寸、缩放比例等。

（2）执行【文件】→【打印…】菜单命令设置打印机的相关属性，如打印机型号及打印范围等，如图 2-107 所示。

图 2-106 【页面设置】对话框

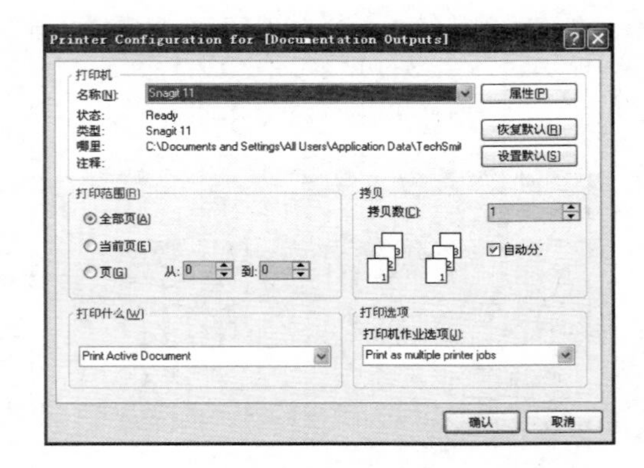

图 2-107 【打印…】对话框

（3）执行【文件】→【打印预览…】菜单命令，预览打印效果，如图 2-108 所示；如果对效果比较满意时，单击 确认 按钮就可以输出原理图了。

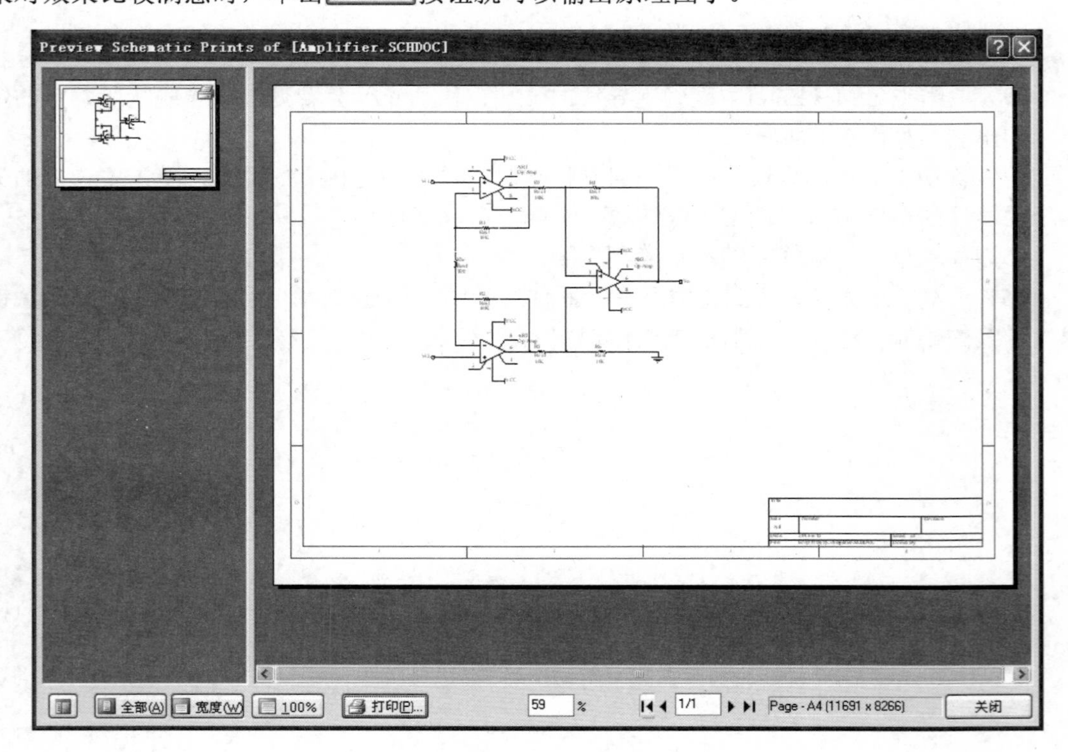

图 2-108 打印预览结果

2.8 本 章 小 结

本章详细介绍了 Protel DXP 原理图的绘制过程。着重讲解了原理图设计的一般流程，依次介绍了绘制一般电路原理图时图纸参数和环境参数等的设置、各种工具及命令的操作方法、以及相关操作的具体步骤等。并在此基础上，以简单的仪用放大器电路为例，简要介绍了原理图的绘制过程，为进一步学习原理图的设计打下基础。

2.9　思考与练习

（1）试述原理图的一般设计流程。

（2）简要回答如何为 PCB 项目加载库文件。

（3）新建一个 PCB 项目，命名为“Newpcb”，并为其添加一个名为“Newsch.SchDoc”的原理图文件。

（4）为（3）所建立的原理图文件设置如下图纸参数：水平放置、A4、图纸标题栏采用标准型。

（5）绘制两条相交的导线，并为其添加电气节点。

（6）放置几个电阻、电容元件，练习元器件删除、位置的调整与旋转操作。

（7）根据原理图绘制方法，绘制如图 2-109 所示的小电路，其中，所有元器件都位于“Miscellaneous Devices.IntLib”库中。其中，R1：10K；R2：10K。

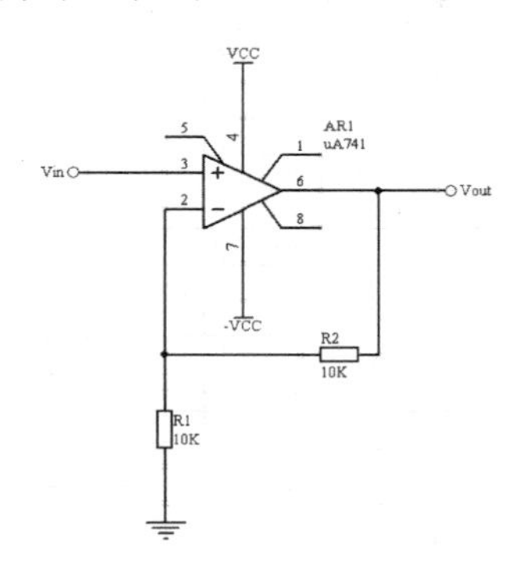

图 2-109　电路练习

第 3 章　制作元件和建立元件库

Protel DXP 具有丰富的元器件库，几乎覆盖了所有电子元器件厂家的元器件种类。在进行原理图的设计制作过程中，往往需要为原理图添加需要的元器件，而这些元器件一般都可以从 Protel DXP 所提供的元器件库中找到。但是，随着电子技术的不断发展，新型的元器件不断涌出，使得 Protel DXP 不能再满足所有设计者的需要。此时，需要设计者亲自动手制作该元器件，并为其建立相应的元器件库以供调用。

【学习目标】

- ❑ 学会使用元器件库编辑器
- ❑ 利用元器件编辑器管理元件库
- ❑ 掌握制作自定义元器件的方法
- ❑ 掌握创建元器件库的方法

3.1　使用元器件库编辑器

元器件库编辑器主要用于编辑、制作和管理元器件的图形符号库，在原理图中制作新的元器件或元器件库都是在该编辑器中完成的，其操作界面在原理图编辑器界面的基础上增加了专门用于制作元器件和进行库管理的工具。

3.2　启动元器件库编辑器

【实例 3-1】 启动元器件编辑器。

（1）执行【文件】→【创建】→【库】→【原理图库】菜单命令，打开元器件库编辑器，系统默认的库文件名为“Schlib1.Schlib”，如图 3-1 所示。

（2）执行【文件】→【保存】菜单命令，将该库文件保存到下列路径中“E:\chapter3\mylib\”，文件名保持不变。

（3）执行【查看】→【工作区面板】→【SCH】→【SCH Library】菜单命令，打开如图 3-2 所示的【SCH Library】编辑管理器。

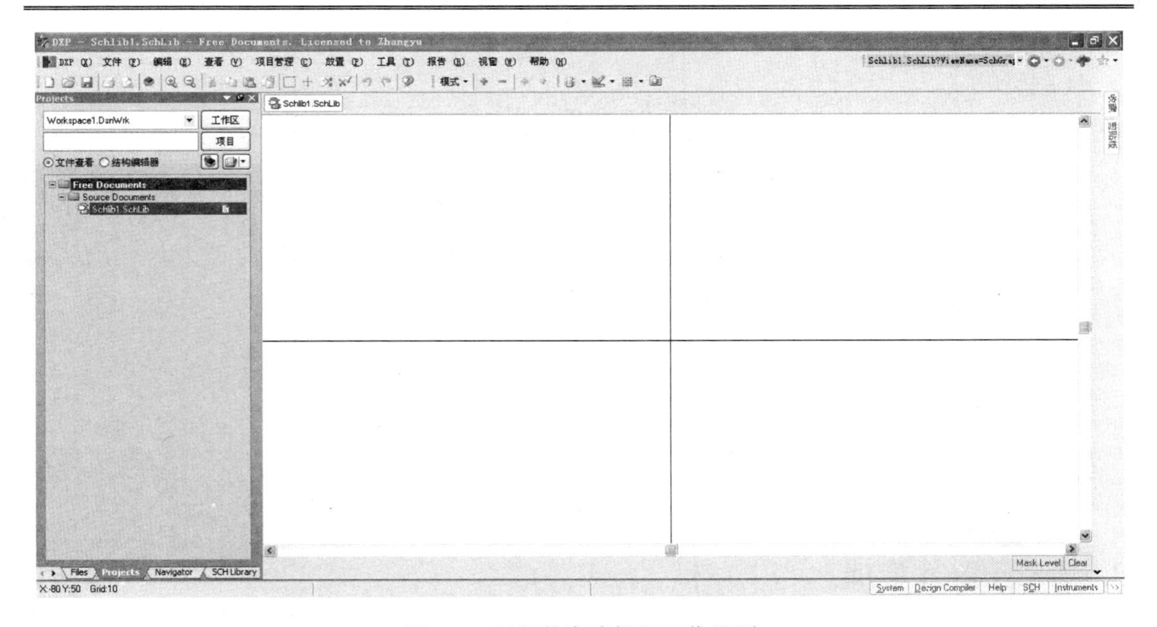

图 3-1　元器件库编辑器工作界面

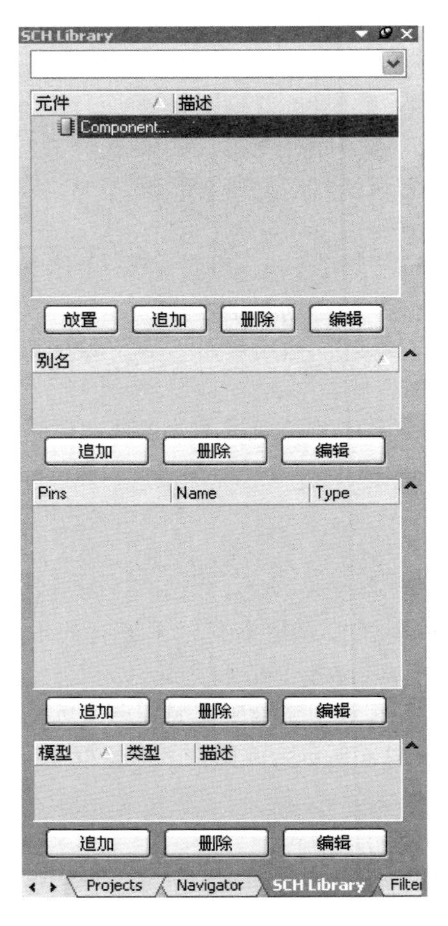

图 3-2　【SCH Library】编辑管理器

3.3 元器件库编辑器界面的组成

【SCH Library】编辑管理器界面包括以下四个区域功能。

- 【元件】：用于对当前元器件库中的元器件进行管理，可以放置、追加、删除和编辑元器件。
- 【别名】：用于设置所选用的元器件的别名。
- 【Pins】：用于显示和设置当前工作区内元器件引脚的属性，包括信息、名称及类型，并为其追加或删除引脚等。
- 【模型】：用于为元器件追加、删除、编辑 PCB 封装、信号的完整性及仿真模型等。

3.3.1 元器件管理

在【元件】区域上方的空白区用于对元器件进行过滤查找，在此处输入所要查找的元器件的起始字母或者数字，在【元件】区域就会显示相应的元器件。

单击 放置 按钮，可以将在【元件】区域选择的元器件放置到一个处于激活状态的原理图中。如果当前没有激活任何原理图，则系统自动创建新的原理图，并放置元器件到该原理图中。

单击 追加 按钮，可以为【元件】区域添加一个新的元器件。此时弹出如图 3-3 所示的对话框，用户可以为新添加的元器件进行命名，然后单击 确认 按钮则可以将该元器件添加到库文件中。

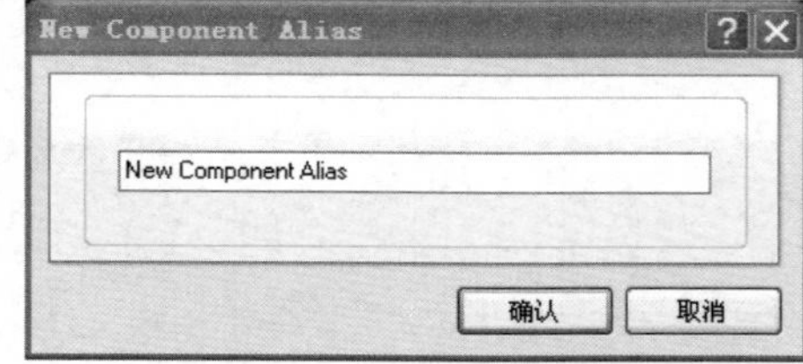

图 3-3 为新添加元器件命名

单击 删除 按钮可以从库文件中删除所选的元器件。单击 编辑 按钮可以对当前所选择元器件的属性进行编辑。如图 3-4 所示为元器件属性设置对话框。

3.3.2 设置别名

在【别名】区域单击 追加 按钮，弹出如图 3-5 所示的对话框，可以为在【元件】区域选中的元器件添加一个新的别名。在该对话框中输入元器件别名，单击 确认 按钮即可。单击 删除 按钮可以从【别名】区域中删除所选的别名。单击 编辑 按钮可以对当前所选择的元器件别名进行编辑。如图 3-6 所示为编辑别名对话框。

3.3.3 引脚管理

在【Pins】区域单击 追加 按钮，鼠标会自动跳到元器件编辑器工作区中，并且显示浮动的引脚，光标呈十字状，如图 3-7 所示。将鼠标移到合适的位置单击，即可为元器件添加新的管脚。此时光标仍然处于放置引脚的十字状态，允许用户继续添加引脚。如果用户不再需要添加引脚，可以单击右键或按【Esc】键退出当前状态。添加完引脚后，在【Pins】区域就会显示刚添加的引脚信息，如图 3-8 所示。

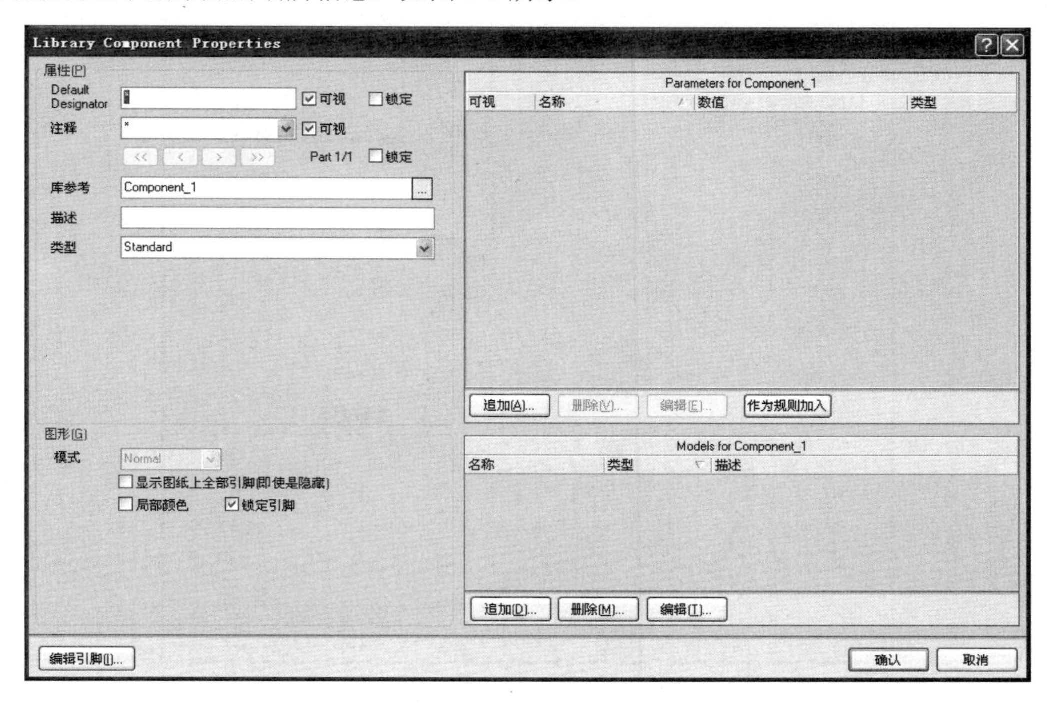

图 3-4　元器件属性对话框

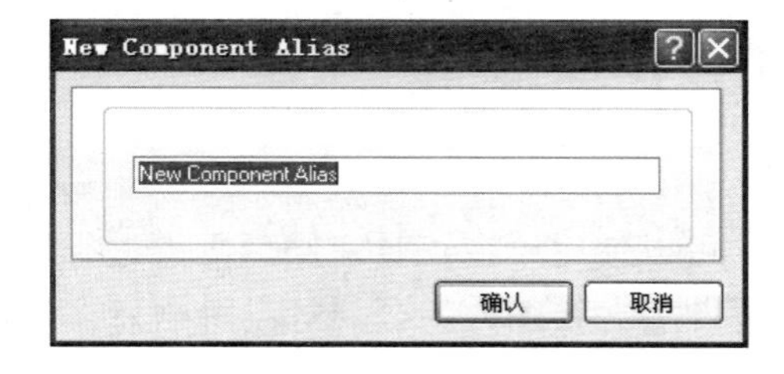

图 3-5　输入元器件别名

图 3-6　编辑元器件别名

单击删除按钮，可以从【Pins】区域中删除所选的引脚。单击编辑按钮，弹出【引脚属性】对话框，如图 3-9 所示，可以对当前所选择的元器件引脚进行编辑。

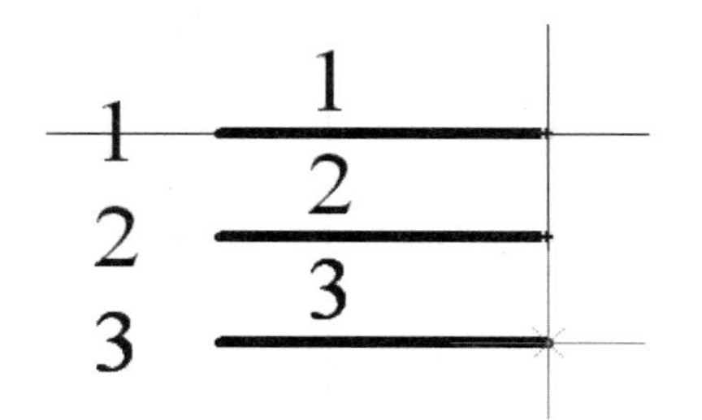

图 3-7　输入元器件别名对话框

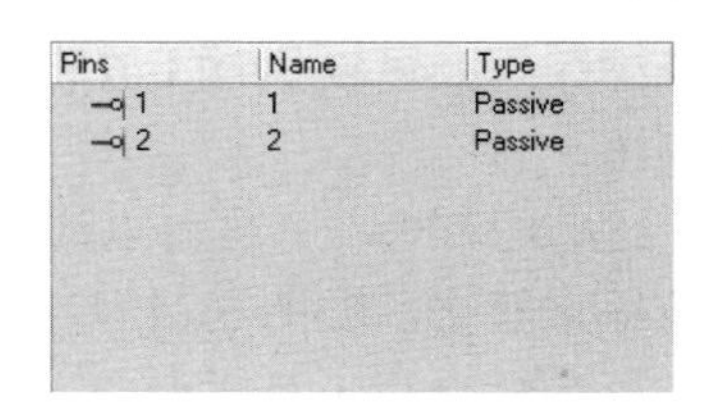

图 3-8　添加引脚后的【Pins】区域界面

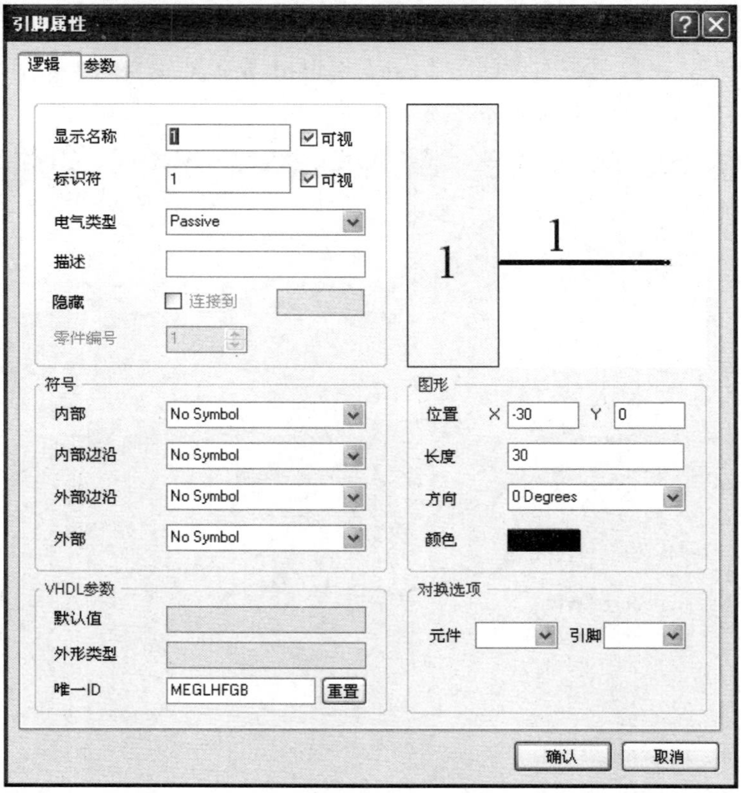

图 3-9 【引脚属性】对话框

3.4 常用绘制工具的使用

为了便于文档的分类管理，方便分析阅读，可以使用绘图工具在原理图上进行添加标注、说明或绘制标题栏等操作，在标题栏中填写图名、绘图人、公司等各种信息。绘图工具没有电器特性，不会改变原来绘制的原理图的电气连接关系。

3.4.1 常用绘图工具

Protel DXP 为设计者绘制元器件提供了相应的绘图工具，管理这些绘图工具可以执行【放置】菜单命令，弹出如图 3-10 所示子菜单。

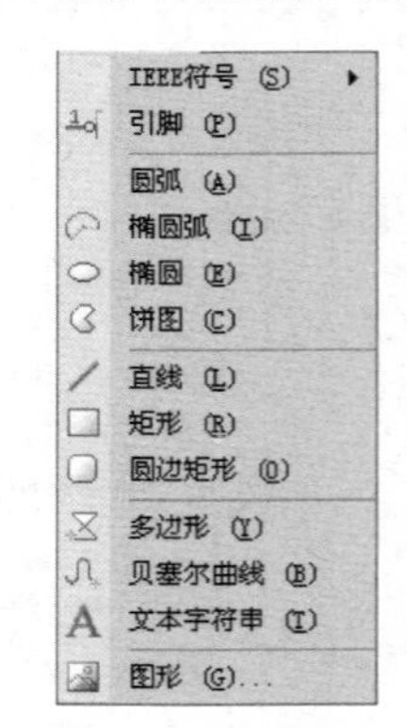

图 3-10 常用的绘图工具菜单

以上这些绘图命令，也可以通过单击工具栏上的非电气绘图工具按钮来获得，如图 3-11 所示。

除了菜单命令和工具栏命令之外，也可以通过在原理图编辑窗口单击右键，在弹出快捷菜单中启动相应的按钮，如图 3-12 所示。

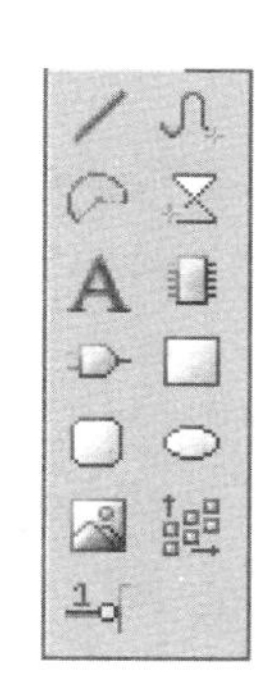

图 3-11　利用工具栏打开非电气绘图工具

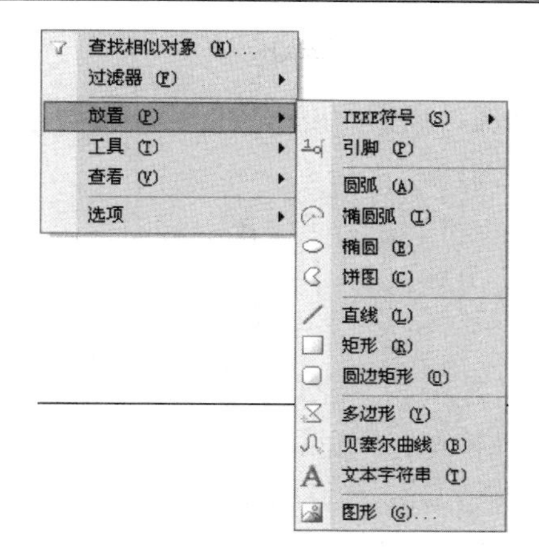

图 3-12　通过右键打开非电气绘图工具

3.4.2　绘制引脚

元器件引脚是元器件与导线或其他元器件之间相互连接的地方，具有电气属性。

【实例 3-2】 放置引脚。

（1）执行【放置】→【引脚】菜单命令，或在绘制区单击右键，在弹出的快捷菜单中执行【放置】→【引脚】菜单命令，此时可以看到光标变成了黏附着一个引脚的十字形状，如图 3-13 所示。

（2）将光标移到编辑区的适当位置，单击放置该引脚。

（3）编辑引脚属性。双击需要编辑的引脚或在绘制引脚状态下按【Tab】键，弹出【引脚属性】对话框，允许用户对引脚的属性进行编辑，如图 3-14 所示。在该对话框中单击【逻辑】选项卡，打开【逻辑】选项卡对话框。

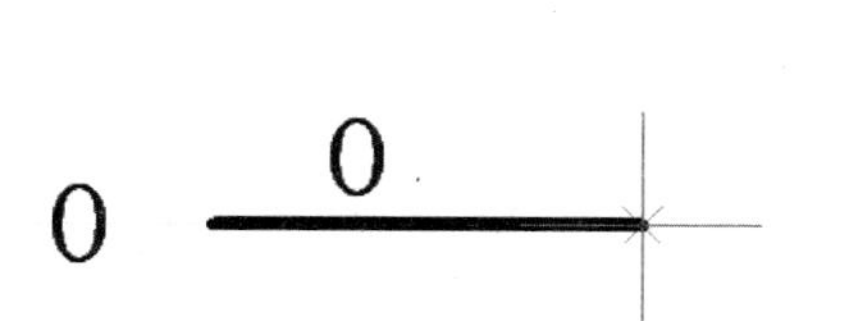

图 3-13　启动放置引脚命令后光标的状态

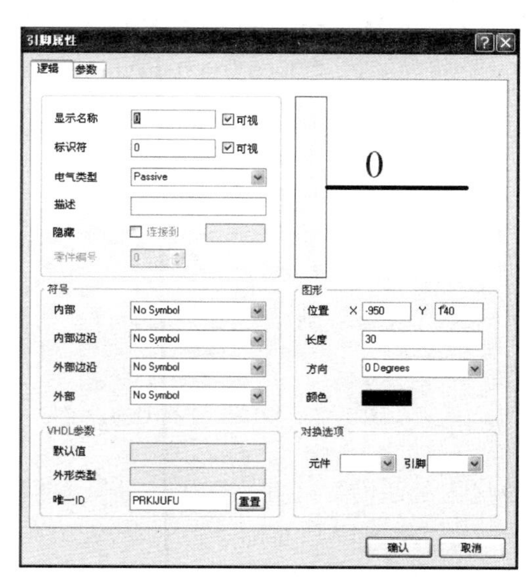

图 3-14　【引脚属性】对话框

其中，

- 【显示名称】：用于设置引脚的显示名称。勾选后面的复选框，可以设置引脚名称是否显示。
- 【标识符】：用于设置引脚的标志。在生成网络表时使用。同样，勾选后面的复选框，可以设置引脚标识符是否可视。
- 【电气类型】：用于设置引脚的电气特性。单击右边的按钮，弹出如图 3-15 所示的下拉列表，允许用户选择引脚的电气特性。Protel DXP 2004 提供了 8 种引脚的电气特性："Input"（输入端口）、"I/O"（输入/输出端口）、"Output"（输出端口）、"Open Collector"（集电极开路端口）、"Passive"（无源端口）、"HiZ"（高阻）、"Emitter"（三极管发射极）和"Power"（电源端口）。

📖：引脚的电气特性主要用于 ERC 检查。若需要进行 ERC 检查，则需要设置引脚的电气特性；若不需要 ERC 检查，则不需要设置该信息。

- 【描述】：用于设置引脚的描述信息。
- 【隐藏】：用于设置引脚是否隐藏。勾选后面的复选框，将隐藏该引脚。此时，后面的【连接到】将会变得有效，则必须在【连接到】文本框中输入与该引脚相连接的电气网络名称。当放置的引脚为电源引脚或接地引脚时，多设置为隐藏，其他引脚不需设置此项。
- 【内部】：用于设置引脚在元器件内部的符号。单击右边的按钮，弹出如图 3-16 所示的下拉列表，允许用户设置引脚在元器件内部的符号。Protel DXP 2004 提供了 12 种引脚符号："No Symbol"（缺省）、"Postponed Output"（暂缓性输出符号）、"Open Collector"（集电极开路符号）、"HiZ"（高阻）、"High Current"（高输出符号）、"Pulse"（脉冲符号）、"Schmitt"（施密特触发输入特性符号）、"Open Collector Pull Up"（集电极开路上拉符号）、"Open Emitter"（发射极开路符号）、"Open Emitter Pull Up"（发射极开路上拉符号）、"Shift Left"（移位输出符号）和"Open Output"（开路输出符号）。

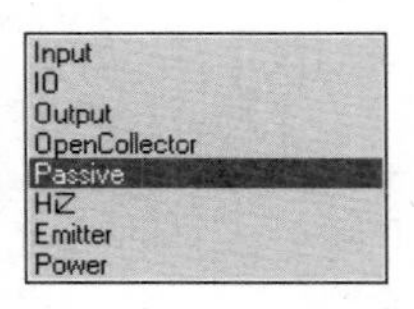

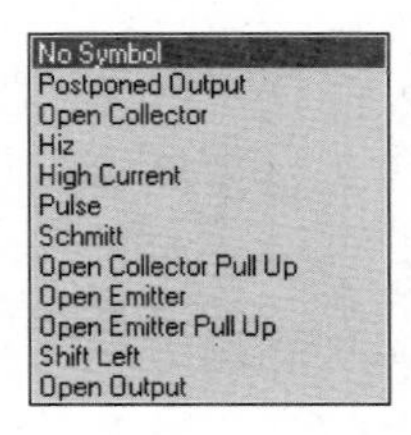

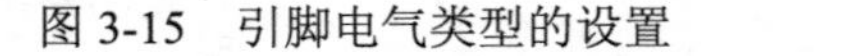

图 3-15　引脚电气类型的设置　　　　图 3-16　引脚内部符号设置

- 【内部边沿】：用于设置引脚在元器件内部边框上的符号。单击右边的按钮，弹出如图 3-17 所示的下拉列表，允许用户设置引脚在元器件内部边沿的符号。有"No Symbol"（缺省）和"Clock"（参考时钟）两种符号。
- 【外部边沿】：用于设置引脚在元器件外部边框上的符号。单击右边的按钮，弹出如图 3-18 所示的下拉列表，允许用户设置引脚在元器件内部边沿的符号。有“No Symbol”（缺省）、“Dot”（圆点符号，用于负逻辑工作场合）、“Active Low Input”（低电平有效输入）和“Active Output”（低电平有效输出）。

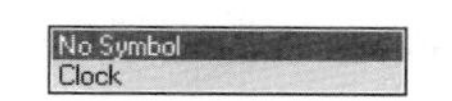

图 3-17　引脚内部边沿符号设置

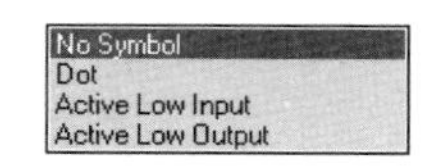

图 3-18　引脚外部边沿符号设置

📖：在下拉菜单中选择不同的符号，在图 3-14 右上角的元器件引脚示意图中都会有相应的显示。

- 【VHDL 参数】：用于设置 VHDL 引脚的相关参数。
- 【图形】：用于设置引脚的图形参数，如位置、长度、方向和颜色等。

3.4.3　绘制直线

绘制直线，不同于绘制导线，只是对原理图进行一般的补充说明，不具有电气属性，因此它不会影响到电路的电气结构。

【实例 3-3】　绘制直线。

（1）启动绘制直线命令。在原理图编辑状态，绘制直线命令一般可以通过 3.4.1 节中所介绍的三种方式之一来启动，也可以采用快捷键 P+D+L 的方式来实现。

（2）绘制直线。绘制直线的方法同绘制导线的方法类似。执行绘制直线命令后，移动光标到原理图编辑界面，光标变成十字形状。

（3）移动光标到适当的区域，单击确定直线的起点。

（4）移动光标绘制直线，在适当的位置单击，确定一段直线的终点。

（5）单击右键结束当前直线段的绘制。

（6）如果要继续绘制下一条直线，只要重复上述操作即可。

📖：如果要结束绘制直线命令，可以单击右键或按【Esc】键退出。

（7）设置直线属性

对所绘制的直线属性进行编辑，可以通过以下三种方式：

- 执行绘制直线命令后，单击【Tab】键。
- 执行【编辑】→【变更】菜单命令，单击选中需要编辑属性的直线。
- 移动光标到绘制的直线上双击。

经过以上任意一种方式，都会弹出【折线】属性对话框，如图 3-19 所示，用户可以对该直线的属性进行编辑。

其中，

- 【线宽】：用于设置绘制直线的宽度，单击右边的▾按钮弹出下拉菜单，可以选择的线宽有“Smallest”、“Small”、“Medium”和“Large”4 种类型，来设置将要绘制或者所选中的直线的粗细。

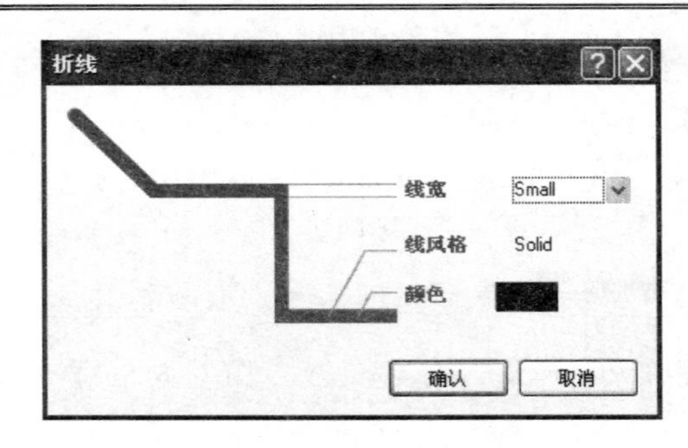

图 3-19 【折线】属性对话框

- 【线风格】：用于选择绘制直线的线型。把光标移动到风格的类型上，单击右边的按钮弹出下拉列表，可以选择的线型有 “Solid”、“Dashed”和“Dotted”3 种类型，来设置将要绘制或者所选中的直线的线型。不同风格的直线如图 3-20 所示。

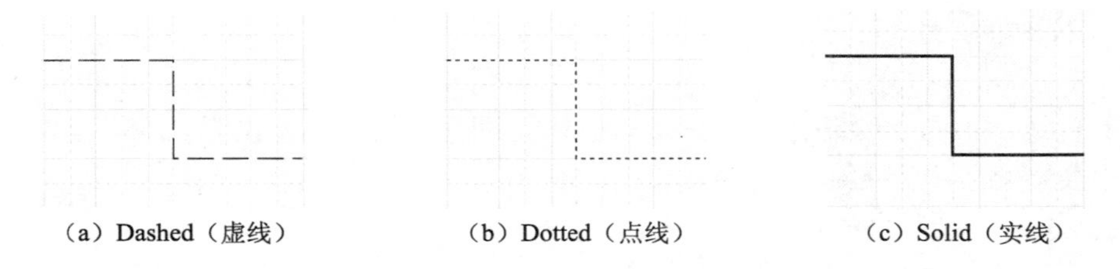

（a）Dashed（虚线）　（b）Dotted（点线）　（c）Solid（实线）

图 3-20 直线的三种线型

- 【颜色】：用于设置直线的颜色。单击右边的颜色框，弹出如图 3-21 所示的【选择颜色】对话框，设置所绘制直线的颜色。

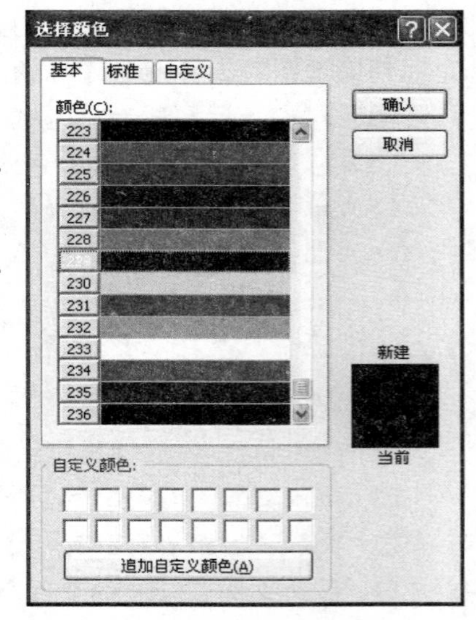

图 3-21 【选择颜色】对话框

📖：设置颜色时，注意尽量避免所设置的直线颜色和导线颜色相同，以利于区分，便于原理图的阅读。

3.4.4 绘制多边形

使用 Protel DXP 提供的绘制多边形工具，可以在原理图上绘制出任意形状的多边形。

【实例 3-4】 绘制多边形。

（1）启动绘制多边形命令。在原理图编辑状态，绘制多边形命令一般可以通过 3.4.1 节中所介绍的三种方式来启动，也可以采用快捷键 P+D+Y 的方式来实现。

📖：启动绘制多边形命令后，移动光标到原理图编辑界面，光标变成十字形状。

（2）移动光标到适当的区域，单击确定多边形的起点。

（3）移动光标到适当的位置单击，确定另一个顶点位置。

（4）重复（2）的操作，依次确定多边形的其他顶点位置。

（5）单击右键，绘制的多边形会自动闭合，结束当前多边形的绘制。

（6）如果要继续绘制下一个多边形，只要重复上述操作即可。

📖：如果要结束绘制多边形命令，可以单击右键或按【Esc】键退出。

（7）设置多边形属性。

打开多边形属性设置对话框对所绘制的多边形属性进行编辑，可以通过以下 3 种方式：

- 启动绘制多边形命令后，单击【Tab】键。
- 执行【编辑】→【变更】菜单命令，单击选中需要编辑属性的多边形。
- 移动光标到绘制的多边形上双击。

经过以上任意一种方式，都会弹出【多边形】属性对话框，如图 3-22 所示，可以对多边形的属性进行编辑。

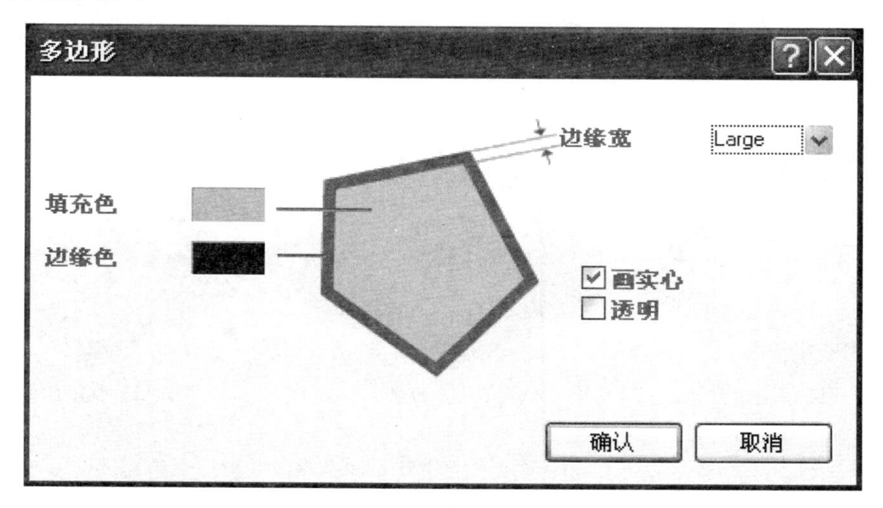

图 3-22 【多边形】属性对话框

其中，

- 【边缘宽】：用于设置绘制多边形边缘的宽度，单击右边的按钮弹出下拉菜单，可以选择的线宽有“Smallest”、“Small”、“Medium”和“Large”四种类型，用来设置将要绘制或者所选中的多边形边缘的粗细。
- 【填充色】：用于设置实心多边形的填充颜色。单击右边的颜色框，弹出如图 3-23 所示的【选择颜色】对话框，设置所绘制多边形的填充颜色。
- 【边缘色】：用于设置多边形的边缘颜色。单击右边的颜色框，弹出如图 3-24 所示的【选择颜色】对话框，设置所绘制多边形的边缘颜色。
- 【画实心】：用于确定是否绘制实心多边形。勾选其前面的复选框，即可绘制实心多边形。
- 【透明】：用于确定所绘制的实心多边形是否透明。勾选其前面的复选框，即可绘制透明实心多边形，如图 3-25 所示。

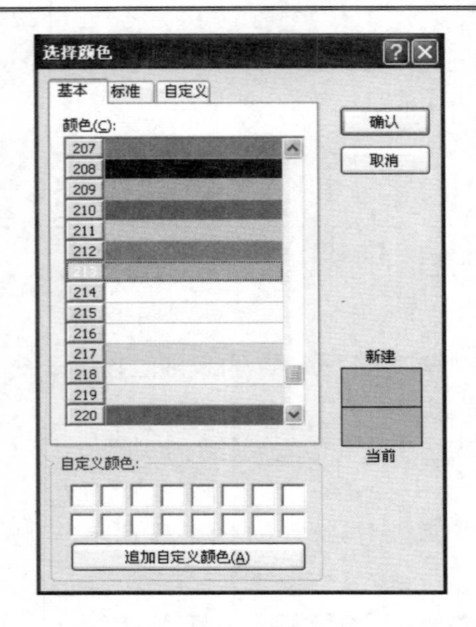

图 3-23　填充色设置对话框

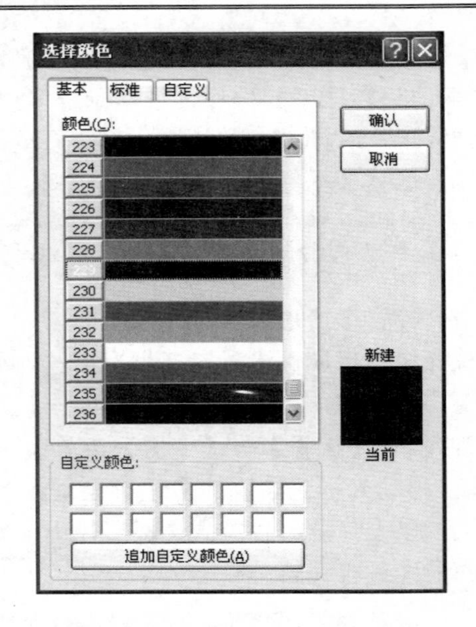

图 3-24　边缘色设置对话框

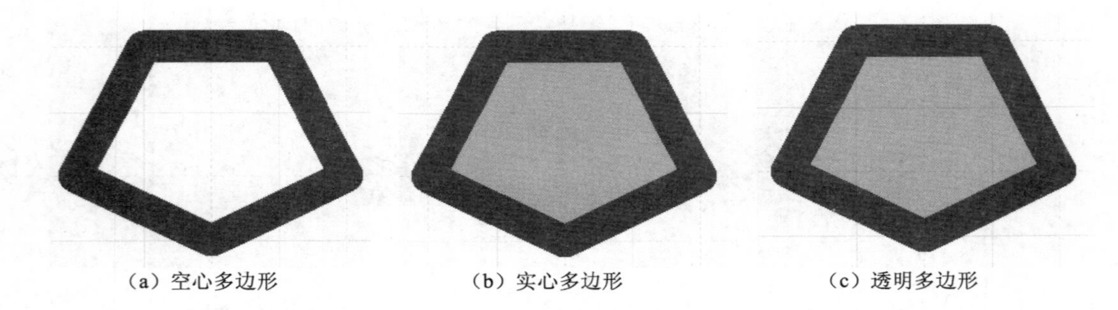

（a）空心多边形　（b）实心多边形　（c）透明多边形

图 3-25　不同类型的多边形

（8）当绘制的多边形不符合要求时，可以单击所绘制的多边形，选中该多边形，如图 3-26（a）所示，多边形的多个顶点都变成了一个小的矩形捕捉点。移动光标到小的矩形上，光标形状变为双箭头，如图 3-26（b）所示，此时可以选中一个顶点并进行拖动，多边形的形状即可发生改变，调整后的结果如图 3-26（c）所示。

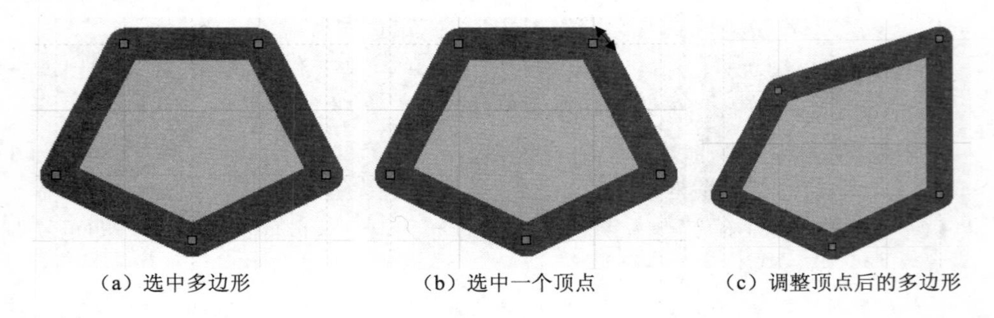

（a）选中多边形　（b）选中一个顶点　（c）调整顶点后的多边形

图 3-26　多边形的调整

3.4.5　绘制椭圆弧

使用 Protel DXP 提供的绘制椭圆弧工具，可以在原理图上绘制出一段椭圆弧或圆弧。

【实例 3-5】 绘制椭圆弧

（1）启动绘制椭圆弧命令。在原理图编辑状态，绘制椭圆弧命令一般可以通过 3.4.1 节中所介绍的三种方式来启动，也可以采用快捷键 P+D+I 的方式来实现。

执行绘制椭圆弧命令后，移动光标到原理图编辑界面，光标变成如图 3-27 所示的带有圆弧线的十字形状。

（2）移动光标到适当的区域，单击确定椭圆弧的中心点，如图 3-28（a）所示。

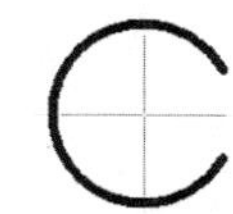

图 3-27　执行绘制直线命令后光标的形状

（3）水平方向移动光标到适当位置单击，确定椭圆弧的 X 半径位置，可以看到随着鼠标的移动，椭圆弧的 X 半径也在变化，如图 3-28（b）所示。

（4）垂直方向移动光标到适当位置单击，确定椭圆弧的 Y 半径位置，可以看到随着鼠标的移动，椭圆弧的 Y 半径也在变化，如图 3-28（c）所示。

（5）光标自动跳到椭圆弧的起始角处，移动光标到合适位置，单击确定椭圆弧的起始角，如图 3-28（d）所示。

（6）光标自动跳到椭圆弧的终止角处，移动光标到合适位置，单击确定椭圆弧的终止角，如图 3-28（e）所示。

（7）此时，可以看到刚绘制的椭圆弧，且在光标上还附着一个刚绘制的椭圆弧，如图 3-28（f）所示，以供进行下一个椭圆弧的绘制，其方法只要重复上述操作即可。

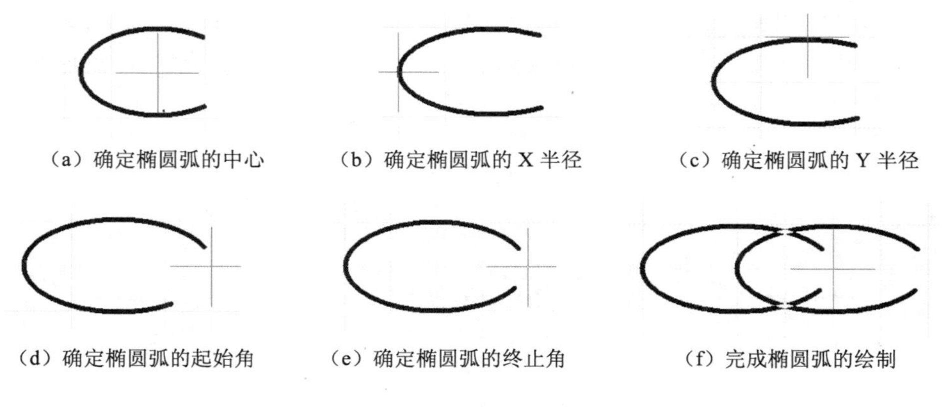

（a）确定椭圆弧的中心　（b）确定椭圆弧的 X 半径　（c）确定椭圆弧的 Y 半径

（d）确定椭圆弧的起始角　（e）确定椭圆弧的终止角　（f）完成椭圆弧的绘制

图 3-28　椭圆弧的绘制过程

📖：如果要结束绘制椭圆弧命令，可以单击右键或按【Esc】键退出。

（8）设置椭圆弧属性。打开椭圆弧属性设置对话框对所绘制的椭圆弧属性进行编辑，可以通过以下 3 种方式：

- 执行绘制椭圆弧命令后，单击【Tab】键。
- 执行【编辑】→【变更】菜单命令，单击选中需要编辑属性的椭圆弧。

- 移动光标到绘制的椭圆弧上双击。

经过以上任意一种方式，都会弹出【椭圆弧】属性对话框，如图 3-29 所示，可以对椭圆弧属性进行编辑。

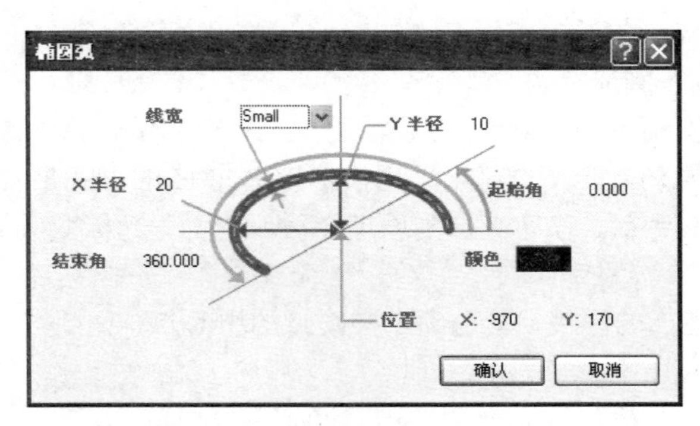

图 3-29 【椭圆弧】属性对话框

- 【线宽】：用于设置所绘制椭圆弧的线宽，单击右边的按钮弹出下拉菜单，可以选择的线宽有“Smallest”、“Small”、“Medium”和“Large”4 种类型，用来设置将要绘制或者所选中的椭圆弧的粗细。
- 【颜色】：用来设置椭圆弧线的颜色。单击右边的颜色框，弹出与图 3-24 相同的【选择颜色】对话框，可以设置所绘制椭圆弧线的颜色。

分别修改该对话框中 X 半径、Y 半径、起始角、结束角及位置右边的数字，可以分别调整椭圆弧的对应属性。

（9）当绘制的椭圆弧不符合要求时，可以单击所绘制的椭圆弧，选中该椭圆弧，如图 3-30（a）所示，椭圆弧出现了 4 个小的矩形捕捉点，分别对应其 X 半径、Y 半径、起始角和结束角。移动光标到这些小的矩形上，光标形状变为双箭头，如图 3-30（b）所示，此时可以选中一个顶点并进行拖动，椭圆弧的形状即可发生改变，调整后的结果如图 3-30（c）所示。

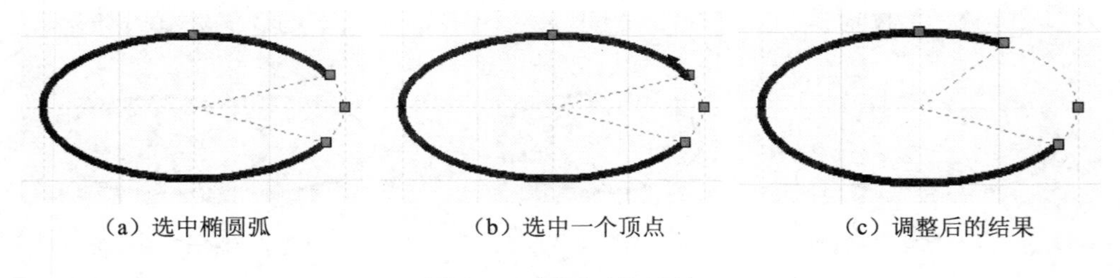

（a）选中椭圆弧　　（b）选中一个顶点　　（c）调整后的结果

图 3-30 椭圆弧的调整

3.4.6 绘制椭圆

使用 Protel DXP 提供的绘制椭圆工具，可以在原理图上绘制出一个椭圆。

【实例 3-6】 绘制椭圆。

（1）启动绘制椭圆弧命令。在原理图编辑状态，绘制椭圆命令一般可以通过 3.4.1 节中所介绍的三种方式来启动，也可以采用快捷键 P+D+E 的方式来实现。

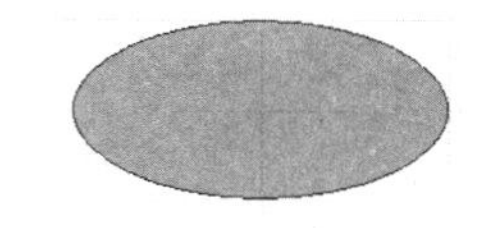

图 3-31　执行绘制直线命令后光标的形状

执行绘制椭圆命令后，移动光标到原理图编辑界面，光标变成如图 3-31 所示的带有椭圆形状的十字形状。

（2）移动光标到适当区域，单击确定椭圆的中心点，如图 3-32 所示。

（3）光标自动跳到椭圆的 X 半径位置，水平方向移动光标到适当位置单击，确定椭圆的 X 半径，如图 3-32（a）所示。

（4）光标自动跳到椭圆的 Y 半径位置，水平方向移动光标到适当位置单击，确定椭圆的 Y 半径，如图 3-32（b）所示。

（5）此时，可以看到刚绘制的椭圆，且在光标上还附着一个刚绘制的椭圆，如图 3-32（c）所示，以供进行下一个椭圆的绘制，其方法只要重复上述操作即可。

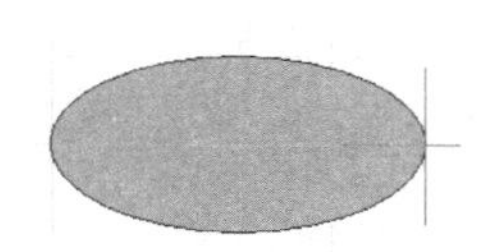

（a）确定椭圆的 x 半径

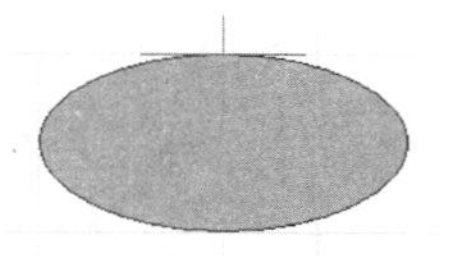

（b）确定椭圆的 y 半径

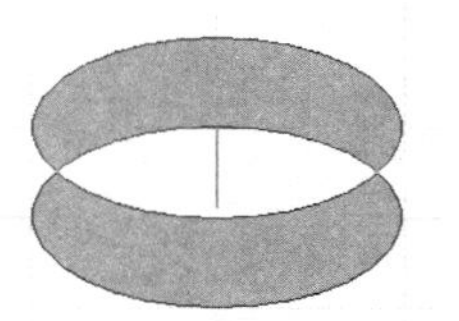

（c）完成椭圆的绘制

图 3-32　椭圆的绘制过程

📖：如果要结束绘制椭圆命令，可以单击右键或按【Ese】键退出。

（6）设置椭圆属性。打开椭圆属性设置对话框对所绘制的椭圆属性进行编辑，可以通过以下 3 种方式：

- 执行绘制椭圆命令后，单击【Tab】键。
- 执行【编辑】→【变更】菜单命令，单击选中需要编辑属性的椭圆。
- 移动光标到绘制的椭圆上双击。

经过以上任意一种方式，都会弹出【椭圆】属性对话框，如图 3-33 所示，可以对椭圆属性进行编辑。

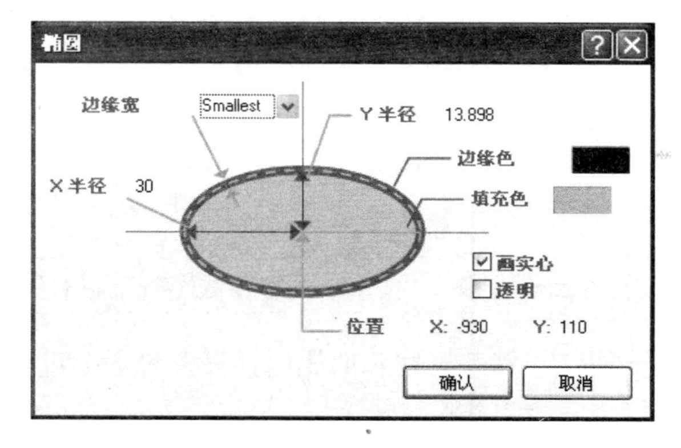

图 3-33 【椭圆】属性对话框

- 【边缘宽】：用于设置所绘制椭圆的边缘宽，单击右边的按钮弹出下拉菜单，可以选择的线宽有“Smallest”、“Small”、“Medium”和“Large”4 种类型，用来设置将要绘制或者所选中的椭圆的边缘粗细。
- 【边缘色】：用于设置椭圆边缘的颜色。同多边形的边缘色设置方法相同。
- 【填充色】：用于设置实心椭圆的填充颜色。同多边形的填充色设置方法相同。
- 【画实心】、【透明】复选框：意义与多边形的相应设置类似。
- 【X 半径】、【Y 半径】：分别修改其右边的数字，可以分别调整椭圆的 X、Y 半径。

（7）当绘制的椭圆不符合要求时，可以单击所绘制的椭圆弧，选中该椭圆，如图 3-34（a）所示，椭圆出现了两个小的矩形捕捉点，分别对应其 X 半径、Y 半径。移动光标到这些小的矩形上，光标形状变为双箭头，如图 3-34（b）所示，此时可以选中一个顶点并进行拖动，椭圆的形状即可发生改变，调整后的结果如图 3-34（c）所示。

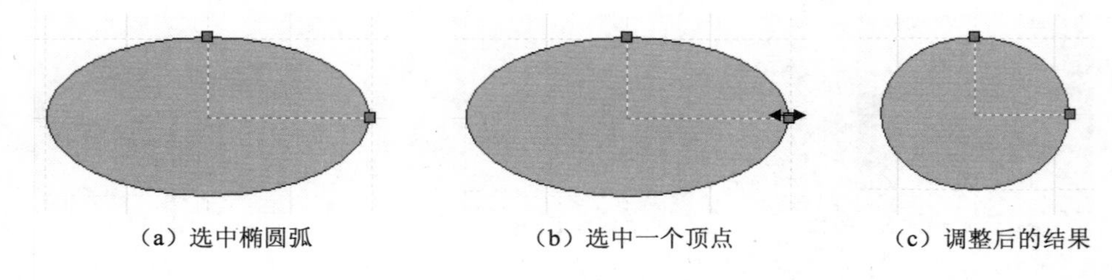

（a）选中椭圆弧　（b）选中一个顶点　（c）调整后的结果

图 3-34　椭圆的调整

3.4.7　绘制贝塞尔曲线

使用 Protel DXP 提供的绘制贝塞尔曲线工具，可以在原理图上绘制出一段贝塞尔曲线。

【实例 3-7】 绘制贝塞尔曲线。

（1）启动绘制贝塞尔曲线命令。在原理图编辑状态，绘制贝塞尔曲线命令一般可以通过 3.4.1 节中所介绍的三种方式来启动，也可以采用快捷键 P+D+B 的方式来实现。

启动绘制贝塞尔曲线命令后，移动光标到原理图编辑界面，光标变成十字形状。

（2）移动光标到适当的区域，单击确定贝塞尔曲线的第一个点。

（3）移动光标到适当位置，单击确定贝塞尔曲线的第二个点。

（4）重复上述操作，依次确定贝塞尔曲线的第三、第四个点，如图 3-35 所示。

（5）此时，可以看到刚绘制的贝塞尔曲线，且光标仍处于绘制贝塞尔曲线的状态，系统允许在绘制完第四个端点后，以该端点为下一段贝塞尔曲线的第一个端点，继续绘制贝塞尔曲线。

📖：如果要结束绘制贝塞尔曲线命令，可以单击右键或按【Esc】键退出。

（6）设置贝塞尔曲线属性。打开贝塞尔曲线属性设置对话框对所绘制的贝塞尔曲线属性进行编辑，可以通过以下 3 种方式：

- 执行绘制贝塞尔曲线命令后，单击【Tab】键。

- ❑ 执行【编辑】→【变更】菜单命令，单击选中需要编辑属性的贝塞尔曲线。
- ❑ 移动光标到绘制的贝塞尔曲线上双击。

经过以上任意一种方式，都会弹出【贝塞尔曲线】属性对话框，如图 3-36 所示，可以对贝塞尔曲线的属性进行编辑。

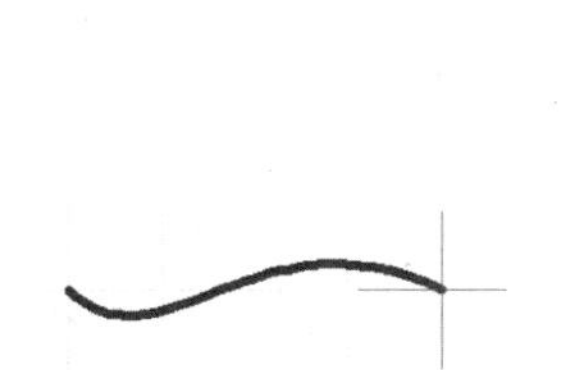

图 3-35　贝赛尔曲线的绘制　　　图 3-36　【贝塞尔曲线】属性对话框

- ❑【曲线宽度】：用于设置所绘制贝塞尔曲线的线宽，单击右边的按钮弹出下拉菜单，可以选择的线宽有“Smallest”、“Small”、“Medium”和“Large”4 种类型，用来设置将要绘制或者所选中的贝塞尔曲线的粗细。
- ❑【颜色】：用于设置贝塞尔曲线的颜色。设置方法同直线的颜色设置方法。

（7）当绘制的贝塞尔曲线不符合要求时，可以单击所绘制的贝塞尔曲线，选中该贝赛尔曲线，如图 3-37（a）所示，贝赛尔曲线出现了 4 个小的矩形捕捉点，分别对应其第一、第二、第三和第四点。移动光标到这些小的矩形上，光标形状变为双箭头，如图 3-37（b）所示，此时可以选中一个顶点并进行拖动，贝赛尔曲线的形状即可发生改变，调整后的结果如图 3-37（c）所示。

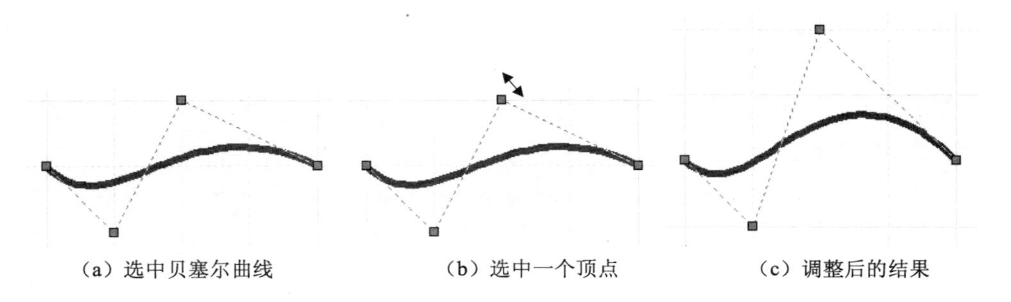

（a）选中贝塞尔曲线　　（b）选中一个顶点　　（c）调整后的结果

图 3-37　贝塞尔曲线的调整

3.4.8　绘制矩形

使用 Protel DXP 提供的绘制矩形工具，可以在原理图上绘制出一个直角、圆角矩形。

【实例 3-8】 绘制矩形。

（1）启动绘制矩形命令。在原理图编辑状态，绘制直角矩形命令一般可以通过 3.4.1 节中所介绍的 3 种方式来启动，也可以采用快捷键 P+D+R 的方式来实现。

启动绘制直角矩形命令后，移动光标到原理图编辑界面，光标变成如图 3-38 所示的带有直角矩形线的十字形状。

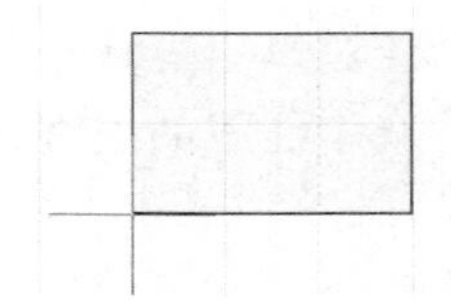

图 3-38 执行绘制矩形命令后光标的形状

（2）移动光标到适当的区域，单击确定直角矩形的第一个点，如图 3-39（a）所示。

（3）光标自动跳到直角矩形的对角点上，移动光标到合适位置，单击确定矩形的对角点，如图 3-39（b）所示。

（4）此时，可以看到刚绘制的直角矩形，且在光标上还附着一个刚绘制的直角矩形，如图 3-39（c）所示，以供进行下一个直角矩形的绘制，其方法只要重复上述操作即可。

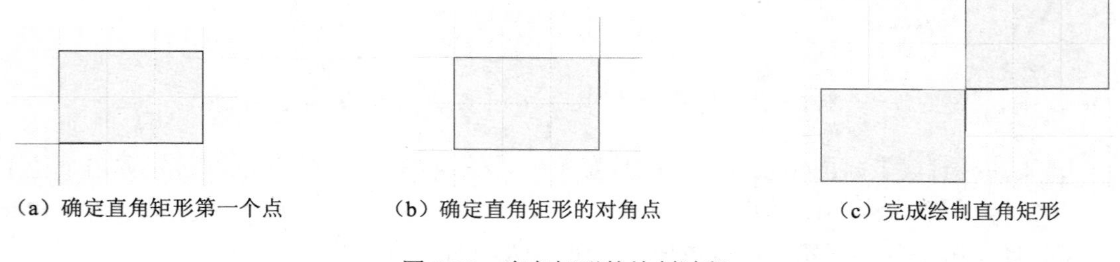

（a）确定直角矩形第一个点　（b）确定直角矩形的对角点　（c）完成绘制直角矩形

图 3-39 直角矩形的绘制过程

📖：如果要结束绘制直角矩形命令，可以单击右键或按【Esc】键退出。

（5）设置直角矩形属性。打开直角矩形属性设置对话框对所绘制的直角矩形属性进行编辑，可以通过以下三种方式：

- 执行绘制直角矩形命令后，单击【Tab】键。
- 执行【编辑】→【变更】菜单命令，单击选中需要编辑属性的直角矩形。
- 移动光标到绘制的直角矩形上双击。

经过以上任意一种方式，都会弹出【矩形】属性对话框，如图 3-40 所示，可以对矩形的属性进行编辑。

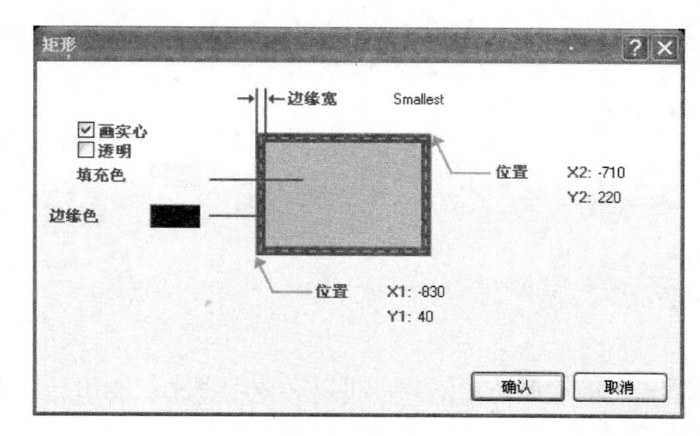

图 3-40 【矩形】属性对话框

- 【边缘宽】：用于设置所绘制直角矩形边缘的线宽。设置方法与设置椭圆边缘的线宽类似。

- 【填充色】：用于设置实心直角矩形的填充颜色。设置方法与设置椭圆的填充色类似。
- 【边缘色】：用于设置直角矩形的边缘颜色。设置方法与设置椭圆的边缘色类似。
- 【画实心】、【透明】复选框：意义及设置方法与设置椭圆类似。
- 【位置】：用于设置直角矩形两个对角点的 X、Y 位置坐标。

（6）当绘制的直角矩形不符合要求时，可以单击所绘制的直角矩形，选中该直角矩形，如图 3-41（a）所示，直角矩形出现了多个小的矩形捕捉点。移动光标到这些小的矩形上，光标形状变为双箭头，如图 3-41（b）所示，此时可以选中一个顶点并进行拖动，直角矩形的形状即可发生改变，调整后的结果如图 3-41（c）所示。

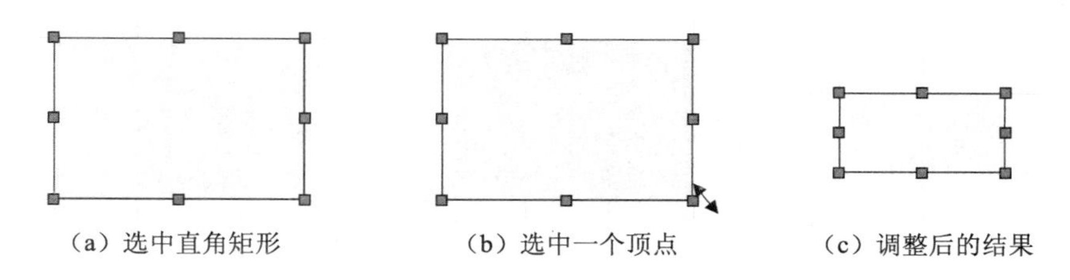

（a）选中直角矩形　（b）选中一个顶点　（c）调整后的结果

图 3-41　直角矩形的调整

此外，系统还允许绘制圆边矩形，其绘制方法和过程与绘制直角矩形的方法相同，其属性设置对话框如图 3-42 所示。与【直角矩形】属性类似，所不同的是 X、Y 半径，用来设置圆边矩形在倒角处的 X、Y 轴半径。

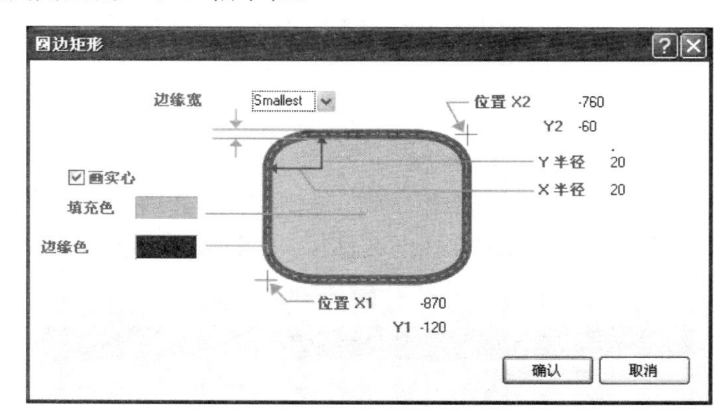

图 3-42　【圆边矩形】属性对话框

3.4.9　绘制饼图

使用 Protel DXP 提供的绘制饼图工具，可以在原理图上绘制出饼图。

【实例 3-9】　绘制饼图。

（1）启动绘制饼图命令。启动绘制饼图命令后，移动光标到原理图编辑界面，光标变成如图 3-43 所示的带有饼图的十字形状。

（2）移动光标到适当区域，单击确定饼图的中心点，如图 3-44（a）所示。

（3）光标自动跳到饼图的 X 半径位置处，水平方向移动光标到适当位置单击，确定饼图的 X 半径位置，如图 3-44（b）所示。

（4）光标自动跳到饼图的起始角位置处，移动光标到适当位置单击，确定饼图的起始角位置，如图 3-44（c）所示。

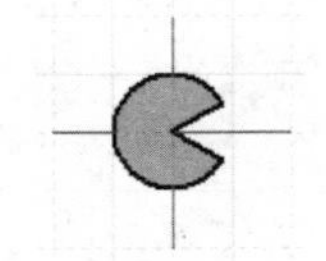

图 3-43　执行绘制饼图命令后光标的形状

（5）光标自动跳到饼图的终止角位置处，移动光标到适当位置单击，确定饼图的终止角位置，如图 3-44（d）所示。

（6）此时，可以看到刚绘制的饼图，且在光标上还附着一个刚绘制的饼图，如图 3-44（e）所示，以供进行下一个饼图的绘制，其方法只要重复上述操作即可。

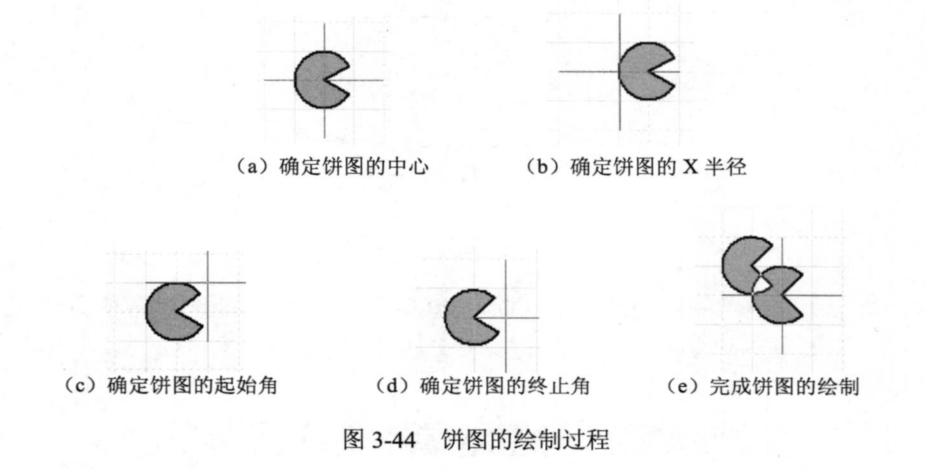

（a）确定饼图的中心　（b）确定饼图的 X 半径

（c）确定饼图的起始角　（d）确定饼图的终止角　（e）完成饼图的绘制

图 3-44　饼图的绘制过程

📖：如果要结束绘制饼图命令，可以单击右键或按【Esc】键退出。

（7）设置饼图属性。移动光标到绘制的饼图上双击，打开饼图属性设置对话框对所绘制的饼图属性进行编辑。弹出【饼图】属性对话框，如图 3-45 所示，可以对饼图的属性进行编辑。

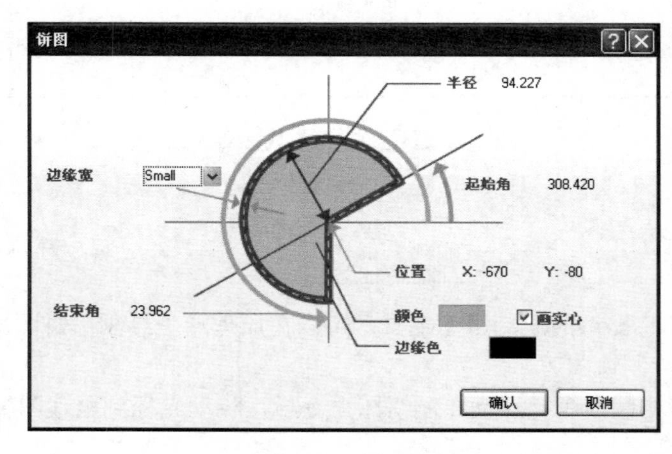

图 3-45　【饼图】属性对话框

通过该对话框，可以设置饼图的边缘宽、边缘色、起始角、结束角、位置、填充颜色是是否实心等属性。

（8）当绘制的饼图不符合要求时，可以单击所绘制的饼图，选中该饼图，如图 3-46（a）所示，此时饼图出现了三个小的矩形捕捉点，分别对应其 X 半径、起始角、结束角。移动光标到这些小的矩形上，光标形状变为双箭头，如图 3-46（b）所示，此时可以选中一个顶点进行拖动，饼图的形状即可发生改变，调整后的结果如图 3-46（c）所示。

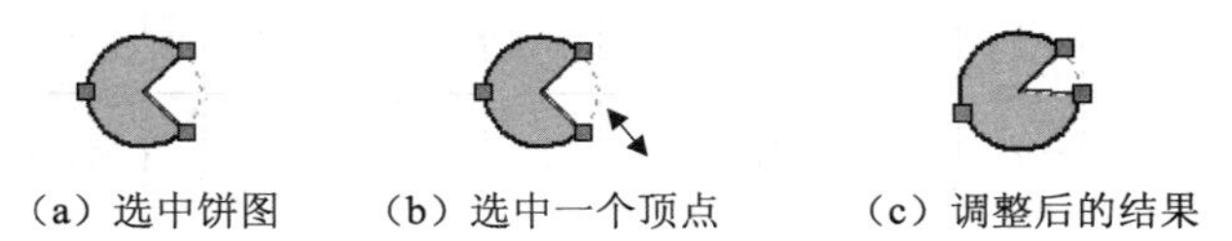

（a）选中饼图　（b）选中一个顶点　（c）调整后的结果

图 3-46　饼图的调整

3.4.10　放置文本字符串

使用 Protel DXP 提供的放置文本字符串工具，可以在原理图上为项目进行文字注释，以弥补使用图形符号无法表达的设计意图。文本字符串仅用于对项目进行简短说明，大段的说明一般使用文本框命令来实现。

【实例 3-10】 放置文本字符串。

（1）启动放置文本字符串命令。在原理图编辑状态，放置文本字符串命令一般可以通过 3.4.1 节中所介绍的 3 种方式来启动，也可以采用快捷键 P+T 的方式来实现。

启动放置文本字符串命令后，移动光标到原理图编辑界面，光标变成如图 3-47 所示的带有最近一次用过的标注文字（此处为“Text”）的十字形状。

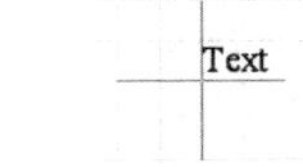

图 3-47　执行放置文本字符串命令后光标的形状

（2）移动光标到适当的区域，单击即可放置文本字符串，如图 3-48（a）所示。

（3）此时，可以看到刚绘制的 Text，且在光标上还附着一个刚绘制的文本字符串，如图 3-48（b）所示，以供进行下一个文本字符串的绘制，其方法只要重复上述操作即可。

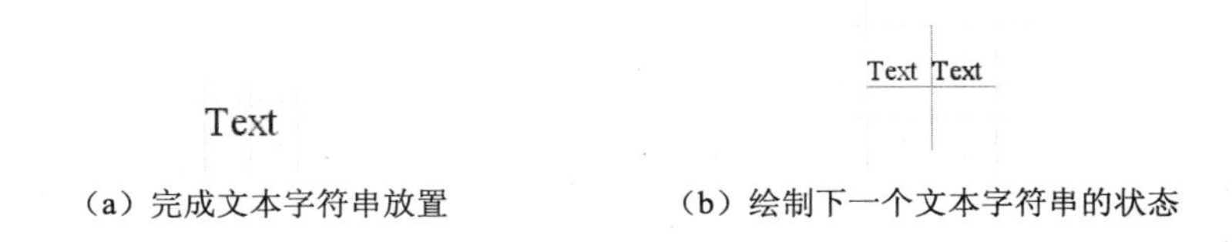

（a）完成文本字符串放置　（b）绘制下一个文本字符串的状态

图 3-48　放置文本字符串的过程

📖：如果要结束放置文本字符串命令，可以单击右键或按【Esc】键退出。

（4）设置文本字符串属性。打开文本字符串属性设置对话框对所放置的文本字符串属性进行编辑，会弹出【注释】属性对话框，如图 3-49 所示，可以对文本字符串的属性进行编辑。

其中，

- ❑【颜色】：用于设置文本字符串的颜色。单击右边的颜色框，弹出如图 3-50 所示的颜色对话框，设置所放置文本字符串的颜色。

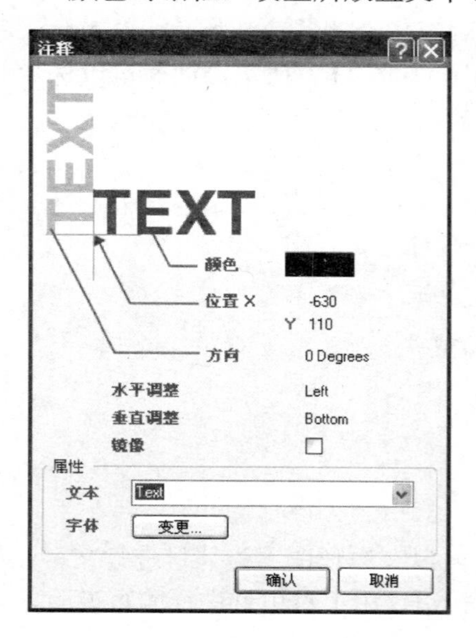

图 3-49 【注释】属性对话框

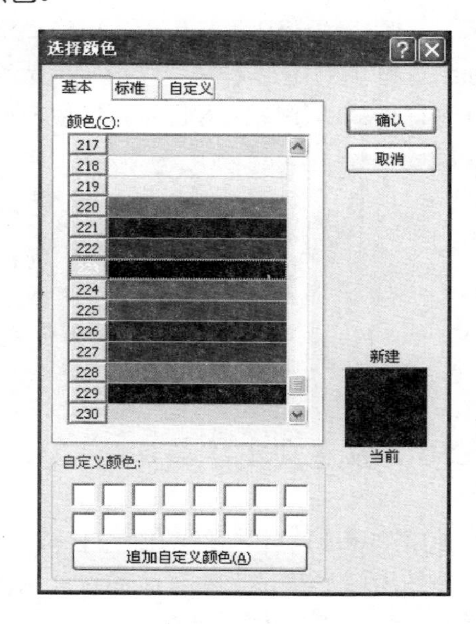

图 3-50 文本字符串颜色设置对话框

- ❑【位置 X】、【位置 Y】：用于分别设置文本字符串的起始 X、Y 坐标。
- ❑【方向】：用于设置文本字符串的放置方向。单击其右边的按钮，弹出文本方向下拉菜单。系统提供了“0 Degrees”、“90 Degrees”、“180 Degrees”和“270 Degrees”4 种放置方向。
- ❑【水平调整】：用于调整文本字符串的水平位置。单击其右边的按钮，弹出文本水平调整下拉菜单。系统提供了“Left”、“Center”和“Right”3 种调整位置。
- ❑【垂直调整】：用于调整文本字符串的垂直位置。单击其右边的按钮，可以弹出文本垂直调整下拉菜单。系统提供了“Bottom”、“Center”和“Top”3 种调整位置。
- ❑【镜像】复选框：单击选中该复选框，可以将文本镜像放置。
- ❑【文本】：修改文本字符串的内容。
- ❑【字体】：设置文本字符串的字体样式。单击变更...按钮，可以弹出如图 3-51 所示的【字体】对话框。

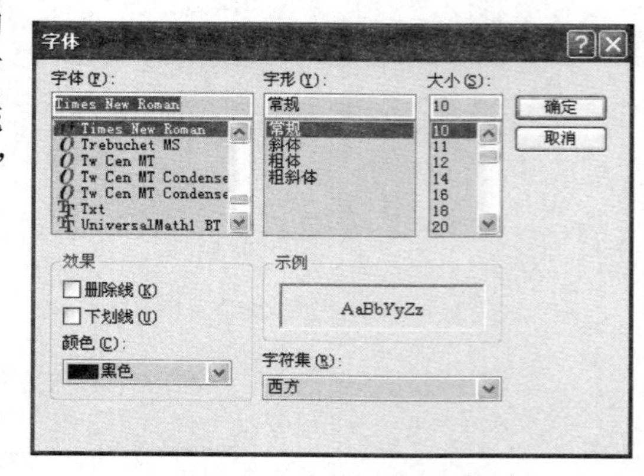

图 3-51 【字体】对话框

📖：要正确区分网络标示和文本字符串，网络标示具有电气属性，必须放置在电气节点上；而文本字符串不具有电气属性，可以放置在原理图的任意位置。

3.4.11　插入图片

使用 Protel DXP 提供的图形工具，可以在原理图上放置图形。

【实例 3-11】 插入图片。

（1）启动放置图形命令。在原理图编辑状态，放置文本框命令一般可以通过 3.4.1 节中所介绍的 3 种方式来启动，也可以采用快捷键 P+G 的方式来实现。

启动放置图形命令后，移动光标到原理图编辑界面，光标变成如图 3-52 所示的带有矩形框的十字形状。

图 3-52　执行放置文本框命令后光标的形状

（2）移动光标到适当区域，单击确定图形框的第一个顶点，如图 3-53（a）所示。

（3）光标自动跳到图形框的对角处，移动光标到合适位置，单击确定图形框的第二个顶点，如图 3-53（b）所示。

（4）弹出【打开】对话框，如图 3-53（c）所示，选择所要插入的图片，单击 打开(O) 按钮。

（5）此后光标变成十字形状，在绘图区单击两次以确定图片放置区域的两个顶点，如图 3-53（d）所示，即可完成图片的插入操作，如图 3-53（e）所示。

（6）此时光标仍然处于插入图片的状态，以供进行下一个图片的插入，只要重复上述操作即可，如果要结束放置插入图片命令，可以单击右键或按【Esc】键退出。

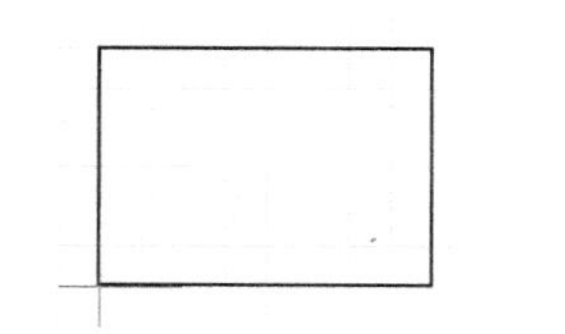

（a）确定插入图片的第一个顶点

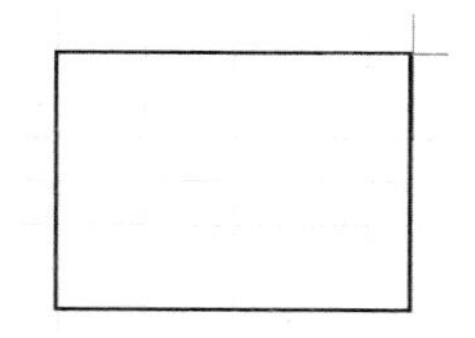

（b）确定插入图片的对角顶点

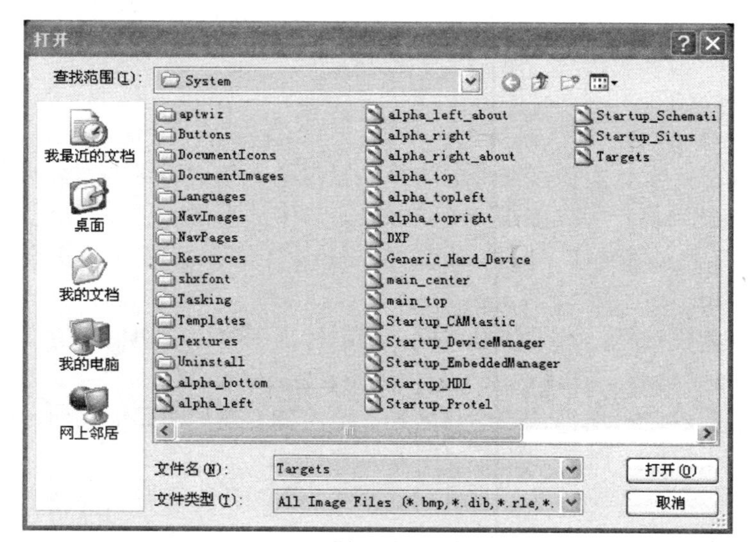

（c）【打开】对话框

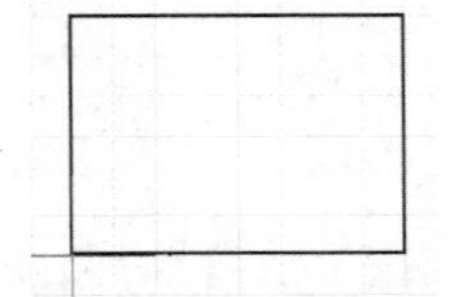
（d）确定图片放置区域

（e）放置好的图片

图 3-53　图片的插入过程

（7）设置图形属性。打开图形属性设置对话框对所放置的图形属性进行编辑，可以通过以下 3 种方式：

- ❑ 启动放置图形命令后，单击【Tab】键。
- ❑ 执行【编辑】→【变更】菜单命令，单击选中需要编辑属性的图形。
- ❑ 移动光标到放置的图形上双击。

经过以上任意一种方式，都会弹出【图形】属性对话框，如图 3-54 所示，可以对图形的属性进行编辑。

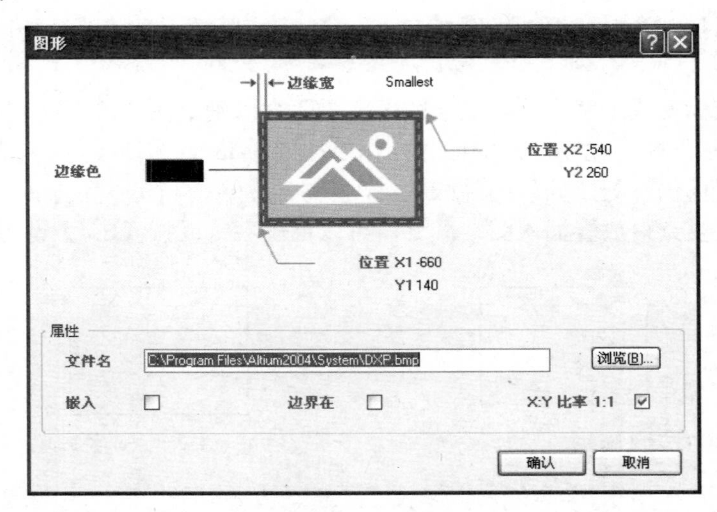

图 3-54 【图形】属性对话框

其中，

- ❑ 【边缘宽】：设置所放置图形的边缘线宽，同多边形边缘宽属性类似。
- ❑ 【边缘色】：设置所放置图形的边缘色，同多边形边缘色属性类似。
- ❑ 【位置 X1】、【位置 Y1】、【位置 X2】和【位置 Y2】：用于设置图形放置区域的两个顶点坐标属性。
- ❑ 【边界在】复选框：选中该复选框，则图片周围将出现边框，边框的线宽和颜色在上边的【边缘宽】和【边缘色】中设定。
- ❑ 【文件名】：修改所插入的图片名称。单击其右侧的浏览(B)...按钮，弹出【打开】对话框，如图 3-55 所示，选择要插入的图片。
- ❑ 【X:Y 比率 1:1】复选框：选中该复选框，则图片在进行大小拖放时，长宽将始终相等。

图 3-55 【打开】对话框

（8）当插入的图片不符合要求时，可以单击所插入的图片，选中该图片，如图 3-56（a）所示，图片周围出现了多个小的矩形捕捉点，移动光标到这些小的矩形上，光标形状变为双箭头，如图 3-56（b）所示，此时可以选中一个顶点进行拖动，图片的大小即可发生改变，调整后的结果如图 3-56（c）所示。也可以按住鼠标左键拖动图片，调整图片的位置。

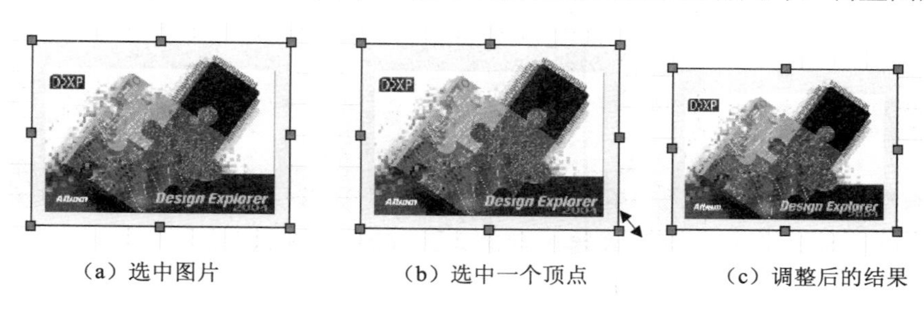

（a）选中图片　　（b）选中一个顶点　　（c）调整后的结果

图 3-56　图片大小的调整

3.5　图件的复制、剪切、粘贴与排列

在原理图的绘制过程中，有时需要多次调用同一个元器件或采用同一组电路结构，为了提高原理图的绘制速度，常需要进行图件的复制、剪切、粘贴与排列等操作。Protel DXP 采用了 Windows 操作系统的剪贴板，允许用户在不同的文档之间进行图件的复制、剪切及粘贴操作。下面介绍在原理图中如何对图件进行复制、剪切、粘贴与排列等编辑操作。

3.5.1　选中和取消选中图件

要对图件进行编辑，首先选中该图件。Protel DXP 提供了以下四种选中方法：

1．单击选中单个图件

用户只要将光标移到需要选中的图件上，单击即可完成选中操作。这时被选中的图件周围会出现绿色的虚线框，如图 3-57 所示，单击 R1 后，R1 处于被选中状态。

📖：用户如果需要同时选中多个图件，可以先按住【Shift】键，然后逐次单击需要选中的图件，选择完成后，松开【Shift】键即可。

2．拖动鼠标框选多个图件

使用该方法可以一次性选中鼠标拖出矩形区域内的所有图件。其方法是在适当位置单击，然后拖动鼠标到对角的另一个顶点，松开左键，即可拖出一个矩形区域，位于该区域内的所有图件都会处于选中状态，如图 3-58 所示。

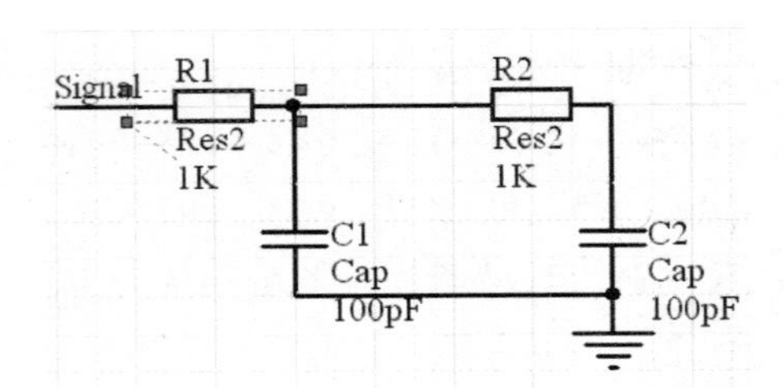

图 3-57　单击选中单个图件

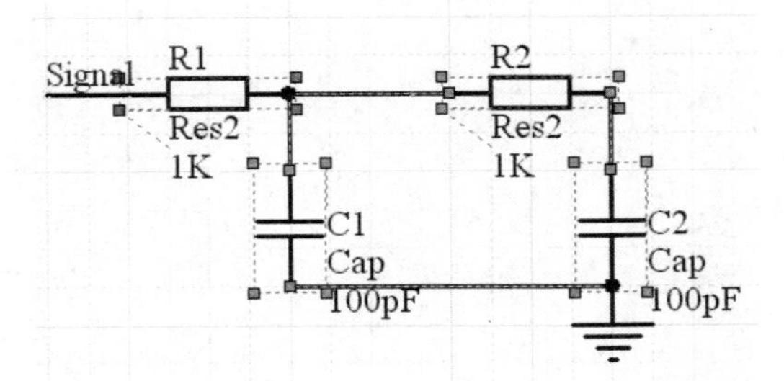

图 3-58　框选多个图件

📖：如果由于图件的位置原因，不能通过鼠标拖出一个矩形选区，可以先按住【Shift】键，然后用光标拖出多个矩形框分组进行选中，如图 3-59 所示。

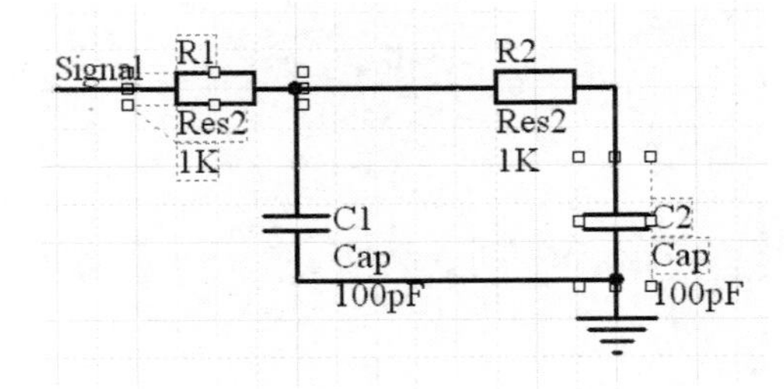

图 3-59　Shift+拖动鼠标选中多个图件

3．利用工具栏快捷命令选中一组图件

先单击工具栏上的快捷按钮□，然后采用拖动鼠标的方法，拖出一个矩形区域，则位于该矩形区域内的所有图件都被选中。

4．利用菜单命令选中图件

执行【编辑】→【选择】→【切换选择】菜单命令，或者使用快捷键 E+S+T。将光标移到原理图编辑区内，此时光标变成十字形状，只要用光标点选需要选择的图件即可。如果在此过程中误选了某个图件，可以再次点选该图件，即可取消其选中状态，如图 3-60 所示。

此外，菜单【编辑】→【选择】下还有其他 4 种菜单命令：【区域内对象】、【区域外对象】、【全部对象】和【连接】。

- ❑【区域内对象】：按快捷键 E+S+I，与鼠标拖出矩形框选择多个图件或单击工具栏上的快捷按钮□选择多个图件的方法大致相同。
- ❑【区域外对象】：按快捷键 E+S+O，选中框外的图件，同上一命令正好相反，此时位于选择框外的所有图件被选中。
- ❑【全部对象】：按快捷键 E+S+A，将编辑区内的所有图件选中。
- ❑【连接】：按快捷键 E+S+C，选择某一个连接，具体操作：单击选中原理图中的某根导线，则所有与之相连的导线都被选中，如图 3-61 所示。

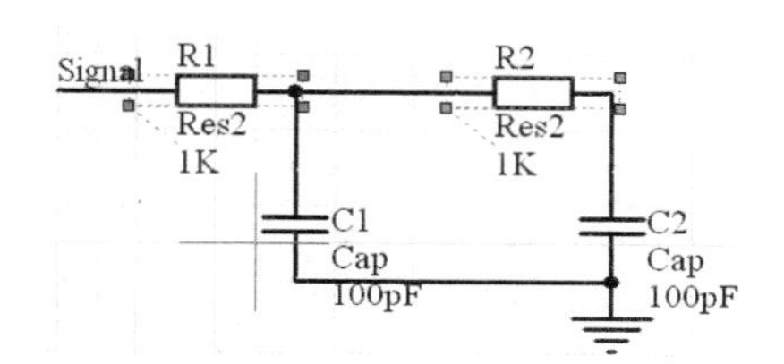

图 3-60　使用菜单命令选中多个图件

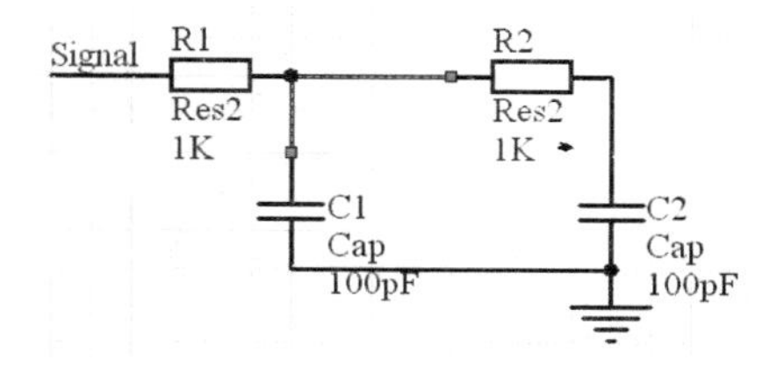

图 3-61　选择某一连接

5. 取消图件的选择

在当前打开的文档中，单击空白处，即可取消所有选择。或执行【编辑】→【选择】→【取消选择】菜单命令，也可取消图件的选择。

- ❑【区域内对象】：按快捷键 E+E+I，取消矩形区域内对象的选择。
- ❑【区域外选择】：按快捷键 E+E+O，取消矩形区域外对象的选择。
- ❑【全部当前文档】：按快捷键 E+E+A，取消当前操作文档中对象的选择。
- ❑【全部打开的文档】：按快捷键 E+E+D，取消当前打开所有文档中对象的选择。
- ❑【切换选择】：操作参考第 4 种方法。

3.5.2　图件的复制、粘贴

当选中了需要进行复制的图件后，就可以对其进行复制操作。

【实例 3-12】 对图 3-57 中的电路图件进行复制和粘贴。

（1）选中需要复制的区域，方法参照 3.5.1 节。这里采用框选的方式选中图 3-57 中的电路图件，如图 3-62 所示。

（2）执行复制命令。可以采取以下 3 种操作方法。

- ❑ 执行【编辑】→【复制】菜单命令。
- ❑ 按快捷键 Ctrl+C 或者 E+C。

- ❑ 单击工具栏上的复制按钮。

（3）执行粘贴命令。可以采取以下 3 种操作方法。

- ❑ 执行【编辑】→【粘贴】菜单命令。
- ❑ 按快捷键 Ctrl+V 或者 E+P。
- ❑ 单击工具栏上的粘贴按钮。

（4）粘贴图件。执行上述命令后，十字光标将带着复制的图件虚影出现在编辑区，如图 3-63 所示。将其移动到合适位置单击或按【Enter】键即可完成粘贴操作，如图 3-64 所示。

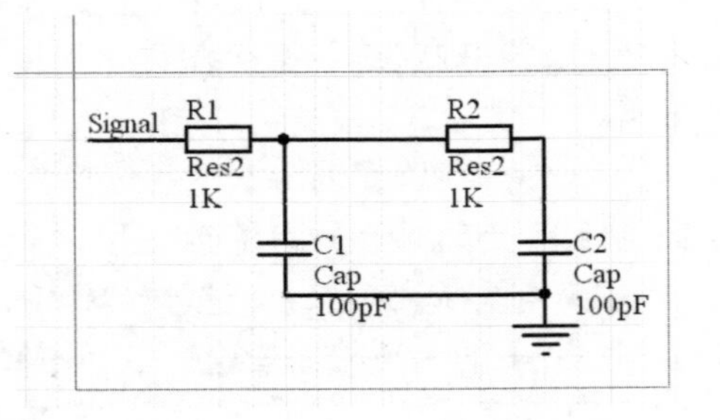

图 3-62　框选需要复制的电路图件

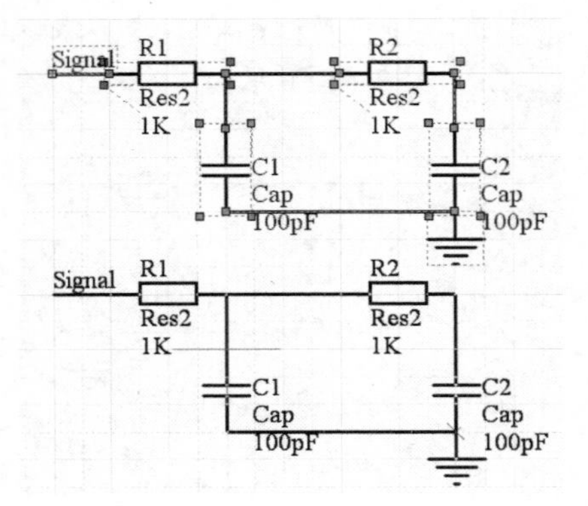

图 3-63　鼠标指针上即为将粘贴的图件虚影

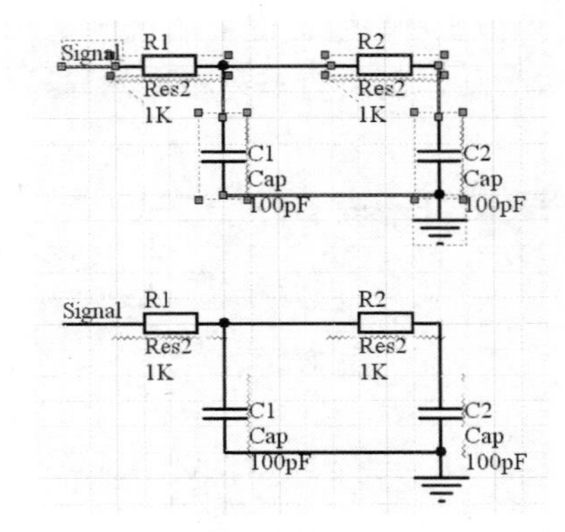

图 3-64　粘贴图件后的结果

（5）修改元器件序号、网络标号等属性。执行上述操作后，粘贴的元器件序号、网络标号等仍然与原来相同，因此需要对其进行修改。修改之后的结果如图 3-65 所示。

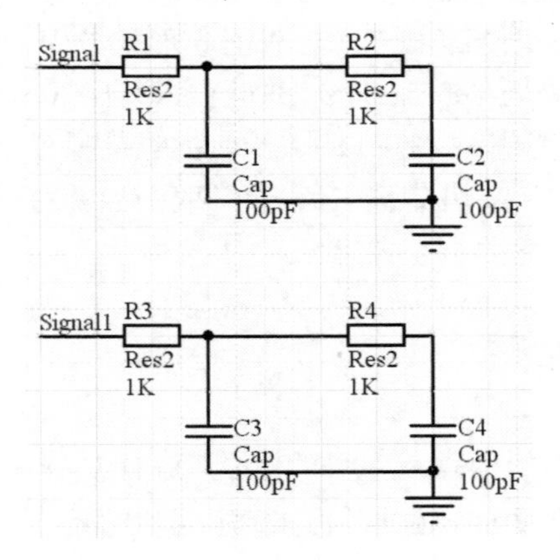

图 3-65　修改元器件序号、网络标号后的结果

如果要进行剪切操作，只需要将复制命令替换为剪切命令即可。执行剪切命令可以通过以下 3 种方法。

- ❑ 执行【编辑】→【剪切】菜单命令。
- ❑ 按快捷键 Shift+Delete 或者 E+T。

❑ 单击工具栏上的剪切按钮 。

📖: Windows 剪贴板只能存储一次复制或剪切的内容。一旦完成一次复制或剪切操作后，Windows 就用新内容替换剪切板原有内容。

3.5.3 图件的阵列粘贴

阵列粘贴可以将同一个或同一组元器件按照指定的间距一次性重复粘贴到原理图中。

【实例 3-13】 对图 3-57 中的电路图件进行阵列粘贴。

（1）选定要进行阵列粘贴的区域，可以参照 3.5.1 节。

（2）执行复制命令，可以参照 3.5.2 节相关操作。

（3）执行阵列粘贴命令。可以采取以下 3 种操作方法。

❑ 单击图形工具栏中的【设定粘贴队列】按钮，如图 3-66 所示。

❑ 执行【编辑】→【阵列粘贴】菜单命令。

❑ 按快捷键 E+Y。

执行阵列粘贴命令后，弹出如图 3-67 所示的【设定粘贴队列】属性对话框。

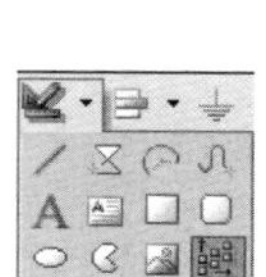

图 3-66 【设定粘贴队列】按钮

图 3-67 【设定粘贴队列】对话框

其中，

❑ 【项目数】：阵列粘贴需要重复复制图件组的个数。

❑ 【主增量】：设置要粘贴的图件组的元器件序号。一般用在要阵列粘贴的图件组中含有结尾为数字的元器件序号时，如图 3-57 中电阻的序号到 2，则主增量就设置为 2，加在原图件组中元器件序号上，形成新图件组中对应元器件的新序号。如图 3-68 所示，共重复粘贴 2 次，每次图件组内各序号数自动加 2，则电阻序号由“R1”、“R2”变为“R3”、“R4”及“R5”、“R6”。设为正整数为递增，设为负整数为递减。

❑ 【次增量】：一般不用。

❑ 【水平】：所要粘贴图件组参考点之间的水平间距。

❑ 【垂直】：所要粘贴图件组参考点之间的垂直间距。

本例中，将相邻图件参考点间的水平间隔设为“0”，垂直间隔设为“100”，如图 3-68

所示就是这些相同的图件竖着排成一排。

（4）设置完【设定粘贴队列】属性对话框后，单击 确认 按钮。此时，光标变成十字形状，移动光标到编辑区合适位置单击，阵列将从该位置放置被复制的图件组，粘贴结果如图 3-69 所示。

图 3-68　设置阵列粘贴间隔

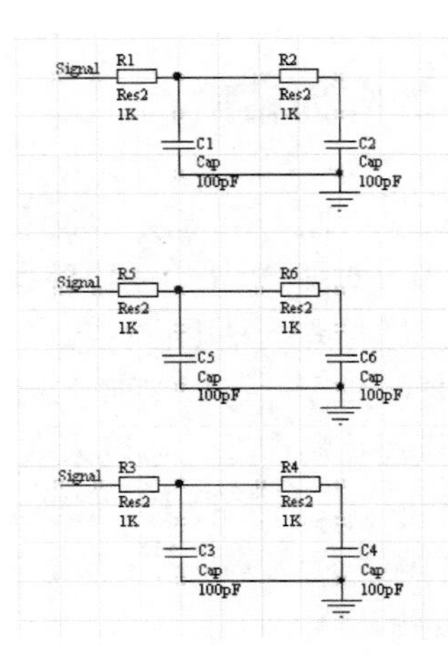

图 3-69　完成阵列粘贴

3.6　元器件的排列与对齐

在绘制电路原理图的过程中，放置好所需要的元器件后，还需对其进行位置的调整，如排列对齐，以使电路原理图美观整齐。因此，Protel DXP 提供了一系列排列对齐命令以供元器件的位置调整。

【实例 3-14】 对图 3-70 中的电路图件，进行排列对齐。

选中所需要排列对齐的图件组，然后依次执行【编辑】→【排列】菜单命令，弹出排列各个子命令，如图 3-71 所示。

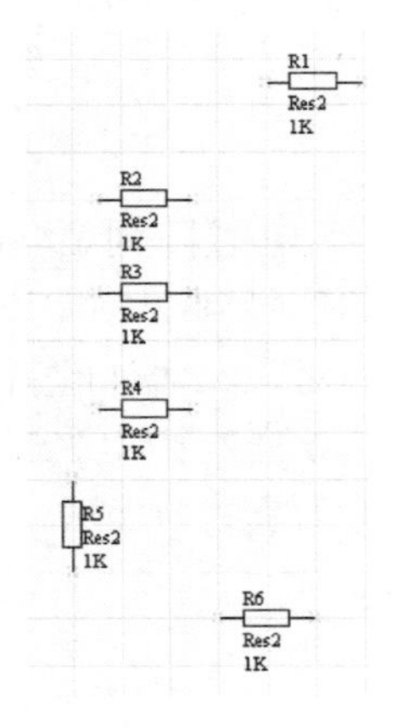

图 3-70　要进行排列对齐的电路图件

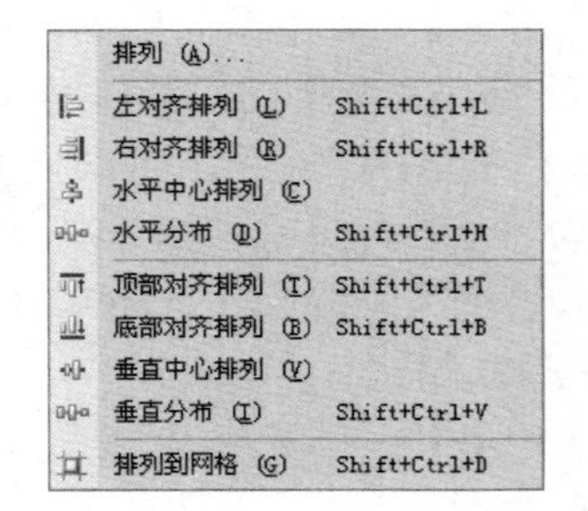

图 3-71　排列菜单子命令

- 左对齐排列：按快捷键 Shift+Ctrl+L，将所选中的图件组以最左边图件的左边缘为基线进行靠左对齐。左对齐效果如图 3-72 所示。

- ❑ 右对齐排列：按快捷键 Shift+Ctrl+R，将所选中的图件组以最右边图件的右边缘为基线进行靠右对齐。右对齐的效果如图 3-73 所示。
- ❑ 水平中心排列：按快捷键 E+G+C，将所选中的图件组以最右边图件的右边缘和最左边图件的左边缘之间的中心线为基线进行对齐。水平中心排列效果如图 3-74 所示。

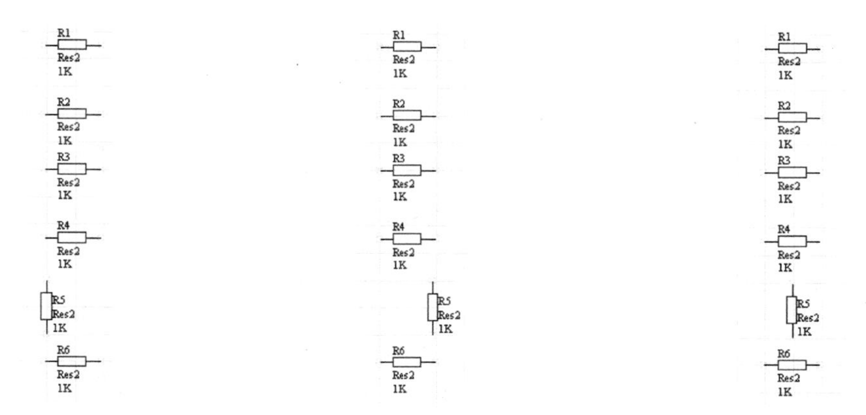

图 3-72　左对齐排列结果　　图 3-73　右对齐排列结果　　图 3-74　水平中心对齐排列结果

- ❑ 水平分布：按快捷键 Shift+Ctrl+H，将所选中如图 3-75（a）所示的图件组以最右边图件的右边缘和最左边图件的左边缘为边界进行均匀分布。水平分布排列效果如图 3-75（b）所示。

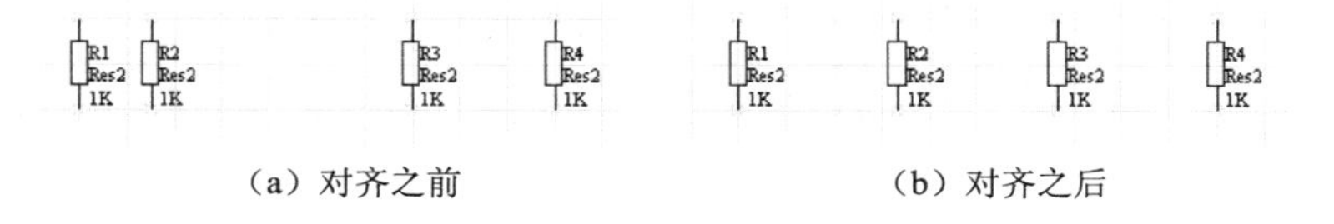

（a）对齐之前　　（b）对齐之后

图 3-75　水平中心对齐排列结果

- ❑ 顶部对齐排列：按快捷键 Shift+Ctrl+T，将所选中如图 3-76（a）所示的图件组以最上边图件的上边缘为基线进行顶端对齐排列。顶端对齐的效果如图 3-76（b）所示。

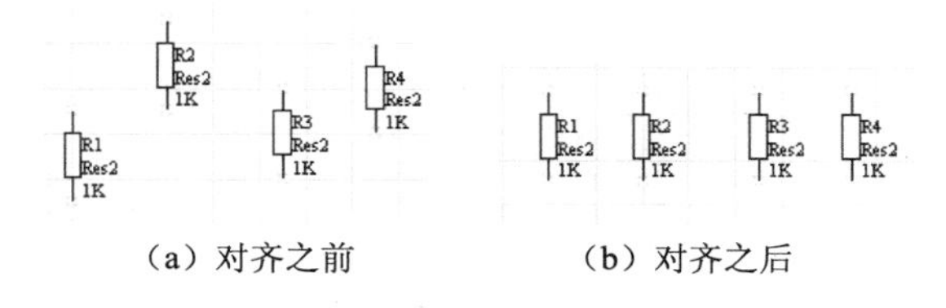

（a）对齐之前　　（b）对齐之后

图 3-76　顶部对齐排列结果

- ❑ 底部对齐排列：按快捷键 Shift+Ctrl+B，将所选中如图 3-77（a）所示的图件组，以最下边图件的下边缘为基线进行底端对齐，底端对齐的效果如图 3-77（b）所示。

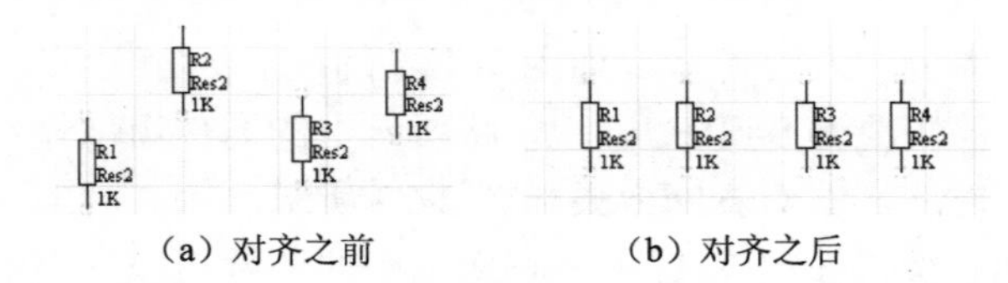

（a）对齐之前　　（b）对齐之后

图 3-77　底部对齐排列结果

- 垂直中心排列：按快捷键 E+G+V，将所选中如图 3-78（a）所示的图件组以最上边图件的上边缘和最下边图件的下边缘的中心线为基线进行垂直中心对齐。垂直中心对齐的效果如图 3-78（b）所示。

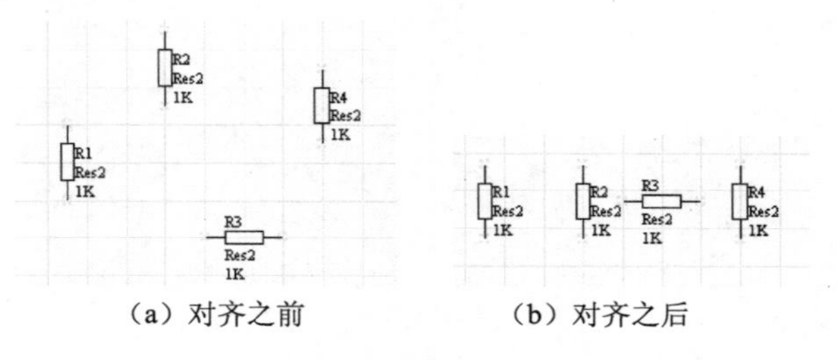

（a）对齐之前　　（b）对齐之后

图 3-78　垂直中心对齐排列结果

- 垂直分布：按快捷键 Shift+Ctrl+V，将所选中如图 3-79（a）所示的图件组以最上边图件的上边缘和最下边图件的下边缘为边界进行垂直均匀分布。垂直均匀分布的效果如图 3-79（b）所示。

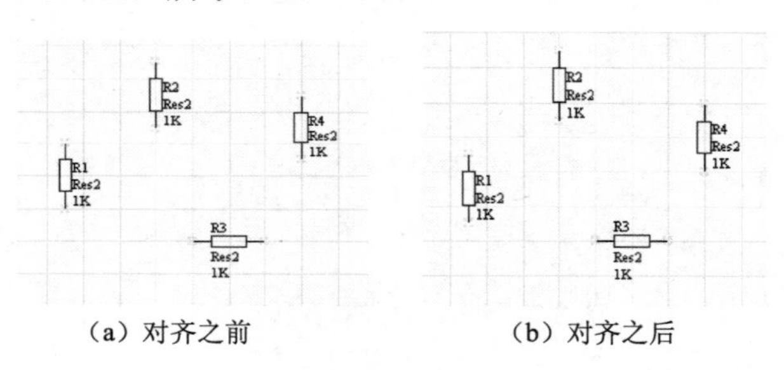

（a）对齐之前　　（b）对齐之后

图 3-79　垂直均匀分布排列结果

- 排列到网格：将所选中如图 3-80（a）所示的图件组，移动到栅格点上。排列到网格的效果如图 3-80（b）所示。

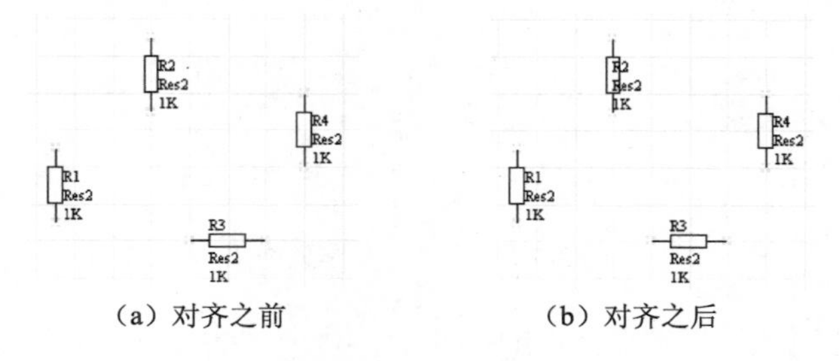

（a）对齐之前　　（b）对齐之后

图 3-80　排列到网格结果

- 排列：按快捷键 E+G+A，该命令可以实现两个方向排列的同时控制，包含前述所有的排列对齐命令。执行该命令打开如图 3-81 所示的【排列对象】属性对话框，可以对所选的图件组同时进行水平方向和垂直方向的排列对齐。

图 3-81　【排列对象】属性对话框

3.7　元器件的制作

在按照 3.1.1 节的方法创建了新的元器件库，并打开【SCH Library】编辑管理器后，系统自动为新建的元器件库生成一个名为“Component_1”的新元器件，用户就可以在该编辑器中创建自己所需要的元器件了。

3.7.1　元器件的制作

元器件的制作一般要经过如下几个步骤。

（1）打开库元器件编辑环境，创建一个新元器件。

（2）命名新元器件。

（3）给元器件设置别名。

（4）绘制元器件外形。

（5）放置元器件引脚。

（6）设置元器件引脚属性。

（7）设置元器件其他属性。

（8）追加元器件的封装模型。

（9）保存元器件。

下面就按照前面几节所介绍的绘制方法，以实例的形式绘制一个新的元器件。

【实例 3-15】 利用 Protel DXP 所提供的绘图工具制作一个新元器件“AT89S51”，如图 3-82 所示。

（1）打开库元器件编辑环境，创建一个新元器件。如 3.1.1 节所述，当用户在创建了新的元器件库，并打开【SCH Library】编辑管理器后，系统就已经自动为新建的元器件库生成了一个名为“Component_1”的新元器件。

（2）命名新元器件。

- ❑ 选中元器件“Component_1”。
- ❑ 按快捷键 T+E，或执行【工具】→【重新命名元件】菜单命令，弹出【Rename Component】对话框，将元器件的名称修改为“AT89S51”，如图 3-83 所示；单击按钮，关闭对话框。此时，在【SCH Library】编辑管理器中可以看到元器件的名称已经变成了“AT89S51”，如图 3-84 所示。

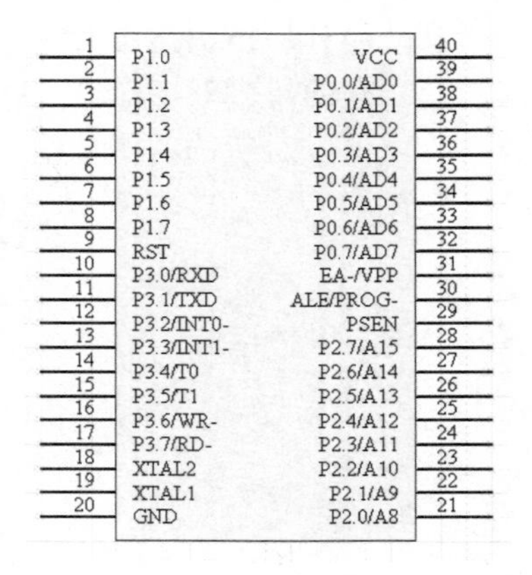

图 3-82　元器件 AT89S51

（3）给元器件添加别名。

对于不同厂家来说，虽然元器件的功能和封装模型完全相同，但是不同的生产厂家有不同的产品名称或型号，因此，需要对新建的元器件设置别名来进行区分。具体操作可参照 3.2.2 节。本例中设置新建元器件的别名为“8051”，修改后的结果如图 3-85 所示。

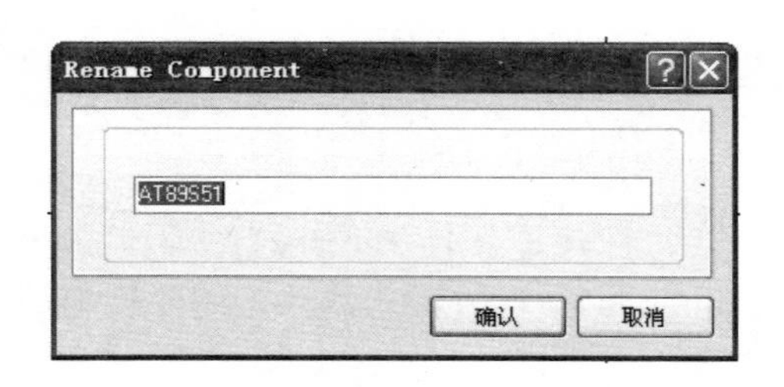

图 3-83　命名新元器件“AT89S51”

图 3-84　重新命名元器件的结果

（4）定位图纸原点到设计窗口的中心。

在绘图区按快捷键 E+J+O 或 Ctrl+Home 或执行【编辑】→【跳转到】→【原点】菜单命令，可以在原点附近创建新元器件。

图 3-85　为新建的元器件设置别名

（5）绘制元器件的外形。

元器件的外形是在绘制原理图时所看到的元器件的边框，用来连接元器件的所有引脚，它不具备电气特性。一般采用矩形或圆角矩形作为元器件的外形，具体操作方法参考 3.4.8 节。放置后的矩形框如图 3-86 所示。

（6）为元器件添加引脚。

引脚需要依附在元器件的边框上，而且放置引脚后，还需要对引脚的属性进行编辑。具体操作参照 3.4.2 节。这一步骤的操作需要根据 AT89S51 元器件手册中所提供的各引脚的电气属性来设置。本例中，AT89S51 第 1 个引脚位于元器件的左上角，显示名称为 P1.0，因此，在其【引脚属性】对话框中显示名称为 P1.0，设置标识符为“1”，并将其方向设为“180 Degrees”，电气类型设为“Passive”。按照相同的方法，放置其余的引脚。设置完后的引脚图如图 3-87 所示。

（7）设置元器件属性。

在工作区面板中，参照 3.2.1 节打开库元器件管理器，并移动光标到【元件】选项栏中，单击选中新建元器件 AT89S51，然后单击[编辑]按钮，打开【Library Component Properties】对话框，如图 3-88 所示。

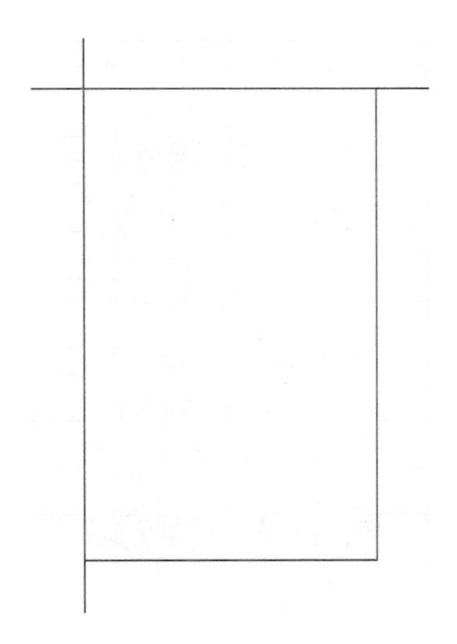

图 3-86　绘制元器件的外形

引脚	名称	名称	引脚
1	P1.0	VCC	40
2	P1.1	P0.0/AD0	39
3	P1.2	P0.1/AD1	38
4	P1.3	P0.2/AD2	37
5	P1.4	P0.3/AD3	36
6	P1.5	P0.4/AD4	35
7	P1.6	P0.5/AD5	34
8	P1.7	P0.6/AD6	33
9	RST	P0.7/AD7	32
10	P3.0/RXD	EA-/VPP	31
11	P3.1/TXD	ALE/PROG-	30
12	P3.2/INT0-	PSEN	29
13	P3.3/INT1-	P2.7/A15	28
14	P3.4/T0	P2.6/A14	27
15	P3.5/T1	P2.5/A13	26
16	P3.6/WR-	P2.4/A12	25
17	P3.7/RD-	P2.3/A11	24
18	XTAL2	P2.2/A10	23
19	XTAL1	P2.1/A9	22
20	GND	P2.0/A8	21

图 3-87　AT89S51 引脚图

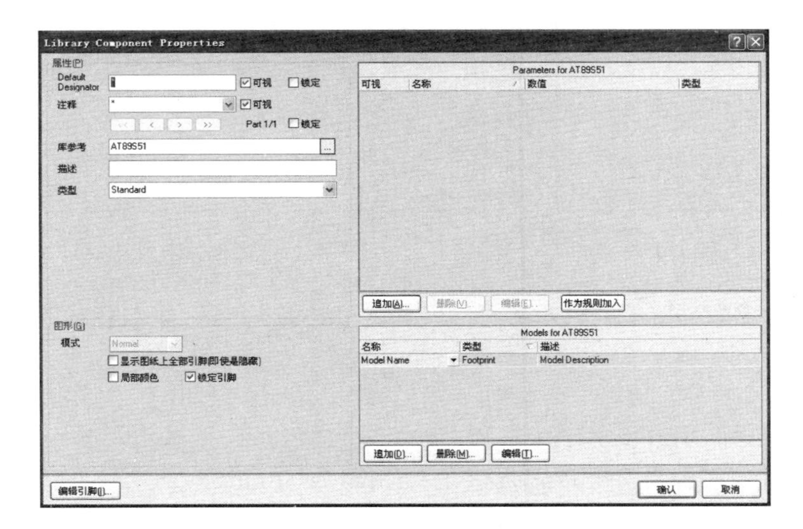

图 3-88　【Library Component Properties】对话框

其中，

- 【Default Designator（默认标号）】：用于设置元器件的默认标号。一个项目中所有的元器件都有属于自己的唯一标号，用于区分不同的标号。本例中设置此项内容为“U？”勾选后面的可视复选框确定该项是否显示出来。
- 【注释】：用于对元器件进行简单说明。根据实际情况，本例中设置为“8 bit MCU”。
- 【描述】：用于元器件的描述，本例中设置为“8bit MCU，PDIP，40Pins”。

（8）设置元器件封装模型。

在【Library Component Properties】对话框中，单击【Models for AT89S51】选项卡中的[追加(D)...]按钮，弹出【加新的模型】对话框，如图 3-89 所示。

（9）单击“Footprint”右边的按钮，从下拉列表中选择“Footprint”选项，如图 3-90 所示。

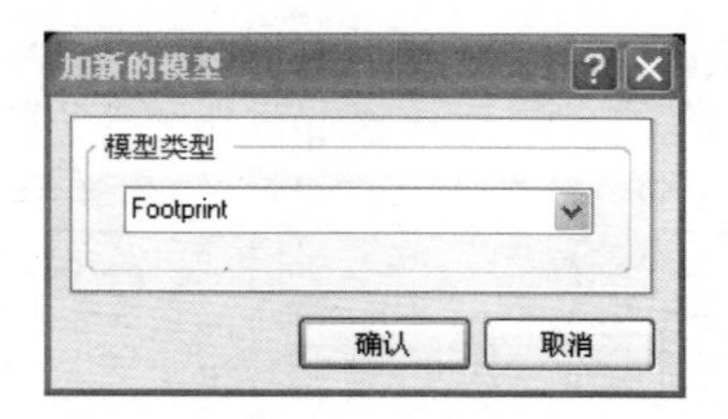

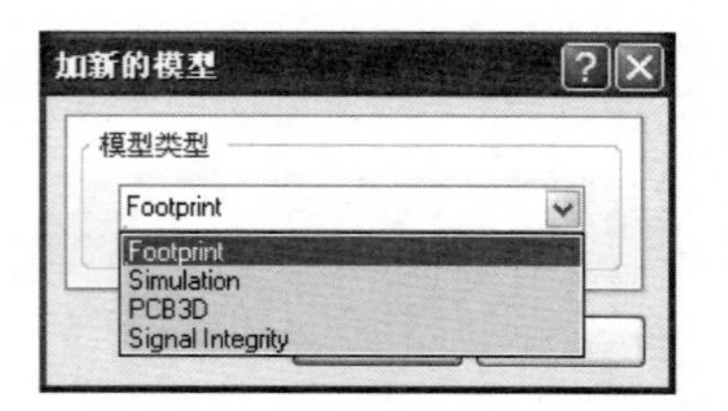

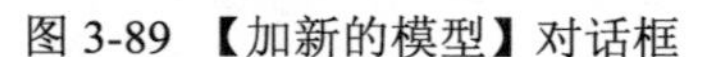

图 3-89 【加新的模型】对话框　　　　图 3-90 选中【Footprint】选项

（10）单击确认按钮，关闭该对话框，弹出【PCB 模型】对话框，如图 3-91 所示。

（11）单击对话框中【封装模型】选项卡的浏览(B)...按钮，弹出【库浏览】对话框，如图 3-92 所示。

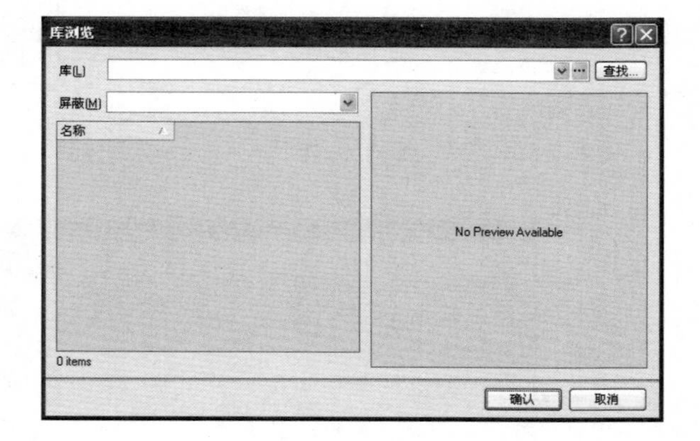

图 3-91 【PCB 模型】对话框　　　　图 3-92 【库浏览】对话框

（12）单击【库浏览】对话框中的按钮，弹出【可用元件库】对话框，如图 3-93 所示。

（13）选中【安装】选项卡，单击安装(I)...按钮，弹出【打开】对话框，单击将【文件类型】右边的按钮，在下拉列表中选择文件类型为“Protel Footprint Library”(*.PCBLIB)，同时设置【查找范围】为“C:\Program Files\Altium2004\Library\PCB”，如图 3-94 所示。

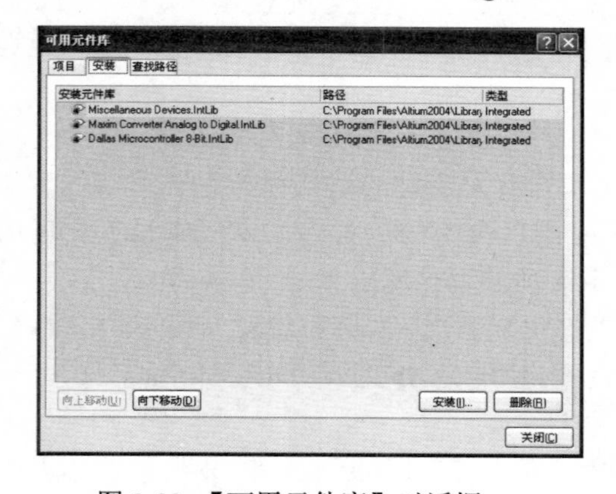

图 3-93 【可用元件库】对话框　　　　图 3-94 【打开】对话框

（14）由于 AT89S51 有“PDIP”、“PLCC”和“TQFP”三种封装形式，本例中为该元器件选择“PDIP”的封装形式。在该路径下的文件列表中选择“DIP-PegLeads.PCBLIB”，单击打开(O)按钮，即可打开文件，并返回到【可用元件库】对话框，可以发现刚安装的“DIP-PegLeads.PCBLIB”文件已经出现在【安装元件库】的列表中，如图 3-95 所示。

（15）单击关闭(C)按钮，返回到【库浏览】对话框，可以看到刚添加的封装库文件已经出现在该对话框中了，从【名称】选项卡中选择“DIP-P40”的封装格式，如图 3-96 所示。

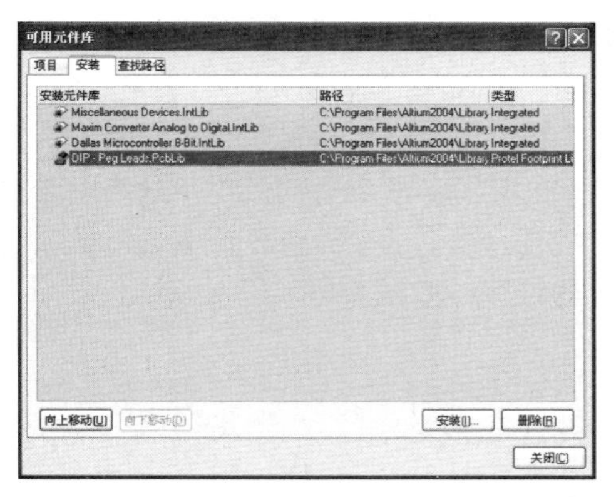

图 3-95　新安装的“DIP-PegLeads.PcbLib”

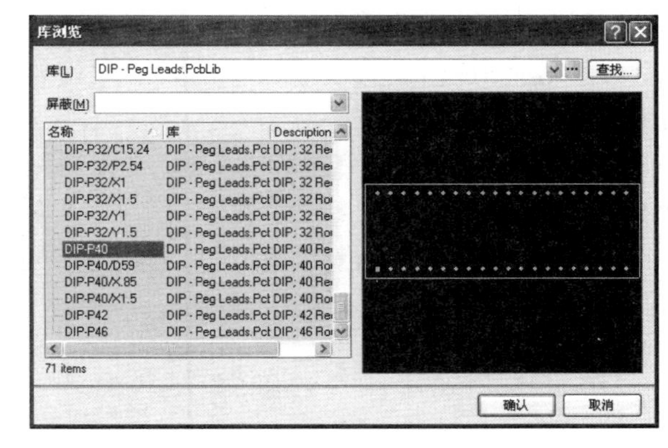

图 3-96　封装形式的选择

（16）单击确认按钮，回到【PCB 模型】对话框，可以发现【封装模型】选项卡中的【名称】和【描述】文本框都发生了变化，自动设置为刚才所选择的设置，并且在【选择的封装】选项卡中给出了封装样式，如图 3-97 所示。

（17）单击确认按钮，返回【Library Component Properties】对话框，如图 3-98 所示。单击确认按钮，关闭该对话框，完成元器件属性的设置。

（18）保存元器件的设计。单击工具栏上的保存按钮，保存该元器件的设计，完成新元器件“AT89S51”的创建。

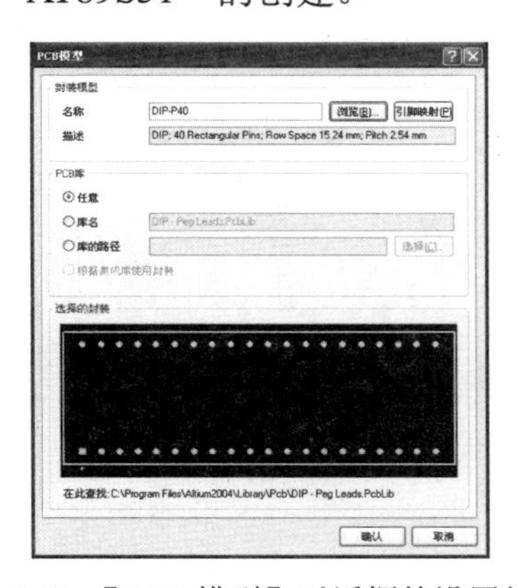

图 3-97　【PCB 模型】对话框的设置结果

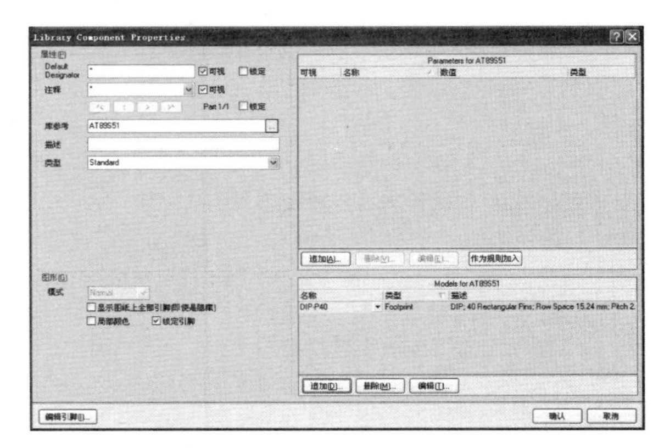

图 3-98　对话框的设置结果

3.7.2　复制元器件

有些用户习惯使用自己创建的元器件库，以提高设计效率。这时往往需要将其他元器件库的元器件复制到自己的元器件库中。下面通过实例来介绍复制元器件的方法。

【实例 3-16】 复制元器件。

本例中将亚德诺半导体公司的元器件库 “AD Converter Analog to Digital” 中复制一个元器件到新建的元器件库 “SchLib1.SchLib” 中。

（1）打开要进行复制的目标库文件。执行【文件】→【打开】菜单命令，打开在 3.1.1 节所创建的元器件库 “SchLib1.SchLib”。

（2）打开要复制的元器件的源库文件。执行【文件】→【打开】菜单命令，弹出【Choose Document to Open】对话框，在该对话框的【查找范围】下拉列表中找到并选择 “C:\Program Files\Altium2004\Library\Analog Devices\ AD Converter Analog to Digital” 文件，单击 打开(O) 按钮，如图 3-99 所示。

（3）弹出【抽取源码或安装】对话框，如图 3-100 所示。该对话框供用户选择将集成库用作 “抽取源库” 还是 “安装库”。对于本例，单击 抽取源(E) 按钮选择抽取源。此时在工作区面板的【Projects】选项卡中添加了打开的元器件库，如图 3-101 所示。

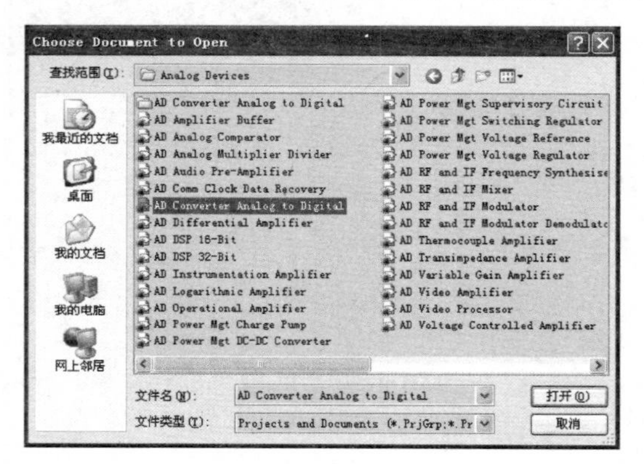

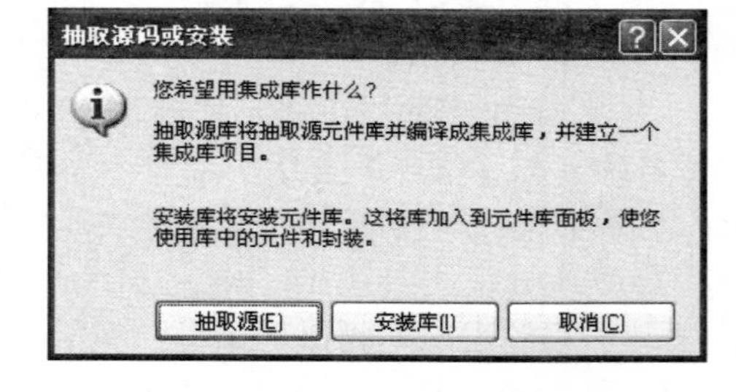

图 3-99 【Choose Document to Open】对话框

图 3-100 【抽取源码或安装】对话框

（4）双击 AD Converter Analog to Digital.SchLib，打开该元器件库，如图 3-102 所示。

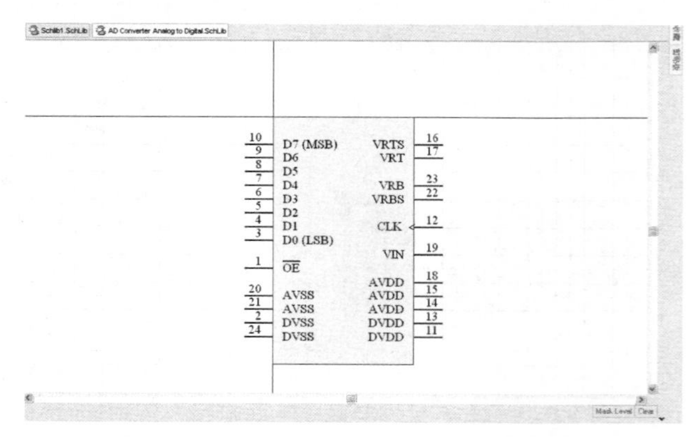

图 3-101 【Project】选项卡中新打开的元器件库

图 3-102 元器件库 AD Converter Analog to Digital.SchLib 的打开

（5）单击工作区面板的【SCH Library】选项卡，在【SCH Library】窗口的【元件】项中找到并选中要复制的元器件 “AD775JR”，如图 3-103 所示。

（6）执行【工具】→【复制元件】菜单命令，弹出【Destination Library】对话框，在【文档名】选项卡中选择所要复制元器件的目标库，也就是 3.1.1 节所创建的“SchLib1.SchLib”，如图 3-104 所示。

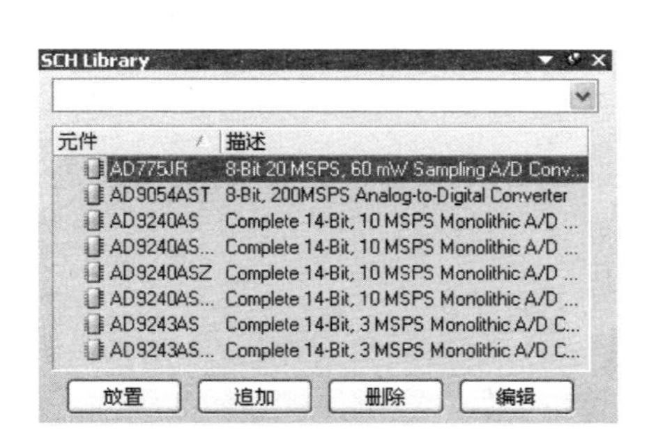

图 3-103　选中要复制的元器件

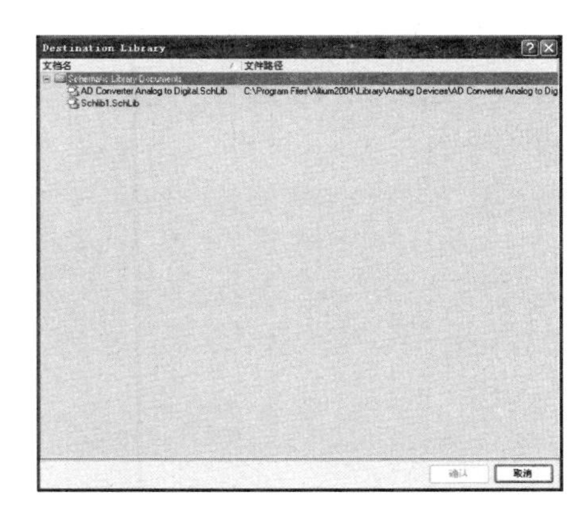

图 3-104　目标库的选择

（7）单击 确认 按钮，返回到工作区面板，单击【Projects】选项卡，并选中库文件“SchLib1.SchLib”，单击【SCH Library】选项卡，刚复制的元器件已经出现在【元件】选项中了，如图 3-105 所示表明元器件复制成功。

（8）在【Projects】选项卡中，关闭刚打开的源库文件，弹出【Confirm】对话框，单击 No 按钮，不保存所做的修改，以免将来使用时出错，如图 3-106 所示。

图 3-105　复制结果

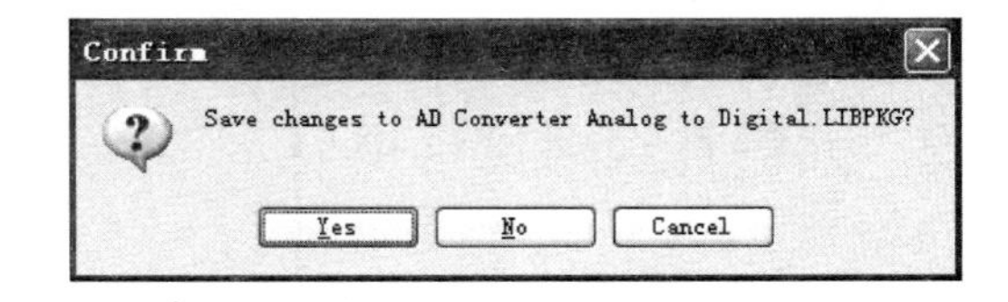

图 3-106　【Confirm】对话框

（9）保存元器件库“SchLib1.SchLib”所作的改变，完成复制元器件的操作。

3.8　生成元器件报表

当元器件库建好之后，有时需要了解该元器件库中各个元器件的详细信息，Protel DXP 支持用户输出元器件的报表，以打印各元器件的相关信息。

3.8.1　元器件报表输出

【实例 3-17】　元器件报表输出。

本例中，要求输出 3.7.1 节中所创建的元器件 AT89S51 的报表。

（1）执行【文件】→【打开】菜单命令，打开 3.7.1 节所创建的元器件库“SchLib.SchLib”。

（2）在工作区面板的【Projects】选项卡中，单击选中该元器件库并切换到【SCH Library】选项卡。从【元件】选项中，选择将要输出报表的元器件“AT89S51”。

（3）执行【报告】→【元件】菜单命令，即可输出 AT89S51 的元器件报表“SchLib1.cmp”，如图 3-107 所示。

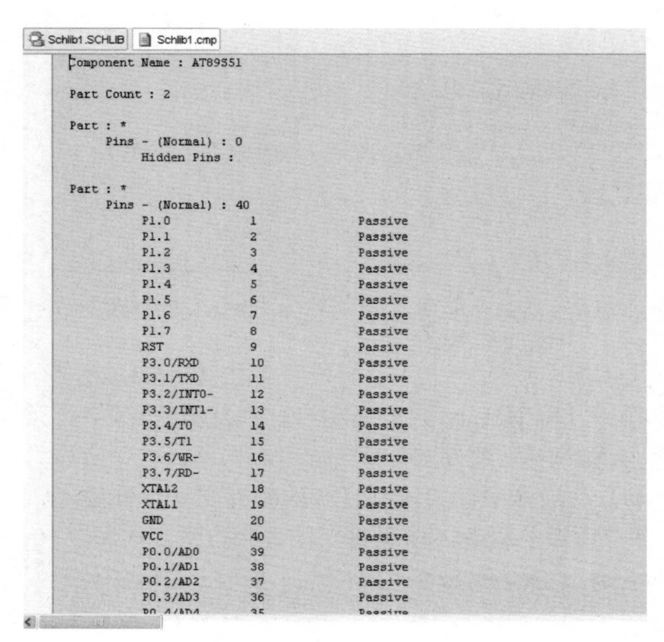

```
Component Name : AT89S51

Part Count : 2

Part : *
     Pins - (Normal) : 0
          Hidden Pins :

Part : *
     Pins - (Normal) : 40
          P1.0          1          Passive
          P1.1          2          Passive
          P1.2          3          Passive
          P1.3          4          Passive
          P1.4          5          Passive
          P1.5          6          Passive
          P1.6          7          Passive
          P1.7          8          Passive
          RST           9          Passive
          P3.0/RXD      10         Passive
          P3.1/TXD      11         Passive
          P3.2/INT0-    12         Passive
          P3.3/INT1-    13         Passive
          P3.4/T0       14         Passive
          P3.5/T1       15         Passive
          P3.6/WR-      16         Passive
          P3.7/RD-      17         Passive
          XTAL2         18         Passive
          XTAL1         19         Passive
          GND           20         Passive
          VCC           40         Passive
          P0.0/AD0      39         Passive
          P0.1/AD1      38         Passive
          P0.2/AD2      37         Passive
          P0.3/AD3      36         Passive
```

图 3-107　AT89S51 的元器件报表

3.8.2　元器件规则检查报表

Protel DXP 提供了元器件错误的自检功能。利用元器件规则检查报表可以检查自建元器件的错误信息。

【实例 3-18】 元器件规则检查报表。

本例中，要求对 3.7.1 节中自建的元器件“AT89S51”输出元器件规则检查报表。

（1）执行【文件】→【打开】菜单命令，打开自建的元器件库“SchLib1.SchLib”。

（2）在工作区面板的【Projects】选项卡中，单击选中该元器件库并切换到【SCH Library】选项卡。从【元件】选项中，选择将要输出报表的元器件“AT89S51”。

其中，

- 【复制】：用于检查元器件库中是否有重名的元件名和引脚，勾选【元件名】和【引脚】前面的复选框，可以检查重名的元件名和引脚。
- 【缺少】：用于是否缺少元件的描述、引脚名、封装、引脚号、默认标识符、在一个序列内是否缺少的某个引脚号等。

本例中采用默认设置。

（3）执行【报告】→【元件规则检查】菜单命令，打开【库元件规则检查】对话框，如图 3-108 所示。

（4）单击 确认 按钮，即可输出 AT89S51 的元器件规则检查报表“SchLib1.ERR”，如图 3-109 所示。因为该元器件中没有错误，因此输出的报表没有内容。

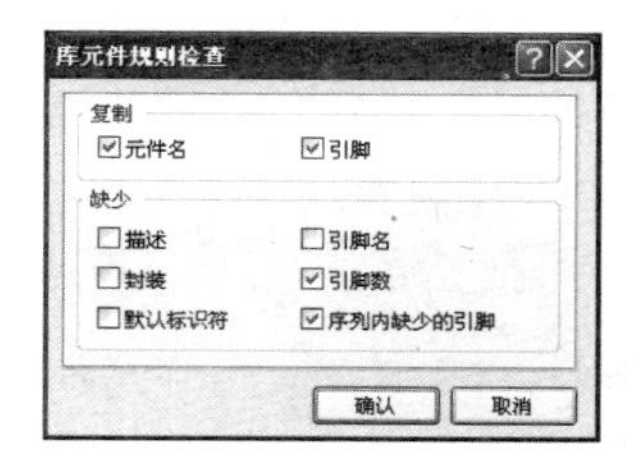

图 3-108 【库元件规则检查】对话框

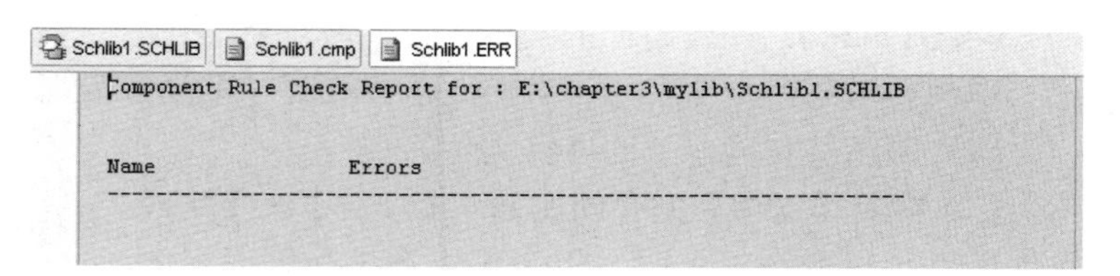

图 3-109　AT89S51 元器件规则检查报表

3.8.3　元器件库报表

元器件库报表可以列出当前元器件库中所有元器件的名称（包括别名）及其描述信息。

【实例 3-19】　生成元器件库报表。

本例中，要求对自建的元器件库“SchLib1.SchLib”生成报表。

（1）执行【文件】→【打开】菜单命令，打开自建的元器件库“SchLib1.SchLib”。

（2）在工作区面板的【Projects】选项卡中选中该元器件库。

（3）执行【报告】→【元件库】菜单命令，即可生成元器件库报表“SchLib1.rep”，如图 3-110 所示。

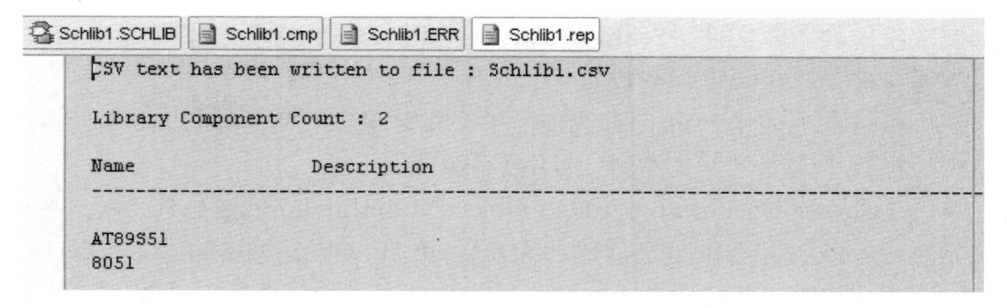

图 3-110　“SchLib1.SchLib”的元器件库报表文件

3.9　创建集成元器件库

用户设计原理图时经常创建自己所需的元器件，为此，有必要为这些元器件创建自己的集成元器件库项目文件。本节将利用 3.1.1 节自己创建的原理图元器件库和对应的 PCB 封装库来创建自己的集成元器件库。一般需要三个步骤。

（1）创建集成元器件库项目文件。

（2）添加库文件，包括原理图库文件和 PCB 库文件。

（3）编译集成元器件库项目文件。

3.9.1 创建集成元器件库项目文件

下面通过实例说明如何创建自己的集成元器件库项目文件。

【实例 3-20】 创建自己的集成元器件库项目。

本例要求创建一个名为“MyIntLib.LibPkg”的集成元器件库项目文件。

（1）关闭所有已打开的项目文件。

（2）执行【文件】→【创建】→【项目】→【集成元件库】菜单命令。这时，用户可以在工作区面板的【Projects】选项卡上看到一个名为“Integrated_Library1.LibPkg”的集成元器件库项目文件，如图 3-111 所示。

图 3-111 新建的集成元件库项目

（3）右键单击该项目文件，将其另存于路径“E:\Chapter3\MyIntLib\”下，文件名为“MyIntLib.LibPkg”。

3.9.2 添加库文件

在上节中所创建集成元器件库项目文件为空白文档，因此，接下来就向该项目文件中添加原理图库文件和 PCB 封装库文件。

【实例 3-21】 添加原理图库文件和 PCB 库文件。

本例要求将原理图库文件“SchLib1.SchLib”和 PCB 库文件“DIP-PegLeads.PcbLib”向集成元件库文件“MyIntLib.LibPkg”中。

（1）在工作区面板的【Projects】选项卡中，右键单击“MyIntLib.LibPkg”，在弹出的快捷菜单中，执行【追加已有文件到项目中】菜单命令。

（2）弹出【Choose Document to Add to Project[MyIntLib.LibPkg]】对话框，在其【查找范围】文本框内，找到并选中自己创建的元器件库“E:\Chapter3\MyLib\SchLib.SchLib”，单击打开(O)按钮，如图 3-112 所示。此时可以看到，在工作区面板的【Projects】选项卡中的“MyIntLib.LibPkg”工程下面的“Source Documents”文件夹下面，添加了一个新文件“SchLib1.SchLib”，如图 3-113 所示。

（3）用同样的方法打开 PCB 封装文件“C:\Program Files\Altium2004\Library\PCB\DIP-PegLeads.PcbLib”，如图 3-114 所示。

（4）如果原理图库中还有其他的元器件，则还要追加该元器件相应的 PCB 封装库。本例中没有其他的元器件，所以直接跳过此步。

（5）单击工具栏中的按钮，保存项目，完成库文件的添加。

3.9.3 编译集成元器件库项目文件

添加完库文件之后，还需要对该集成元器件库项目文件进行编译，才能生成集成元器件库。

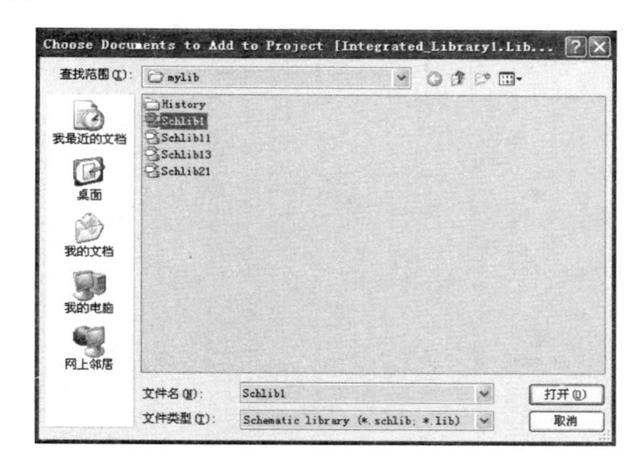

图 3-112　打开要添加的原理图库文件

图 3-113　添加原理图库文件后的结果

【实例 3-22】 对 3.9.1 和 3.9.2 节所建立的集成元器件库项目文件进行编译。

本例将对 3.9.1 和 3.9.2 节所建立的集成元器件库项目进行编译，生成名为“MyIntLib.IntLib”的集成元器件库。

（1）执行【项目管理】→【Compile Integrated Library MyIntLib.LIBPKG】菜单命令，对项目进行编译。

（2）编译完成后，系统自动弹出【元件库】对话框，如图 3-115 所示。发现系统已经自动添加并显示了集成元器件库“MyIntLib.IntLib”的信息，其中包含库中各元器件的名称、外形及封装等信息。

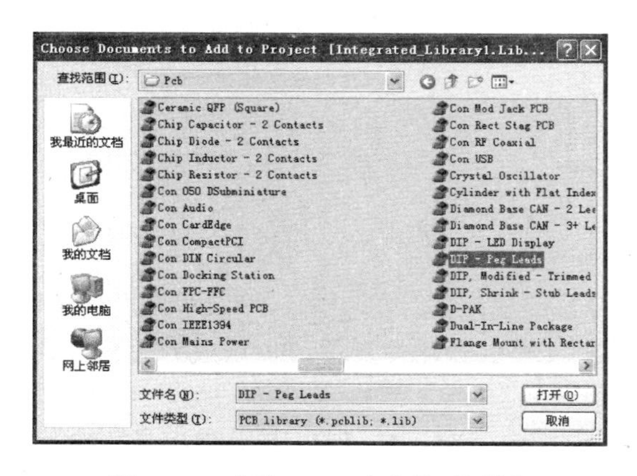

图 3-114　添加 PCB 库文件对话框

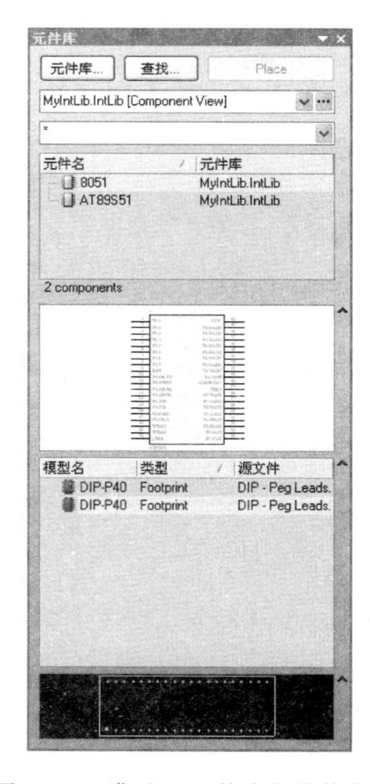

图 3-115　集成元器件库相关信息

（3）保存项目，完成集成元器件库的编译。

3.10 实例讲解

为了加深理解并巩固本章的内容，下面通过实例进一步熟悉元器件的创建和集成元器件库生成的相关操作。

【实例 3-23】 创建元器件——“CD4066”。

本例要求制作的元器件为一款四双向模拟开关，芯片型号为“CD4066”，用于模拟和数字信号的多路传输，该芯片采用 DIP 封装，具有 14 个引脚，如图 3-116 所示。

图 3-116 CD4066 引脚图

（1）执行【文件】→【创建】→【库】→【原理图库】菜单命令，打开原理图的元器件库编辑器，将系统自动生成的原理图库文件“Schlib1.SchLib”重新命名为“AnalogSwitch.SchLib”，并保存到路径“E:\Chapter3\AnalogSwitch\”下。

（2）在工作区面板【Projects】选项中单击该库文件，然后选中【SCH Library】选项，打开【SCH Library】元器件库编辑管理器，从【元件】选项中单击选中新生成的元器件“Component_1”。

（3）执行【工具】→【重新命名元件】菜单命令，弹出【Rename Component】对话框，将该元器件的名称修改为“CD4066”并保存，如图 3-117 所示。

（4）执行【编辑】→【跳转到】→【原点】菜单命令，调整图纸原点到工作区窗口的中心。

（5）执行【放置】→【矩形】菜单命令，在工作区绘制元器件的外形，如图 3-118 所示。

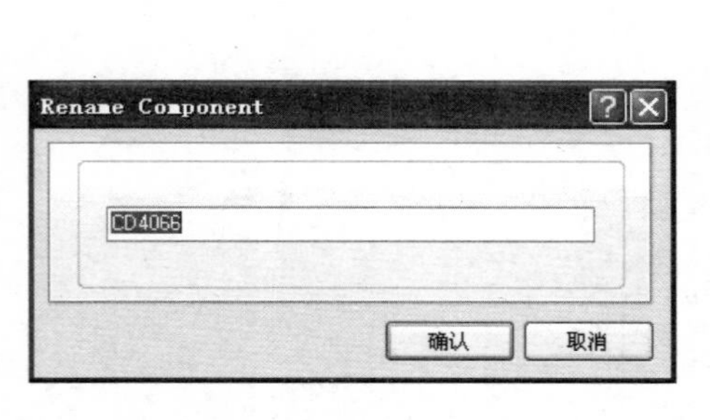

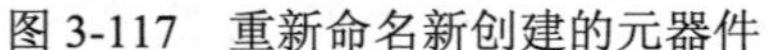

图 3-117 重新命名新创建的元器件

图 3-118 绘制 CD4066 的外形

（6）执行【放置】→【引脚】菜单命令，放置元器件的引脚。可以看到启动该命令后，在光标上黏附着一个引脚的轮廓，在元器件外形的合适位置单击依次放置元器件的引脚，如图 3-119 所示。

（7）修改引脚属性。在光标处于放置引脚状态时，按【Tab】键弹出【引脚属性】对话框。或者双击要修改属性的引脚，打开【引脚属性】对话框。根据元器件引脚的名称和位置，分别设置各引脚的【显示名称】、【标识符】和【方向】，绘制完成后保存。绘制好引脚的元器件外形如图 3-120 所示。

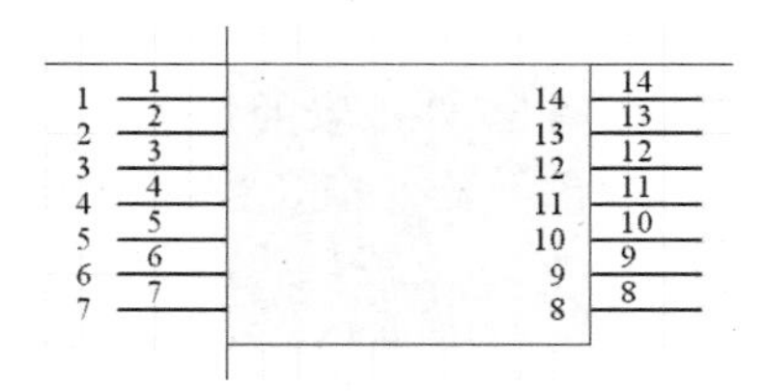

图 3-119　放置 CD4066 引脚

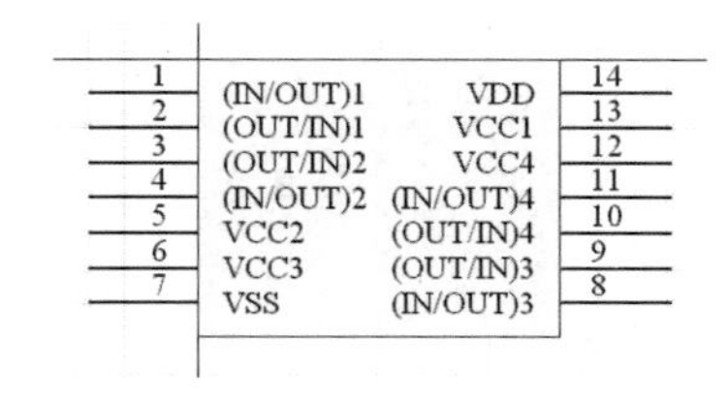

图 3-120　绘制好引脚后的元器件 CD4066

（8）设置元器件的其他属性。在工作区面板的【SCH Library】选项卡中，选中元器件“CD4066”并双击，打开【Library Component Properties】对话框，设置 CD4066 的其他属性。本例将【Default Designator】设置为“U？”，将【注释】设置为“CD4066”，将元器件的【描述】设置为“Analog Switch”。

（9）设置元器件的封装形式。在【Library Component Properties】对话框的左下角单击【Model for CD4066】选项的 追加(D)... 按钮，弹出【加新的模型】对话框，选择【模型类型】为“Footprint”，单击 确认 按钮。

（10）系统自动弹出【PCB 模型】对话框，单击 浏览(B)... 按钮，打开【库浏览】对话框，为元器件 CD4066 安装 PCB 封装库文件“DIP-PegLeads.PcbLib”，其相应 PCB 库文件路径为“C:\Program Files\Altium2004\Library\PCB\”。具体操作步骤可以参照 3.5.1 节。从该封装库中找到元器件相应的封装形式 DIP-14，单击 确认 按钮并进行保存。设置好后的【Library Component Properties】对话框如图 3-121 所示。

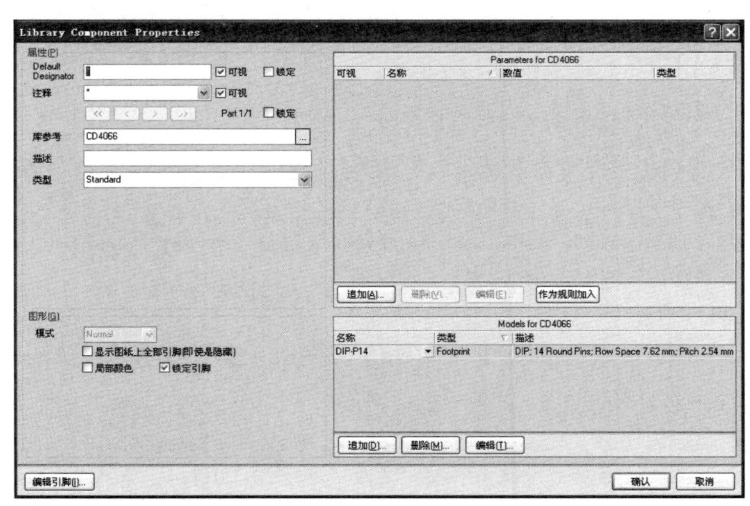

图 3-121　【Library Component Properties】对话框设置结果

（11）单击 确认 按钮，关闭【Library Component Properties】对话框。并对新建的原理图库文件“AnalogSwitch.SchLib”进行保存，完成元器件的制作。

【实例 3-24】 为原理图库文件输出元器件和各种报表。

本例中要求为上个实例新建的原理图库元器件“CD4066”输出元器件报表和元器件规则检查报表及库文件“AnalogSwitch.SchLib”的元器件库报表。

（1）打开自己创建的元器件库“AnalogSwitch.SchLib”。

（2）在工作区面板的【Project】选项卡中，单击选中该元器件库后，再单击【SCH Library】选项卡，在该选项卡的【元件】选项中，选择将要输出元器件报表的器件“CD4066”。

（3）执行【报告】→【元件】菜单命令，输出 CD4066 的元器件报表“AnalogSwitch.cmp”，如图 3-122 所示。

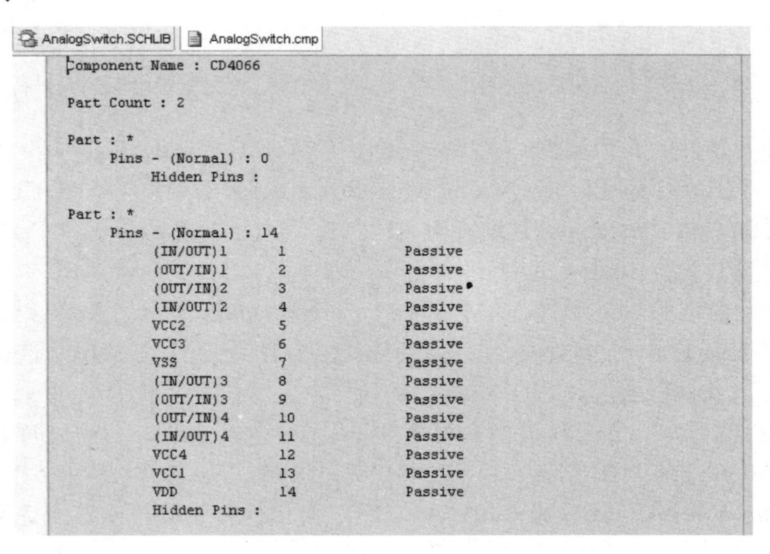


```
Component Name : CD4066

Part Count : 2

Part : *
     Pins - (Normal) : 0
          Hidden Pins :

Part : *
     Pins - (Normal) : 14
          (IN/OUT)1      1          Passive
          (OUT/IN)1      2          Passive
          (OUT/IN)2      3          Passive
          (IN/OUT)2      4          Passive
          VCC2           5          Passive
          VCC3           6          Passive
          VSS            7          Passive
          (IN/OUT)3      8          Passive
          (OUT/IN)3      9          Passive
          (OUT/IN)4      10         Passive
          (IN/OUT)4      11         Passive
          VCC4           12         Passive
          VCC1           13         Passive
          VDD            14         Passive
          Hidden Pins :
```

图 3-122　CD4066 的元器件报表

（4）执行【报告】→【元件规则检查】菜单命令，输出 CD4066 的元器件规则检查报表“AnalogSwitch.ERR”，如图 3-123 所示。

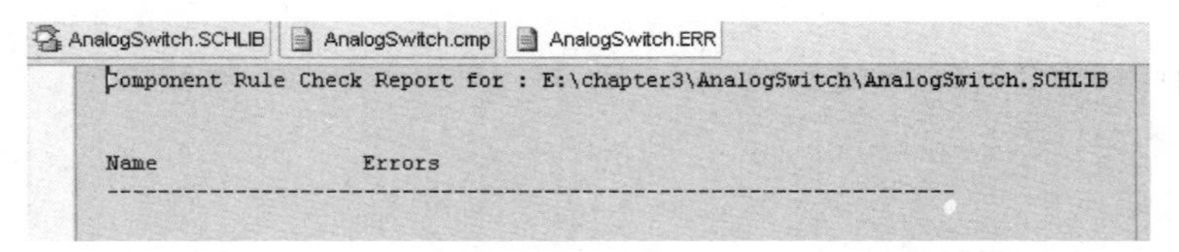


```
Component Rule Check Report for : E:\chapter3\AnalogSwitch\AnalogSwitch.SCHLIB

Name                Errors
------------------------------------------------------------------
```

图 3-123　CD4066 的元器件规则检查报表

（5）执行【报告】→【元件库】菜单命令，生成元器件库报表“AnalogSwitch.rep”，如图 3-124 所示。

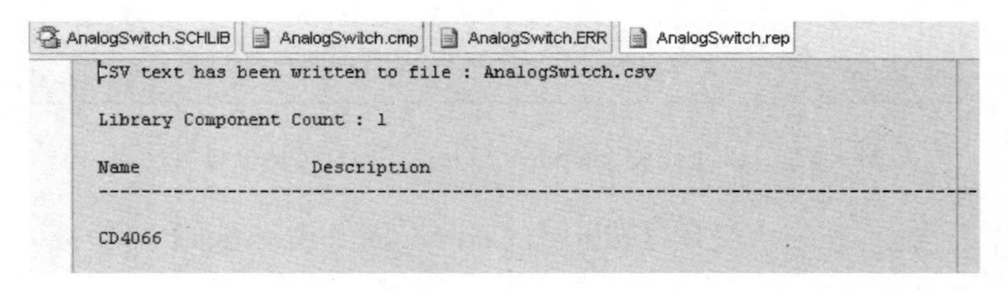


```
CSV text has been written to file : AnalogSwitch.csv

Library Component Count : 1

Name                Description
----------------------------------------------------------------------------------

CD4066
```

图 3-124　CD4066 的元器件库报表

【实例 3-25】 创建集成元器件库。

本例要求为前面创建的元器件创建集成元器件库“AnalogSwitch.LibPkg”。

（1）关闭前面所有打开的项目文件。

（2）执行【文件】→【创建】→【项目】→【集成元件库】菜单命令。创建一个新的集成元器件库项目文件，文件名为“Integrated_Library1.LibPkg”。重新命名并保存集成元器件库项目文件为“AnalogSwitch.LibPkg”，保存路径为“E:\Chapter3\AnalogSwitchLib\”。

（3）添加前面创建的原理图库文件“AnalogSwitch.SchLib”和 PCB 库文件“DIP-PegLeads.PcbLib”，然后保存项目文件。

（4）执行【项目管理】→【Compile Integrated Library ch.LIBPKG】菜单命令，对项目进行编译。

（5）编译完成后，弹出【元件库】对话框，发现集成元器件库“AnalogSwitch.IntLib”的信息已经自动添加并显示在该对话框中了，其中包含元器件的名称、外形及封装信息等，如图 3-125 所示。

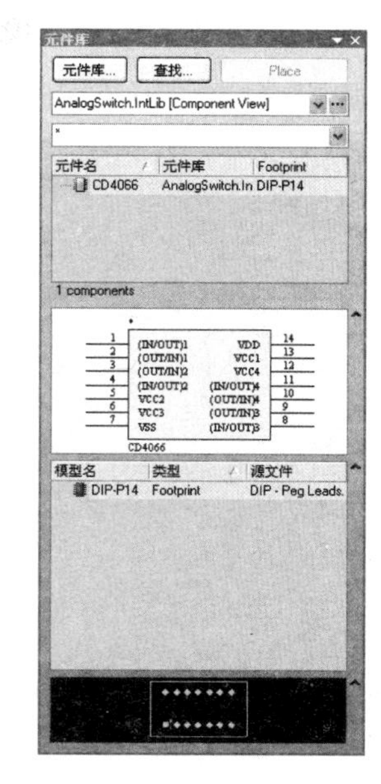

图 3-125　创建的集成元器件库

（6）保存项目，完成集成元器件库的创建。

3.11　本 章 小 结

在原理图的设计过程中，当现有的元器件库无法满足用户的需求时，Protel DXP 提供了一系列绘图工具，支持用户设计自己的元器件。制作一个新元器件一般需要以下几个步骤：打开库元器件编辑器创建一个新元器件，绘制元器件外形，放置引脚，设置引脚属性，设置元器件其他属性，追加元器件的封装模型和保存元器件等。此外，还可为元器件添加别名和输出元器件的各种信息报表。同时，Protel DXP 还支持用户创建自己的集成元器件库，以方便用户使用自己所创建的元器件。一般需要以下三个步骤：创建集成元器件库项目文件，添加原理图库文件和编译集成元器件库。本章通过多个实例详细介绍了常用绘图工具的使用、图件的编辑操作、新元器件的制作、元器件报表的生成和集成元器件库的创建等相关知识。

3.12　思考与练习

（1）创建如图 3-126 所示的元器件 AD620，制作该元器件并且将其保存在原理图库文件中，该型号的 PCB 封装模式为 DIP-8。

（2）创建一个原理图库，同时将系统自带的元器件库中的元件复制到自己创建的原理图库中（注意，不要保存对自带原理图库的更改，以免以后的设计出错）。

（3）为所创建的元器件 AD620 输出相应的报表文件。

（4）创建一个集成元器件库。

（5）复制并粘贴如图 3-127 所示的一组图件。

（6）对如图 3-127 所示的图件进行阵列粘贴。

（7）使用常用绘图工具绘制如图 3-128 所示的图形。

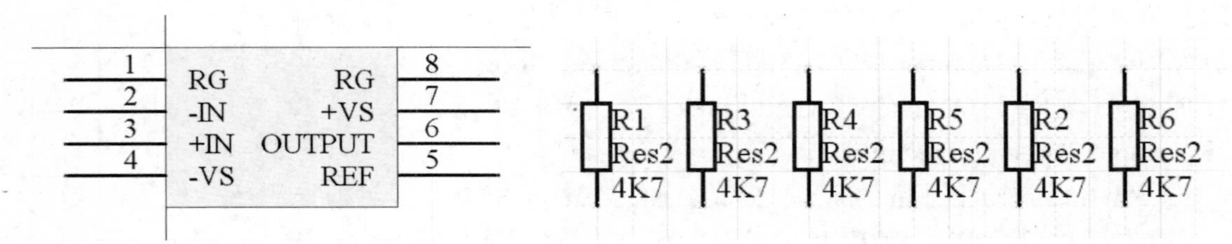

图 3-126　元器件 AD620 引脚图　　　　图 3-127　复制粘贴图件练习

图 3-128　常用绘图工具使用练习

（8）对一组图件沿垂直方向均匀分布。

（9）对图 3-128 中放置文字进行标注。

（10）对图 3-128 中的圆角矩形插入自己喜欢的图片。

（11）试述图形工具栏中的直线工具和布线工具栏中的布线工具的区别。

第 4 章　电气规则检查（ERC）及网络表

电气规则检查 ERC 用于对设计好的原理图进行电气连接情况的检查，找出一些潜在错误并进行改正。因此，在设计完成原理图之后，进行 PCB 图设计之前，往往要对原理图进行电气检查。此外，一个完整的 PCB 项目的设计，时常需要输出包含各种信息的报表文件，如元器件清单列表，元器件交叉参考表等。因此，本章通过实例介绍原理图电气规则检查 ERC，以及生成、输出各种报表文件的设置及操作方法。

【学习目标】

- ❑ 电气规则检查（ERC）的设置
- ❑ ERC 报告的内容
- ❑ 错误的查找和修改方法
- ❑ 网络表的生成方法
- ❑ 元器件清单列表、元器件交叉参考表的输出方法

4.1　原理图的电气规则检查（ERC）

为了保证所设计的原理图电路的正确性，Protel DXP 在进行下一步 PCB 板制作之前，必须进行电气规则的检查测试工作（ERC：Electrical Rule Check），以便找出电气连接上人为的疏忽，如错误的电气连接，未连接完整的网络标签，重复的流水序号等。执行完检查测试之后，系统会自动按照用户的设置及问题的严重程度将原理图中有错误的地方分别以不报告（No Report）、警告（Warning）、错误（Error）或严重错误（Fatal Error）等信息来提醒用户注意，以供用户进行分析和修改错误，为进一步设计 PCB 印制电路板奠定基础。电气规则检查一般需要以下三个步骤：检查规则的设置、连接矩阵的设置及输出电气检查报告。

4.1.1　ERC 的设置及应用

电气规则检查（ERC）是在电路原理图设计完成之后，由用户根据实际情况进行设置的，用来生成方便用户阅读的检查报表。电气规则检查是在项目管理选项中设置完成的。

【实例 4-1】 电气规则检查。

（1）打开 Protel DXP 2004 软件，新建一个 PCB 项目，命名为 ERCExample.PRJPCB。

（2）为该项目添加一个已建好的原理图文件，此处为“Reverse amplifier.SCHDOC”，如图 4-1 所示。

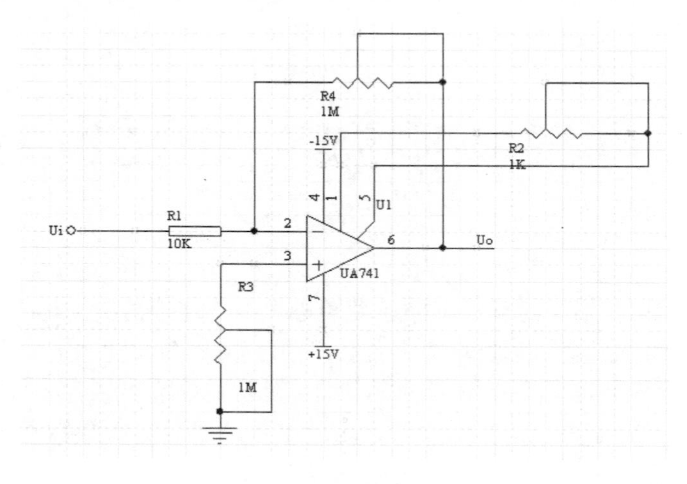

图 4-1　已建好的原理图文件

（3）执行【项目管理】→【项目管理选项】菜单命令，弹出如图 4-2 所示的【Options for PCB Project ERCExample.PRJPCB】对话框，该对话框包括 Error Reporting（错误报告）、Connection Matrix（连接矩阵）、Class Comparator（比较）、ECO Generation（ECO 启动）等标签。其中 ErrorReporting、Connection Matrix 两个选项卡主要用来设置原理图的电气规则检查选项、范围和参数，然后执行检查，本节主要对 Error Reporting 进行解释。

Error Reporting 主要是错误报告选项，用来设置原理图设计中有关违规类型的描述，如图 4-2 所示。该选项卡分两项：其一为违反规则类型说明；其二为与之对应的报告模式，表明违反规则的严重程度。选中其中一项，然后单击其对应的报告模式列中的内容，会弹出下拉列表，如图 4-3 所示。系统提供了 4 种报告级别：无报告（No Report）、警告（Warning）、错误（Error）或严重错误（Fatal Error）。在设计电路图时一般使用系统提供的默认值，也可以选择一种与之相对应的报告级别。

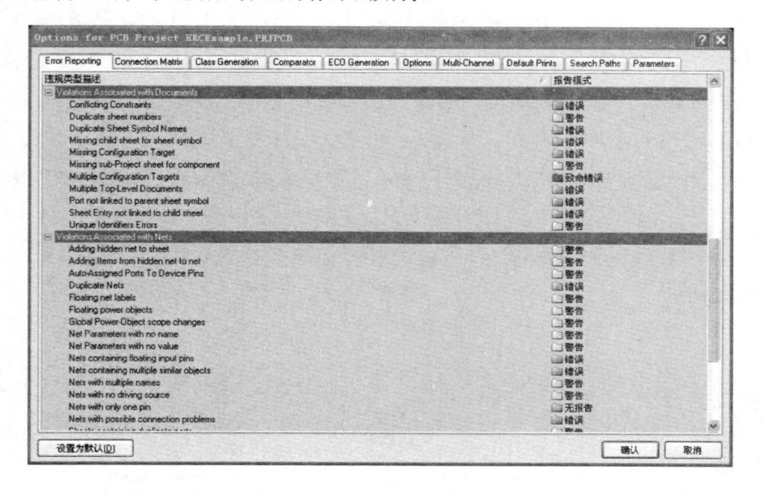

图 4-2 【Options for PCB Project ERCExample.PRJPCB】对话框

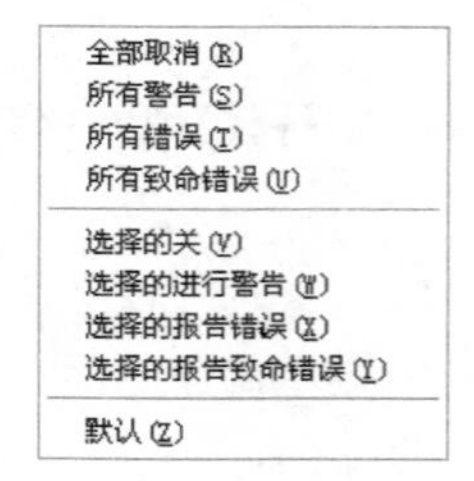

图 4-3　报告模式的设置

由于原理图规则检查中设置选项比较多而且复杂，因此，本节只对电气规则中常用到的选项进行说明。

（1）Violation Associated with Buses（总线规则检查）：该选项主要设置与总线有关的电气规则。

- Bus range syntax error：检查总线网络标识符的语法是否非法，并找出无法正确反映出信号的名称与范围。
- Illegal Bus definitions：检查总线的定义是否非法。
- Illegal Bus rang values：检查总线的范围值是否非法。

（2）Violations Associated Components（元件规则检查）：该选项主要设置与元器件有关的电气规则，包含元器件引脚的复用、元器件的重复引用、元器件标示号的重复，以及子图入口重复等选项。

- Duplicate part designators：元器件标示号的重复，检查绘图页中是否有元器件标识号相同的元件。

📖：如果不执行 Tools→Annotate 菜单命令，就对所有元器件重新排号，会经常发生这种情况。

- Errors in component model parameters：元器件模型参数是否非法。检查出元器件模型中出现错误的参数。

（3）Violations associated with document（文件规则检查）：该选项主要设置与文档相关的电气规则。

- Duplicate sheet numbers：检查项目中是否有原理图序号相同的页码。

（4）Violations associated with nets（网络标识符规则检查）：该选项主要设置与网络标识符有关的电气规则。

- Duplicate nets：检查同一个网络上是否有多个不同名称的网络标识符。
- Nets containing floating input pins：检查是否有没有连接到任何其他网络的输入引脚，即 Floating（悬空）引脚。
- Nets with multiple names：检查同一个网络是否有多个不同的名称。
- Unconnected objects in net：检查原理图中是否存在没有连接到其他元器件上的网络标签。
- Nets with no driving source：检查是否存在没有连接到任意元器件的激励源对象。

（5）Violations associated with others（其他规则检查）：该选项主要设置原理图其他规则类型的错误。

（6）Violations associated with parameters（与参数有关的错误规则类型）。

📖：为了保证原理图设计的正确性，在最后一次进行 ERC 时，千万不要设置 Report Mode 选项为 No Report，如果无法确信如何改动 Report Mode 选项的设置，可以采用默认设置。在如图 4-3 中弹出的下拉菜单中选择“默认”，即可实现该设置。

4.1.2　设置电气连接矩阵（Connection Matrix）

单击图 4-2 中的【Connection Matrix】选项卡，如图 4-4 所示，出现一个彩色的正方形图块，称为电路连接矩阵。在该选项卡中，可以查看各种电器连接信息，即各种引脚、输入/输出端口、原理图输入端口相互之间的连接状态是否存在各种电路冲突。系统提供了以下四种电路冲突：无报告（No Report）、警告（Warning）、错误（Error）或致命错误（Fatal Error）。其中，错误冲突是指电路中有不符合电子电路原理的连线情况，如将 VCC 电源与 GND 短接；警告冲突是指电路中存在某些轻微违反电子电路原理的连线情况，由于系统无法确定它们是否真正有误，所以发出警告来提醒设计者。

从图 4-4 中可以发现该电气连接矩阵是以交叉接触的形式读入的。例如，当需要查看输入引脚 Input Pin 连接到输出引脚 Output Pin 的检查条件，只要观察矩阵右边的 Input Pin 行和矩阵上方的 Output Pin 列之间的交叉处即可（默认为绿色方块）。矩阵中以彩色方块来表示检查结果。

- ❑ 绿色方块：表示该连接方式不会产生任何错误或警告信息，如输入引脚连接到输出引脚上。
- ❑ 黄色方块：表示该连接方式会产生警告信息，如没有连接的输入引脚。
- ❑ 橙色方块：表示该连接方式会产生错误，如两个输出引脚连接在一起。
- ❑ 红色方块：表示该连接方式会产生致命错误，如电源线与地线短接。

系统允许用户修改电气连接矩阵的检查条件，可以通过下列两种方式进行：

方法一：只需在矩阵彩色方块上连续单击进行切换即可。切换的顺序依次为绿色（No Report）、黄色（Warning）、橙色（Error）和红色（Fatal Error），然后回到绿色。

方法二：在连接矩阵区域右击，弹出如图 4-5 所示的快捷菜单，该菜单有全部取消、所有警告、所有错误、所有致命错误和默认等 5 个选项。

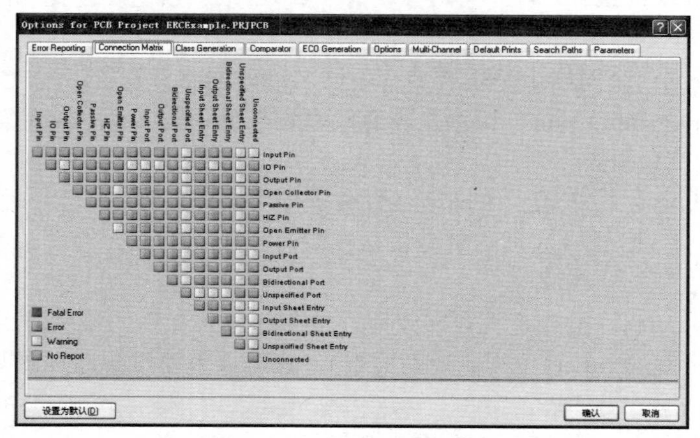

图 4-4 【Connection Matrix】选项卡

全部取消(V)
所有警告(W)
所有错误(X)
所有致命错误(Y)
默认(Z)

图 4-5 电气连接矩阵的修改

📖：用户可以根据个人需要和习惯进行电气连接矩阵规则的各项设置，本例采取默认方式，单击 确认 按钮，系统返回到原理图编辑状态。

本例中均采用默认设置。

4.1.3 ERC 结果报告

原理图的电气规则检查报告是通过项目的编译来实现的。因此，在设置好电气规则、电气连接矩阵等选项后，执行项目编译来输出检查结果报告。

【实例 4-2】 输出 ERC 结果报告。

（1）执行【项目管理】→【Compile PCB Project ERCExample.PRJPCB】菜单命令，对项目进行编译。

（2）查看检查结果，如图 4-6 所示。发现【Messages】对话框显示是空白的。

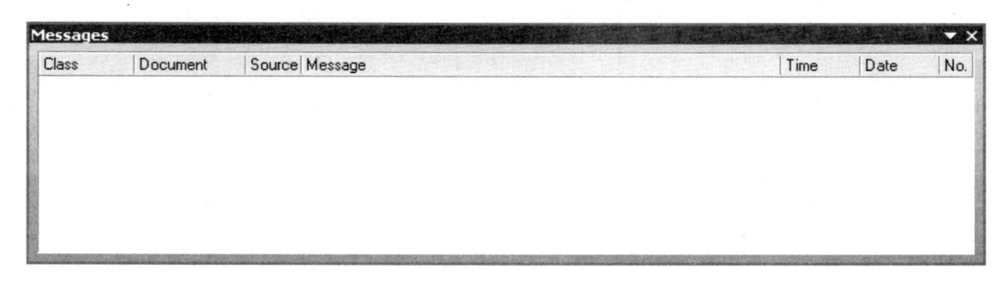

图 4-6　电气规则检查【Messages】对话框

📖：有时执行编译命令后，系统没有打开【Messages】对话框，可以在原理图编辑器窗口的右下角单击【System】选项，自动弹出快捷菜单，选中【Messages】，即可弹出【Messages】对话框。

（3）如果原理图中有错误，则该对话框中就会显示相应的错误提示。如果将原理图中的电阻“R2”改为“R4”，保存后，对项目再一次编译，可以发现结果如图 4-7 所示。

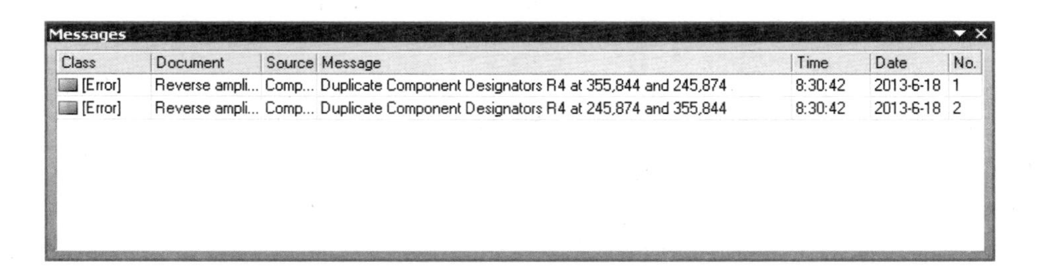

图 4-7　电气规则检查【Messages】报告

（4）从图中可以看出，由于原理图中出现了两个“R4”，因此系统通过【Error】来提示设计者。

（5）在【Messages】对话框中依次双击其中的错误提示，可以打开如图 4-8 所示的【Compile Errors】对话框，显示了违反规则的详细情况，从中单击一个错误，如本例中“R4”，系统会直接跳转到原理图的违反对象，并且把出错的地方放大且突出显示在原理图窗口的中心位置，以便检查或修改错误，而其他元器件却阴影显示且不可修改，以防对其进行误操作，如图 4-9 所示。

（6）对错误问题进行修改。

（7）按照上述方法，依次对原理图中存在的问题进行修改，直到没有错误为止。

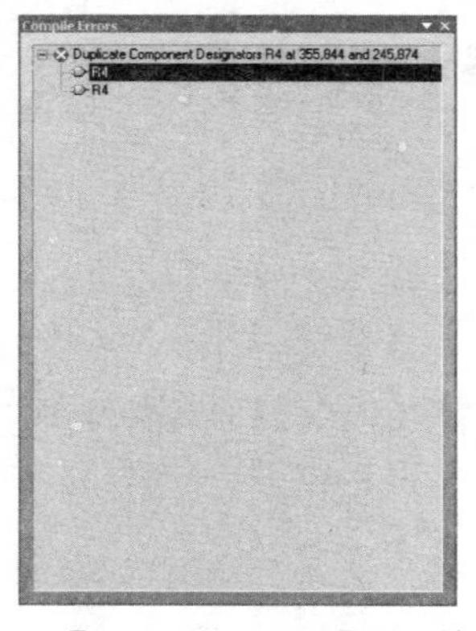

图 4-8 【Compile Errors】对话框

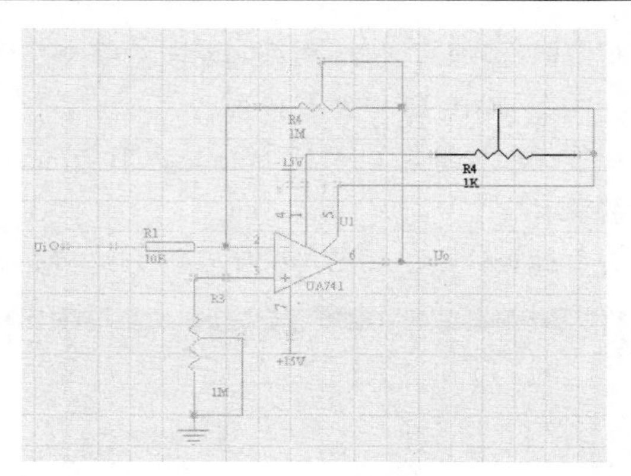

图 4-9 突出显示错误

4.2 创建网络表

原理图设计好之后必须先生成网络表，然后才能进行 PCB 板的设计。因此，可以说网络表是原理图与 PCB 图之间的接口，是 PCB 板自动布线的灵魂。我们知道，原理图一般都是通过导线来连接电气元器件的对应引脚，也可以通过网络标识符来实现相应引脚的电气连接。只要通过网络标示符所连接的网络就被视为有效的连接，所有这些网络就组成了原理图的网络表。因此，网络表包含了整个电路原理图中所有元器件的信息和网络连接信息，网络表是原理图的另一种表现形式。

网络表的生成一般有以下两种方式：通过原理图文档生成网络表；通过项目生成网络表。

4.2.1 通过单个原理图文档生成网络表

【实例 4-3】 通过单个原理图文档生成网络表。

（1）执行【文件】→【打开】菜单命令，在弹出的【打开文件】对话框中选中原理图文档“Reverse amplifier.SCHDOC”，如图 4-10 所示。

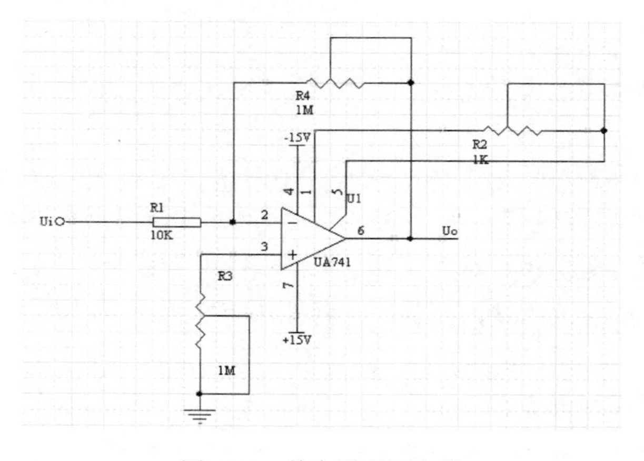

图 4-10 单个原理图文档

（2）执行【设计】→【文档的网络表】→【Protel】菜单命令，系统会自动为当前原理图文档生成相应的网络表，并将其命名为“.NET”，如图 4-11 所示。

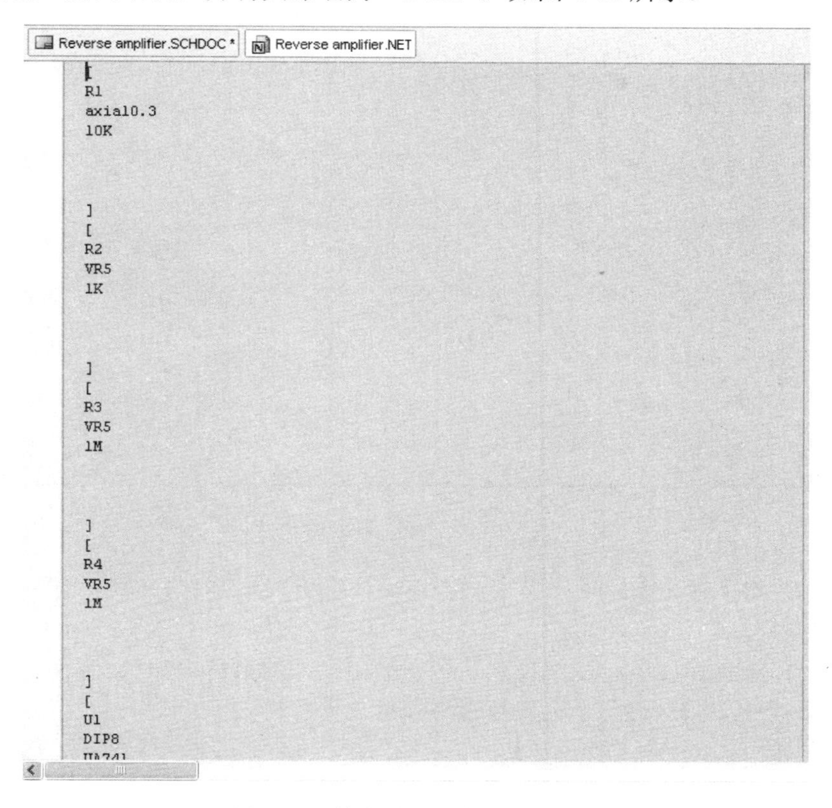

图 4-11　单个原理图生成的网络表

📖：如果执行上述第（2）步操作后，系统没有弹出图 4-11 所示的网络表文件，可以在工作区面板中找到 Generated 文件夹并单击，即可打开 Netlist Files 文件夹，继续单击该文件夹，即可找到生成的网络表文件，双击该文件，即可打开。

4.2.2　通过项目生成网络表

采取项目生成网络表时，需要首先设置项目选项对话框中的“Option”选项。

【实例 4-4】 对所建立的 ERCExample.PRJPCB 项目生成网络表。

（1）执行【项目管理】→【项目管理选项】菜单命令，弹出如图 4-2 所示的【Options for PCB Project ERCExample.PRJPCB】对话框，单击【Option】选项卡，如图 4-12 所示。

通过该选项卡可以设置文件的输出路径、输出选项和网络表选项等内容。其中：

【输出路径】选项卡用于设置输出文件的路径。本例中保存在“E:\chapter4\Project Outputs for ERCExample”中。

【输出选项】选项卡用于设置文件的输出选项，勾选其前面相应的复选框，即可进行相应设置。

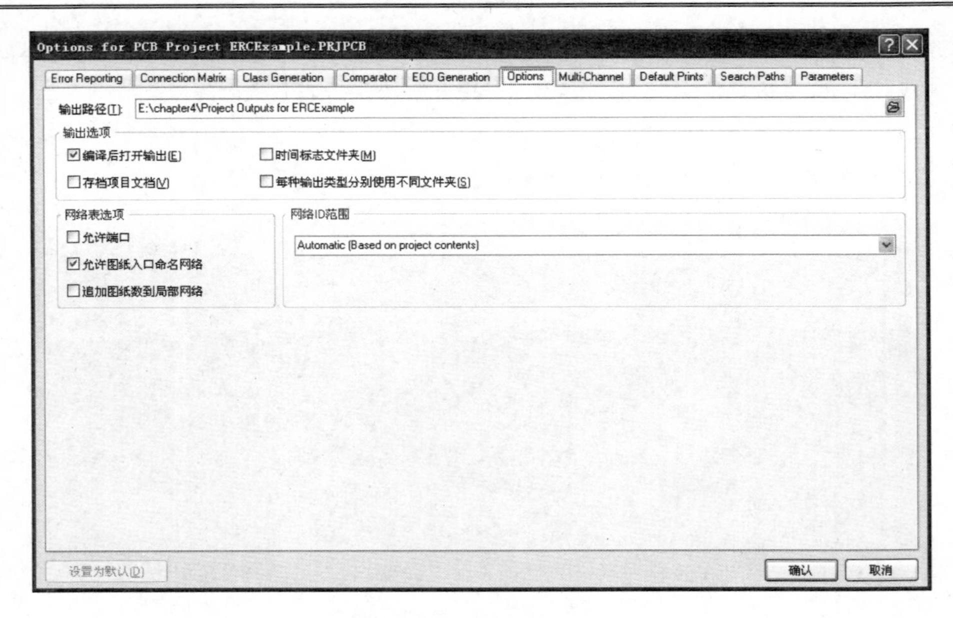

图 4-12 【Option】选项卡

- 【编译后打开输出】：用于设置是否在编译项目后直接打开输出文件，系统默认为选中该项。
- 【时间标志文件夹】：用于设置是否在输出文件的名称中加入当前的日期和时间。
- 【存档项目文档】：用于设置是否将项目文件存档。
- 【每种输出类型分别使用不同文件夹】：用于设置是否将不同类型的输出文件放到不同的文件夹中。

【网络表选项】选项卡用于设置与网络表有关的选项。

- 【允许端口】：选中此项，系统将采用输入/输出端口的名称来命名与其相连的网络，而不采用系统产生的网络名称。
- 【允许图纸入口命名网络】：选中此项，系统将采用图纸入口的名称来命名与其相连的网络，而不采用系统产生的网络名称。
- 【追加图纸数到局部网络】：选中此项，系统将在当前网络名称后添加图纸的编号，这样就可以知道该网络位于哪张图纸上。

【网络 ID 范围】选项卡用于设置网络的辨识范围。单击下拉按钮，弹出下拉菜单，如图 4-13 所示。用户可以从四种网络的辨识范围中选择一种。

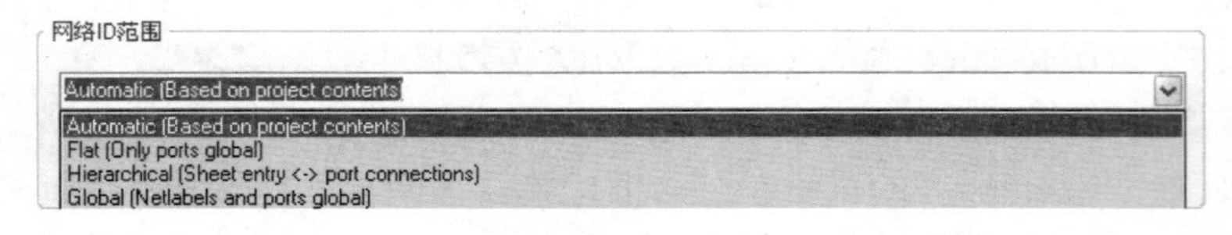

图 4-13 网络 ID 范围

- 【Automatic(Based on Project contents)】：选中该项，系统自动在当前项目中进行网络的自动辨识。
- 【Flat(Only ports global)】：在项目内各图纸之间直接使用整体输入/输出端来建立

连接关系。

- 【Hierarchical(Sheet entry<->port connections)】：在层次原理图中，通过子原理图中的子图入口与子图中的输入输出端口来建立连接关系。
- 【Global(Netlabels and ports global)】：项目内的各文档之间使用整体网络标签及整体输入输出端口建立连接关系。

一般情况下，均可采用默认值“Automatic”。本例中采用默认设置。

（2）执行【设计】→【设计项目的网络表】→【Protel】菜单命令，系统会自动为当前项目生成网络表文件，如图 4-14 所示。

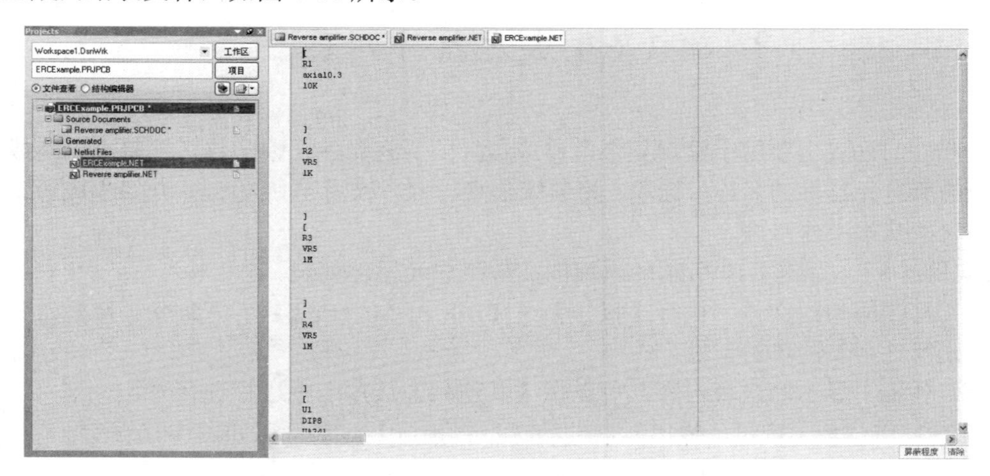

图 4-14　项目的网络表文件

4.2.3　网络表的格式

对比图 4-13 和图 4-14 发现，通过不同的方式生成的网络表文件名称是不同的。但是无论是哪个网络表文件都包含了两种信息，即元器件定义部分和网络连接定义部分。

1．元器件定义部分

每一个元器件的定义部分都以“[”开始，以“]”结束，如图 4-13 所示。内容依次如下。

- 元器件序号的定义，取自元器件属性的序号栏（Designator）。
- 元器件封装的定义，取自原理图中的元器件的 Footprint 栏，如果原理图中元器件的 Footprint 栏为空，则这一行为空；在进行 PCB 布线时所加载的元件封装就是根据这部分的信息加载的。
- 元器件注释的定义：取自原理图中元器件的注释（Comment）栏。
- 元件注释的下三行是空白行，是系统保留的，没有用途。

2．网络连接定义部分

每一个网络的定义部分都以“（”开始，以“）”结束，如图 4-13 和图 4-14 所示。内容依次如下。

- ❑ 网络名称或编号的定义：取自电路原理图中的某个网络名称或者是某个输入/输出点名称。
- ❑ 网络连接的引脚：如图 4-14 中的网络 NetR2_2，R2_2 表示元件序号为 R2 的第 2 只引脚，R2_3 是表示元件序号为 R2 的第 3 只引脚，U1_5 是表示元件序号为 U1 的第 5 只引脚，这三只引脚连接在一起，属于同一网络 NetR2_2。

其他网络信息的表示意义与其相同，意义不再详述。

4.3 生成元器件列表

元器件的列表主要用于整理整个电路或项目的所有元件，因此包括了整个电路或项目文件中的所有元器件的名称、标注、封装等信息。本节以图 4-10 为例，介绍生成原理图元器件列表的基本操作步骤。

【实例 4-5】 为图 4-10 所示的原理图文件生成元器件列表。

（1）打开原理图文件，执行【报告】→【Bill of Materials】菜单命令，弹出如图 4-15 所示的元器件列表清单对话框。

（2）列表中显示的报表内容，可以在【其他列】选项卡中进行选择添加。

（3）单击[报告...]按钮，弹出元器件的【报告预览】对话框，如图 4-16 所示。

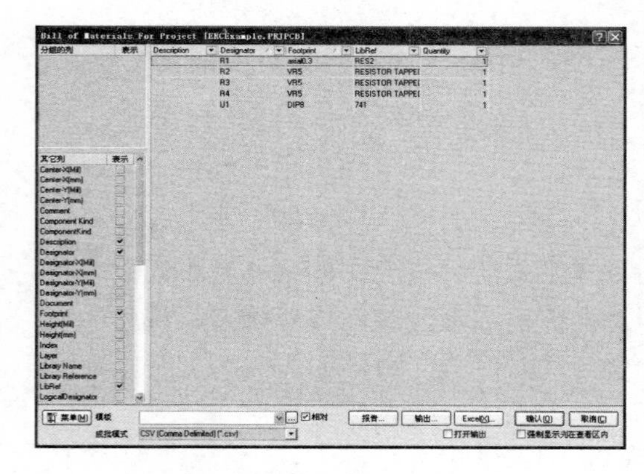

图 4-15 元器件列表对话框

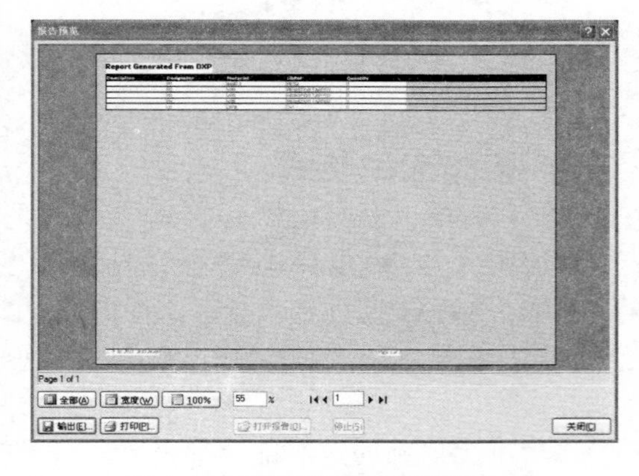

图 4-16 【报告预览】对话框

（4）根据【报告预览】对话框中的相应按钮，对视图大小进行调整后，单击[打印(P)...]按钮对报表进行打印，或单击[输出(E)...]按钮，弹出【导出文件】对话框，如图 4-17 所示。对将输出的文件的保存路径、文件名、保存类型进行设置后，单击[保存(S)]按钮即可输出相应的报表文件。

（5）单击[输出...]按钮，可以导出元器件报表，此时系统会弹出导出项目的元器件报表对话框，选择设计者需要导出的一个类型即可。

（6）单击[Excel(X)...]按钮，系统会打开 Excel 应用程序，并生成 Excel 格式的元器件报表文件。

（7）单击[确认(O)]按钮，即可输出相应的元器件列表。如图 4-18 所示为 Excel 格式的元器件列表文件。

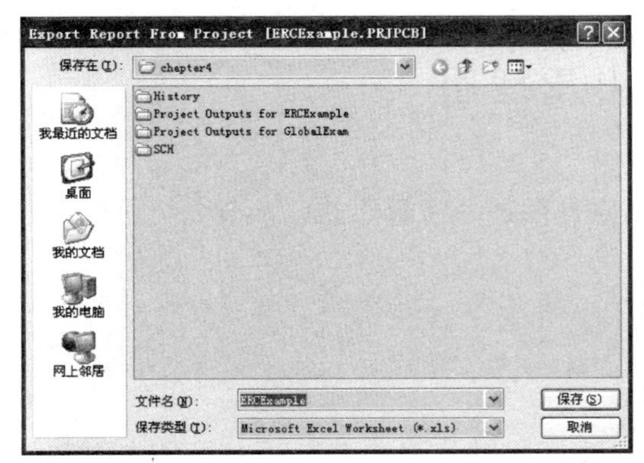

图 4-17 【导出文件】对话框

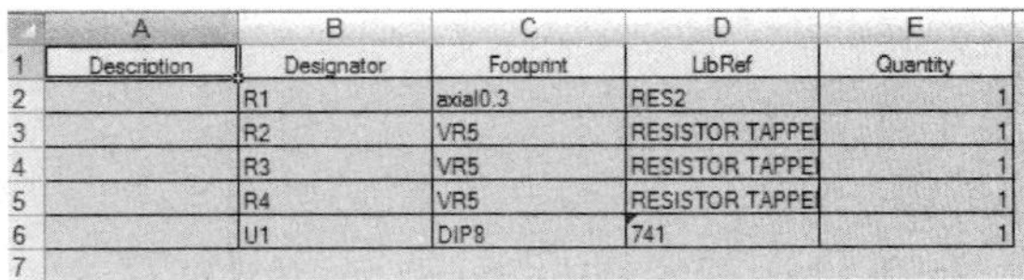

	A	B	C	D	E
1	Description	Designator	Footprint	LibRef	Quantity
2		R1	axial0.3	RES2	1
3		R2	VR5	RESISTOR TAPPEI	1
4		R3	VR5	RESISTOR TAPPEI	1
5		R4	VR5	RESISTOR TAPPEI	1
6		U1	DIP8	741	1
7					

图 4-18　生成的 Excel 类型的元器件列表文件

4.4　生成元器件交叉参考表

元器件交叉参考表主要用于为各元器件列出其元件类型、序号、所在原理图的文件信息等。

【实例 4-6】 为图 4-10 所示的原理图生成元器件交叉参考表。

（1）打开原理图文件，执行【报告】→【Component Cross Reference】菜单命令。

（2）执行该命令后，弹出如图 4-19 所示的元器件交叉参考表对话框。

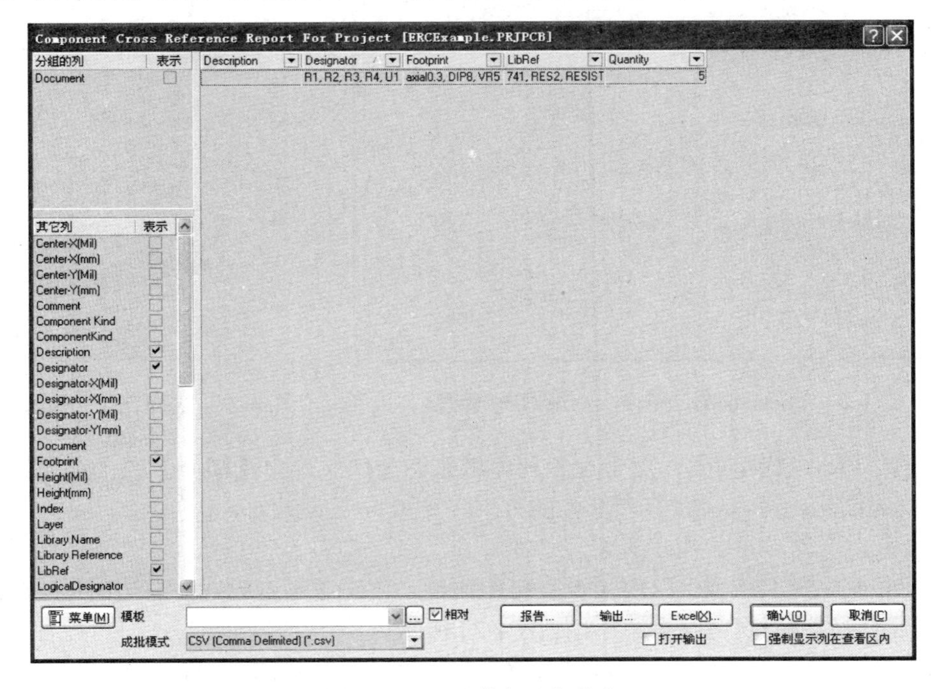

图 4-19　元器件交叉参考表

从表中可以发现，该表与元器件列表类似，因此，相关操作方法可参照 4.3 节进行。

4.5 打印输出原理图

当需要查看、校对和存档原理图时，打印出原理图是非常重要的。本节介绍原理图的打印输出操作。

4.5.1 页面设置

如果设计者的 Windows 操作系统还没有安装打印机，请参考有关书籍预先安装打印机。

执行【文件】→【页面设定】菜单命令，打开【Schematic Print Properties】原理图打印属性对话框进行页面设置，如图 4-20 所示。

在该对话框中可以设置打印所使用的纸张大小、纸张方向、页边距、打印比例和打印颜色等属性。其中，

（1）【打印纸】选项卡

- ❑【尺寸】：用于设置打印纸张的大小。单击【尺寸】右边的按钮，弹出下拉列表，可以选择所用打印纸张的尺寸，如图 4-21 所示。

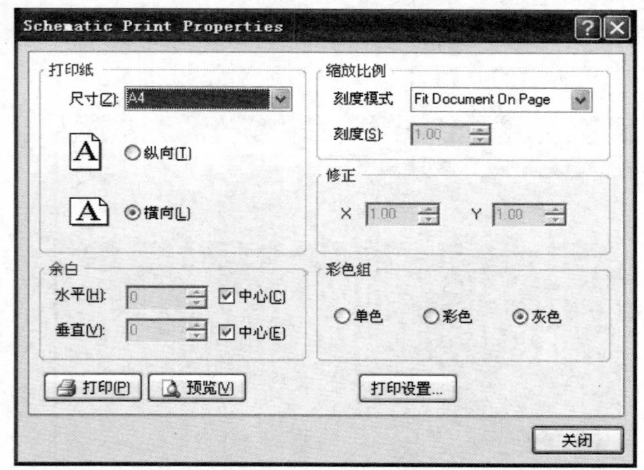

图 4-20 【Schematic Print Properties】对话框　　　图 4-21 选择打印纸张的尺寸

- ❑【横向】、【纵向】：用于设置打印纸张的方向。选中【横向】或【纵向】前面的单选按钮，可以设置打印纸张的方向，是横向还是纵向。

（2）【余白】选项卡：用于设置页边距。

（3）【缩放比例】选项卡：用于设置打印比例。单击【刻度模式】右边的按钮，弹出下拉列表，可以选择打印比例模式，如图 4-22 所示。

- ❑ 选中“Fit Document On Page”，可以将整张图纸打印在一张纸上，纸张大小为前面所定义的大小。

- 选中“Scale Print”，整张图纸将以用户定义的比例打印在一张或几张纸上，取决于用户定义的比例和所选纸张大小而定。

（4）【修正】选项卡：用于设置缩放比例。一般是在选择了“Scale print”后，此项才能进行设置，用于对打印结果的 X 和 Y 项尺寸进行规定比例的缩放，此数值通过对话框中 X 和 Y 后面的文本框进行设置，如图 4-23 所示。

图 4-22　选择打印比例

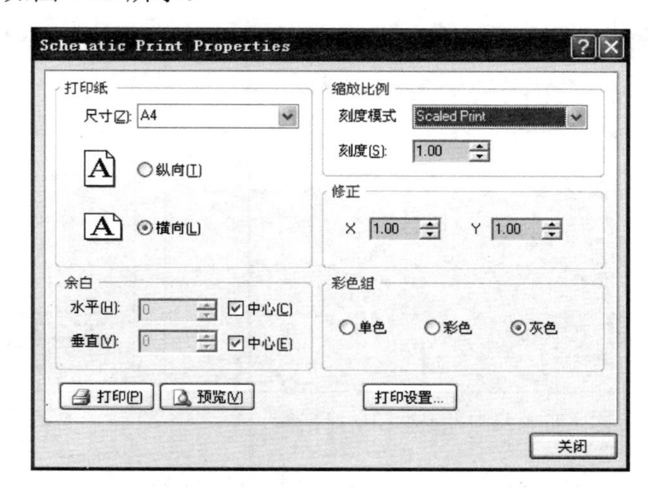

图 4-23　设置修正比例

（5）【彩色组】选项卡：用于设置打印颜色。Protel DXP 提供了三种模式：单色、彩色和灰色。

属性设置完毕后，单击[预览(V)]按钮，预览设置后的打印效果。

4.5.2　打印预览

执行【文件】→【打印预览】菜单命令，或者如上节所述的预览方法，显示设置后的打印效果。

4.5.3　设置打印机

执行【设置】→【打印机】菜单命令，打开打印机配置对话框，设置打印机，如图 4-24 所示。

（1）【打印机】选项卡：如果用户的 Windows 操作系统中安装了多种打印机，可以在【名称】下拉列表中选择。

（2）【打印范围】选项卡：选择打印的范围，单击前面的单选框，即可选中相应的选项。

- 【全部页】：打印所有文档。
- 【当前页】：打印当前页面。
- 【页】：打印所有设定范围内的页面。

（3）【打印什么】选项卡：用于选择打印的目标内容。Protel DXP2004 提供了 4 种目标文档，如图 4-25 所示。

- ❑ 【Print All Valid Document】：打印所有有效文档。
- ❑ 【Print Active Document】：打印当前激活文档。
- ❑ 【Print Selection】：打印选中区域。
- ❑ 【Print Screen Region】：打印屏幕区域的内容。

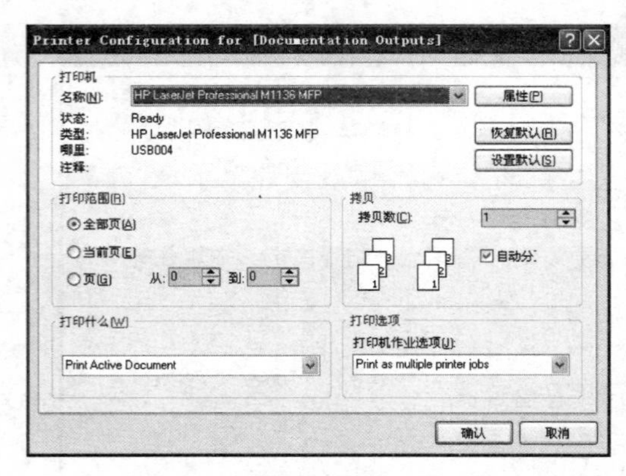

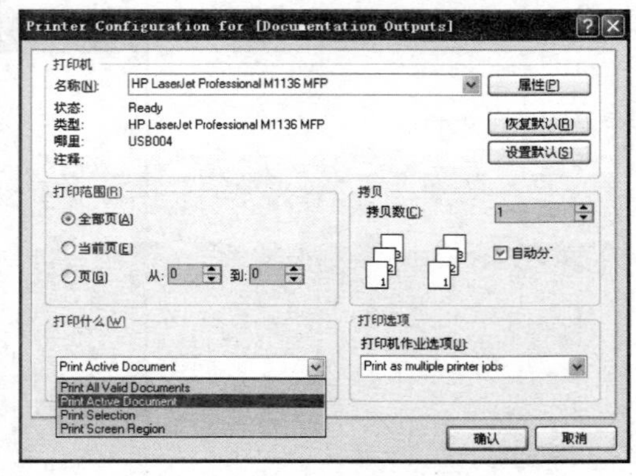

图 4-24　设置打印机对话框　　　　图 4-25　【打印什么】下拉列表

（4）【拷贝】选项卡：用于设置打印份数。

（5）【打印选项】选项卡：用于设置打印机参数；在其下拉列表中有以下两种选项。

- ❑ 【Print as multiple printer jobs】：该打印任务和其他打印任务共享打印机。
- ❑ 【Print as single printer jobs】：该打印任务单独占打印机。

打印机的设置因用户使用的打印机类型而不同，但总体来说大同小异。

4.6 实 例 讲 解

【实例 4-7】 对项目文件进行电气规则检查和输出相应报表。

本实例要求以 E:\Chapter4\GlobalExam.PrjPCB 项目文件为例，如图 4-26 所示，进行该项目的电气规则检查并输出其报表文件，如网络表、元器件清单列表、元器件交叉参考表等。

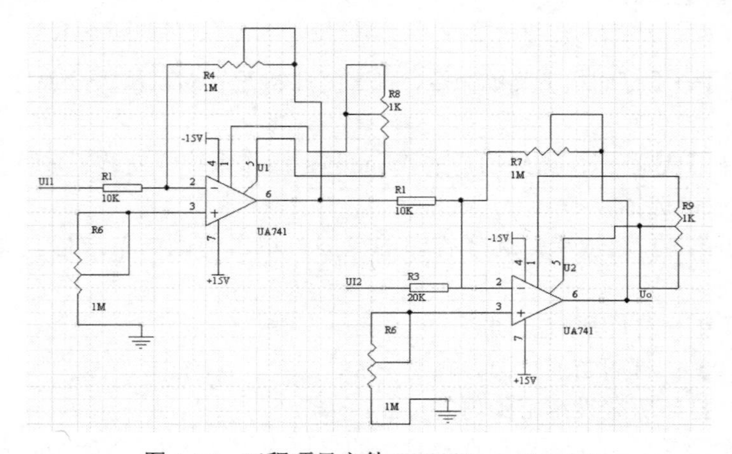

图 4-26　工程项目文件 GlobalExam.PrjPCB

（1）执行【文件】→【打开项目】菜单命令，打开该项目文件。

（2）执行【项目管理】→【项目管理选项】菜单命令，打开项目管理选项对话框。根据实际情况进行检查规则的设置。本例中采用默认设置。

（3）执行【项目管理】→【Compile PCB Project GlobalExam.PrjPCB】菜单命令，对该项目进行编译，弹出【Messages】对话框，如图 4-27 所示。

Messages

Class	Document	Source	Message	Time	Date	No.
[Error]	adder.SCHDOC	Comp...	Duplicate Component Designators R1 at 115,630 and 345,620	9:26:45	2013-6-18	1
[Error]	adder.SCHDOC	Comp...	Duplicate Component Designators R1 at 345,620 and 115,630	9:26:45	2013-6-18	2
[Error]	adder.SCHDOC	Comp...	Duplicate Net Names Wire NetR1_2	9:26:45	2013-6-18	3

图 4-27　【Messages】对话框

（4）在【Messages】对话框中依次双击其中的错误提示，打开如图 4-28 所示的【Compile Errors】对话框，显示了违反规则的详细情况，从中单击一个错误，如本例中“R1”，系统直接跳转到原理图的违反对象，并且把出错的地方放大且突出显示在原理图窗口的中心位置，以便检查或修改错误，而其他元器件却阴影显示且不可修改，以防对其进行误操作，如图 4-29 所示。

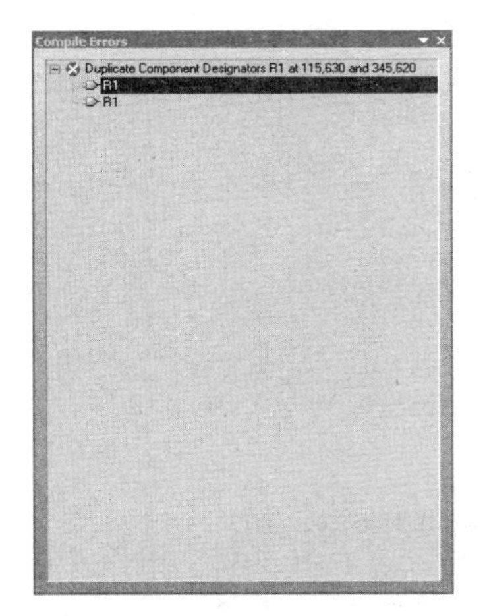

图 4-28　【Compile Errors】对话框

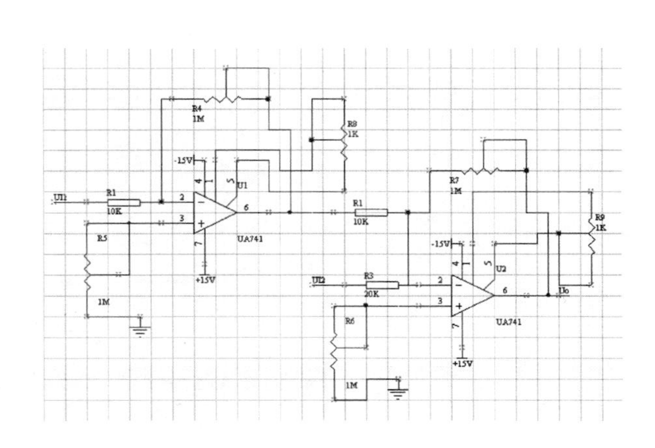

图 4-29　定位错误信息

（5）对错误问题进行修改。

（6）按照上述方法，依次对原理图中存在的问题进行修改，直到没有错误为止。

（7）执行【设计】→【设计项目的网络表】→【Protel】菜单命令，系统会自动为当前项目生成网络表文件，如图 4-30 所示。

（8）执行【报告】→【Bill of Materials】菜单命令，弹出如图 4-31 所示的元器件列表清单对话框。

（9）单击[报告...]按钮，弹出【报告预览】对话框，根据其中的相应按钮，对视图大小进行调整后，选择相应的按钮对报表以一定的类型进行打印或者输出，单击[确认(O)]按钮，即可输出相应的元器件列表。如图 4-32 所示为 pdf 格式的元器件列表文件。

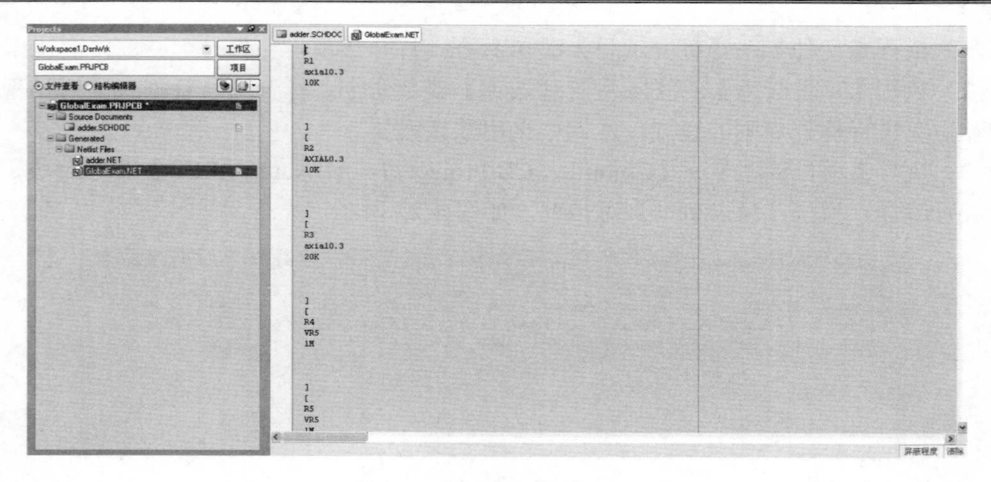

图 4-30　生成的网络表文件

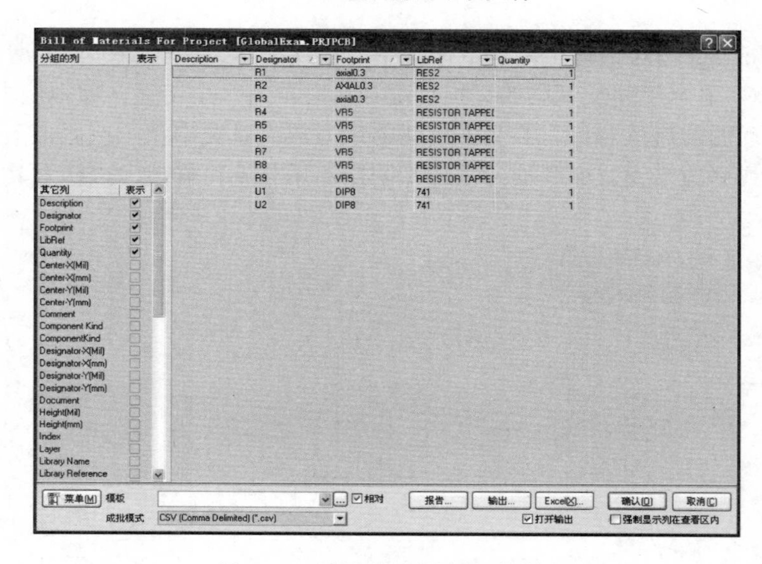

图 4-31　元器件列表清单对话框

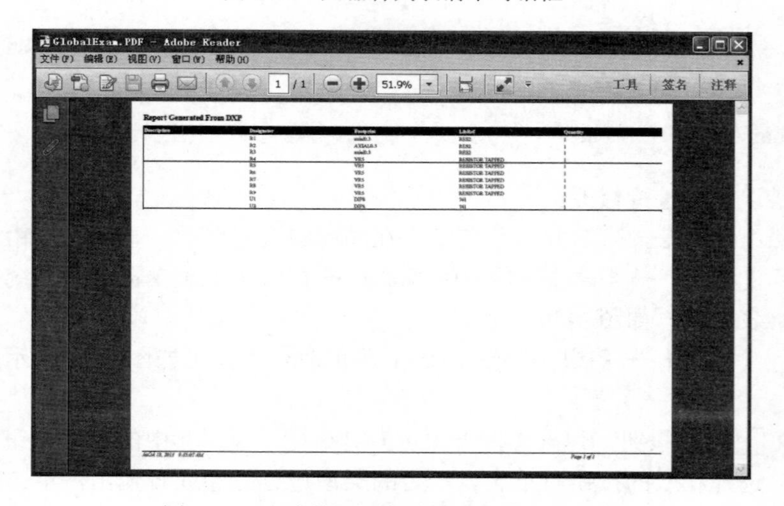

图 4-32　生成的 pdf 类型的元器件列表文件

（10）执行【报告】→【Component Cross Reference】菜单命令，弹出如图 4-33 所示的元器件交叉参考表对话框。单击 Excel(X)... 按钮，生成 Excel 格式的元器件交叉参考表文件，结果如图 4-34 所示。

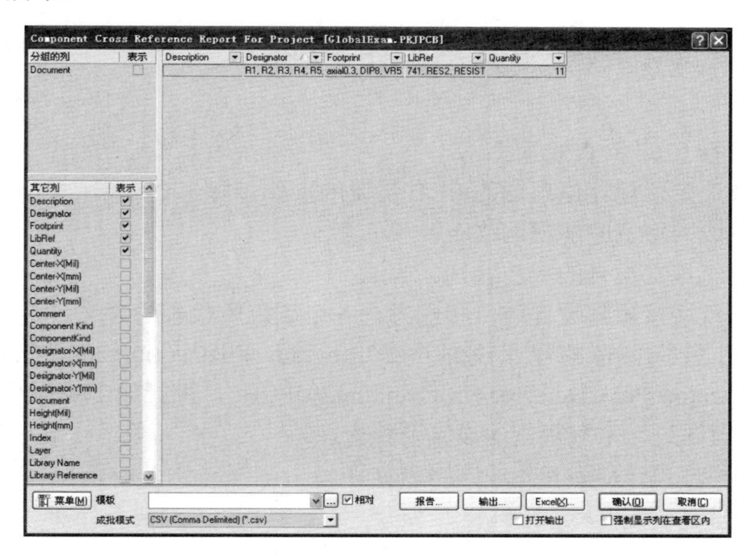

图 4-33　元器件交叉参考表对话框

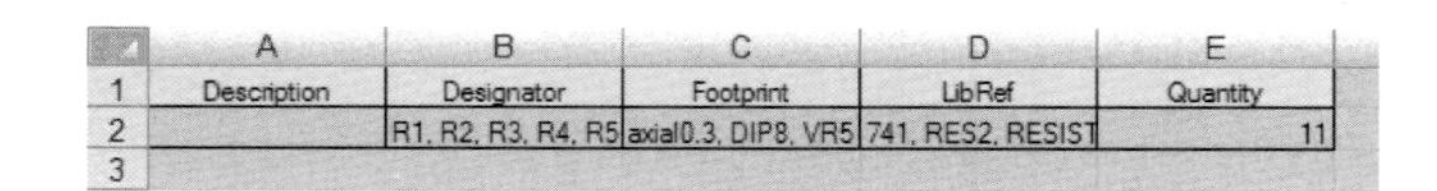

	A	B	C	D	E
1	Description	Designator	Footprint	LibRef	Quantity
2		R1, R2, R3, R4, R5	axial0.3, DIP8, VR5	741, RES2, RESIST	11
3					

图 4-34　生成的元器件交叉参考表文件

📖: Protel DXP 允许用户根据需要输出单个报表文件，也允许用户进行批量输出各类报表。用户只要进行一次配置，就可以完成所有的输出报表，包括元器件清单列表、网络表、元器件交叉参考表等。一体般在打开项目文档的情况下，执行【文件】→【创建】→【输出作业文件】菜单命令，来实现。具体的配置操作可以参考 Protel DXP 软件程序所提供的帮助文件。

4.7　本 章 小 结

在原理图设计完成之后，需要对其进行电气规则检查，以检查其在电气连接上的错误，并在检查完毕后为其生成网络表文件，之后才能进行 PCB 印制电路板的设计。因此，可以说网络表是连接原理图和 PCB 的中间文件，PCB 布线需要网络表文件。本章通过实例对原理图的电气检查和网络表的生成进行比较详细的描述。电气规则的检查之前一般需要先设置电气检查规则和电气连接矩阵。网络表的生成可以通过单个原理图和项目文件两种方式来生成，为进一步设计 PCB 印制电路板奠定基础。此外，有时用户需要查看整个原理图或项目文档的所有元器件的相关信息，就需要输出元器件清单列表和交叉参考表等报表文件，并打印输出原理图文件，本文也通过实例介绍了这几类报表的输出及原理图的打印输出方法。

4.8 思考与练习

（1）简述进行 ERC 检查的意义。

（2）试述快速定位设计原理图的 ERC 错误的操作步骤。

（3）如何生成网络表并解释网络表各项的意义。

（4）试述电气规则检查的报告级别。

（5）试述电气连接矩阵设置时，彩色方块各个颜色所代表的含义。

（6）试打开系统自带的项目文件“C:\Program Files\Altium2004\Example\Reference Designs\Peak Detector\ Peak Detector with banking.PrjPCB”，进行如下操作练习：

- 对其原理图进行电气规则的设置及检查。
- 通过两种方式分别为其生成网络表文件。

第 5 章　层次式原理图设计

前面所介绍的原理图设计方法只适用于设计简单的电路原理图，而对于比较复杂的电路，工程上往往采用层次式原理图的设计方法。其主要设计思想是把整个项目原理图用若干个子图来表示，即采用母图和子图的方法来表达整个项目原理图中各个子图的连接关系。因此，所谓层次式原理图设计，实际上是一种模块化的设计方法，就是将整个项目系统划分成多个子系统，各子系统又可以被划分成多个功能模块，然后将其分别绘制在多张图纸中。这样，呈现给设计者的仅是整个电路的功能模块图，从而方便设计者从“宏观”上把握电路的整体结构；如果需要从“微观”上了解电路的设计，只需单击各功能模块图即可，而且绘制、修改、重复调用也只需对单个模块进行操作，大大方便了设计工作。

【学习目标】

- ❑ 层次式原理图的设计概念
- ❑ 自上而下的设计方法
- ❑ 自下而上的设计方法

5.1　层次式原理图的设计方法

层次式原理图的设计方法实际上是一种模块化的设计方法。如图 5-1 所示为层次式原理图的典型结构。从图中看出每个层次式原理图设计中有一个母图，母图对应着整个项目。整个项目被分成若干个模块，各模块分别被绘制在层次原理图的子图中，子图与其他子图及母图之间都有相应的输入/输出端口来实现电气连接。且子图在母图中用方块电路图的形式表示，方块电路端口之间用导线或总线连接起来，形成一个完整的电路。

5.1.1　层次式电路原理图的设计方法

在进行层次式电路原理图设计时，关键是各个层次之间的信号如何相互传递，这主要是通过子原理图的输入/输出端口来实现。在设计过程中，可以从系统开始，逐级向下进行设计，也可以从最底层的模块开始，逐级向上进行设计。

1. 自上而下的层次图设计方法

所谓自上而下的设计方法，就是由电路模块图产生原理图。首先要根据系统结构将整个系统划分为若干个不同功能的子模块，建立一张总图，用电路模块代表子模块，然后分别绘制总图中各电路模块所对应的子原理图。

2. 自下而上的层次图设计方法

所谓自下而上的层次图设计方法，就是由原理图产生电路模块图。在设计层次原理图时，用户有时不清楚每个模块有哪些端口，这时用自上而下的设计方法就很困难。在这种情况下，应采用自下而上的设计方法。即先设计好底层模块的原理图，然后由这些原理图产生电路模块，再将电路模块之间的电气关系连接起来，生成系统的原理总图。

5.1.2 自上而下设计层次式电路原理图

自上而下层次式电路原理图设计的一般步骤如下。

（1）新建一个 PCB 工程项目。

（2）新建一个原理图文件，作为总图。

（3）绘制总图。

（4）绘制子原理图。

（5）设置图纸编号。

（6）保存文件，完成设计。

【实例 5-1】 采用自上而下层次原理图的设计方法设计仪用放大器。

仪用放大器电路结构如图 5-2 所示，主要包括两部分，第一部分是并联输入前级放大电路，其中包含同相放大器；第二部分是基本差分放大电路。

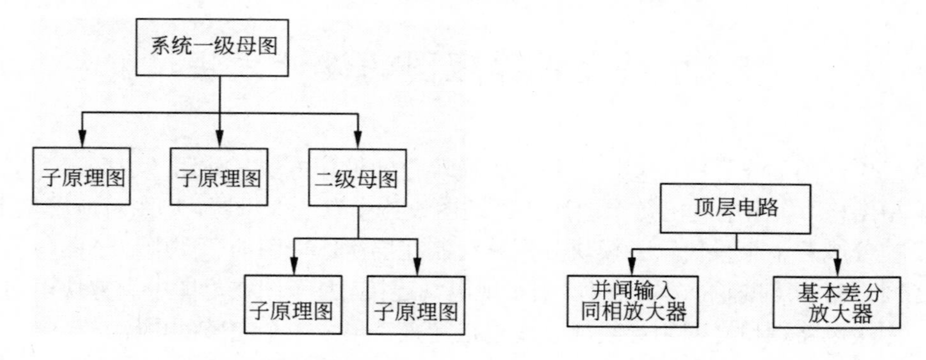

图 5-1　层次式原理图的典型结构　　图 5-2　仪用放大器电路结构

（1）执行【文件】→【创建】→【项目】→【PCB】菜单命令，创建一个 PCB 项目文件，此时在工作区面板的“Projects”选项卡中，可以看到创建了一个名为“PCB_Projects.PrjPCB”的 PCB 项目文件，如图 5-3 所示。

（2）执行【文件】→【保存项目】菜单命令，弹出【Save [PCB_Projects.PrjPCB] As...】对话框，通过该对话框将项目重新命名为“toptodown_instrument amplifier.PrjPCB”，并保存在路径“E:\Chapter5\”下。

（3）此时，在工作区面板中可以看到项目名称已更改为“toptodown_instrument amplifier.PrjPCB”，如图 5-4 所示。

（4）将光标移动到工作区面板中 PCB 项目文件“toptodown_instrument amplifier.PrjPCB”上单击，在弹出的快捷菜单中，执行【追加新文件到项目中】→【Schematic】菜单命令，为项目文件添加一个新原理图文件。

图 5-3　新创建的 PCB 项目

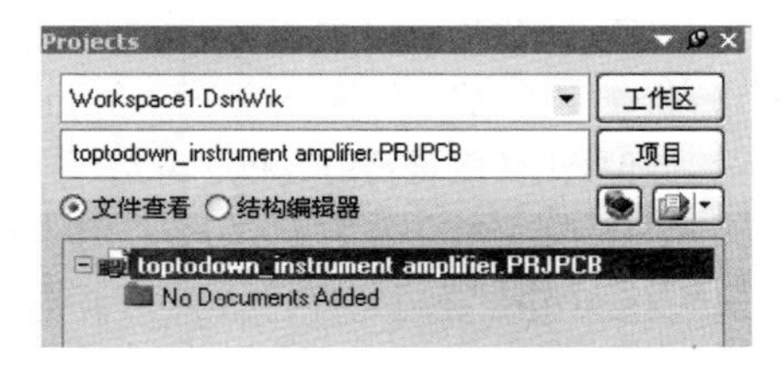

图 5-4　更名后的项目文件

（5）可以看到在工作区面板中，PCB 项目文件中的“Source Documents”文件夹下已经创建了一个名为“Sheet1.SchDoc”的原理图文件，并且系统自动打开该原理图文档，并切换到原理图编辑界面，如图 5-5 所示。

图 5-5　新创建的原理图文件及其编辑界面

（6）执行【文件】→【保存】菜单命令，打开【Save [Sheet1.SchDoc] As...】对话框，设置【文件名】为“Top-level schematic. SchDoc”，如图 5-6 所示，单击 保存(S) 按钮，对原理图文件进行保存。

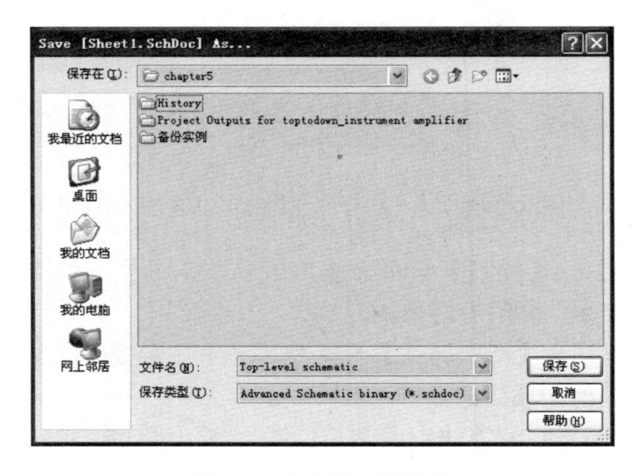

图 5-6　命名原理图文件

（7）在原理图编辑状态下，执行【放置】→【图纸符号】菜单命令，也可单击工具栏上按钮启动放置图纸符号命令，此时，光标自动移动到原理图绘图区，发现光标上黏附着一个图纸符号的轮廓，如图 5-7 所示。此时图纸符号处于放置状态。

（8）在原理图窗口移动光标，可以看到图纸符号的轮廓随着光标的移动而移动，按【Tab】键，弹出【图纸符号】对话框窗口，设置【标示符】为“IPA”，并设置【文件名】为“In-phase amplifier.SchDoc”，如图 5-8 所示。

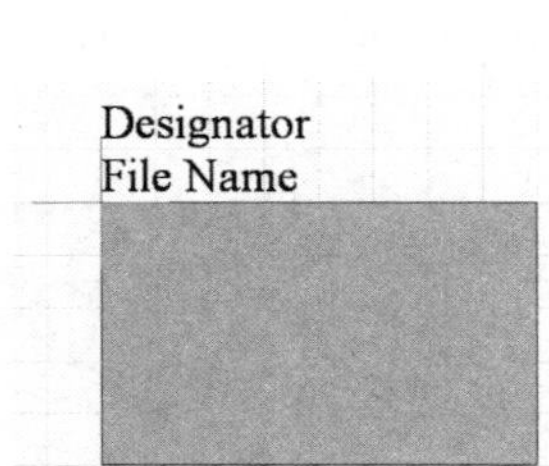

图 5-7　放置【图纸符号】命令状态

图 5-8　【图纸符号】属性的设置

（9）设置完成后，单击 确认 按钮。关闭【图纸符号】属性对话窗口。系统返回到放置图纸符号状态。

（10）将光标移动到适当位置，单击确定图纸符号的顶点位置，拖动鼠标到适当的位置并单击，即可放置第一个图纸符号，可以看到光标上依然黏附着一个刚刚放置过的图纸符号的轮廓，设计者可以用同样的方法继续放置图纸符号，也可以按【Esc】键或单击右键退出放置图纸符号命令，放置好的图纸符号如图 5-9 所示。

（11）采用同样的方法，放置另一个子图符号，设置【标示符】为“DA”，并设置【文件名】为“differential amplifier.SchDoc”。放置好两个图纸符号后的原理图如图 5-10 所示。

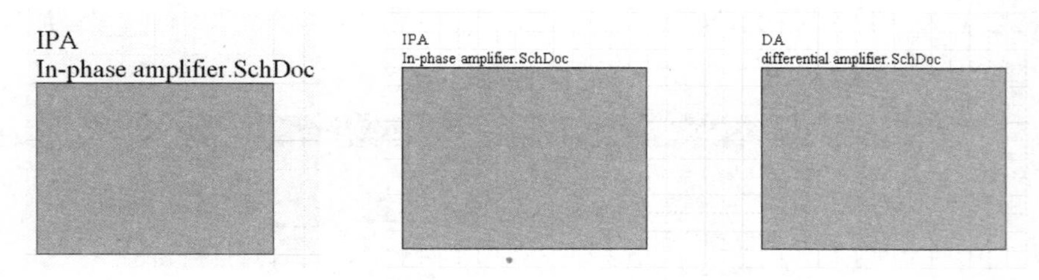

图 5-9　放置好的第一个图纸符号

图 5-10　放置好的图纸符号结果

（12）执行【放置】→【端口】菜单命令，或单击工具栏上的按钮，启动放置端口命令，此时可以看到鼠标上黏附着端口的轮廓。

（13）按【Tab】键打开【端口属性】对话框，其中各参数含义如下。

- 【名称】：方块电路端口的名称。
- 【I/O 类型】：用于设置方块电路端口的输入/输出类型。单击该项右侧的按钮，即可选择。

- 【填充色】：用于设置端口符号的填充颜色。
- 【文本色】：用于设置文字颜色。
- 【边缘色】：用于设置端口边框的颜色。
- 【排列】：用于设置端口在方块电路中的放置位置。
- 【风格】：用于设置端口符号的外观样式，即箭头的方向。

本例中设置端口的【名称】为“Vin1”,【I/O 类型】为“Input”，如图 5-11 所示。

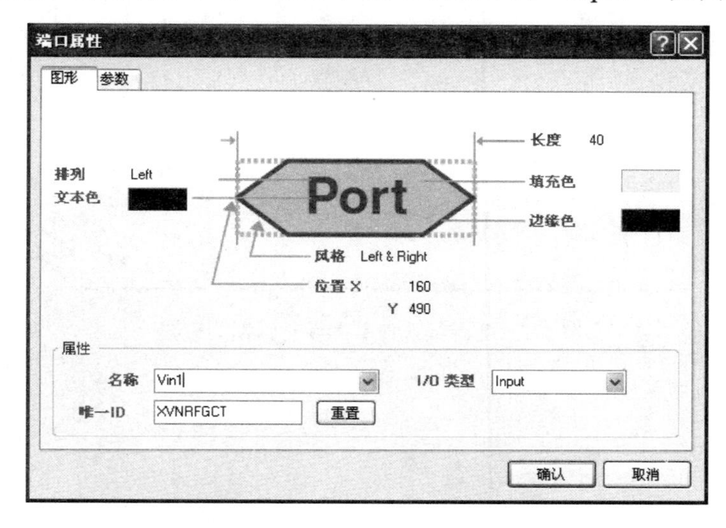

图 5-11 【端口属性】对话框端口参数的设置

（14）用同样的方法继续设置一个输入端口“Vin2”和一个输出端口“Output1”，并在端口附近放置文本字符串对端口的作用进行简单注释。

（15）单击工具栏上的⏚按钮，启动放置电源命令，移动光标到适当位置放置一个电源地“GND”，如图 5-12 所示。

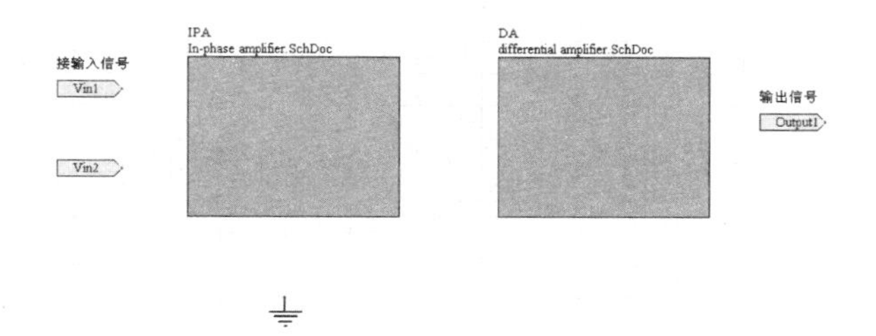

图 5-12 放置端口和电源地后的原理图

（16）执行【放置】→【加图纸入口】菜单命令，或者单击工具栏上的▣按钮，启动放置图纸入口命令。

（7）移动光标到原理图绘图区，可以看到光标变成“十”字形状，移动光标到图纸符号“IPA”上，单击可以看到在光标上黏附着一个端口的符号，此时按【Tab】键，弹出【图纸入口】属性对话框，设置该端口的名称为“INPUT1”，如图 5-13 所示。

（18）设置及完成后单击【确认】按钮，关闭对话框，移动光标到适当位置，单击放置该图纸入口，可以看到该端口被放置到图纸符号上，此时光标上还黏附着一个图纸入口的符号，用户可以用同样的方法继续放置端口，也可以单击右键退出放置端口状态。放置了第一个图纸入口的原理图如图 5-14 所示。

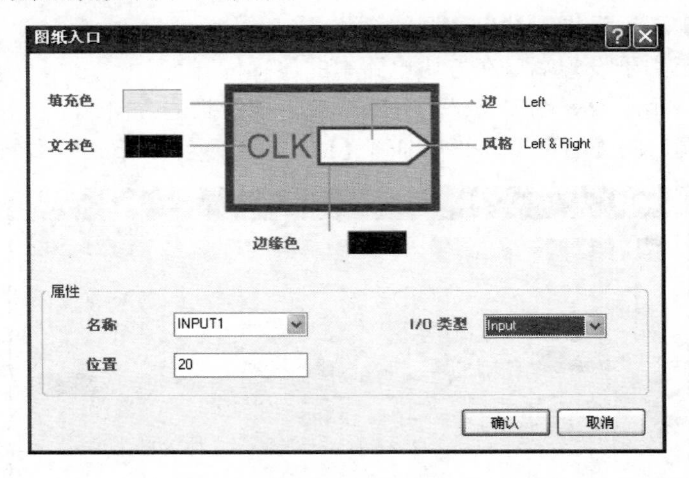

图 5-13 【图纸入口】属性对话框的设置

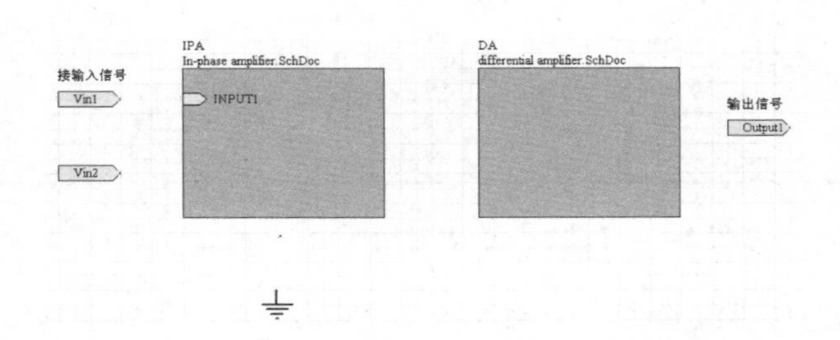

图 5-14 放置好的第一个图纸入口

（19）用同样的方法分别在图纸符号“IPA”上放置另外 3 个图纸入口“INPUT2”、“OUTPUT1”和“OUTPUT2”，在图纸符号“DA”上放置 4 个图纸入口“INPUT1”、“INPUT2”“GND”和“OUTPUT1”。放置完成后的原理图 5-15 所示。

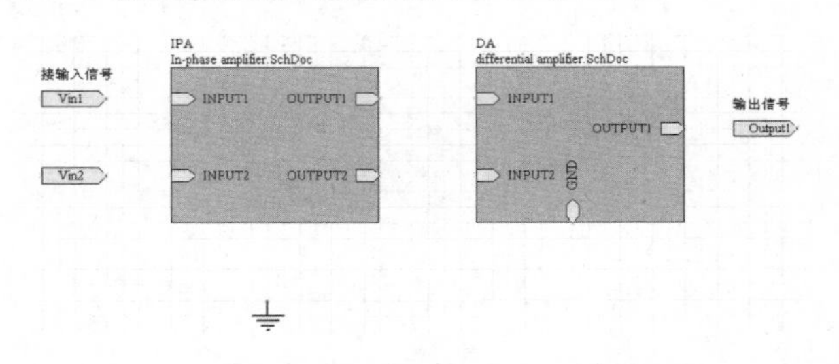

图 5-15 放置完图纸入口后的原理图

（20）根据电气特性用导线连接电路，连接好后的电路如图 5-16 所示。

以下为绘制子电路原理图的步骤，以完成各个模块的具体电路图。

（1）执行【设计】→【根据符号创建图纸】菜单命令，将光标移动到绘图区，光标变成十字形状，移动光标到图纸符号“IPA”上单击，弹出如图 5-17 所示的【Confirm】对话框，询问是否在创建子电路原理图时将端口信号的输入/输出方向取反。

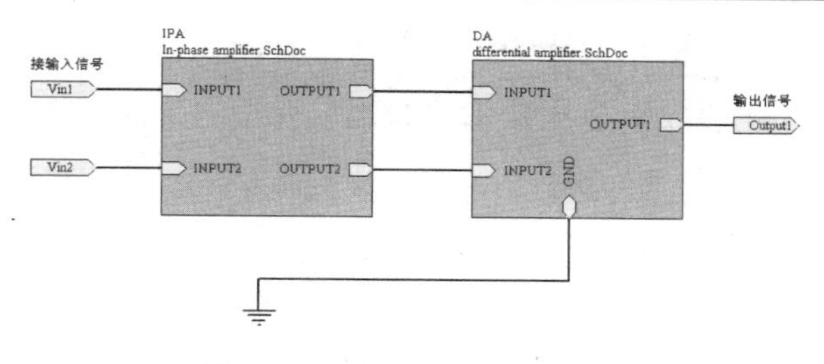

图 5-16　顶层电路原理图

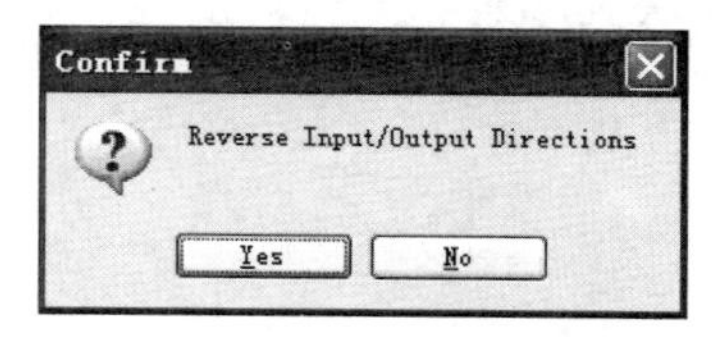

图 5-17　【Confirm】对话框

（2）单击 Yes 按钮，表示创建子电路原理图中的输入/输出端口的 I/O 特性将与对应的子图入口相反。

（3）本例中单击 No 按钮，则系统会自动为“IPA”的图纸符号创建一个子原理图，名称为“In-phase amplifier.SchDoc”，同时在该原理图中自动生成 4 个与图纸符号“IPA”对应的输入/输出端口，创建好的子原理图如图 5-18 所示。

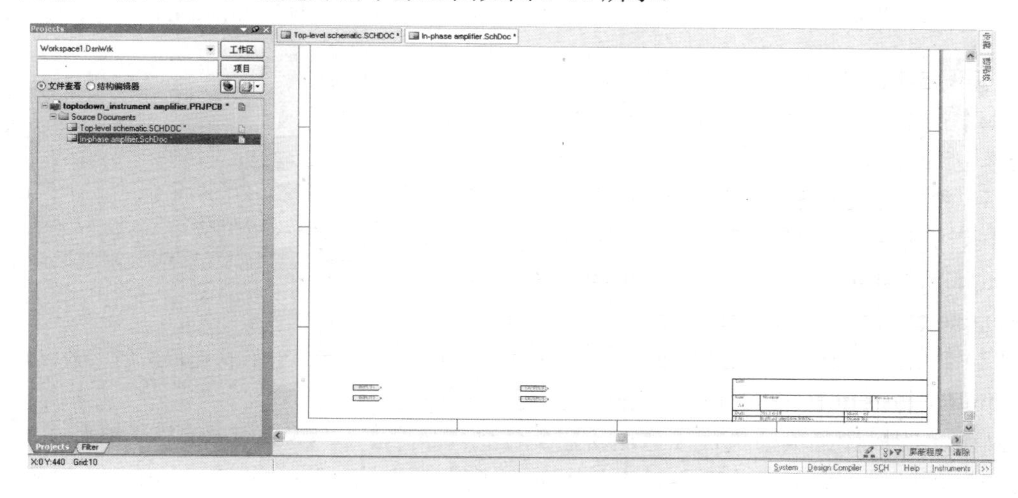

图 5-18　系统自动创建的子电路原理图

（4）根据绘制原理图的方法，加载相应的元器件库，放置相应的元器件并且设置其相关属性。

（5）根据电气属性连接关系，调整元器件的布局，用导线连接电路完成原理图“In-phase amplifier.SchDoc”的绘制。绘制好的子电路原理图如图 5-19 所示。保存子电路原理图。

（6）单击工作区面板上的顶层原理图文件名“Top-level Schematic.SCHDOC”，打开顶层原理图，或者通过单击工具栏上的按钮，移动光标到原理图上任意图纸入口上单击，切换到顶层原理图“Top-level Schematic.SCHDOC”上。

（7）用相同的方法绘制另一个子电路原理图“differential amplifier.Schdoc”并保存，如图 5-20 所示。

（8）对整个项目文件进行保存，完成自顶向下的层次电路图设计。

5.1.3　自下而上的设计方法

自下而上层次原理图的设计方法，就是要先设计好各个子原理图，来产生方块电路符号，从而层层向上产生层次原理图总图来表达整个系统，这种方法尤其适合那些不清楚每个模块到底有哪些端口的电路设计。下面仍以仪用放大器电路为例，介绍自下而上的设计方法。

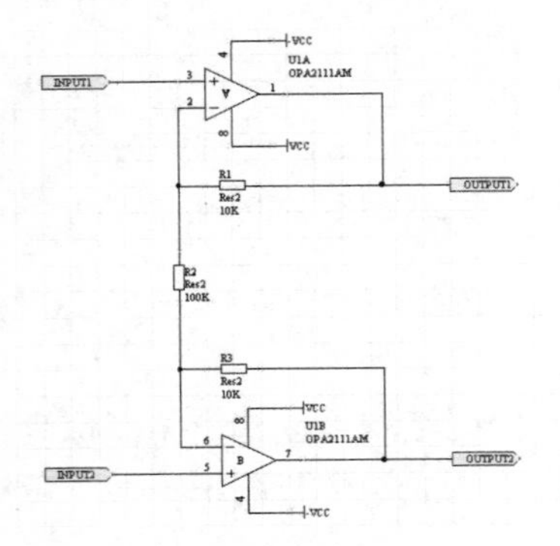

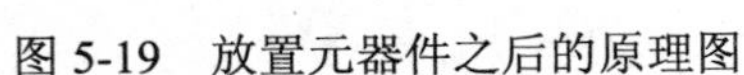
图 5-19　放置元器件之后的原理图

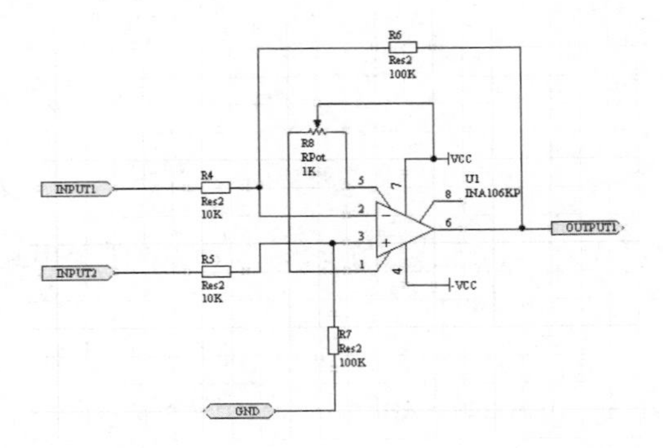

图 5-20　子电路原理图“differential amplifier.Schdoc”

【实例 5-2】 采用自下而上的原理图设计方法设计仪用放大器电路。

本案例中要求采用自下而上的设计方法设计仪用放大器电路。

（1）执行【文件】→【创建】→【项目】→【PCB 项目】菜单命令，创建一个 PCB 项目文件，命名为“downtotop_instrument amplifier.PrjPCB”并保存到路径“E:\Chapter5\”下，如图 5-21 所示。

图 5-21　工作区面板新创建的 PCB 项目

（2）将光标移动到工作区面板上的 PCB 项目文件“downtotop_instrument amplifier. PrjPCB”上，单击右键，从弹出的快捷菜单中执行【追加新建文件到项目中】→【Schematic】菜单命令。

（3）可以看到在从工作区面板中，PCB 项目文件中的“Source Documents”文件夹下已经创建了一个名为“Sheet1.SchDoc”的原理图文件，并且系统自动打开该原理图文档，并切换到原理图编辑界面。

（4）将原理图文件重新命名为“dttIn-phase amplifier.SchDoc”并保存。

（5）双击该原题图文件名，打开原理图编辑器窗口，在该原理图上放置元器件，并根据电气连接属性绘制子电路原理图“dttIn-phase amplifier.SchDoc”，同时将需要与其他原理图相连的端口用 I/O 端口形式表现出来。设计好的子电路原理图如图 5-22 所示。

（6）采用同样的方法在项目中继续追加一个新的原理图文件，并将其命名保存为“dttdifferential amplifier.SchDoc”，作为第二个子原理图。同样放置相应的元器件及端口，并绘制导线完成电气连接后保存。绘制好的子原理图如图 5-23 所示。

（7）采用相同的方法在项目中继续添加一个新的原理图文档，作为层次原理图的顶层原理图命名并保存为“dttTop-level schematic.SchDoc”。

（8）执行【设计】→【根据图纸建立图纸符号】菜单命令，打开【Choose Document to Place】对话框，如图 5-24 所示。

（9）在【Choose Document to Place】对话框中，将光标移动到“dttIn-phase amplifier.SchDoc”上，单击选中该原理图文件。

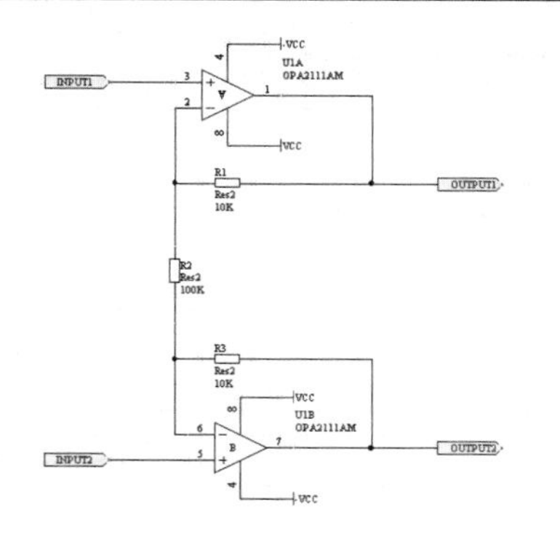

图 5-22　绘制好的子原理图

图 5-23　绘制好的子原理图

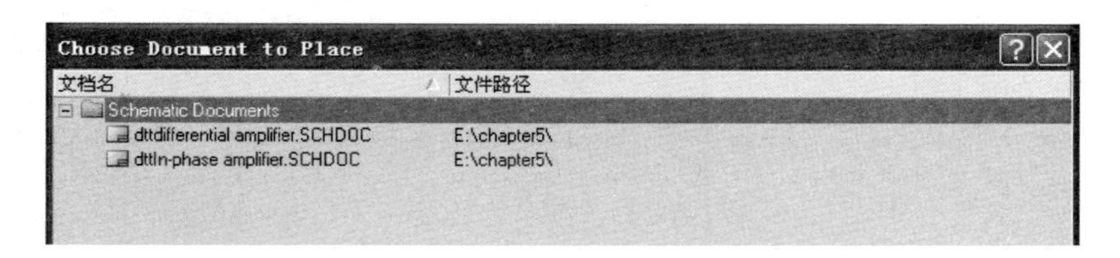

图 5-24 【Choose Document to Place】对话框

（10）单击 确认 按钮，弹出【Confirm】对话框，单击对话框中的 No 按钮，可以看见在顶层原理图中的编辑区中出现了黏附着一个图纸符号的光标，如图 5-25 所示，而且系统自动根据所设计的下层电路原理图的输入/输出端口，为该图纸符号添加了相应的图纸入口符号。将光标移动到适当位置单击，在顶层原理图中放置图纸符号。

（11）采用相同的方法把另一个电路原理图生成图纸符号，并放置在顶层原理图的适当位置，如图 5-26 所示。

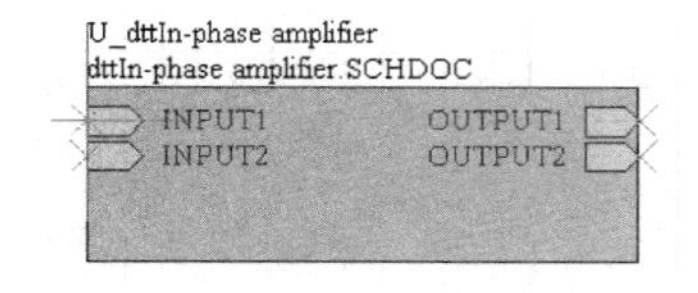

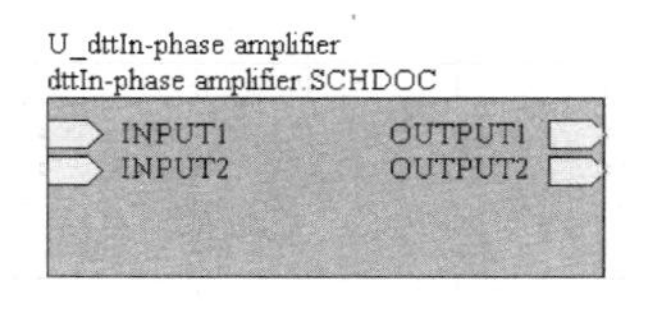

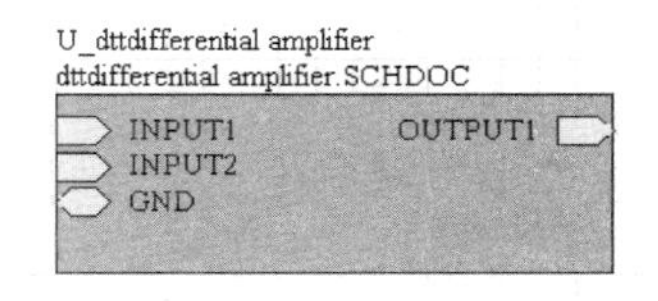

图 5-25　黏附在光标上的图纸符号

图 5-26　在顶层原理图上创建的图纸符号

（12）执行【放置】→【端口】菜单命令，或单击工具栏上的按钮，启动放置端口命令，此时可以看到鼠标上黏附着端口的轮廓。单击【Tab】键，弹出【端口属性】对话框，在该对话框中设置端口的【名称】为“Vin1”，【I/O 类型】为“Input”。

（13）用同样的方法分别在顶层原理图上放置另外两个端口“Vin2”和“Output1”，I/O 类型分别为“Input”和“Output”。

（14）单击工具栏上的按钮，启动放置电源地命令，移动光标到适当位置放置一个电源地“GND”。

（15）执行【放置】→【字符串】菜单命令，在原理图上的输入端口和输出端口附近分别放置字符串对其进行简单注释。放置完成后的原理图 5-27 所示。

（16）根据电气特性，用导线进行连接，完成对顶层原理图的设计并对项目进行保存，从而完成自下而上的原理图的设计。设计好的顶层原理图如图 5-28 所示。

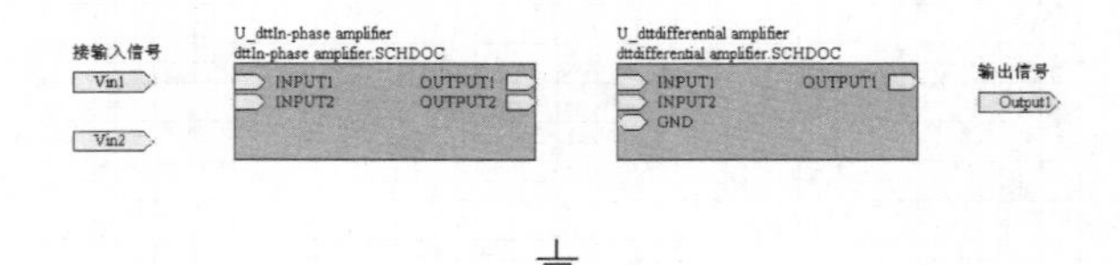

图 5-27　放置完元器件后的顶层原理图

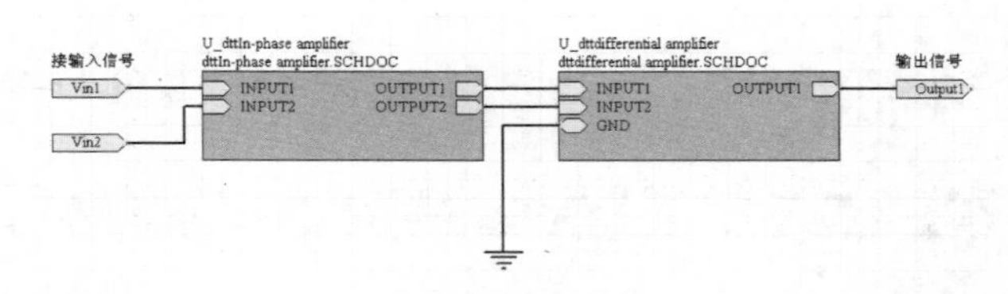

图 5-28　顶层原理图的设计

5.2　层次原理图之间的切换

在设计较大规模的原理图时，由于层次原理图的张数很多，因此，需要在多张原理图之间进行切换。比如，从上层原理图切换到某图纸符号对应的子原理图上，或者从某一下层原理图切换到它的上层原理图上。

1．从上层原理图切换到下层原理图

从上层原理图切换到下层原理图的具体操作过程如下：

（1）执行【工具】→【改变设计层次】菜单命令，或者单击工具栏上的按钮，即可启动改变设计层次命令。

（2）将光标移到原理图编辑区中需要进行切换的图纸符号上并单击，即可自动切换到对应的层次电路原理图中。

2．从下层原理图切换到上层原理图

从下层原理图切换到上层原理图的具体操作过程如下：

（1）执行【工具】→【改变设计层次】菜单命令，或者单击工具栏上的按钮，启动改变设计层次命令。

（2）将光标移到原理图编辑区中下层电路原理图中的任意一个 I/O 端口上并单击，即可以自动切换到对应的上层电路原理图中。

【实例 5-3】 层次原理图之间的切换。

本例中，以前面 5.1.1 节设计的 PCB 项目文档“toptodown_instrument amplifier.PRJPCB”为例，熟悉层次原理图之间的切换过程。

（1）执行【文件】→【打开项目】菜单命令，弹出【Choose Project to Open】对话框，将【查找范围】设置为路径“E:\Chapter5”，选择打开该路径下的项目为“toptodown_instrument amplifier.PRJPCB”，如图 5-29 所示。

（2）单击 打开(O) 按钮，关闭【Choose Project to Open】对话框，在工作区的面板的【Projects】选项卡中可以看到打开了该项目文件，如图 5-30 所示。

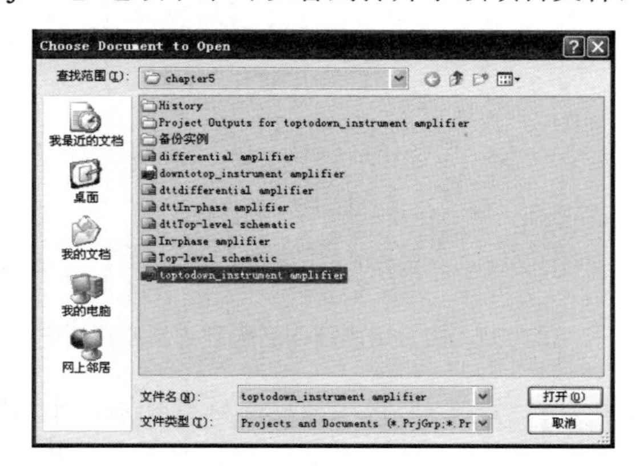

图 5-29 【Choose Project to Open】对话框

图 5-30 工作区面板的【Projects】选项卡

（3）移动光标到工作区面板的原理图文件“Top-level schematic.SCHDOC”上，双击打开该原理图文件，如图 5-31 所示。

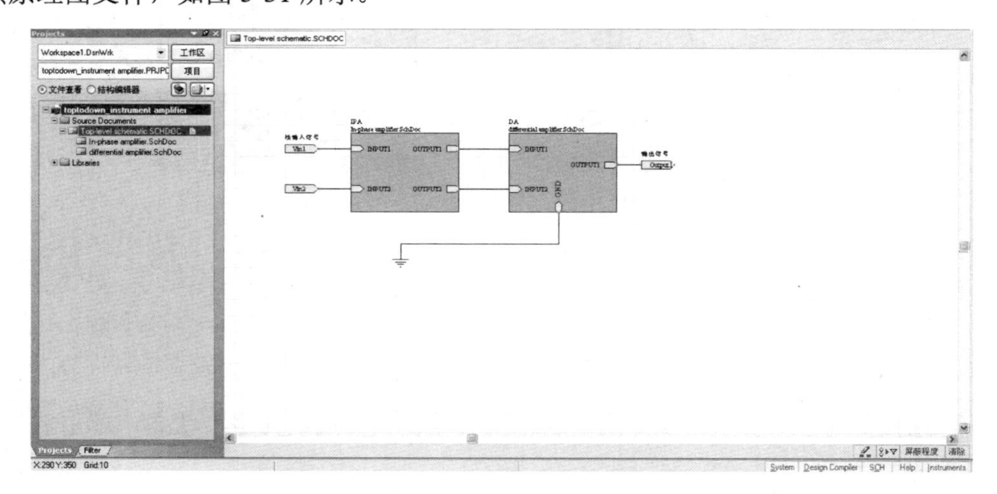

图 5-31 打开原理图文件

（4）执行【工具】→【改变设计层次】菜单命令，或者单击工具栏上的按钮，启动改变层次命令。

（5）将光标移到原理图编辑区，光标变为“十”字形状，如图 5-32 所示。将光标移到需要切换的原理图对应的图纸符号“IPA”上单击，即可自动切换到对应的底层电路原理图“In-phase amplifier.SchDoc”中，如图 5-33 所示。

（6）发现光标仍然为“十字”形状，此时，如果单击原理图中的某个端口，可以切换回上层原理图中。

（7）或者在下层原理图中，执行【单击】→【改变设计层次】菜单命令，或者单击工具栏上的按钮，启动改变层次命令。

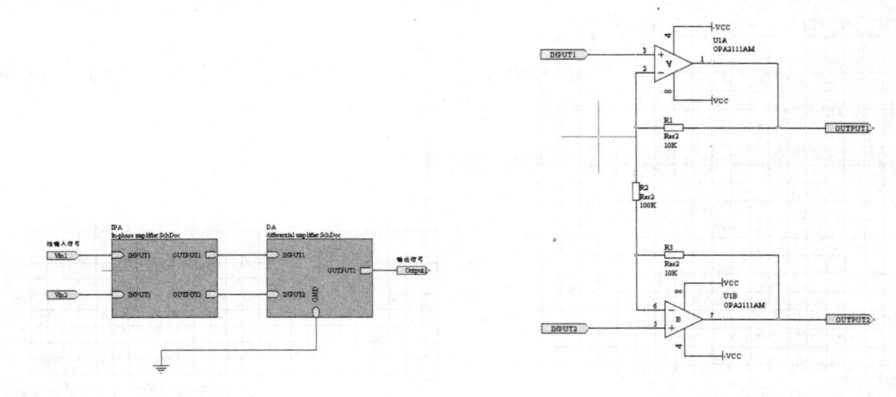

图 5-32　十字光标　　　　　图 5-33　由上层原理图切换到下层原理图中

（8）将光标移到原理图编辑区，光标变为“十”字形状，移动光标到任意一个 I/O 端口上，本例选择 I/O 端口“INPUT1”，单击，原理图自动切换到上层原理图上，并且高亮显示所选中的端口，如图 5-34 所示。

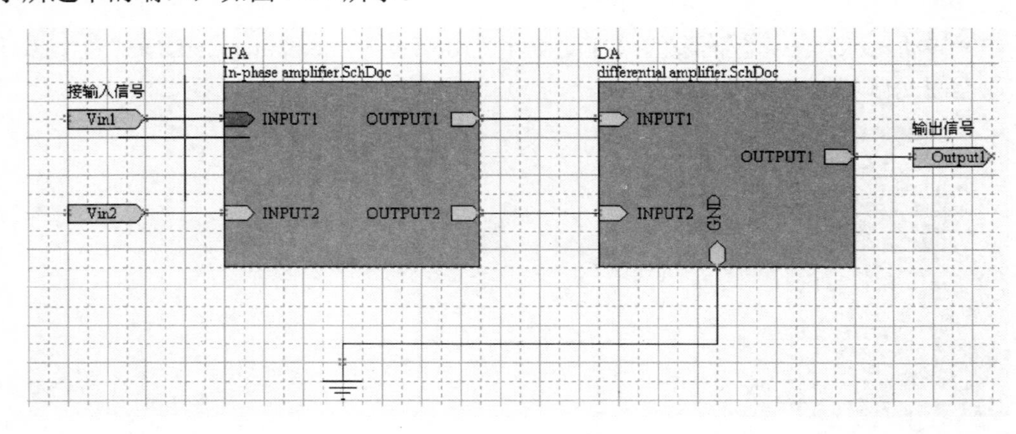

图 5-34　下层原理图到上层原理图的切换

（9）光标仍为“十字”形状，表示仍处于“改变设计层次命令”状态，单击右键，退出该命令状态。

（10）移动光标到空白区域单击，即可全部高亮显示这整个原理图。如图 5-35 所示。

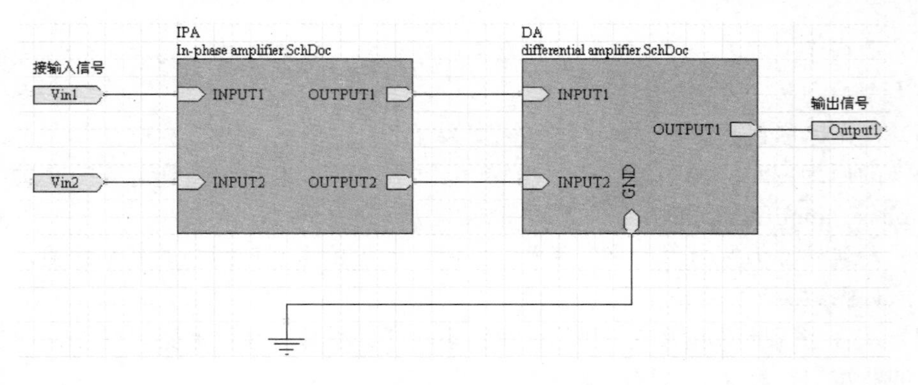

图 5-35　高亮显示整个原理图

5.3　生成层次原理图的报表

层次原理图报表主要用于表达项目文件中各原理图文件名及其相互的层次关系，因此，它记录了该层次原理图的层次结构数据，其输出格式文件为 ASCII 文件，扩展名为“*.rep”。

【实例 5-4】 生成层次原理图报表。

（1）执行【文件】→【打开项目】菜单命令，弹出【Choose Project to Open】对话框，打开路径“E:\Chapter5”下的工程项目“toptodown_instrument amplifier.PRJPCB”，如图 5-36 所示。

（2）单击 打开(O) 按钮，关闭【Choose Project to Open】对话框，在工作区的面板的【Projects】选项卡中可以看到打开的项目文件，如图 5-37 所示。

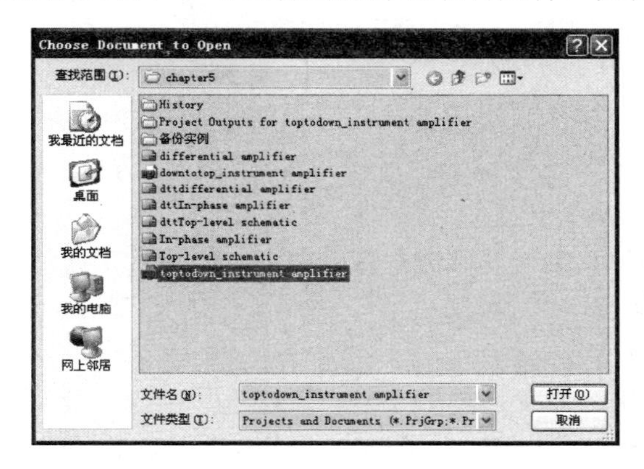

图 5-36　【Choose Project to Open】对话框

图 5-37　打开的项目文件

（3）从工作区面板中选择上层原理图“Top-level schematic.SCHDOC”并打开。

（4）执行【项目管理】→【Compile PCB Project toptodown_instrument amplifier.PRJPCB】菜单命令，对项目进行编译。

（5）执行【报告】→【Report Project Hierarchy】菜单命令，系统将生成该原理图的层次关系文件“toptodown_instrument amplifier.REP”。

（6）在工作区面板中找到该文件，如图 5-38 所示。打开该报表文件，如图 5-39 所示，从该文件中可以清晰地看到原理图的层次关系。

图 5-38　生成的报表文件

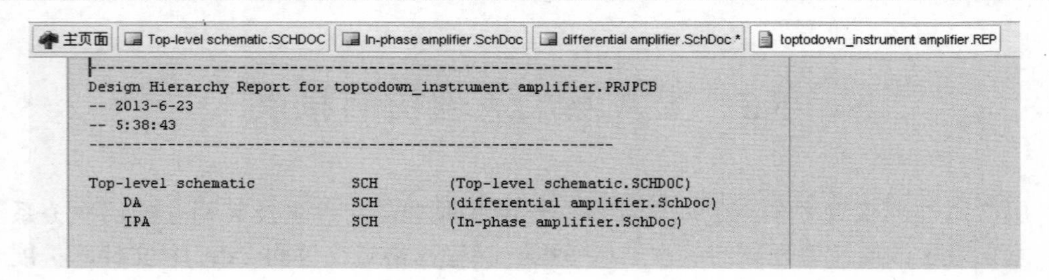

图 5-39　生成的层次报表文件

5.4　实 例 讲 解

前面几节分别介绍了层次原理图的设计方法及切换，本节继续通过实例加深对层次原理图设计概念的认识，进一步熟悉层次原理图设计的方法和步骤。

【实例 5-5】 两级放大电路的设计。

如图 5-40 所示为两级放大电路的原理图，要求使用层次原理图的设计方法来简化电路，将电路分为两个模块，分别为第一级放大电路为“子图 1.SchDoc”，第二级放大电路为“子图 2.SchDoc”。

（1）执行【文件】→【创建】→【项目】→【PCB】菜单命令，创建一个新的 PCB 项目文件，此时在工作区面板的“Projects”选项卡中，可以看到创建了一个名为“PCB_Projects.PrjPCB”的 PCB 项目文件。

（2）执行【文件】→【保存项目】菜单命令，弹出【Save [PCB_Projects.PrjPCB] As...】对话框，通过该对话框将项目重新命名为“TwoLayerAmplifier.PRJPCB”，并保存在路径“E:\Chapter5\”下。此时，在工作区面板中，可以看到项目名称已经更改为“TwoLayerAmplifier.PRJPCB”，如图 5-41 所示。

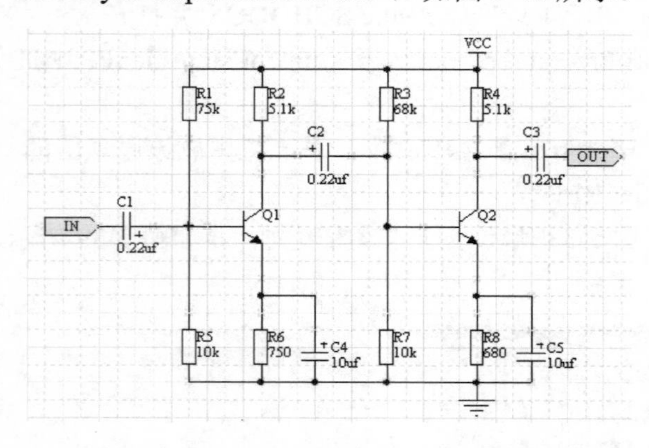

图 5-40　两级放大电路

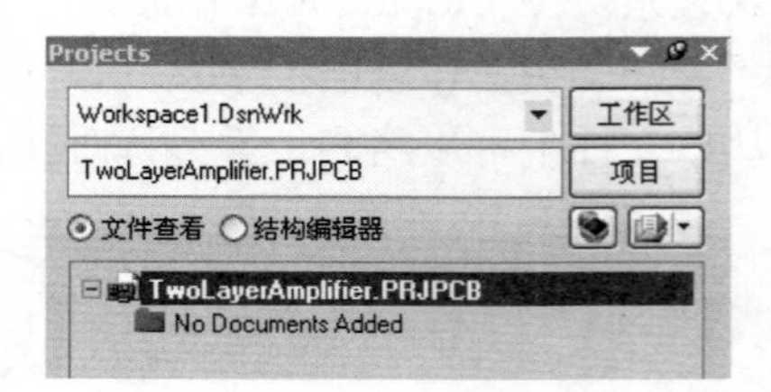

图 5-41　更名后的项目文件

（3）将光标移动到工作区面板中 PCB 项目文件“TwoLayerAmplifier.PRJPCB”上，单击右键，在弹出的快捷菜单中，执行【追加新文件到项目中】→【Schematic】菜单命令，为项目追加一个新的原理图文件。

（4）可以看到在从工作区面板中，PCB 项目文件中的“Source Documents”文件夹下已经创建了一个名为“Sheet1.SchDoc”的原理图文件，并且系统自动打开该原理图文档，并切换到原理图编辑界面，如图 5-42 所示。

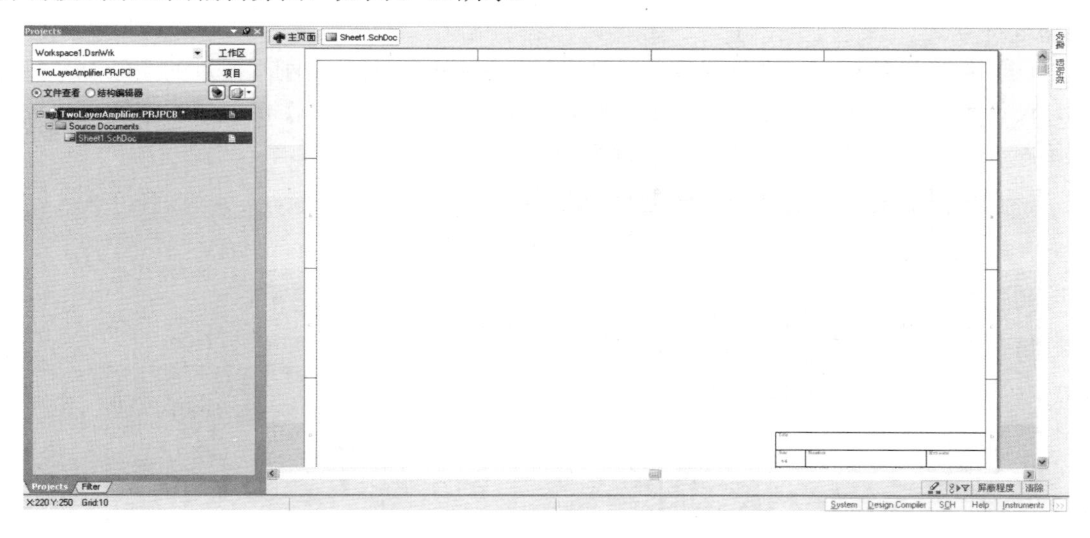

图 5-42　新创建的原理图文件及其编辑界面

（5）执行【文件】→【保存】菜单命令，打开【Save [Sheet1.SchDoc] As...】对话框，在【文件名】下拉文本框设置名称为“TwoLayerAmplifier.SchDoc”，如图 5-43 所示，单击 保存(S) 按钮，对原理图文件进行保存。

（6）在工作区面板中双击“TwoLayerAmplifier.SchDoc”文件，打开该原理图编辑界面。在原理图编辑状态下，执行【放置】→【图纸符号】菜单命令，也可单击工具栏上的按钮启动放置图纸符号命令，此时，光标自动移动到原理图绘图区，可以发现光标上黏附着一个图纸符号的轮廓，如图 5-44 所示，此时图纸符号处于放置状态。

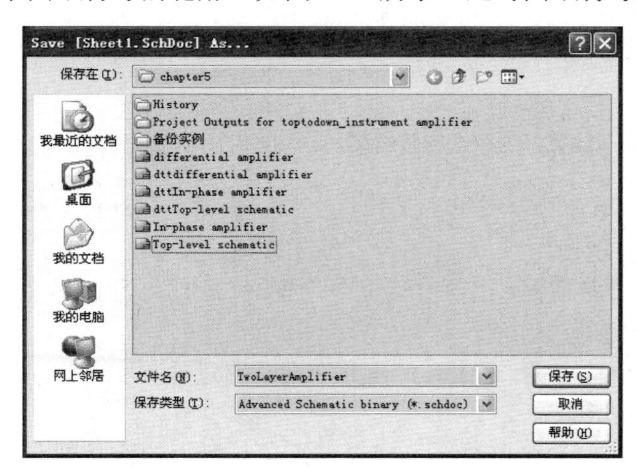

图 5-43　命名原理图文件

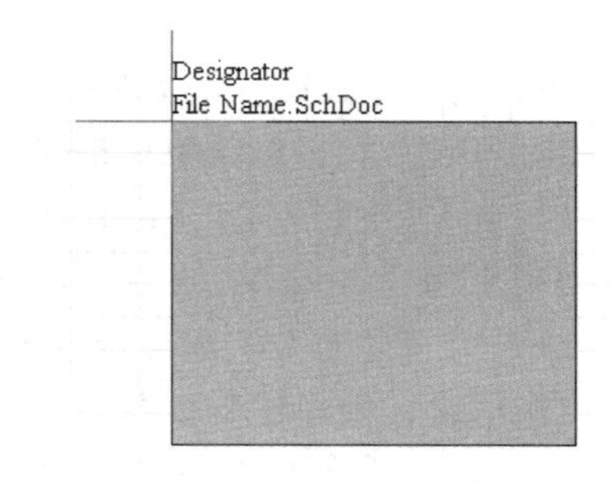

图 5-44　放置【图纸符号】命令状态

（7）在原理图窗口移动光标，可以看到图纸符号的轮廓随着光标的移动而移动，按【Tab】键，弹出【图纸符号】对话框窗口，设置【标示符】为“ZT1”，并设置【文件名】

为“子图 1.SchDoc”，如图 5-45 所示。

（8）设置完成后，单击 确认 按钮，关闭【图纸符号】属性对话窗口，系统返回到放置图纸符号状态。单击确定图纸符号的顶点位置，拖动鼠标到适当位置并单击，即可放置该图纸符号。

（9）将光标移动到适当位置可以看到光标上依然黏附着一个刚刚放过的图纸符号的轮廓，设计者可以用同样的方法继续放置图纸符号，也可以按【Esc】键或单击右键退出放置图纸符号命令，放置好的图纸符号如图 5-46 所示。

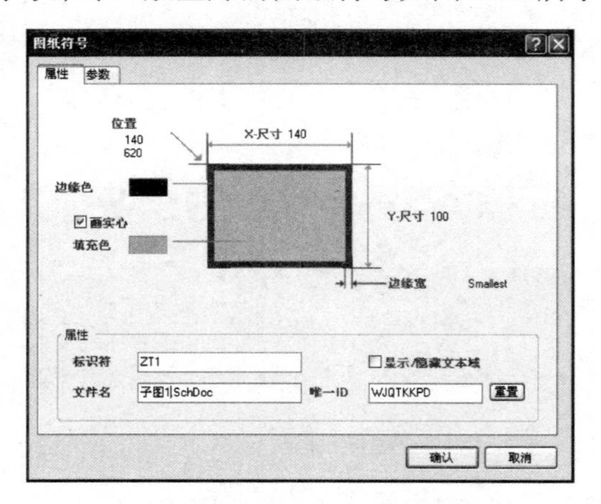

图 5-45 【图纸符号】属性的设置

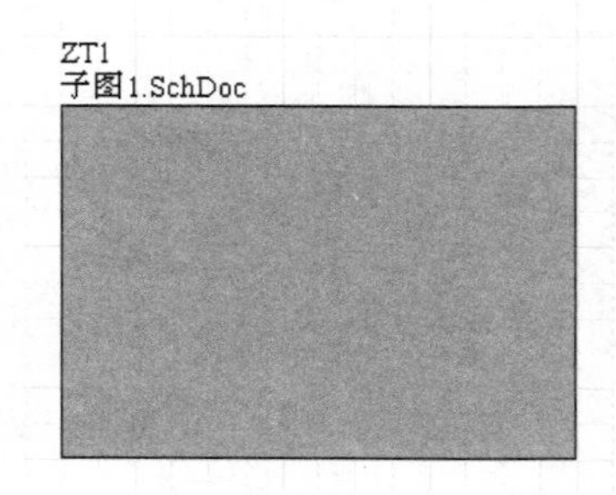

图 5-46 放置好的第一个图纸符号

（10）采用同样的方法，放置另一个子图符号，设置【标示符】为“ZT2”，并设置【文件名】为“子图 2.SchDoc”。放置好两个图纸符号后的原理图如图 5-47 所示。

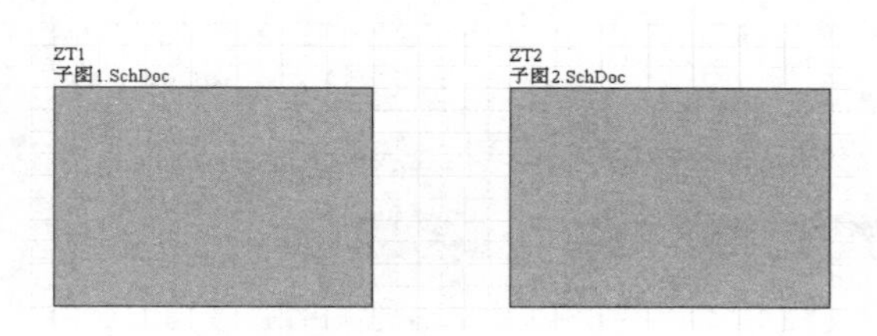

图 5-47 放置好的图纸符号结果

（11）执行【放置】→【端口】菜单命令，或单击工具栏上的按钮，启动放置端口命令，此时可以看到鼠标上黏附着端口的轮廓。

（12）用【Tab】键打开【端口属性】对话框，在该对话框中设置端口的【名称】为“IN1”，【I/O 类型】为“Input”，如图 5-48 所示。

（13）用同样的方法继续放置一个输出端口“OUT”，并在端口附近放置文本字符串对端口的作用进行简单注释，如图 5-49 所示。

（14）执行【放置】→【加图纸入口】菜单命令，或者单击工具栏上的按钮，启动放置图纸入口命令。

（15）移动光标到原理图绘图区，可以看到光标变成“十”字形状，移动光标到图纸符号“ZT1”上，单击可以看到在光标上黏附着一个端口的符号，此时按【Tab】键，弹出【图纸入口】属性对话框，设置该端口的名称为“IN1”，如图 5-50 所示。

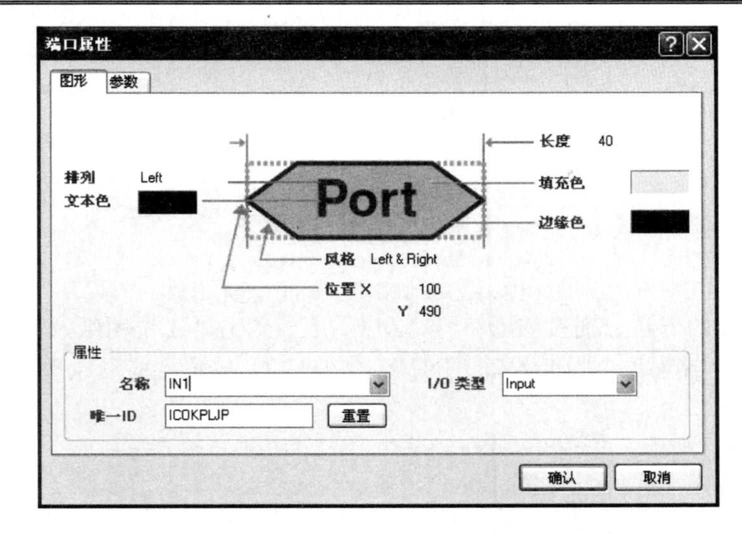

图 5-48 【端口属性】对话框端口参数的设置

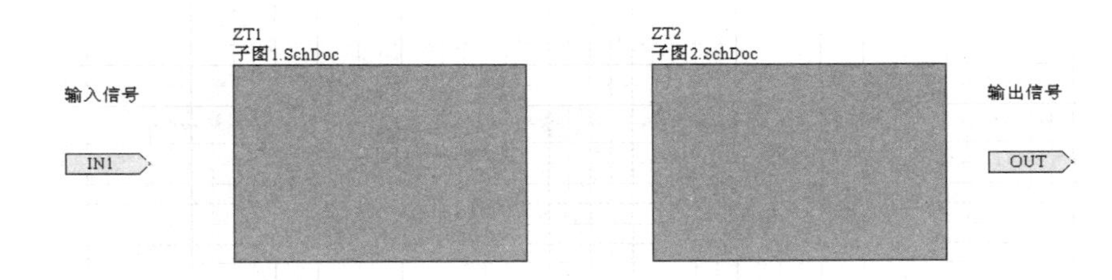

图 5-49　放置端口后的原理图

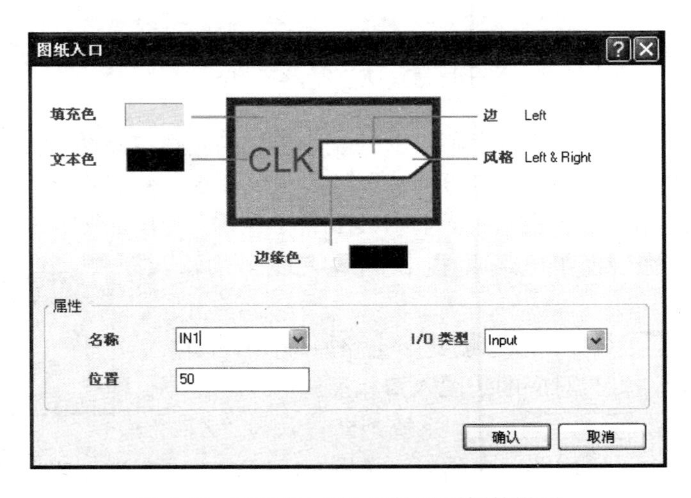

图 5-50 【图纸入口】属性对话框的设置

（16）设置及完成后单击 确认 按钮，关闭对话框，移动光标到适当位置单击，放置该图纸入口，可以看到该端口被放置到图纸符号上，此时光标上还黏附着一个图纸入口的符号，用户可以用同样的方法继续放置端口，也可以单击右键退出放置端口状态。放置了第一个图纸入口的原理图如图 5-51 所示。

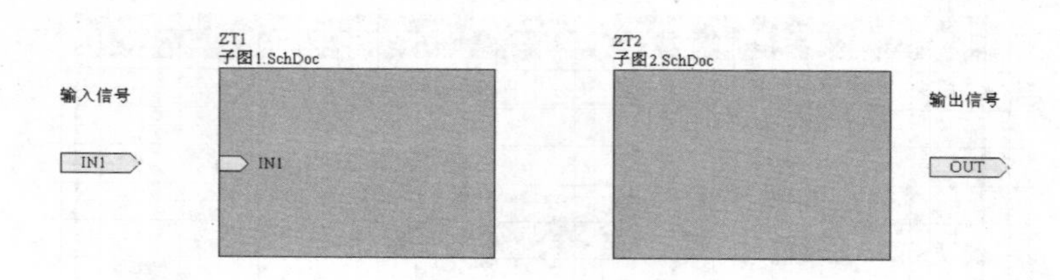

图 5-51　放置好的第一个图纸入口

（17）用同样的方法分别在图纸符号“ZT1”上放置另外 1 个图纸入口“OUT1”，在图纸符号“ZT2”上放置 2 个图纸入口“IN2”，“OUT2”。放置完成后原理图 5-52 所示。

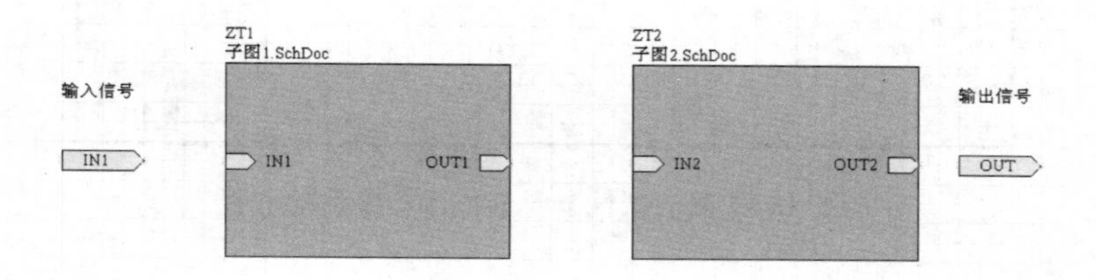

图 5-52　放置完图纸入口后的原理图

（18）根据电气特性用导线连接电路，连接好后的电路如图 5-53 所示。

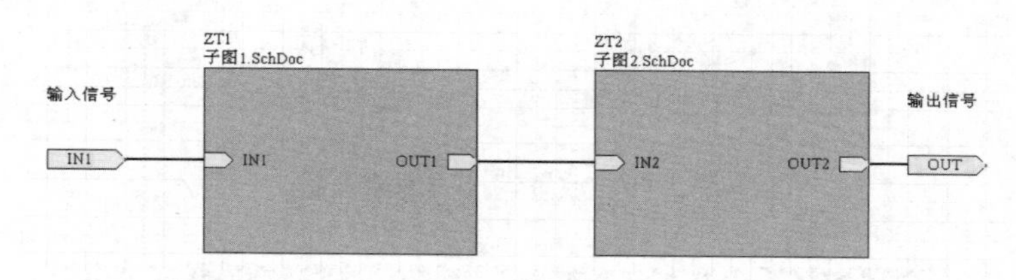

图 5-53　顶层电路原理图

以下为绘制子电路原理图的步骤，以完成各模块的具体电路图。

（1）执行【设计】→【根据符号创建图纸】菜单命令，将光标移动到绘图区，此时，光标变成十字形状，移动光标到图纸符号“ZT1”上单击，弹出如图 5-54 所示的【Confirm】对话框，询问是否在创建子电路原理图时将端口信号的输入/输出方向取反。

Confirm

Reverse Input/Output Directions

Yes　No

图 5-54 【Confirm】对话框

（2）单击 Yes 按钮，表示创建子电路原理图中的输入/输出端口的 I/O 特性将与对应的子图入口相反。

（3）本例中单击 No 按钮，系统则会自动为“ZT1”的图纸符号创建一个子原理图，名称为“子图 1.SchDoc”，同时在该原理图中自动生成两个与图纸符号“ZT1”对应的输入/输出端口，创建好的子原理图如图 5-55 所示。

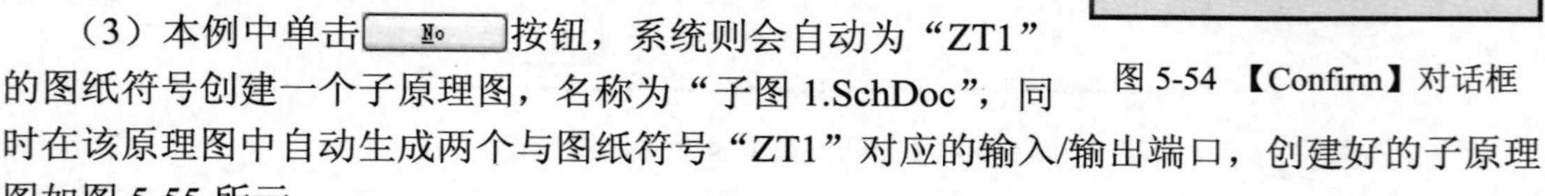

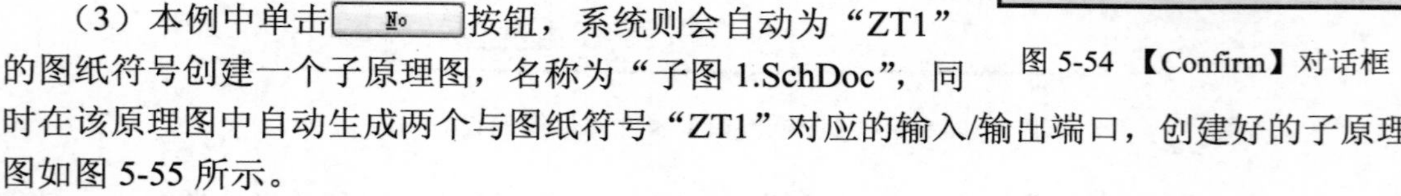

图 5-55　系统自动创建的子电路原理图

（4）根据第 2 章中介绍的绘制原理图的方法，加载相应的元器件库，放置相应的元器件并且设置其相关属性。根据电气属性连接关系，调整元器件的布局，用导线连接电路完成原理图“子图 1.SchDoc”的绘制，并保存子电路原理图。绘制好的子电路原理图如图 5-56 所示。

（5）单击工作区面板上的顶层原理图文件名“TwoLayerAmplifier.SCHDOC”，打开顶层原理图，或者通过单击工具栏上的按钮，移动光标到原理图上任意图纸入口处单击，切换到顶层原理图“TwoLayerAmplifier.SCHDOC”上。

（6）用相同的方法绘制另一个子电路原理图“子图 2.Schdoc”并保存，如图 5-57 所示。

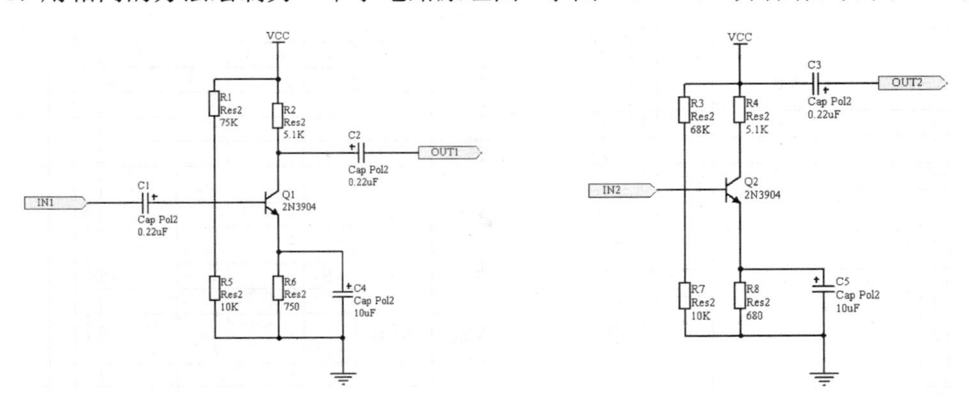

图 5-56　放置元器件之后的原理图　　　　图 5-57　子电路原理图“子图 2.Schdoc”

（7）对整个项目文件进行保存，完成自顶向下的层次电路图设计。

5.5　本 章 小 结

层次式电路原理图的设计方法为绘制复杂的电路原理图提供了方便。对于绘制复杂的电路原理图，一般采用层次式原理图的设计方法，将一个复杂的原理图分解成若干个子图的形式分别设计，然后用一个系统总框图把子图连接起来。子电路图之间可以通过端口实现电气连接，也可以通过网络标号来实现。且层次式原理图不但可以是两层结构，也可以是多层结构，也就是子电路图还可以包含方块，该方块也对应一个更小的电路原理图。层次式原理图的设计一般有自上而下和自下而上两种方法。本章主要通过实例分别介绍了这两种方法，对层次原理图中上层原理图和下层原理图之间的切换及层次原理图报表的生成也作了简要介绍。

5.6　思考与练习

（1）什么是层次式原理图的设计方法？

（2）试用自下而上的层次原理图设计方法绘制两级放大层次电路。

（3）在设计层次原理图时，当用户不清楚每个模块有哪些端口时，应该采用用哪种设计方法更为合适？

（4）如何进行层次式原理图之间的切换？

（5）如图 5-58 所示信号发生器电路，试采用层次式原理图设计方法绘制该电路，其中，方波形成电路为子图 1，三角波形成电路为子图 2。

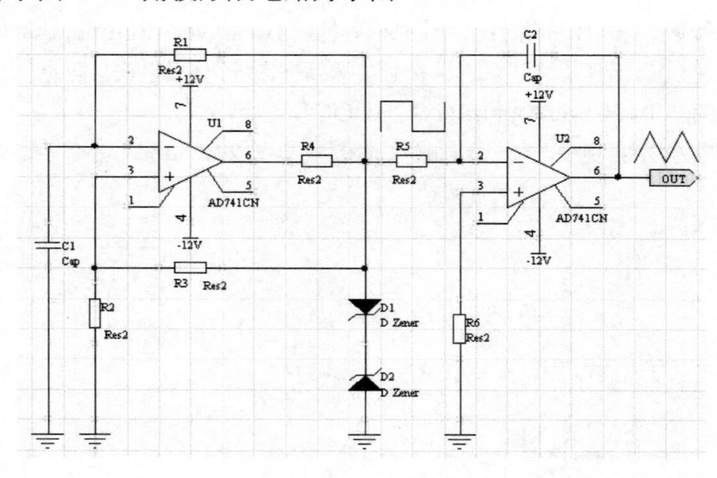

图 5-58　信号发生器电路

第 6 章 PCB 设计基础

设计好电路原理图，并进行电气规则检查及生成网络表之后，就可以进行电路板的印制（Printed Circuit Board），也就是 PCB 的设计了。PCB 是电子设备的主要部件，它为电子元器件的放置和电气连接提供平台，同时还要提供其上的各种电子元器件的相互电气连接。因此从本章开始学习 PCB 的设计。

【学习目标】

- ❑ 了解 PCB 的基础知识
- ❑ 了解 PCB 中的基本属性
- ❑ 了解 PCB 的结构
- ❑ 掌握 PCB 的设计方法

6.1 PCB 图的设计流程

PCB 图的设计流程如图 6-1 所示。

1. 电路板规划

首先要对所设计系统的 PCB 板进行规划，即对该系统的功能、成本、大小、工况、复杂程度等进行仔细分析，然后确定 PCB 电路板的结构。对于比较复杂的系统，建议采用系统的功能方块图（模块化）的形式，并标示出方块间的相互关系，以便系统的更新与维修。

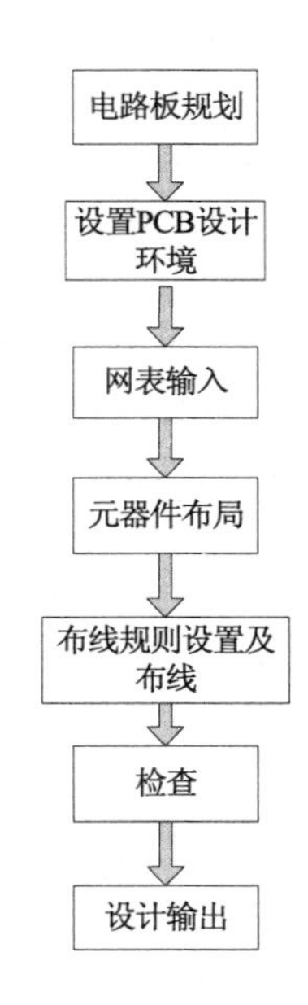

图 6-1 PCB 图设计流程

2. 设置PCB设计环境

这是印制电路板设计的首要步骤。主要设置 PCB 板的结构尺寸、板层参数、格点大小和形状及布局参数等。

3. 网表输入

将原理图设计阶段生成的网络表输入 PCB 图中，在此过程中可以采用 Protel DXP 2004 提供的同步功能，尽量保持原理图和 PCB 图的一致，减少出错。

4. 元器件布局

网表输入以后，所有的元器件都会放在工作区的零点，重叠在一起，因此，需要合理安排各元器件的位置，即元器件布局。Protel DXP 软件提供了两种方法：手工布局和自动布局。

5．布线规则设置及布线

布线之前，要设置 PCB 布线时所遵循的各种规则。之后即可以进行布线了。布线的方式也有两种，手工布线和自动布线。Protel DXP 软件提供的手工布线功能十分强大，包括自动推挤、在线设计规则检查（DRC）。通常这两种方法配合使用，常用的步骤是手工→自动→手工。自动布线采用无网格设计，如果设计合理并且布局恰当，系统会自动完成布线，尤其是对于简单的电路，布线成功率很高。

6．检查

主要针对间距（Clearance）、连接性（Connectivity）、高速规则（High Speed）和电源层（Plane）等部分进行检查。如果设置了高速规则，就必须检查，否则可以跳过这一项。如果检查出错误，必须手工修改布局和布线。

7．设计输出

保存好 PCB 文件及元器件清单等文件，然后输出到打印机。打印机可以把 PCB 分层打印，便于设计者和复查者检查。

6.2　PCB 文档的基本操作

在进行 PCB 设计之前，首先要了解有关 PCB 的基础知识，包括 PCB 板的组成、分层及 PCB 文档的基本操作。

6.2.1　PCB 板的组成

PCB 板是用来连接各种实际元器件的一块板图，如图 6-2 所示。

PCB 板主要包括以下四个部分。

（1）电子元器件：主要用于实现一定电路功能的各种元器件，包括集成电路芯片、分立元件（如电阻、电容等）、提供电路板输入/输出端口和电路板供电端口的连接器，以及用于指示的器件（如数码显示管、发光二极管 LED 等）。每个元器件都包含若干个引脚，这些引脚将电信号引入元器件的内部进行处理，从而完成对应的功能。此外，还有将元器件固定在电路板上的功能。

（2）铜箔：铜箔在电路板上一般以导线、焊盘、过孔和敷铜的形式存在。它们各自的作用如下。

- 导线：用于连接电路板上各元器件的引脚，实现各元器件之间的电气连接。
- 焊盘：用于在电路板上固定元器件，也是电气信号进入元器件的通路组成部分。
- 过孔：一般在多层的电路板中会出现，用于建立电气连接。
- 敷铜：电路板上的某个区域填充铜箔，用于改善电路的性能。

（3）丝印层：指文字层，位于印制电路板的顶层或底层，可以没有，一般用于标注文字，注释电路板上的元件和整个电路板。采用绝缘材料制成，起到保护顶层导线的作用。

（4）印制材料：采用绝缘材料制成，用于支持整个电路板。

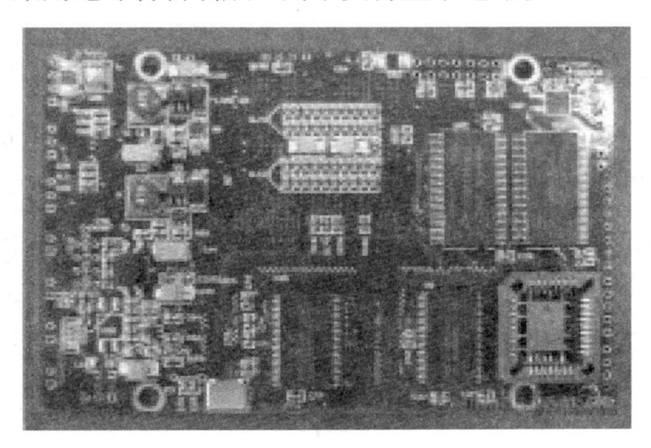

图 6-2　PCB 板

6.2.2　PCB 板的结构

PCB 板常见的板层结构一般有单层板（Signal Layer PCB）、双层板（Double Layer PCB）和多层板（MultiLayer PCB）三种。单层板是一种一面敷铜，另一面没有敷铜的电路板，只可在它敷铜的一面布线并放置元器件。双层板是一种包括顶层（Top Layer）和底层（Bottom Layer）的电路板，双面都有敷铜，都可以布线，顶层一般为元器件面，底层一般为焊锡层面。多层板就是包括多个工作层的电路板，除了有顶层和底层外还有中间层，顶层和底层与双层板相同，中间层一般是由整片铜膜构成的电源或接地层。层与层之间相互绝缘，层与层之间的连接通常通过过孔来实现。层数越多，加工越困难，其成本也越高，但是同时 PCB 板的体积也越小。随着电子技术的发展，多层板的应用将越来越广泛。

6.2.3　PCB 板的分层及颜色设置

一般来说，PCB 板是以层次化的形式出现的，一般包含有多层的铜箔层和丝印层，通过印制材料结合在一起，共同构成 PCB 板。

在 PCB 设计时，执行【设计】→【PCB 板层次颜色】菜单命令，可以打开板层和颜色对话框，设置各工作层的可见性和颜色等，如图 6-3 所示。除了上述 PCB 板的分层之外，Protel DXP 还提供了一些另外的工作层面。总体上可以分成以下六种类型。

1. 信号层（Signal Layers）

用于建立电气连接的铜箔层。ProtelDXP 最多提供 32 层信号层，包括顶层（Top Layer）、底层（Bottom Layer）、中间层（Mid Layer1…30）。中间层是指用于布线的中间板层，该层中布的是导线。层中的各种铜箔在 Protel DXP 中以不同的颜色出现。

2．内部电源/接地层（Internal Plane）

用于连接电源和地，成为电源层和地层，也可算作为信号层的一种，但该层一般情况下不布线，由整片铜膜构成。Protel DXP 最多提供 16 层内部电源/地层，分别是电源层（Power Plane）、地层（Ground Plane）、内层（Internal Plane3…16），层中的铜箔在 Protel DXP 中以不同的颜色出现。

3．丝印层（Silkscreen）

用于定义电路板的说明文字层，即在电路板上看到的元件编号、生产编号、公司名称和一些字符等。一般有两层，顶层丝印层（Top overlay）和底层丝印层（Bottom overlay）。

4．屏蔽层（Mask Layers）

用于确保电路板上不需要镀锡的地方不被镀锡，从而保证电路板运行的可靠性，Protel DXP 提供 4 层防护层。分别如下。

- 锡膏防护层（Paste Mask）：用于作贴片用的钢网。包括顶层锡膏防护层（Top paste）和底层锡膏防护层（Bottom paste），是在焊接前需要涂焊膏的部分，有助于在这些地方上焊锡。
- 阻焊层（Solder Mask）：用于保护铜线，也可以防止焊接错误。包括顶层阻焊层（Top solder）和底层阻焊层（Bottom solder），其作用与锡膏防护层相反，涂在焊接时不需要焊锡的地方，防止这些地方上焊锡。

5．机械层（Mechanical Layers）

用于定义整个 PCB 板的外观，即整个 PCB 板的外形结构。它是支持电路板的印制材料层。Protel DXP 最多可以提供 16 层机械层，不同层在 Protel DXP 中以不同的颜色出现。

6．其他层

- Keep-Out Layer（禁止布线层）：用于绘制电路板的电气边框。即在布线的过程中，所布的具有电气特性的线不可以超出禁止布线层的边界。
- 钻孔层（Drill Layer）：用于描述钻孔的形状及位置。包括过孔引导层（Drill guide）和过孔钻孔层（Drill drawing）。
- 多层（Multi-Layer）：用于设置多面层。

新 PCB 板打开时会有许多用不上的可用层，因此，要关闭一些不需要的层，将不显示的层 Show 按钮不勾选就不会显示。对于上述的层，设计单面或双面板按照如图 6-3 所示的默认选项即可。

单击各层右边的颜色块，可以打开颜色设置对话框，设置该层的颜色，如图 6-4 所示。

执行【设计】→【层堆栈管理器】菜单命令，打开显示【图层堆栈管理器】对话框，如图 6-5 所示。

单击[追加层(L)]按钮，可以为 PCB 文档追加新的层，新增的层和平面添加在当前所选择的层下面，可以单击[向上移动(U)]或[向下移动(W)]按钮，移动层的位置，层的参数可以单击[属性(O)...]按钮，弹出【编辑层】对话框，如图 6-6 所示，在该对话框中对层的属性进行设置，完成后单击 确认 按钮关闭该对话框。

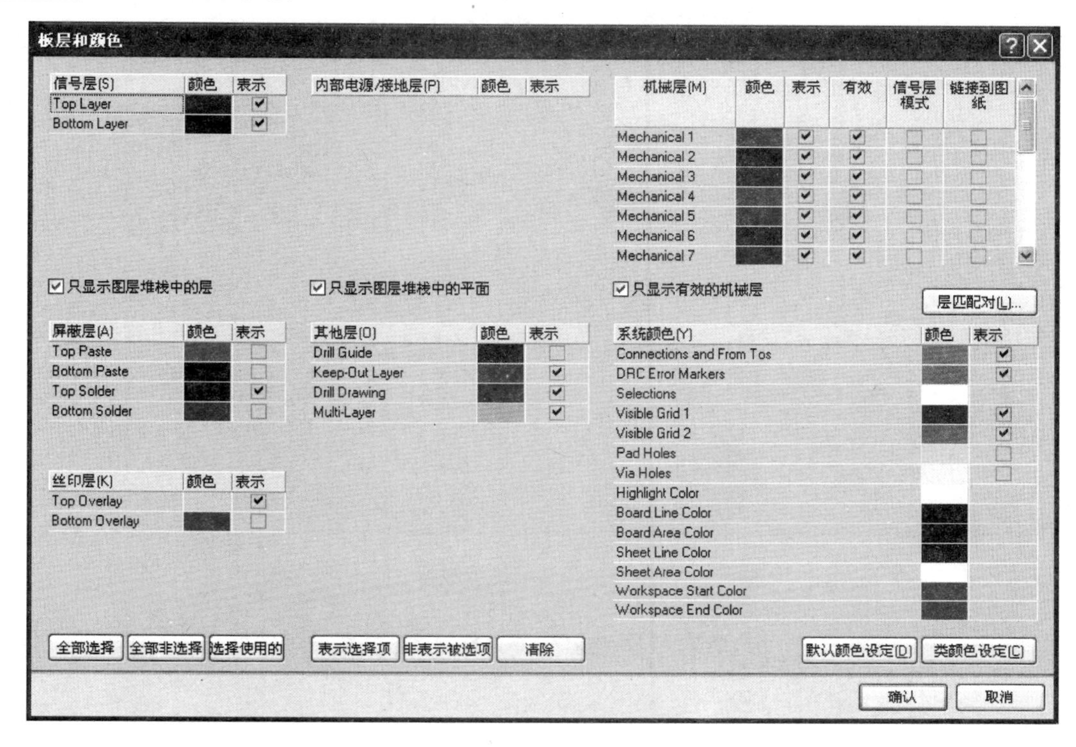

图 6-3　电路板层及颜色设置对话框

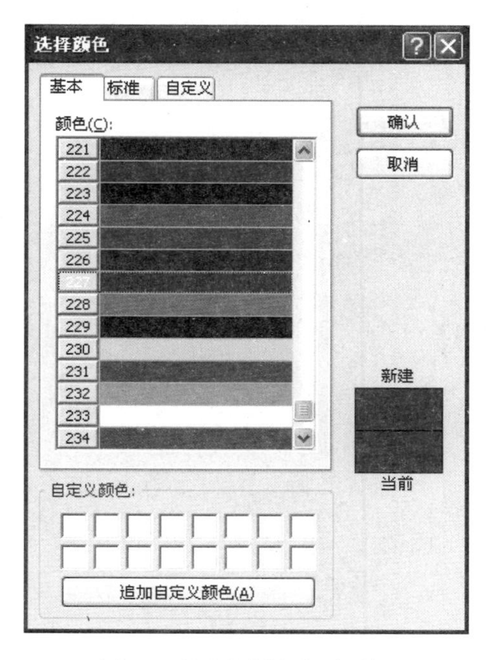

图 6-4　【选择颜色】对话框

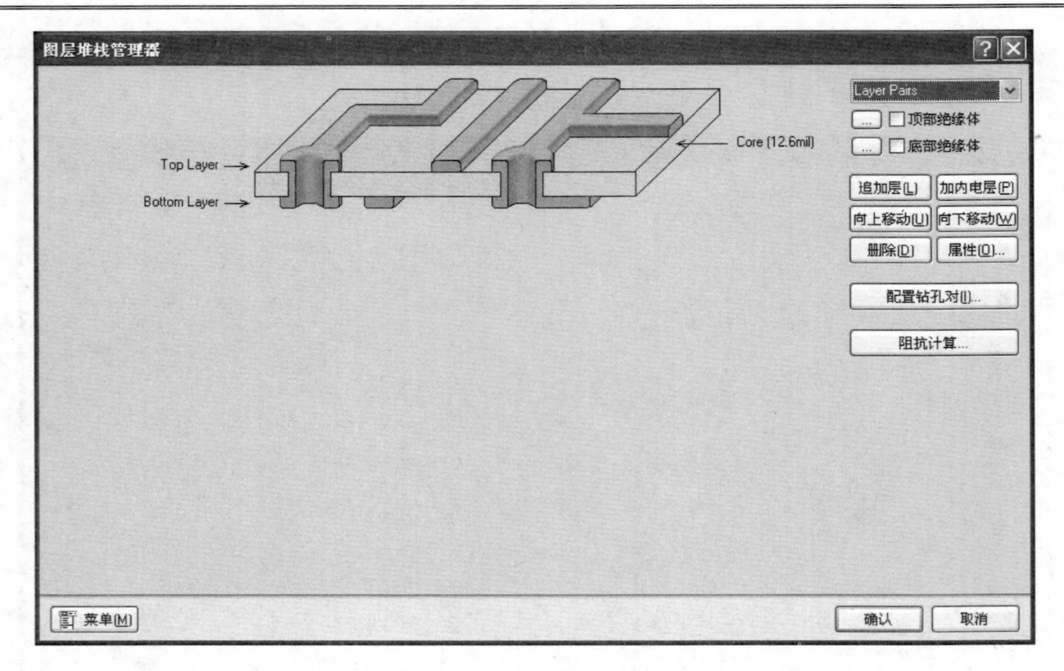

图 6-5　图层堆栈管理器

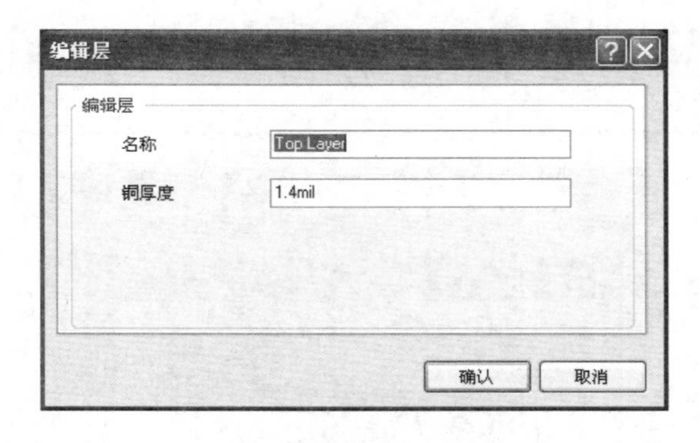

图 6-6 【编辑层】对话框

选中要删除的层，单击 删除(D) 按钮即可。

6.2.4　PCB 文档的创建

PCB 文档一般可以通过以下三种方法创建：

- ❑ 通过菜单命令创建。
- ❑ 通过工作区面板创建。
- ❑ 通过 Protel DXP 主页面创建。

下面逐一进行介绍。

1. 根据菜单命令创建PCB文档

执行【文件】→【创建】→【PCB 文件】菜单命令，系统会自动生成一个空白的名为

"PCB1.PcbDoc"的 PCB 文档，如图 6-7 所示。

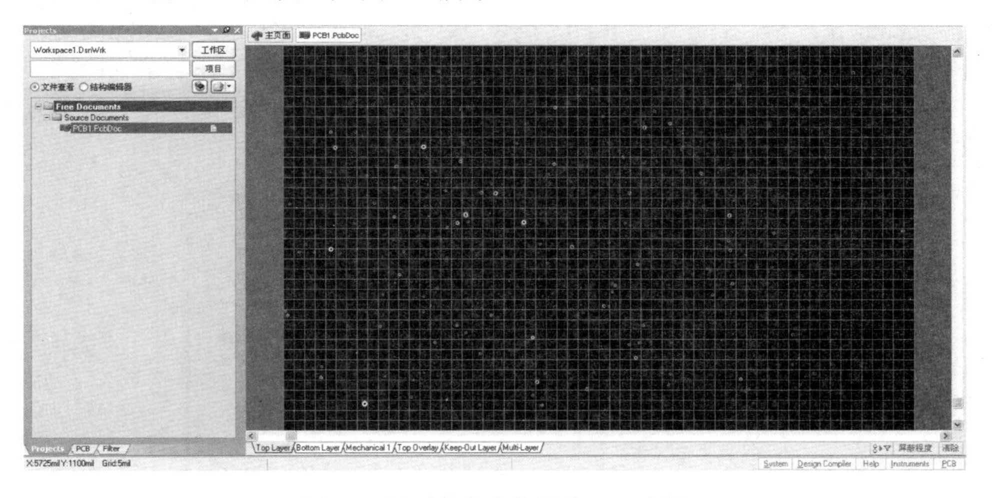

图 6-7　通过菜单命令新建 PCB 文档

2．通过工作区面板创建PCB文档

通过工作区面板创建 PCB 文档一般可以有以下两种方法：

（1）直接创建 PCB 文档

- ❑ 单击工作区面板下部的【Files】选项卡。
- ❑ 在【新建】项中选择【PCB File】命令，如图 6-8 所示，系统则会自动创建一个文件名为"PCB1.PcbDoc"的空白 PCB 文档，其工作界面与通过菜单命令建立的工作界面相同。

（2）根据模板创建 PCB 文档

- ❑ 单击工作区面板下部的【File】选项卡，如图 6-9 所示。

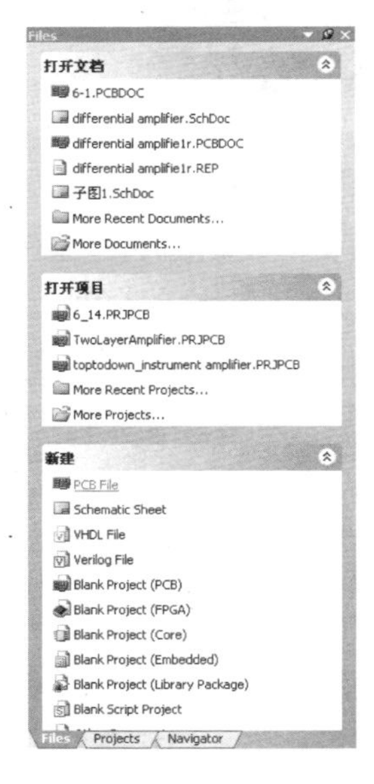

图 6-8　通过工作区面板中【新建】命令创建 PCB 文档

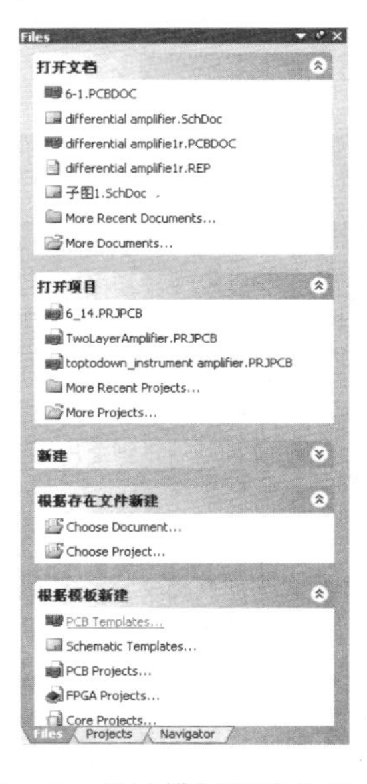

图 6-9　通过模板创建 PCB 文档

- 在【根据模板新建】项中选择【PCB Templates...】命令，弹出【Choose existing Document】对话框，如图 6-10 所示，从中选择一个模板，如“A4.pcdboc”。
- 单击 打开(O) 按钮，系统则自动创建一个文件名为“PCB1.PcbDoc”的空白 PCB 文档，如图 6-11 所示。从图中可以看出该模板文件包含图纸尺寸和一些文字图片参考信息。

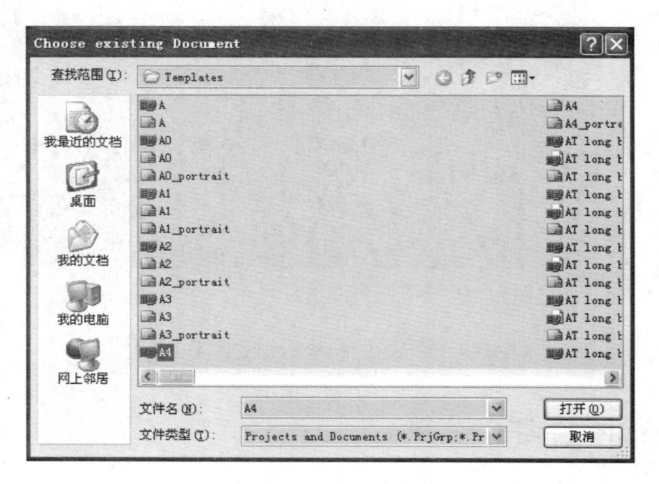

图 6-10 【Choose existing Document】对话框

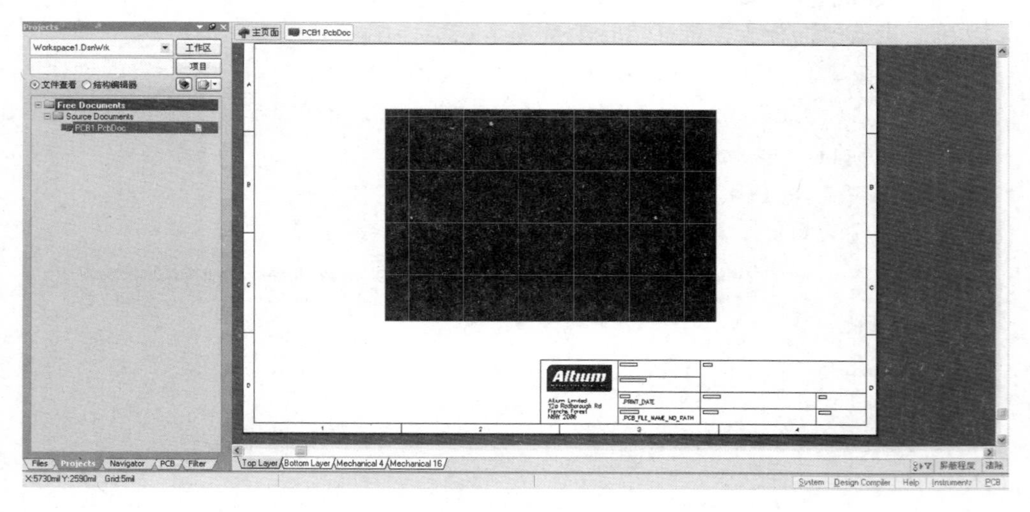

图 6-11 根据模板创建的 PCB 文档界面

3. 通过Protel DXP 主页面新建PCB文档

在【主页面】上单击【Printed Circuit Board Design】，如图 6-12 所示，弹出【Printed Circuit Board Design】对话框，图 6-13 所示。

从图 6-13 可以看到，系统提供了四种方法创建 PCB 文档。

- New Blank PCB Document：创建一个空白的 PCB 文档。
- Create PCB from Template：根据现有的模板创建 PCB 文档。

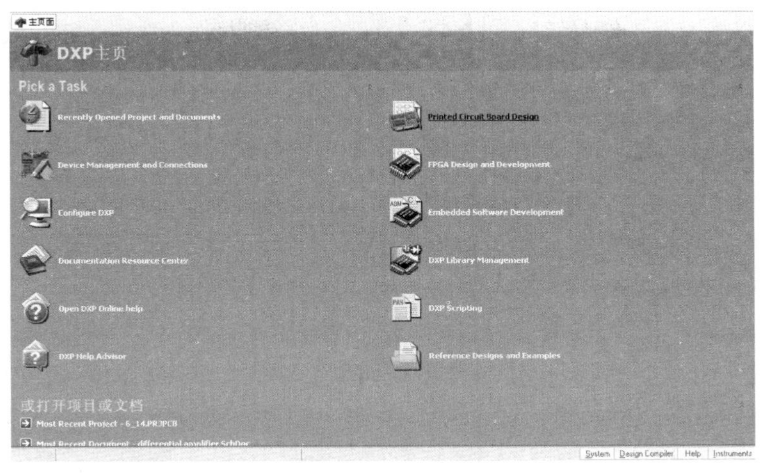

图 6-12　通过主页面创建 PCB 文档

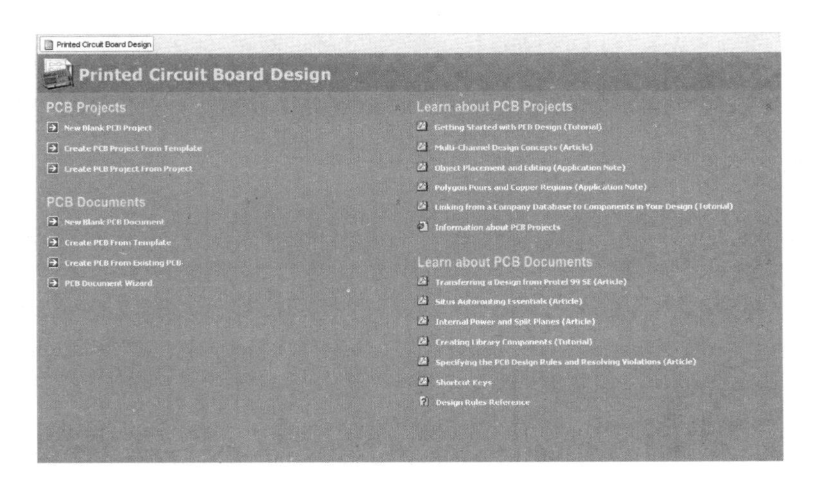

图 6-13　【Printed Circuit Board Design】对话框

- Create PCB from Existing PCB：根据已有的 PCB 文档创建 PCB 文档。单击该项，系统弹出【Choose Project to Open】对话框，如图 6-14 所示。该对话框中显示的文档为一些常用 PCB 文档，如 PCI 板卡等，可以为类似的 PCB 提供方便。

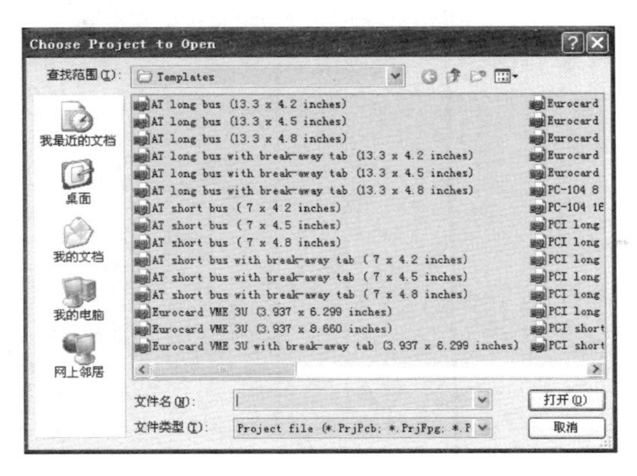

图 6-14　【Choose Project to Open】对话框

- PCB Document Wizard：利用 PCB 文档向导建立一个新的 PCB 文档。由于该过程相对比较复杂，而且涉及许多参数的设置，因此，下面通过实例进行简单说明。

【实例 6-1】 利用 PCB 向导创建 PCB 文档。

本实例要求利用 PCB 向导创建一个 PCB 文档。

（1）在【主页面】上单击【Printed Circuit Board Design】，弹出【Printed Circuit Board Design】对话框。

（2）在该对话框中单击【PCB Document Wizard】后，系统会弹出【PCB 板向导】对话框，如图 6-15 所示。

（3）单击 下一步(N)> 按钮，弹出【PCB 面板向导】单位选择对话框，如图 6-16 所示。

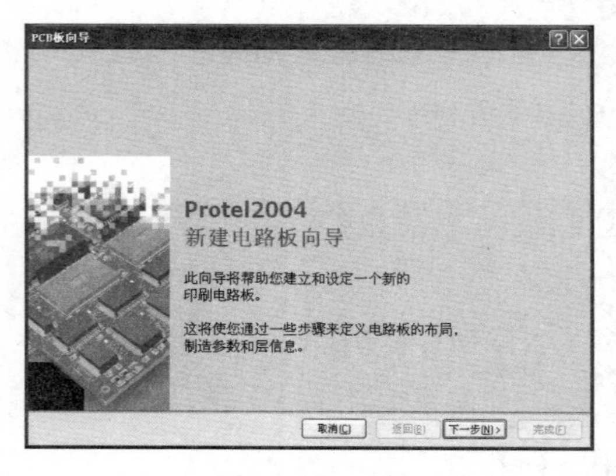

图 6-15 【PCB 板向导】对话框

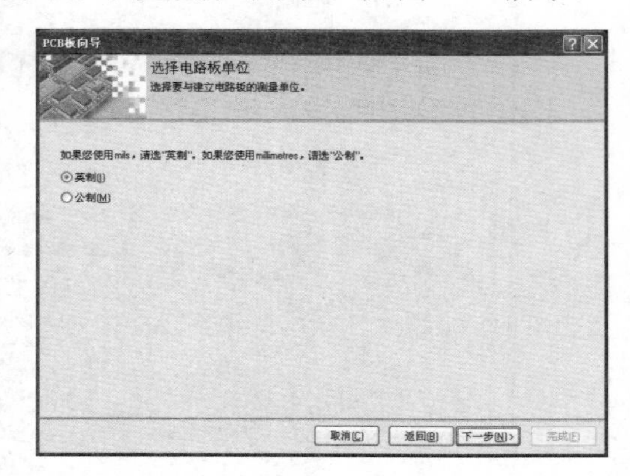

图 6-16 【PCB 板向导】单位选择对话框

（4）根据手头的资料，如 PCB 的尺寸、封装尺寸等的单位来进行选择。英制单位为 mil，公制单位为 mm，1mil=0.0254mm。

（5）单击 下一步(N)> 按钮，弹出【PCB 板向导】电路板配置文件对话框，如图 6-17 所示，该对话框提供了一些标准的 PCB 尺寸，用户可以根据自己设置的 PCB 大小进行选择。另外，系统还允许用户自定义 PCB 尺寸，只要在列表中选择【Custom】，进行自定义即可。

（6）本例中选择一个标准的 PCB 尺寸，如 A4，单击 下一步(N)> 按钮，弹出【PCB 板向导】选择电路板层对话框，如图 6-18 所示。

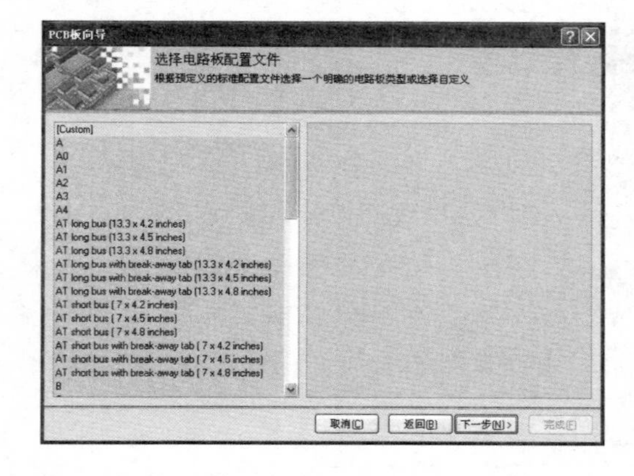

图 6-17 【PCB 板向导】电路板配置文件对话框

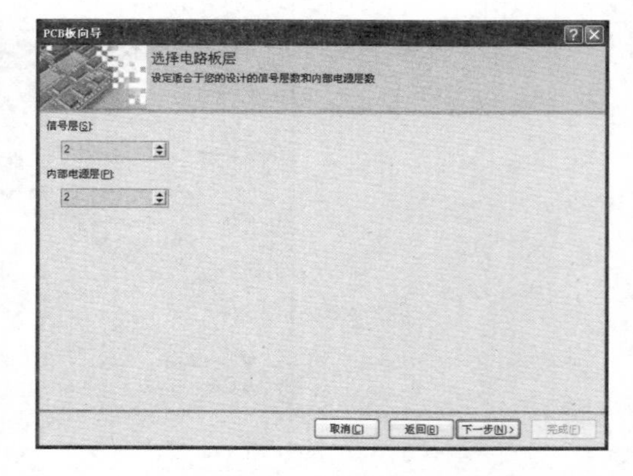

图 6-18 【PCB 板向导】选择电路板层对话框

📖：信号层的层数一般为 2～32 层，内部电源为 0～16 层。对于单层板或双层板，一般将信号层设置为 2 层，内部电源层设置为 0 层；而对于多层板，可以根据设计需要进行设置，只要在允许的层数范围之内即可。本例中选择设置信号层为 2 层，内部电源层为 0 层。

- 如果用户在图 6-17 所示的【PCB 板向导】电路板配置文件对话框中选择了【Custom】，单击下一步(N)>按钮，弹出【PCB 板向导】电路板详情对话框，如图 6-19 所示。在该对话框中可以设置 PCB 板的轮廓形状、电路板尺寸和标题栏等参数。根据用户的选择不同，单击下一步(N)>按钮后，系统会弹出不同的对话框，其 PCB 板形状的一些参数也有所不同，如本例中选择默认设置后会相继弹出如图 6-20 和图 6-21 所示的对话框。设置完成后，继续单击下一步(N)>按钮，系统也会弹出如图 6-18 所示的【PCB 板向导】电路板层对话框。

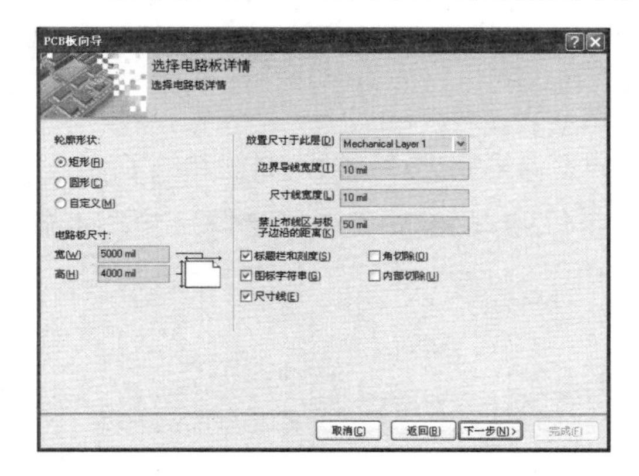

图 6-19　【PCB 板向导】电路板详情对话框

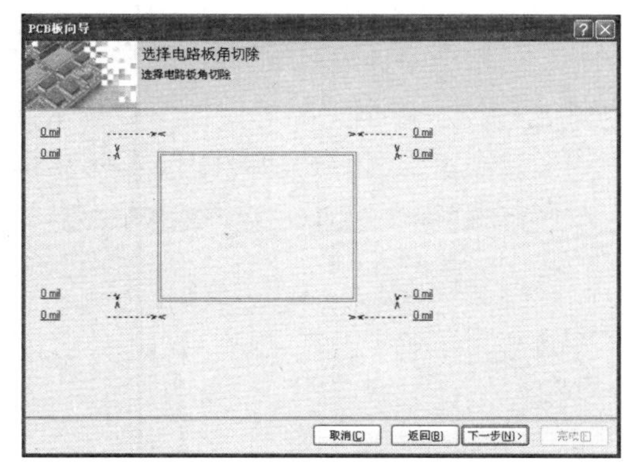

图 6-20　【PCB 板向导】选择电路板角切除对话框

（7）单击下一步(N)>按钮，弹出【PCB 板向导】选择过孔风格对话框，如图 6-22 所示。在对话框中可以设置 PCB 板布线时的过孔风格，可以选择“只显示通孔”或“只显示盲孔或埋过孔”。本例中选择“只显示通孔”。

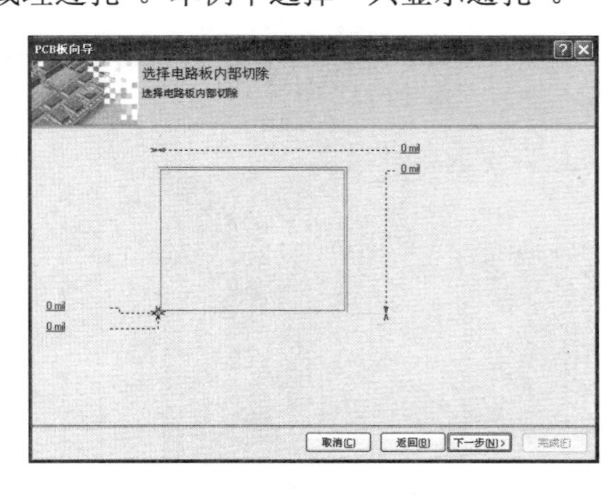

图 6-21　【PCB 板向导】选择电路板内部切除对话框

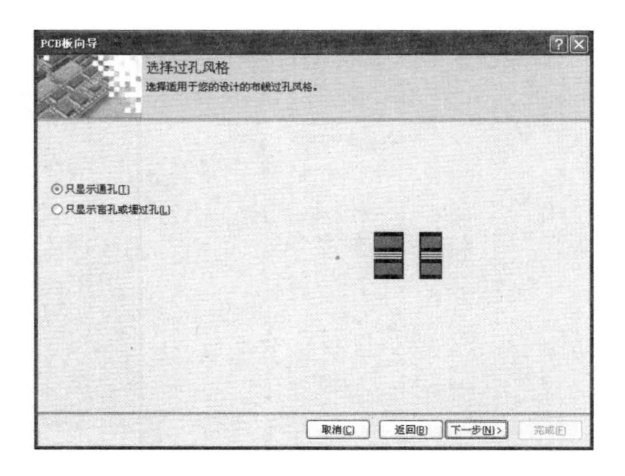

图 6-22　【PCB 板向导】选择过孔风格对话框

（8）单击下一步(N)>按钮，弹出【PCB 板向导】选择元件和布线逻辑对话框，如图 6-23 所示。在该对话框中可以设置使用的元器件及布线风格。可以选择“表面贴装元件”和“通孔元件”。本例中选择“通孔元件”，邻近焊盘间的导线数选择“两条导线”，如图 6-24 所示。

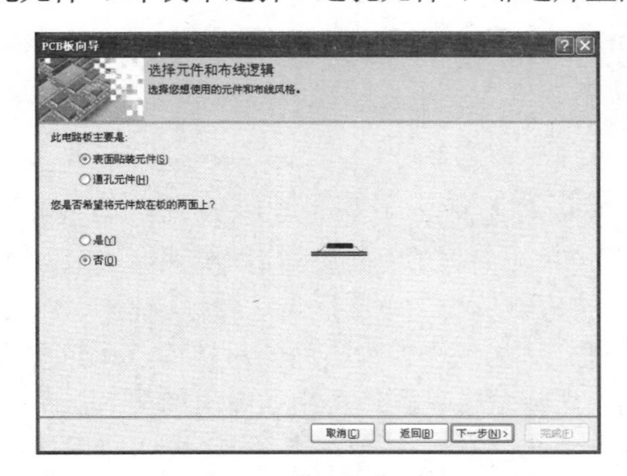

图 6-23　选择元件和布线逻辑对话框

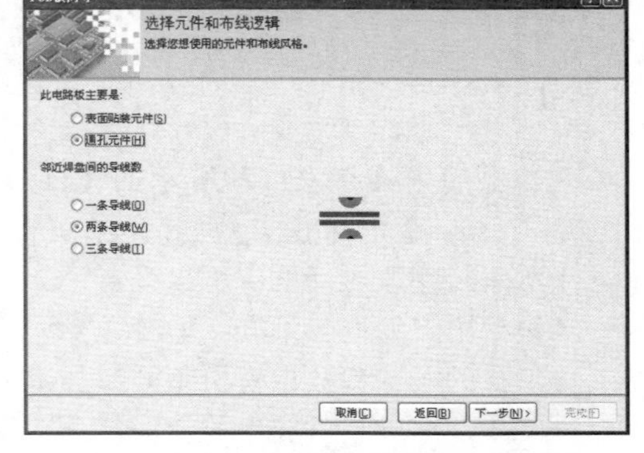

图 6-24　选择元件和布线逻辑设置结果

（9）单击[下一步(N)>]按钮，弹出【PCB 板向导】选择默认导线和过孔尺寸对话框，如图 6-25 所示。在该对话框中，用户可以在 PCB 设计时设置电路的最小导线尺寸、最小过孔宽、最小过孔孔经、最小间隔等属性参数。本例采用默认设置。

（10）单击[下一步(N)>]按钮，弹出【PCB 板向导】向导完成对话框，如图 6-26 所示。

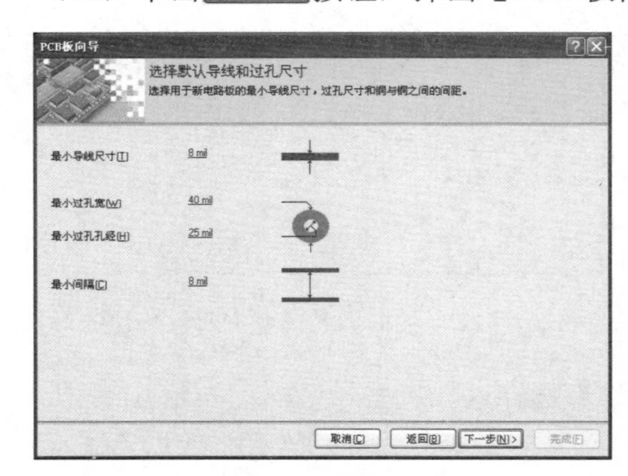

图 6-25　选择默认导线和过孔尺寸对话框

图 6-26　向导完成对话框

（11）单击[完成(F)]按钮，关闭【PCB 板向导】向导完成对话框，系统会自动根据向导设置创建一个文件名为“PCB1.PcbDoc”的 PCB 文档，如图 6-27 所示。

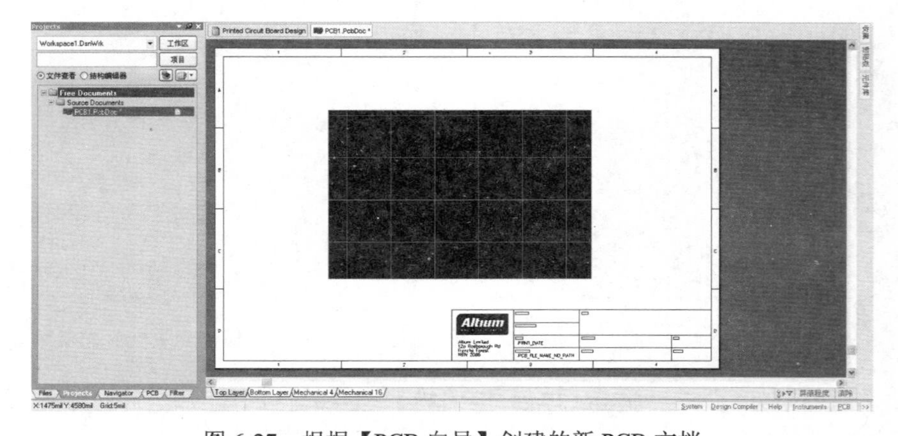

图 6-27　根据【PCB 向导】创建的新 PCB 文档

注意，由于用户按照向导的设置会有所不同，因此，新创建的 PCB 文档视图也会不同。而且在利用向导创建 PCB 文档的过程中，发现该向导允许用户比较方便地设置 PCB 的许多参数，但是过程却比较复杂。因此，建议初学者最好采用其他简单的方法。当对 PCB 的参数有了比较深入的了解之后，再通过该方法创建 PCB 文档。

6.2.5　PCB 文档的保存和打开

将新创建的 PCB 文档进行保存可以通过以下两种方法进行：

- 通过执行【文件】→【保存】菜单命令，打开【Save PCB1.PcbDoc As … 】对话框，可以重命名 PCB 文档并且设置保存路径，如图 6-28 所示。
- 通过执行【文件】→【另存为】菜单命令，打开【Save PCB1.PcbDoc As … 】对话框，可以重命名 PCB 文档并且设置保存路径，该对话框与图 6-28 相同。

对于 PCB 文档的打开可以通过【文件】→【打开】菜单命令，打开【Choose Document to Open】对话框，在【文件类型】文本框中选择“PCB file（*.PcbDoc;*.Pcb）”来打开一个已有的 PCB 文档，如图 6-29 所示。

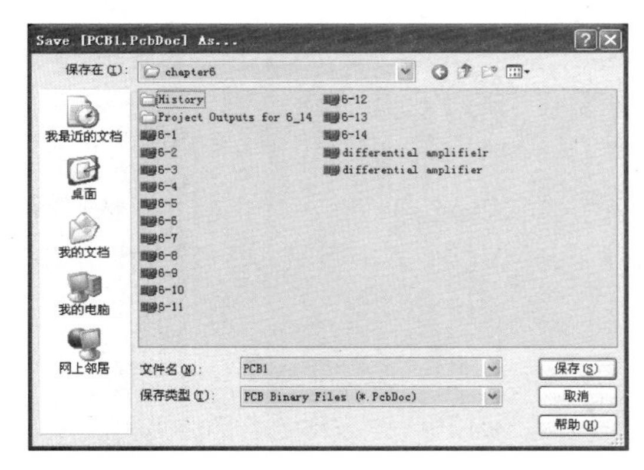

图 6-28　【Save PCB1.PcbDoc As … 】对话框

图 6-29　【Choose Document to Open】对话框

6.2.6　PCB 设计界面

PCB 的设计界面，如图 6-30 所示。用户通过该界面，可以完成印制电路板的设计。从图中可以看出该界面的背景颜色为黑色。

PCB 设计界面主要包括以下几个部分。

- 主菜单：与原理图的编辑界面类似，只是增加了【自动布线】菜单选项。
- 工具栏：工具栏除了提供一些常用文档操作命令快捷方式外，还提供了布线过程中需要用到的命令快捷方式，以方便用户的设计。
- 工作区面板：通过工作区面板可以查看打开的文件及其属性等信息。
- 工作窗口：用户设计 PCB 板的主窗口。

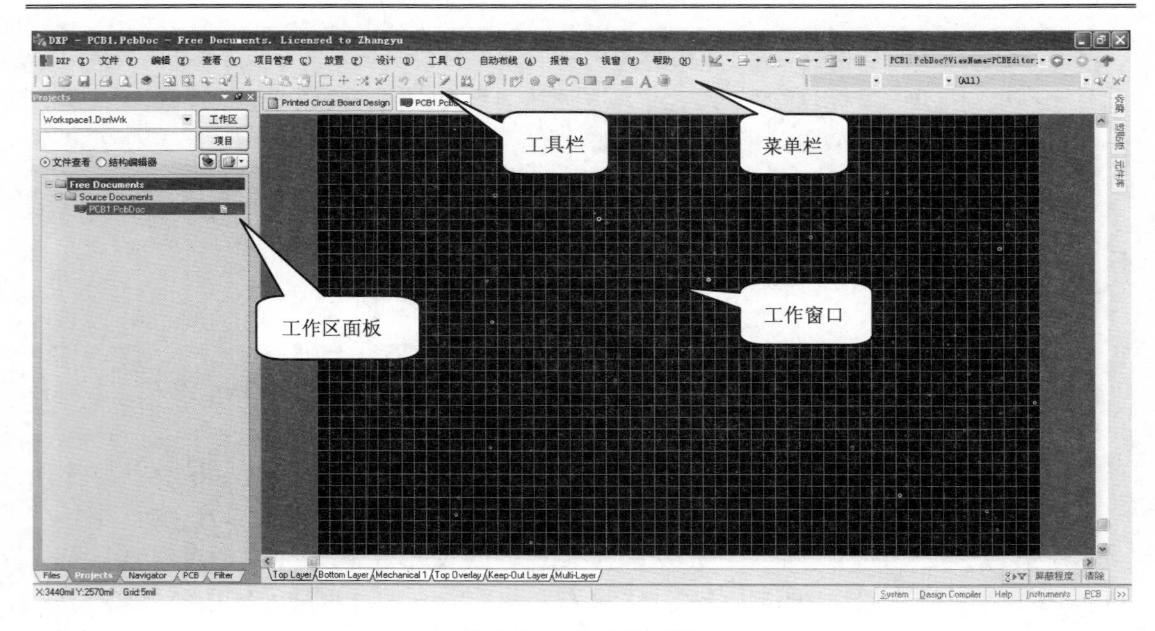

图 6-30　PCB 设计界面

6.3　PCB 环境参数的设置

新建完 PCB 文档之后，就可以进行 PCB 板的设计了。而用户在进行正确、合理地 PCB 板设计之前，首先要对 PCB 环境参数进行设置，包括图纸参数的设置和 PCB 编辑器参数的设置。

6.3.1　图纸参数的设置

从前面的学习中，可以看到刚生成的 PCB 图纸由一个有默认尺寸的白色方框和空白的 PCB 板形状构成。在进行 PCB 板的设计前，要先进行图纸参数的设置。具体操作步骤如下：

在 PCB 设计环境下，执行【设计】→【PCB 板选择项】菜单命令，弹出【PCB 板选择项】对话框，如图 6-31 所示。在该对话框中，进行有关图纸参数的设置。

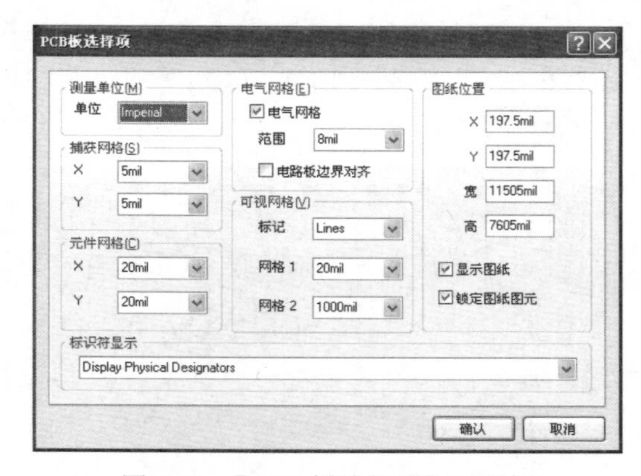

图 6-31　【PCB 板选择项】对话框

1.【测量单位】选项卡

用于设置 PCB 板的测量单位。单击【单位】右边的按钮，弹出 PCB 板的单位类型以供用户选择。系统有两种测量单位可供选择，分别是“Imperial”（英制）和“Metric”（公制）单位。默认为“英制”单位。用户也可以根据设计要求或习惯设置公制单位。如果是通过向导生成的 PCB 板文档，这里所设置的单位要与设置步骤中一致。

2.【捕获网络】选项卡

用于设置鼠标捕获的网格大小。在设计 PCB 时，元器件是以设置的网格大小为单位进行移动的。可以通过单击【X】和【Y】文本框的按钮分别设置在 X 和 Y 方向上鼠标捕获网格的大小，也可以直接输入数值进行设置。通常情况下，X 和 Y 设置相同的网格大小。

该网格大小的设置要符合布线采用的各种参数数值。在定义 PCB 板时，有以下的布线参数数值。

- 最小线宽 1mil。
- 最小线间距 13mil。
- 相邻焊盘中只能走一根导线。
- 采用元件以直插型为主，引脚间距为标准的 100mil。

根据上述参数，网格大小将是元件引脚间距的约数，即 20mil、25mil、50mil 等。考虑到最小线宽、最小线间距和焊盘间走线，选取 25mil 为网格大小。显然，这样的选择最合适，一方面系统捕获到对象，另一方面捕获精度移动足够大。

3.【元件网格】选项卡

用于确定元件放置时的最小移动间距。其设置方法和捕获网格设置的方法相同，且元件网格设置也需要是元件引脚间距的约数。

4.【电气网格】选项卡

用于建立电气连接时的热点捕获范围。勾选电气网格前的复选框，表示使用热点捕获。当用户进行操作时，系统会以当前位置为中心，在以【范围】文本框内数值为半径的圆形区域内自动寻找最近的具有电气特性的对象（如导线、焊盘、过孔等）节点上，并以红色的叉作为提示，然后自动跳到该节点上。【电气网格】的设置大大方便了连线的准确性，也加快了操作速度。一般情况下，都启动该功能并保持【范围】栏的缺省设置。

5.【可视网格】选项卡

用于设置在工作窗口中可以见到的网格。各项内容的意义分别如下。

- 【标记】：设置网格点形式。单击【标记】文本框的按钮，出现“Dots”和“Lines”两种可视网格的线性，两种不同的线性如图 6-32 所示。
- 【网格 1】：用于设置小范围内的网格大小。
- 【网格 2】：用于设置大范围内的网格大小。

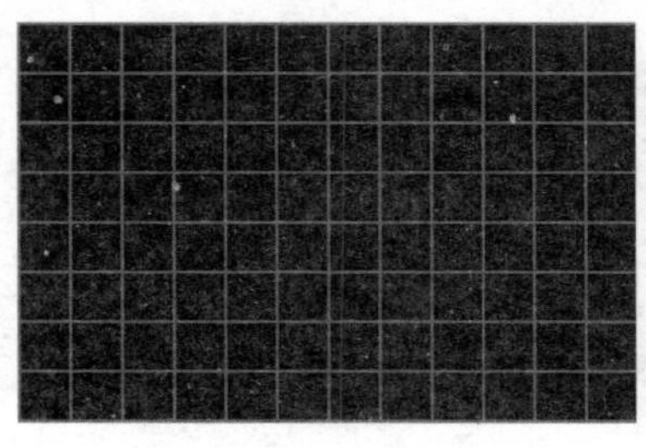

(a) 设置【标记】为 Lines

(b) 设置标记为【Dots】

图 6-32 不同可视网格线型的比较

6.【图纸位置】选项卡

该选项卡用于设置图纸的位置。其各项的意义分别如下。

- 【X】和【Y】：分别设置图纸左下角顶点的 X 轴坐标和 Y 轴坐标。
- 【宽】和【高】：分别设置图纸的宽和高。
- 【显示图纸】：用来设定是否显示图纸。
- 【锁定图纸元】：用来设定是否锁定图纸的原始位置。

每个 PCB 文档生成后都会有一张图纸与其相对应，在编辑 PCB 文档时，PCB 文档将全部处于图纸上。图纸对于 PCB 文件来说只是一个载体，并无其他意义，因此，PCB 文档的图纸设置一般取缺省设置即可。

6.3.2 PCB 编辑器的参数设置

与原理图编辑器的参数设置类似，执行【工具】→【优先设定】菜单命令，弹出【优先设定】对话框，如图 6-33 所示。在该对话框中，选中【Protel PCB】选项，用户可以对 Protel DXP 中的“General”、“Display”、“Show/Hide”、“Default”和“PCB 3D”5 个选项卡分别进行设置。

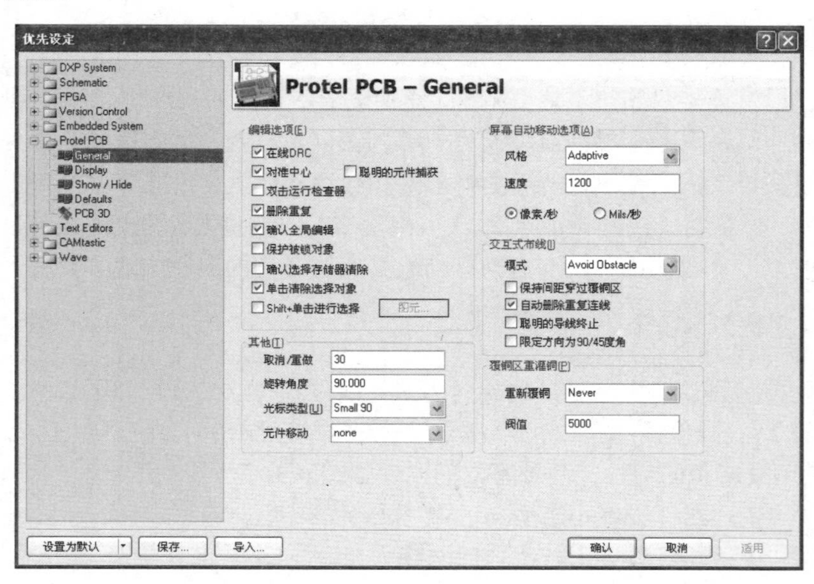

图 6-33 【优先设定】对话框

1.【General】选项卡

如图 6-34 所示，在该选项卡中可以对【编辑选项】、【屏幕自动移动选项】、【交互式布线】、【覆铜区重灌铜】及【其他】选项中各参数进行设置。

2.【Display】选项卡

如图 6-35 所示，在该选项卡中可以对【显示选项】、【表示】选项中各参数，【内部电源/接地层描述】类型，【草案阈值】参数及【层描画顺序】进行设置。单击 层描画顺序... 按钮，弹出【层描画顺序】对话框，如图 6-36 所示。在该对话框中，用户可以通过选中其中的一层，然后单击 上升(P) 和 下降(D) 按钮，调整该层的描画顺序。单击 默认(E) 按钮，可以还原该层的默认层顺序。设置完成后，单击 确认 按钮关闭该对话框。

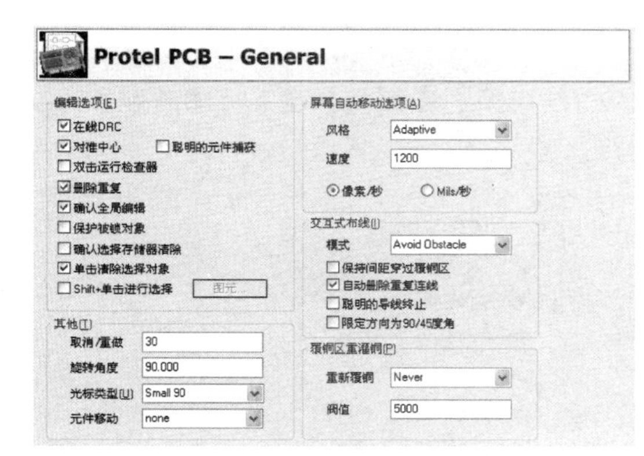

图 6-34　【General】选项卡

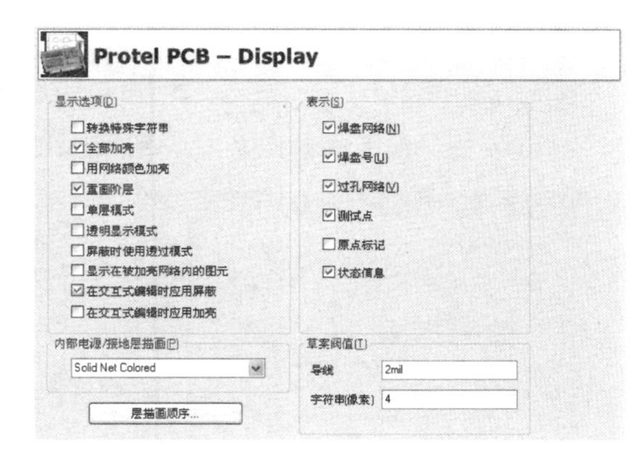

图 6-35　【Display】选项卡

3.【Show/Hide】选项卡

如图 6-37 所示，在该对话框中，设置每个电气对象的显示或隐藏。从图中可以看出，每个电器对象下面都有 3 个单选按钮，分别为【最终】、【草案】和【隐藏】。此外，系统允许用户单击 全为最终(F)、全为草案(D)、全部隐藏(H) 按钮，对所有电气对象一次性完成相同的设置。

图 6-36　【层描画顺序】对话框

4.【Default】选项卡

如图 6-38 所示，用户可以在【图源类型】中选择相应的图源，并单击 编辑值(V)... 按钮定义该图元的默认值，并将其保存在计算机配置文件目录下的“ADVPCB.DFT”的文件中。例如，选择图源类型为“Arc”，单击 编辑值(V)... 按钮，弹出【圆弧】编辑对话框，如图 6-39 所示，可以设置圆弧的默认值。

当勾选【永久】复选框时，在放置图元之前通过【Tab】键可以修改图元的属性，但不能修改系统默认域的值。如果没有选中，则在放置图元之前通过【Tab】键既可以修改图元的属性，也可修改系统默认域的值。

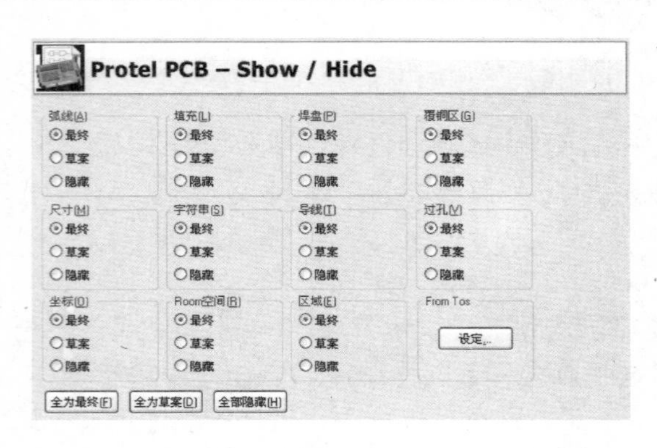

图 6-37 【Show/Hide】选项卡

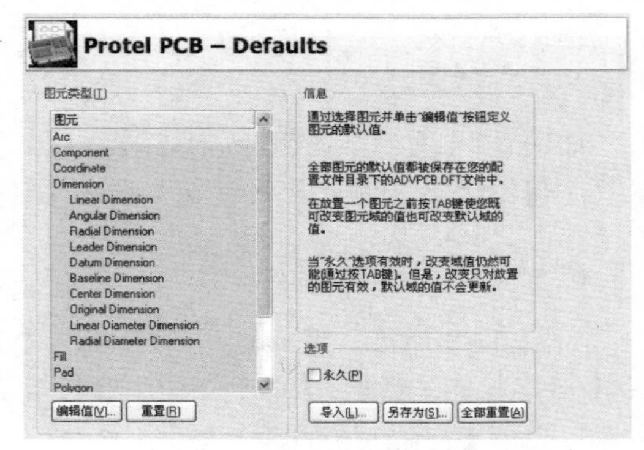

图 6-38 【Default】选项卡

5.【PCB 3D】选项卡

如图 6-40 所示，在该选项卡中可以设置 PCB 3D 模型的【高亮】及【打印质量】等属性，这些参数一般不需修改，只保留默认设置即可。

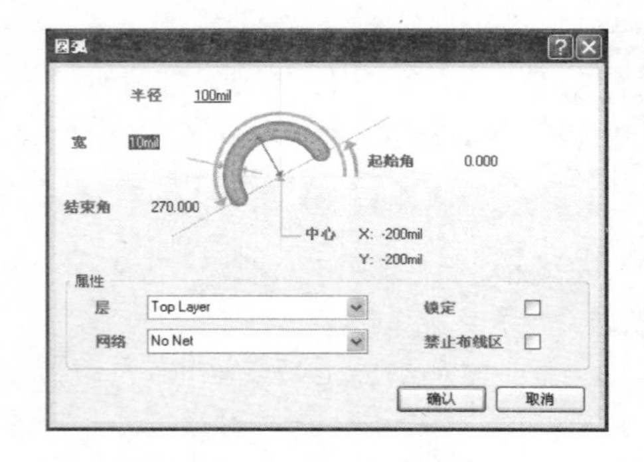

图 6-39 【圆弧】编辑对话框

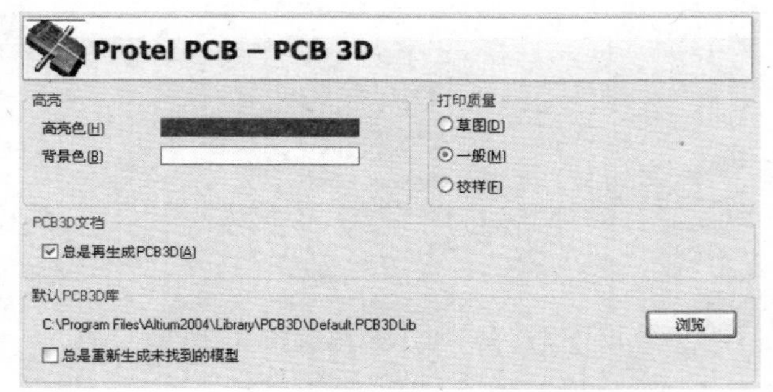

图 6-40 【PCB 3D】选项卡

6.4 PCB 中图件的放置

所谓图件就是指构成 PCB 的所有元素，包括各种元器件、导线过孔及标志灯。在 PCB 设计中，用户可以通过执行【放置】菜单命令启动各种图件的放置命令，【放置】菜单子命令如图 6-41 所示。

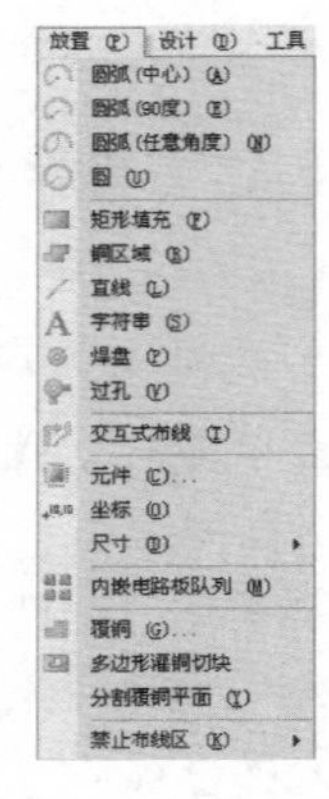

图 6-41 【放置】菜单命令

6.4.1 放置圆弧

Protel DXP 提供了以下四种放置圆弧的方法。

- ❑ 中心法放置圆弧是通过确定圆弧的中心、起点、终点来确定一个圆弧的，可以绘制任意半径和弧度的圆弧。
- ❑ 边缘法（90°）用来绘制 90° 圆弧，通过圆弧的起点和终点来确定圆弧的大小。

- ❑ 边缘法（任意角度）用来绘制任意角度圆弧。
- ❑ 圆是用来绘制整圆的命令。

用户可以启动不同的放置圆弧命令完成圆弧的放置。下面通过几个实例介绍以上四种方法的具体操作过程。

【实例 6-2】 中心法放置圆弧。

本实例要求采用中心法放置一段圆弧。该圆弧具有以下属性：半径 50mil、圆弧宽 5mil、起始角 60°、结束角 180°、中心位置坐标（3000mil，3000mil）。

（1）执行【放置】→【圆弧（中心）】菜单命令，或者使用快捷键 P+A，启动中心法绘制圆弧的命令。

（2）将光标移到绘图区，可以看到光标变成了中心黏附着红色小实心方块点的“十”字形状，如图 6-42 所示。

📖：用户可以先绘制圆弧再设定圆弧参数；也可以先设定参数，再根据参数绘制圆弧。本例采用先设定参数，再根据参数绘制圆弧的方法进行介绍。

（3）按下【Tab】键，弹出如图 6-43 所示的【圆弧】属性对话框。

图 6-42　启动绘制圆弧（中心）命令后的光标形状

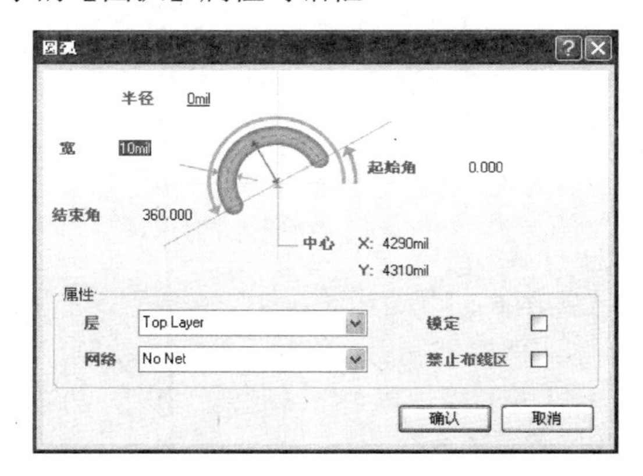

图 6-43　【圆弧】属性对话框

（4）在该对话框中根据要求修改圆弧的参数后，单击 确认 按钮，关闭该对话框。

（5）此时光标变成如图 6-44 所示的形状。可以发现光标上附着的圆弧形状就是在【圆弧】属性对话框中设置的圆弧大小。

（6）单击确定圆弧中心，光标自动跳转到圆弧半径的位置。

（7）单击确定圆弧半径，光标自动跳转到圆弧起点的位置。

（8）单击确定圆弧起点，光标自动跳转到圆弧终点的位置。

（9）单击确定圆弧终点，绘制好的圆弧如图 6-45 所示。

（10）可以发现系统仍处于放置圆弧状态，单击右键或按下【Ese】键即可退出命令状态。

如果采用先绘制圆弧再设定圆弧参数的方法，其步骤如下。

（1）确定圆弧中心，将光标移动到合适位置，单击确定圆弧的中心。

（2）确定圆弧半径，移动光标到合适位置，单击确定圆弧的半径。

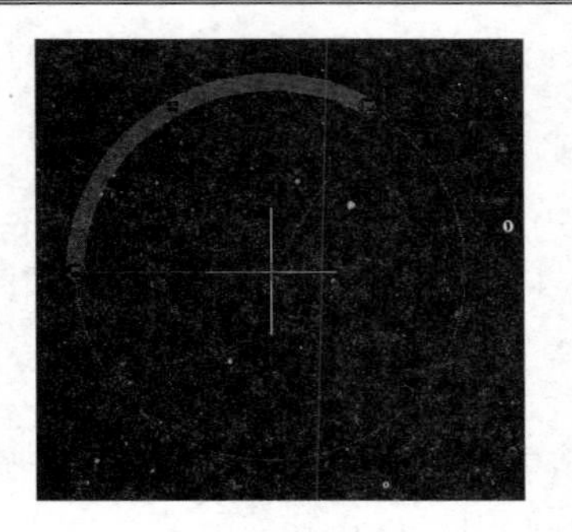

图 6-44　修改圆弧属性后的光标形状

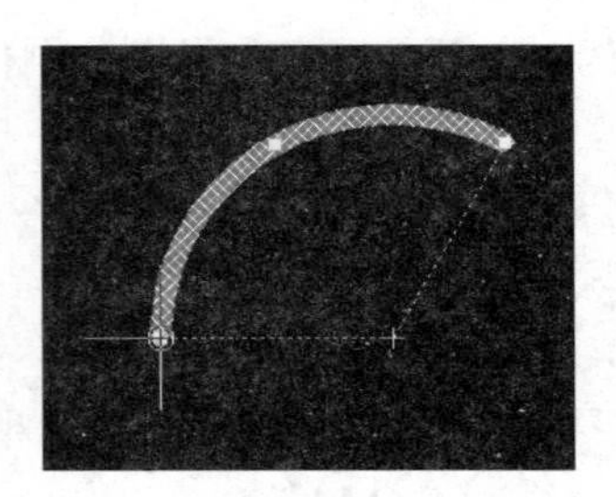

图 6-45　绘制好的圆弧

（3）确定圆弧的起点和终点，将光标移动到合适位置，单击确定圆弧的起点，然后将光标移动到圆弧的终点，再次单击确认，即可得到所需的圆弧。

（4）单击右键或按下【Esc】键即可退出命令状态。

（5）双击弹出【圆弧】属性对话框，根据要求设置该段圆弧的参数。

📖：也可以通过观察系统窗口的状态栏设置圆弧的参数。如图 6-46 和图 6-47 所示，分别为移动光标确定圆弧中心和半径时状态栏中的显示。

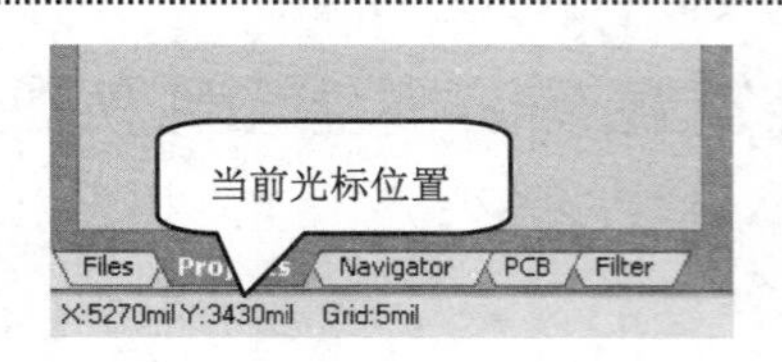

图 6-46　当前光标的显示

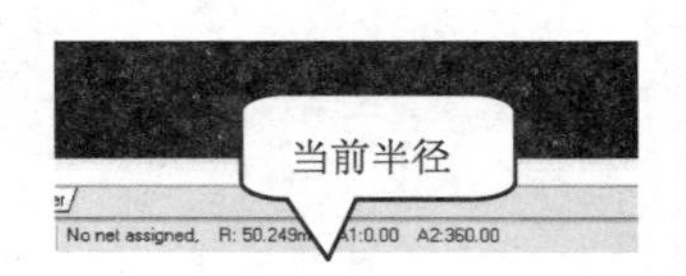

图 6-47　当前半径大小的显示

【实例 6-3】 边缘法（90°）放置 90°圆弧。

本实例要求利用边缘法（90°）绘制一段圆弧。

（1）执行【放置】→【圆弧（90°）】菜单命令，或者使用快捷键 P+E，启动边缘法绘制 90°圆弧的命令。

（2）将光标移到绘图区，光标变成了中心黏附着红色小实心方块点的“十”字形状，如图 6-48 所示。

（3）将光标移到适当位置，单击确定第一个边缘点的位置（注意该方法与中心法绘制圆弧的区别），然后移动光标，发现所绘制的第一个边缘的位置固定不变，而圆心和半径的位置随着光标位置的不同而不同，如图 6-49 所示。

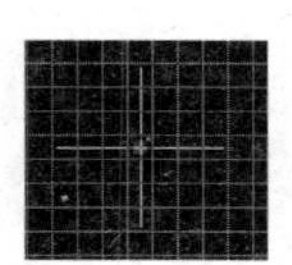

图 6-48　启动绘制圆弧命令后光标的形状

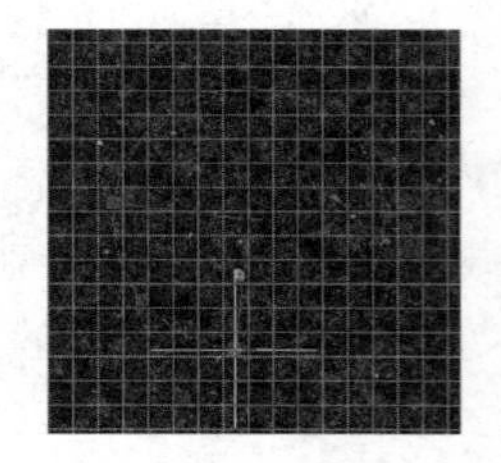

图 6-49 光标移动时变化的圆弧

（4）移动光标调整圆弧半径的大小和圆心的位置，单击完成 90°圆弧的绘制，如图 6-50 所示。

（5）完成圆弧绘制后，光标上还黏附着一个实心方块点，表示系统还处于绘制圆弧状态，用户可以继续绘制一段圆弧，也可以单击右键或按下【Esc】键退出绘制圆弧的命令。

（6）修改圆弧属性。在完成 90° 圆弧的绘制后，移动光标到圆弧上，双击或在绘制的过程中按下【Tab】键打开【圆弧】属性对话框设置圆弧的各种参数。

【实例 6-4】 边缘法（任意角度）放置任意角度的圆弧。

本实例要求利用边缘法（任意角度）绘制一段圆弧。

（1）执行【放置】→【圆弧（任意角度）】菜单命令，或者使用快捷键 P+N，启动边缘法（任意角度）绘制圆弧的命令。

（2）将光标移到绘图区，可以看到光标变成了中心黏附着红色小实心方块点的“十”字形状，如图 6-51 所示。

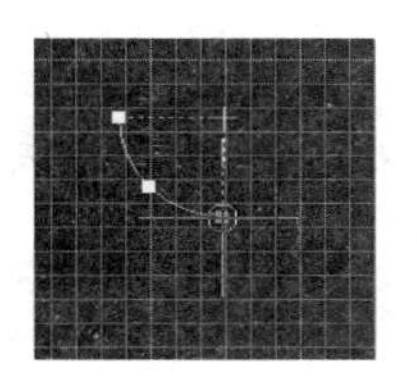

图 6-50　完成 90° 圆弧的绘制

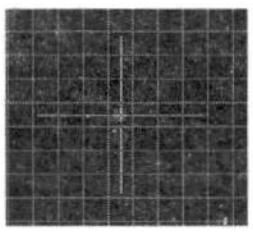

图 6-51　启动绘制圆弧命令后光标的形状

（3）将光标移到适当位置，单击确定第一个边缘点的位置。

（4）移动光标，可以发现光标自动跳到圆弧的圆心位置上。

（5）移动光标将圆弧的半径大小和圆心位置调整到合适位置，如图 6-52 所示，单击确定圆心的位置。

（6）光标会自动跳到结束角的位置上，如图 6-53 所示，移动光标调整结束角的大小，单击完成圆弧的绘制，如图 6-54 所示。

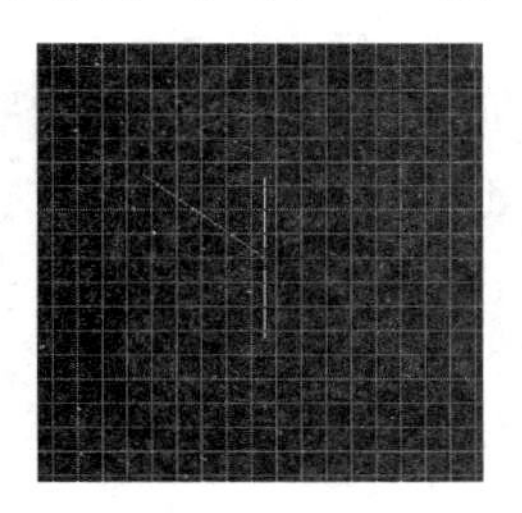

图 6-52　光标移动时变化的圆弧

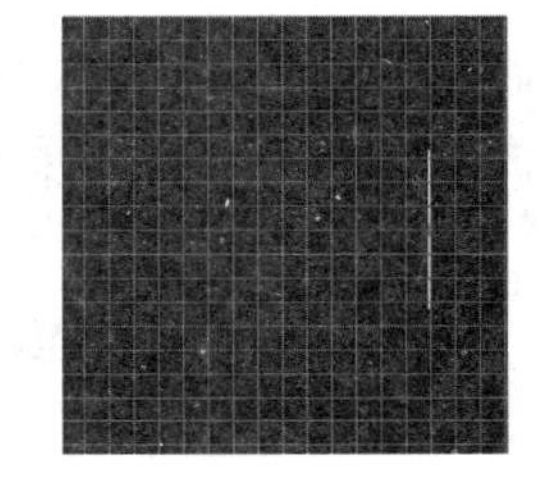

图 6-53　结束角的绘制

（7）完成圆弧的绘制后，光标上还黏附着一个实心方块点，表示系统还处于绘制圆弧状态，用户可以用同样的方法继续绘制一段圆弧，也可以单击右键或按下【Esc】键退出绘制圆弧的命令。

（8）修改圆弧属性。在完成任意角度圆弧的绘制后，移动光标到圆弧上，双击或在绘制的过程中按下【Tab】键打开【圆弧】属性对话框设置圆弧的各种参数。

【实例 6-5】 绘制整圆。

本实例要求绘制一个半径为 50mil，圆心坐标为（3000mil,2000mil）。

（1）绘制圆的过程与绘制圆弧的过程类似，执行【放置】→【圆】菜单命令，或使用快捷键 P+U，启动绘制圆的命令。

（2）将光标移到绘图区，可以看到光标变成了中心黏附着红色小实心方块点的“十”字形状，如图 6-55 所示。

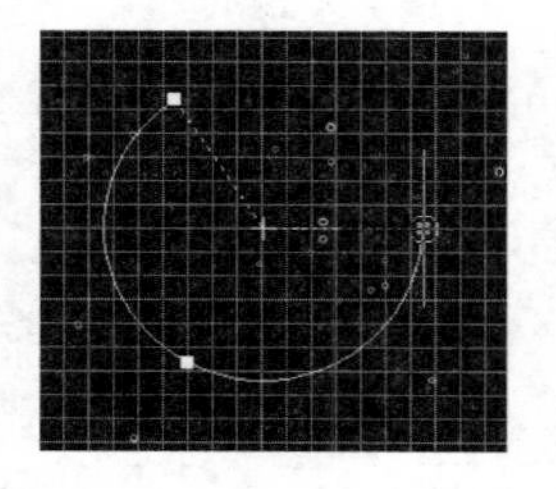

图 6-54　绘制后的圆弧

图 6-55　启动绘制圆弧命令后光标的形状

（3）将光标移到适当位置，单击确定圆心的位置。

（4）移动光标到合适位置，单击确定半径的大小，即可完成圆的绘制，如图 6-56 所示。

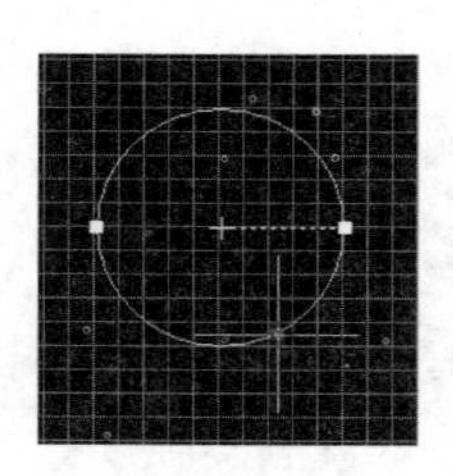

图 6-56　绘制后的圆

（5）完成圆的绘制后，光标上还黏附着一个实心方块点，表示系统还处于绘制圆状态，用户可以用同样的方法继续绘制一个圆，也可以单击右键或按下【Esc】键退出绘制圆的命令。

（6）修改圆属性。在完成圆的绘制后，移动光标到圆上，双击或在绘制的过程中按下【Tab】键，打开【圆】属性对话框设置圆的各种参数，本例包括半径 50mil，圆心位置（3000mil，2000mil）。

6.4.2　放置矩形填充

在 PCB 板设计过程中，为了提高系统的抗干扰性和考虑通过大电流等因素，通常需要矩形填充来放置大面积的电源或接地区域。因此，矩形填充通常放置在顶层、底层，或内部电源层及接地层上。

【实例 6-6】 放置矩形填充。

本实例要求在电路板的顶层放置一个矩形填充，且要求旋转 40°，两个拐角的坐标位置分别为（3 000mil, 3 000mil）和（4 000mil, 4 000mil）。

（1）执行【放置】→【矩形填充】菜单命令，或者使用快捷键 P+F，启动放置矩形填充命令。

（2）将光标移到绘图区，此时光标变为“十”字形状且在中心有一个小圆圈，如图 6-57 所示。按下【Tab】键，打开【矩形填充】对话框，如图 6-58 所示。

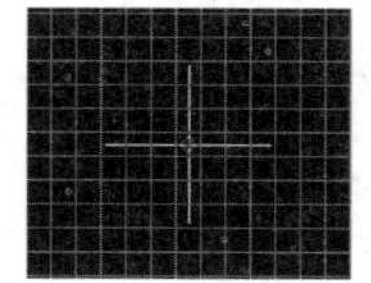

图 6-57　启动【矩形填充】命令后光标的显示

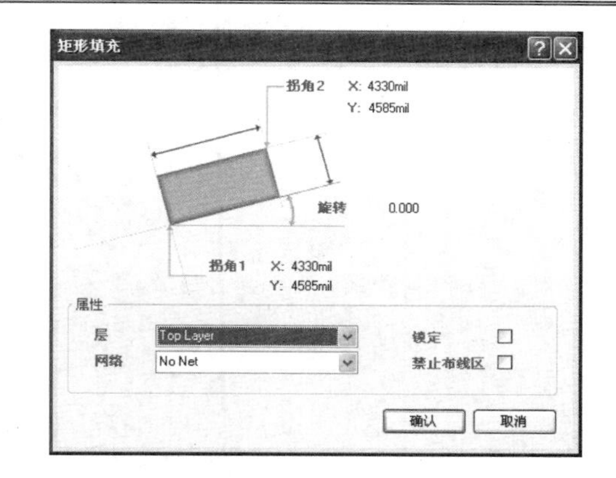

图 6-58　【矩形填充】对话框

（3）在该对话框中，可以设置矩形填充的两个拐角的坐标、旋转角度及放置层等属性。本例中设置【旋转】为“40°”；将两个拐角的位置分别设置为（3 000mil, 3 000mil）和（4 000mil, 4 000mil）；单击【层】属性的按钮，从下拉列表中选择“Top Layer”。单击确认按钮，关闭该对话框。

（4）此时光标变成黏附着刚设置好参数的矩形形状，如图 6-59 所示。将光标移到适当区域，单击放置矩形填充的第一个顶点，然后光标自动跳转到矩形的对角点上。

（5）单击确定矩形填充的第二个顶点，完成矩形填充的绘制，如图 6-60 所示。

（6）完成圆的绘制后，光标上还黏附着一个实心方块点，表示系统还处于绘制圆状态，用户可以用同样的方法继续绘制一个圆，也可以单击右键或按下【Esc】键退出绘制圆的命令。

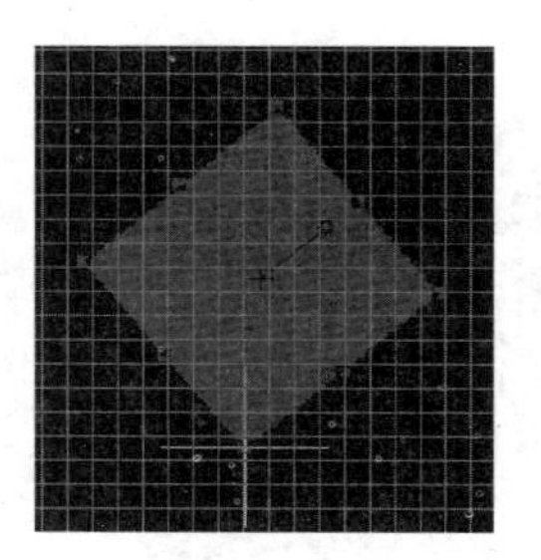

图 6-59　确定矩形填充的第一个顶点

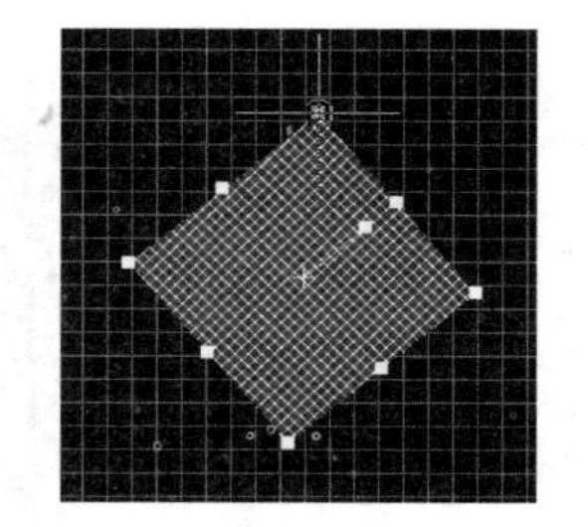

图 6-60　放置好的矩形填充

6.4.3　放置铜区域

放置铜区域是一种多边形填充方式，也是用来设置大面积的电源和接地区域，以提高系统的抗干扰性能。

【实例 6-7】　放置四边形铜区域。

本实例要求在顶层放置一个四边形铜区域。

（1）执行【放置】→【铜区域】菜单命令，或者使用快捷键 P+R，启动放置铜区域命令。

（2）将光标移到绘图区，此时光标变为“十”字形状。

（3）按下【Tab】键，打开【区域】属性对话框，如图 6-61 所示。本例中将【层】设置为“Top Layer”。单击确认按钮，关闭该对话框。

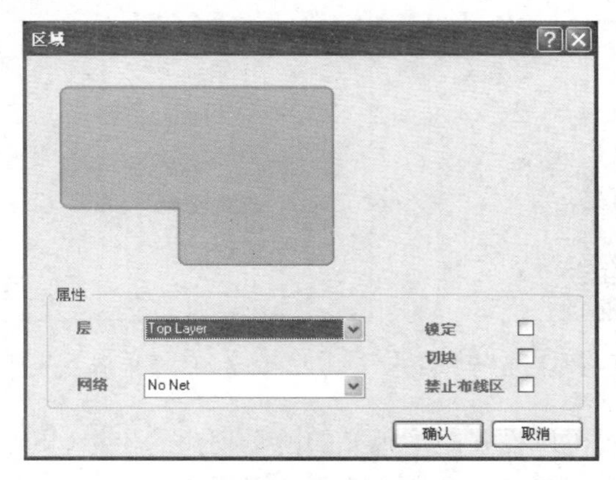

图 6-61 【区域】属性对话框

（4） 将光标移到绘图区适当位置，单击确定铜区域第一个顶点的位置，如图 6-62（a）所示。

（5）移动光标，发现在第一个顶点和光标位置之间绘制了一条直线，在适当位置单击确定第二个顶点的位置，如图 6-62（b）所示。

（6）按照同样的方法继续移动光标到适当位置，单击确定第三个顶点的位置，则系统以前面已经确定的三个顶点绘制填充的三角形，如图 6-62（c）所示。

（7）继续移动光标到适当位置，单击绘制填充区域的第四个顶点，如图 6-62（d）所示。

（8）用同样的方法可以继续绘制下一个顶点，也可以单击右键或者按下【Esc】键完成四边形铜区域的绘制。

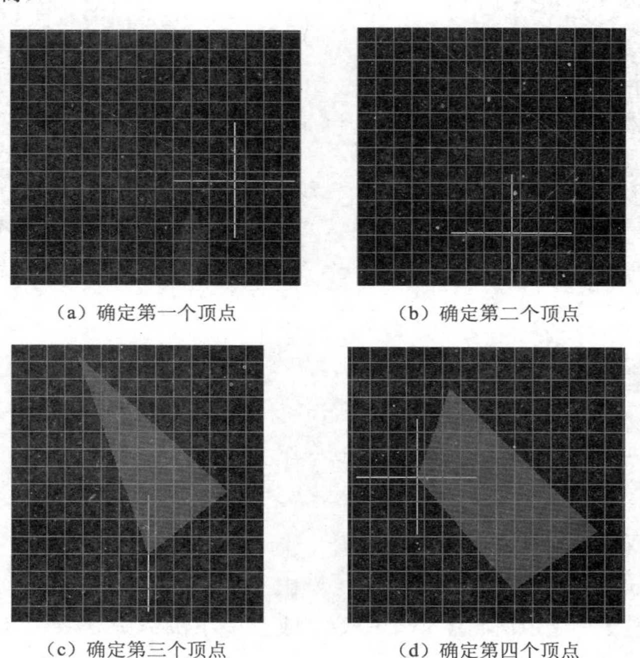

（a）确定第一个顶点　（b）确定第二个顶点

（c）确定第三个顶点　（d）确定第四个顶点

图 6-62　铜区域的放置

6.4.4　放置字符串

字符串用于必要的文字注释，一般放置在丝印层上。但字符串本身不具有任何电器特性，对电路的电气连接关系没有任何影响，只起提醒设计者的作用。

【实例 6-8】 放置字符串。

本实例中要求在顶层的丝印层上放置一个字符串。

（1）执行【放置】→【字符串】菜单命令，或者使用快捷键 P+S，启动放置字符串命令。

（2）将光标移到绘图区，光标变为黏附着一个字符串“String”的“十”字形状，如图 6-63 所示，表明系统处于放置字符串的状态，此时按下【Tab】键，弹出【字符串】属性对话框，如图 6-64 所示。

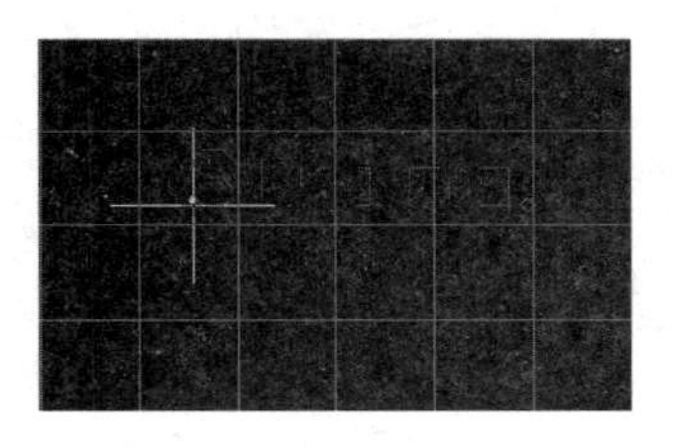

图 6-63　执行放置字符串命令后的光标状态

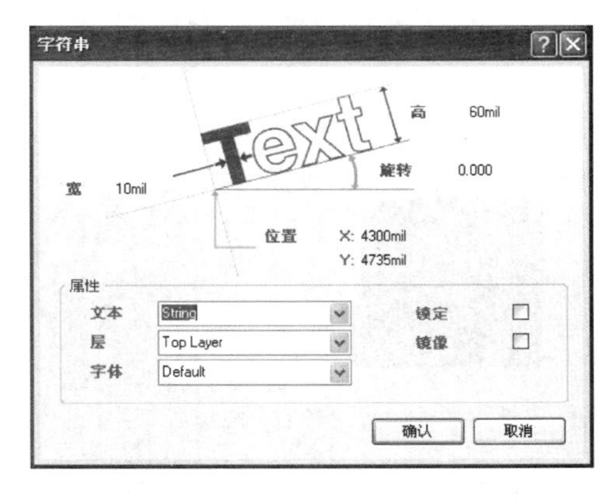

图 6-64　【字符串】属性对话框

（3）在该对话框中，用户可以设置字符串的高度、宽度、文本、旋转、字体及放置层次等属性。本例中，设置【文本】项为“PCB Design”，【层】项为“Top Overlay”，然后单击[确认]按钮。

（4）此时光标上的文字变为如图 6-65 所示的字符串，将光标移动到合适位置，单击放置字符串。此时，光标上仍然黏附着一个字符串，表示系统仍处于放置字符串的状态，可以继续放置字符串，也可以单击右键或按下【Esc】键退出放置命令。

图 6-65　设置【字符串】属性对话框后的结果

6.4.5　放置焊盘

PCB 板设计中，元器件是通过 PCB 板上的引线孔，用焊锡焊接固定在 PCB 上，印制导线把焊盘连接起来，实现元器件在电路中的电气连接。因此，焊盘是用于焊接元器件的，包括引线孔及其周围的铜箔。一般焊盘的中间是一个内孔，孔外是敷铜区。其形状有三种，分别是“Round”（圆形）、“Rectangle”（矩形）和“Octagonal”（八边形）。

【实例 6-9】 放置一个八边形焊盘。

本例要求放置一个焊盘，焊盘的形状设为八边形，焊盘位置为（3000mil, 3000mil），孔径 10mil，其余属性为系统默认值。

（1）执行【放置】→【焊盘】菜单命令，或者使用快捷键 P+P，启动放置焊盘命令。

（2）将光标移到绘图区，光标变为黏附着一个焊盘轮廓的“十”字形状，如图 6-66 所示。

（3）按下【Tab】键，打开【焊盘】属性对话框，如图 6-67 所示。

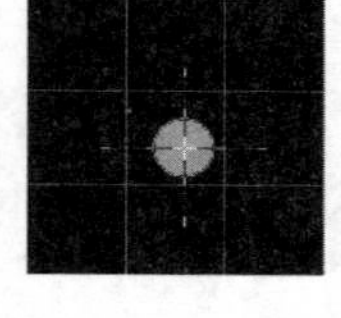

图 6-66　执行放置焊盘命令后的光标状态

图 6-67　【焊盘】属性对话框

（4）在该对话框中可以设置焊盘的孔径、旋转角度、坐标位置、层、焊盘形状、大小等属性。设置孔径为 10mil，位置为（3000mil, 3000mil）；单击【形状】的 按钮，系统有三种形状的焊盘可以选择，分别为“Round”（圆形）、“Rectangle”（矩形）和“Octagonal”（八边形）。本例中要求选择“Octagonal”（八边形）。三种焊盘的形状如图 6-68 所示。

（5）单击 确认 按钮，关闭该对话框，光标形状变为如图 6-69 所示的对话框。

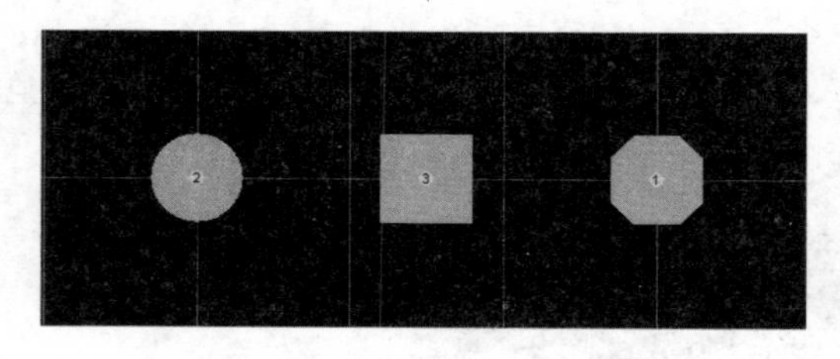

图 6-68　焊盘的三种形状

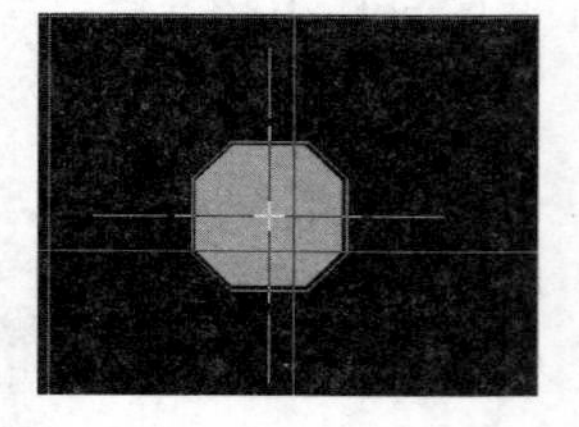

图 6-69　设置【焊盘】属性后的光标形状

（6）单击放置焊盘。此时，在光标上还黏附着一个焊盘的轮廓，表示系统仍然处于放置焊盘的状态，可以用同样的方法继续放置下一个焊盘，也可以单击右键或按下【Esc】键退出放置命令。

6.4.6　放置过孔

在 PCB 板中，过孔用于连接各工作层的布线。过孔与焊盘不同，其边上没有助焊层。

一般来说，过孔有三种类型。

- ❑ 通孔：穿过整个 PCB 板，从顶层到底层，允许连接所有的内层信号或者作为元器件的安装定位孔；其在工艺上容易实现，成本较低，因此经常被使用。
- ❑ 盲孔：位于 PCB 板的顶层和底层表面，具有一定深度，用于表层线路到一个内层线路的连接，深度一般不超过一定的比率（孔径）。
- ❑ 埋孔：位于 PCB 板内层的连接孔，不会延伸到 PCB 板的表面，一般是从一个内在的信号层连接到另外一个内在的信号层。

【实例 6-10】 放置通孔。

本实例中要求放置一个通孔，孔径为 30mil，直径为 50mil。

（1）执行【放置】→【过孔】菜单命令，或者使用快捷键 P+V，启动放置过孔命令。

（2）将光标移动到绘图区，光标变为黏附着过孔轮廓的“十”字形状，如图 6-70 所示。

（3）按下【Tab】键，弹出【过孔】属性对话框，如图 6-71 所示。

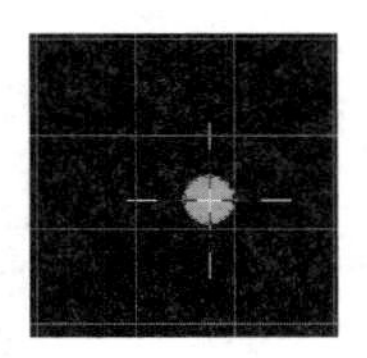

图 6-70　执行放置过孔命令后光标的状态

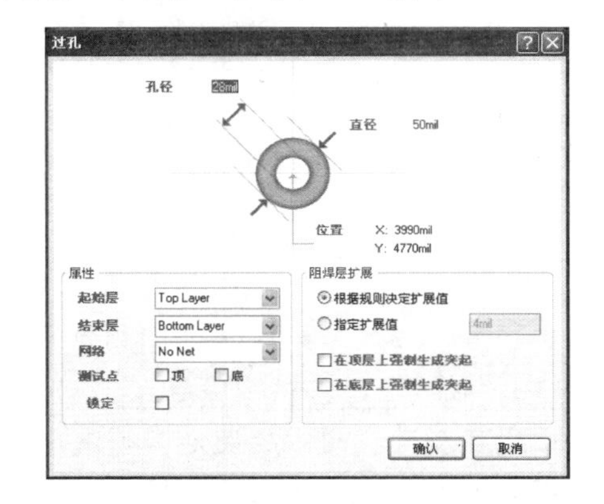

图 6-71　【过孔】属性对话框

（4）在该对话框中可以设置过孔的孔径、直径、位置、起始层次和结束层次等属性。本例中由于放置通孔，因此设置【起始层】为“Top Layer”，【结束层】为“Bottom Layer”，将孔径设置为“30mil”，直径设置为“50mil”，单击 确认 按钮。

（5）此时光标的状态如图 6-72 所示，将光标移动到合适位置，单击放置过孔。此时光标上还黏附着一个过孔的轮廓，表明系统仍处于放置过孔的状态，如图 6-73 所示，可以采用同样的方法继续放置下一个过孔，也可以单击右键或按下【Esc】键退出过孔的放置。

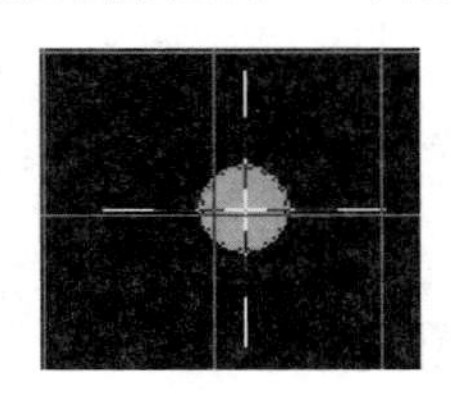

图 6-72　设置完【过孔】属性对话框后光标的状态

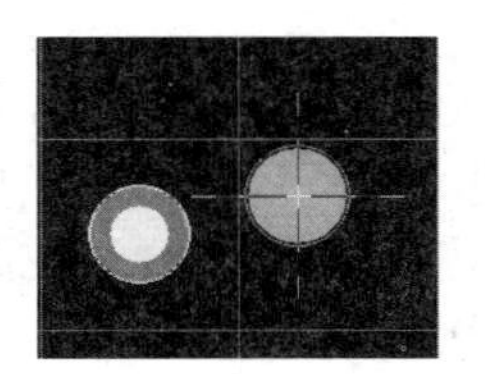

图 6-73　放置过孔后光标的状态

6.4.7　放置导线

Protel DXP 中绘制导线的方法和绘制直线的方法相同，只是启动命令不同。

【实例 6-11】 放置导线。

本实例要求放置导线。

（1）执行【放置】→【交互式布线】菜单命令，或者使用快捷键 P+T，启动放置导线命令。

（2）将光标移到绘图区，光标变为“十”字形状。

（3）按下【Tab】键打开【交互式布线】对话框，如图 6-74 所示。在该对话框中可以设置导线的线宽、放置层次、布线的过孔尺寸等属性。本例中采用默认设置，单击【确认】按钮，关闭该对话框。

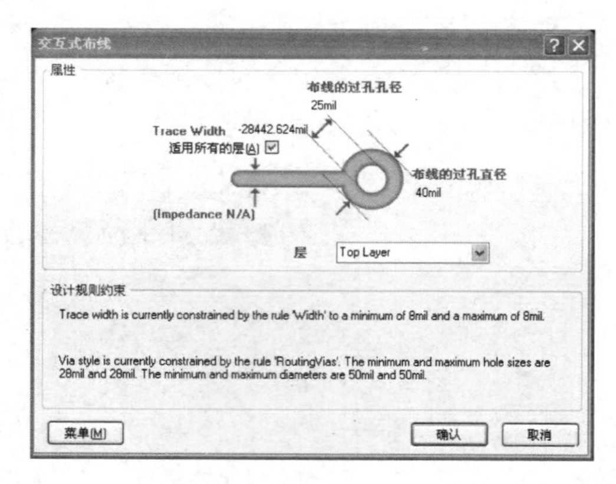

图 6-74 【交互式布线】属性对话框

📖：该对话框中线宽和过孔尺寸的设定必须满足设计法则的要求，如果超出法则的范围，本次设定不会生效，并且系统会提醒用户该设定值不符合设计法则。如设置过孔孔径为 30mil，超出了设计规则设定的 28mil，则系统弹出如图 6-75 所示的对话框。

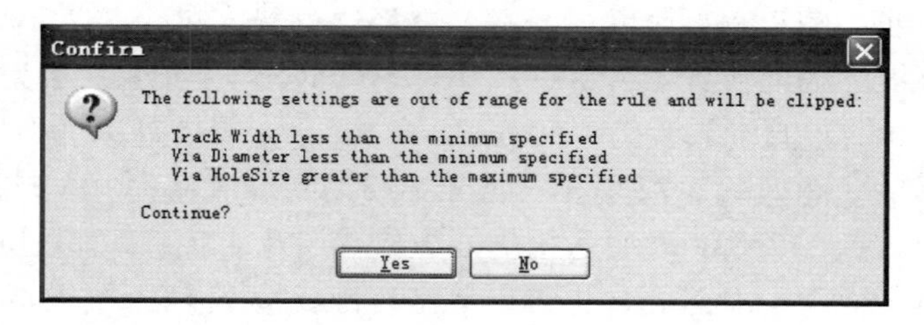

图 6-75 线宽超出范围提示框

（4）移动光标到合适位置，单击确定导线的第一个顶点。

（5）继续移动光标到合适位置，单击确定导线的第二个顶点，用同样的方法继续确定下一个顶点，直到单击右键或按下【Esc】键退出绘制导线的命令。

（6）导线绘制结束后，移动光标到该导线上双击，打开【导线】属性对话框，如图 6-76 所示。在该对话框中可以设置导线的起点、终点、所在层、网络及线宽等参数。

Protel DXP 提供了五种布线模式，因此，用户在布线过程中可以通过快捷键 Shift+Space 进行切换，在系统状态栏中进行显示，如图 6-77 所示。这五种模式分别是 Any Angle（任意角度）、90 Degree（90° 角）、90 Degree with Arc（90° 圆弧）、45 Degree（45° 角）和

45 Degree with Arc（45° 圆弧），如图 6-78 所示。

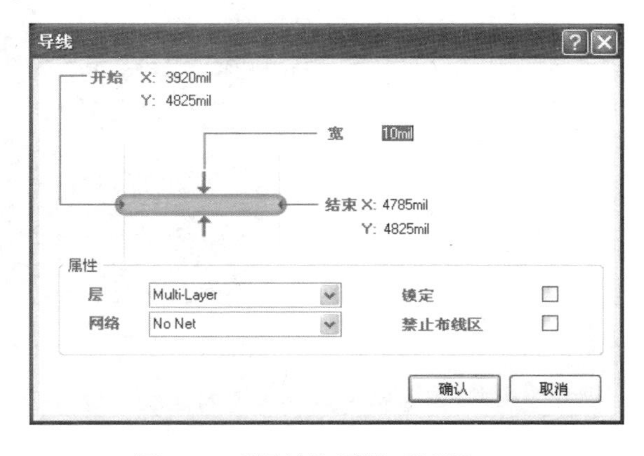

图 6-76 【导线】属性对话框

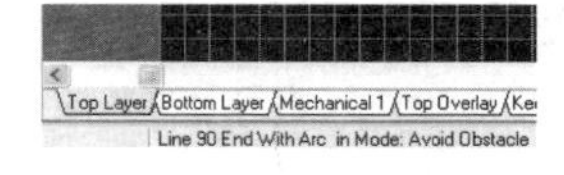

图 6-77 状态栏中布线模式的显示

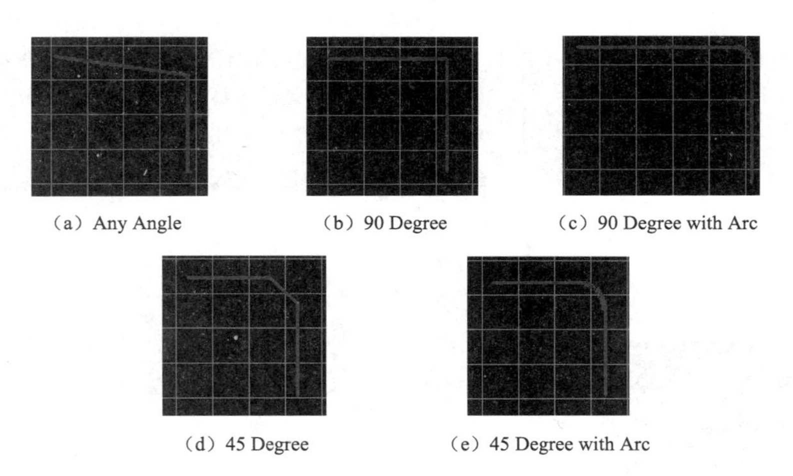

（a）Any Angle　（b）90 Degree　（c）90 Degree with Arc

（d）45 Degree　（e）45 Degree with Arc

图 6-78 五种布线模式

6.4.8 放置元器件

除了利用网络表装入元器件外，还可以将元器件手工放置到工作窗口中。

【实例 6-12】 放置元器件。

本实例要求在 PCB 工作窗口中放置一个元器件。

（1）执行【放置】→【元件】菜单命令，或使用快捷键 P+C，启动放置元器件命令，打开【放置元件】对话框，如图 6-79 所示。

（2）在该对话框中，可以设置元器件的封装形式、标识符及注释等参数。

（3）选中【放置类型】选项卡下“封装”单选按钮，并单击【封装】文本框右边的[...]按钮，弹出【库浏览】对话框，如图 6-80 所示，从中选择元器件所在的库，并从名称中选择放置的封装形式。例如，【库】设置为“DIP-PegLeads.PcbLib”，【名称】设置为 “DIP-14”。单击[确认]按钮，关闭【库浏览】对话框，返回到【放置元件】对话框。

图 6-79 【放置元件】属性对话框

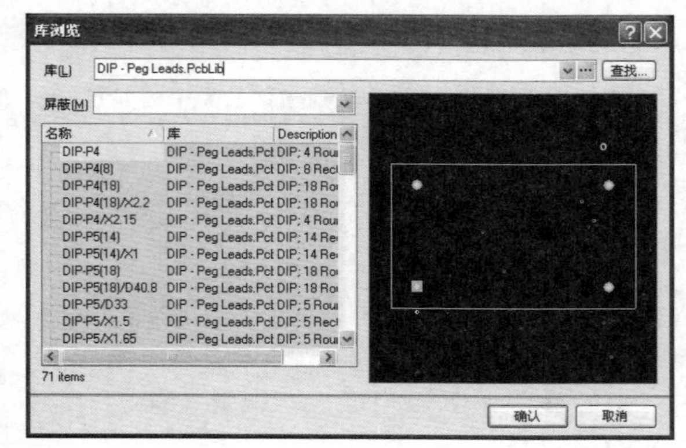

图 6-80 【库浏览】对话框

（4）单击[确认]按钮，关闭【放置元件】对话框。

（5）此时，光标上黏附着一个封装为“DIP-14”的元器件轮廓，如图 6-81 所示。

（6）按下【Tab】键，弹出【元件】属性对话框，如图 6-82 所示。在该对话框中，可以设置元器件的封装形式、标识符、注释、元器件放置的工作层、方向及位置等属性。本例中保持默认设置。

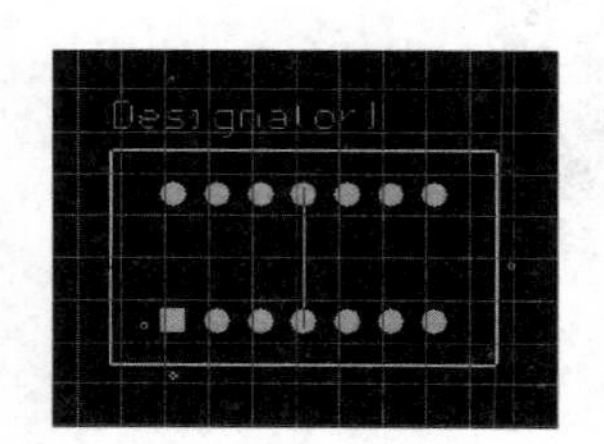

图 6-81 光标上黏附着的元器件轮廓

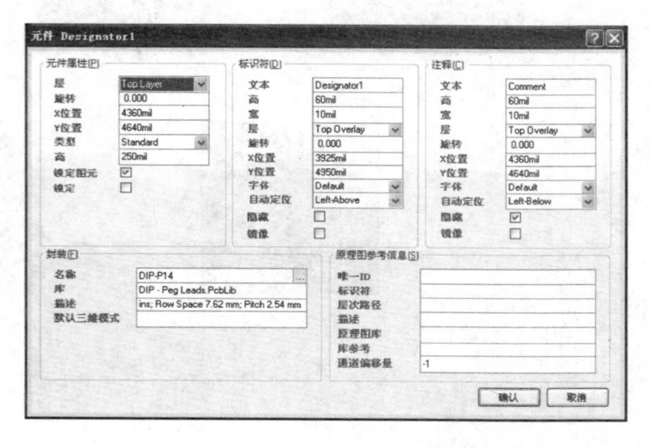

图 6-82 【元件】属性对话框

（7）单击[确认]按钮，移动光标到需要合适位置，单击即可放置该元器件。

（8）此时，光标上还黏附着刚刚放置的元器件轮廓，只是元器件的标志自动变成了“Designator2”，如图 6-83 所示，表示系统仍处于放置元器件的状态，可以用相同的方法继续放置该元器件，也可以单击右键或按下【Esc】键退出放置元器件命令。

元器件属性的设置也可以通过下列方法进行：即在放置了该元器件后，将光标移到元器件上双击，即可弹出【元件】属性对话框。

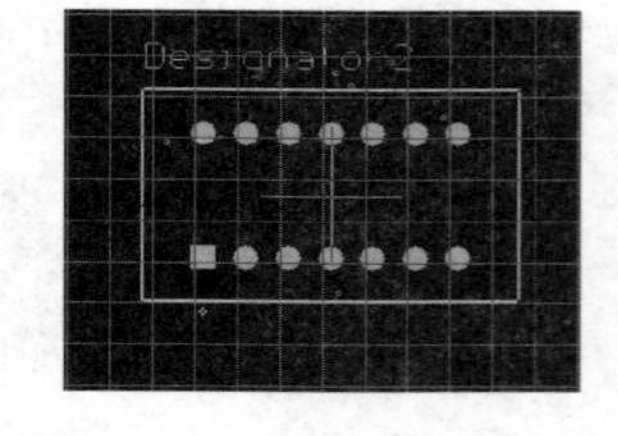

图 6-83 放置一个元器件后光标的显示

6.4.9 放置坐标

PCB 板设计中，坐标主要用于对 PCB 上的位置进行标注以供用户参考，可以通过执行【放置】→【坐标】菜单命令来完成。坐标一般放在机械层（Mechanical Layer）上，不具有任何电气特性，只是提醒用户当前鼠标所在位置与坐标原点之间的距离。

【实例 6-13】 放置坐标。

本实例要求放置一坐标。

（1）执行【放置】→【坐标】菜单命令，或使用快捷键 P+O，启动放置坐标命令。

（2）将光标移动到绘图区，此时，光标上黏附着一个随光标移动而变化的坐标轮廓，该轮廓显示出当前光标所在 PCB 的位置坐标，如图 6-84 所示。

（3）按下【Tab】键，弹出【坐标】属性对话框，如图 6-85 所示。

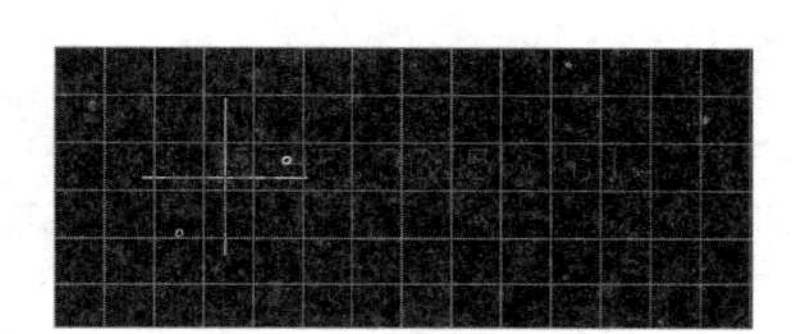

图 6-84　执行放置坐标命令后光标的显示

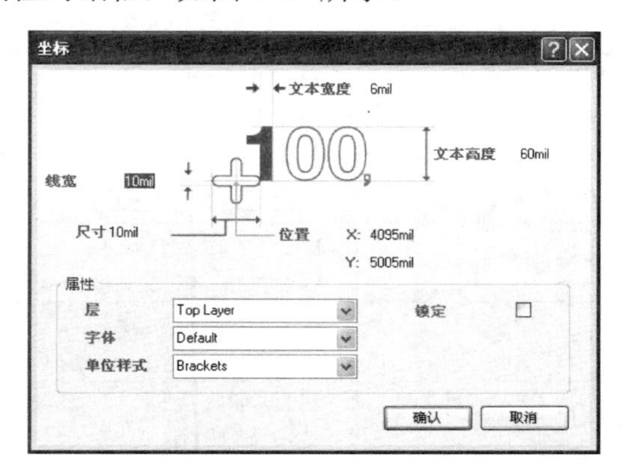

图 6-85　【坐标】属性对话框

（4）在该对话框中，可以设置坐标的文本宽度、高度、线宽、尺寸、位置及放置层等属性，设置好各属性参数后，单击确认按钮，关闭该对话框。本例中采用默认设置。

（5）移动光标到合适位置，单击放置该坐标。此时，光标上仍黏附着一个坐标的轮廓，表示系统仍处于放置坐标的状态，用户可以采用同样的方法继续放置下一个坐标，也可以单击右键或按下【Esc】键退出放置坐标命令。

6.4.10　放置尺寸

在 PCB 板设计中，为了方便制板过程，通常需要标注一些尺寸的大小，如电路板的安装定位孔，为了确定电路板在机箱内部的安装尺寸。尺寸标注也不具备电气特性，只是起到提醒用户的作用。尺寸通常放置在机械层（Mechanical Layer）上，由带箭头的线和字符串组成。

执行【放置】→【尺寸】菜单命令，可以看到放置尺寸命令，如图 6-86 所示。常用的尺寸标注类型、方法及应用场合见表 6-1 所示。

【实例 6-14】 放置直线尺寸标注。

本实例要求放置直线尺寸标注。

（1）执行【放置】→【尺寸】→【直线尺寸标注】菜单命令，或使用快捷键 P+D+L，启动放置直线尺寸标注命令。

（2）将光标移动到绘图区，此时，光标变成了黏附着一个具有当前位置坐标的十字形状，如图 6-87 所示。

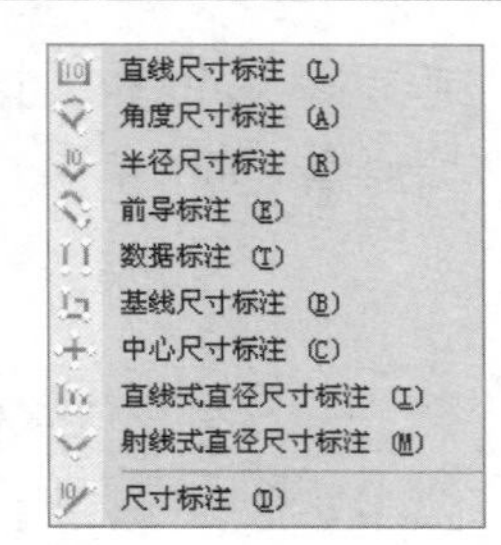

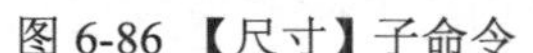

图 6-86 【尺寸】子命令

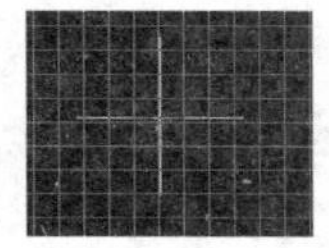

图 6-87 执行放置直线尺寸标注命令后光标的显示

表 6-1 常用尺寸标注类型及应用场合

尺寸标注类型	应 用 场 合
直线尺寸标注	对 PCB 上两点在水平或垂直方向上的距离进行标注
角度尺寸标注	对 PCB 上角度进行标注，如图 6-88（a）所示
半径尺寸标注	对圆弧或圆周半径进行标注，如图 6-88（b）所示
前导标注	对某一对象进行注释。一般以一支箭头或一个点作为前导头。标注的文字可以选择无框、圆形框或正方形框，如图 6-88（c）所示
数据标注	将第一个测量点作为尺寸基点，以后各点的标注都是相对于该基点的距离，标注的仅是数值，如图 6-88（d）所示
基线尺寸标注	和数据标注类似，但标注的是带箭头直线的尺寸，而不只是一个数值，如图 6-88（e）所示
中心尺寸标注	在圆弧或圆周的中心标注“十”字形记号，如图 6-88（f）所示
直线式直径尺寸标注	对圆弧或圆周标注直线式直径尺寸，如图 6-88（g）所示
射线式直径尺寸标注	对圆弧或圆周标注射线状直径尺寸，如图 6-88（h）所示
尺寸标注	用于任何开始和结束点之间的测量和标注，如图 6-88（i）所示

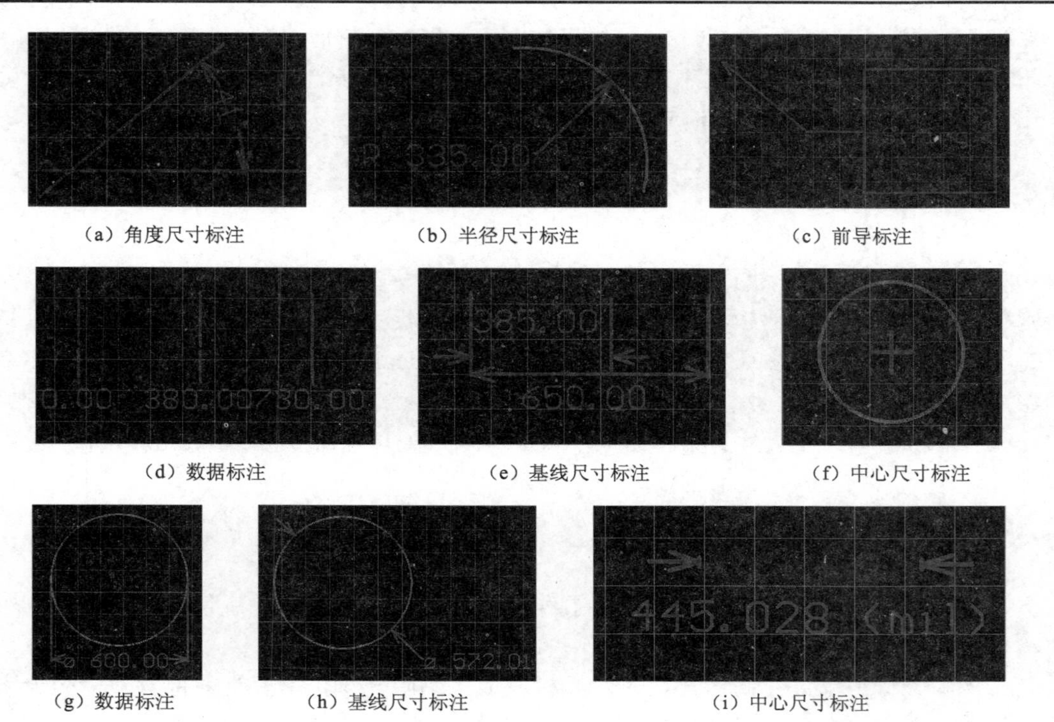

（a）角度尺寸标注　（b）半径尺寸标注　（c）前导标注

（d）数据标注　（e）基线尺寸标注　（f）中心尺寸标注

（g）数据标注　（h）基线尺寸标注　（i）中心尺寸标注

图 6-88 其他类型尺寸标注的方法

（3）按下【Tab】键，弹出【直线尺寸】属性对话框，如图 6-89 所示。

（4）在该对话框中，可以设置直线尺寸的箭头尺寸、文本宽度、旋转及扩展宽度等属性，设置好各属性参数后，单击 确认 按钮，关闭该对话框。本例中采用默认设置。

（5）移动光标到合适位置，单击放置直线尺寸标注的起点。

（6）水平移动光标到合适位置，单击放置直线尺寸标注的终点。

（7）向下或向上拖动光标到合适位置，单击完成放置，如图 6-90 所示。此时，系统仍处于放置直线尺寸坐标的状态，重复上述步骤，可以继续放置下一个直线尺寸坐标，也可以单击右键或按下【Esc】键退出放置坐标命令。

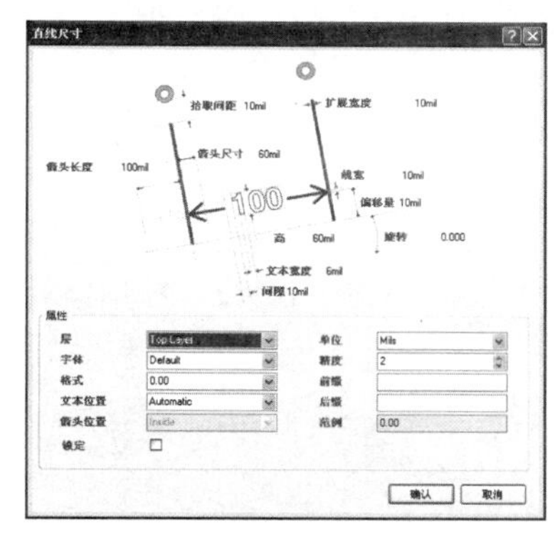

图 6-89 【直线尺寸】属性对话框

图 6-90　完成直线尺寸标注

6.4.11　规划 PCB 板的物理边界和电气边界

新建 PCB 文档后，还需要规划 PCB 板的物理边界和电气边界。

物理边界的规划步骤如下。

（1）单击工作窗口下部的 Mechanical 1 标签，切换到机械层窗口。

（2）执行【放置】→【直线】菜单命令，启动绘制直线命令。

（3）将光标移动到绘图区，绘制一个封闭的矩形作为 PCB 板的物理边界，如图 6-91 所示。

图 6-91　规划的物理边界

📖：绘制直线时，为了确保物理边界是个封闭的矩形，必须将终点和起点重合，因此移动光标，当出现 ◎ 时，说明两点重合。

电气边界用于规划 PCB 板上元器件和布线的范围，因此，电气边界必须在禁止布线层中绘制。规划该电气边界时，必须将工作窗口切换到Keep-Out Layer标签，其他操作步骤类似于物理边界的规划，此处不再赘述。

6.5 载入 PCB 元件库

在新建完 PCB 文件并完成对图纸的设置后，可以开始导入原理图信息。原理图的信息集中体现在网络报表中，包括元件信息和网络信息两种。为了导入原理图信息，需要在 PCB 文件中装载元器件的封装库和网络报表。封装是把实际电子元器件芯片的各种参数（如元器件的大小、长宽、直插、贴片、焊盘的大小、管脚的长宽、管脚的间距等）用图形方式表现出来，以便可以在设计 PCB 板时进行调用。如果一个元器件的封装从库中被放到 PCB 工作区，则该元器件就被指定了一个标号（比如 R3）和注释（比如 10K），然后就可以作为一个元件被引用。因此，本节将介绍如何在 PCB 文件中装载所需要的 PCB 封装库。

1．添加和删除PCB封装库

如果在 PCB 板中用到的元件，在导入原理图信息到 PCB 板时，一般要求含有该元件封装的 PCB 库也必须加载到库列表中。Protel DXP 对加载库的数量是没有限制的，仅会受到所用计算机硬件资源的限制。但是为了避免过多占用计算机的内存，一般尽量删除所不需要的封装库。

2．加载库到库列表

PCB 封装库的装入与原理图元件库的装入方法相同。

（1）单击工作窗口右边的【元件库】选项卡，或者执行【查看】→【工作区面板】→【System】→【元件库】菜单命令，即可弹出如图 6-92 所示的【元件库】面板。

（2）单击元件库...按钮，弹出如图 6-93 所示的【可用元件库】对话框。

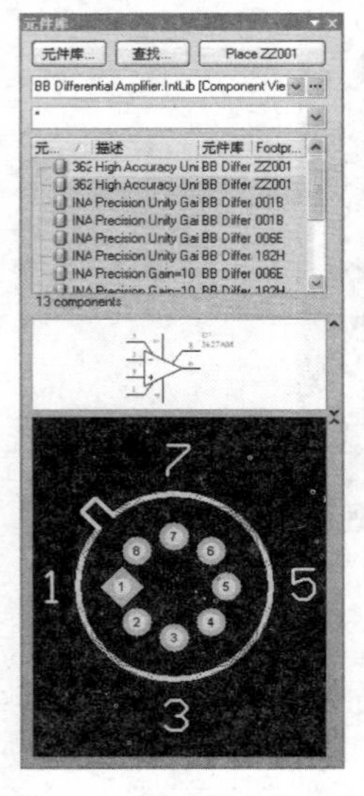

图 6-92 【元件库】面板

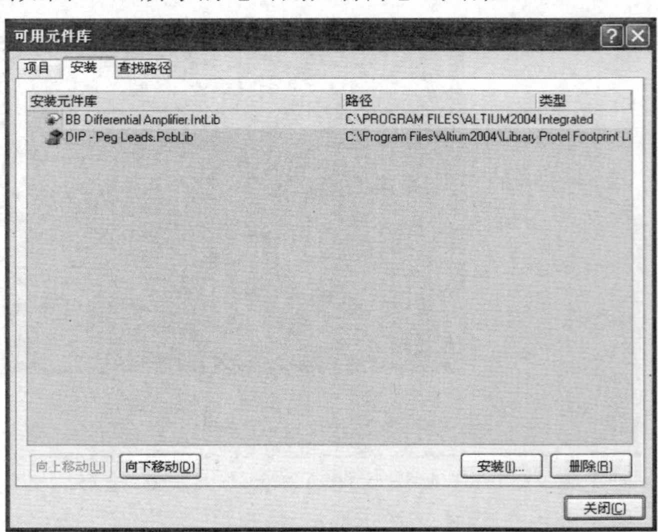

图 6-93 【可用元件库】对话框

（3）单击[安装(I)...]按钮，弹出【打开】对话框，如图 6-94 所示。

（4）在如图 6-94 所示的【打开】对话框中，将【查找范围】设置为路径“C:\Program files\Altium2004\ Library\Pcb”，单击【文件类型】右边的▾按钮，选择查找【Protel Footprint Library（*.PCBLIB）】，选择所需要的 PCB 封装库，如选择“DIP-Peg Leads”，如图 6-95 所示。单击[打开(O)]按钮，关闭该对话框，完成加载。

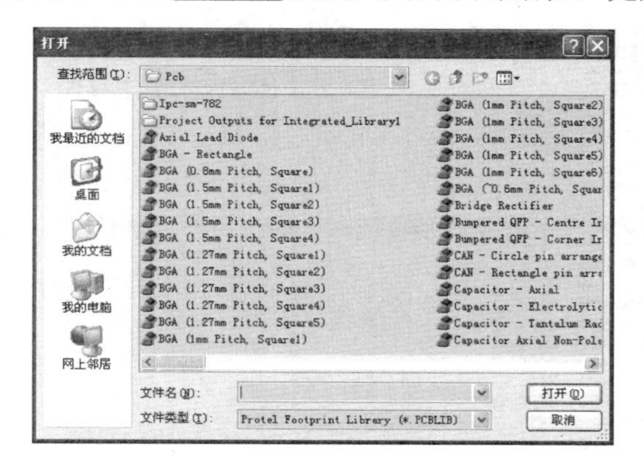

图 6-94　【打开】对话框

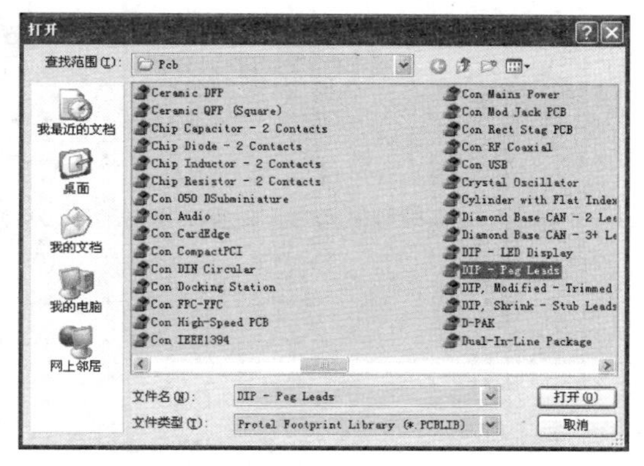

图 6-95　选择所需要的封装库

（5）单击[关闭(C)]按钮，关闭【可用元件库】对话框。

（6）单击【元件・库】工作面板中的…按钮，弹出如图 6-96 所示的对话框，勾选【封装】前面的复选框，单击[Close]按钮，在库的下拉列表中选中激活所选择的 PCB 封装库，再从【元件库】面板中的元件列表中选择希望放置的元件，如“DIP-14”，然后单击[Place DIP-P14]按钮放置该元件封装。

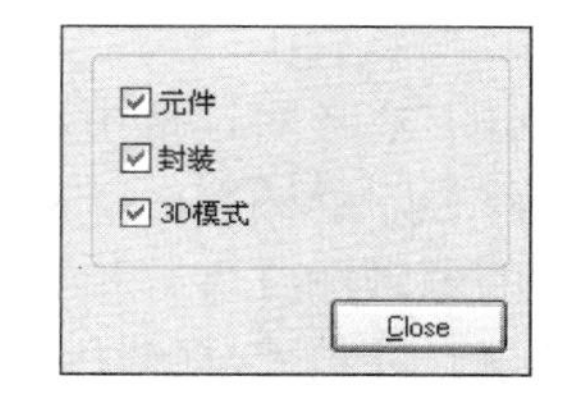

图 6-96　选中【封装】复选框

6.6　载入网络表和元器件

当将 PCB 元器件的封装库载入后，就可以装入网络表与元器件了。也就是将原理图设计的网络表及元器件封装导入 PCB 板的设计系统，这也是 PCB 设计中最常用的方法。由于 Protel DXP 可以实现真正的双向同步设计，因此，用户可以在原理图和 PCB 图中将网络表中的内容相互转换。下面通过实例介绍将原理图的网络表及元器件封装导入 PCB 图中的具体方法。

【实例 6-15】 导入网络表和元器件封装。

本实例要求将“E:\chapter6\”目录下的项目文件“6_14.PRJPCB”为例，将其中的原理图文件“differential amplifier.SchDoc”的网络表和元器件封装导入新建的 PCB 文件“differential amplifier.PcbDoc”中。

（1）执行【文件】→【打开项目】菜单命令，打开项目文件“E:\chapter6\6_14.PRJPCB”。

（2）载入元器件的封装库，对项目编译进行电气规则检查，改正并生成网络表。

（3）在工作区面板中右键单击该项目文件，在弹出的菜单中选择【追加新文件到项目中】→【PCB】，为该项目新建一个 PCB 文件，并重命名为“differential amplifier.PcbDoc”。

（4）在 PCB 中绘制电路板的物理边界和电气边界。

（5）在工作区面板中选择【Projects】选项卡，选中原理图文件“differential amplifier.SchDoc”，在原理图界面下，执行【设计】→【Update PCB Document differential amplifier. PcbDoc】菜单命令，打开【工程变化订单（ECO）】对话框，如图 6-97 所示。

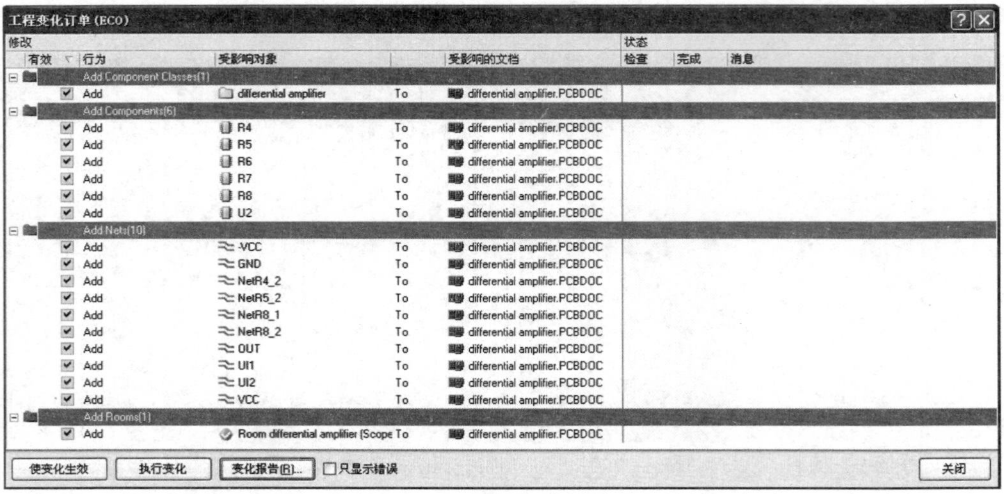

工程变化订单 (ECO)

修改					状态		
有效	行为	受影响对象		受影响的文档	检查	完成	消息
	Add Component Classes(1)						
☑	Add	differential amplifier	To	differential amplifier.PCBDOC			
	Add Components(6)						
☑	Add	R4	To	differential amplifier.PCBDOC			
☑	Add	R5	To	differential amplifier.PCBDOC			
☑	Add	R6	To	differential amplifier.PCBDOC			
☑	Add	R7	To	differential amplifier.PCBDOC			
☑	Add	R8	To	differential amplifier.PCBDOC			
☑	Add	U2	To	differential amplifier.PCBDOC			
	Add Nets(10)						
☑	Add	-VCC	To	differential amplifier.PCBDOC			
☑	Add	GND	To	differential amplifier.PCBDOC			
☑	Add	NetR4_2	To	differential amplifier.PCBDOC			
☑	Add	NetR5_2	To	differential amplifier.PCBDOC			
☑	Add	NetR8_1	To	differential amplifier.PCBDOC			
☑	Add	NetR8_2	To	differential amplifier.PCBDOC			
☑	Add	OUT	To	differential amplifier.PCBDOC			
☑	Add	UI1	To	differential amplifier.PCBDOC			
☑	Add	UI2	To	differential amplifier.PCBDOC			
☑	Add	VCC	To	differential amplifier.PCBDOC			
	Add Rooms(1)						
☑	Add	Room differential amplifier (Scope	To	differential amplifier.PCBDOC			

使变化生效　执行变化　变化报告(R)...　☐只显示错误　关闭

图 6-97 【工程变化订单（ECO）】对话框

（6）在该对话框中单击[使变化生效]按钮，对原理图进行检查。如果出现了错误，在检查状态将显示⊗标志。一般是因为原理图中的元器件在 PCB 图中的封装找不到，这时应打开相应的原理图文件，检查元器件封装名是否正确或添加相应的元器件封装库文件。如果没有错误，在检查状态中将显示✔标志。检查完成后，改正有错误的地方直到没有错误为止。

（7）单击[执行变化]按钮，即可将改变发送到 PCB 文件，加载完成后，单击[关闭]按钮，关闭该对话框。

（8）此时，系统会自动转到 PCB 编辑界面，完成了网络表和元器件的导入，如图 6-98 所示。

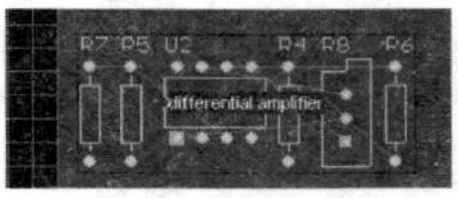

R7 R5 U2 R4 R8 R6
differential amplifier

图 6-98 完成网络表和元器件的导入

6.7 PCB 布局与布线

载入网络表和元器件封装后，用户还需要对元器件封装进行布局，也就是将元器件封装放置到工作区。元器件布局的合理性对自动布线的成功率及整个系统工作的稳定性都具有重要影响。因此，本节主要对 PCB 元器件的布局和布线进行详细介绍。Protel DXP 提供了两种布局方法：自动布局和手动调整布局。其自动布局功能强大，用户只要定义好规则，系统就可以自动将重叠的元器件封装分离。手动布局用于调整自动布局不合理的地方。用户可以根据自己的习惯和设计需要自行选择。一般情况下，将两种布局方法结合起来使用。

6.7.1 自动布局

在 Protel DXP 中，用户可以利用系统的 PCB 编辑器所提供的自动布局功能对元器件进行自动布局，如果自动布局结果不满意，可以进行手工调整，以更快、更便捷地完成元器件的布局工作。下面通过实例介绍元器件自动布局的具体操作过程。

【实例 6-16】 元器件的自动布局。

本实例要求采用元器件自动布局的方法对实例 6-14 中的元器件进行布局。

（1）执行【文件】→【打开项目】菜单命令，在路径“E:\Chapter6\”下找到项目文件“6_14.PrjPcb”，单击 打开(O) 按钮，打开该项目文件。

（2）将光标移到工作区面板，选中“differential amplifier.PCBDOC”，双击左键打开该 PCB 文件，如图 6-99 所示。

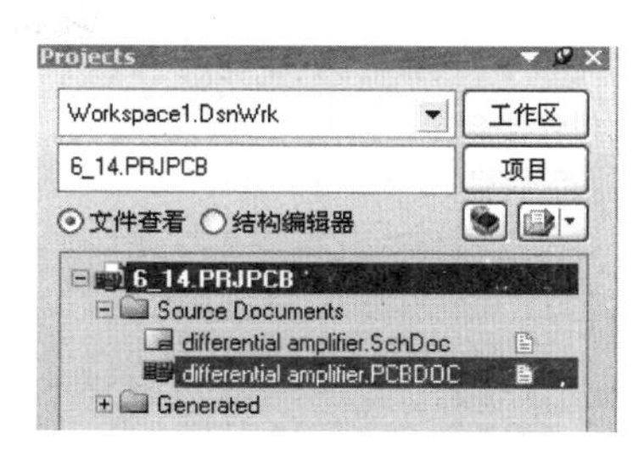

图 6-99　工作区面板

（3）执行【工具】→【放置元件】→【自动布局】菜单命令，弹出如图 6-100 所示的【自动布局】对话框。对元器件自动布局参数进行设置。

该对话框中各选项的含义如下。

❑ 分组布局

分组布局是一种基于组的元器件自动布局方式。它是先根据连接关系将元器件划分成组，然后根据几何关系放置元器件组，该方式较适合与元器件较少的电路，运行速度较慢。如果勾选下面的【快速元件布局】复选框，则可以加速元器件布局。本例中元器件比较少，因此，选中分组布局方式。

❑ 统计式布局

这是一种基于统计的元器件自动布局方式。它是根据统计算法布置元器件，以确保元器件之间的连线长度最短。该方式适合于元器件较多的情况。选中该布局方式后的对话框如图 6-101 所示。在该对话框中，可以设置该布局方式下元器件的自动布局参数。其各选项的功能如下。

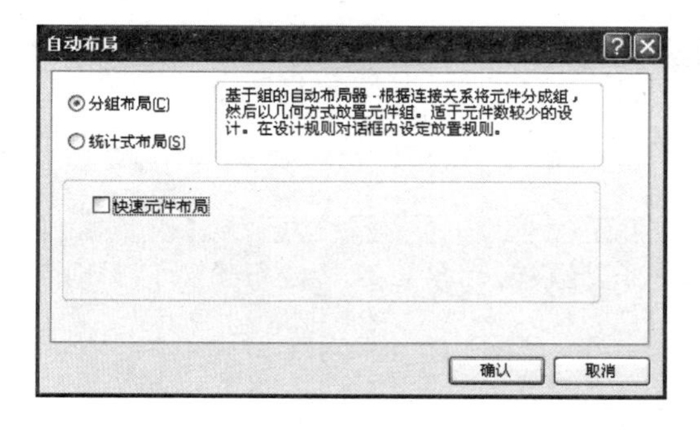

图 6-100　【自动布局】对话框

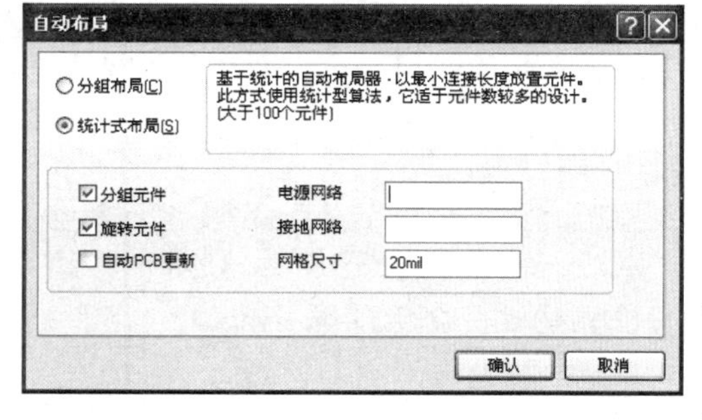

图 6-101　【统计式布局】选项

➢ 【分组元件】：将当前 PCB 设计中网络连接密切的元件归为一组。排列时同一组的元器件将作为整体考虑，默认为选中。

➢ 【旋转元件】：根据当前网络连接与排列的需要将元器件或元器件组进行旋转。默认为选中，如果没有选中该选项，则元器件将按原始位置进行放置。

➢ 【电源网络】：设置电源网络名称，一般将该项设置为“VCC”。

➢ 【接地网络】：设置接地网络名称，一般将该项设置为“GND”。

➢【网格尺寸】：设置元器件自动布局时网格点之间的间距。如果网格点的间距设置过大，则自动布局时有些元器件有可能被挤出电路板的边界。因此应该根据设计需要进行选择。本例中设置为“0.1mm”

（4）元器件自动布局参数设置好后，单击对话框中的【确认】按钮，即可开始元件自动布局。如图 6-102 所示为自动布局时的进程，此时，状态栏中的进度条会显示自动布局的进程。

（5）为自动布局完成后的效果，如图 6-103 所示。

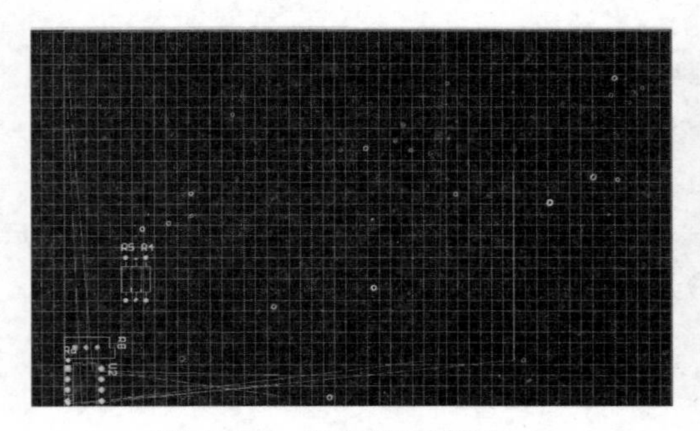

图 6-102　自动布局过程

图 6-103　自动布局结果

即使同一个电路原理图，每次自动布局后的效果一般也不相同，因此，用户应多进行几次自动布局，从中选出一个较合理的布局。

6.7.2　手动调整布局

一般情况下，元器件的自动布局结果并不是很理想，存在很多不合理的地方。因此，用户不能完全依赖程序的自动布局，在自动布局完成后，还需要对其进行手工调整布局。同时考虑到电路能否正常工作及电路的抗干扰性等问题，可能对某些元器件的布局还有一些特殊要求，这些都是自动布线系统根本无法完成的。因此，对元器件进行手工调整布局就变得非常必要，以使元器件的布局更加合理，更加有利于元器件的自动布线。

元器件的手工调整布局主要是针对元器件进行移动、旋转等操作。下面仍以实例的方式介绍手动调整布局的方法。

📖：在进行手工调整之前，必须对网格的间距及光标移动的单位距离进行设置，否则在元件调整时，会遇到很多麻烦。

【实例 6-17】 对【实例 6-16】自动布局的结果进行手动调整布局。

（1）执行【设计】→【PCB 板选择项】菜单命令，弹出【PCB 板选择项】对话框，在该对话框中可以对网格的间距和光标移动的单位距离进行设置，设定好的参数如图 6-104 所示。

（2）设置好【PCB 板选择项】的参数后，单击【确认】按钮，关闭该对话框，返回 PCB 编辑环境。

（3）调整元器件的位置。在 PCB 编辑环境下，将光标移动到元器件上，单击选中元器件不放，光标变成“十”字形状。此时，移动光标可以拖动元器件或者按下【Space】键旋转元器件方向；另外，也可以按下【Tab】键或双击打开【元件】属性对话框，如图 6-105 所示。本例选中元器件“U2”。通过该属性对话框，可以设置该元器件在 PCB 设计中的各种详细参数。

图 6-104　【PCB 板选择项】对话框

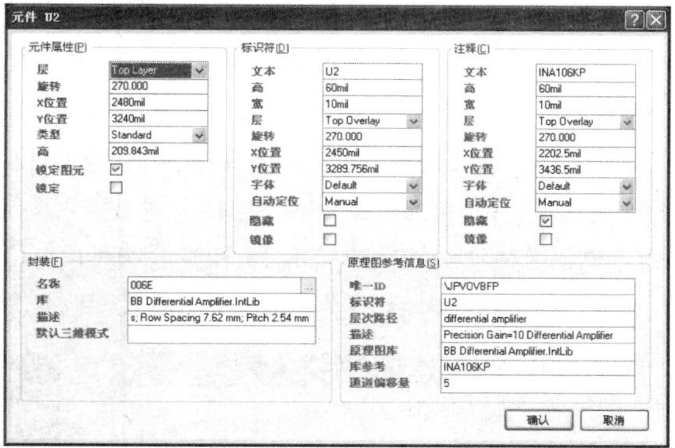

图 6-105　【元件】属性对话框

移动元器件也可以通过下列方法来实现。

（1）执行【编辑】→【移动】→【元件】菜单命令，光标变为“十”字形状，将光标移动到元器件上单击，该元器件被选中，以黄色显示，如图 6-106 所示。或者将光标移到工作界面中单击，弹出【选择元件】对话框，如图 6-107 所示。

（2）从该对话框中选择要移动的元器件，单击 确认 按钮，此时光标会自动跳转到所选择的元器件上，移动光标（无需按下鼠标左键），就可以移动所选择的元器件，到合适位置单击放置该元器件，在此过程中也可以按下【Space】键旋转元器件；此时，光标仍为“十”字形状，用户仍然可以采用相同的操作移动下一个元器件，也可以单击右键或按下【Esc】键退出移动元器件命令。

调整好位置后的结果如图 6-108 所示。

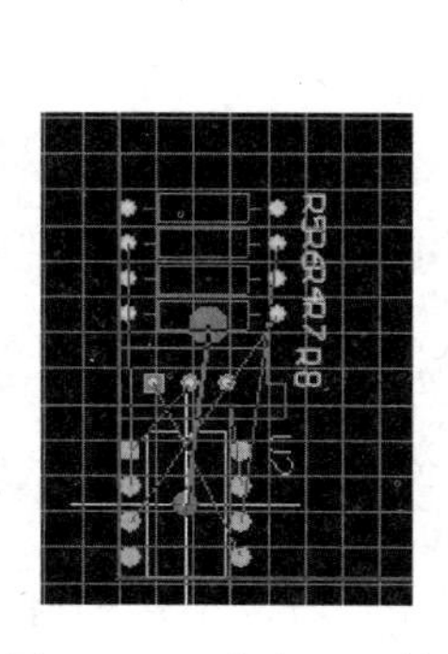

图 6-106　选中元器件

图 6-107　【选择元件】对话框

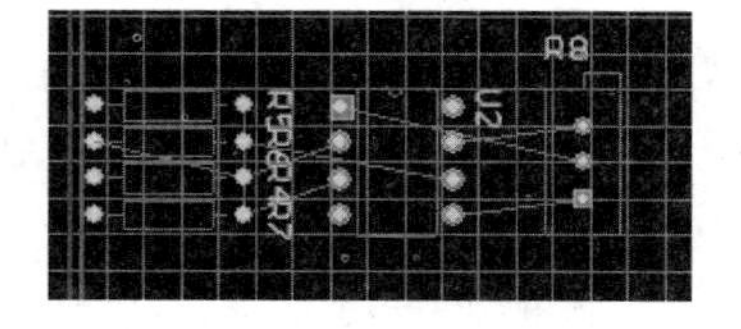

图 6-108　元件手动布局结果

6.7.3　元器件标注的调整

在元器件布局完成后，一般元器件的标注都过于杂乱，使电路板看起来并不美观。虽然这种情况不影响电路的正确性，但会给电路板焊接时查找元器件带来很大的麻烦，所以很有必要对元器件的标注进行调整，使元器件的标注排列尽量整齐美观、清晰，查找方便，大小适中。

元器件标注的调整操作主要有移动、旋转和编辑等。元器件标注移动、旋转的方法与元器件移动和旋转的方法完全相同。下面仅简单介绍编辑元器件标注的方法。

【实例 6-18】 对元器件 U2 的标注“U2”进行编辑操作。

（1）双击待编辑的元器件 U2 的序号“U2”，弹出如图 6-109 所示的【标识符】对话框。在该对话框中可以对标注的文本内容、字体高度、字体宽度、字体类型、文字标注所在工作层面、文字标注的放置角度和文字标注的位置坐标 X 和 Y 等属性进行设定。

（2）将文本内容改为“Amplifier”，其他选项均采用默认值，最终结果如图 6-110 所示。

图 6-109 【标识符】对话框

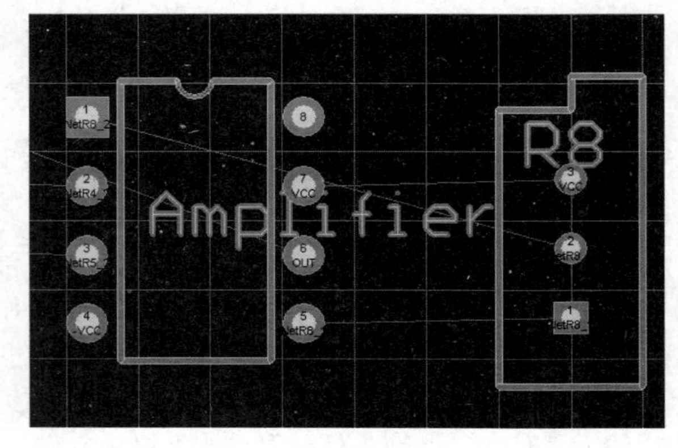

图 6-110 编辑元器件标注的结果

6.7.4 元器件布局的自动调整

从前面的内容可以看出，经过对元器件的自动布局后，元器件的排列并不能完全符合实际要求，因此，必须对元器件布局进行相应调整。除了采用前面介绍的手工布局调整之外，也可以利用 Protel DXP 提供的元器件自动排列功能进行布局调整。利用元器件的自动排列功能，可以使元器件的排列更加整齐和美观。

下面通过实例介绍利用 Protel DXP 提供的元器件自动排列功能对元器件的布局进行调整。

【实例 6-19】 利用元器件自动排列功能，对图 6-107 中的元器件进行自动布局调整。

（1）选择待排列的元器件。执行【编辑】→【选择】→【区域内对象】菜单命令或单击工具栏中的□按钮。

（2）此时光标变成十字形状，将光标移动到待选区域的合适位置，拖动鼠标拉开一个虚线框到对角，将待选元器件选于该虚线框中，单击完成选择。

（3）执行【编辑】→【排列】菜单命令，出现下拉菜单，如图 6-111 所示。

系统提供了多种不同的元器件排列方式，用户可以根据实际需要进行选择，调整元件排列。一般可以根据元器件相对位置的不同，选择相应的排列功能。前面介绍过原理图的排列功能，PCB 图的排列方法和操作步骤与之基本相似。这里只针对菜单【编辑】→【排列】→【排列】中常用排列命令的功能进行简单说明。

（4）执行【排列】命令，对话框如图 6-112 所示。

图 6-111　【编辑】→【排列】下拉菜单

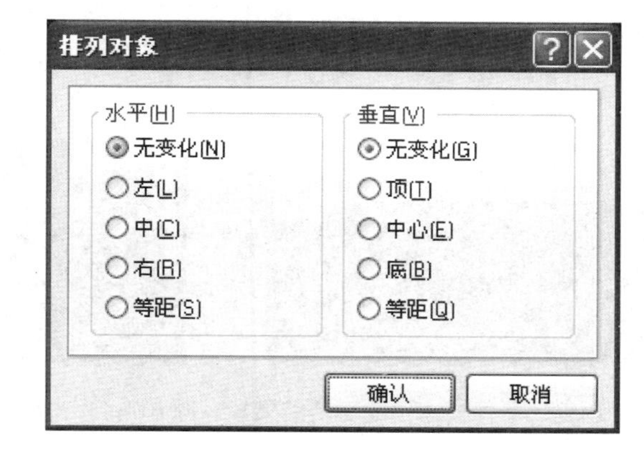

图 6-112　【排列对象】对话框

在该对话框中，排列元件的方式分为水平和垂直两种方式，即水平方向的对齐和垂直方向的对齐，两种方式可以单独使用，也可以混合使用，根据用户的需要可以任意配置，因此，在 Protel DXP 中元器件的自动排列是十分方便的。在该对话框中各个选项的具体功能如下。

- 【水平】选项卡：用于设置所选元器件在水平方向的排列方式。
- 【垂直】选项卡：用于设置所选元器件在垂直方向的排列方式。

（5）本例中将选中元器件 R5、U2 和 R8，然后执行【Align】命令，选择【垂直】为“顶”，单击确认按钮，结果如图 6-113 所示。

（6）执行【定位元件文本位置】命令，可以将选取元器件的文本注释按照一定形式进行排列。执行【定位元件文本位置】菜单命令，弹出如图 6-114 所示的对话框。

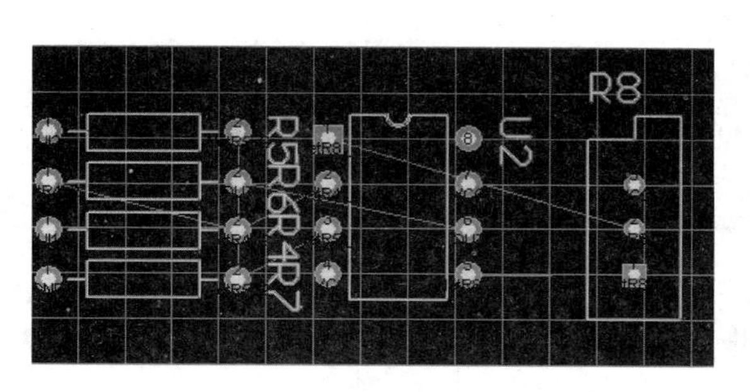

图 6-113　执行【排列】命令后的结果

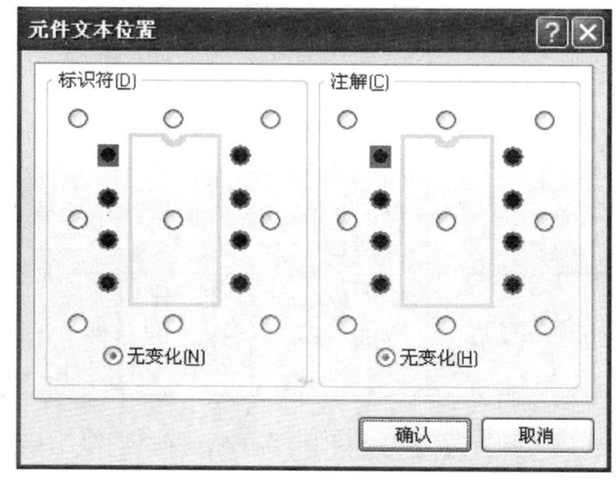

图 6-114　【元件文本位置】对话框

在该对话框中，可以将文本注释（包括元件的序号和注释）排列在元件的上方、中间、下方、左方、右方、左上方、左下方、右上方、右下方和不改变等 9 种方式。本例选取将文本注释放在元件中间，调整结果如图 6-115 所示。

📖：当元器件装上 PCB 板后，大部分的元件注释都被元件给压住了，给调试和维护带来不便，因此，应该避免将元件的文本注释放在元件的中间。

（7）执行【移动元件到网格】命令，可以将选取的元件自动移到网格上，如图 6-116 所示。

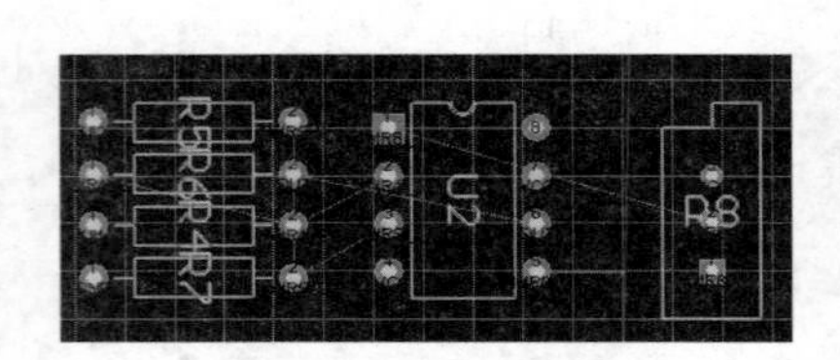

图 6-115 调整元器件文本位置后的结果

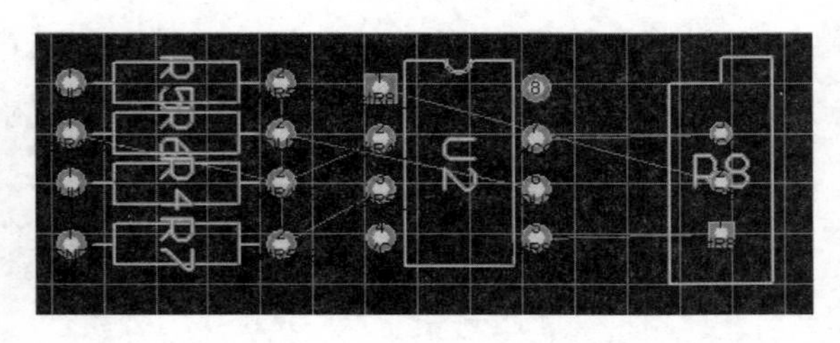

图 6-116 执行【移动元件到网格】菜单命令后的结果

6.7.5 元器件的手工布局

当 PCB 板中元器件的数目比较少，元器件之间的连线不是十分复杂时，自动布局的结果基本上可以满足正常的需要。但是，如果用户在元器件自动布局和手工调整后，对元器件的布局仍不满意，则需要考虑元器件的手工布局了。

在进行元器件的手工布局时，一般需要从以下几个方面进行综合考虑，如表 6-2 所示。

表 6-2 元器件手工布局综合考虑事项

考虑因素	要　求
机械结构	外部接插件、显示器件等的安放位置要整齐 板外部接插件，应从三维角度考虑器件的安放位置 板内部接插件，应考虑总装时机箱内的美观
散热	对于发热较多的器件应考虑加散热器 发热元器件要远离周围电解电容、晶振、锗管等怕热元件 竖放板子时应把发热元件放置在板的最上面 双面放元器件时不能将发热元件放于底层
电磁干扰	绘制原理图时可以增加电源滤波用磁环、旁路电容等器件，如每个集成电路的电源引脚附近都应有一个旁路电容连到地，一般使用 104 (0.1 u F)的电容；关键电路要加金属屏蔽罩
布线方便性	单面板上的器件一律放顶层 双面板或多层板上的器件一般放顶层。如果元器件过密，顶层空间有限，才可以将高度有限并且发热较少的器件，如贴片电阻、贴片电容和贴片 IC 等放在底层

因此，经过上述的考虑，布置的一般过程是先布置与机械尺寸有关的元器件并锁定这些器件，然后是体积大、占位置的器件及电路的核心器件，再到外围的小器件。

6.7.6 Room 空间

若用户需要同时移动多个元器件时，可以使用 Room 空间菜单命令。Room 空间其实就是指元器件空间，它将同一个 Room 空间的元器件归为一组，只要移动 Room 空间就可以移动该空间中的所有元器件。通过执行【设计】→【Room 空间】菜单命令，打开【Room 空间】的子菜单选项，如图 6-117 所示。

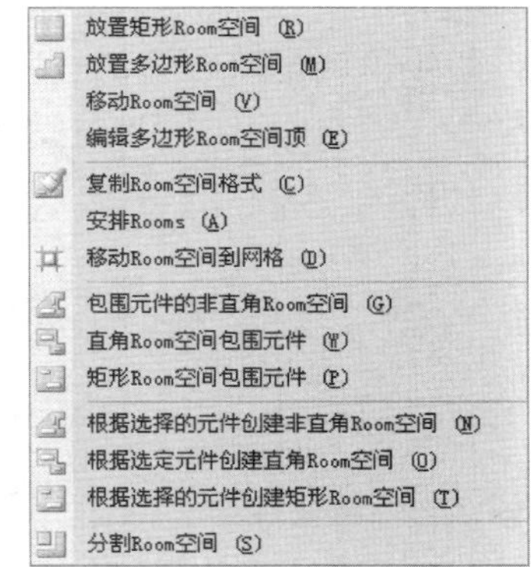

图 6-117 【ROOM】空间子菜单

【实例 6-20】 多边形 Room 空间的放置。

本实例要求对【实例 6-17】的 PCB 中为电阻 R4、R5、R6 和 R7 放置一个多边形 Room 空间。

（1）执行【设计】→【Room 空间】→【放置多边形 Room 空间】菜单命令，启动放置多边形 ROOM 空间命令。

（2）将光标移动到编辑区，光标变为“十”字形状。

（3）将光标移到合适位置，单击确定多变形 Room 空间的第一个顶点，然后移动光标，到合适位置单击，确定多边形的第二个顶点，然后重复执行上述操作，依次确定多边形的多个顶点，如图 6-118 所示，可以发现每确定一个顶点，系统会自动将当前的顶点连接到第一个顶点上，形成封闭的多边形。此时，用户只要将光标移到第一个顶点上，单击即可完成多边形 Room 空间的绘制，如图 6-119 所示。

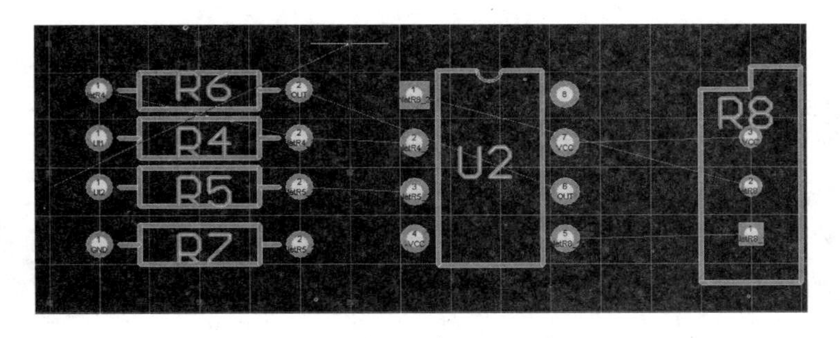

图 6-118　多边形 Room 空间的绘制过程

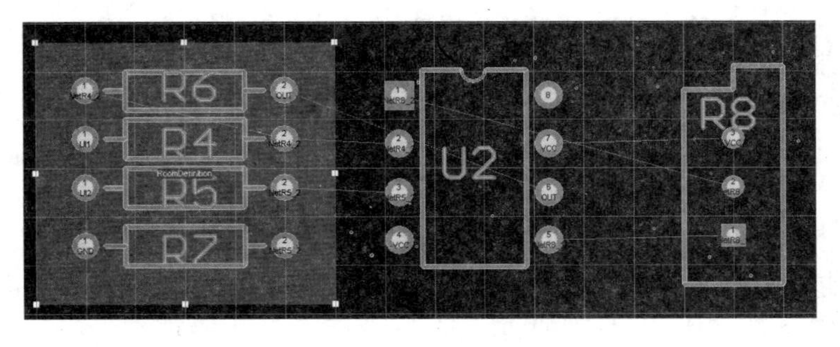

图 6-119　多边形 Room 空间的绘制结果

（4）绘制完成后，光标仍然为十字形状，用户可以继续采用相同的方法放置 Room 空间，单击右键或按下【Esc】键，退出多边形 Room 空间命令。可以看到该 Room 空间包含了 R4、R5、R6 和 R7 这 4 个电阻，如果此时移动 Room 空间，则它们将做整体移动。如果 Room 空间没有包含任意元器件或包含了所有元器件，则该空间都将包含当前 PCB 的所有元器件。

（5）将光标移动到 Room 空间上，双击打开【Edit Room Definition】对话框（Room 空间属性对话框），如图 6-120 所示。通过该对话框可以设置 Room 空间的名称、注释等参数。

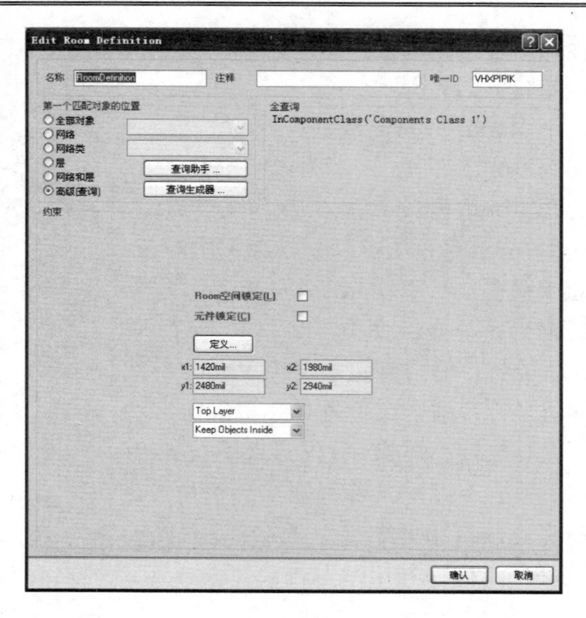

图 6-120 【Edit Room Definition】对话框

6.7.7 网络密度分析

当元器件布局完成后，可以采用网络密度分析工具对电路板的布局进行分析，对元器件进行合理调整，使整个 PCB 板的元器件位置更加合理、美观。

【实例 6-21】 针对【实例 6-19】的布局结果进行网络密度分析。

（1）执行【工具】→【密度分析】菜单命令，可以得到网络密度分布结果，如图 6-121 所示。密度分析图中，颜色越深的地方网络密度越大。

图 6-121 网络密度分析结果

（2）按下【End】键或执行重新刷新屏幕的【查看】→【更新】菜单命令，即可清除密度分析图。

根据网络密度分析结果，用户可以按照最好的方法优化 PCB 板的元件分配。一般认为，网络密度相差越大，元器件布局就越不合理。但是，还要具体问题具体分析，不是说分布绝对均匀就一定合理。因为元器件的实际密度分配和具体电路有很大关系，例如，发热量多的大功耗元件，需要远离周围的元器件，因此，密度小一些。

6.7.8 3D 效果图

用户还可以通过 3D 效果图查看 PCB 板的实际效果及全貌，进而查看元器件布局的是否合理。

执行【查看】→【显示三维 PCB 板】菜单命令，PCB 编辑器内的工作窗口变为 3D 效果图，如图 6-122 所示。从该图中可以查看元器件的封装是否正确，元器件之间的安装是否干涉，是否合理等，从而可以在设计阶段改正一些设计上的错误，缩短设计周期、降低成本。

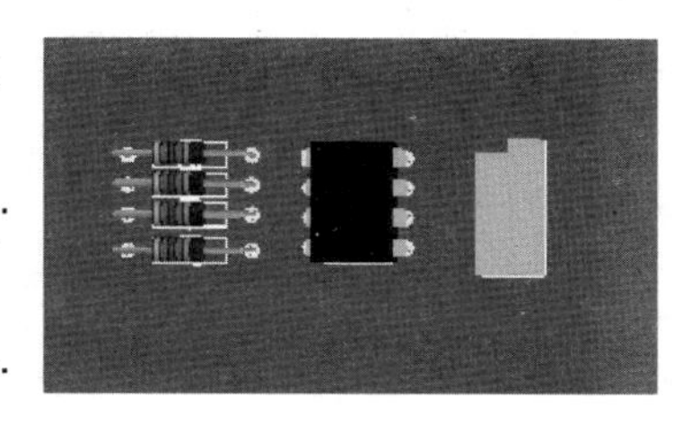

图 6-122　3D 效果图

📖: 3D 效果图和 PCB 编辑器的切换，可以执行【视窗】下的菜单命令，或者单击工作窗口上的标签来实现。

6.7.9　设置自动布线规则

完成元器件布局后，就可以对 PCB 板进行布线了。布线就是放置导线和过孔在板子上将元器件连接起来。布线的方法有自动布线和手工布线两种，一般两种方法结合，先自动布线再手工修改。

自动布线是 PCB 编辑器内的自动布线系统根据用户设定的有关布线参数和布线规则，依照一定的拓扑算法，按照事先生成的网络自动在各元器件之间进行连线，从而完成印制电路的布线工作。一般自动布线前需要先设置布线参数和布线规则，然后按着设置的布线参数和布线规则进行布线。因此，布线参数和布线规则设定的是否合理直接决定了布线的质量和成功率。

本书着重介绍双面板的制作，即信号层只有顶层（Top Layer）和底层（Bottom Layer）两层。

自动布线的参数包括布线层（Routing Layers）、布线拓扑结构（Routing Topology）、布线优先级（Routing Priority）、走线宽度（Width）、布线的拐角模式（Routing Corners）、过孔孔径类型（Routing via Style）及布线扇出控制（Fanout Control）等。下面对【实例 6-16】设定布线参数

执行【设计】→【规则】菜单命令，打开【PCB 规则和约束编辑器】对话框，如图 6-123 所示。

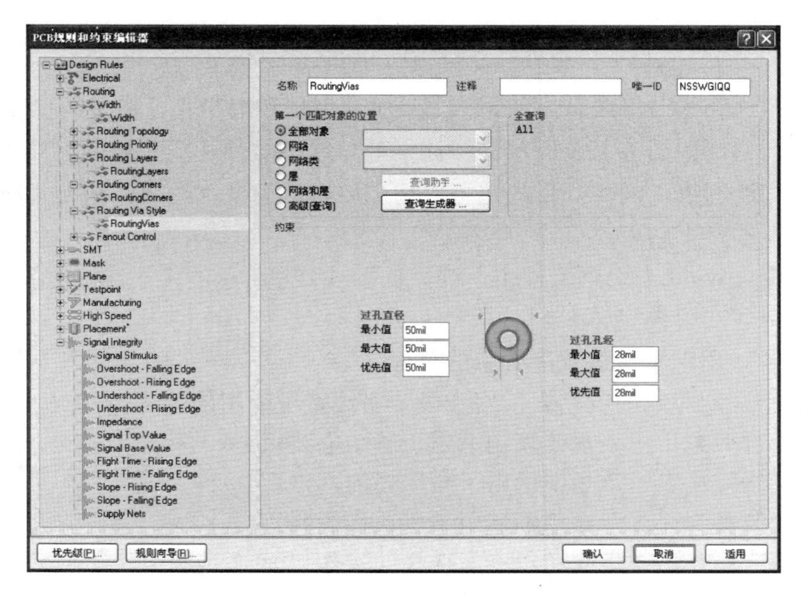

图 6-123 【PCB 规则和约束编辑器】对话框

在该对话框中，PCB 编辑器将 PCB 板的设计规则分成十大类，包括设计过程中的电气特性、布线、电层和测试等多方面。考虑到初级用户的实际需要，本书仅对常用的布线规则进行介绍。

将光标移动到该对话框右边规则栏中，单击【Routing】选项，弹出如图 6-124 所示的布线规则设置对话框。在该对话框中，可以对布线宽度（Width）、布线的拐角模式（Routing Comers）、布线优先级（Routing Priority）、布线拓扑结构（Routing Topology）、过孔孔径类型（Routing Via Style）等进行设置。其中，布线宽度（Width）至关重要，如果布线规则设定得好，将大大减小自动布线后的手工调整工作，这点在电源线的布线宽度设定中体现得淋漓尽致。

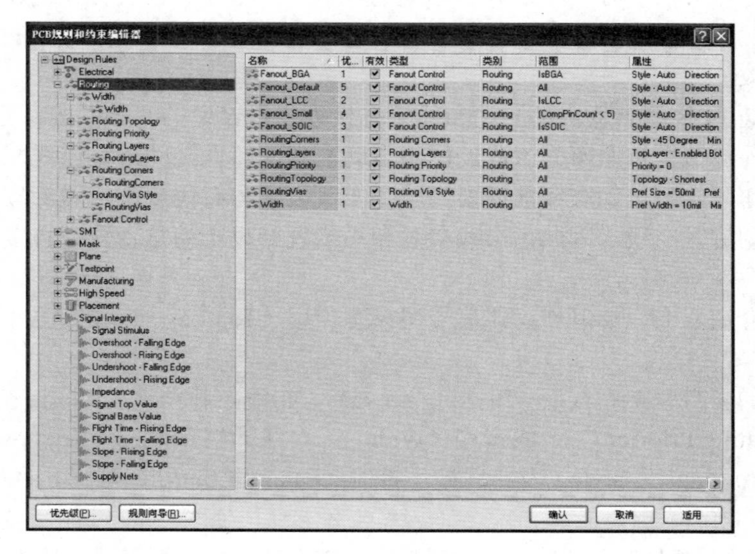

图 6-124 【Routing】选项

1. 设置布线宽度（Width）

该项用于定义布线时导线宽度的最大、最小允许值和典型值。在布线宽度（Width）选项上单击右键，弹出如图 6-125 所示的快捷菜单。通过执行【新建规则】菜单命令，可以创建一个新的宽度约束，同样，用户也可以选中要删除的宽度约束，执行【删除规则】菜单命令删除已有的宽度约束。

在布线宽度（Width）选项上双击，弹出如图 6-126 所示的【布线宽度】设置对话框。该对话框中各选项含义如下。

- 【名称】：用于定义该宽度约束的名称。
- 【第一个匹配对象的位置】：用于设定布线宽度适用的范围。
  - “全部对象”：表示该规则适用于整个电路板。
  - “网络”：表示该规则适用于所选择的网络。
  - “网络类”：表示该规则适用于所选择的网络类。
  - “层”：表示该规则适用于所选择的工作层面。
  - “网络和层”：表示该规则适用于所选择的网络和工作层面。

新键规则(X)...
删除规则(Y)...
报告(Z)...
Export Rules...
Import Rules...

图 6-125　快捷菜单

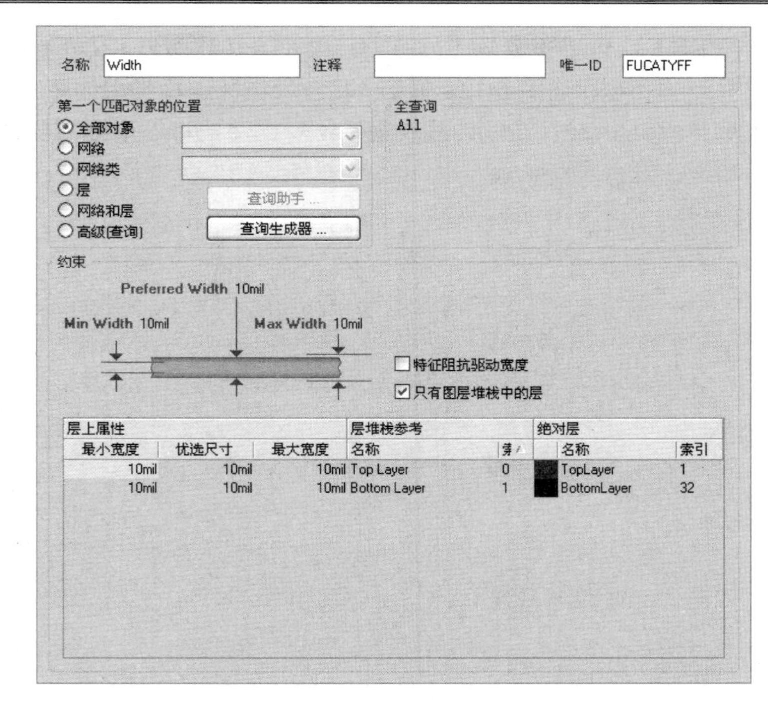

图 6-126 【布线宽度】设置对话框

只要选中各选项前的单选框即可，通常情况下采用默认设置“全部对象”。这里选择为“全部对象”，即该规则适用于整个电路板。

- ❑【约束】：用于设置布线宽度属性，即当前布线宽度所允许的最小线宽（Minimum）、最大线宽（Maximum）和优选线宽（Preferred）。一般情况下，设定布线宽度属性为最小线宽为“0.254mm”，最大线宽为“2mm”，典型线宽为“0.5mm”，以便在 PCB 板的设计过程中能够在线修改布线宽度。

2．设置布线拓扑结构（Routing Topology）

该项主要用于定义管脚到管脚（Pin To Pin）之间布线的规则。双击（Routing Topology）选项即可进入如图 6-127 所示的【布线拓扑结构约束】设置对话框。

该对话框中各选项含义如下。

- ❑【名称】：用于定义布线拓扑结构约束的名称。
- ❑【第一个匹配对象的位置】：用于设定布线拓扑结构约束适用的范围。
  - ➢ “全部对象”：表示该规则适用于整个电路板。
  - ➢ “网络”：表示该规则适用于所选择的网络。
  - ➢ “网络类”：表示该规则适用于所选择的网络类。
  - ➢ “层”：表示该规则适用于所选择的工作层面。
  - ➢ “网络和层”：表示该规则适用于所选择的网络和工作层面。

只要选中各选项前的单选框即可，通常情况下采用默认设置“全部对象”。这里选择为“全部对象”，即该规则适用于整个电路板。

- 【约束】：用于设置约束的类型。单击【拓扑逻辑】右侧的按钮，弹出可选的拓扑结构类型，如图 6-128 所示。其各种拓扑结构类型如图 6-129 所示。默认情况下选择“Shortest（布线的线长最短）”。用户可以根据需要进行选择。

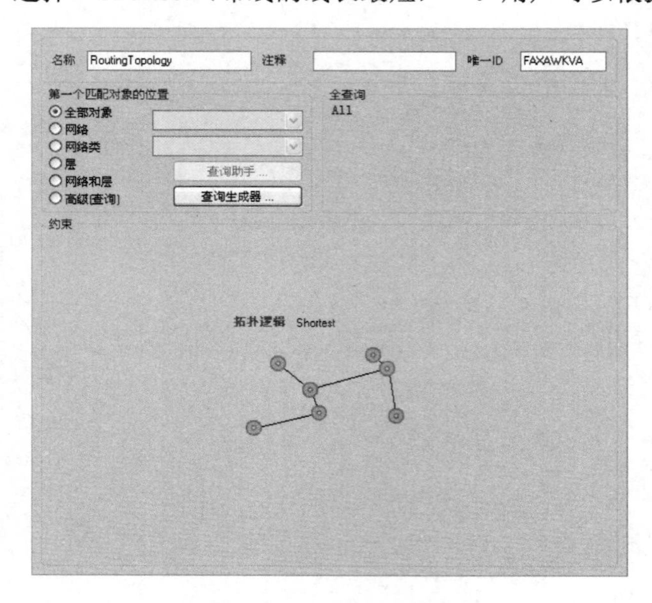

图 6-127 【布线拓扑结构约束】设置对话框

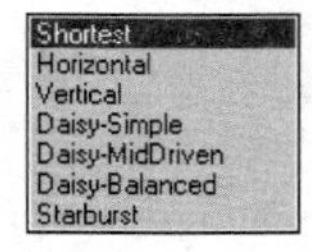

图 6-128 拓扑结构类型

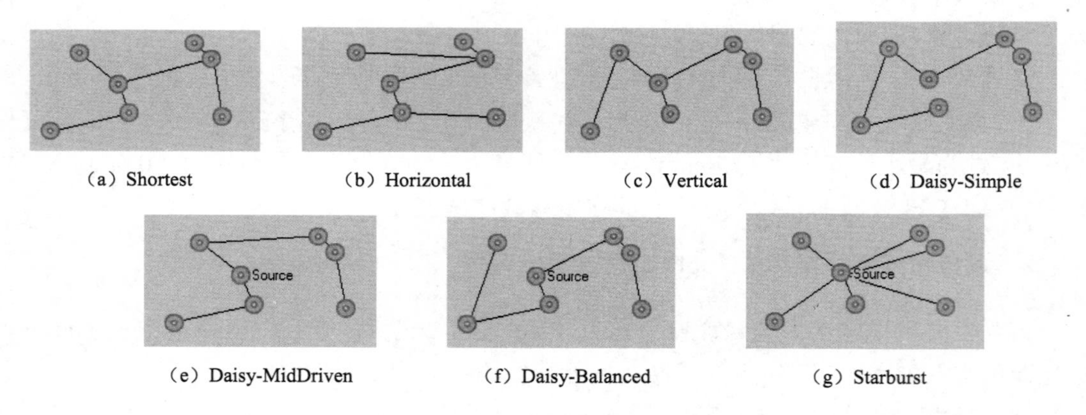

（a）Shortest （b）Horizontal （c）Vertical （d）Daisy-Simple

（e）Daisy-MidDriven （f）Daisy-Balanced （g）Starburst

图 6-129 布线拓扑结构的约束类型

本例中选择“全部对象”，【拓扑逻辑】选择默认设置“Shortest”，如图 6-127 所示。

3．设置布线优先级（Routing Priority）

所谓布线优先级是指布线程序允许用户设定各网络布线的顺序，优先级高的网络先布线，优先级低的网络后布线。Protel DXP 提供了 0～100 共 101 种优先级选择，数字 0 代表的优先级最低，100 代表的优先级最高。双击【Routing Priority】选项即可进入【布线优先级约束】设置对话框，如图 6-130 所示。

该对话框中各选项的含义如下。

- 【名称】：用于定义布线优先级约束的名称。

- 【第一个匹配对象的位置】：用于设定布线优先级约束适用的范围。
- 【约束】：用于设定布线优先级约束的级别。系统的默认值“0”。

本例将布线优先级的范围设置为“全部对象”，即该规则适用于整个电路板。【约束】设置为默认值“0”级。

4．设置布线过孔（Routing Via Style）

该项用于设定自动布线过程中各层之间过孔的类型和相关尺寸。双击【Routing Via Style】选项即可打开【布线过孔约束】设定对话框，如图 6-131 所示。

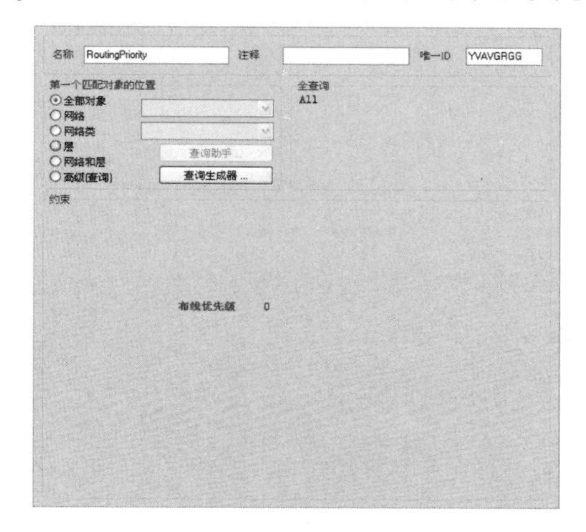

图 6-130　【布线优先级约束】设置对话框

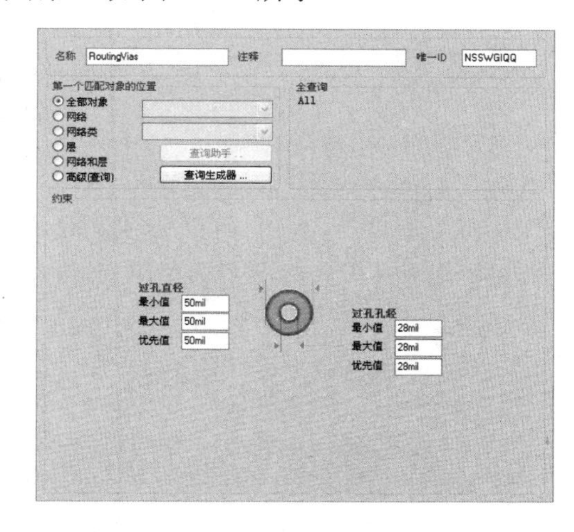

图 6-131　【布线过孔约束】设置对话框

该对话框中各选项的含义如下。

- 【名称】：用于定义布线过孔约束的名称。
- 【第一个匹配对象的位置】：用于设定布线过孔约束适用的范围。本例将布线过孔约束范围设置为“全部对象”，即该规则适用于整个电路板。
- 【约束】：用于设定过孔的尺寸。用于设定过孔直径（Via Diameter）和过孔孔径（Via Hole Size），过孔直径和过孔的孔径都有三种定义方式，最小值（Mininum）、最大值（Maximum）和优先值（Preferred）。一般情况下，三个尺寸设定为一致，在这里采用系统默认值。

5．设置布线的拐角模式（Routing Corners）

该项设置用于定义布线时拐角的形状及最小和最大的允许尺寸。双击【Routing Via Style】选项即可进入如图 6-132 所示的【布线拐角模式约束】设置对话框。

该对话框中各选项的含义如下。

- 【名称】：用于定义布线拐角模式约束的名称。
- 【第一个匹配对象的位置】：用于设定布线拐角模式约束适用的范围。本例将布线拐角模式约束范围设置为“全部对象”，即该规则适用于整个电路板。
- 【约束】：用于设定布线拐角的模式。包括拐角的风格（Style）和尺寸（Setback）。拐角的风格有【90 Degrees】、【45 Degrees】和【Rounded】3 种，可以在拐角的风格下拉列表中选择其中的一种。这里采用系统默认值，即“45 Degrees”。各种布线风格拐角模式如图 6-133 所示。

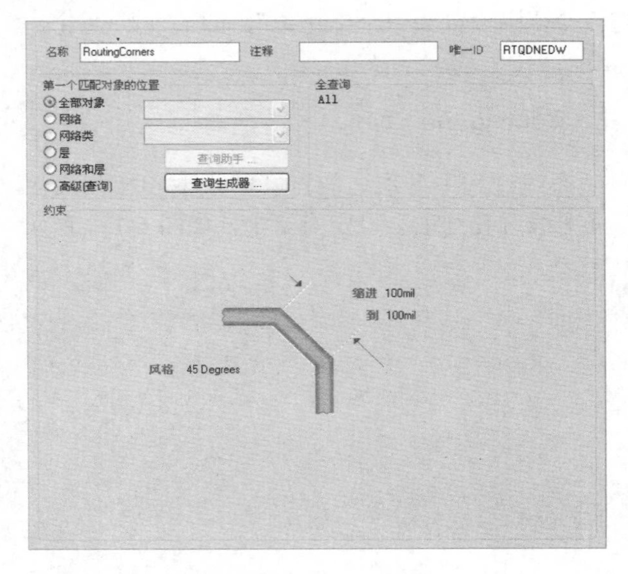

图 6-132 【布线拐角模式约束】对话框

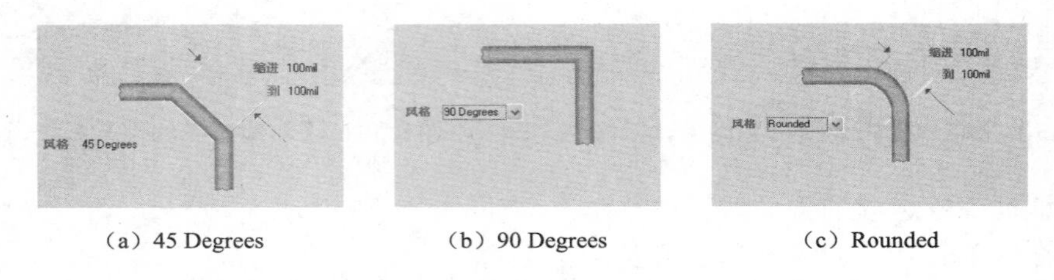

（a）45 Degrees （b）90 Degrees （c）Rounded

图 6-133 布线风格拐角模式

6．设置布线工作层面（Routing Layers）

该项用于设置布线的工作层面及各布线层面上走线的方向。双击【Routing Layers】选项即可进入如图 6-134 所示的布线工作层面设定对话框。

该对话框中各选项的含义如下：

- 【名称】：用于定义布线层约束的名称。
- 【第一个匹配对象的位置】：用于设定布线层约束适用的范围。本例将布线层约束范围设置为“全部对象”，即该规则适用于整个电路板。
- 【约束】：用于显示有效的布线层面，并且允许用户根据有效层来设置哪些有效层可以用来布线。此处保持默认设置，即允许顶层和底层布线。

其他的布线规则在没有特殊要求的情况下均采用系统默认值，单击 确认 按钮即可完成布线规则的设定。

此外，布线规则对话框中，单击 优先级(P)... 按钮即可进入【编辑规则优先级】设置对话框，在该对话框中用户可以配置各布线规则间作用的优先权，如图 6-135 所示。

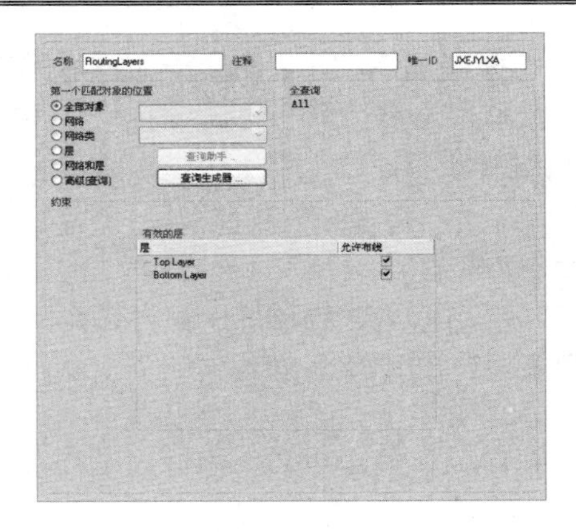

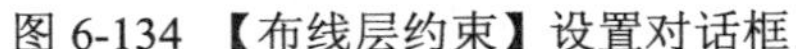

图 6-134 【布线层约束】设置对话框

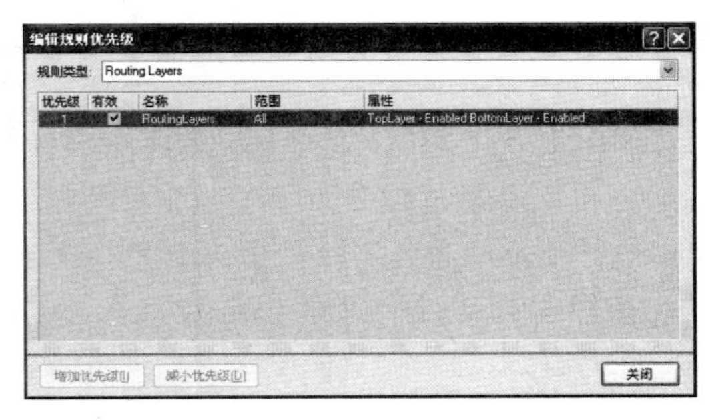

图 6-135 【编辑规则优先级】设置对话框

6.7.10 自动布线

设置好布线规则后，就可以利用 Protel DXP 提供的强大的自动布线功能进行布线了。执行【自动布线】菜单命令，弹出自动布线子菜单，如图 6-136 所示。

可以看到，Protel DXP 提供了多种自动布线方法，下面通过实例逐一介绍。

1. 对全部对象进行布线

执行【自动布线】→【全部对象】菜单命令，启动对全部对象自动布线的命令，弹出【Situs 布线策略】设置对话框，如图 6-137 所示。

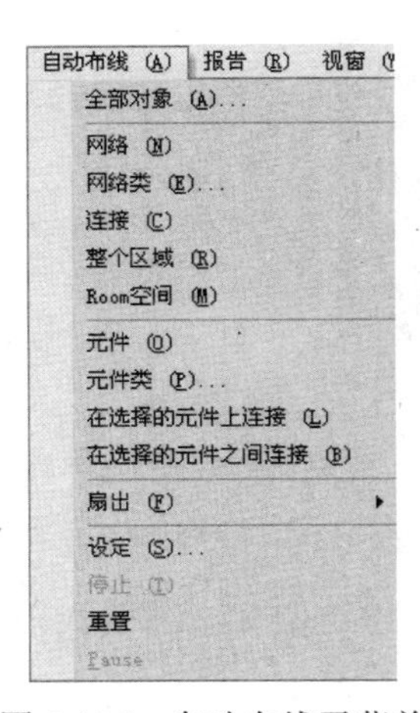

图 6-136 自动布线子菜单

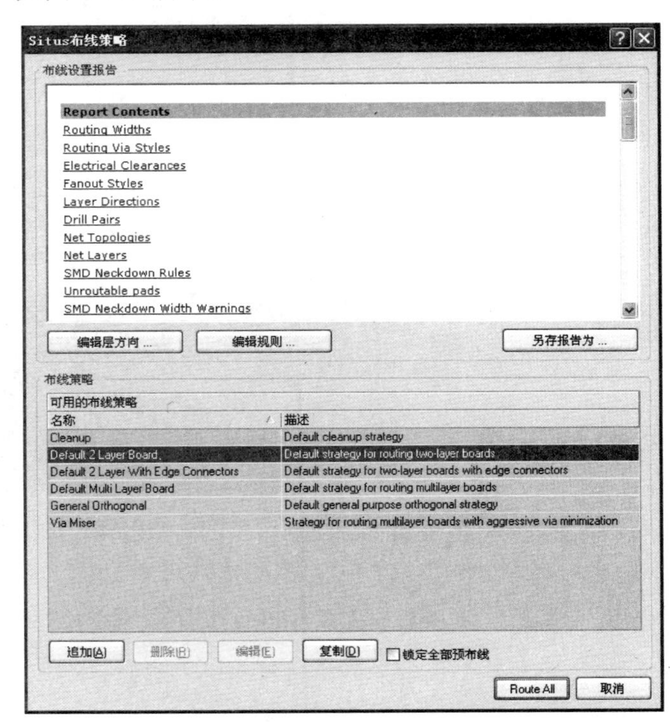

图 6-137 【Situs 布线策略】设置对话框

在该对话框中，单击Route All按钮，启动系统自动布线功能，并且在布线完成后弹出一个布线信息框。如果之前没有设置布线规则，则需要单击该对话框中的编辑规则...按钮，打开【PCB 规则和约束编辑器】对话框对布线规则进行设置。

【实例 6-22】 对全部对象进行自动布线。

本实例要求对【实例 6-17】的 PCB 板进行自动布线。

（1）打开【实例 6-17】中的工程文件并打开 PCB 文件，切换到 PCB 编辑界面。

（2）执行【自动布线】→【全部对象】菜单命令，弹出【Situs 布线策略】对话框，单击Route All按钮对全部对象自动布线。

（3）此时，系统弹出【Messages】布线信息框，用于显示布线的过程及相关信息，如图 6-138 所示。

（4）布线结果如图 6-139 所示。

Messages

Class	Document	Source	Message	Time	Date	No.
Situs Ev...	differential am...	Situs	Routing Started	20:55:12	2013-4-9	1
Routing ...	differential am...	Situs	Creating topology map	20:55:13	2013-4-9	2
Situs Ev...	differential am...	Situs	Starting Fan out to Plane	20:55:13	2013-4-9	3
Situs Ev...	differential am...	Situs	Completed Fan out to Plane in 0 Seconds	20:55:13	2013-4-9	4
Situs Ev...	differential am...	Situs	Starting Memory	20:55:13	2013-4-9	5
Situs Ev...	differential am...	Situs	Completed Memory in 0 Seconds	20:55:13	2013-4-9	6
Situs Ev...	differential am...	Situs	Starting Layer Patterns	20:55:13	2013-4-9	7
Routing ...	differential am...	Situs	Calculating Board Density	20:55:13	2013-4-9	8
Situs Ev...	differential am...	Situs	Completed Layer Patterns in 0 Seconds	20:55:13	2013-4-9	9
Situs Ev...	differential am...	Situs	Starting Main	20:55:13	2013-4-9	10
Routing ...	differential am...	Situs	Calculating Board Density	20:55:13	2013-4-9	11
Situs Ev...	differential am...	Situs	Completed Main in 0 Seconds	20:55:13	2013-4-9	12
Situs Ev...	differential am...	Situs	Starting Completion	20:55:13	2013-4-9	13
Situs Ev...	differential am...	Situs	Completed Completion in 0 Seconds	20:55:13	2013-4-9	14
Situs Ev...	differential am...	Situs	Starting Straighten	20:55:13	2013-4-9	15
Situs Ev...	differential am...	Situs	Completed Straighten in 0 Seconds	20:55:13	2013-4-9	16
Routing ...	differential am...	Situs	8 of 8 connections routed (100.00%) in 0 Seconds	20:55:13	2013-4-9	17
Situs Ev...	differential am...	Situs	Routing finished with 0 contentions(s). Failed to complete 0 connectio...	20:55:13	2013-4-9	18

图 6-138 【Messages】对话框

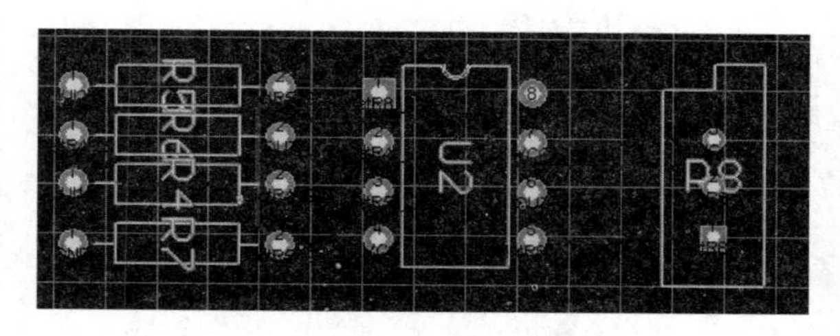

图 6-139 布线结果

2．对选定的网络进行自动布线

当用户需要对某个选定的网络进行自动布线时，可以通过实例介绍其具体操作步骤。

【实例 6-23】 对网络进行自动布线。

本实例要求对【实例 6-17】的 PCB 板中的一个网络进行自动布线。

（1）执行【自动布线】→【网络】菜单命令。将光标移到 PCB 编辑区，此时，光标变为“十”字形状，继续将光标移到某个元器件的焊盘上，发现在光标的“十”字形状中心，增加了一个小的八边形，如图 6-140 所示。

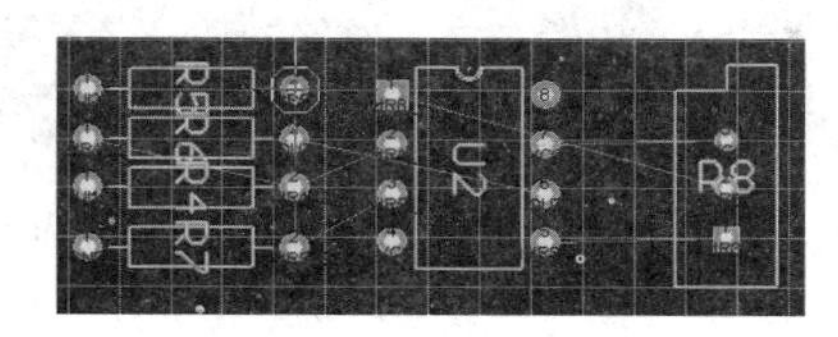

图 6-140　执行【自动布线】/【网络】命令后光标的状态

（2）单击弹出【网络布线方式选项】快捷菜单，如图 6-141 所示。发现该菜单中有“Pad”、“Connection”以及“Component”三个选项，通常选择前两个选项，而很少选择后一个选项。因为 “Component”是针对某个元器件进行自动布线的。此处可以选择“Connection (NetR5_2)”之间的网络飞线，与这些飞线相连的网络都会被自动布线，结果如图 6-142 所示。

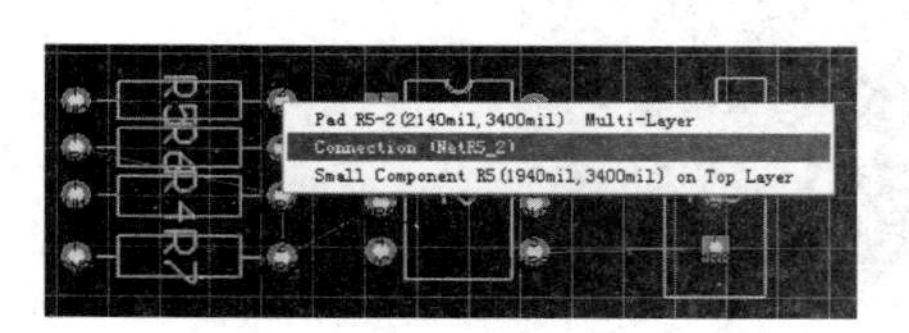

图 6-141　【网络布线方式选项】菜单

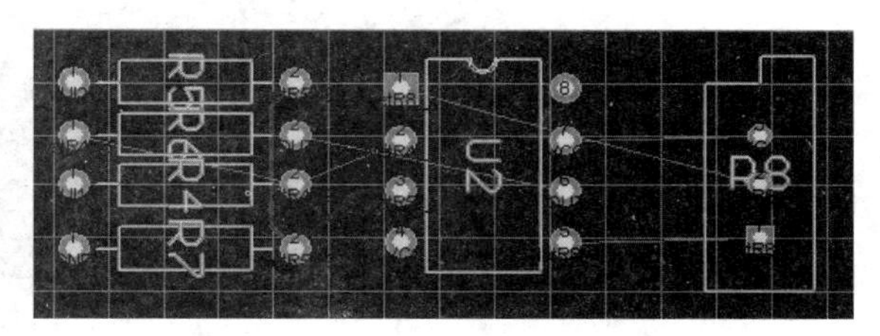

图 6-142　网络自动布线结果

📖：【网络布线方式选项】菜单选项与选择的焊盘有关，不同的焊盘，其对应的菜单可能也不同。

3．对Room空间进行自动布线

如果用户定义了 Room 空间，则系统允许用户对所定义的 Room 空间中的元器件进行自动布线。

【实例 6-24】 对 Room 空间进行自动布线。

本实例要求用户首先为【实例 6-17】中的四个电阻 R4、R5、R6 和 R7 定义一个矩形 Room 空间，然后对该 Room 空间进行自动布线。

（1）为 R4、R5、R6 和 R7 定义一个矩形 Room 空间，如图 6-143 所示。

（2）执行【自动布线】→【Room 空间】菜单命令，启动 Room 空间自动布线命令。

（3）将光标移动到布线区，此时，光标变为“十”字形状。

（4）将光标移动到所定义的 Room 空间上单击，系统对 Room 空间进行自动布线，布线结果如图 6-144 所示。

4．对指定元器件自动布线

当用户需要对与某个元器件相连的网络进行布线时，可以采用指定元器件布线的方式来完成自动布线。

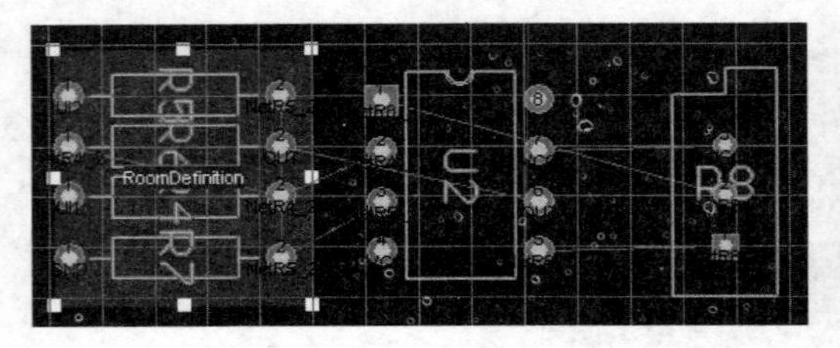

图 6-143　定义 Room 空间

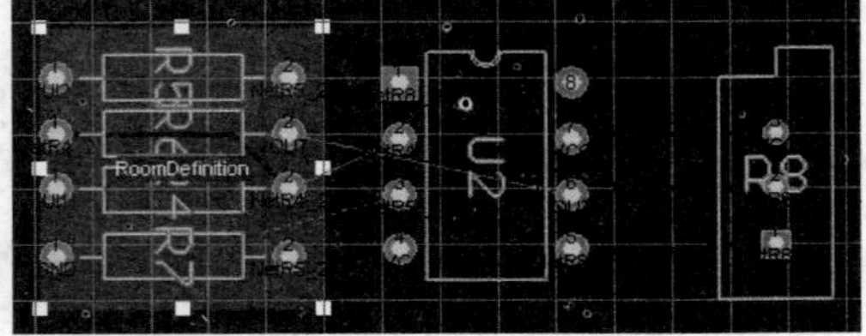

图 6-144　对 Room 空间自动布线结果

【实例 6-25】 对指定元器件进行自动布线。

本实例要求针对与【实例 6-17】中的元件 U2 所连接的网络进行自动布线。

（1）执行【自动布线】→【元件】菜单命令。此时，光标变为“十”字形状，将光标移动到指定的元件“U2”上。

（2）单击，系统开始对与该元件相连的网络进行自动布线，自动布线结果如图 6-145 所示。

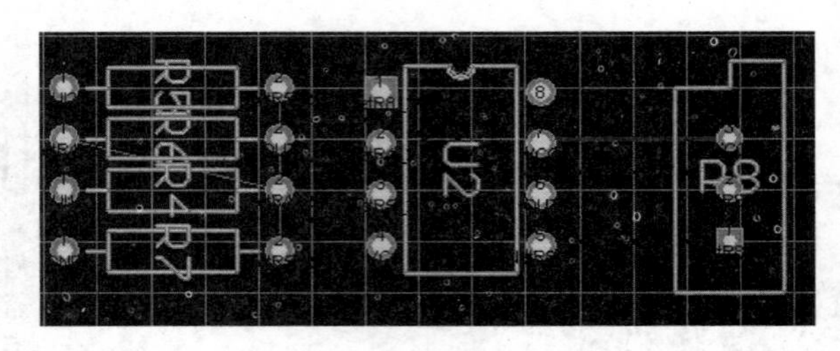

图 6-145　对与元器件连接的网络进行自动布线的结果

5. 对两连接点进行自动布线

当用户需要在两个连接点之间进行自动布线时，可以采用下述的方法进行操作。

【实例 6-26】 对两连接点进行自动布线。

本实例要求在【实例 6-17】中的两个连接点 U2_2 与 R4_2 进行自动布线。

（1）执行【自动布线】→【连接】菜单命令。此时，光标变为“十”字形状，将光标移动到需要布线的连线上。

（2）单击，即可完成两连接点间的自动布线，布线结果如图 6-146 所示。

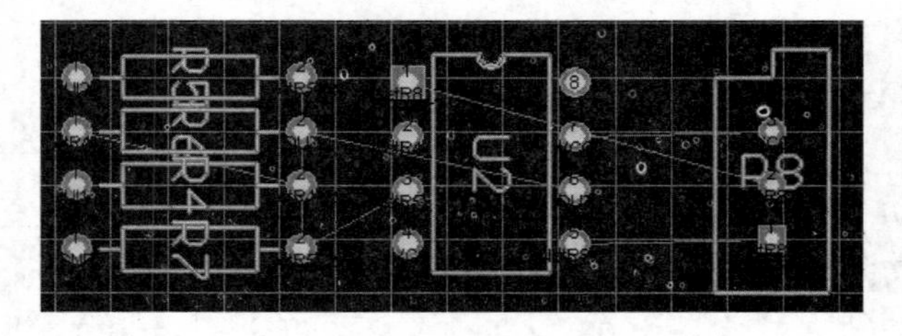

图 6-146　两连接点之间的自动布线结果

6. 对指定区域进行自动布线

当用户想对某一个区域进行自动布线时，可以通过对指定区域的自动布线来完成。

【实例 6-27】 对指定区域自动布线。

本实例要求在【实例 6-17】中的包含元件“U2”和“R8”的区域进行自动布线。

（1）执行【自动布线】→【整个区域】菜单命令。此时，光标变为“十”字形状，将光标移动到合适的位置单击，确定指定区域的第一个顶点。

（2）拖动光标，拖出一个随光标位置变化的虚线框矩形，即需要布线的区域，单击确定该区域，即可开始对所选的区域进行自动布线，布线结果如图 6-147 所示。

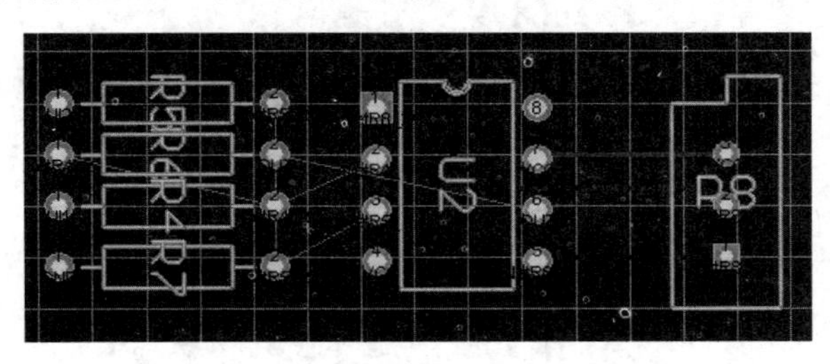

图 6-147　对指定区域进行自动布线的结果

6.7.11　手动布线

通过前面的学习发现，尽管自动布线功能强大、简便、快捷，但是自动布线结果中总会存在一些不尽人意或者不合理的地方，尤其是在线路板比较复杂时更为明显，这主要由于自动布线很少考虑到特殊的电气、物理和散热等问题。因此，用户需要在自动布线的基础上进行手动调整，使 PCB 板既能实现正确的电气连接，又能满足用户的设计要求。如果用户不想采用系统提供的自动布线功能，也可以直接采用手动布线的方法对 PCB 板进行布线。

在 PCB 板的设计过程中，一般要遵循以下布线原则。

（1）引脚间的连线尽量短。自动布线由于算法的原因，它最大的缺点是布线时的拐角太多，许多连线往往是舍近求远，拐个大弯再转回来，因此，在手工调整时应当尽量避免。

（2）连线尽量不要从元器件芯片的引脚间穿过。连线从引脚之间穿过，焊接元件时容易造成短路，这部分导线要尽量手工修整。

（3）连线简洁，同一连线不要重复连接，以免影响布线美观。

当自动布线完成后，要根据以上三个原则对布线结果进行检查，找出其中不合理的地方进行手动调整。因此，在进行手动调整之前，应先拆除 PCB 板中不合理的导线。拆除导线的方法有以下两种：

- ❑ 选中要拆除的导线，按【Delete】键即可。该方法简单，但是当元器件较多时，工作量会成倍增加；
- ❑ 自动拆除：执行【工具】→【取消布线】菜单命令，弹出取消布线的子菜单，如图 6-148 所示。通过这些子菜单选项就可以拆除 PCB 上自动布线时产生的不合理导线。

全部对象 (A)
网络 (N)
连接 (C)
元件 (O)
Room空间 (R)

图 6-148　取消布线子菜单

该子菜单中各项含义分别如下。

- ➢ 【全部对象】：用于拆除项目中全部 PCB 板上所有的导线。针对【实例 6-16】进行自动布线后，拆除前和拆除后的效果如图 6-149 所示。

➢【网络】：用于拆除一个网络上的导线。启动该命令后，光标变为“十”字形状。将光标移动到要拆除的导线上单击，即可拆除与此导线相连的导线。

➢【连接】：用于拆除一个连接上的导线，该方法与拆除网络上导线的方法类似。

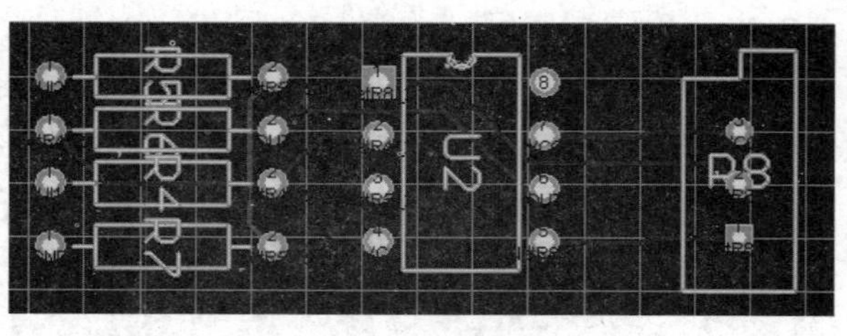

（a）拆除前

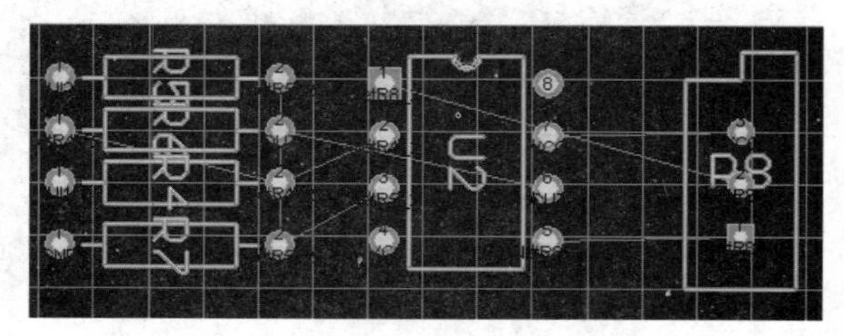

（b）拆除后

图 6-149　拆除前和拆除后的结果

➢【元件】：用于拆除元器件上的导线。执行该命令后，光标变为“十”字形状。将光标移动到要拆除导线的元器件上单击，即可拆除该元器件上所有的导线。如拆除元件（U2）上的所有导线后的结果如图 6-150 所示。

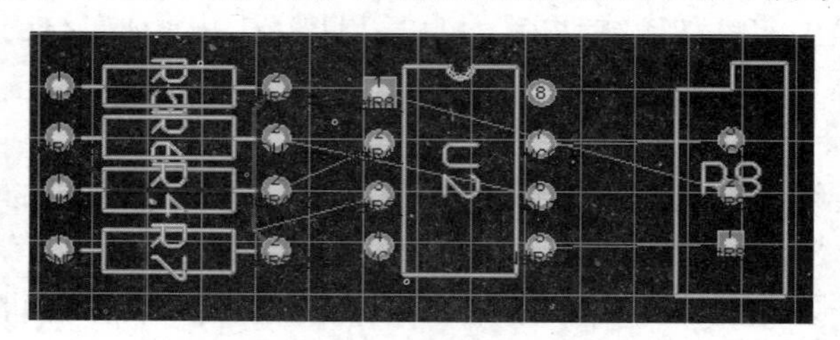

图 6-150　拆除元件“U2”上的结果

➢【Room】：用于拆除 Room 空间的导线。执行该命令后，光标变为“十”字形状，将光标移动到需要拆除布线的 Room 空间上单击，弹出【Confirm】（确认）对话框，如图 6-151 所示，询问是否将拆除导线扩展到 Room 空间以外。如果单击 Yes 按钮，则自动拆除导线会扩展到 Room 空间以外；如果单击 No 按钮，则自动拆除导线仅在 Room 空间内执行，其结果分别如图 6-152 所示。

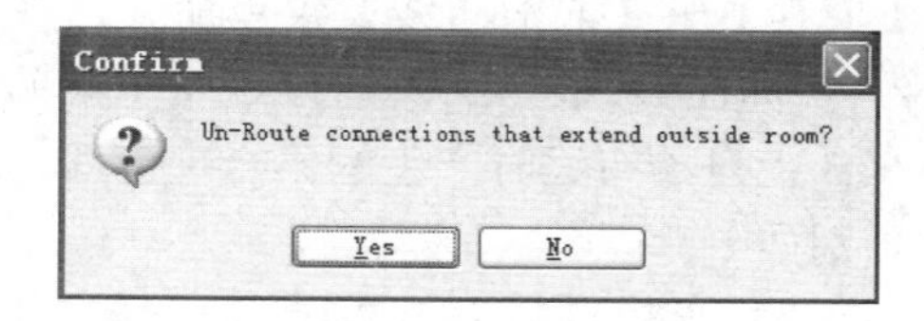

图 6-151 【Confirm】对话框

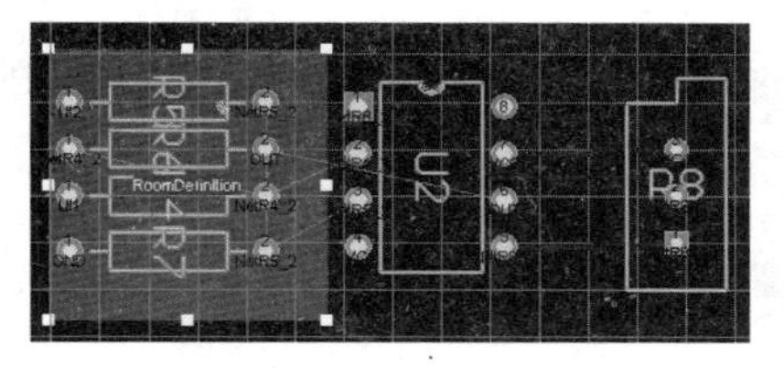

（a）选择“Yes”

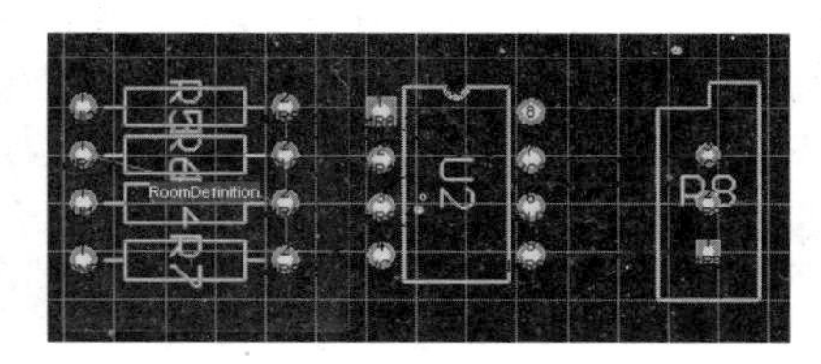

（b）选择“No”

图 6-152　拆除 Room 空间上导线的结果

当对不合理的导线进行拆除后，就可以对其进行手动布线了。利用手动布线时，首先要确定布线的层，然后启动手动布线命令进行布线。下面介绍手动布线的具体方法。

【实例 6-28】 手动布线。

本实例要求对【实例 6-17】的 PCB 板进行手动布线。

（1）确定手动布线所在的层。将光标移动到 PCB 编辑区下面的板层显示工具栏上，如图 6-153 所示，单击布线所在的信号层，如本例中的布线层为“Toplayer”，因此，将光标移动到“Toplayer”上，单击选中该层。

Top Layer / Bottom Layer / Mechanical 1 / Top Overlay / Keep-Out Layer / Multi-Layer

图 6-153　板层显示工具栏

（2）执行【放置】→【交互式布线】菜单命令，或者单击工具栏上的交互式布线按钮。

（3）光标会变成“十”字形状，将光标移动到将要布线的元器件的焊盘上。当焊盘周围出现一个小八边形时，如图 6-154 所示，单击选中该焊盘，此时 PCB 板变暗。

（4）拖动光标，可以绘制导线，若导线需要转弯，则在转弯处单击即可，如图 6-155 所示。

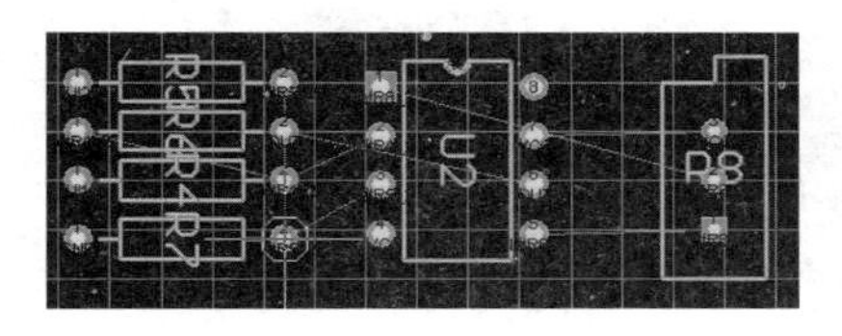

图 6-154　捕捉焊盘

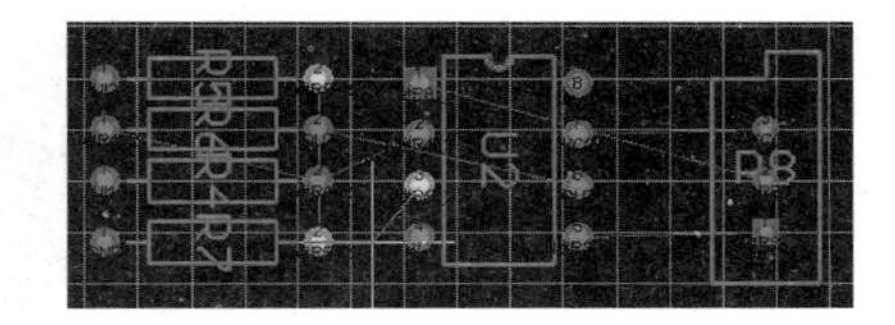

图 6-155　绘制导线

（5）继续拖动光标到与选择的焊盘有电气连接的另一焊盘上，如图 6-156 所示，同样当焊盘的周围出现小八边形时单击，然后单击右键，即可完成两焊盘之间导线的连接。绘制好的导线如图 6-157 所示。

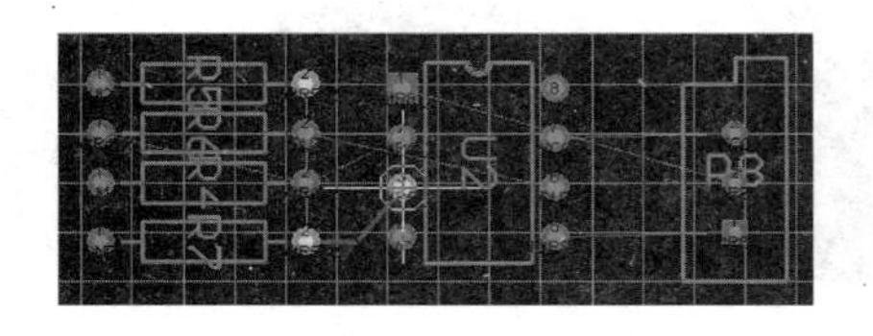

图 6-156　选中连接的焊盘

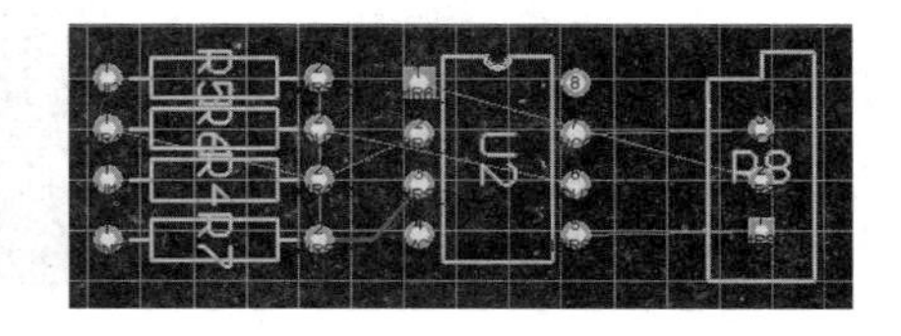

图 6-157　绘制好的导线

（6）此时，光标仍为“十”字形状，表示系统仍处于布线状态，可以采用相同的方法继续绘制其他导线。

📖: 在手动绘制导线的过程中，可以使用快捷键 Shift+Space 来切换布线模式。Protel DXP 提供了五种布线模式：斜线布线、直角布线、90° 圆弧布线、45° ~90° 角布线和自由圆弧布线，这些在前面的章节中都有介绍，可以参照相关章节进行学习。

6.7.12 放置覆铜

设计 PCB 板的过程中，有时为了提高电路的抗干扰能力，一般要在电路板上放置一层铜膜，这个过程称为覆铜。一般对各布线层中放置的地线网络进行覆铜，以增强 PCB 板抗干扰的能力；另外，需要过大电流的地方也可以采用覆铜的方法来加大过电流的能力。

【实例 6-29】 放置覆铜。

（1）执行【放置】→【覆铜】菜单命令，打开【覆铜】对话框，如图 6-158 所示。在该对话框中，可以设置覆铜的属性。

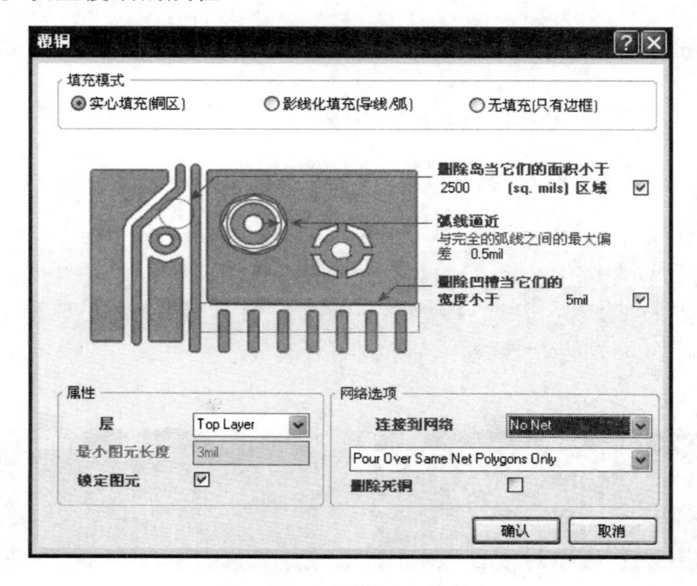

图 6-158 【覆铜】对话框

该对话框中各选项的含义如下。

- 【填充模式】：用于设置覆铜的填充模式，Protel DXP 提供了三种覆铜模式，“实心填充”、“影线化填充”和“无填充”。如图 6-159 所示，各种模式的覆铜效果。

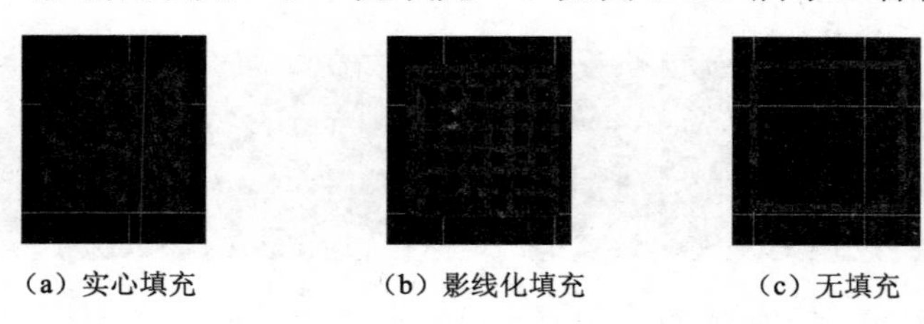

（a）实心填充　（b）影线化填充　（c）无填充

图 6-159 各种模式的覆铜效果

- 【属性】：用于设置覆铜所在的层、覆铜的最小长度，以及是否锁定图元。

- 【网络选项】：用于设置覆铜连接到网络的情况。单击【连接到网络】右侧的按钮，弹出的下拉菜单中列出了该 PCB 板中的所有网络，如图 6-160 所示。可以选择覆铜需要连接到的网络。一般情况下，选择“GND（接地）”网络，此时对话框如图 6-161 所示。单击【连接到网络】下方的按钮，还可以设置覆铜是否覆盖所连接的网络。勾选死铜旁边的复选框，可以设置是否删除死铜。

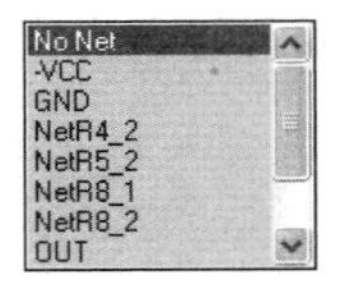

图 6-160 【连接到网络】下拉菜单

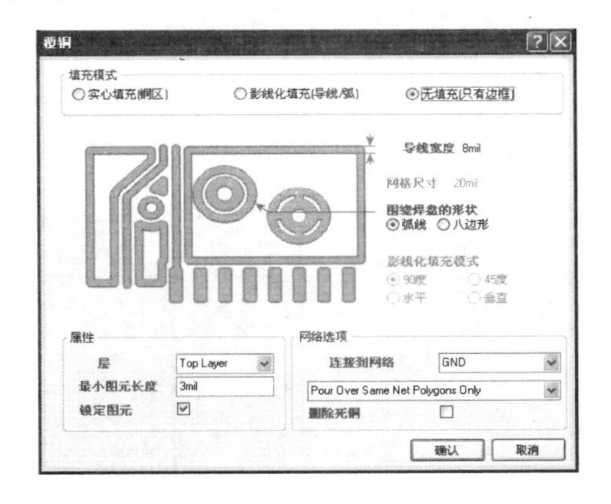

图 6-161　连接到 GND 网络后的【覆铜】对话框

- 此外，通过该对话框，用户还可以设置导线的宽度、网格尺寸、围绕焊盘的形状等。

（2）在设置好覆铜的属性之后，单击图 6-161 所示对话框中的确认按钮，开始放置覆铜。此时，光标变为“十”字形状。

（3）将光标拖动到适当位置，单击确认覆铜的第一个顶点位置，然后绘制一个封闭的矩形，在空白处单击右键退出绘制。此时电路板上会出现刚刚绘制的覆铜区域。

（4）如果用户对所覆铜的外形不满意，还可以将光移到该覆铜上，按住左键不放，将覆铜层拖出 PCB 板外，放开鼠标，弹出【Confirm】对话框，如图 6-162 所示。单击No按钮，这时覆铜层将会留在当前位置，如图 6-163 所示。选中覆铜层，按【Delete】键删除覆铜层，然后重复上述步骤，即可重新覆铜。

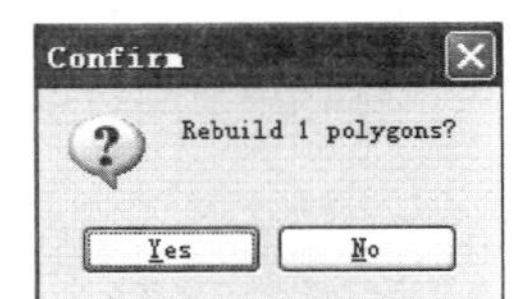

图 6-162　修改覆铜

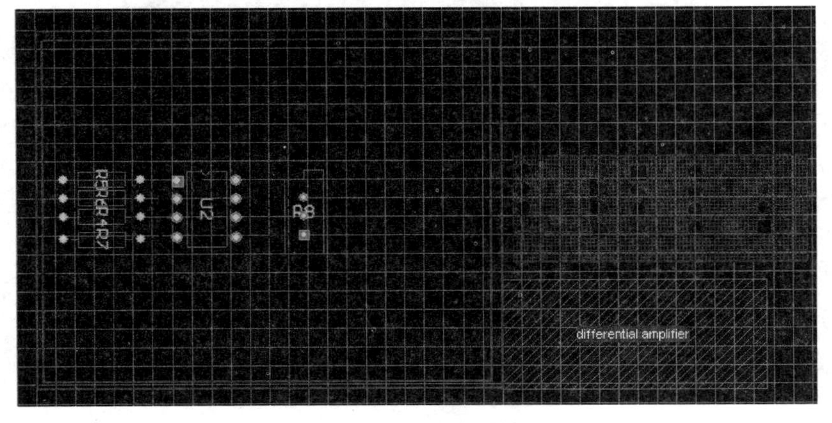

图 6-163　移除覆铜

此外，用户在需要过大电流的地方也应覆上铜块。

6.7.13 补泪滴

泪滴是焊盘与导线之间的过渡区域，对 PCB 板进行补泪滴可以增强焊盘的牢固，使焊接时不易脱落，从而增强电路板的强度。

【实例 6-30】补泪滴。

启动【工具】→【泪滴焊盘】菜单命令，打开【泪滴选项】对话框，如图 6-164 所示，在该对话框中可以设置泪滴的属性。

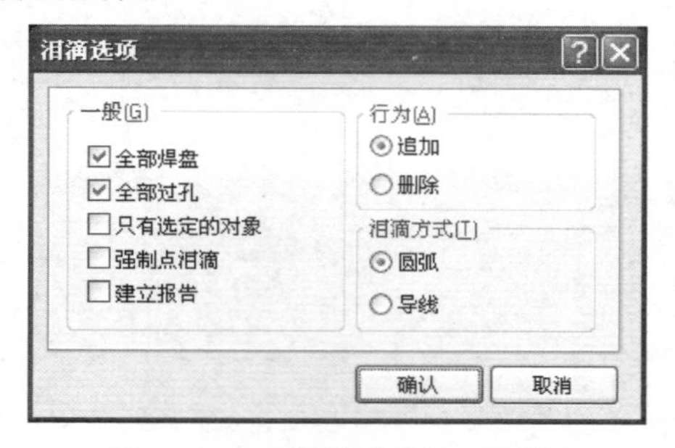

图 6-164 【泪滴选项】对话框

- 一般：用于设置补泪滴的范围，以及是否创建报告。
- 行为：用于设置是添加泪滴还是删除泪滴。
- 泪滴方式：用于设置泪滴的方式，用户可以选择“圆弧”形泪滴或“导线”形泪滴，两种泪滴的对比如图 6-165 所示。

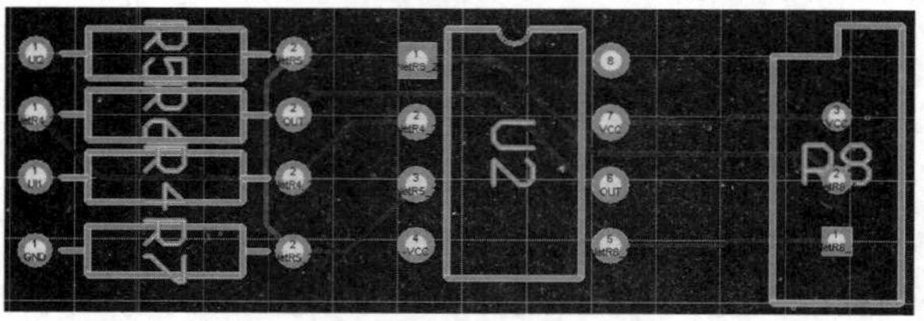

（a）没有补泪滴

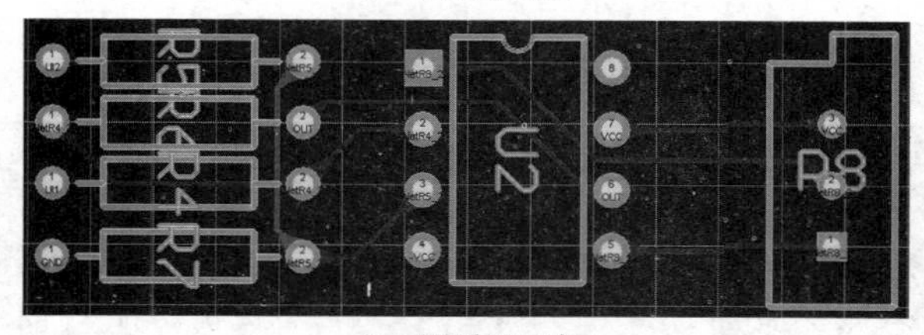

（b）圆弧形泪滴

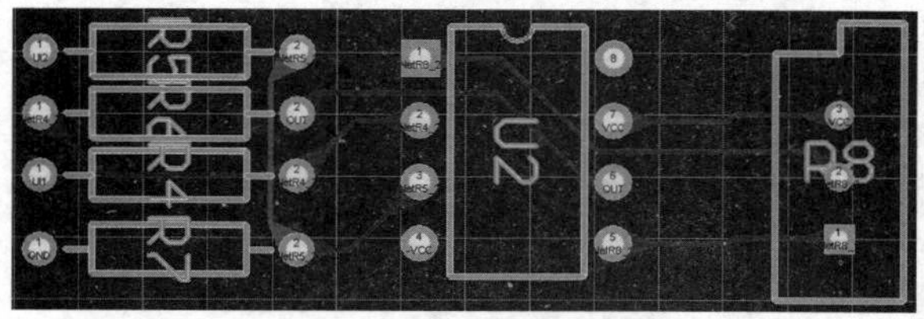

（c）导线形泪滴

图 6-165 泪滴形式

6.8 本章小结

本章主要对 PCB 设计的基础知识，通过多个实例进行了详细阐述，包括：

- PCB 设计的一般步骤。在进行设计 PCB 时，要先从已经设计好的电路原理图中载入元器件和网络表，然后对元器件进布局和布线。注意在装入网络表与元器件封装之前，必须确认所需要的元器件封装库已经载入到 PCB 编辑器内。
- PCB 板元器件布局的一般步骤。一般有自动和手动两种，各有优点，一般采用先对元器件进行自动布局，然后手动布局调整两者相结合的方法，才能够使元器件布局最佳，在最大程度上满足用户的设计要求。
- PCB 板布线的一般方法。布线也有自动布线和手动布线两种方式。这两种方式各有优点，一般也采用先对自动布线，再进行手动布线调整两者相结合的方法。而且 Protel DXP 提供的自动布线功能强大，提供的布线方法也非常多，可以将多种自动布线方法相结合，使自动布线的效果达到最佳。

此外，还对放置覆铜和补泪滴等辅助布线方法进行了简单介绍。

6.9 思考与练习

（1）简要说明 PCB 板设计的一般步骤。

（2）如何设置 PCB 环境参数？

（3）如何对电路板进行规划？说明为什么要规划电气边界？

（4）如何将网络表与元件封装装入 PCB 编辑器中，并说明在此装入过程中应注意哪些事项？

（5）新建一个 PCB 文档，将其重新命名为“exercise.PcbDoc”，并保存在目录“E:\Chapter6\”中。

（6）在上述所建的 PCB 文档中放置一段 90° 圆弧及一个矩形的焊盘。

（7）Protel DXP 有哪些自动布线方法？

（8）如何对 PCB 板中的元器件进行布局？为什么要进行手工布局调整？

（9）覆铜有什么好处？

（10）为什么要进行补泪滴？

（11）打开 “E: \chapter6\”目录中的“Auto-RoutingEX.PrjPCB”项目，练习对 PCB 文档“PCB 1.PcbDoc”、“PCB 2.PcbDoc”进行自动布线和手动布线。

第 7 章　PCB 报表的生成与打印

在 PCB 板布局和布线设计完成后，设计者有时需要查看有关设计过程及设计内容的详细资料，如电路板信息报表、引脚信息、元器件封装信息、网络信息、PCB 板图形的打印输出及布线信息等。Protel DXP 的 PCB 设计系统提供了生成各种报表和文件的功能。本章以第 6 章所设计的 PCB 板为例，如图 7-1 所示，主要介绍各种报表的生成方法以及 PCB 的打印输出。

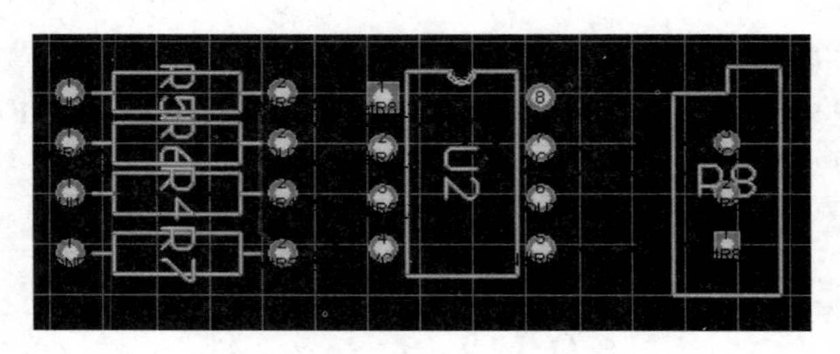

图 7-1 【实例 6-16】生成的 PCB 图

7.1　PCB 各种报表的生成

电路板信息报表是为设计者提供所设计的电路板的完整信息，包括电路板尺寸、电路板上的焊盘、过孔的数量及电路板上的元件标号等。

7.1.1　生成电路板信息报表

执行【报告】→【PCB 板信息】菜单命令，弹出【PCB 信息】对话框，如图 7-2 所示。在该对话框中，显示了和 PCB 板相关的一些信息。主要包括以下 3 个选项卡。

- 【一般】：用于显示电路板的一般信息，如电路板尺寸及电路板上各组件的数量，如导线数、焊盘数、过孔数、覆铜数、DRC 违规的数量等。
- 【元件】：用于显示当前电路板上使用的元器件序号及元器件所在板层等信息，如图 7-3 所示。
- 【网络】：用于显示当前电路板中的网络信息，如图 7-4 所示。

单击【网络】选项卡中的电源/地(P)...按钮，弹出【内部电源/接地层信息】对话框，如图 7-5 所示，该对话框列出了各内部电源/接地层所连接的网络、过孔和焊盘及过孔或焊盘和电源/接地层间的连接方式。

图 7-2 【PCB 信息】对话框

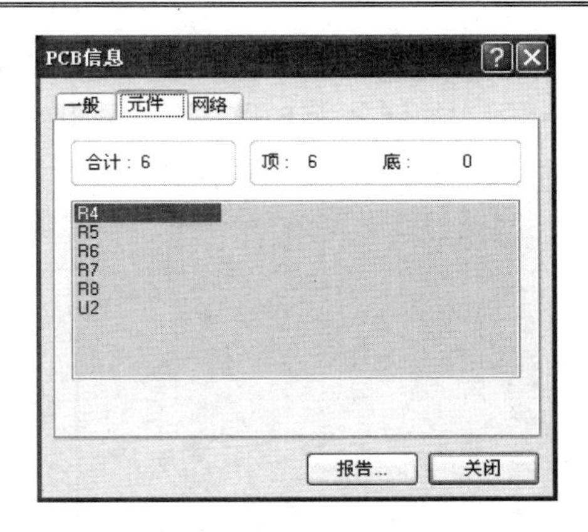

图 7-3 【元件】选项卡

本例没有内部电源/接地层，因此，在图 7-5 所示的对话框中没有显示板层信息，单击按钮返回。

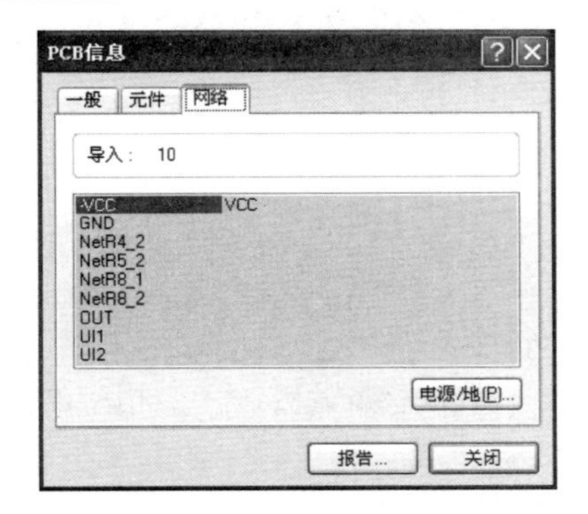

图 7-4 【网络】选项卡

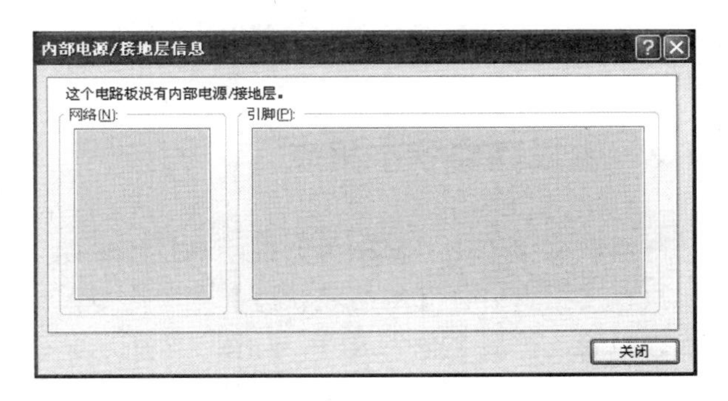

图 7-5 【内部电源/接地层信息】对话框

在任何一个选项卡界面中单击 报告... 按钮，弹出【电路板报告】对话框，如图 7-6 所示，用来选择要生成报表的项目。

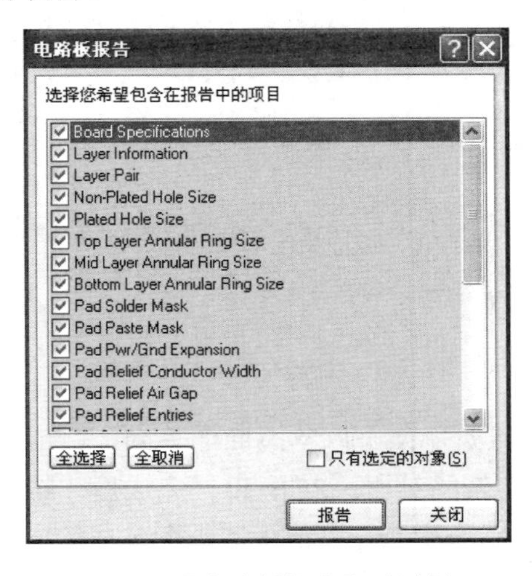

图 7-6 【电路板报告】对话框

单击[报告]按钮，将按照所选择的项目生成相应的报表文件，文件名与相应 PCB 文件名相同，扩展名为.REP。生成的电路板信息报表如图 7-7 所示。

```
Specifications For differential amplifielr.PCBDOC
On 2013-4-11 at 11:25:35

Size of board                    3.765 x 1.945 inch
Components on board              6

 Layer                  Route   Pads  Tracks  Fills   Arcs   Text
 -----------------------------------------------------------------
 Top Layer                         0       3      0      0      0
 Bottom Layer                      0      20      0      0      0
 Mechanical 1                      0       4      0      0      0
 Top Overlay                       0      35      0      1     12
 Keep-Out Layer                    0       4      0      0      0
 Multi-Layer                      19       0      0      0      0
 -----------------------------------------------------------------
 Total                            19      66      0      1     12


 Layer Pair                     Vias
 -----------------------------------
 -----------------------------------
 Total                             0


 Non-Plated Hole Size    Pads   Vias
 -----------------------------------
 -----------------------------------
 Total                      0      0


 Plated Hole Size        Pads   Vias
 -----------------------------------
 27.559mil (0.7mm)          3      0
 33.465mil (0.85mm)         8      0
 35.433mil (0.9mm)          8      0
 -----------------------------------
 Total                     19      0


 Top Layer Annular Ring Size    Count
 -----------------------------------
 19.685mil (0.5mm)                  3
 21.654mil (0.55mm)                 8
 23.622mil (0.6mm)                  8
 -----------------------------------
 Total                             19


 Mid Layer Annular Ring Size    Count
 -----------------------------------
 19.685mil (0.5mm)                  3
 21.654mil (0.55mm)                 8
 23.622mil (0.6mm)                  8
 -----------------------------------
 Total                             19


 Bottom Layer Annular Ring Size    Count
 -----------------------------------
 19.685mil (0.5mm)                  3
 21.654mil (0.55mm)                 8
 23.622mil (0.6mm)                  8
 -----------------------------------
 Total                             19


 Pad Solder Mask               Count
 -----------------------------------
 4mil (0.1016mm)                   19
 -----------------------------------
 Total                             19
```

图 7-7 生成的电路板信息报表

7.1.2 生成网络状态报表

网络状态报表用于显示电路板中的每一条网络走线的长度。

执行【报告】→【网络表状态】菜单命令，系统自动打开文本编辑器，产生相应的网络状态报表，扩展名也为.REP，如图 7-8 所示。

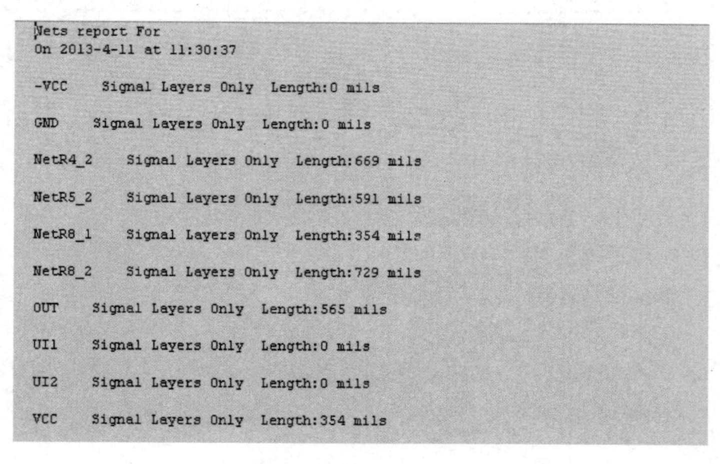

```
Nets report For
On 2013-4-11 at 11:30:37

-VCC    Signal Layers Only  Length:0 mils

GND    Signal Layers Only  Length:0 mils

NetR4_2    Signal Layers Only  Length:669 mils

NetR5_2    Signal Layers Only  Length:591 mils

NetR8_1    Signal Layers Only  Length:354 mils

NetR8_2    Signal Layers Only  Length:729 mils

OUT    Signal Layers Only  Length:565 mils

UI1    Signal Layers Only  Length:0 mils

UI2    Signal Layers Only  Length:0 mils

VCC    Signal Layers Only  Length:354 mils
```

图 7-8 生成的网络状态报表

利用网络状态报表，可以对比两个网络表间的异同，以检查电路是否有改变。主要用于 PCB 网络表与原理图网络表的对比。PCB 设计完成后，特别是进行了手工布局、布线的调整后，要生成 PCB 网络状态报表，以便于原理图生成的网络表进行比较，查看设计中信号的连接是否完全一致，元器件是否完全相同。

7.1.3　生成设计层次报表

设计层次报表用于显示当前的 PCB 文件层次的报表，指出了文件系统的构成。当项目中存在层次原理图时，其生成的 PCB 文件才可以有相应的设计层次报表。可以通过执行【报告】→【项目报告】→【Report Project Hierarchy】菜单命令，生成设计层次报表。产生的设计层次报表扩展名也为.REP。由于本实例仅有一个层次，因此，没有相应的文件生成。

7.1.4　生成元器件报表

元器件报表就是一个电路板或一个项目所有元器件的清单列表，可以用来整理一个电路或项目中的元器件。

执行【报告】→【Bill of Materials】菜单命令，系统弹出【Bill of Materials For PCB Document[differential amplifie1r.PCBDOC】对话框。其中，列出了整个项目所有的元器件清单，如图 7-9 所示。

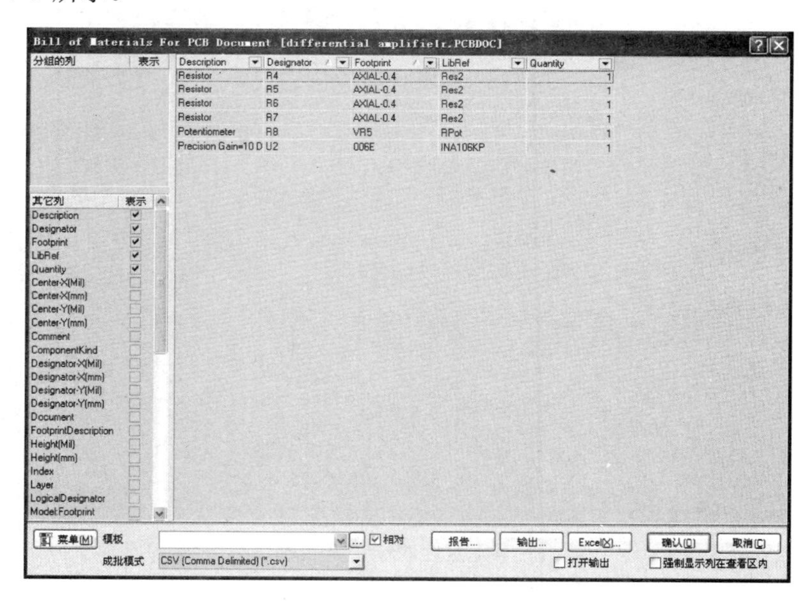

图 7-9　【Bill of Materials For PCB Document[differential amplifie1r.PCBDOC】对话框

下面对该对话框中的【分组的列】选项含义进行逐一介绍。

用于分组控制元器件。可以将下面【其他列】列表中的内容拖放到【分组的列】对话框中，如将【其他列】中的 Footprint 拖放到【分组的列】中，则右侧窗口中的元器件列表将按照元器件的封装库属性进行分组，如图 7-10 所示。

再比如，将【其他列】中的 Designator 拖放到【分组的列】中，则右侧窗口中的元器件列表将按照元器件的标识符进行分组，如图 7-11 所示。

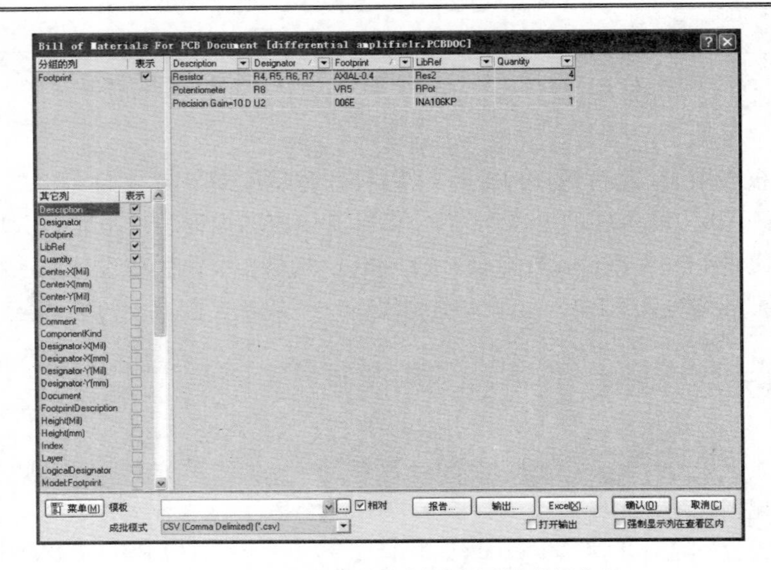

图 7-10　按照元器件的封装库属性进行分组

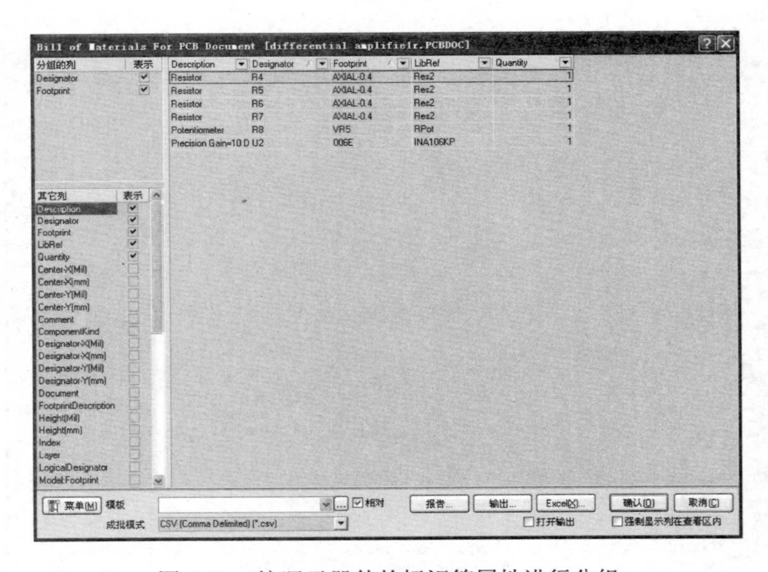

图 7-11　按照元器件的标识符属性进行分组

在元器件清单列表的下方还存在几个控制按钮，其含义分别如下。

（1）菜单(M)按钮

单击此按钮，将弹出下拉子菜单，如图 7-12 所示。通过这些子菜单可以采用不同的显示方法显示、导出保存或者打印该输出的元器件清单列表。

- 【输出网格内容】：用于输出元器件清单列表。执行该命令后，弹出【Export For [E:\Chapter6\6_14.PRJPCB]】对话框，如图 7-13 所示。设置输出文件要保存的路径、文件名及其类型，单击保存(S)按钮，即可完成输出。
- 【建立报告】：用于生成元器件清单列表报告，其作用与报告...按钮的作用相同。执行该命令后，弹出如图 7-14 所示【报告预览】对话框，该对话框的相关项可以参考 4.3 节进行学习。

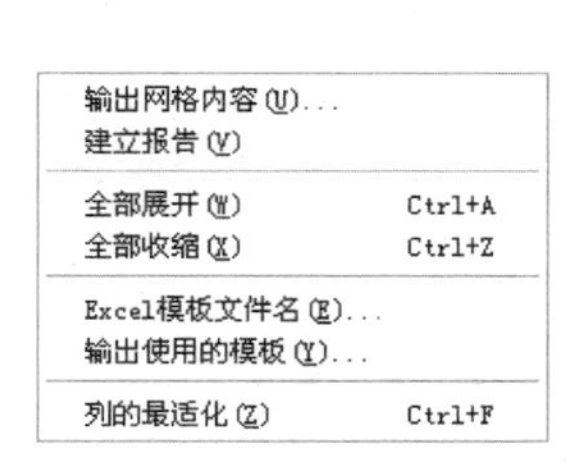

图 7-12 【菜单】按钮下拉子菜单

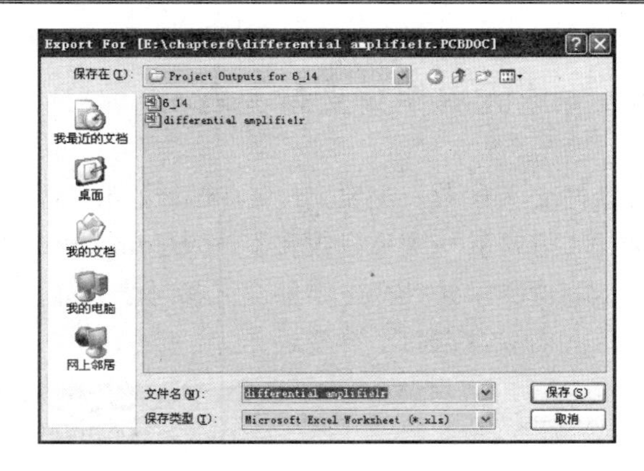

图 7-13 【Export For [E:\Chapter6\6_14.PRJPCB]】对话框

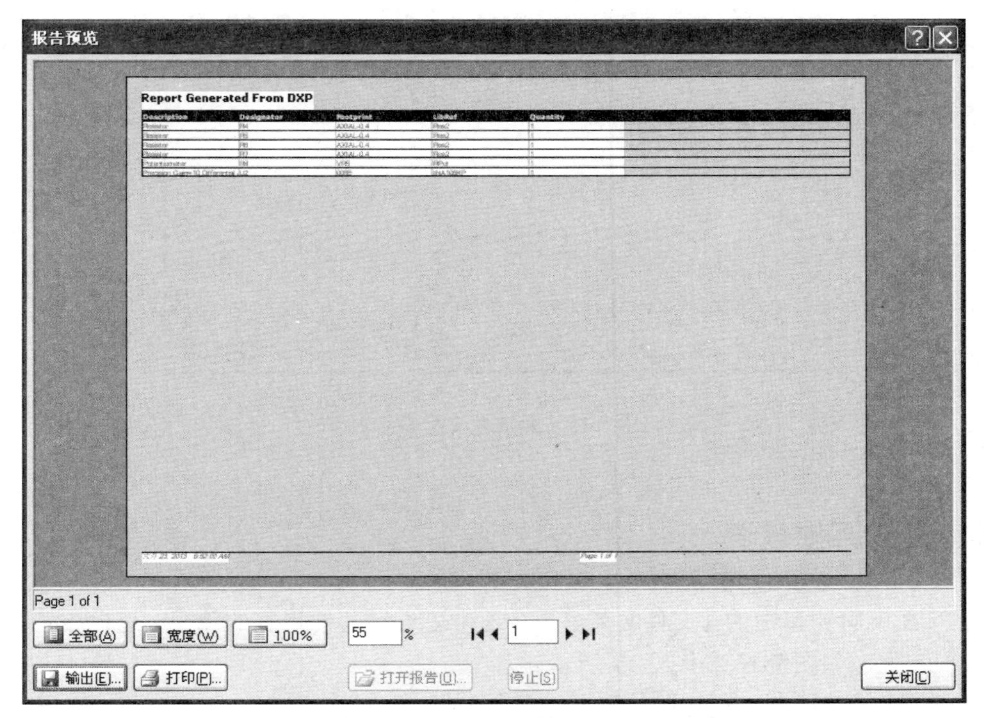

图 7-14 【报告预览】对话框

- 【Excel 模板文件名】：用于选择输出 Excel 格式的元器件清单列表报告所使用的模板文件。
- 【输出使用的模板】：用于选择输出元器件清单列表报告所使用的模板文件。

（2）[报告...]按钮

用于打印输出清单报表，可导出该报表以文件方式保存，或打印输出该报表，其功能同【菜单】按钮下的【建立报告】子菜单。

（3）[Excel(X)...]按钮

用于将元器件清单列表中的内容导入到 Microsoft Excel 中，以供其他程序使用。

（4）[输出...]按钮

用于输出元器件清单列表，其功能同[菜单(M)]按钮下的【输出网格内容】子菜单。

7.1.5　生成元器件交叉参考表

元器件交叉参考表主要列出了 PCB 文件中各元器件的编号、名称及所在的电路图。

执行【报告】→【项目报告】→【Component Cross Reference】菜单命令，系统自动进入文本编辑器，并且产生零件交叉参考表，如图 7-15 所示。发现该对话框与图 7-11 所示的对话框相似，在此不再赘述。

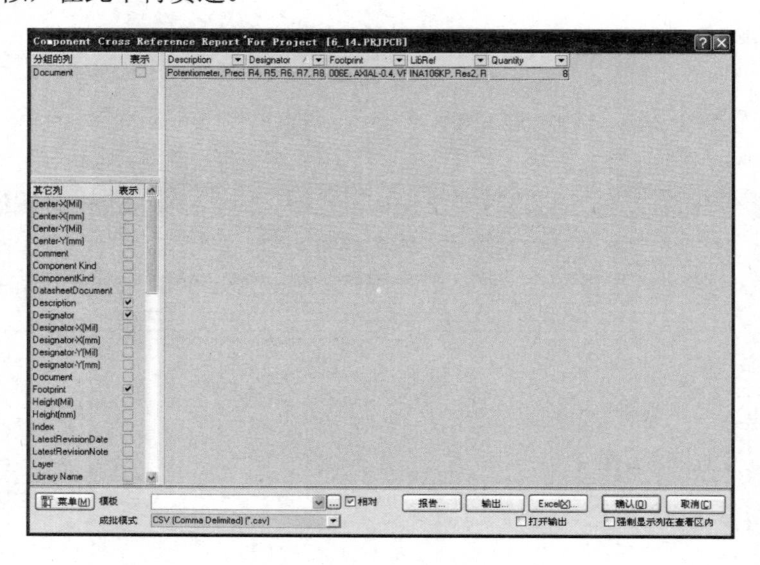

图 7-15　元器件交叉参考表

7.1.6　生成其他报表

在 PCB 编辑窗口中的【文件】菜单下，还可以进行其他报表的输出，这些报表主要用于制造和装配，如图 7-16 和图 7-17 所示。

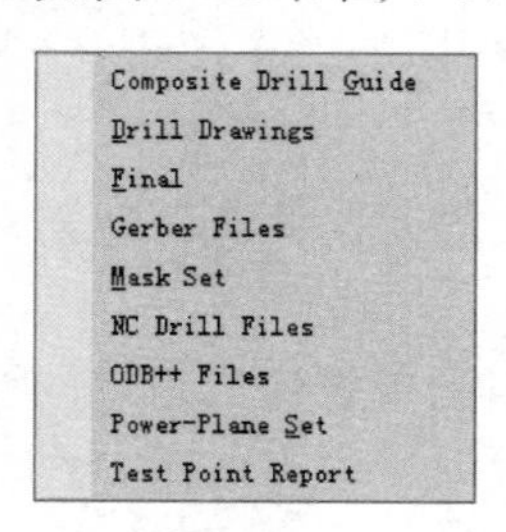

图 7-16　制造文件的输出

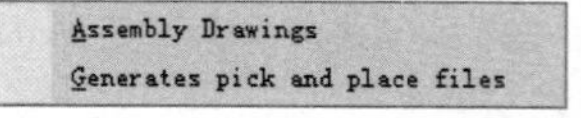

图 7-17　装配文件的输出

这些输出的报表文件，都是与 PCB 电路板的制造工艺、装配相关的统计信息，如 NC Drill Files 用于提供制作 PCB 板时所需的钻孔资料，直接用于数控钻孔机。由于本书定位为软件零基础的入门级爱好者，因此，这里不进行详述。

7.1.7　各种测量数据的输出

1．测量两点间的距离

PCB 设计过程中，有时需要精确测量 PCB 板中某两个点之间的距离。

【实例 7-1】 测量两点间的距离。

（1）执行【报告】→【测量距离】菜单命令，此时光标变为“十”字形状。

（2）单击需要测量间距的第一个点。

（3）移动鼠标，单击要测量间距的第二个点，如图 7-18 所示。此时，屏幕上会显示如图 7-19 所示的对话框。

（a）确定待测量间距的第一个点

（b）确定待测量间距的第二个点

图 7-18　测量两点间的距离

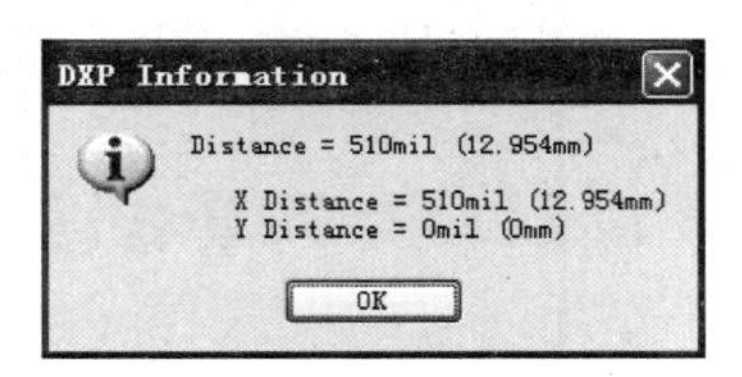

图 7-19　两点之间的距离对话框

其中，

- 【Distance】项：说明所选两点的间距。
- 【X Distance】项：说明两点间的 X 轴方向间距。
- 【Y Distance】项：说明两点间的 Y 轴方向间距。

如果设置了电气网络捕获功能，则由于电气网格点的存在，使得光标不能移到两个网格点之间的位置，这时需要修改网格点的间距。在光标仍处于测量状态下，按快捷键 G，弹出网格点间距下拉子菜单，如图 7-20 所示，从中选取合适的网格点间距进行更改。单击对话框中的 OK 按钮，关闭对话框。

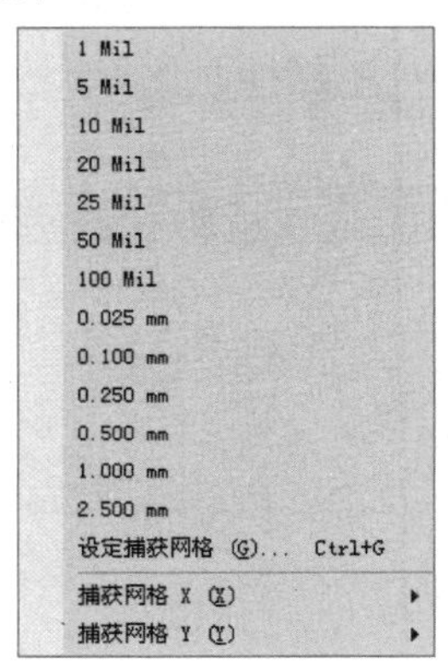

图 7-20　网格点间距下拉子菜单

2. 测量两个图元之间的距离

Protel DXP 的 PCB 设计系统还提供了测量两个图元（不是两点）之间的间距。这个间距是指两个图元之间的最小间距。注意，该命令只能测量单个图元之间的距离，不能测量组中（group 或 Class）的图元之间的距离。

【实例 7-2】 测量两个图元之间的距离。

（1）执行【报告】→【测量图元】菜单命令，光标变为“十”字形状。

（2）单击需要测量间距的第一个图元，如图 7-21 所示。

（3）移动光标，单击要测量间距的第二个图元，如图 7-22 所示，这时屏幕上会显示如图 7-23 所示的对话框。

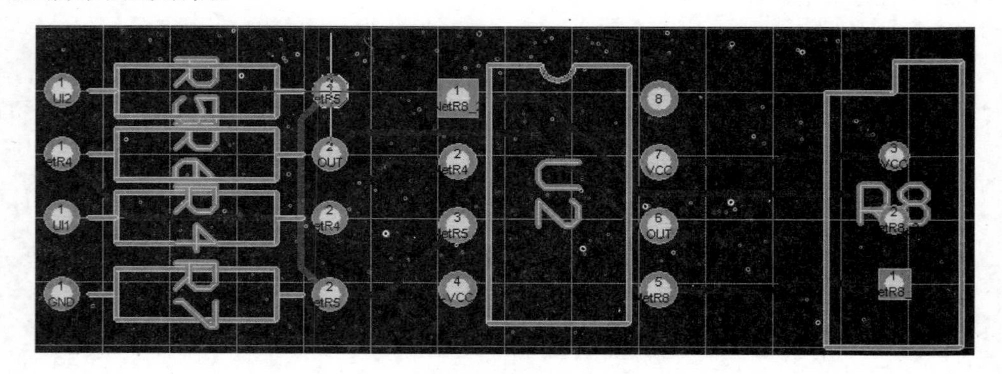

图 7-21　确定测量间距的第一个图元

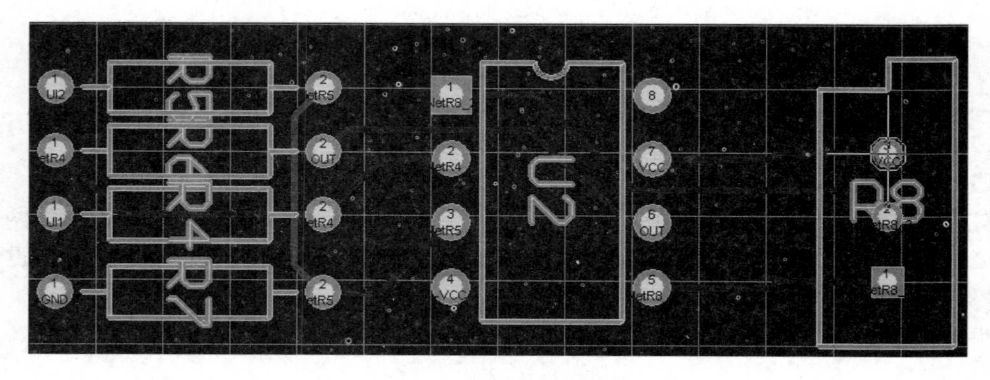

图 7-22　确定测量间距的第二个图元

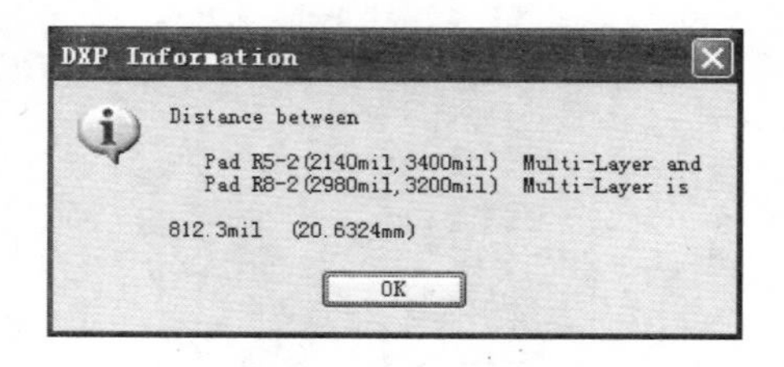

图 7-23　两个图元之间的最小间距

其中，Distance between 项说明了两个元器件 R5 和 R8 的焊盘之间的间距，单击对话框中的OK按钮，关闭对话框。

3. 测量导线长度

这里专门用于测量电路板上选中导线的总长度。

【实例 7-3】 测量导线长度。

（1）首先选择需要测量的导线，如图 7-24 所示。

（2）执行【报告】→【测量选定对象】菜单命令，这时屏幕会弹出如图 7-25 所示的对话框，给出了所选择的所有导线的总长度。

在 PCB 板上测量导线长度是一项相当实用的功能，在高速设计中通常采用该功能测量走线长度。

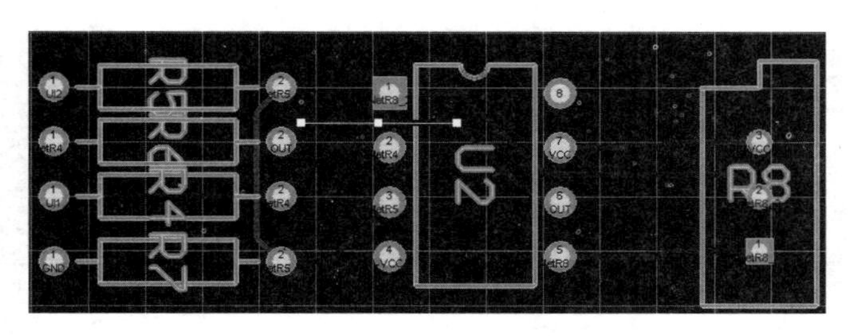

图 7-24　选择需要测量的导线

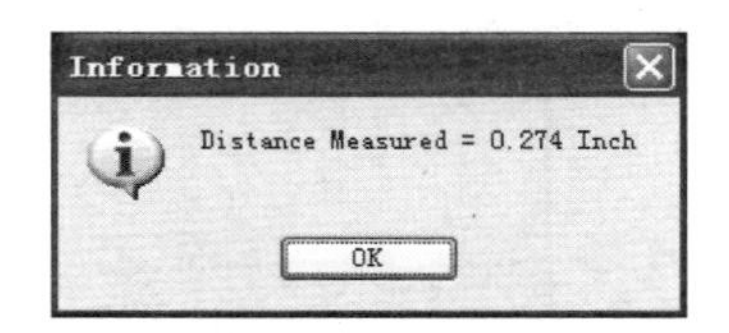

图 7-25　所选择的所有导线的总长度

7.2　PCB 图文件的保存和打印

PCB 板设计完成后，一般需要打印输出，以便用户对其进行错误检查和校对，同时生成文件进行存档。Protel DXP 系统提供了丰富的打印功能，既可以打印输出一张完整的 PCB 图，也可以将各层面单独打印输出。

要使用打印机对 PCB 图进行打印输出，一般要先对打印机进行设置，包括打印页面的设置、打印层面的设置及打印机类型的设置等，然后进行打印输出。

7.2.1　打印页面的设置

执行【文件】→【页面设定】菜单命令，弹出如图 7-26 所示的【Composite Properties】对话框。其中，

1. 【打印纸】设置栏

用于设置纸张大小和打印方向。

- 【尺寸】：单击其右边的按钮，在弹出的下拉列表框中选择所需要的纸张大小，如图 7-27 所示。

图 7-26 【Composite Properties】对话框

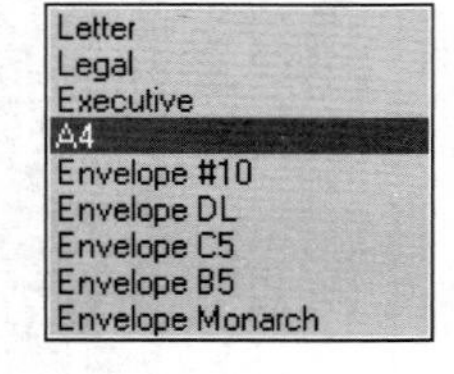

图 7-27 【尺寸】下拉菜单

- 【纵向】和【横向】单选按钮：用于设置打印时，打印纸的打印方式是纵向还是横向打印。纵向打印和横向打印的效果如图 7-28 所示。

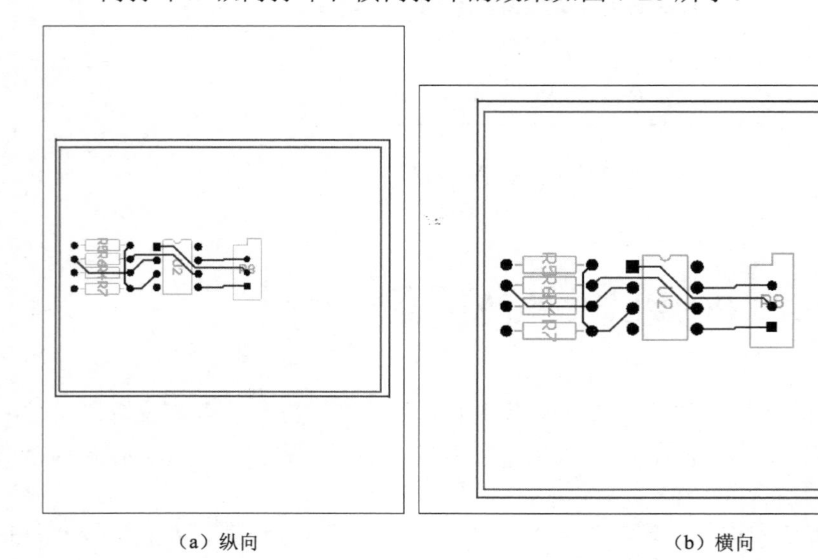

（a）纵向　　（b）横向

图 7-28 纵向打印和横向打印的效果

2. 【余白】设置栏

用于设置 PCB 图纸张的边缘到图框的距离，一般其单位为英寸。可以看出，页边距有水平页边距和竖直页边距两种。当打印时需要留出装订边时，则在设置时要保留较大的宽度，以避免装订时将打印出来的 PCB 图盖住。

3. 【缩放比例】设置栏

用于设置打印时的缩放比例。一般工程图纸的规格与普通打印纸的尺寸规格不同，因此，为了保证在一张打印纸中全部显示要打印的图纸，用户可以在打印输出时将图纸进行一定比例的缩放，缩放的比例可以是 10%～500%之间的任意值。单击其右侧的按钮，可以选择输出的缩放比例模式，如图 7-29 所示。

其中，

图 7-29　缩放比例模式

- 【Fit Document on Page】：表示选择充满整页的缩放比例。此时无论图纸的种类是什么，程序都会自动根据当前打印纸的尺寸计算出合适的缩放比例，使打印输出时图纸充满整页打印纸。且其下面的【刻度】选项将变成无效，以灰色显示，不可更改。
- 【Scaled Print】：其下面的【刻度】选项将变成有效，可以设置缩放的比例。

4. 【彩色组】设置栏

用于设置图纸输出时所采用的颜色。在这里主要分为三种：【单色】选项将图纸单色输出；【彩色】选项将图纸彩色输出；【灰色】选项将图纸以灰度值输出。

5. 【修正】设置栏

如果在【缩放比例】选项组的【刻度模式】中选择了“Scaled Print”选项，则可以设置【修正】设置栏中的 X 和 Y 方向的尺寸，以单独确定 X 和 Y 方向的缩放比例，缩放比例可以填写在 X 和 Y 选项后面的下拉列表框中，如图 7-30 所示。

图 7-30　【修正】设置栏

7.2.2 打印层面设置

当需要打印某个层面的 PCB 图时，可以单击图 7-26 中的 高级... 按钮，打开如图 7-31 所示的【PCB 打印输出属性】对话框。

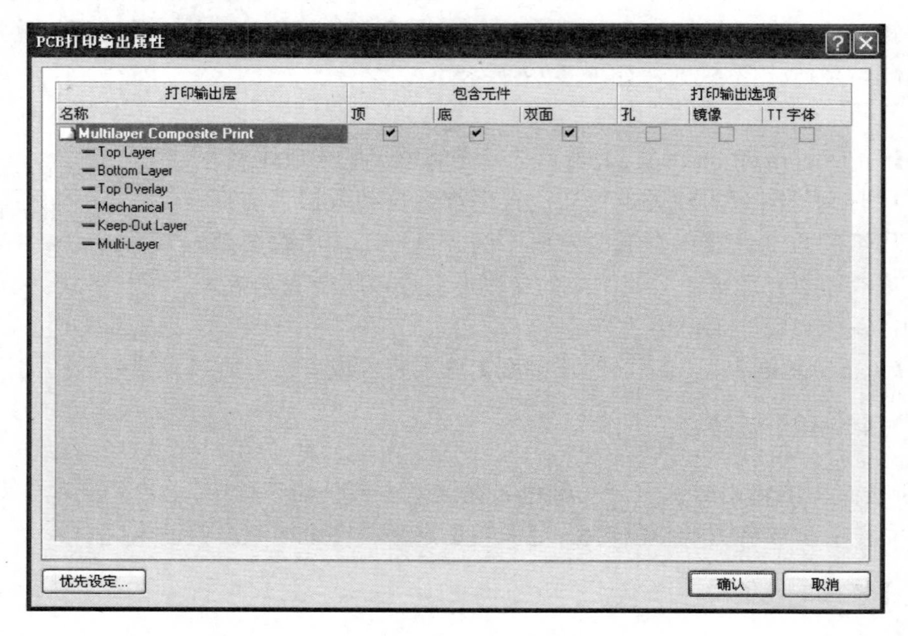

图 7-31 【PCB 打印输出属性】对话框

在该对话框中，显示了 PCB 图中所有用到的所有板层，可以选择需要的板层进行打印。移动光标到该对话框中相应的层，单击右键，弹出的快捷菜单如图 7-32 所示，从中选择相应的命令，即可在打印时添加或者删除一个板层，如图 7-33 所示。

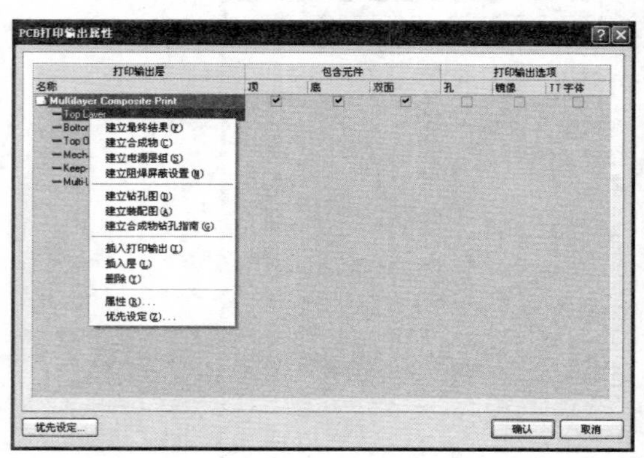

图 7-32 板层属性下拉子菜单

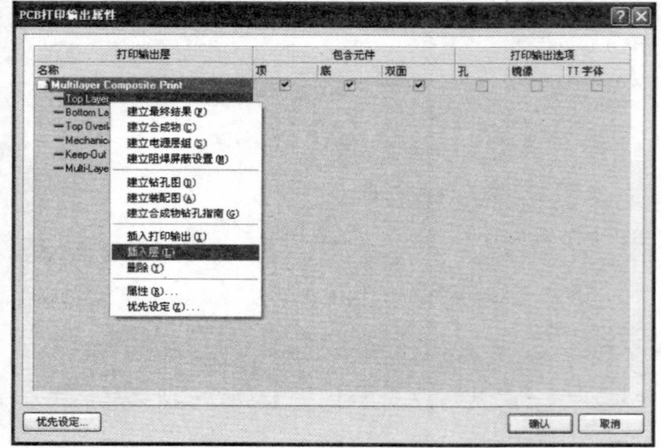

图 7-33 添加或删除一个板层

单击图 7-32 中的 优先设定... 按钮，即打开如图 7-34 所示的【PCB 打印优先设定】对话框。

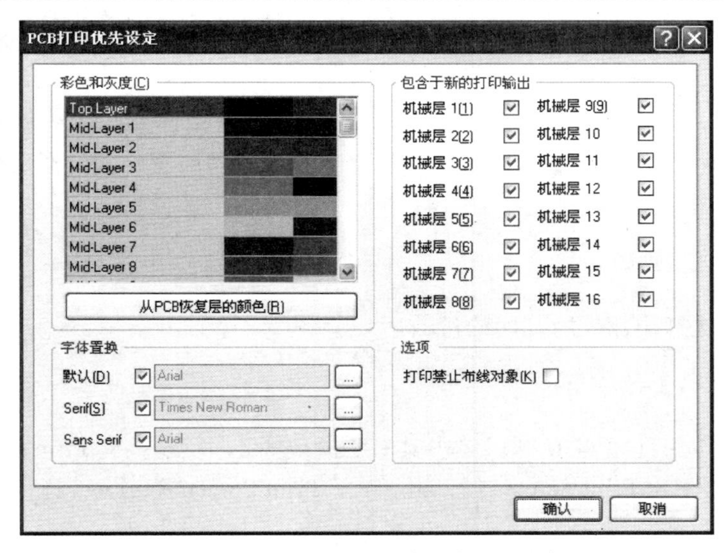

图 7-34　【PCB 打印优先设定】对话框

在该对话框中，可以设置各层的打印颜色、字体等，同时还可以选择打印时所包含的机械层。当然，打印的颜色只对彩色打印机才有意义。

7.2.3　打印机设置

单击图 7-26 所示的对话框中的打印设置...按钮，或者执行【文件】→【打印】菜单命令，弹出如图 7-35 所示的【Printer Configuration for [Documentation Outputs]】对话框。

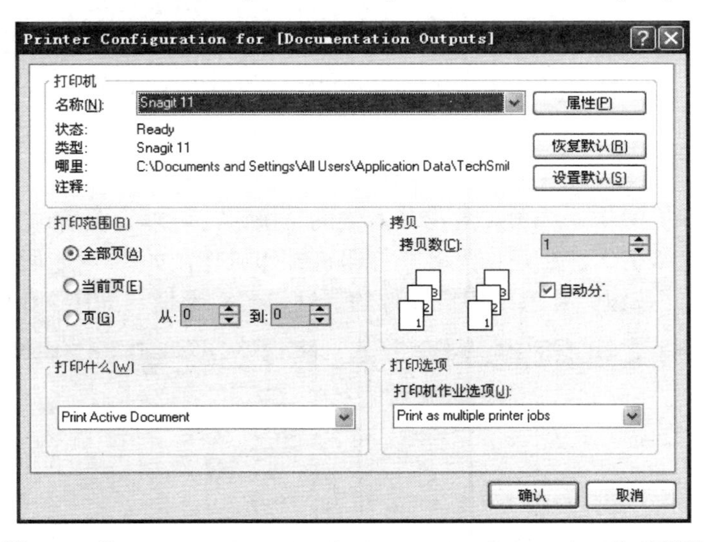

图 7-35　【Printer Configuration for [Documentation Outputs]】对话框

1.　【打印机】选项卡

用于选择打印机类型，如果设计者的计算机操作系统设置了两种以上的打印机，可以单击右侧的▾按钮，对打印机的类型及输出接口进行选择。用户要根据实际的硬件配置情况进行选择，如图 7-36 所示。此处选择“HP LaserJet Professional M1136 MFP”打印机。

2. 【打印范围】选项卡

用于选择打印的 PCB 图的页数。可以选择全部页、当前页、从...到...页，以选择打印页面的范围。

3. 【拷贝】选项卡

用于设置本次打印任务所打印的份数。

4. 【打印什么】选项卡

用于设置打印的目标 PCB 图。单击其右侧的按钮，发现共有 Print Active Document（打印当前活动文件）、Print Screen（打印屏幕）、Print Screen Region（打印屏幕区域）等三种选择，如图 7-37 所示。

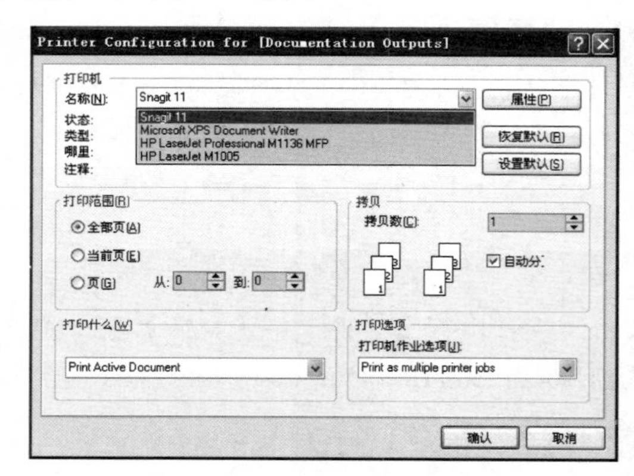

图 7-36　打印机类型的选择

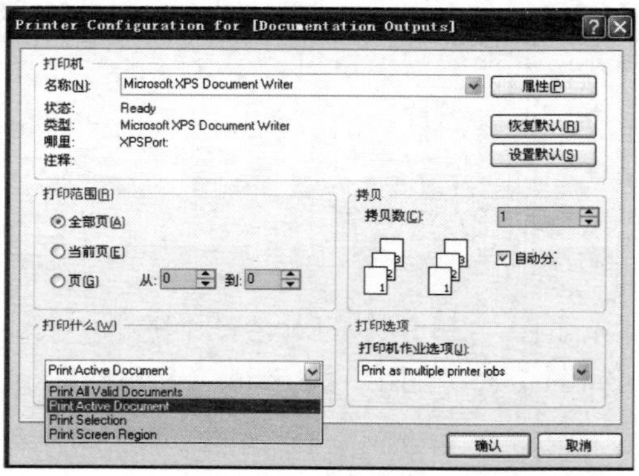

图 7-37　【打印什么】选项

5. 【打印选项】选项卡

用于设置打印机的作业选项。单击其右侧的按钮，可以设置所选的打印机是作为一个单独的打印机打印工作，还是作为多个打印机打印工作，如图 7-38 所示。

单击 属性(P) 按钮，弹出打印机其他的属性设置对话框，如图 7-39 所示。

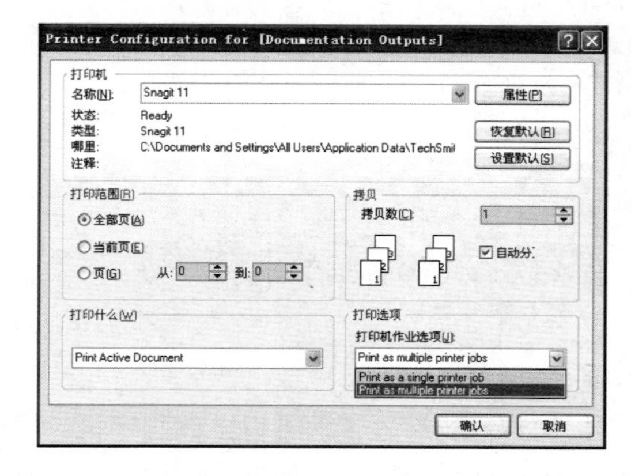

图 7-38　打印机作业选项

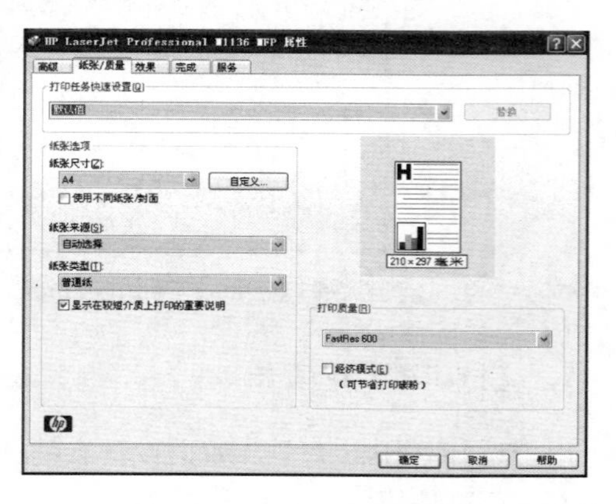

图 7-39　其他的属性设置

在该对话框中可以设置打印的方向、纸张来源、分辨率和打印质量等。

选中该对话框中的【高级】选项卡，弹出如图 7-40 所示的打印机高级属性设置对话框。用户一般选择系统默认值即可，不必修改。

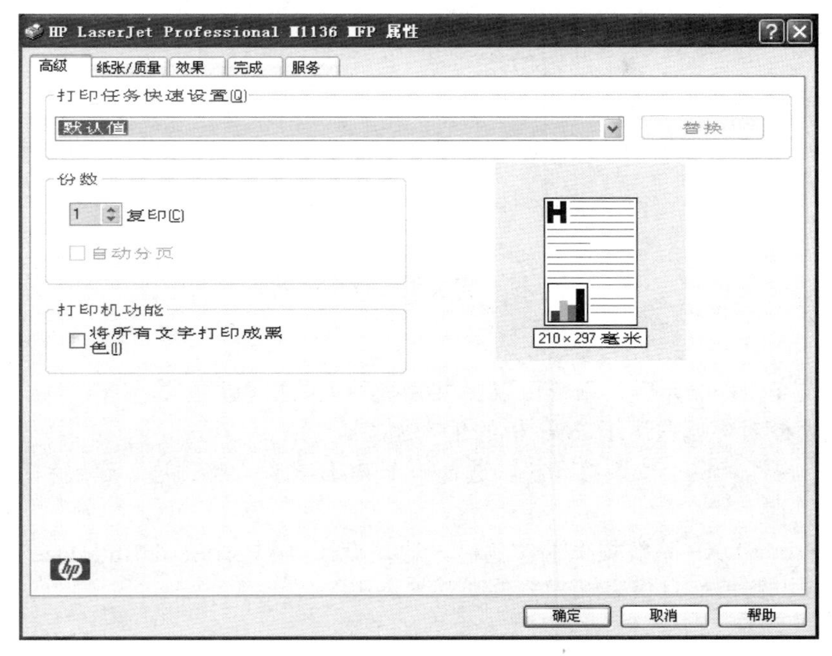

图 7-40　打印机高级属性设置

7.2.4　打印预览

单击图 7-25 对话框中的 预览(V) 按钮，或者执行【文件】→【打印预览】菜单命令，将显示图纸和打印机设置后的打印效果，如图 7-41 所示。如果设计者对打印效果不满意，可以重新对纸张和打印机进行设置。

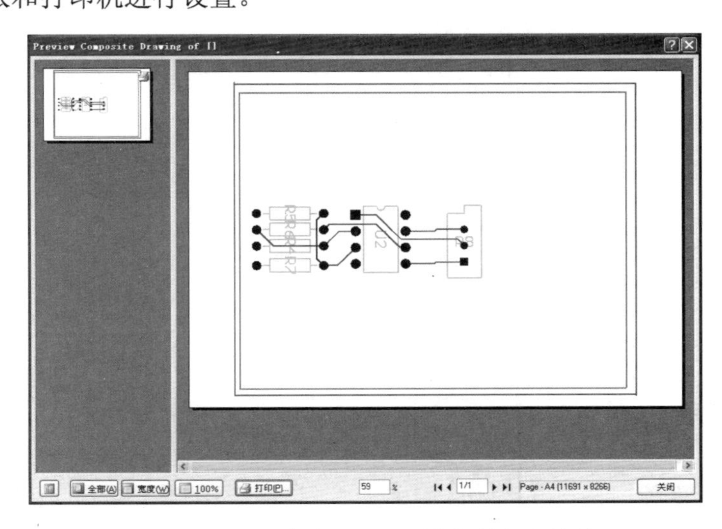

图 7-41　执行命令【打印预览】的打印效果

当所有这一切都设置好后，单击图 7-26 中的 打印(P) 按钮，即可开始打印。

7.3 本章小结

本章主要介绍了 PCB 板设计过程中各种常用报表的功能及其生成方法，以及 PCB 文件的打印输出的操作过程。由于 PCB 板的各种报表的功能是不同的，因此，要根据实际需要生成相应的报表。

7.4 思考与练习

（1）完成 PCB 设计后，系统可以提供哪些种类的报表？在这些报表中，哪些用于对 PCB 图的检查校对，哪些用于 PCB 板的生产加工？

（2）在一台计算机上安装打印机，选择一个 PCB 文件，将顶层、底层和顶层丝印层分层打印出来。

（3）在 Protel DXP 系统提供的实例中，选择设计“4 Port Serial Interface Board.pcb”，对它分别生成电路板信息报表和元器件交叉参考表。

第 8 章　制作 PCB 元件

元器件封装是构成 PCB 电路板图的最基本单元。它是指将实际元器件焊接到电路板上时，在电路板上所显示的外形和焊点位置关系。在设计 PCB 电路板图过程中，对于一般的元器件封装，可以从元器件封装库中直接调用，但偶尔也会遇到比较特殊的元器件封装，在系统元器件封装库中找不到，此时就需要自己制作元器件封装并对封装库进行管理。本章主要介绍如何使用 Protel DXP 中的元器件封装编辑器来制作元器件封装及封装库的管理。

【学习目标】

- ❑ PCB 元器件库的创建
- ❑ PCB 元器件向导的使用
- ❑ 手工创建 PCB 元器件封装
- ❑ 创建集成元器件封装库

8.1　元器件封装库编辑器

元器件封装编辑器用于制作元器件封装。其启动方法与 PCB 电路板图设计窗口的启动非常类似，一般是通过新建一个 PCB 元器件封装库文件的方式来启动。

8.1.1　创建 PCB 元器件封装库文件

【实例 8-1】创建新的 PCB 元器件封装库文件。

在制作元器件封装前，必须先要启动元器件封装库编辑器。创建 PCB 元器件封装库文件，一般可以通过以下两种方法实现。

方法一：

（1）执行【文件】→【创建】→【库】→【PCB 库】菜单命令，可创建新的元器件封装库文件，新建的 PCB 库文件的文件默认为 PcbLib1.PcbLib，如图 8-1 所示。

（2）单击主工具栏中的按钮或者在工作区面板的【Projects】选项中将鼠标移动到该文件上，单击右键，在弹出的下拉菜单中选择【另存为】，弹出【Save PcbLib1.PcbLib As】对话框，如图 8-2 所示，修改文件名后单击保存(S)按钮。

（3）从【PCB Library】对话框的【元件】项目中可以看到，系统自动生成了一个名为“PCBCOMPONENT_1”的空白元器件。将光标移动到该元器件上，双击打开【PCB 库元件】对话框，如图 8-3 所示。用户可以通过该对话框更改元器件的名称等参数。

图 8-1　元器件封装编辑器主界面

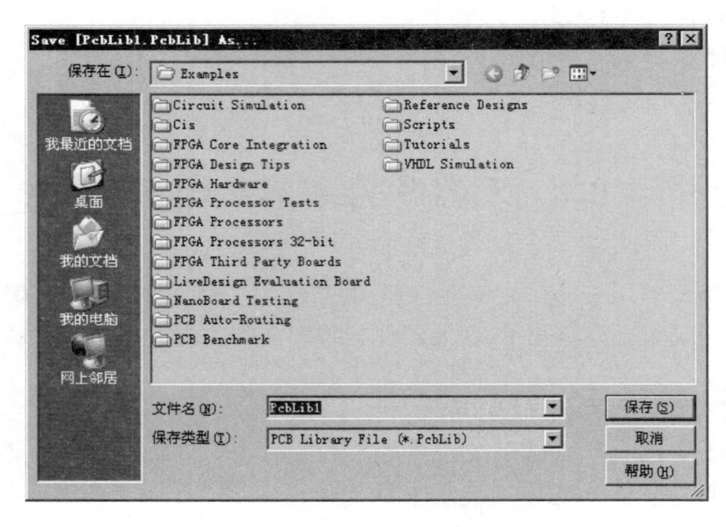

图 8-2 【Save PcbLib1.PcbLib As】对话框

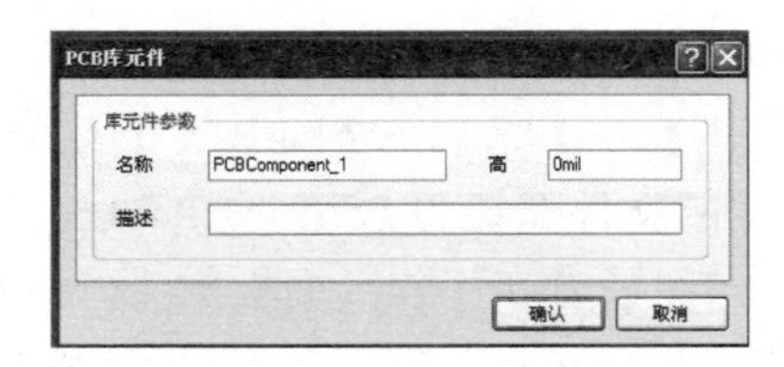

图 8-3 【PCB 库元件】对话框

方法二：

（1）在工作区面板中单击右键，选择【追加新项目】→【PCB 项目】，创建一个新的 PCB 项目，名为“PCB_Project1.PrjPCB”。

（2）将光标移到新创建的 PCB 项目上，单击右键，选择【追加新文件到项目中】→【PCB

Library】。

（3）将光标移到新创建的 PCB 库文件上双击，启动元器件封装编辑器，如图 8-1 所示。

（4）单击主工具栏中的按钮或者在工作区面板的【Projects】选项中将鼠标移动到该文件上，单击右键，在弹出的下拉菜单中选择【另存为】，弹出【Save PcbLib1.PcbLib As】对话框，如图 8-2 所示，修改文件名后单击保存(S)按钮。

8.1.2　元器件封装库编辑器介绍

从图 8-1 中可以看出，与 PCB 编辑器类似，PCB 元器件封装库编辑器的界面大体上可以分为以下几个部分。

1．主菜单

PCB 元器件封装库编辑器的主菜单主要用于为设计人员提供编辑及绘图命令，以创建一个新的元器件。

2．元器件编辑界面

元器件的编辑界面主要用于创建一个新的元器件以更新 PCB 元件库、添加或删除元器件库中的元器件等各项操作。

3．主工具栏

主工具栏主要用于为方便用户进行各种快捷操作而提供各种快捷操作图标，如打印、存盘等操作。

4．绘图工具栏

元器件封装编辑器提供的绘图工具，类似于 PCB 编辑器中的绘图工具，可以使用户在工作区上放置各种图元，如线段、焊盘、圆弧等。

5．元器件封装库管理器

元器件封装库管理器主要用于对元器件封装库文件进行管理。

6．状态栏与命令行

在屏幕的最下方为状态栏与命令行，主要用于提示用户当前所处的状态和正在执行的命令。

8.2　添加新的元器件封装

下面介绍如何创建一个新的 PCB 元器件封装，并将其放置到 8.1 节创建的 PCB 封装库文件中。创建新的 PCB 元器件封装一般通过手工创建和利用 PCB 元器件向导创建两种方法来实现。

下面先介绍手工创建元器件封装的方法。这种方法实际上是利用 Protel DXP 所提供的绘图工具，按照实际的尺寸绘制出该元器件封装。一般要通过以下三步来完成。

（1）设置元器件封装参数。

（2）放置图形对象。

（3）设定插入参考点。

8.2.1 设置元器件封装参数

新建一个 PCB 元器件封装库文件后，一般需要先设置一些诸如测量单位、过孔的内孔层、设置鼠标移动的最小间距等基本参数，但创建元器件封装不需要设置规划边界区域，因为系统会自动开辟一个区域供用户使用。

1. PCB板面参数设置

执行【工具】→【库选择项】菜单命令，弹出【PCB 板选择项】对话框，如图 8-4 所示。

图 8-4 【PCB 板选择项】对话框

在该对话框中可以设置测量单位、捕获网格、元件网格、电气网格等参数，测量单位有英制和公制两种，同时还可以设置图纸的大小和位置等。

设置结束后，单击 确认 按钮，关闭该对话框，完成对 PCB 板面参数的设置。

2. 设置系统参数

执行【工具】→【优先设定】菜单命令，弹出【优先设定】对话框，如图 8-5 所示。

该对话框共有五个设置选项卡，即 General、Display、Show/Hide、Defaults、PCB 3D。一般设定【General】选项卡中的各项参数即可。

将 PCB 板面参数和系统参数设置完毕后，就可以开始创建新的元器件封装了。

8.2.2 创建新的元器件封装

【实例 8-2】 手动创建一个新的元器件封装。

（1）执行【工具】→【新元件】菜单命令，弹出【元件封装向导】对话框，如图 8-6

所示。这里先不使用向导，具体向导的使用方法将在下一节中介绍。单击【取消】按钮取消向导。

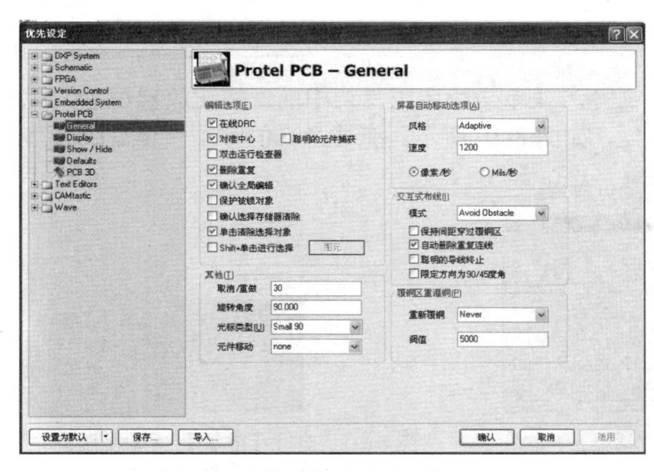

图 8-5　【优先设定】对话框

图 8-6　【元件封装向导】对话框

（2）发现在 PCB 库文件编辑器【PCB Library】面板中会显示新建的元器件名称，如图 8-7 所示。

（3）更改封装名称。将光标移动到 PCB 封装库编辑器【元件】项下新建的元器件封装上双击，或者单击右键，弹出下拉菜单，如图 8-8 所示。选择【元件属性】，弹出【PCB 库元件】，如图 8-9 所示，将【名称】项更改为“DIP-14”，单击【确认】按钮，此时会发现在 PCB 封装库编辑器【元件】项中会出现更改后的封装名称。

图 8-7　新建的元器件封装

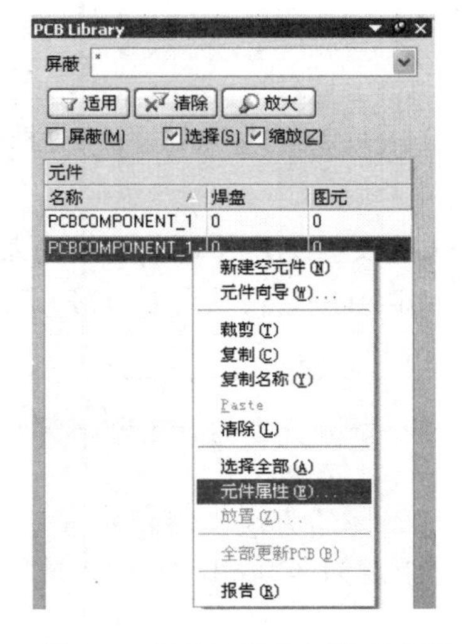

图 8-8　更改元器件封装名称图

下面开始在工作区进行元器件 PCB 封装的绘制工作。

📖：绘制元器件的封装，是为了能够让元器件在 PCB 板上进行安装，所以尺寸和管脚的对应是非常重要的。在这里管脚焊盘的编号等封装信息，一般可以在元器件的制造厂家提供的器件手册中找到，必须和原理图中的编号相同。

（4）执行【放置】→【焊盘】菜单命令，或单击绘图工具栏中的 ◎ 按钮放置焊盘。此时光标变为十字形状，中间拖动一个焊盘，如图 8-10 所示。随着光标的移动，焊盘跟着移动，移动到适当位置后，单击将其定位。

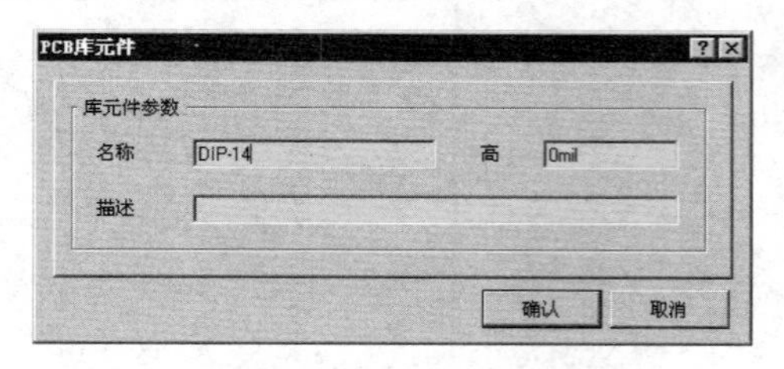

图 8-9 【PCB 库元件】对话框

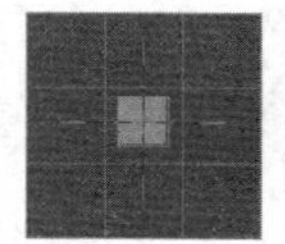

图 8-10 执行【放置】→【焊盘】命令后光标的形状

（5）在放置焊盘时，先按【Tab】键，弹出【焊盘】属性设置对话框，如图 8-11 所示，在该对话框中可以设置焊盘的属性，包括焊盘的孔径、旋转和放置位置坐标、标识符、放置层、外形和大小等，具体可以参考 6.4.5 节。本实例中焊盘的属性设置如图 8-12 所示。设置完成后，按下 确认 按钮，关闭该对话框完成对焊盘属性的设置。

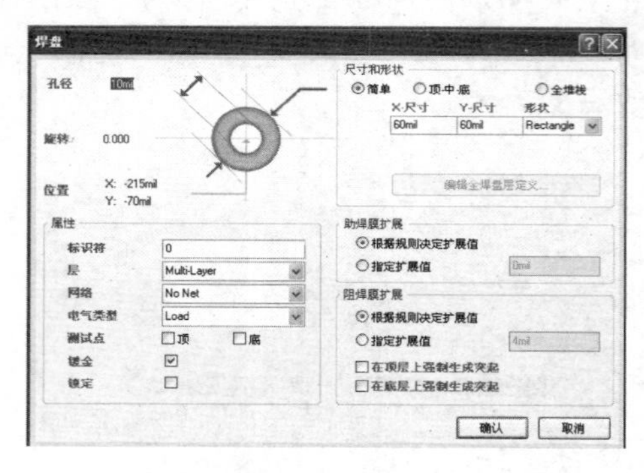

图 8-11 【焊盘】属性设置对话框

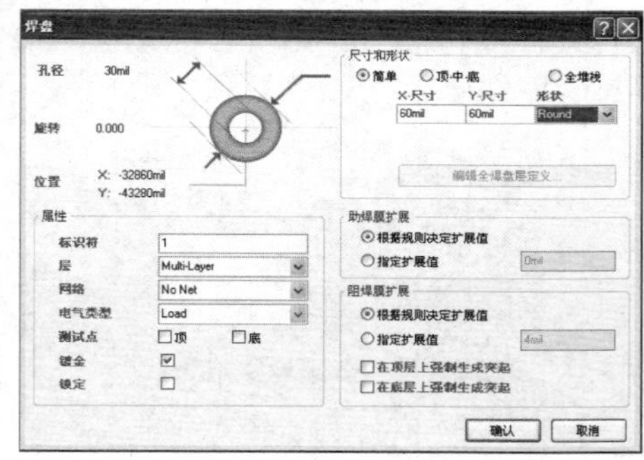

图 8-12 设置焊盘的属性

📖：【层】选项设置元器件封装所在的层面，双列直插式（DIP）元器件封装层面设置必须是 Multi-Layer，表贴式（STM）元器件封装层面设置必须为单一表面，如 Top-Layer 或 Bottom-Layer。

（6）此时，光标变成黏附着圆形焊盘的十字形状，将其移动到适当位置单击，放置该焊盘即可。

（7）按照同样的方法，再根据元器件引脚之间的实际间距，将其设定为垂直距离为 100mil，水平距离为 300mil，并相应放置其他焊盘，如图 8-13 所示。

（8）绘制元器件封装的外形轮廓。将工作层面切换到 Top-Overlay（顶层丝印层），只需在【Top-Overlay】标签上选择即可。然后执行【放置】→【直线】菜单命令后，鼠标光标会变为十字形状，如图 8-14 所示。

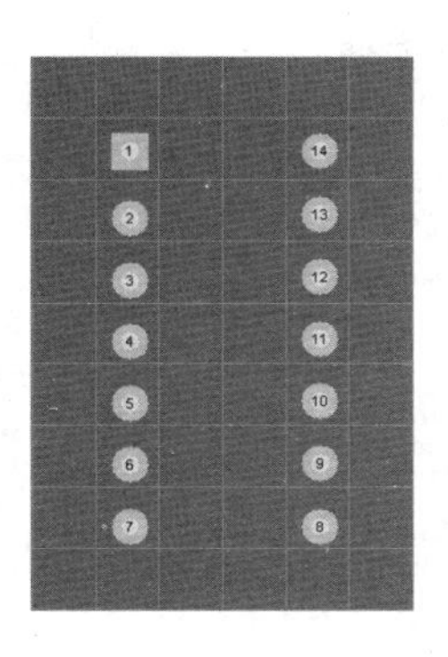

图 8-13　放置完所有的焊盘

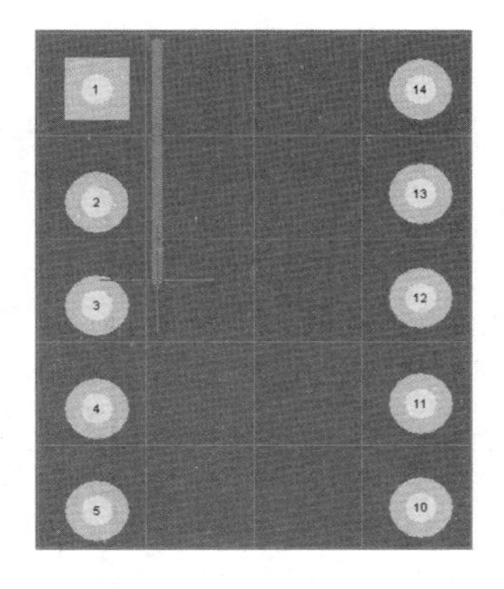

图 8-14　光标变为十字形状

（9）将光标移动到适当位置后，单击确定元件封装外形轮廓线的起点，移动鼠标就会出现一条直线，在合适位置单击，即绘制出一条外形轮廓线。在该位置再次单击以确定下一条外形轮廓的起点，按照上述方法继续绘制外形轮廓线的直线部分直到全部绘制完成。本例中元器件外形轮廓的位置分别为左上角坐标为(-280,110)，右下角的坐标为(-105,-620)。上端开口的坐标分别为(-220,110)和(-165,50)，如图 8-15 所示。

（10）从图中可以看到，元器件封装外形轮廓线还缺少顶部的半圆弧，可以执行【放置】→【圆弧】菜单命令，或直接单击绘图工具栏上的 按钮，此时系统处于中心绘圆弧状态，鼠标指针变为十字形状，单击确定圆弧的半径，然后将光标移动到预画圆的左端，单击确定圆弧的起点，再将光标移动到预画圆的右端，单击确定圆弧的终点，元器件封装的顶部就绘制好了。本例中圆弧半径为 25mil，圆心位置为(150,50)，起始角为 180°，终止角为 360°。绘制完的图形如图 8-16 所示。

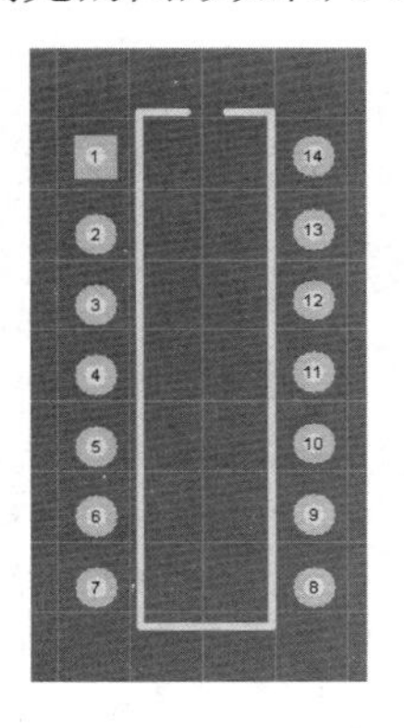

图 8-15　元器件封装外形轮廓线

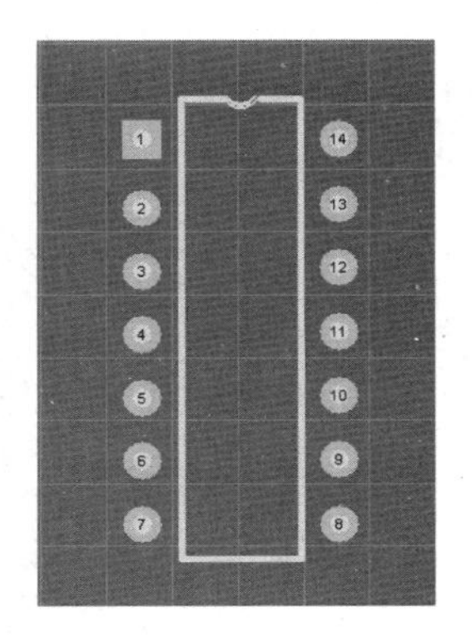

图 8-16　绘制好的 PCB 封装图

（11）执行【文件】→【保存】菜单命令，将新建的元器件封装保存在路径“E:\Chapter8”目录下。

（12）为了以后在 PCB 图中应用该元器件封装，在这里还要设置元器件封装的参考点，通常以元器件的引脚 1 为参考点。要设定该元器件的参考点，只要执行【编辑】→【设置参考点】菜单命令，如图 8-17 所示。如果选择【引脚 1】，将设置元器件的引脚 1 为参考点；如果选择【中心】，则将设置元器件的几何中心为参考点；如果选择【位置】，则需要用户选择一个位置作为参考点，如选择 Pin2 为参考点。

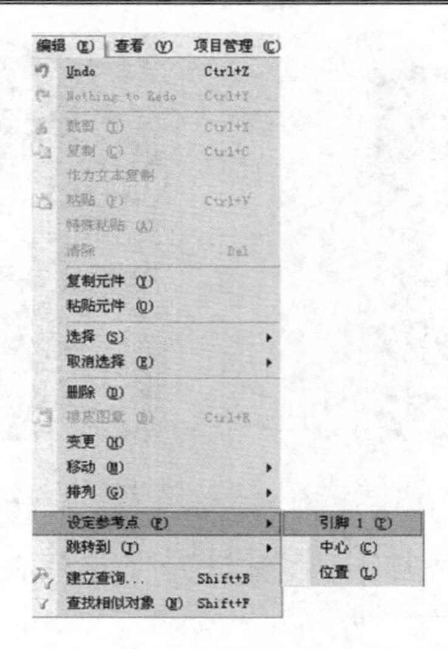

图 8-17　设定该元器件封装的参考点

8.3　利用向导建立库文件

上节介绍了如何在封装库中手工创建一个元件封装，有时利用 PCB 元件封装向导逐步设置各种规则，由系统自动生成元件封装。

下面以【实例 8-2】中的 DIP-14 封装为例，介绍使用 PCB 元件封装向导创建新元件封装的方法。

【实例 8-3】 采用 PCB 元件封装向导创建 DIP-14 封装。

（1）执行【工具】→【新元件】菜单命令，弹出【元件封装向导】对话框，如图 8-18 所示。

图 8-18　【元件封装向导】对话框

（2）单击对话框中的[下一步>]按钮，进入 PCB 元件封装向导，系统弹出【Component Wizard】对话框，如图 8-19 所示，用于设定元件的外形形式。在对话框的上部列表中共给出了 12 种标准的外形形式。选择【Dual in-line Package（DIP）】封装，如图 8-20 所示。对话框下部的下拉式列表框用于选择设计元件时使用的长度单位，将其设置为“Imperial（mil）”。

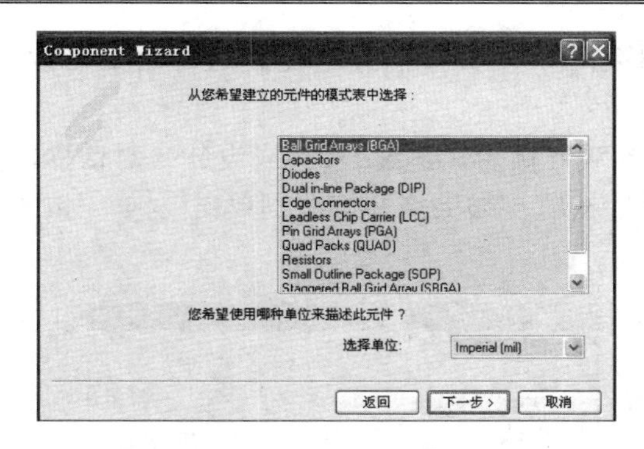

图 8-19 【Component Wizard】对话框

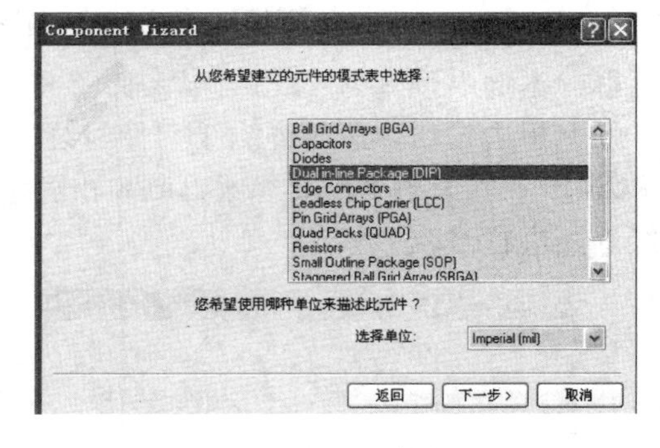

图 8-20　设定元件外形

（3）单击下一步>按钮，弹出【元件封装向导-双列直插式封装】对话框，如图 8-21 所示，设定焊盘尺寸，这些尺寸被直观地标注在对话框的示意图中，修改这些尺寸非常简单，只要将鼠标移到相应的尺寸上，单击就能重新设定焊盘尺寸，本例中将焊盘的孔径设置为“30mil”，焊盘直径为“60mil”。

（4）设置完焊盘的尺寸后，单击下一步>按钮，弹出【元件封装向导-双列直插式封装】（焊盘间距设置）对话框，用户可以设置焊盘的水平间距和垂直间距。本例设置水平间距为 300mil，垂直间距为 100mil，如图 8-22 所示。

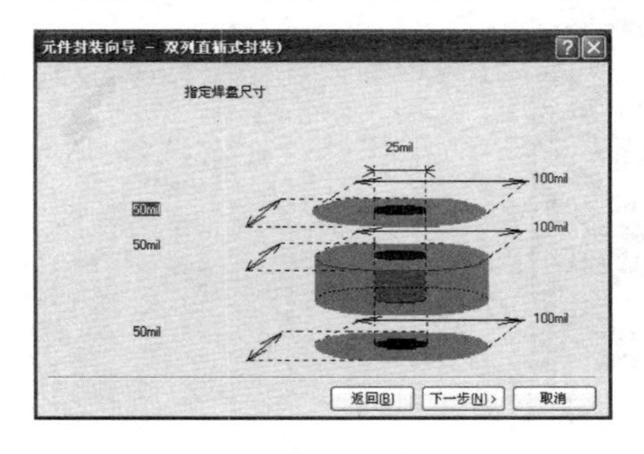

图 8-21　设定焊盘尺寸

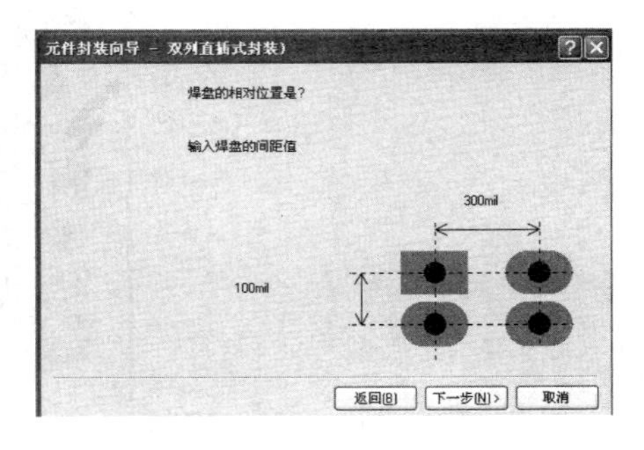

图 8-22　焊盘间距设置

（5）单击下一步>按钮，系统弹出【元件封装向导-双列直插式封装】（轮廓宽度设置）对话框，如图 8-23 所示，在此选择默认值 10mil。

（6）单击下一步>按钮，系统弹出【元件封装向导-双列直插式封装】（焊盘总数设置）对话框，本例中设置为 14，如图 8-24 所示。

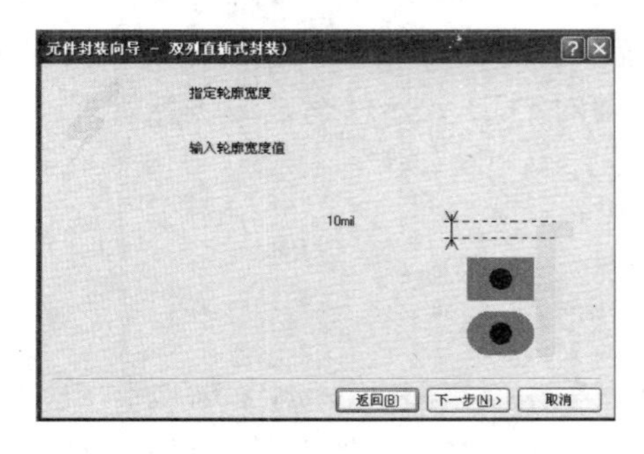

图 8-23　轮廓宽度设置

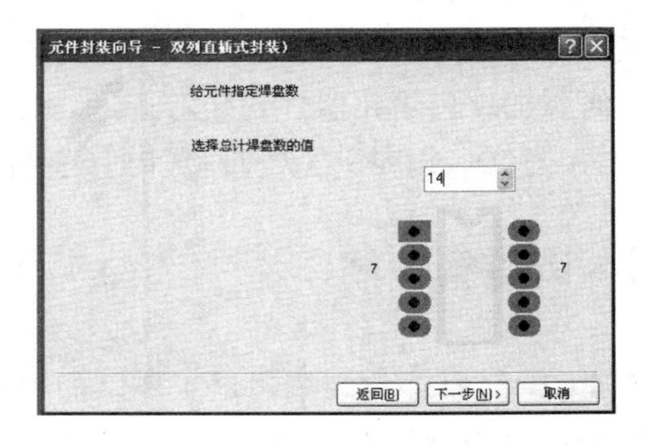

图 8-24　焊盘总数设置

（7）单击 下一步> 按钮，系统弹出【元件封装向导-双列直插式封装】（元器件命名设置）对话框，本例中设置为“DIP-14”，如图 8-25 所示。

（8）单击按钮，系统弹出【元件封装向导-双列直插式封装】（完成设计）对话框，如图 8-26 所示。如果不需要修改，则单击 Finish 按钮；如果需要修改则单击 返回(B) 按钮，逐级返回进行修改。

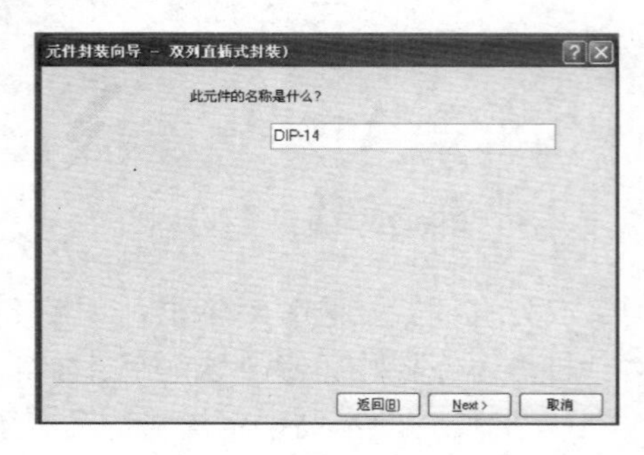

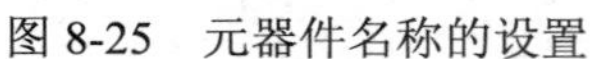
图 8-25　元器件名称的设置

图 8-26　元器件完成设计

（9）单击图 8-26 中的 Finish 按钮，完成设计，可以在 PCB 编辑器看到利用向导所涉及的元器件封装，如图 8-27 所示。

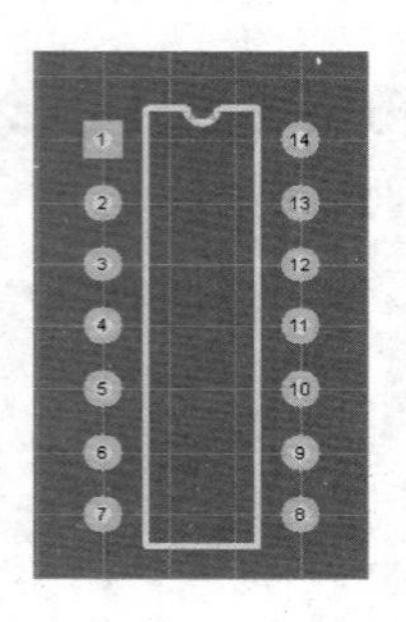

图 8-27　完成的 DIP-14 封装设计

8.4　PCB 元器件封装库的管理

使用 PCB 元器件库编辑器创建了封装库文件及一些新的元器件封装后，当用户在绘制 PCB 电路板图时，常会遇到如何从封装库文件中调出元器件封装并放置在 PCB 电路板图中，如何添加、删除元器件封装等问题，这就需要对 PCB 元器件封装库进行管理。本节介绍 PCB 元器件封装库浏览管理器和对元器件库管理。

8.4.1　浏览管理器

在 PCB 元器件封装编辑器工作区面板的下方单击【PCB Library】选项卡，弹出【元器件封装浏览管理器】对话框，如图 8-28 所示。它由元器件过滤框（屏蔽）、元器件封装名列表框（元件）等部分组成。如果在元器件过滤框中输入 D 开头的元器件封装名，则系统将在元器件封装名列表框中列出所有以 D 开头的元器件封装名，移动框中的光标，在设计窗口中就会显示该光标所对应的元器件封装。元器件封装名列表框主要用来列出该元器件封装库中的所有元器件封装。如果用户在元器件封装名列表框中选中了一个元器件封装时，设计窗口就显示出该元器件封装。

8.4.2　向库中添加元器件封装

向当前库中添加元器件封装的操作步骤如下。

（1）执行【工具】→【新元件】菜单命令，或在浏览管理器【元件】列表中单击右键，弹出下拉菜单，选中【新建空元件】或【元件向导】，如图 8-29 所示，弹出元器件封装向导对话框。

（2）如果单击下一步>按钮，将会按照向导创建新的元器件封装。如果单击取消按钮，系统将会生成一个 PCBCOMPONENT_1 的空文件。此时，用户可以对该元器件封装进行重新命名，并可进行绘图操作，生成一个元器件封装。

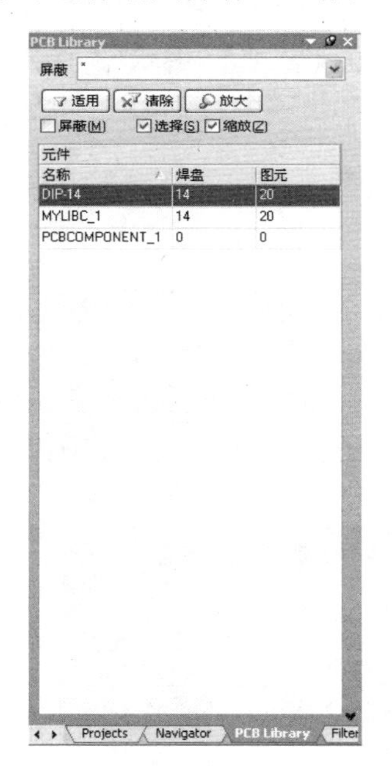

图 8-28　元器件封装浏览管理器

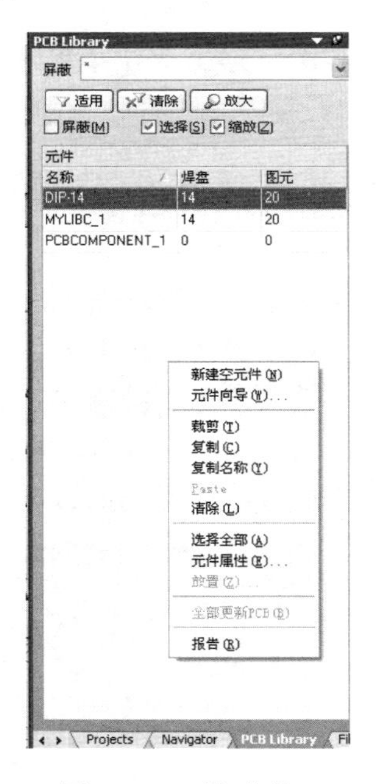

图 8-29　下拉菜单

8.4.3　元器件封装重命名

当新的元器件封装创建后，用户还可以对该元器件封装重新命名，具体操作如下。

（1）在浏览管理器【元件】列表中选择需要重新命名的元器件封装。

（2）单击右键，弹出下拉菜单，选中【元件属性】，弹出【PCB 库元件】对话框，在其【名称】栏中输入新的名称，单击确认按钮即可。

8.4.4 删除元器件封装

如果用户想从元器件封装库中删除一个元器件封装时，具体操作如下。

（1）在浏览管理器【元件】列表中选择需要重新命名的元器件封装。

（2）单击右键，弹出下拉菜单，选中【清除】，弹出如图 8-30 所示的【Confirm】对话框，如果单击 Yes 按钮将会执行删除操作，单击 No 按钮将会取消删除操作。

图 8-30 【Comfirm】对话框

8.4.5 复制、剪切元器件封装

通过元器件封装浏览管理器，还可以进行元器件封装的复制、剪切操作。具体操作如下。

（1）在浏览管理器【元件】列表中选择需要重新命名的元器件封装。

（2）单击右键，弹出下拉菜单，选中【复制】或【裁剪】，即可进行元器件封装的复制或剪切操作。

8.4.6 元器件封装报告

通过元器件封装浏览管理器，还可以生成元器件封装报告。具体操作如下。

（1）在浏览管理器【元件】列表中选择需要重新命名的元器件封装。

（2）单击右键，弹出下拉菜单，选中【报告】，即可生成元器件封装报告。如图 8-31 所示。该报告扩展名为“.CMP”，列出了该元器件封装的名称、所在封装库、尺寸大小、所在层及其上的焊盘数、图元数目等信息。

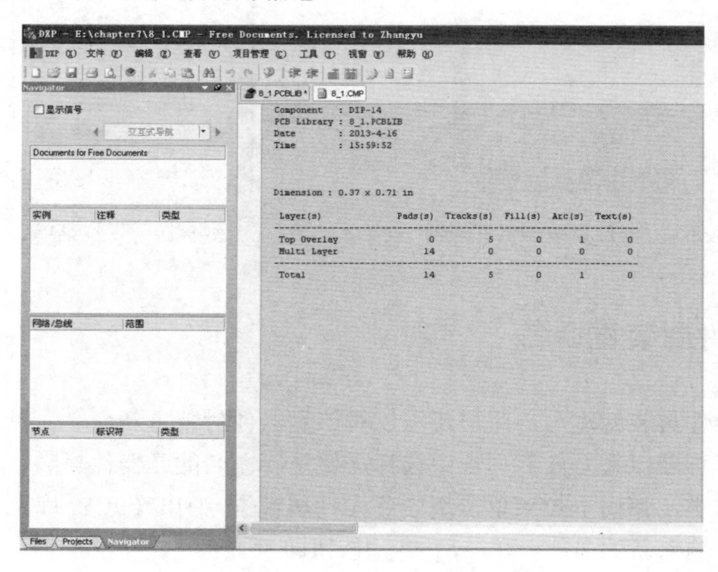

图 8-31 元器件封装报告

8.5　创建集成元器件库

当用户在调用元器件时，总希望能够同时调用元器件的原理图符号及 PCB 封装符号。Protel DXP 的集成库完全能够满足用户这一要求。用户可以建立一个自己的集成库，将常用的元器件及其封装模型一起放在该库中。

【实例 8-4】 创建集成元器件库。

本实例要求将前面创建的原理图元器件库和 PCB 库编译到一个集成元器件库中。

（1）执行【文件】→【创建】→【项目】→【集成元件库】菜单命令，创建一个空的集成元器件库包。从工作区面板中可以看到，该空库的名称为“Integrated_Libraryl.LibPkg”，如图 8-32 所示。

（2）执行【文件】→【保存项目】菜单命令，在文件名一栏中输入“MyIntLib”，并选择保存路径为“E:\Chapter8”，单击 保存(S) 按钮，对创建的集成元器件库进行保存，如图 8-33 所示。

图 8-32　新建的集成库文件包

图 8-33　保存后的集成库文件包

（3）将光标移到工作区面板中新创建的集成库文件包文件，单击右键，弹出下拉菜单，如图 8-34 所示。

（4）选择【追加已有文件到项目中】，弹出【Choose Documents to Project[MyIntLib.LINPKG]】对话框，如图 8-35 所示。找到要添加到库包中的原理图库、PCB 库、Protel 99 SE 库、Spice 模型或信号完成性分析模型等，然后将这些文件添加到新创建的集成元器件库项目中。本例添加原理图库文件“8_1.SchLib”及【实例 8-3】所创建的 DIP-14 元器件封装库“8_1.PcbLib”到该集成元器件库项目中。

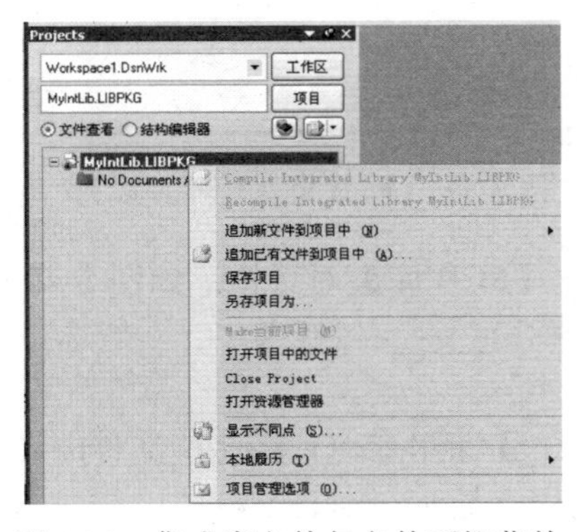

图 8-34　集成库文件包文件下拉菜单

图 8-35　选择要添加的库文件

（5）单击打开(O)按钮，即可将需要的库文件添加到该集成库文件包中，此时，工作区面板的【Projects】项如图 8-36 所示，显示已添加的库文件。

（6）双击图 8-36 中的“8_1.SCHLIB”，再单击工作面板区下部的【SCH Library】选项卡，弹出如图 8-37 所示的对话框。

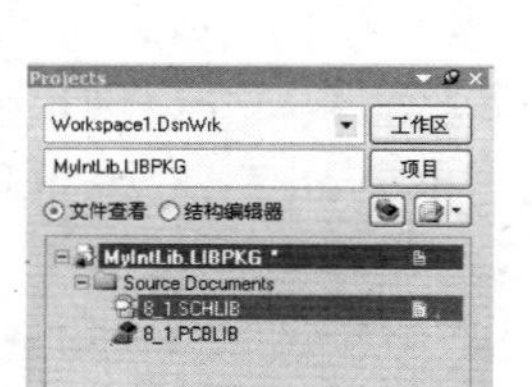

图 8-36　添加 PCB 库文件后的【Projects】面板

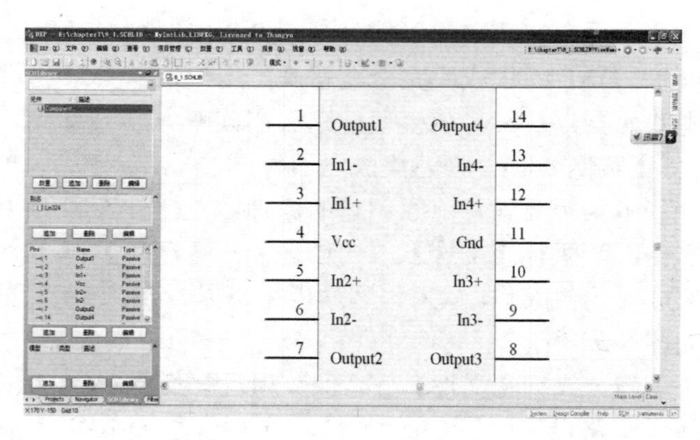

图 8-37　原理图编辑器

（7）在元器件列表框中选中要编辑的元器件【Component_1】，然后在【模型】部分单击追加按钮。

（8）弹出模型类型选择对话框，如图 8-38 所示，选择“Footprint”，单击确认按钮。

（9）弹出选择【PCB 模型】对话框，如图 8-39 所示。

图 8-38　添加元器件模型信息

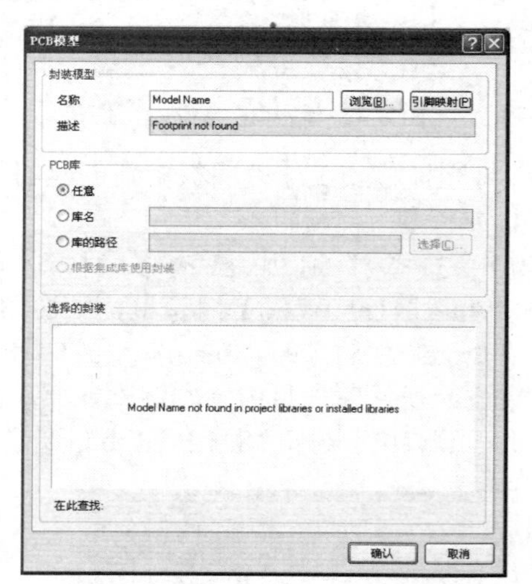

图 8-39　【PCB 模型】对话框

（10）单击该对话框中的浏览(B)...按钮，弹出浏览【PCB 库】对话框，如图 8-40 所示。

（11）在该对话框中选择合适的 PCB 封装后，单击确认按钮即可。本例选择 DIP-14 封装。

（12）执行【项目】→【Compile Integrated Library】菜单命令，将这些文件编译到一个集成库中。在编译过程中，如果有错误，则这些错误会显示在消息面板中，修改这些错误后重新编译，直到没有错误为止，编译结果如图 8-41 所示。

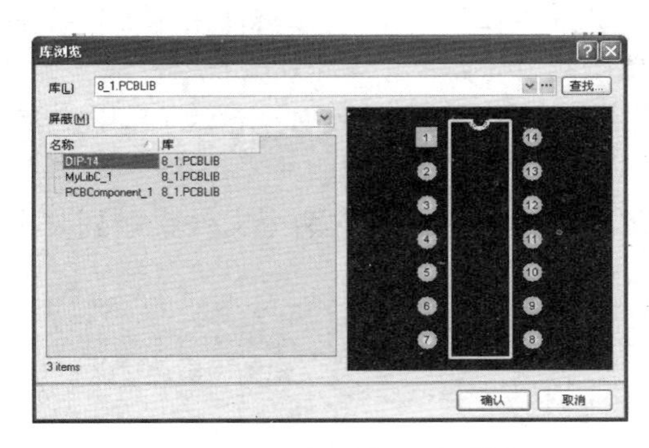

图 8-40 【库浏览】对话框

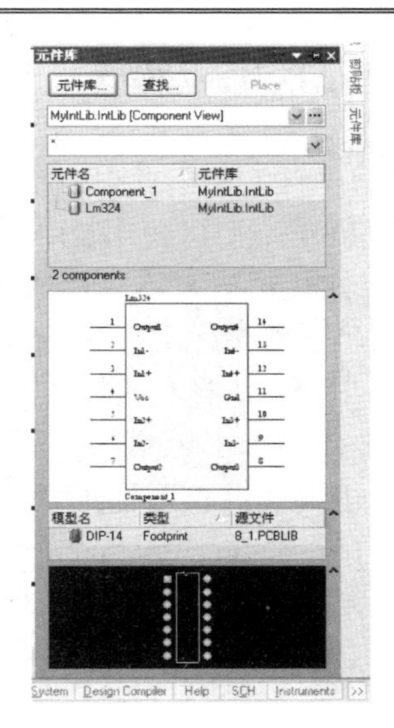

图 8-41　添加用户新建的元器件集成库后的【元件库】面板

这样，就完成了集成元器件库的创建和编译，一个新的集成库将以“MyIntLib.intlib”命名存储，并且出现在库面板中以供用户使用。当用户绘制原理图调用该元器件时，也是同时调用原理图符号和 PCB 封装，使用是非常方便的。

8.6　本 章 小 结

本章通过实例介绍了新建用户自己的元器件封装库，并在其中新建自己的新元器件封装，并对该元器件封装库进行管理，以及元器件集成库的创建等操作的一般步骤及各种参数的设置，重点阐述了手工创建 PCB 元器件封装和通过元器件 PCB 封装库向导设计 PCB 元器件封装的方法。

- 元器件 PCB 封装库编辑器：介绍如何创建新的元器件 PCB 封装库，以及在库中添加新的元器件 PCB 封装。
- 元器件 PCB 封装库的管理：包括如何向元器件封装库中添加、删除元器件封装，复制、剪切等操作。
- 元器件集成库的创建：介绍了如何将已建好的原理图库和 PCB 封装库集成在一个集成元器件库中，以供用户同时调用。

8.7　思考与练习

1．简答题

（1）在手工绘制元器件封装之前，应该如何设置元器件封装参数？

（2）创建 PCB 封装库文件的基本步骤有哪些？

2．操作题

（1）新创建一个 PCB 封装库文件，并以“Exercise8_1.PcbLib”保存在路径“E:\Chapter8 中”。

（2）已知仪用放大器芯片 AD620 的外形如图 8-42 所示，该元器件采用 DIP-8 封装：

- 创建原理图库文件 Exercise8_2.SCHLIB。
- 绘制该元器件的 PCB 封装，并创建相应的 PCB 元器件封装库文件“Exercise8_2.PCBLIB”。
- 创建一个集成元器件库“Exercise8_2. LIBPKG”，将这两个文件集成到其中。
- 保存路径在“E:\Chapter8”中。

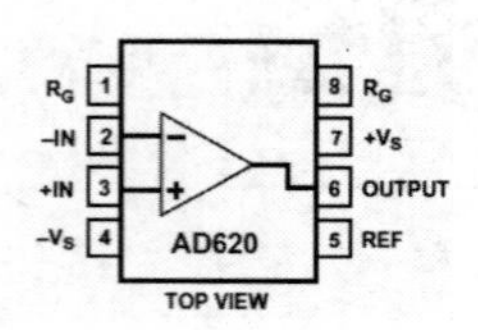

图 8-42　AD620 外形图

第 9 章　信号完整性分析

大规模集成电路的快速发展使得 PCB 的设计越来越复杂，高速时钟和高速开关逻辑意味着 PCB 的设计已不仅仅是简单的放置元器件和布线，还必须综合考虑网络阻抗、传输延迟、信号品质、反射和 EMC（电磁兼容）等多方面的因素，因而对 PCB 电路板上的信号进行信号完整性分析（Signal Integrity）就显得非常重要，主要分析电路中较重要的信号波形的畸变程度。

信号完整性是指在信号线上的信号质量，是信号在电路中能够以正确的时序和电压做出响应的能力，主要包括反射、震荡、地弹、串扰等。良好的信号完整性是指当在需要时信号能以要求的时序、持续时间和电压幅度到达接受芯片的引脚。差的信号完整性不是某一单一因素造成的，而是板级设计中多种因素共同引起的。在 Protel DXP 的设计环境下，用户即可以在原理图上，也可以在 PCB 编辑器内实现信号的完整性分析，并以波形的方式在图形界面下给出分析的结果。

本章主要讲述如何使用 Protel DXP 提供的工具对 PCB 信号进行完整性分析。

9.1　信号完整性概述

Altium 公司引进了世界 EMC（电磁兼容）专业公司 INCASES 的先进技术，在 Protel DXP 中集成了信号完整性工具，帮助用户在 PCB 设计过程中能够利用信号完整性分析获得一次性成功，以缩短 PCB 板的研制周期并降低开发成本。本节将对信号完整性的概念、主要表现、常见信号完整性问题及其解决方案等进行简要概述。

信号完整性（Signal Integrity，简称 SI）主要是指信号在信号线上传输的质量，是指信号在电路中能够以正确的时序和电压数值做出响应的能力。当信号能以要求的时序、持续时间和电压幅度到达接受芯片的引脚时，就称之为良好的信号完整性；反之，当信号不能做出正确的响应或信号质量不能保证系统长期稳定地工作时，就称之为差的信号完整性。

9.1.1　信号完整性的主要表现

信号完整性主要表现在反射、振铃、地弹、串扰和延迟等几个方面。

1．反射

如果信号在传输过程中感受到阻抗的变化时，就会产生反射。当信号感受到阻抗变小，就会发生负反射，反射的负电压会使信号产生下冲。当信号感受到阻抗变大，就会发生正反射，如驱动端阻抗(R_s)与负载阻抗(R_l)不匹配时就会引起反射，负载将一部分电压反射回驱动端。当 $R_l<R_s$ 时，反射电压为负；当 $R_l>R_s$ 时，反射电压为正。布线的几何形状、不正确的线端接、经过连接器的传输及电源平面不连续等因素的变化都会导致信号的反射。

2．振铃

当信号在驱动端和负载之间产生多次负反射时，就会产生振铃。大多数芯片的输出阻抗都很低，如果输出阻抗小于 PCB 走线的特性阻抗，那么在没有源端端接的情况下，必然产生信号振铃。负载端信号振铃会严重干扰信号的接受，产生逻辑错误，一般可以通过适当的阻抗匹配短接予以减少，但不可能完全消除。

3．地弹

地弹是指芯片内部地电平相对于电路板地电平的变化现象。无论何种封装的芯片，其引脚都会存在电感、电容等寄生参数。而地弹正是由于引脚上的电感引起的。如果有大量芯片的输出同时开启，则会在芯片与 PCB 板的电源平面之间产生一个较大的瞬间电流，芯片封装与电源平面的电感电容等寄生参数会引起地电平电压的波动和变化，从而影响其他元器件的动作。负载电容的增大，负载电阻的减小，地电感的增大，以及开关器件数目的增加均会导致地弹的增大。

4．窜扰

窜扰是由同一 PCB 板上的两条信号线与地平面引起的，故也称为三线系统。窜扰是两条信号线之间的耦合，信号线之间的互感和互容引起线上的噪声。容性耦合引发耦合电流，而感性耦合引发耦合电压。PCB 板层的参数、信号线间距、驱动和接收端的电气特性及线端接方式对窜扰都有一定的影响。

综上所述，差的信号完整性并不是某一单因素造成的，而是由板级设计中多种因素共同作用引起的。大致可以归结为以下几个方面。

- 系统和器件频率的上升。一般认为，当系统和器件频率大于或等于 50MHz 时，信号完整性问题就会越来越突出。
- 元器件和 PCB 的参数。
- 元器件在 PCB 上的布局。
- 高速信号的布线。

9.1.2 常见信号完整性问题及其解决方案

表 9-1 列出了高速电路中常见的信号完整性问题与可能引起该信号完整性的原因，并给出了相应的解决方案。

表 9-1 信号完整性问题及解决方案

问　题	可 能 原 因	解 决 方 法	变更的解决方法
过大的上冲	终端阻抗不匹配	终端短接	使用上升时间缓慢的驱动源
直流电压电平不好	线上负载过大	交流负载替换直流负载	使用能够提供更大的驱动电流的驱动源
过大的窜扰	线间耦合过大	使用上升时间缓慢的主动驱动电源	在被动接收端端接，重新布线或检查地平线
传输时间过长	传输线距离过长，没有开关动作	替换或重新布线，检查串行端接	使用阻抗匹配的驱动源，变更布线策略

9.1.3　信号完整性分析器

随着高速逻辑元器件的不断产生，对于设计者而言，在制作 PCB 板前进行相关的信号完整性问题的检测是非常必要的。

Protel DXP 包含了一个高级信号完整性分析器，它能够对已经步好的 PCB 进行精确地模拟分析。而测试网络阻抗、降沿信号、升沿信号、信号斜率等设置与 PCB 的设计规则相同。如果 PCB 上任何一个设计要求有问题，该分析器都可以对 PCB 进行反射或者窜扰分析，以确定问题所在，因而实现了在制作 PCB 前，以最小的代价解决高速、高频电路设计带来的 EMC/EMI（电磁兼容/电磁干扰）等问题。

Protel DXP 允许用户在原理图或 PCB 编辑器中实现布局前或布局后的信号完整性分析，并且在图形界面下给出反射和窜扰的波形分析结果。

- 布局前的信号完整性分析：在原理图环境下完成，能够对电路潜在的信号完整性问题进行分析，如阻抗不匹配等因素。但在原理图环境下不能分析窜扰的问题，因为此时还没有建立布局路由。
- 布局后的信号完整性分析：在 PCB 环境下完成，这种信号完整性分析更加全面，它不仅能对反射和串扰以图形的方式进行分析，而且还能利用规则检查发现信号完整性问题。本文主要介绍如何在 PCB 编辑环境下进行信号完整性分析。

为了更好地进行信号完整性分析，设计者在电路板系统设计过程中，应特别注意以下几点。

（1）将对噪声敏感的元器件进行物理隔离。

（2）尽量使线路阻抗匹配及对信号进行反射控制。

（3）采用独立的电源及地电平层。

（4）PCB 布线避免走直角。

（5）同一组信号线尽量保持在走线上等长。

（6）在高速电路设计中，相邻的两条信号线的间距应符合 3W 规则，即间距为信号线宽度 W 的三倍。

（7）选择容值足够大、阻抗低的旁路电容，对电源进行退耦处理。

（8）将 PCB 板中的元器件进行合理布局。理想的元器件布局参考图如图 9-1 所示。

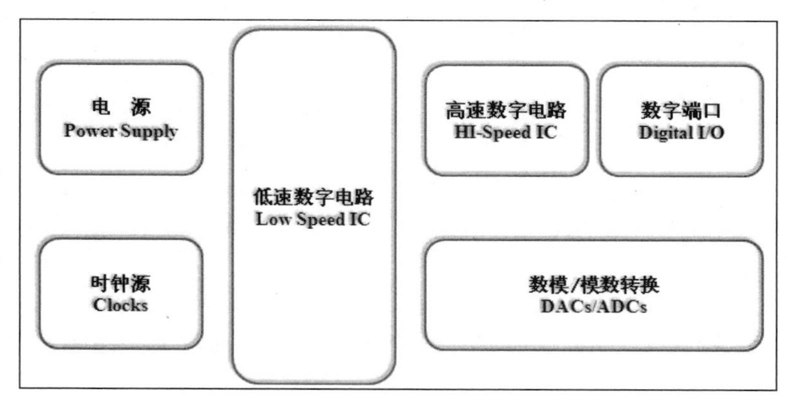

图 9-1　理想的元器件布局参考图

9.2 信号完整性分析注意事项

在原理图编辑器中，规则的范围是根据参数放置的位置来确定的，例如，在连线或引脚上。在 PCB 编辑器中，规则的范围是由规则本身确定的。为了得到精确的分析结果，在进行信号完整性分析前，需要注意以下几点。

（1）设计文件

不论是在原理图环境下还是在 PCB 编辑环境下，设计文件必须在工程当中，才能进行信号完整性分析。如果设计文件是作为 Free Document 出现的，则不能进行信号完整性分析。

（2）集成电路

电路中必须至少要有一块集成电路，以其管脚作为激励源输出到被分析的网络上。像电阻、电容、电感等无源器件，必须在源的驱动下，才能给出相应的仿真结果。

（3）电源网络

仿真前要在设计规则中定义设计的供电网络。通常至少要有电源和地两个基本供电网络，规则应用范围可以是网络也可以是网络类。

（4）设定激励源

在设计规则中系统设置了默认的激励信号，也可以更改激励规则。

（5）层堆栈设置正确

用于 PCB 的层堆栈必须设置正确，电源平面必须连续，不支持分割电源平面。

（6）每个元器件的信号完整性模型必须正确。

9.3 添加信号完整性模型

Protel DXP 提供了两种添加信号完整性模型的方法：

（1）通过【Model Assignments】（模型配置）对话框进行添加，该方法是向设计中添加信号完整性模型最简单的方法。

（2）手动方式进行添加，该方法利用【元件属性】对话框来完成信号完整性模型的添加。

下面以实例分别进行介绍。

【实例 9-1】 利用【Model Assignments】对话框添加信号完整性模型。

本实例要求对“C:\Program Files Altium2004\Examples\Reference Design\4 Port Serial Interface\4 Port SerialInterface.PPJPCB”添加信号完整性模型。

（1）执行【文件】→【打开项目】菜单命令，打开项目文件“C:\Program Files Altium2004\Examples\Reference Design\4 Port Serial Interface\4 Port Serial Interface.PRGPCB”。

（2）将光标移动到工作区面板中的 “4 Port Serial Interface.PRGPCB”文件，如图 9-2 所示。

（3）双击打开该 PCB 文件，如图 9-3 所示。

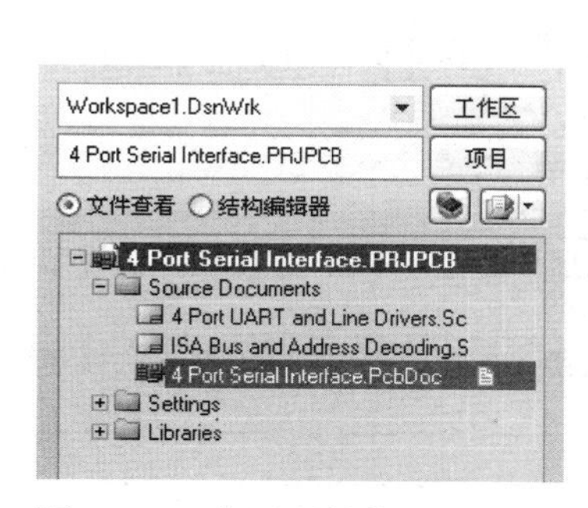

图 9-2　工作区面板的 PCB 文件

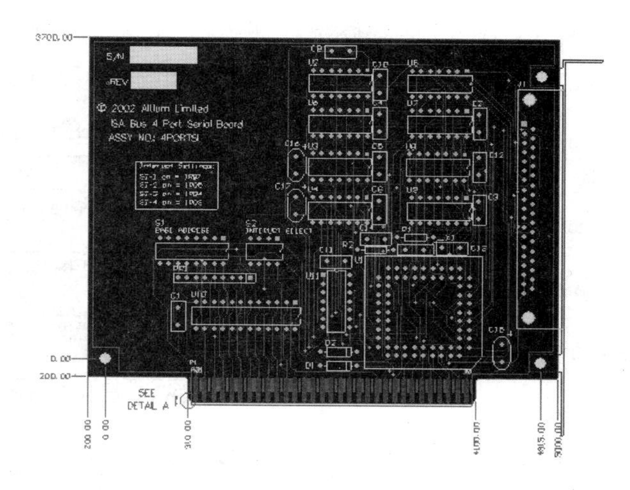

图 9-3　打开的“4 Port Serial Interface.PRGPCB”文件

（4）执行【工具】→【信号完整性】菜单命令，如果用户刚刚开始进行信号完整性的分析并且有些元器件还没有信号完整性模型，系统将会弹出【Errors or warnings found】对话框，如图 9-4 所示。

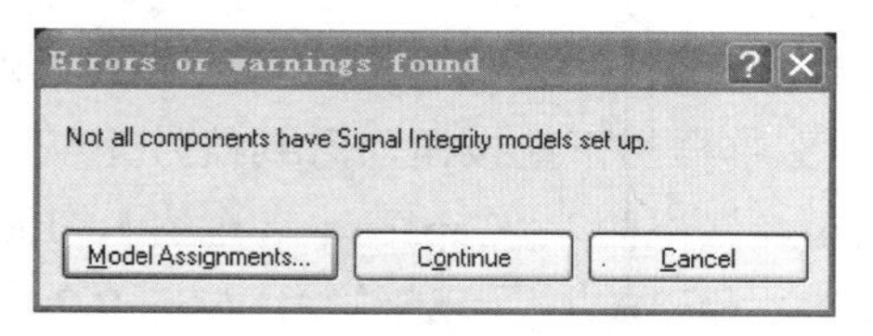

图 9-4　【Errors or warnings found】对话框

（5）单击 Model Assignments... 按钮，弹出【Signal Integrity Model Assignments 4 Port Serial Interface. PcbDoc】（对“4 Port Serial Interface PcbDoc”信号完整性模型配置）对话框，如图 9-5 所示。

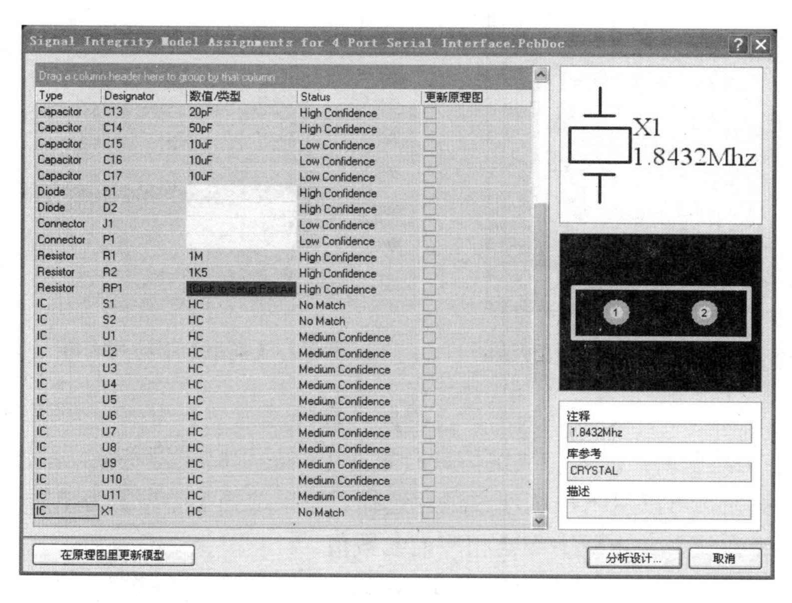

图 9-5　【Signal Integrity Model Assignments 4 Port Serial Interface. PcbDoc】对话框

从图 9-5 可以看到每个元器件所对应的信号完整型模型，并且每个元器件都有相应的状态与之对应，对元器件的状态和解释如图表 9-2 所示。

表 9-2　元器件的状态和解释

状　　态	解　　释
No Match	表示【Model Assignments】对话框中没有找到与该元器件相关的 SI 模型，需用户为其配置一种类型的模型
Low Confidence	表示【Model Assignments】对话框为该元器件指定了一种 SI 模型，且模型的配置度较低
Medium Conference	表示【Model Assignments】对话框为该元器件指定了一种 SI 模型，且模型的配置度中等
High Confidence	表示【Model Assignments】对话框为该元器件指定了一种 SI 模型，且模型的配置度较高
Model Found	表示找到了存在元器件的 SI 模型
User Modified	表示用户修改了相关的 SI 模型
Model Added	表示用户创建了新的 SI 模型

（6）在【Signal Integrity Model Assignments 4 Port Serial Interface. PcbDoc】对话框中可以修改元器件的信号完整性模型。将光标移到需要修改的元器件上双击，打开【信号完整性模型】对话框。本例选择元器件“U1”，【信号完整性模型】对话框如图 9-6 所示。

（7）单击【类型】下拉文本框的下拉按钮，看到信号完整性分析模型类型有 7 种，分别是“IC”（集成电路）、“Resistor”（电阻）、“Capacitor”（电容）、“Inductor”（电感）、“connector”（连接器）、“Diode”（二极管）和“BJT”（三极管），如图 9-7 所示，从中选择正确的模型类型。

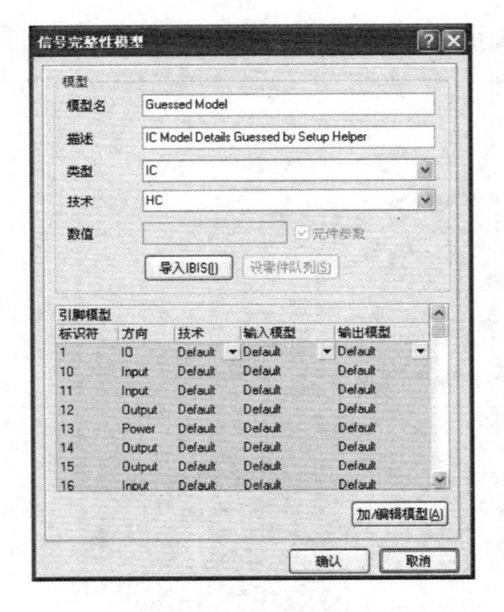

图 9-6 【信号完整性模型】对话框

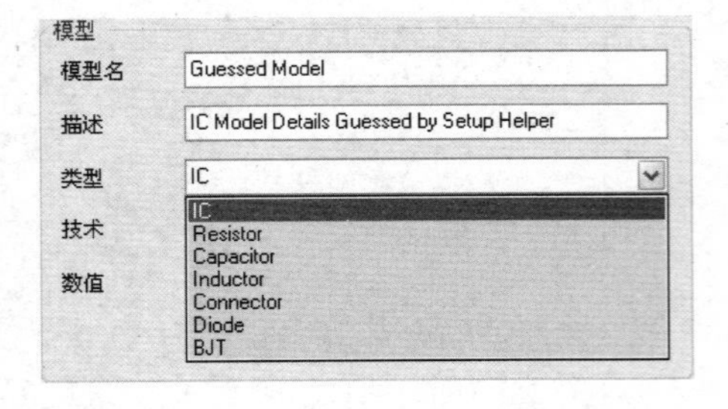

图 9-7 【类型】下拉列表框

（8）由于本例选择了 IC 器件“U1”，因此，选择【类型】为 IC（集成电路）。这对于【技术】的设定尤其重要，因为这决定仿真时集成电路的引脚模型特征，单击【技术】下拉文本框的下拉按钮，可以从下拉选项中进行选择。如果选择【类型】为电阻、电容或电感，还需在下面的【数值】文本框中设定相应的参数值。

（9）单击 导入IBIS(I) 按钮，弹出【打开 IBIS 文件】对话框，如图 9-8 所示，通过该对话框选择从厂商那里得到的 IBIS 模型。

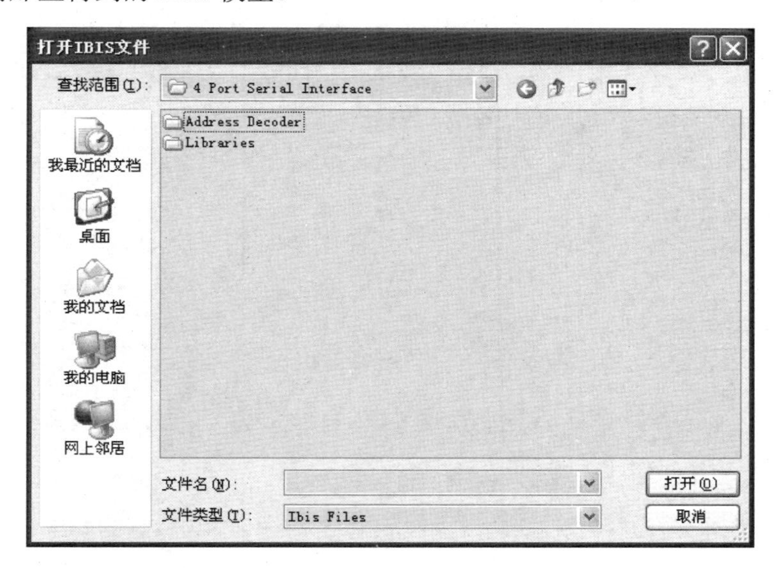

图 9-8 【打开 IBIS 文件】对话框

（10）设置完成后单击【信号完整性模型】对话框的 确认 按钮，关闭该对话框。

（11）当元器件被选择或修改后，系统会自动在【Signal Integrity Model Assignments 4 Port Serial Interface. PcbDoc】对话框的“更新原理图”一栏中的小矩形框□内打上对号。

（12）单击 在原理图里更新模型 按钮，即可将修改后的信号完整性分析模型保存到原理图中。

【实例 9-2】 手动添加信号完整性分析模型。

本实例仍以“C:\Program Files Altium2004\Examples\Reference Design\4 Port Serial Interface\4 Port Serial Interface.PPJPCB”为例，要求在原理图编辑状态下，手动添加元器件的信号完整性分析模型。

（1）执行【文件】→【打开项目】菜单命令，打开 PCB 项目文件“C:\Program Files Altium2004\Examples\Reference Design\4 Port Serial Interface\4 Port Serial Interface．PRGPCB”。

（2）将光标移到工作区面板中的文件 “4 Port UART and Line Drivers.SchDoc”上，双击打开该原理图文件，如图 9-9 所示。

（3）将光标移到需要添加信号完整性模型的元器件上，本例选择“R1”，双击，弹出【元件属性】对话框，如图 9-10 所示。

（4）将光标移到【Models for R1-RES1】区域中，单击 追加(D)... 按钮，弹出【加新的模型】对话框，单击在【模型类型】下拉按钮，从下拉菜单中选择“Signal Integrity”，如图 9-11 所示。

（5）单击 确认 按钮，弹出【信号完整新模型】对话框，关于该对话框的设置方法已在实例 9-1 中描述，在此不再叙述。本例【类型】选为“Resistor”，【数值】设置为“1MΩ”，单击 确认 按钮，关闭该对话框，返回【元件属性】对话框，从【Models for R1-RES1】栏中可以看到添加了信号完整性分析的类型，如图 9-12 所示。

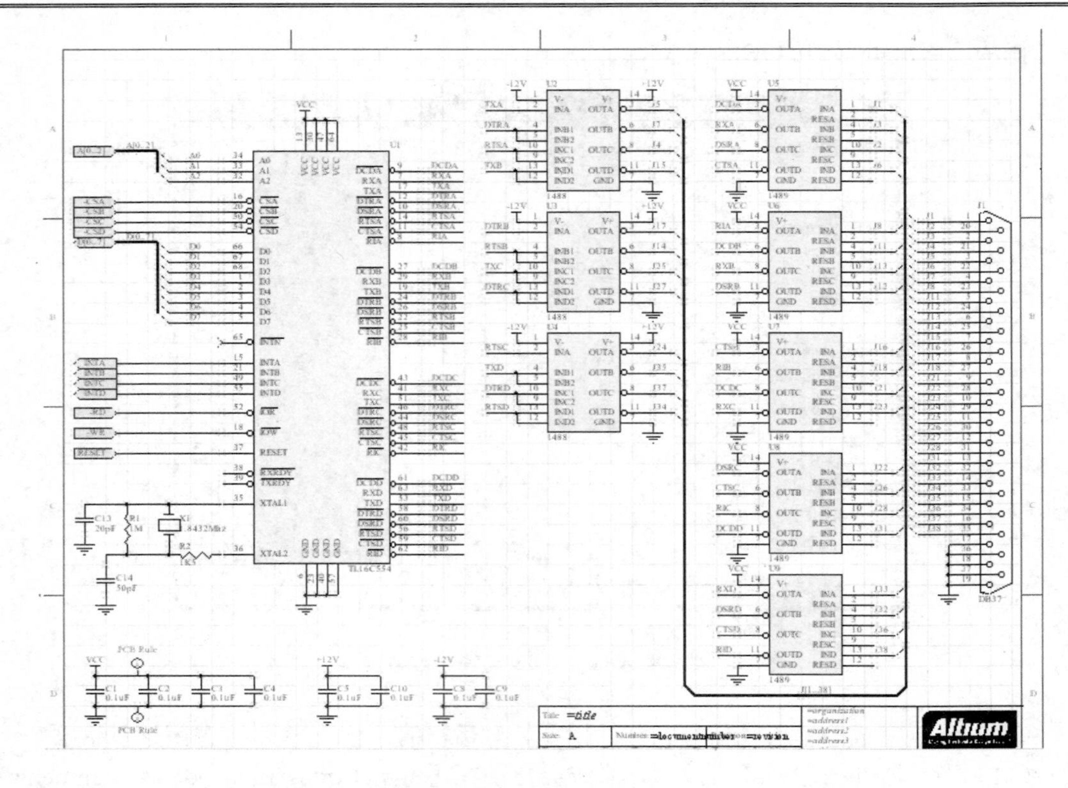

图 9-9 打开的原理图文件“4 Port UART and Line Drivers.SchDoc”

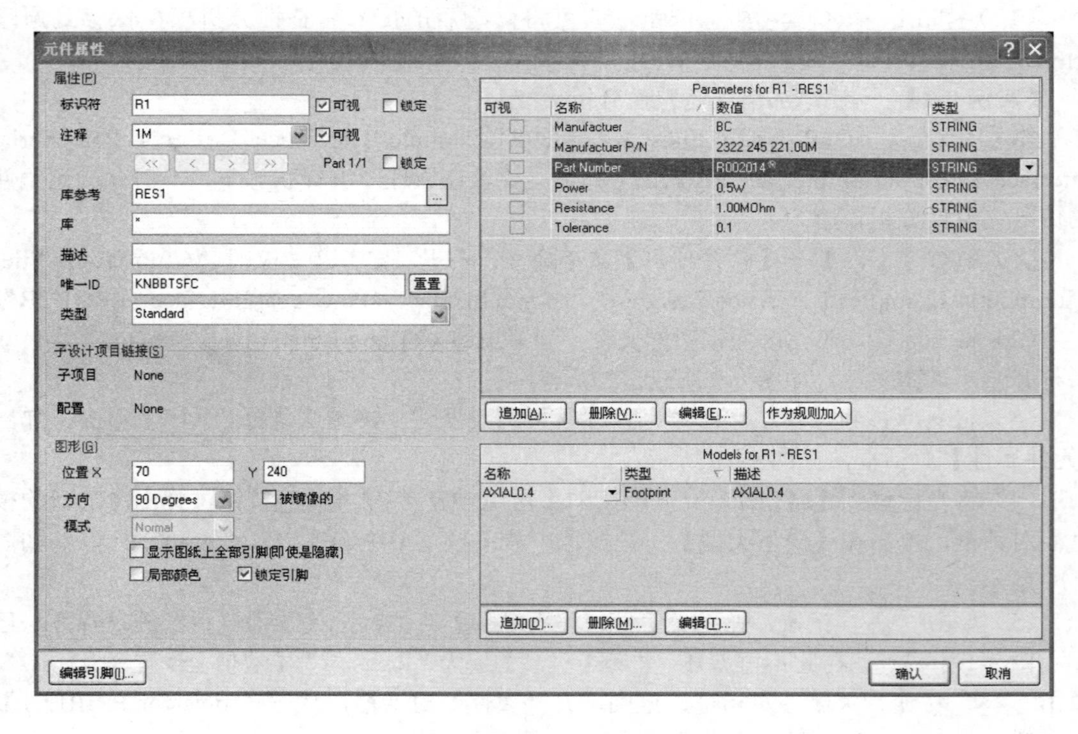

图 9-10 【元件属性】对话框

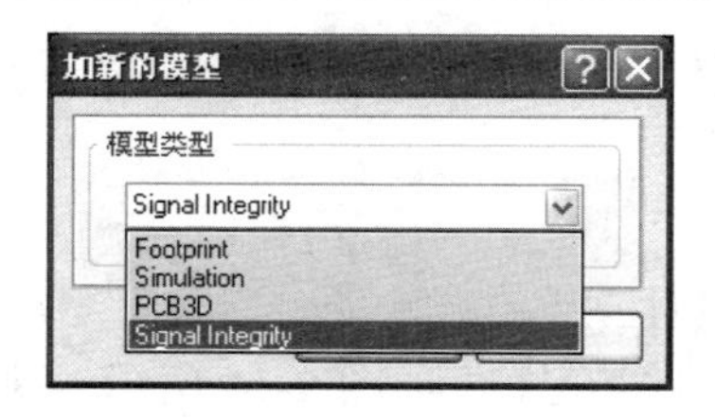

图 9-11 【加新的模型】对话框

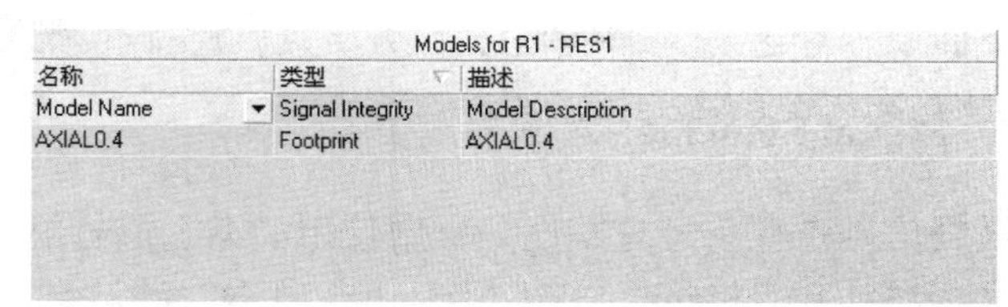

图 9-12　手动添加信号完整性模型结果

9.4　信号完整性分析设定

在进行信号完整性分析之前，需要设定相关的信号完整性规则。Protel DXP 主要包含了 13 条信号完整性分析规则，用于在检测 PCB 设计中一些潜在的信号完整性问题。信号完整性规则的设置可以在 PCB 编辑环境或者原理图编辑环境中完成。

9.4.1　在 PCB 编辑环境下进行信号完整性规则的设置

在 PCB 编辑环境下，执行【设计】→【规则】菜单命令，弹出【PCB 规则和约束编辑器】对话框，并从该对话框中打开【Signal Integrity】选项，如图 9-13 所示。在该【Signal Integrity】选项中用户可以选择设置信号完整分析所需要的规则。

在系统默认状态下，信号完整性分析规则没有定义。当需要进行信号完整性分析时，可以将光标移到【Signal Integrity】选项中的某一项上，单击右键，弹出快捷菜单，如图 9-14 所示，选中【新建规则】命令，即可建立一个新的分析规则。双击建立的分析规则，即可进入规则设计对话框。

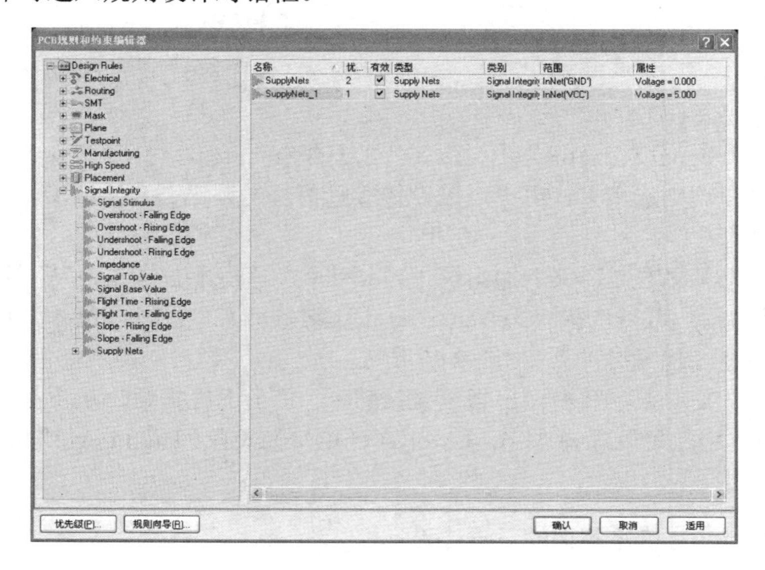

图 9-13 【PCB 规则和约束编辑器】对话框

图 9-14　快捷菜单

下面逐一对这 13 条信号完整性分析规则进行介绍。

1. Signal Stimulus（激励信号）

激励信号是在信号完整性分析中使用的激励信号的特性。

光标移动到“Signal Stimulus”上，单击右键，弹出快捷菜单，如图 9-14 所示。执行【新建规则】菜单命令，在【PCB 规则和约束编辑器】对话框的右边一栏中列出了新建立的规则，此时，可以看到在规则一栏的“Signal Stimulus”选项前出现了一个⊞号，单击⊞号可以看到其中包含了刚新建的规则，如图 9-15 所示。

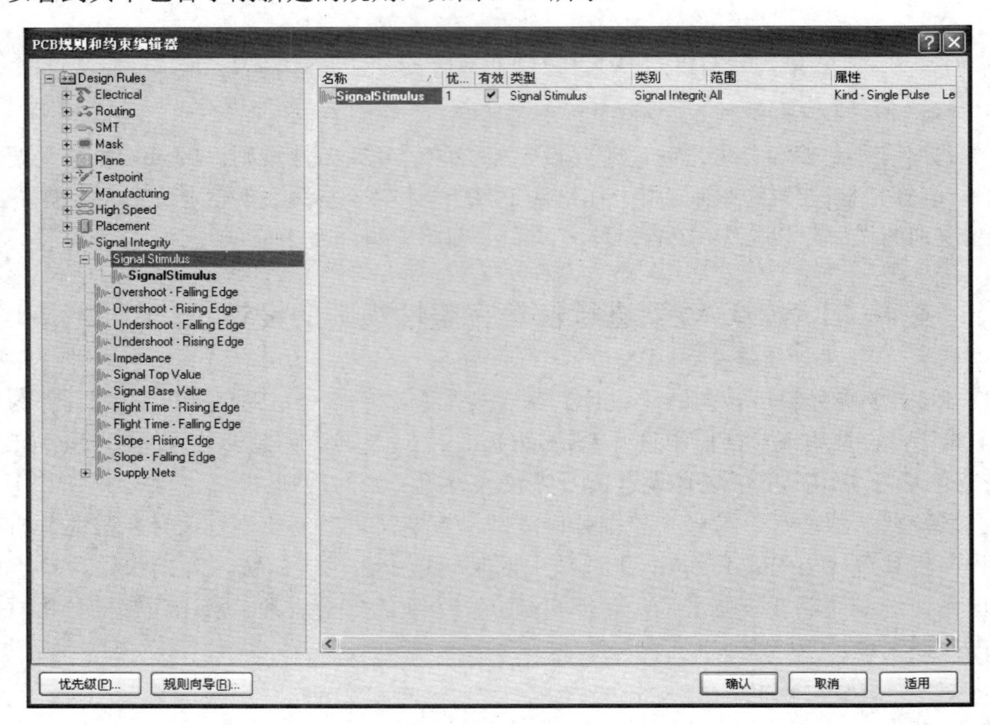

图 9-15　新建的规则

将光标移到规则一栏的“Signal Stimulus”上，单击“Signal Stimulus”，打开该规则选项卡，如图 9-16 所示。通过该规则选项卡，用户可以设置激励信号的种类、开始电平、开始时间、停止时间及时间周期。

将光标移到“激励源种类”文本上，其右面出现下拉按钮▾，单击下拉按钮，从下拉列表中可以选择激励源种类，用户可以选择“Constant Level”（常电平）、“Single Pulse”（单一脉冲）或者“Periodic Pulse”（周期脉冲），如图 9-17 所示。

将光标移到“开始电平”文本上，其右面出现下拉按钮▾，单击下拉按钮，从下拉列表中可以选择开始电平类型，用户可以选择“Low Level”（低电平）或者“High Level”（高电平），如图 9-18 所示。

2. Overshoot-Falling Edge（信号超调的下降边沿）

信号超调的下降边沿用于定义信号下降沿允许的最大超调值。

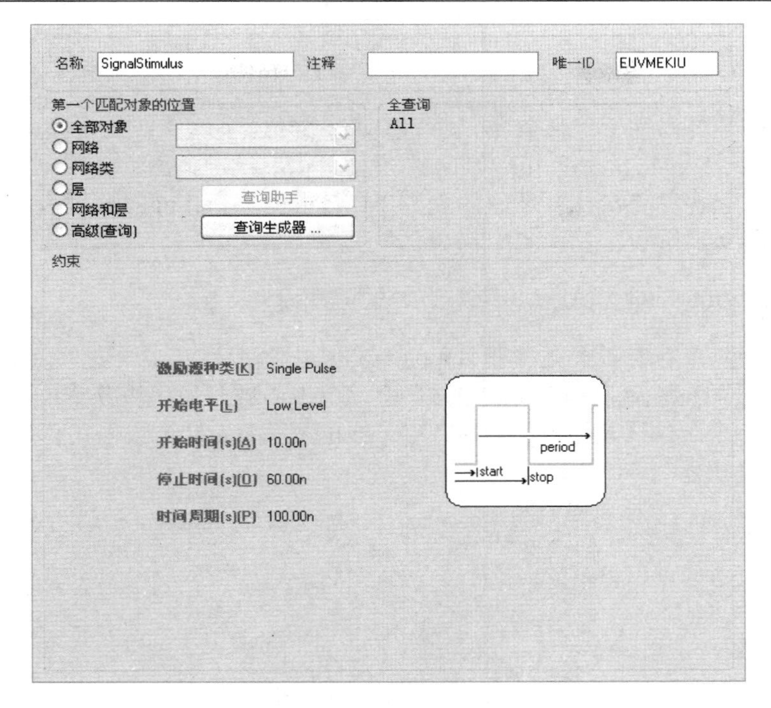

图 9-16　“Signal Stimulus”规则

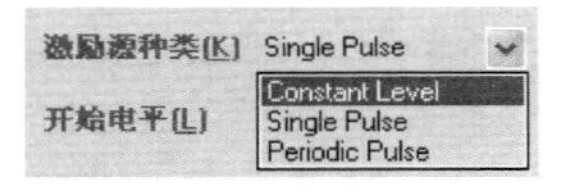

图 9-17　设置激励源种类

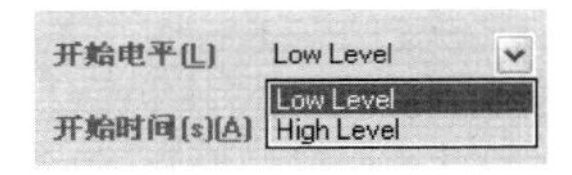

图 9-18　设置开始电平

将光标移到“Overshoot-Falling Edge”上，单击右键，弹出快捷菜单，执行【新建规则】菜单命令，选择并单击打开新建的规则“Overshoot-Falling”选项卡，可以看到该规则的约束，如图 9-19 所示。

3．Overshoot-Rising Edge（信号超调的上升边沿）

信号超调的上升边沿用于定义信号上升沿允许的最大超调值。

将光标移到“Overshoot-Rising Edge”上，单击右键，弹出快捷菜单，执行【新建规则】菜单命令，选择并单击打开新建的规则“Overshoot-Rising”选项卡，可以看到该规则的约束，如图 9-20 所示。

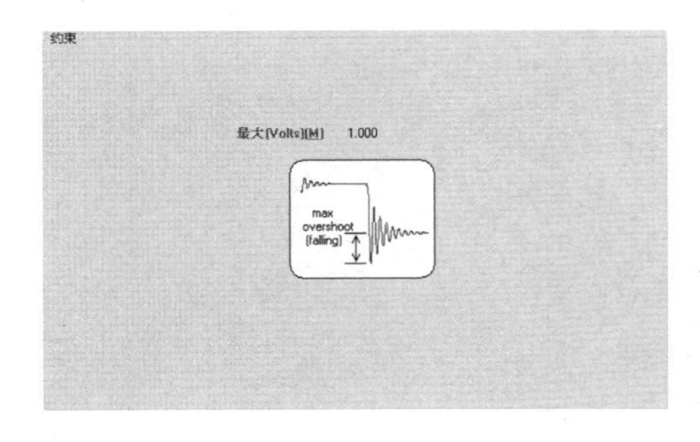

图 9-19　“Overshoot-Falling Edge”约束

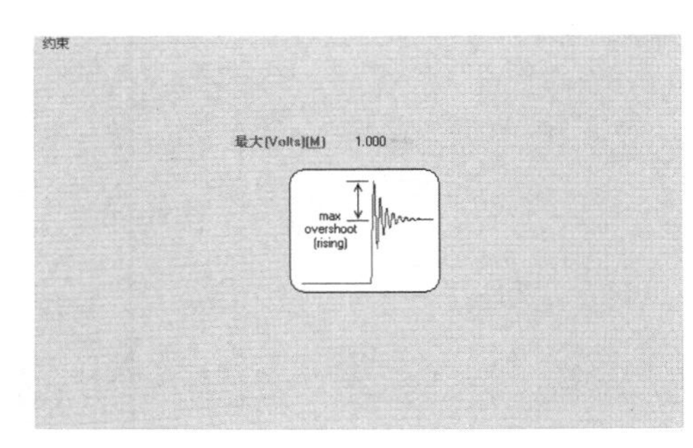

图 9-20　“Overshoot-Rising Edge”约束

4．Undershoot-Falling Edge（信号下冲的下降沿）

信号下冲的下降沿用于定义信号下冲的最大下降值。

将光标移到“Undershoot-Falling Edge”上，单击右键，弹出快捷菜单，执行【新建规则】菜单命令，选择并单击打开新建的规则“Undershoot-Falling”选项卡，可以看到该规则的约束，如图 9-21 所示。

5．Undershoot-Rising Edge（信号下冲的上升沿）

信号下冲的上升沿用于定义信号下冲的最大上升值。

将光标移到“Undershoot-Rising Edge”上，单击右键，弹出快捷菜单，执行【新建规则】菜单命令，选择并打开新建的规则“Undershoot-Rising”选项卡，可以看到该规则的约束，如图 9-22 所示。

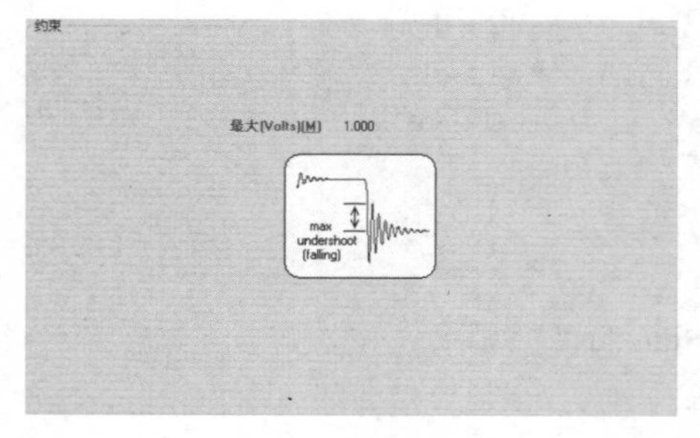

图 9-21 “Undershoot-Falling Edge”约束

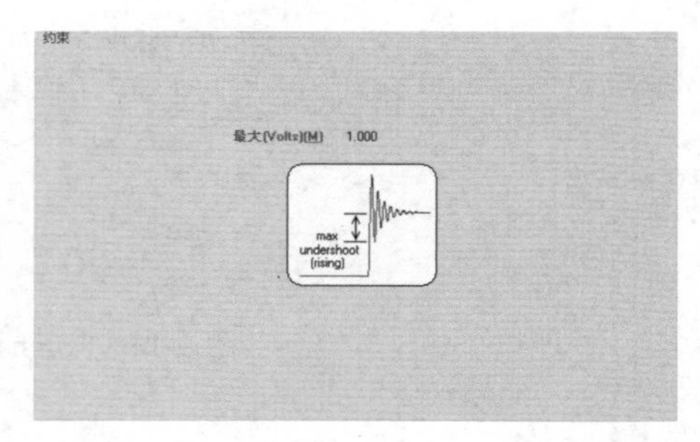

图 9-22 “Undershoot-Rising Edge”约束

6．Impedance（最大/最小阻抗）

最大/最小阻抗用于定义所允许电阻的最大值和最小值。

将光标移到“Impedance”上，单击右键，弹出快捷菜单，执行【新建规则】菜单命令，选择并打开新建的规则“Impedance”选项卡，可以看到该规则的最大值和最小值约束，如图 9-23 所示。

7．Signal Top Value（高电平信号的最小电压值）

高电平信号的最小电压值用于定义信号在高电平状态所允许的最小电压值。

将光标移到“Signal Top Value”上，单击右键，弹出快捷菜单，执行【新建规则】菜单命令，选择并打开新建的规则“Signal Top Value”选项卡，可以看到该规则的约束，如图 9-24 所示。

图 9-23 “Impedance”约束

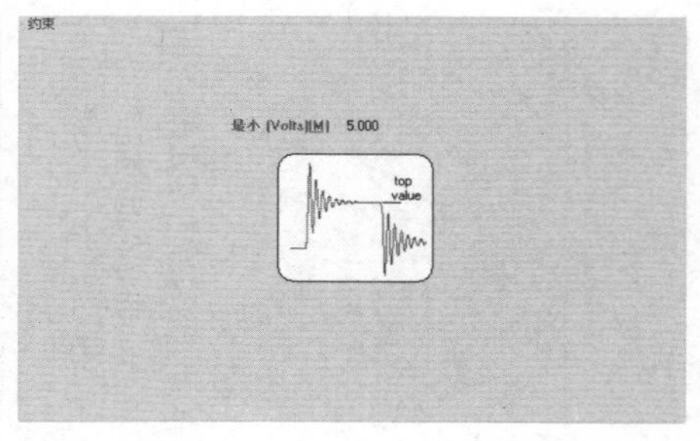

图 9-24 “Signal Top Value”约束

8．Signal Basic Value（基值电压的最大值）

基值电压的最大值用于定义信号在低电平状态所允许的最大电压值。

移动光标到“Signal Basic Value”上，单击右键，弹出快捷菜单，执行【新建规则】菜单命令，选择并打开新建的规则“Signal Basic Value”选项卡，可以看到该规则的约束，如图 9-25 所示。

9．Flight Time-Rising Edge（上升沿的最大延迟时间）

上升沿的最大延迟时间用于定义信号上升沿的最大允许延迟时间。

将光标移到“Flight Time-Rising Edge“上，单击右键，弹出快捷菜单，执行【新建规则】菜单命令，选择并打开新建的规则“Flight Time-Rising”选项卡，可以看到该规则的约束，如图 9-26 所示。

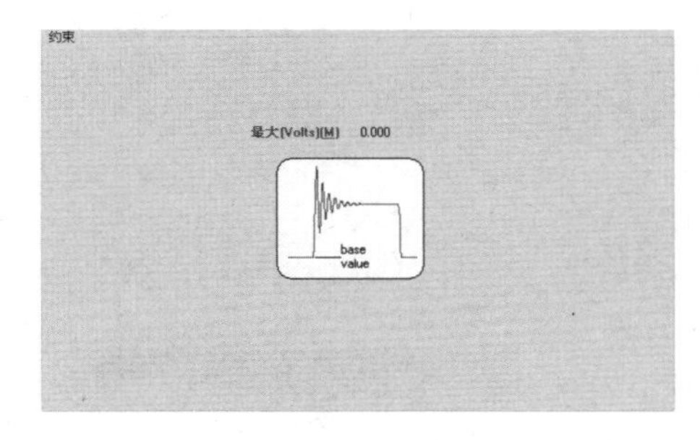

图 9-25　“Signal Basic Value”约束

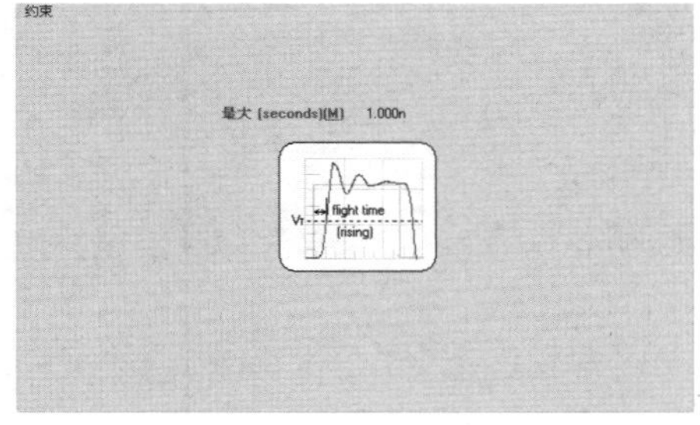

图 9-26　“Flight Time-Rising Edge”约束

10．Flight Time-Falling Edge（下降沿的最大延迟时间）

下降沿的最大延迟时间用于定义信号下降沿的最大允许延迟时间。

将光标移到“Flight Time-Falling Edge”上，单击右键，弹出快捷菜单，执行【新建规则】菜单命令，选择并打开新建的规则“Flight Time-Falling”选项卡，可以看到该规则的约束，如图 9-27 所示。

11．Slope-Rising Edge（上升沿斜率）

上升沿斜率用于定义上升沿从阈值电压 V_T 到高电平 V_{IH} 的最大延迟时间。

将光标移到“Slope-Rising Edge”上，单击右键，弹出快捷菜单，执行【新建规则】菜单命令，选择并打开新建的规则“Slope-Rising”选项卡，可以看到该规则的约束，如图 9-28 所示。

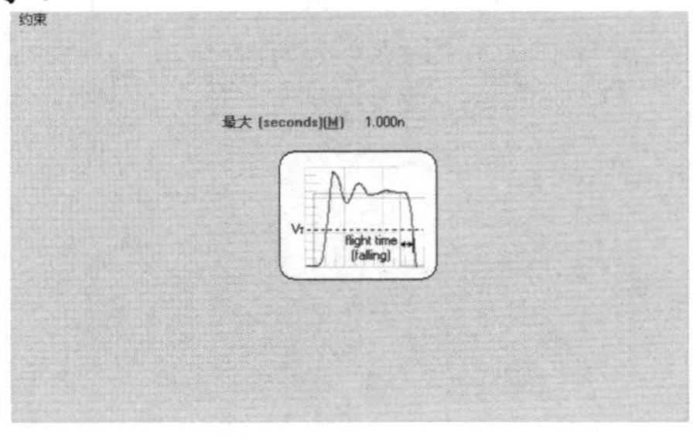

图 9-27　“Flight Time-Falling Edge”约束

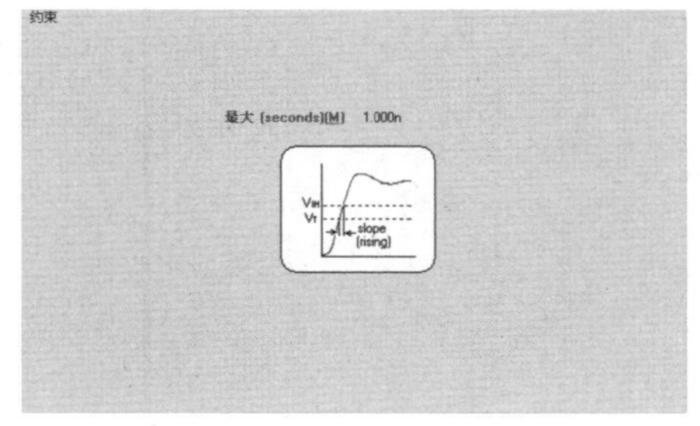

图 9-28　“Slope-Rising Edge”约束

12．Slope-Falling Edge（下降沿斜率）

下降沿斜率用于定义下降沿从阈值电压 V_T 到低电平 V_{IL} 的最大延迟时间。

将光标移到“Slope-Falling Edge”上，单击右键，弹出快捷菜单，执行【新建规则】菜单命令，选择并打开新建的规则“Slope-Falling”选项卡，可以看到该规则的约束，如图 9-29 所示。

13．Supply Nets（电源网络的电压值）

电源网络的电压值用于定义 PCB 板上的供电网络标号。

将光标移到“Supply Nets”前的⊞号，单击，展开其包含的约束，可以看到“Supply Nets”已包含的两个约束“SupplyNets_1”和“SupplyNets”，如图 9-30 所示。

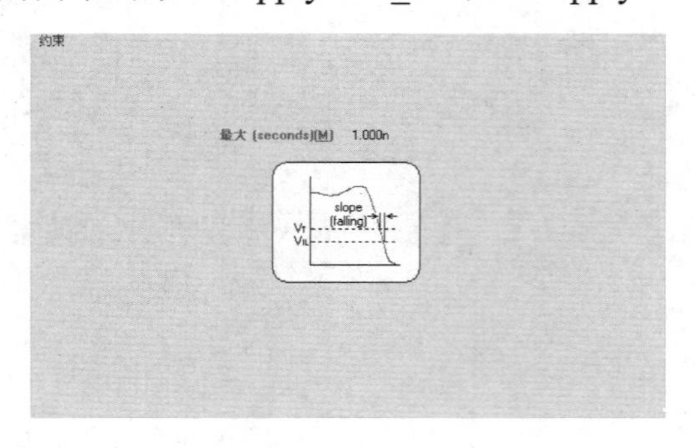

图 9-29 “Slope-Falling Edge”约束

图 9-30 “Supply Nets”包含的约束

单击“SupplyNets_1”，打开“SupplyNets_1”选项卡，如图 9-31 所示。可以看到该约束匹配的【网络】为“VCC”，电压设定为“5.000 V”。

单击“SupplyNets”，打开“SupplyNets”选项卡，如图 9-32 所示。可以看到该约束匹配的【网络】为“GND”，电压设定为“0.000 V”。

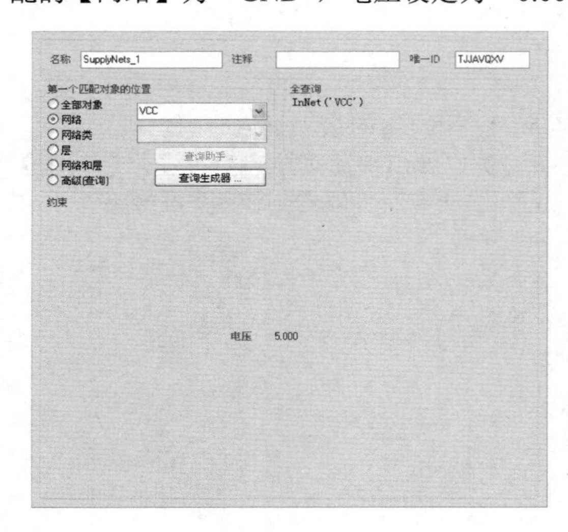

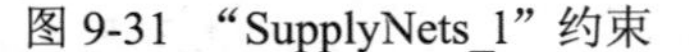
图 9-31 “SupplyNets_1”约束

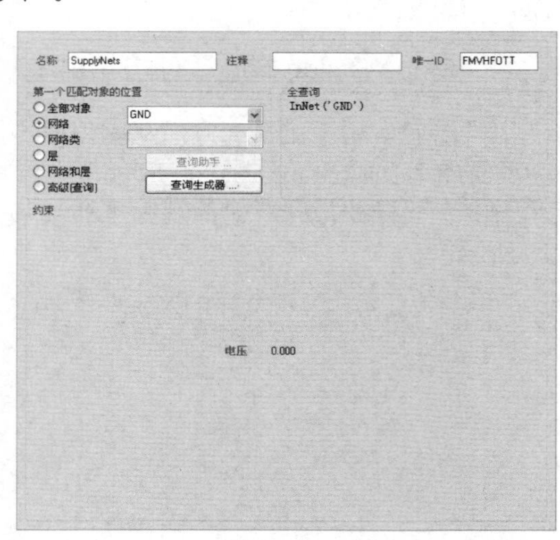

图 9-32 “SupplyNets”约束

9.4.2　在原理图编辑环境下进行信号完整性规则的设置

下面通过实例说明在原理图编辑环境下进行信号完整性规则设置的具体操作步骤。

【实例 9-3】 信号完整性规则——供电网络的设置。

还是以“C:\Program Files \ Altium2004\Example\Reference Designs \ 4 Port Serial Interface \ 4 Port Serial Interface.PRJPCB”为例，要求在原理图编辑状态下，设置信号完整性规则中供电网络的设置。

（1）执行【文件】→【打开项目】菜单命令，打开 PCB 项目文件“C:\Program Files\ Altium2004\Example\Reference Designs \ 4 Port Serial Interface\4 Port Serial Interface.PRJPCB”。

（2）将光标移到工作区面板中，双击项目中的“4Port UART and Line Drivers.SchDoc”，打开该原理图文件。

（3）执行【放置】→【指示符】→【PCB 布局】菜单命令，将光标移到原理图编辑区，发现光标上黏附着一个“PCB Rules”的轮廓，说明系统处于放置“PCB Rules”状态，如图 9-33 所示。

（4）按【Tab】键，弹出【参数】对话框，如图 9-34 所示。发现系统已自动定义了一个名称为“Rule”，数值为“Undefined”的规则。

图 9-33　放置“PCB Rules”状态

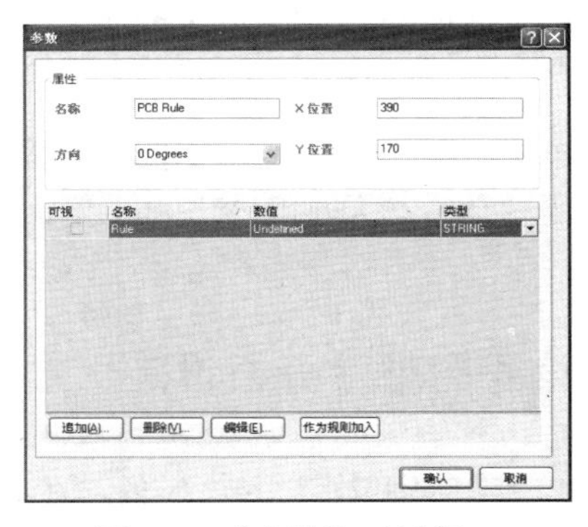

图 9-34　【参数】对话框

（5）选中该规则，单击[编辑(E)...]按钮，弹出【参数属性】对话框，如图 9-35 所示。

（6）单击[编辑规则值(E)...]按钮，弹出【选择设计规则类型】对话框，如图 9-36 所示。

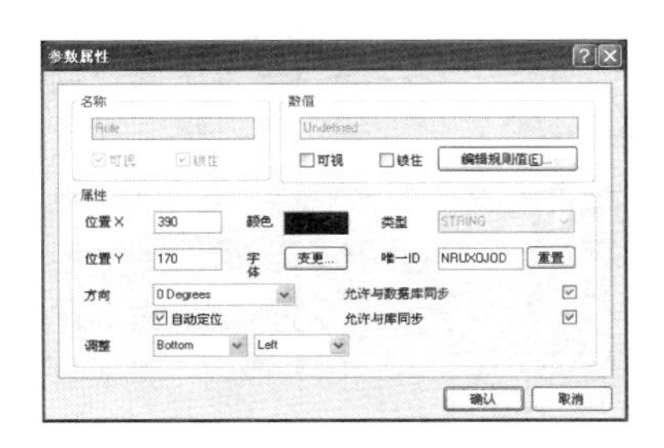

图 9-35　【参数属性】对话框

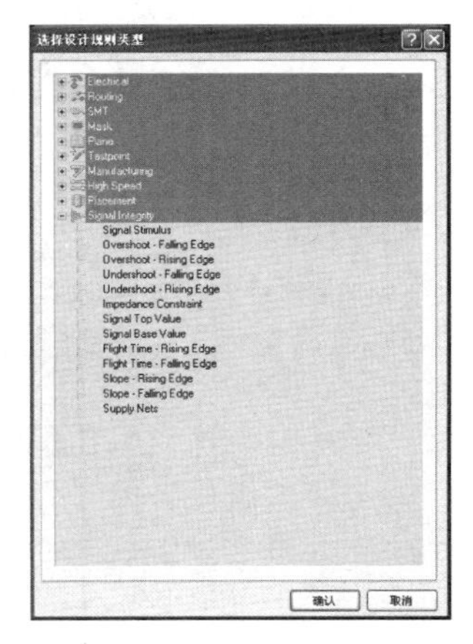

图 9-36　【选择设计规则类型】对话框

（7）本例选择 “Supply Nets”（供电网络标号），单击确认按钮，弹出【Edit PCB Rule(From Schematic) -Supply Nets】（在原理图中编辑 PCB 规则-供电网络）对话框，如图 9-37 所示。

（8）将该网络的电压值设置为“0.000 V”，单击确认按钮，关闭该对话框，返回【参数属性】对话框，单击确认按钮，关闭【参数属性】对话框，看到刚新建的供电网络规则出现在该对话框中，如图 9-38 所示。

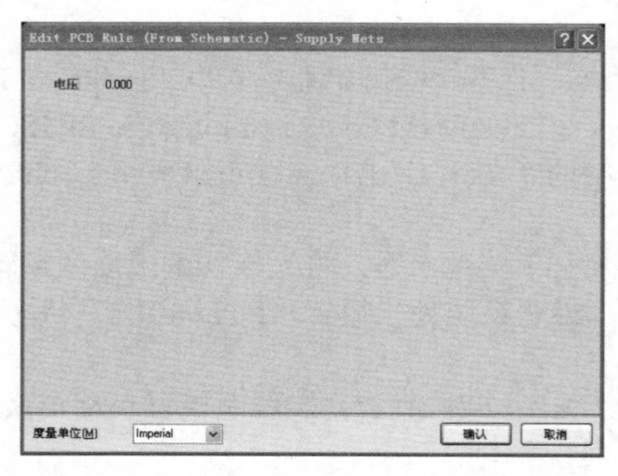

图 9-37 【Edit PCB Rule(From Schematic) -Supply Nets】对话框

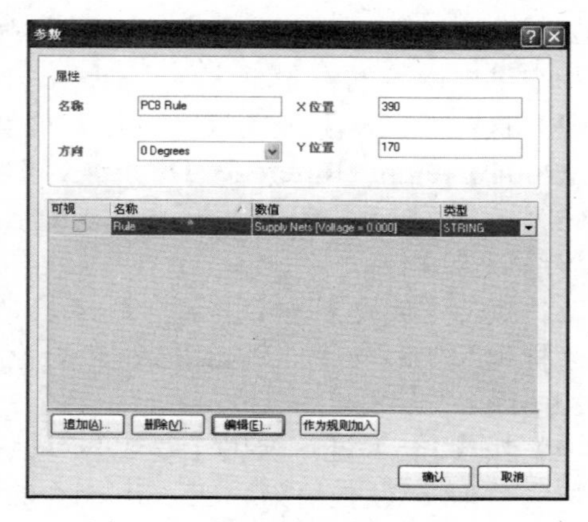

图 9-38 供电网络规则设置结果

（9）单击确认按钮，关闭【参数】对话框，系统又返回放置“PCB Rule”状态，移动光标到需要放置该规则的网络上，单击即可完成指定网络上的信号完整性规则-供电网络的设置。

9.4.3 信号完整性分析设定

在 9.3 节【实例 9-1】中曾提到，在 PCB 编辑状态下，执行【工具】→【信号完整性】菜单命令时，如果有元器件没有定义信号完整性分析模型的话，会弹出【Errors or warnings found】（发现错误或警告）对话框，如图 9-4 所示。

当没有错误或警告存在时，单击【Error or warnings found】对话框的Continue按钮，系统会弹出【信号完整性设定选项】对话框，如图 9-39 所示。

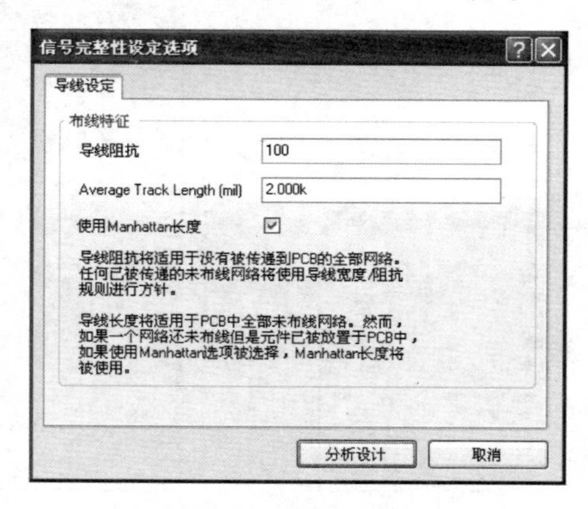

图 9-39 【信号完整性设定选项】对话框

在该对话框中，用户可以设置【导线阻抗】和【Average Track Length】（平均线长度）等参数。

设置完成后，单击 分析设计 按钮，系统弹出【信号完整性】对话框，如图 9-40 所示。使用【信号完整性】对话框，用户就可以对所设计的 PCB 进行仿真。

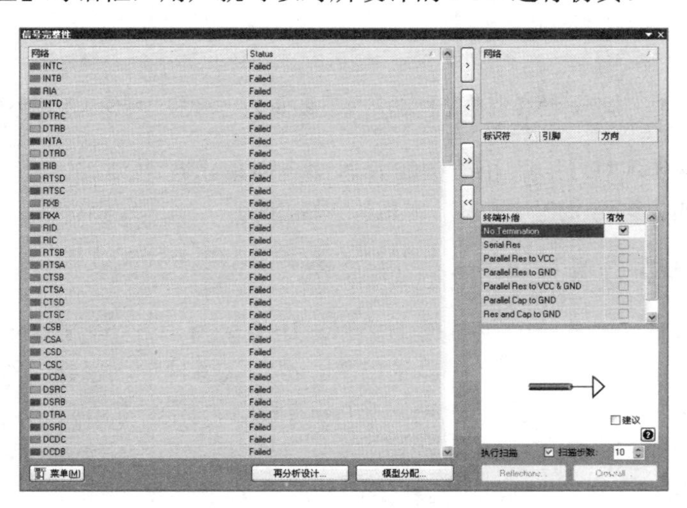

图 9-40 【信号完整性】对话框

在【信号完整性】对话框中的各选项含义分别如下。

1. 【网络】列表

位于对话框的左边，列出了所打开的 PCB 文件中的所有网络。在进行信号完整性分析之前，从该【网络】列表中选择需要设定分析的网络，并将其添加到右上边的待分析的【网络】列表中。

2. 待分析的【网络】列表

位于对话框的右上边，列出了当前将要进行信号完整性分析的网络。通过单击相应的按钮，即可以完成待分析【网络】的选择与删除。各按钮的作用如表 9-3 所示。

表 9-3　待分析的【网络】列表按钮的含义

按钮	含义
>	将【网络】列表中选中的网络添加到待分析的【网络】列表中。执行该命令之前，要先将光标移到对话框左边的【网络】列表中，单击选中需要进行信号完整性分析的网络
<	将该网络从待分析的【网络】列表中移去。执行该命令之前，要先将光标移到待分析的【网络】列表中，单击选中需要移去的网络
>>	将【网络】列表中所有的网络添加到待分析的【网络】列表中
<<	将待分析的【网络】列表中的所有网络移去

📖：通过使用【Shift】或【Ctrl】键可以同时选择多个网络。

3. 【标识符】选项

从待分析的【网络】列表中选择某个网络，看到在【标识符】选项中列出了与该网络连接的元器件的引脚及信号的方向。如从待分析的【网络】列表中选择“DTRA”网络，如图 9-41 所示，可以看到其对应的【标识符】选项，如图 9-42 所示。

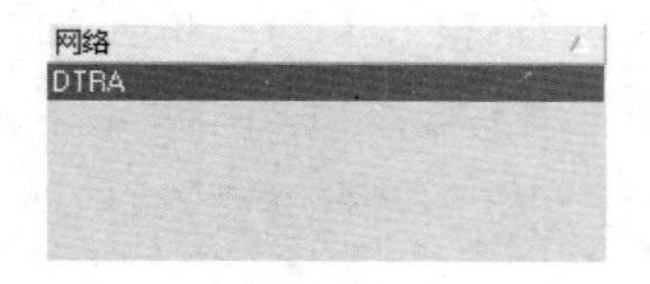

图 9-41　待分析的【网络】

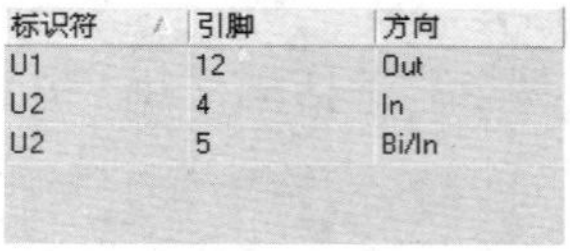

标识符	引脚	方向
U1	12	Out
U2	4	In
U2	5	Bi/In

图 9-42　选择“DTRA”网络时的标识符

可以看出，与网络“DTRA”相连接的元器件分别是元器件 U1 的 12 引脚和 U2 的第 4、第 5 引脚，信号的方向分别是“Out”、“In”、“Bi/In”。

4. 【终端补偿】选项

用户可以通过该选项设定终端补偿的类型。如果选择了一个终端补偿选项后，它的补偿模型图形将在下面的空白显示区中显示出来。在默认条件下，选择“No Termination”选项，即没有选择终端补偿，如图 9-43 所示。Protel DXP 为用户提供了以下 7 种终端补偿方式，如图 9-44 所示：

（1）“Serial Res”（串联电阻），其补偿模型图形如图 9-45 所示。

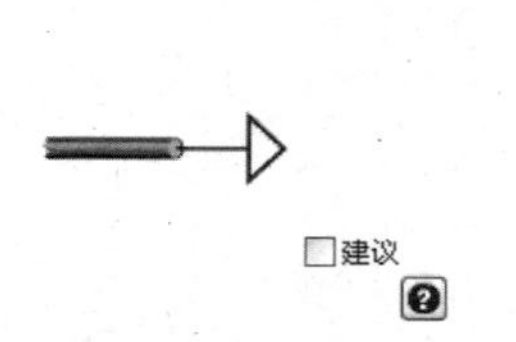

图 9-43　“No Termination”模型

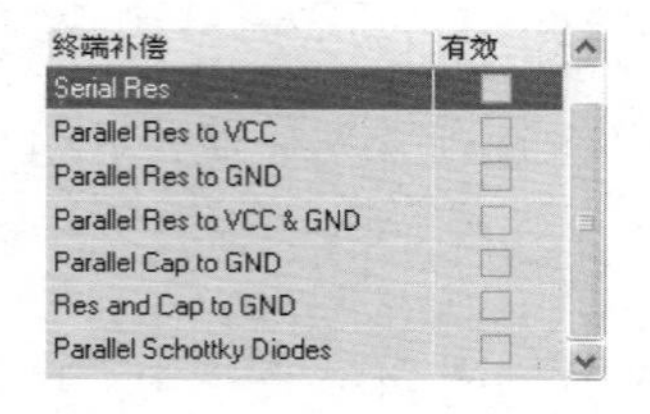

图 9-44　【终端补偿】选项

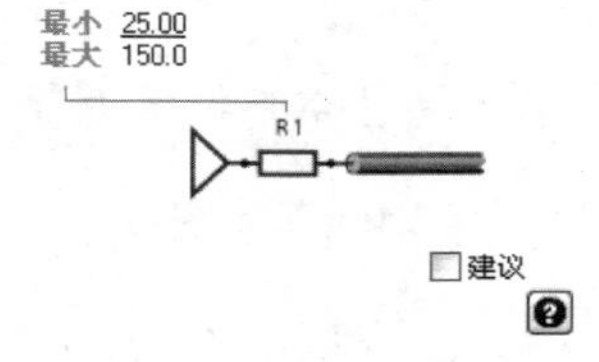

图 9-45　“Serial Res”模型

对点对点的连接来说，在驱动输出端串联电阻是一种非常有效的终端补偿技术，它可以减少外来电压波形的幅值，正确的终端线能够消除接收器的过冲现象，该模型特别适合 CMOS 技术。在该模型中，Rl=ZL - Rout，其中，Rout 是缓冲器的输出电阻。

通过该模型，用户可以设置串联电阻的最大值和最小值，如果勾选建议前面的复选框，系统则自动按设定的默认最大值和最小值设定串联电阻。单击❷按钮，弹出对该模型的简单解释，如图 9-46 所示。

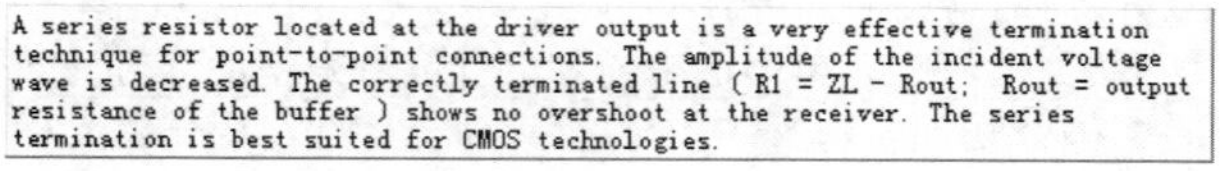

A series resistor located at the driver output is a very effective termination technique for point-to-point connections. The amplitude of the incident voltage wave is decreased. The correctly terminated line (R1 = ZL - Rout; Rout = output resistance of the buffer) shows no overshoot at the receiver. The series termination is best suited for CMOS technologies.

图 9-46　对“Serial Res”模型的简单解释

（2）“Parallel Res to VCC”（并联上拉电阻），其补偿模型图形如图 9-47 所示。

在电源 VCC 接收输入端并联上拉电阻和传输线的阻抗（Rl=ZL）进行匹配，对线路反射来说是一种有效的终端补偿方式，但将不断有电流通过这个电阻，这将增加电源的消耗，并导致低电平的升高，升高的幅度依赖于上拉电阻的大小，这将有可能超出在数据区定义的操作条件。

通过该模型，用户可以设置其并联上大电阻的大小或选择建议值，单击❷按钮，可以查看对该模型的简单解释，如图 9-48 所示。

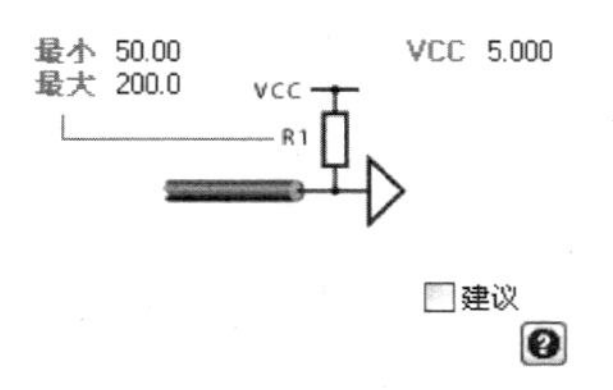

With a parallel resistor connected to VCC receiver input is matched to the transmission line impedance (R1 = ZL). This is a perfect termination for the line reflections but there continously flows current in the termination resistor. This increases power dissipation and depending on the resistor value leads to increased low voltage levels. Perhaps "operating conditions" specified in data sheets are exceeded.

图 9-47 “Parallel Res to VCC”模型　　图 9-48 对“Parallel Res to VCC”模型的简单解释

（3）“Parallel Res to GND”（并联下拉电阻），其补偿模型图形，如图 9-49 所示。

在电源 GND 接收输入端并联下拉电阻和传输线的阻抗（R2=ZL）进行匹配，对线路反射来说也是一种有效的终端补偿方式，但也将不断有电流流过这个电阻，导致增加电源的消耗，并导致高电平的降低，降低的幅度依赖于下拉电阻的大小，这将有可能超出在数据区定义的操作条件。

通过该模型，用户可以设置其并联下拉电阻的大小或选择建议值，单击按钮，可以查看对该模型的简单解释，如图 9-50 所示。

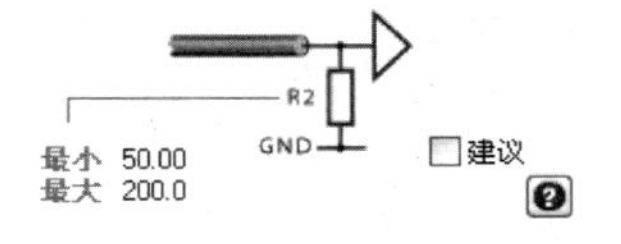

With a parallel resistor connected to GND receiver input is matched to the transmission line impedance (R2 = ZL). This is a perfect termination for the line reflections but current continously flows in the termination resistor. This increases power dissipation and depending on the resistor value leads to decreased high voltage levels. Perhaps "operating conditions" specified in data sheets are exceeded.

图 9-49 “Parallel Res to GND”模型　　图 9-50 对“Parallel Res to VCC”模型的简单解释

（4）“Parallel Res to VCC&GND”（并联上下拉电阻），其补偿模型图形如图 9-51 所示。

TTL 总线系统可以接受这种并联上、下拉电阻的终端补偿方式，这种终端补偿方式有时也称作“戴维南终端”或“分裂终端”。利用 R1||R2=ZL，这一终端网络可以有效地消除传输线的传输反射，但是却有一个较大的电流流过电阻。因此，为了避免和定义的数据相违背，这两个电阻的阻值分配应当特别小心，在大多数情况下，可以找到一个折中的方案。

通过该模型，用户可以设置其并联上、下拉电阻的大小或选择建议值，单击按钮，可以查看对该模型的简单解释，如图 9-52 所示。

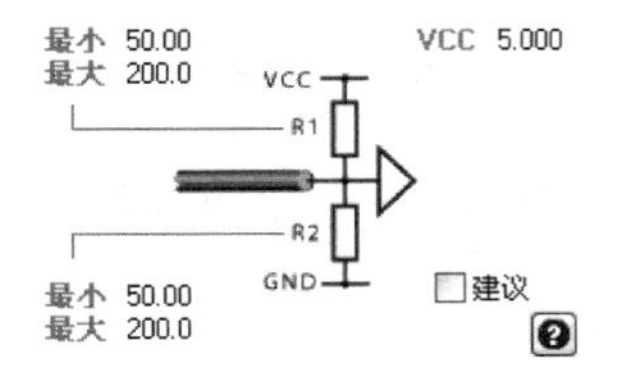

This kind of termination, sometimes called "Thevenin termination" or "split termination", is acceptable for TTL bus systems. With R1 || R2 = ZL the termination network is well dimensioned for eliminating transmission line reflections. However the disadvantage of this termination is the large DC current through the resistor divider. In order to avoid violations of data sheet specifications resistor values should be derived carefully. In most cases a compromise between perfect match and acceptable low and high currents has to be found.

图 9-51 “Parallel Res to VCC&GND”模型　图 9-52 对“Parallel Res to VCC”模型的简单解释

（5）“Parallel Cap to GND”（并联下拉电容），其补偿模型图形如图 9-53 所示。

在接收输入端并联下拉电容模型有时用于减少信号噪声，但这种方式的缺点是波形的上升沿和下降沿变得太过平坦，增加了信号上升和下降的时间，这可能会导致时间问题。

用户通过该模型可以设置该模型并联下拉电容的容值大小或选择建议值，单击按钮，可以查看对该模型的简单解释，如图 9-54 所示。

C
最小 23.50p
最大 94.00p
GND
建议

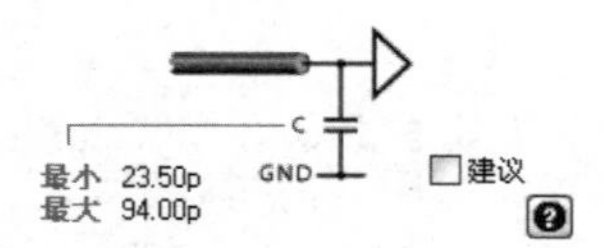

图 9-53 “Parallel Cap to GND”模型

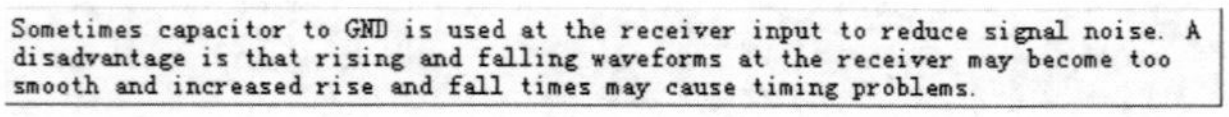

Sometimes capacitor to GND is used at the receiver input to reduce signal noise. A disadvantage is that rising and falling waveforms at the receiver may become too smooth and increased rise and fall times may cause timing problems.

图 9-54 对“Parallel Cap to GND”模型的简单解释

（6）“Res and Cap to GND”（并联下拉 RC），其补偿模型图形如图 9-55 所示。

在接收器的输入端并联下拉 RC 模型可以实现在终端网络没有直流电流流过。当时间常数(R2×C)大约 4 倍于传播延迟时间时，大多数情况下传输线可以被充分终止。在这一规则下，取 R2 的阻值等于传输线的典型阻抗值，即 R2=ZL。

用户通过该模型可以设置其并联下拉 RC 的电阻电容值或选择建议值，单击按钮，可以查看对该模型的简单解释，如图 9-56 所示。

最小 34.00
最大 136.0
R2
C
GND
最小 50.00p
最大 200.0p
建议

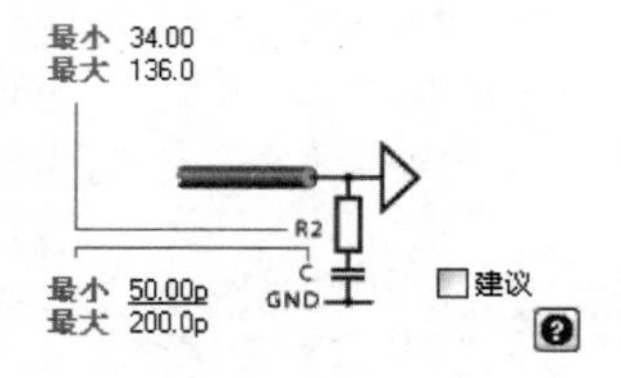

图 9-55 “Res and Cap to GND”模型

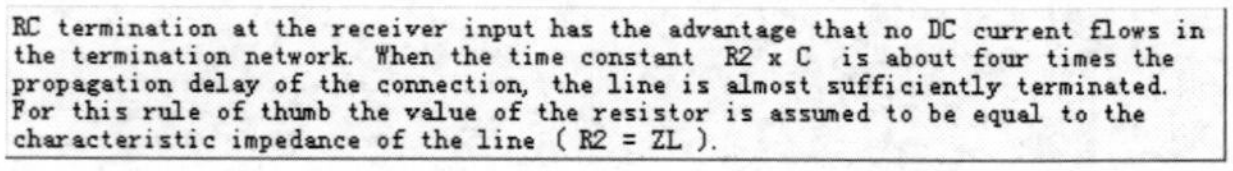

RC termination at the receiver input has the advantage that no DC current flows in the termination network. When the time constant R2 x C is about four times the propagation delay of the connection, the line is almost sufficiently terminated. For this rule of thumb the value of the resistor is assumed to be equal to the characteristic impedance of the line (R2 = ZL).

图 9-56 对“Res and Cap to GND”模型的简单解释

（7）“Parallel Schottky Diodes”（并联肖特基二极管），其补偿模型图形如图 9-57 所示。

在传输线的终端电源和地上并联肖特基二极管可以减少接收器的下冲和过冲，大多数标准逻辑集成电路的输入电路都包含肖特基二极管。

用户通过该模型可以设置该模型的参数值或选择建议值，单击按钮，可以查看对该模型的简单解释，如图 9-58 所示。

VCC 5.000
VCC
D1
D2
GND
建议

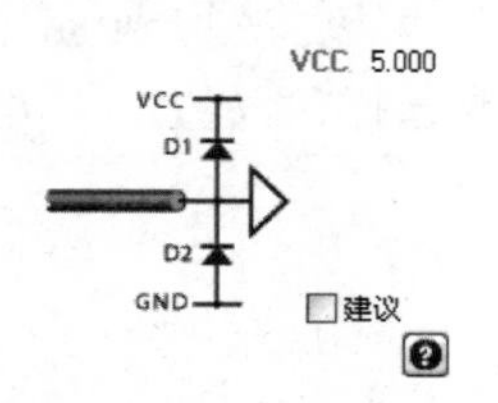

图 9-57 “Parallel Schottky Diodes”模型

Schottky clamping diodes at the end of the transmission line connected to GND and/or VCC reduce under- and overshoot at the receiver. Most input circuits of standard logic IC contain schottky clamping diodes.

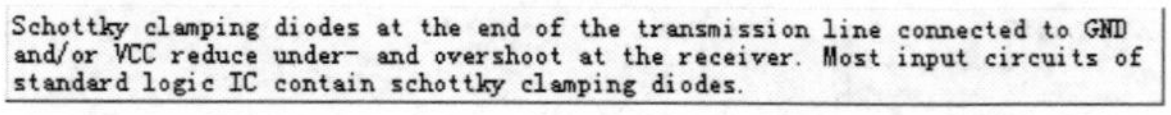

图 9-58 对“Parallel Schottky Diodes”模型的简单解释

5. 【菜单】选项

单击 菜单(M) 选项，打开该菜单包含的子菜单选项，如图 9-59 所示。

（1）【详细】菜单

执行【详细】菜单命令，弹出【全部结果】对话框，该对话框显示了所选择网络的详细情况，包括信号完整性分析规则定义的各种参数，如图 9-60 所示。

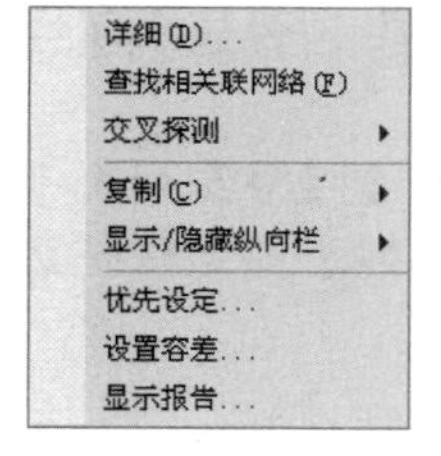

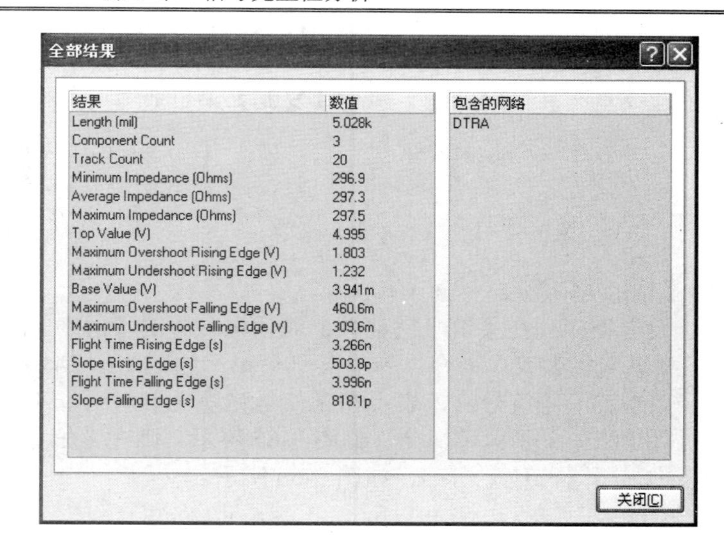

图 9-59 【菜单】选项子菜单　　　　图 9-60 【详细】子菜单

（2）【查找相关联网络】菜单

执行【查找相关联网络】菜单命令，将能在【信号完整对话框左边一栏的【网络】列表中找到与选中的网络（如“DTRA”）相关联的网络，并对查找结果高亮显示，如图 9-61 所示。

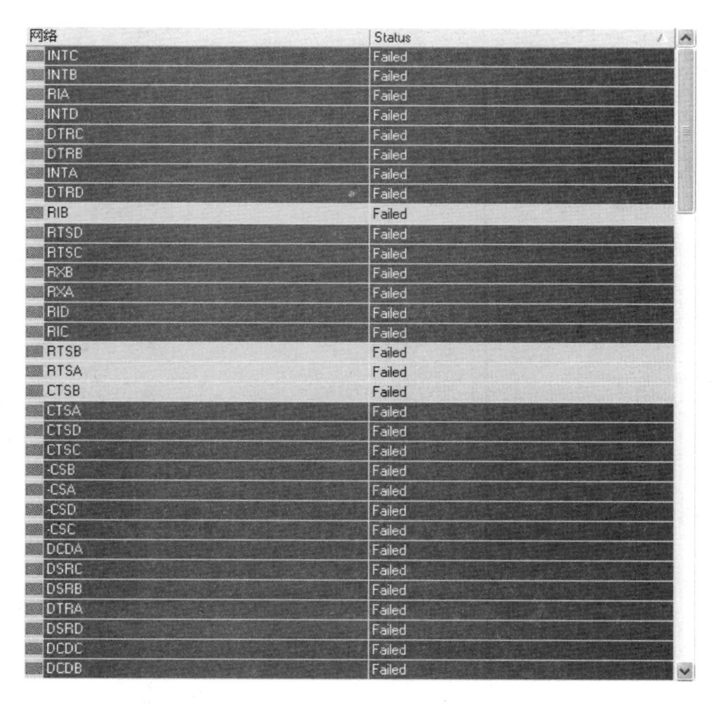

图 9-61　执行【查找相关联网络】命令结果

（3）【交叉探测】菜单

用于向原理图和 PCB 中添加探针。执行【交叉探测】菜单命令，弹出其子菜单，如图 9-62 所示。

（4）【复制】菜单

用于选择复制网络的范围。执行【复制】菜单命令，弹出其子菜单，如图 9-63 所示。

到原理图
到PCB

图 9-62 【交叉探测】子菜单

选择的
全部

图 9-63 【复制】子菜单

（5）【显示/隐藏纵向栏】菜单

用于设定相应列在【信号完整性】对话框左边的【网络】列表中是否显示属性。执行【显示/隐藏纵向栏】菜单命令，弹出其子菜单，如图 9-64 所示。

在子菜单前有☑符号的，表示在【信号完整性】对话框左边的【网络】列表中显示该列。如执行【峰值】子菜单命令，如图 9-65 所示，则在【信号完整性】对话框左边的【网络】列表中显示【峰值】一列，如图 9-66 所示。

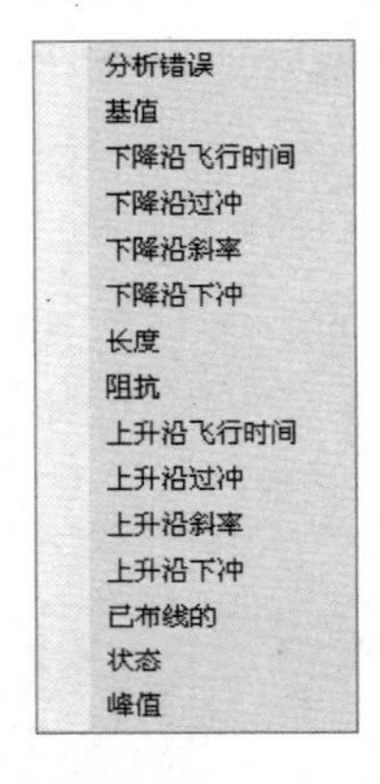

图 9-64 【显示/隐藏纵向栏】子菜单

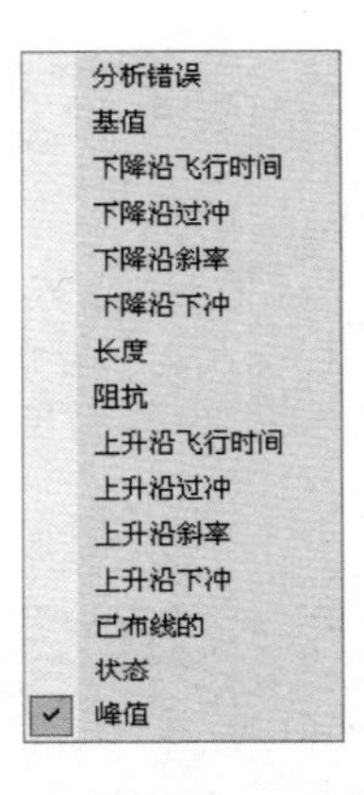

图 9-65 执行【峰值】子菜单命令

网络	Status	峰值
INTC	Failed	-
INTB	Failed	-
RIA	Failed	-
INTD	Failed	-
DTRC	Failed	-
DTRB	Failed	-
INTA	Failed	-
DTRD	Failed	-
RIB	Failed	-
RTSD	Failed	-
RTSC	Failed	-
RXB	Failed	-
RXA	Failed	-
RID	Failed	-
RIC	Failed	-
RTSB	Failed	-
RTSA	Failed	-
CTSB	Failed	-
CTSA	Failed	-
CTSD	Failed	-
CTSC	Failed	-
-CSB	Failed	-
-CSA	Failed	-
-CSD	Failed	-
-CSC	Failed	-
DCDA	Failed	-
DSRC	Failed	-
DSRB	Failed	-
DTRA	Failed	-
DSRD	Failed	-
DCDC	Failed	-
DCDB	Failed	-

图 9-66 执行【峰值】子菜单命令后的结果

（6）【优先设定】菜单

用于信号完整性分析相关属性的优先设定。执行【优先设定】菜单命令，弹出【信号完整性优先选项】对话框，如图 9-67 所示。

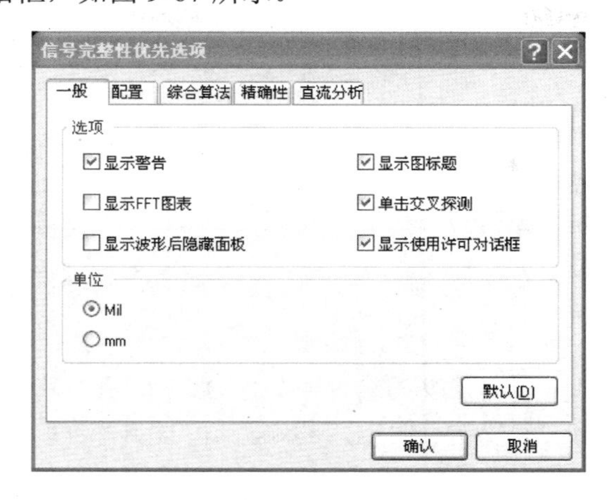

图 9-67 【信号完整性优先选项】对话框

该对话框共有【一般】、【配置】、【综合算法】、【精确性】和【直流分析】5 个选项卡。其含义分别如下。

【一般】选项卡

用于设置信号完整性分析的一般选项，如图 9-67 所示。其中，

- “显示警告”复选框：用于在信号完整性分析时显示相关的警告信息，默认为选中。
- “显示图标题”复选框：用于显示图的标题，默认为选中。
- “显示 FFT 图表”复选框：用于显示快速傅里叶变换 FFT 的图表。
- “单击交叉探测”复选框：用于设置单击交叉探测是否有效，默认为选中。
- “显示波形后隐藏面板”复选框：用于设定波形显示后是否隐藏工作面板。
- “显示使用许可对话框”复选框：用于设置是否显示使用许可对话框，默认为选中。
- “单位”：用于设定信号完整性分析时使用的单位，默认为“Mil”。

【配置】选项卡

用于设置信号完整性分析的“仿真”和“耦合”的配置，如图 9-68 所示。其中，

- “Ignore Stubs”（忽略残余）：用于定义传输线的最短长度，小于该长度的传输线，在仿真时将被视为 0。
- “合计时间”和“时间步长”：用于设置仿真的总时间和时间步长。
- “Max Dist”：用于设置信号的窜扰仿真分析时传输线间的最大距离。当传输线间的距离大于该文本框定义的参数时，在分析时就被忽略。
- “Min Length”：用于设置信号的窜扰仿真分析时传输线间的最小距离。当传输线间的距离小于该文本框定义的参数时，在分析时也被忽略。

【综合算法】选项卡

用于设定仿真时选择的综合算法，如图 9-69 所示。从该对话框中可以看到，Protel DXP 为用户提供了 4 种类型的算法，即梯形函数、一阶函数、二阶函数和三阶函数。

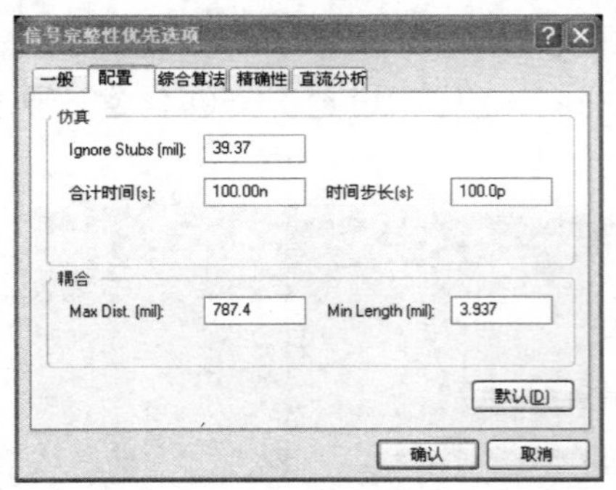

图 9-68 【配置】选项卡

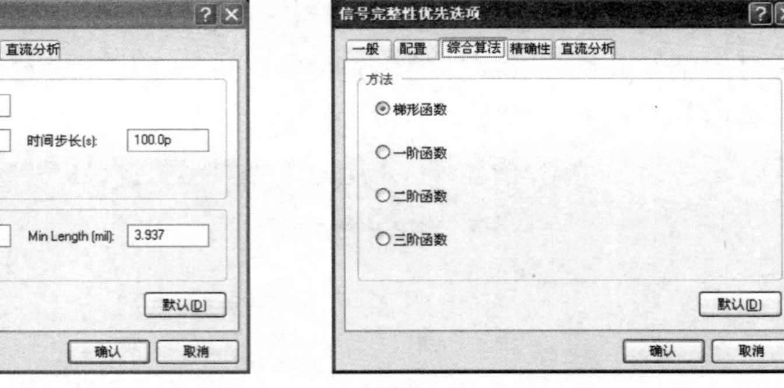

图 9-69 【综合算法】选项卡

【精确性】选项卡

用于设置信号完整性分析时仿真的精度，如图 9-70 所示。其中，

- ❑ “RELTOL”：用于设置仿真时电压和电流值的相对精度。精度越高，仿真运行越费时。
- ❑ “ABSTOL”：用于设置仿真时电流值的绝对精度。
- ❑ “VNTOL”：用于设置仿真时电压的绝对精度。
- ❑ “TATOL”：用于设置仿真时暂态误差精度因素。
- ❑ “NRVABS”：用于设置仿真时运用 Newton-Raphson 算法的错误边界。
- ❑ “DTMIN”：用于定义仿真时的最小时间步长。
- ❑ “ITL”：用于设置仿真时运用 Newton-Raphson 算法的最大重复数。
- ❑ “LIMPTS”：用于设置仿真时打印输出的最大点数。

【直流分析】选项卡

用于设置直流分析的参数，如图 9-71 所示。

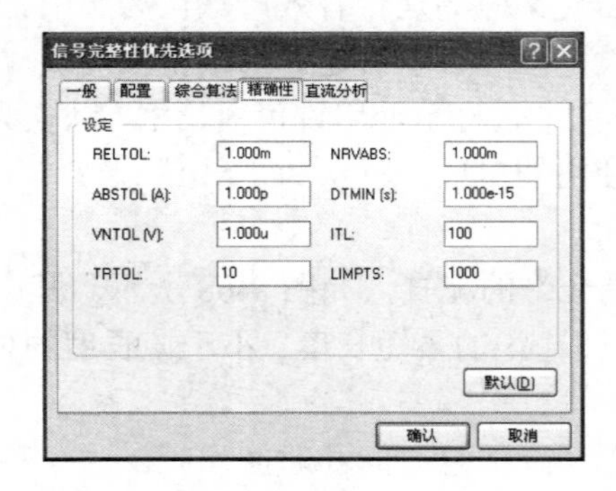

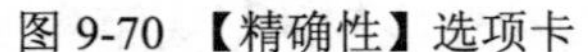
图 9-70 【精确性】选项卡

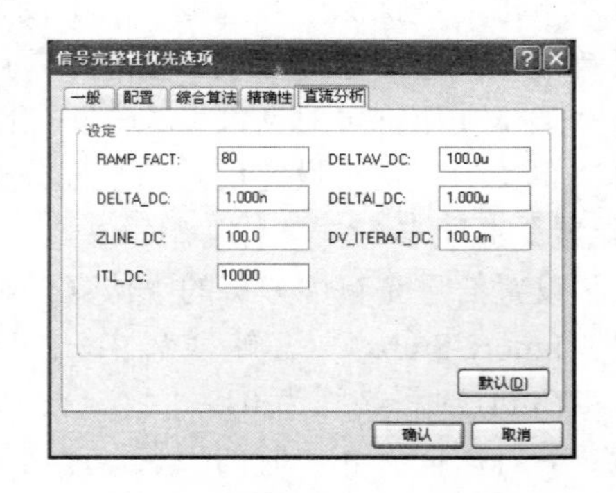

图 9-71 【直流分析】选项卡

- ❑ “RAMP_FACT”：用于设置仿真时的斜坡长度。
- ❑ “DELTA_DC”：用于设置仿真时的步进时间宽度。
- ❑ “ZLINE_DC”：用于设置仿真时的传输线阻抗。
- ❑ “ITL_DC”：用于设置仿真时的最大重复数。
- ❑ “DELTAV_DC”：用于设置仿真时两次步进时间的电压绝对容差。
- ❑ “DELTAI_DC”：用于设置仿真时两次步进时间的电流绝对容差。
- ❑ “DV_ITERAT_DC”：用于设置仿真时每次重复的电压绝对容差。

（7）【设置容差】菜单

用于设置信号分析误差。执行【设置容差】菜单命令，弹出【设置屏蔽分析公差】对话框，如图 9-72 所示。

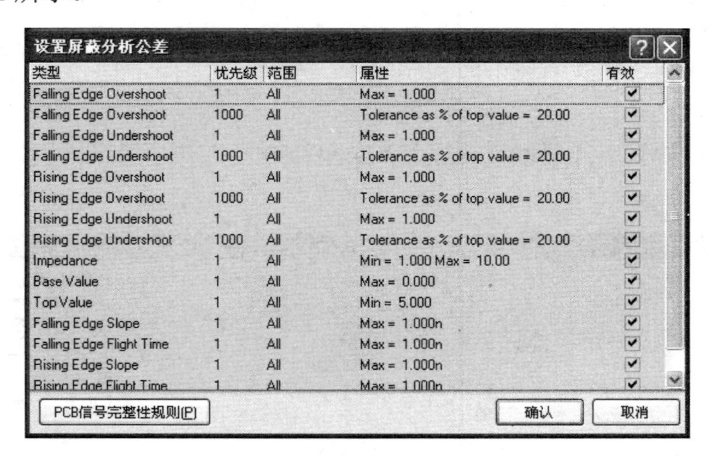

设置屏蔽分析公差

类型	优先级	范围	属性	有效
Falling Edge Overshoot	1	All	Max = 1.000	☑
Falling Edge Overshoot	1000	All	Tolerance as % of top value = 20.00	☑
Falling Edge Undershoot	1	All	Max = 1.000	☑
Falling Edge Undershoot	1000	All	Tolerance as % of top value = 20.00	☑
Rising Edge Overshoot	1	All	Max = 1.000	☑
Rising Edge Overshoot	1000	All	Tolerance as % of top value = 20.00	☑
Rising Edge Undershoot	1	All	Max = 1.000	☑
Rising Edge Undershoot	1000	All	Tolerance as % of top value = 20.00	☑
Impedance	1	All	Min = 1.000 Max = 10.00	☑
Base Value	1	All	Max = 0.000	☑
Top Value	1	All	Min = 5.000	☑
Falling Edge Slope	1	All	Max = 1.000n	☑
Falling Edge Flight Time	1	All	Max = 1.000n	☑
Rising Edge Slope	1	All	Max = 1.000n	☑
Rising Edge Flight Time	1	All	Max = 1.000n	☑

PCB信号完整性规则(P)　确认　取消

图 9-72 【设置屏蔽分析公差】对话框

6. 【执行扫描】和【扫描步数】

【执行扫描】复选框用于设置信号分析时是否对整个系统的信号完整性进行扫描。而【扫描步数】则用于设置扫描的步数。

7. 【再分析设定】按钮

单击 再分析设计... 按钮，可以启动重新进行信号完整性分析。

8. 【模型分配】按钮

单击 模型分配... 按钮，可以弹出【信号完整性模型配置】对话框。

9. 【Reflection Waveforms】按钮

单击 Reflections... 按钮，可以启动波形分析器，对信号进行完整性分析。

10.【Crosstalk Waveforms】按钮

单击 Crosstalk... 按钮，可以对选中的网络标号进行窜扰分析。

9.5 实 例 讲 解

经过前面的学习，我们了解了信号完整性分析的整个过程。下面通过信号完整性分析实例，加深用户对本章知识的巩固。

【实例 9-4】 信号完整性分析实例。

仍以 PCB 项目文件“C:\Program Files\Altium2004\Example\Reference Designs\4 Port

Serial Interface\4 Port SerialInterface.PRJPCB”为例进行信号的完整性分析。

（1）执行【文件】→【打开项目】菜单命令，打开 PCB 项目文件“C:\Program Files\Altium2004\Example\Reference Designs \ 4 Port Serial Interface \ 4 Port Serial Interface.PRJPCB”。

（2）将光标移到工作区面板中的 PCB 文件 “4Port Serial Interface.PcbDoc”上，双击打开该 PCB 文件。

（3）执行【设计】→【层堆栈管理器】菜单命令，打开【图层堆栈管理器】对话框，如图 9-73 所示。

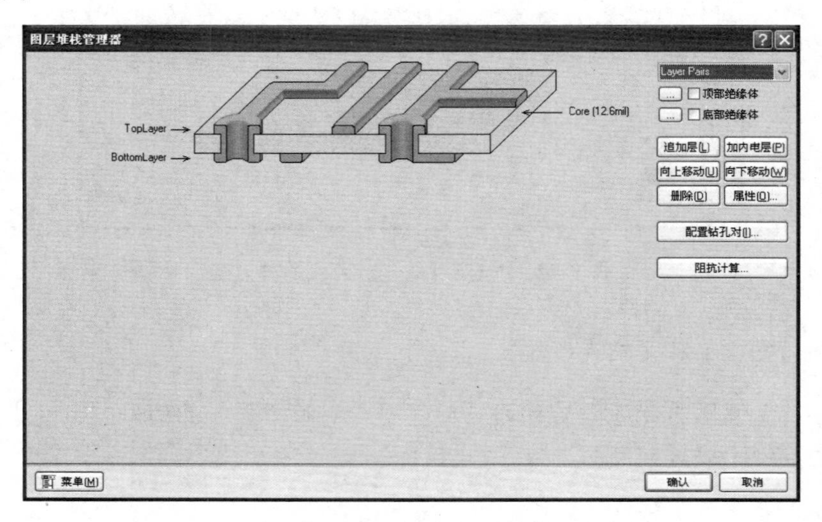

图 9-73 【层堆栈管理器】对话框

（4）设置层的“铜厚度”。将光标移到【Top Layer】上双击，弹出【编辑层】对话框，如图 9-74 所示。将该层的“铜厚度”设置为“1.4mil”。单击 确认 按钮，关闭该对话框。用同样的方法设置【Bottom Layer】的“铜厚度”为“1.4mil”。

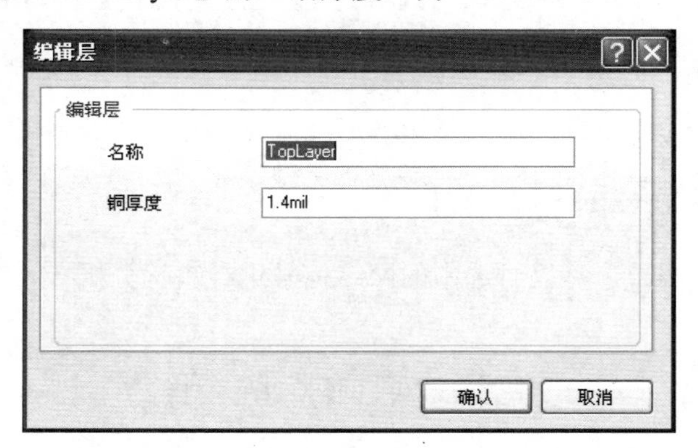

图 9-74 【编辑层】对话框

（5）单击 阻抗计算... 按钮，弹出【阻抗公式编辑器】对话框，如图 9-75 所示。该对话框有两个选项卡，即【微带线】和【带状线】，分别打开两个选项卡，设置编辑“计算出的阻抗”和“计算出的导线宽”公式，本例采用默认设置。

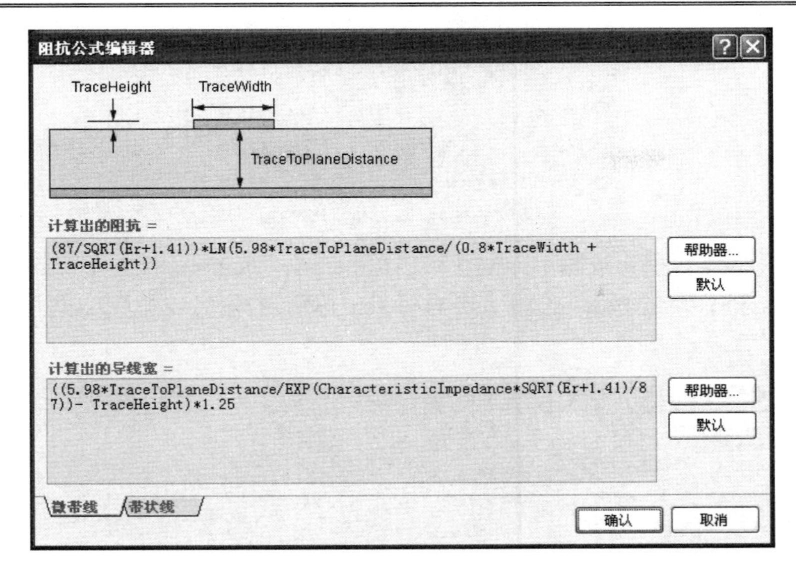

图 9-75 【阻抗公式编辑器】对话框

（6）设置完成后单击 确认 按钮，关闭【阻抗公式编辑器】对话框，返回【图层堆栈管理器】对话框，单击 确认 按钮，关闭【图层堆栈管理器】对话框，系统返回到 PCB 编辑界面。

（7）执行【设计】→【规则】菜单命令，弹出【PCB 规则和约束编辑器】对话框。从对话框左边规则一栏中找到“Signal Integrity”（信号完整性）规则项。

（8）设置“Signal Integrity”（信号完整性）规则。本例主要设置“Signal Stimulus”（激励信号）和“Supply Nets”（供电网络）。将光标移到“Signal Stimulus”上，单击右键，弹出快捷菜单，执行【新建规则】菜单命令，系统自动创建一个名称为“Signal Stimulus”的激励信号，设置其参数如图 9-76 所示。“Supply Nets”（供电网络）规则采用默认设置。设置完成后，单击 确认 按钮，关闭该对话框。

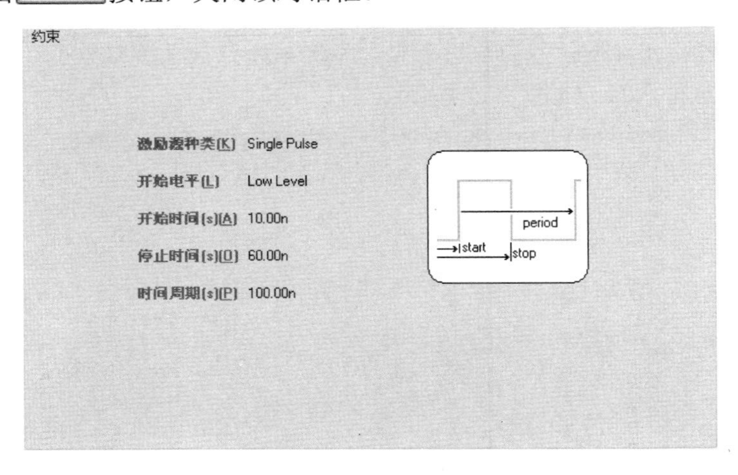

图 9-76 “Signal Stimulus”参数设置结果

（9）执行【工具】→【信号完整性】菜单命令，弹出【Errors or warnings found】（发现错误或警告）对话框，如图 9-77 所示。

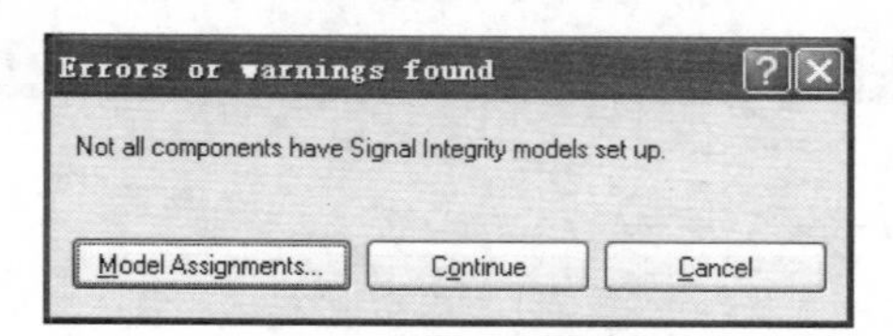

图 9-77 【Errors or warnings found】对话框

（10）单击Model Assignments...按钮，弹出【Signal Integrity Model Assignments for 4 Port Serial Interface.PcbDoc】（对“4 Port Serial Interface.PcbDoc”的信号完整性模型配置）对话框，如图 9-78 所示。

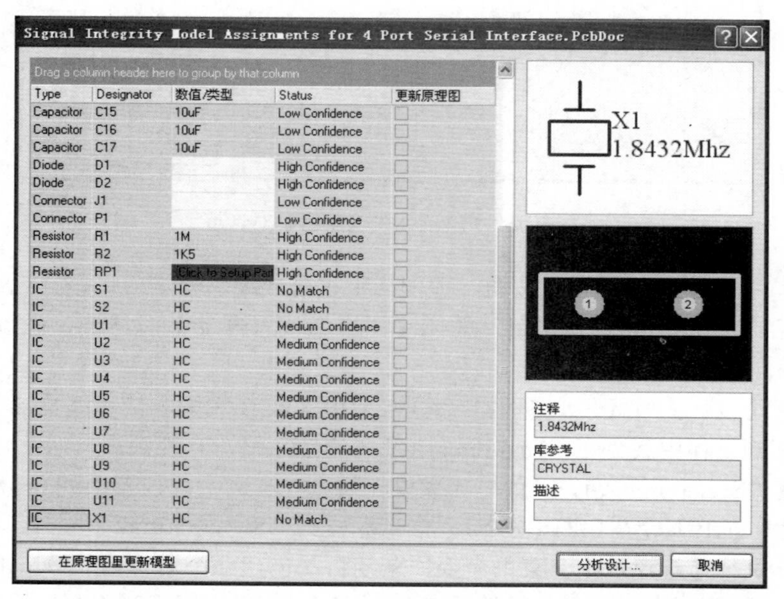

图 9-78 【Signal Integrity Model Assignments for 4 Port Serial Interface.PcbDoc】对话框

（11）在【Signal Integrity Model Assignments for 4 Port Serial Interface.PcbDoc】对话框中，用户可以修改元器件的信号完整性模型，本例采用默认设置。单击分析设计按钮，弹出【信号完整性】对话框，如图 9-79 所示。

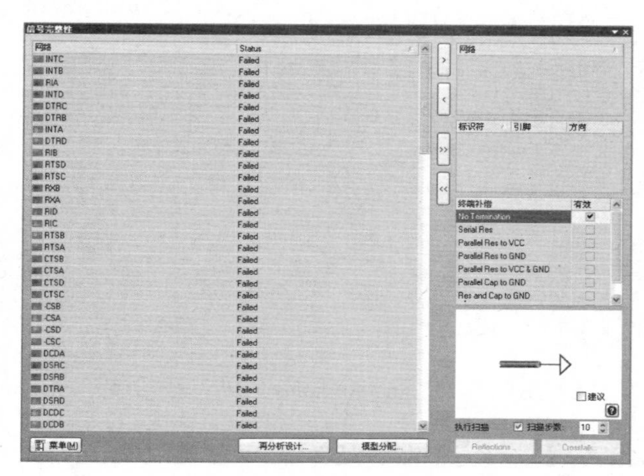

图 9-79 【信号完整性】对话框

（12）从该对话框左边的【网络】列表中，选择网络“DTRA”，并按>按钮，将其导入对话框右上边的待分析【网络】列表中，如图 9-80 所示。

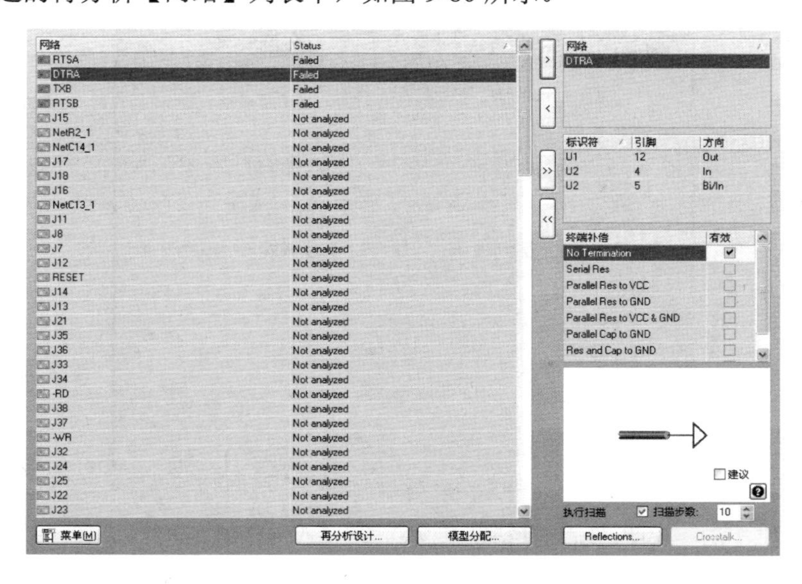

图 9-80　设定待分析的网络

（13）在【信号完整性】对话框左边的【网络】列表中选择网络“DTRA”，单击菜单(M)按钮，弹出下拉子菜单，执行【详细】子菜单命令，弹出【全部结果】对话框，如图 9-81 所示，从对话框中可以查看该待分析网络是否设置了相应的信号完整性规则。检查通过后单击关闭(C)按钮，关闭该对话框，返回到【信号完整性】对话框。

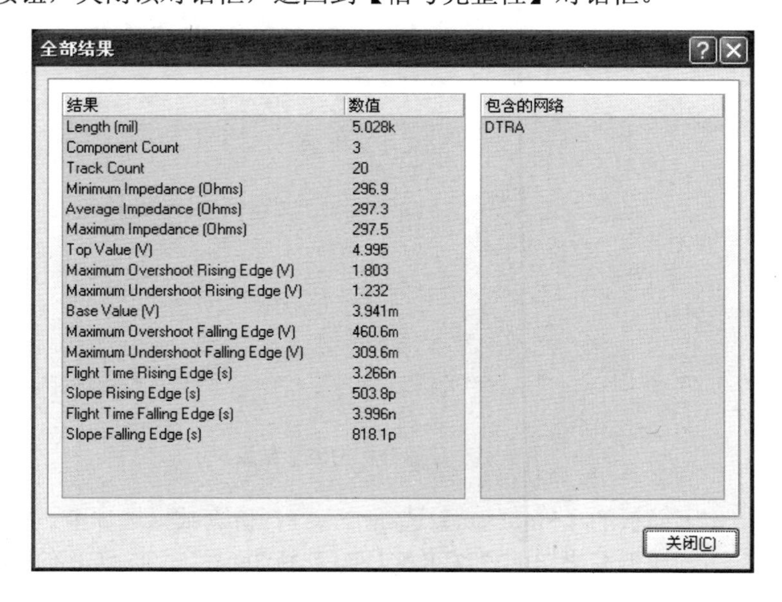

图 9-81　【全部结果】对话框

（14）单击【信号完整性】对话框的菜单(M)按钮，弹出下拉子菜单，执行【优先设定】

子菜单命令，弹出【信号完整性优先设定】对话框，设置【一般】选项卡，如图 9-82 所示，其他选项卡采用默认设置。设置完成后单击 确认 按钮，关闭该对话框。

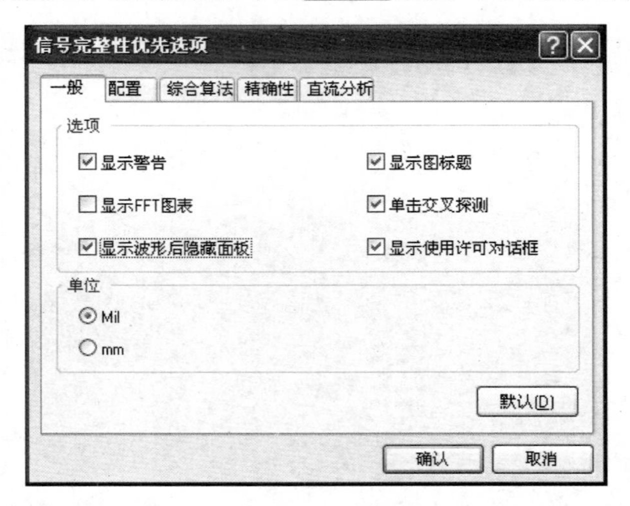

图 9-82 【信号完整性优先选项】对话框设置结果

（15）单击【信号完整性】对话框的 Reflections... 按钮，对所选的网络进行反射分析。分析结束后，系统自动生成分析波形文件“4 Port Serial Interface.sdf”，显示了反射分析的波形结果，如图 9-83 所示。

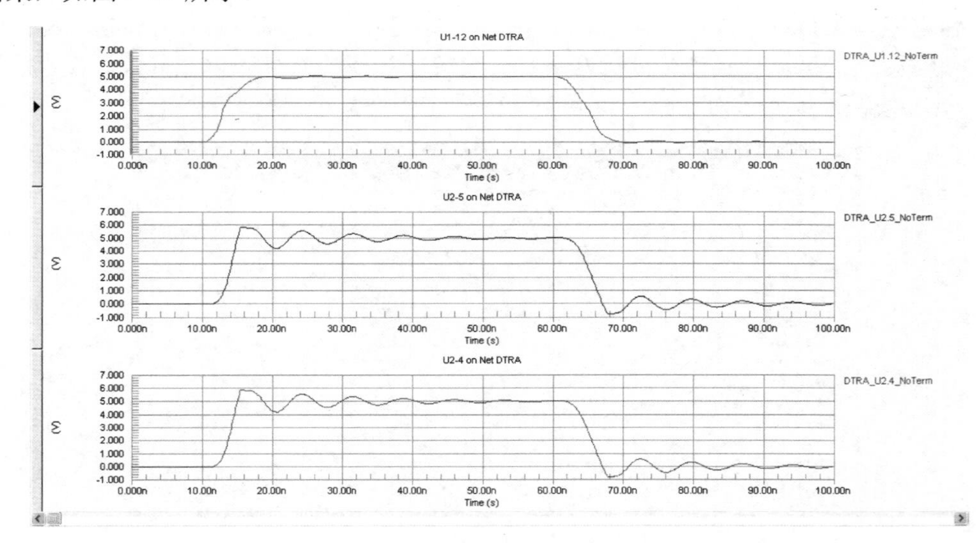

图 9-83 反射分析的波形结果

（16）单击工作区面板的【Sim Data】选项卡，打开仿真数据选项卡，如图 9-84 所示。

（17）将光标移到波形结果图的“DTRA_U1.12_NoTerm”上，单击右键，弹出快捷菜单，如图 9-85 所示。

（18）分别执行【Cursor A】和【Cursor B】菜单命令，看到相应的波形结果图上添加了两个标尺“a”和“b”，如图 9-86 所示。

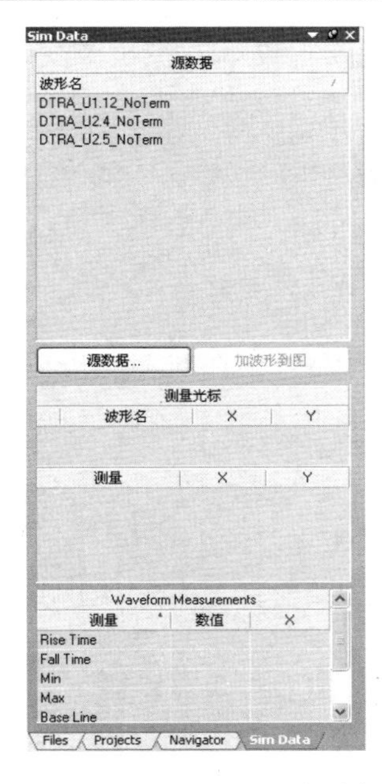

图 9-84 【Sim Data】选项卡

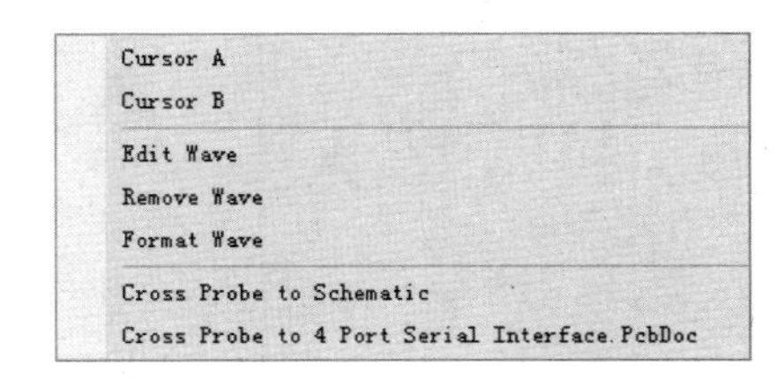

图 9-85　DTRA_ U1.12_NoTerm 快捷菜单

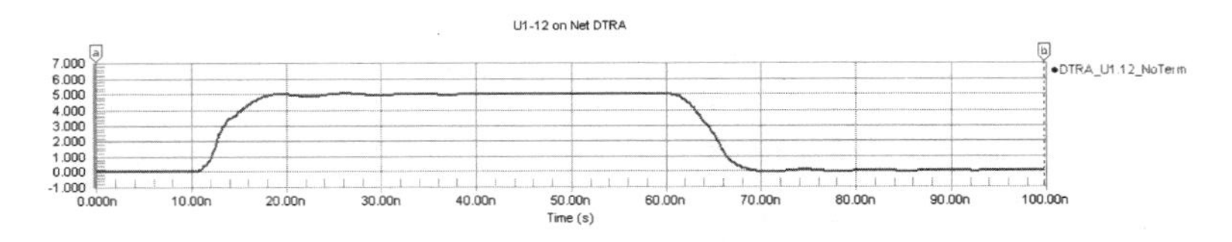

图 9-86　执行菜单命令【Cursor A】和【Cursor B】的结果

（19）将光标移到标尺“a”或标尺“b”上，当光标变为“↔”形状时，可以拖动标尺到需要研究的位置进行波形参数的测量，且随着标尺位置的改变，测量结果会实时显示在【Sim Data】选项卡中，如图 9-87 所示。

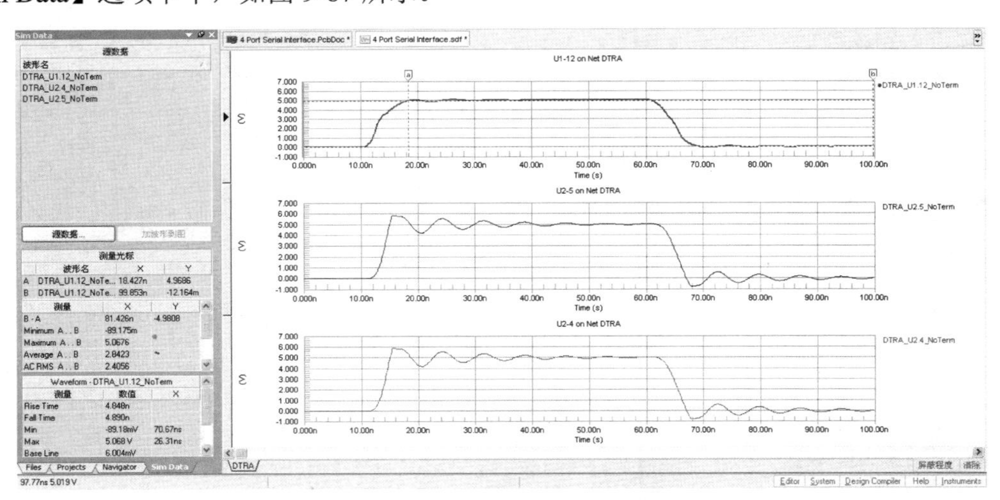

图 9-87　测量结果的实时显示

（20）在查看波形测量结果的状态，可以看到系统的主菜单发生了改变，如图 9-88 所示。

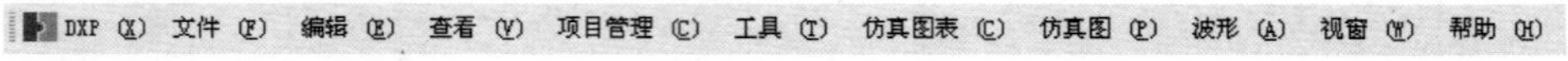

DXP (X)　文件 (F)　编辑 (E)　查看 (V)　项目管理 (C)　工具 (T)　仿真图表 (C)　仿真图 (P)　波形 (A)　视窗 (W)　帮助 (H)

图 9-88　测量结果状态下系统的主菜单

（21）执行【仿真图表】→【创建 FFT 图表】菜单命令，对当前打开的网络波形进行 FFT（快速傅里叶变换），变换结果如图 9-89 所示。

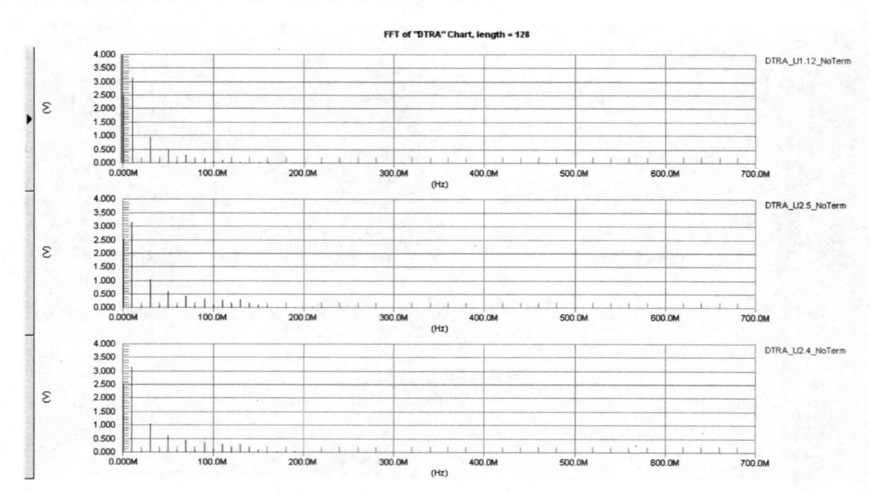

图 9-89　创建的 FFT 图表

（22）将光标移到 FFT 变换的图形名称上，单击右键，同样弹出如图 9-85 所示的快捷菜单，分别执行【Cursor A】和【Cursor B】菜单命令设置标尺“a”和标尺“b”，移动标尺，从【Sim Data】选项卡中查看 FFT 变换的结果参数，如图 9-90 所示。

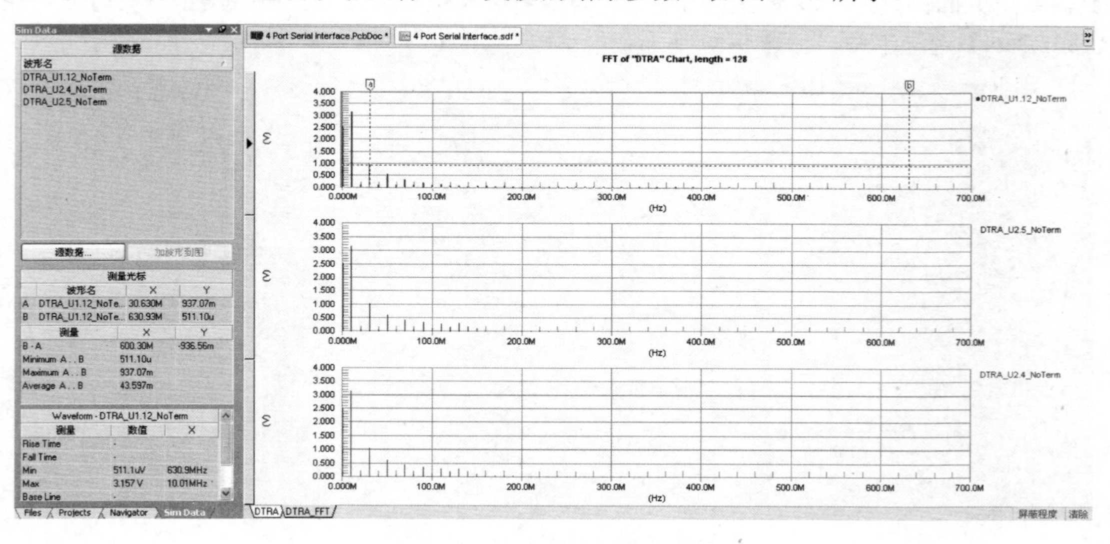

图 9-90　FFT 变换的测量结果

当需要考虑终端补偿时，用户可以参考以下步骤继续对各种类型的终端补偿（本例中以并联上拉电阻为例）进行信号完整性仿真分析。

（1）在【信号完整性】对话框的设定状态，首先设定待分析网络标号为“DTRA”，然后设置【终端补偿】的补偿方式为“Parallel Res to VCC”，并设定相应的上拉电阻参数。本例采取默认值，选择【执行扫描】并且设定【扫描步数】为 10，如图 9-91 所示。

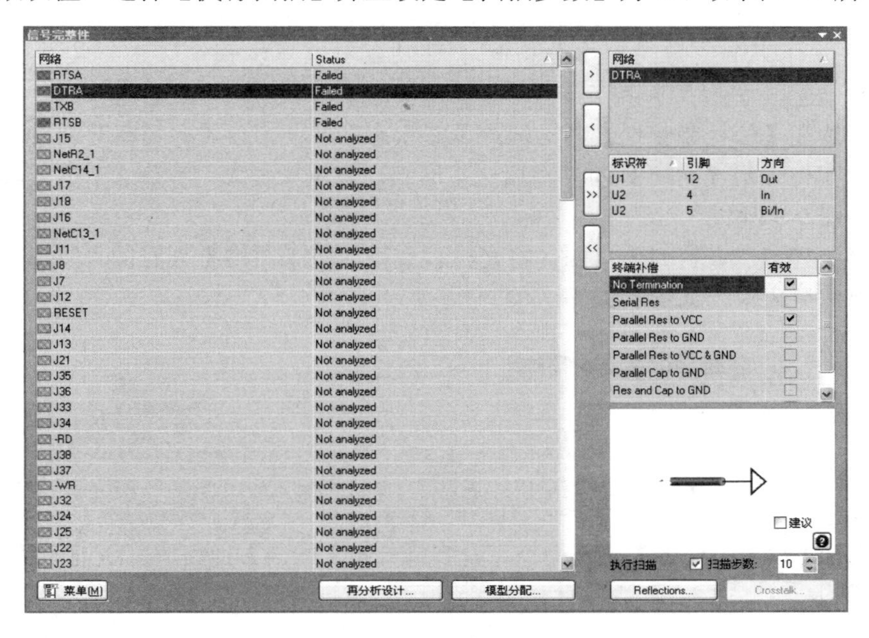

图 9-91　【信号完整性】对话框的设置

（2）选择好待分析的网络和设置好终端补偿方式等参数后，单击 Reflections... 按钮，开始进行扫描分析。分析结束后，系统自动生成分析波形文件“4 Port Serial Interface.sdf”，文件显示了反射分析的波形结果，如图 9-92 所示。

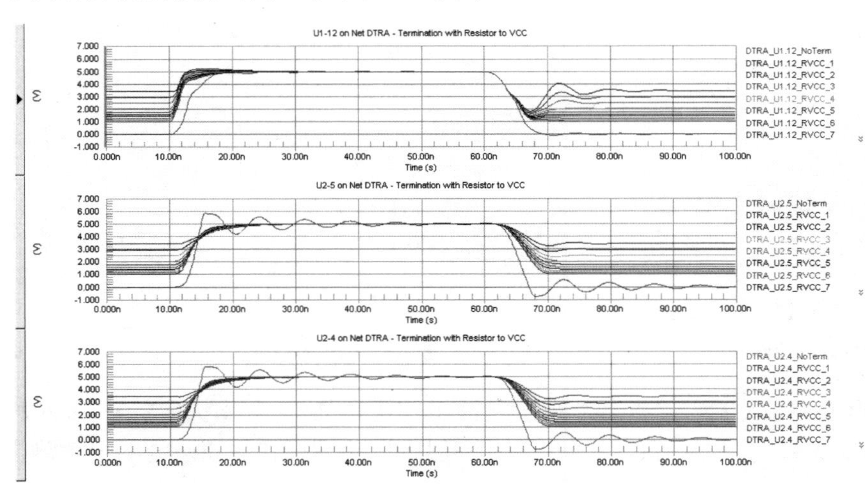

图 9-92　反射分析的波形结果

（3）将光标移动波形结果的波形名上，选择一个满足需求的波形，即可在系统窗口下部的状态栏中看到此波形所对应的阻值和上拉电压值，如图 9-93 所示，用户可以根据该上拉电阻的阻值选择一个合适的电阻在 PCB 中相应的网络上拉即可。

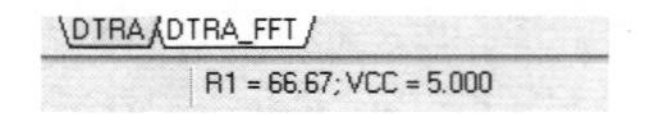

图 9-93　波形所对应的阻值和上拉电压值

当需要进行两个信号的窜扰分析时，可以参考以下步骤继续进行信号完整性仿真分析。

（1）仍然在【信号完整性】对话框的设定状态，选择需要进行窜扰分析的网络和窜扰信号源，即在待分析【网络】列表添加这些网络。本例中添加“DTRA”信号和“TXB”干扰源，如图 9-94 所示。

（2）将“TXB”设置为干扰源，将光标移到待分析【网络】列表的“TXB”上，单击右键，弹出快捷菜单，如图 9-95 所示。

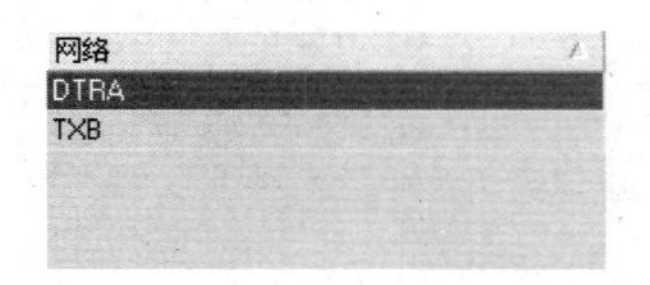

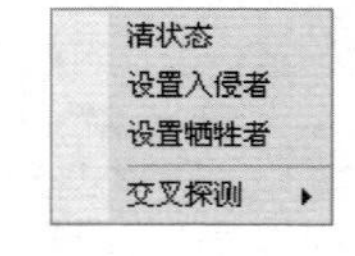

图 9-94　添加的网络和窜扰信号源　　　　图 9-95　设置干扰源快捷菜单

（3）执行【设置入侵者】菜单命令，看到待分析【网络】列表的网络前多了一些标志，如图 9-96 所示。

（4）设置完成后，单击 Crosstalk... 按钮，进行窜扰分析，分析结束后，系统自动生成分析波形文件“4 Port Serial Interface.sdf”，用于显示窜扰分析的波形结果，如图 9-97 所示。

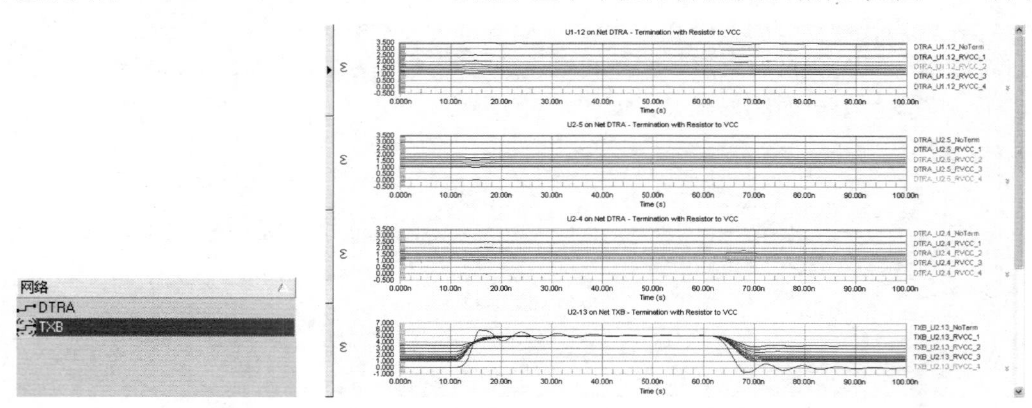

图 9-96　执行【设置入侵者】菜单命令的结果　　　　图 9-97　窜扰分析波形结果

（5）同样，从中选择一个波形，单击右键，弹出下拉菜单，分别执行【Cursor A】和【Cursor B】菜单命令，为其添加标尺“a”和“b”，然后拖动标尺到需要研究的位置测量波形确切的参数，并从【Sim Data】选项卡中查看窜扰分析的波形结果参数。

（6）在波形查看状态，执行【仿真图表】→【创建 FFT 图表】菜单命令，查看当前打开的窜扰分析波形的 FFT（快速傅里叶变换）结果，如图 9-98 所示。

（7）将光标移到 FFT 变换的图形名称上，单击右键，弹出下拉菜单，分别执行【Cursor A】和【Cursor B】菜单命令设置标尺“a”和标尺“b”，移动标尺，从【Sim Data】选项卡中查看 FFT 变换的结果参数。

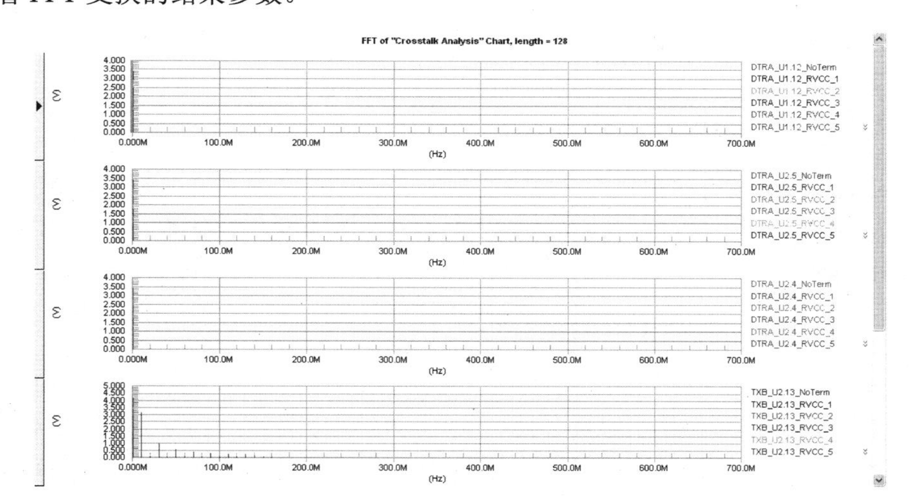

图 9-98　窜扰分析波形的 FFT 结果

9.6　本 章 小 结

本章首先介绍了信号完整性的基本概念、主要表现形式、常见信号完整性问题及其解决方案及信号完整性分析时的注意事项。信号具有良好的信号完整性是指当在需要时具有所必需达到的电压电平数值。其次，详细介绍了信号完整性分析的基本规则及其设置，以及如何使用 Protel DXP SP2 进行信号完整性分析，并通过实例详细讲解了信号完整性分析的步骤和方法。用户学习本章后，就能够对自己制作的 PCB 进行信号完整性分析。

9.7　思考与练习

1．思考题

（1）什么是信号完整性？信号完整性分析有哪些表现形式？

（2）常见信号完整性问题有哪些？如何解决？

（3）Protel DXP 进行信号完整分析的规则设置有哪些？如何进行设置？

（4）如何进行信号完整性分析设定？如何设定待分析的网络？

2．操作题

针对【实例 9-4】，尝试改变各种参数进行信号完整性分析。

第 10 章　Protel DXP 电路仿真技术

在原理图绘制结束后，设计人员往往会利用 Protel DXP 提供的电路仿真功能，对所设计的电路进行估算、测试和校验，包括数字电路的逻辑模拟、故障分析，以及模拟电路的交直流分析、瞬态分析等，以检验设计方案功能的正确性，发现潜在的错误。这样可以提高电路设计的可靠性，降低开发费用，减轻设计者的劳动强度，缩短产品开发周期，提高设计效率。

所谓的电路仿真就是基于相似原理在电路模型上进行系统的性能分析与研究。Protel DXP 包含了一个数目庞大的仿真库，提供了强大的数模混合信号仿真功能，集成了连续的模拟信号和离散的数字信号，可以同时观察复杂的模拟信号和数字信号波形并得到电路性能的全部波形，因而能很好地满足设计者的需要。在 Protel DXP 中进行电路仿真时，只要简单地从仿真元器件库中选择所需的元器件进行放置，连接好原理图，加上激励源，然后单击仿真按钮就可自动开始。也可在设计管理器环境中直接调用和编辑各种仿真文件，为设计者提供了更多的仿真控制手段，更具有灵活性。因此，本章首先介绍各种元器件模型库和仿真参数的设置，然后通过实例详细介绍仿真的操作过程。

10.1　Protel DXP 仿真概述

所谓的电路仿真就是基于相似原理在电路模型上进行系统的性能分析与研究。Protel DXP 包含了一个数目庞大的仿真库，提供了强大的仿真功能，它具有编辑环境简单，仿真元器件丰富、仿真方式多样、仿真结果直观的特点，因而能很好地满足设计者的需要。

10.1.1　Protel DXP 电路仿真的特点

Protel DXP 提供了强大的仿真功能，它具有编辑环境简单，仿真元器件丰富、仿真方式多样、仿真结果直观的特点。

- ❑ 仿真电路的编辑器与原理图编辑器基本相似，只是用于仿真电路的各种元器件必须具有仿真属性。
- ❑ Protel DXP 中可以用于仿真的元器件多达 5 800 多种，从而实现对模拟、数字和模数混合电路的仿真。这是因为除仿真激励源和电源外，Protel DXP 不提供专门用于仿真的元器件库文件。其所有的元器件与电路原理图中的元器件相同，只要选中元器件的 Simulation 属性，即可作为仿真元器件。
- ❑ Protel DXP 支持多种仿真方式，如瞬态特性分析、工作点特性分析、直流扫描、交流小信号分析、傅里叶分析、温度扫描、参数扫描、传输函数、噪音分析及其蒙特卡罗分析等，从不同的角度对电路的各种电器特性进行仿真。

- 仿真结果均以图形的方式输出，当输出多个节点的信号时，输出多个图形，类似于多通道示波器对多个通道进行观测。

10.1.2　Protel DXP 仿真电路图

为了正确地进行电路仿真，在仿真之前，必须要先绘制用于仿真的电路图，并确保所设计的原理图满足以下条件。

- 所有的元器件，必须选中其 Simulation 特性，以确保与相应的仿真器件模型关联。
- 电路图中的元器件和信号源必须连接正确。
- 电路图中需要观测的节点上必须放置仿真网络标号。
- 必须根据仿真要求，设置好电路仿真的初始条件。

10.2　Protel DXP 仿真步骤

为了使用户对整个仿真的流程有一个总体把握，下面首先介绍仿真操作的具体步骤，如图 10-1 所示。

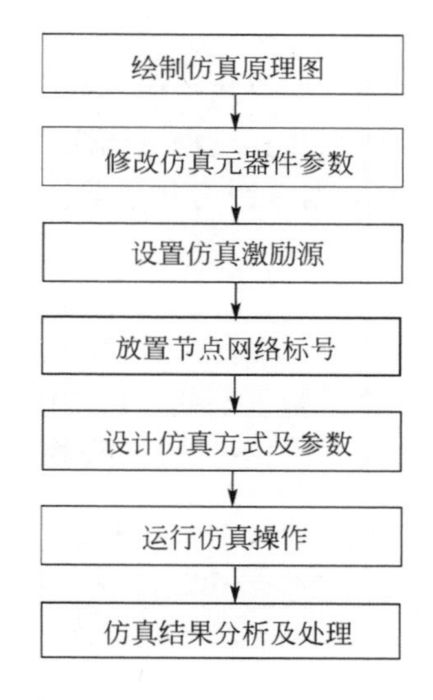

图 10-1　电路仿真的一般步骤

1．绘制仿真原理图

在对原理图进行仿真之前，首先要在原理图编辑器中，创建并编辑需要仿真的原理图文件，且原理图中所使用的元器件都必须具备 Simulation 属性。

2．修改仿真元器件参数

编辑好原理图后，需要设置原理图中的仿真元器件的属性参数。仿真元器件的属性修改要比一般的原理图图纸中的元器件属性修改过程复杂。因为在一般的原理图中，元器件的标称值只用于标注，以方便原理图的阅读，而不影响原理图电路的具体设置。而在仿真原理图中，这些参数会影响电路的仿真输出波形。

3. 设置仿真激励源

在仿真电路中必须至少包含一个仿真激励源，也就是输入信号。常用的激励源有以下几种：直流信号源、脉冲信号激励源、正弦波信号等。Protel DXP 还提供了分段线性激励源，以满足设计者对特殊波形信号输入的要求。

4. 放置节点网络标号

放置节点网络标号是为了便于观察电路中节点的电压或者电流波形。如果要观察仿真电路中的多个输出点，或某个中间节点的波形以检查错误出现在仿真电路中的具体范围时，就必须放置多个仿真节点网络标号。其方法与在一般原理图中放置多个仿真节点网络标号的方法完全相同。

5. 设计仿真方式及参数

设计者必须根据具体要求，选择不同的仿真方式并对其相应的仿真参数进行设置。

6. 运行仿真操作

在设置好仿真方式及仿真参数后，即可执行仿真命令以启动仿真操作。如果仿真原理图中存在错误，Protel DXP 会自动停止仿真过程，同时弹出仿真错误对话框。如果仿真原理图及仿真方式和参数设置都正确，则系统将显示输出仿真结果波形，并将其保存在文件中。

7. 仿真结果分析及处理

如果仿真成功，则说明原理图设计是正确的，原理图中的仿真元器件的参数设置是合理的；如果仿真不成功，则需要重新修改仿真原理图或修改原理图中的仿真元器件的参数。

10.3 主要仿真元器件

Protel DXP 为用户提供了一个常用的仿真元器件库，即“Miscellaneous Devices.IntLib”，该元器件库包含了电容、电阻、电感、二极管等。所有的元器件都定义了仿真特性，仿真时只要默认属性或修改为自己需要的仿真属性即可。本节主要介绍常用的仿真元器件及其参数的设置方法。

10.3.1 查找仿真元器件

在 Protel DXP 中，仿真元器件大部分集中在 Protel DXP 的安装文件夹下，如“C:\Program Files\Altium 2004\Library\Simulation”，只要从库中直接调用其中的元器件并放置在原理图中即可进行仿真。此外，还有一部分元器件的仿真模型分散在其他库中，这些元器件一般有三种库模型，即用于仿真的 Simulation 库，用于信号完整性分析的 Signal Integrity 库及用于制作 PCB 电路板的 Footprint 库。如 Miscellaneous Devices.Intlib 库中的电阻器件 RES1，其对应的库模型如图 10-2 所示。

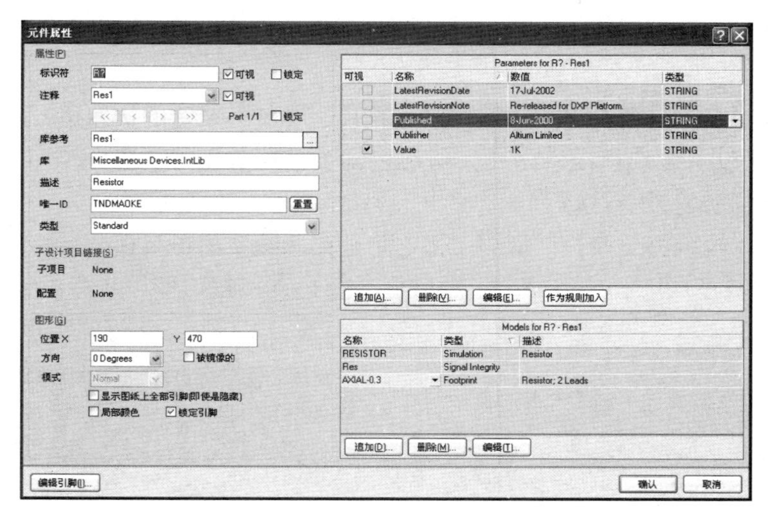

图 10-2　电阻 RES1 的库模型

从图 5-2 中可以看出，Models for R？-Rest1 设置栏中的 RESISTOR 是用于仿真的元器件模型，Res 是用于信号完整性分析的模型，而 AXIAL-0.3 是用于制作 PCB 电路板的封装模型。

因此，基于仿真的原理图设计与基于 PCB 的原理图的设计的主要区别在于使用不同的元器件模型库，前者是用 Simulation 库，后者使用 Footprint 库。

有时已知元器件的仿真模型（如已知电阻 RES 的仿真模型为 RESISTOR），但不知其所在的库，可以利用搜索的方法进行查找。具体操作步骤如下：

单击【元件库】控制面板中的 查找... 按钮，弹出【元件库查找】对话框，如图 10-3 所示。

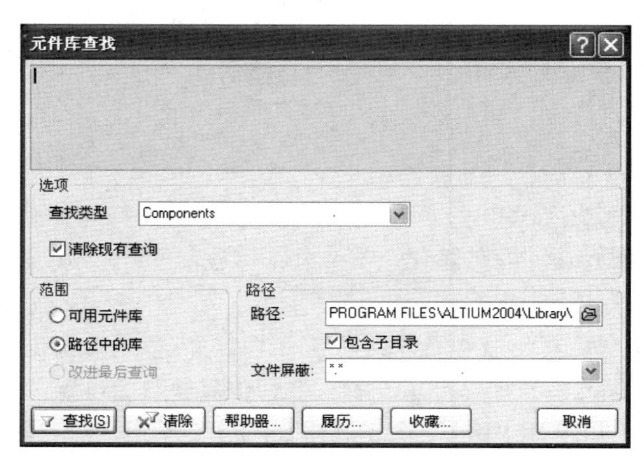

图 10-3　【元件库查找】对话框

其中各选项卡的含义分别如下。

【选项】选项卡：用于设定查找的类型。单击其右边的下拉按钮，弹出下拉菜单，如图 10-4 所示。可以看出有三种类型可以查找：Components（元器件）、Protel Footprints（Protel 封装）和 3D Models（3D 模型）。

【范围】选项卡：用于设定搜索库的范围。可以选择【可用元件库】和【路径中的库】两种范围。

【路径】选项卡：用于设置搜索库的搜索路径。单击其右边的按钮，弹出【浏览文件夹】对话框，可以从中选择搜索路径。勾选包含子目录前面的复选框，可以对给定搜索路径下子目录中的文件进行搜索。

【名称】文本框：位于该对话框的上部，用于输入搜索的仿真模型名。如输入"RES"，选中【查找类型】为"Components"，然后单击 查找(S) 按钮，即可进行搜索。搜索结果如图 10-5 所示。

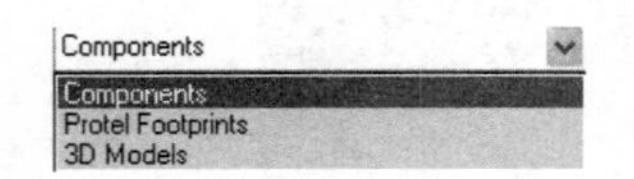

图 10-4　查找类型

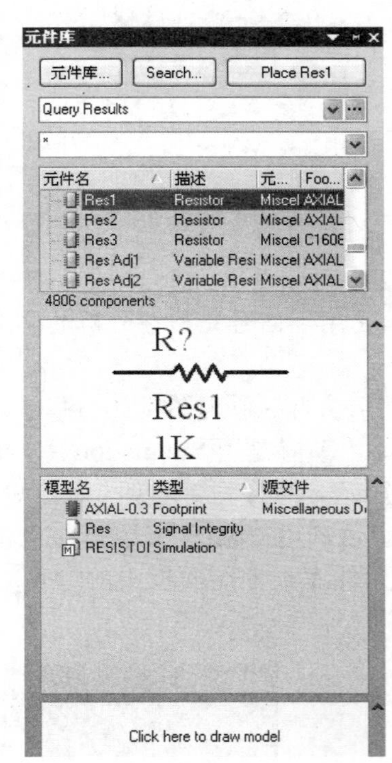

图 10-5　搜索结果

10.3.2　设置仿真元器件的参数

虽然 Protel DXP 中仿真元器件的种类很多，其参数代表的意义也不相同，但是其参数的设置步骤却相似，因此，只要掌握了一种元器件仿真参数的设置，即可触类旁通。下面选择以如图 10-6 所示的原理图中的一个元器件 R4 为例，介绍仿真元器件参数的设置方法。双击电阻 R4，弹出【元件属性】对话框，如图 10-7 所示。

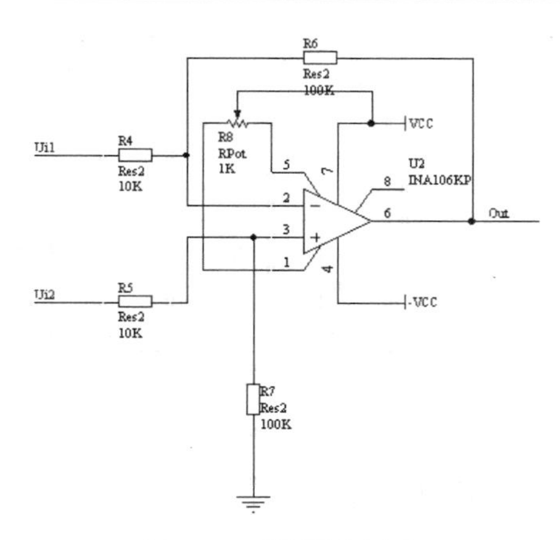

图 10-6　原理图实例

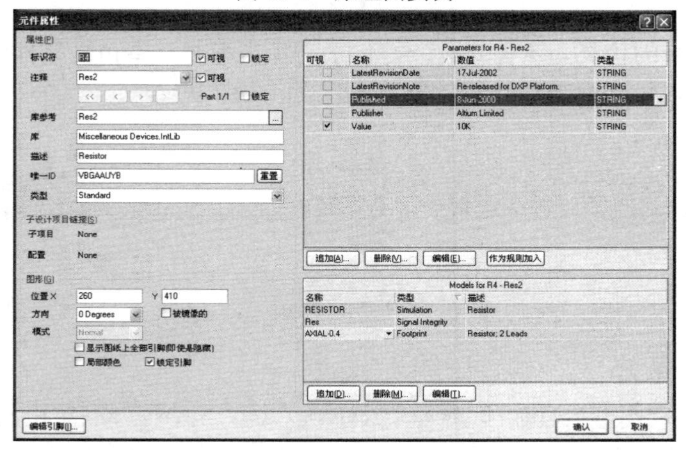

图 10-7　【元件属性】对话框

在 Models for R4-Res2 设置栏中显示的就是电阻的仿真模型。双击 Models for R4-Res2 设置栏中【类型】下面的 Simulation，或者单击 Models for R4-Res2 设置栏下的 编辑(I)... 按钮，弹出【Sim Model-General/Resistor】对话框，选择【参数】选项卡，如图 10-8 所示，在该对话框中可以设置仿真元器件的各参数。

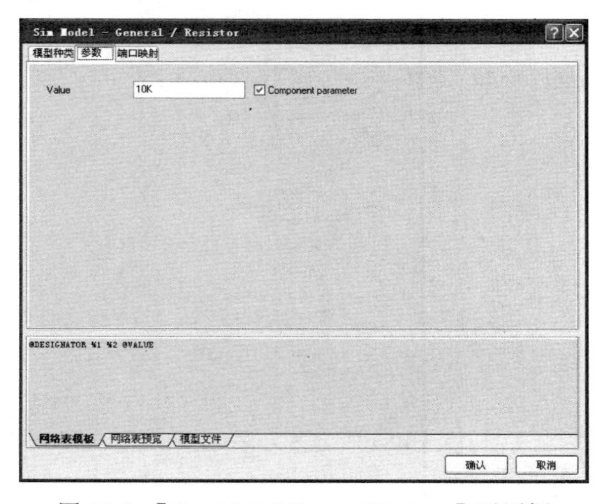

图 10-8　【Sim Model-General/Resistor】对话框

在图 10-8 中可以看出，电阻只有【Value】一个参数，这里可以修改电阻的阻值大小。

10.3.3 常用仿真元器件库

为了正确执行仿真分析，必须在设计的原理图中对元器件定义其仿真属性。若没有定义仿真属性，在仿真操作时会提出警告或显示错误信息；若当前元器件没有定义仿真属性，则需要对该元器件的仿真属性进行编辑。Protel DXP 为用户提供了一个常用仿真元器件库，即“Miscellaneous Devices.IntLib”，该元器件库包含了电阻、电容、电感、二极管、三极管等。而且所有的元器件都定义了仿真特性，仿真时只要默认属性或修改为所需要的仿真属性即可。本节对常用仿真元器件进行讲解。

1. 电阻

在 Protel DXP 的仿真元器件库中，提供了两种类型的具有仿真属性的电阻，Res 固定电阻和 Res Semi 半导体电阻，其缺省值是 1K，如图 10-9 所示。

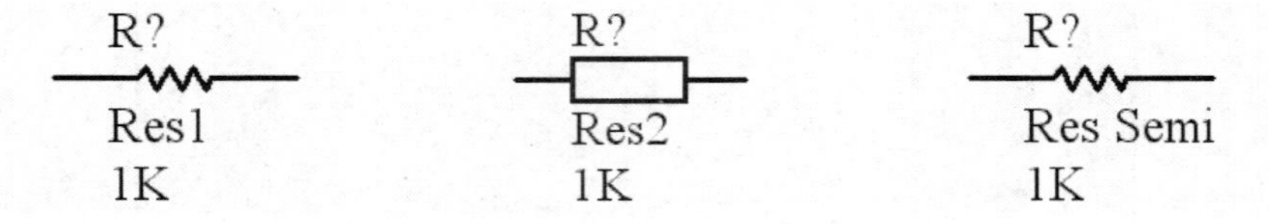

图 10-9　两种类型的仿真电阻

（1）Res 固定电阻

在【元件库】面板的“Miscellaneous Devices.InLib”库中选择固定电阻 Res2，并放置到电路仿真原理图中，如图 10-10 所示。由图中可以看出，在模型种类栏下存在 Simulation 仿真模型，则表示该元件可以用于原理图仿真。

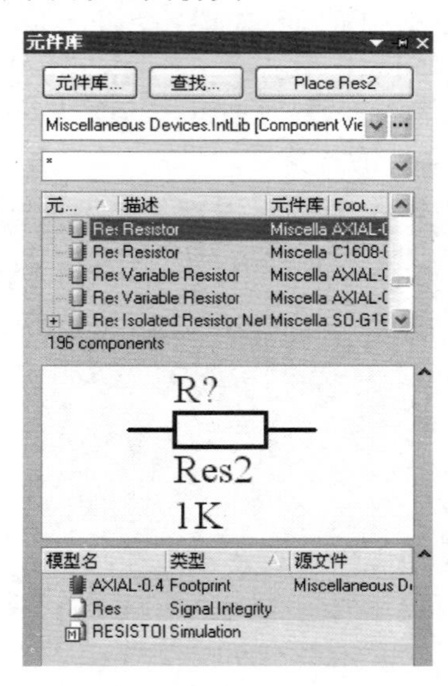

图 10-10　选择元件对话框

元件的仿真模型参数需要在【元件属性】对话框中进行设置，常见的操作方法有以下两种。

① 将放置元件过程中，按下【Tab】键打开【元件属性】对话框，如图 10-11 所示。

② 将元件放置好后，双击该元件，弹出【元件属性】对话框，如图 10-11 所示。

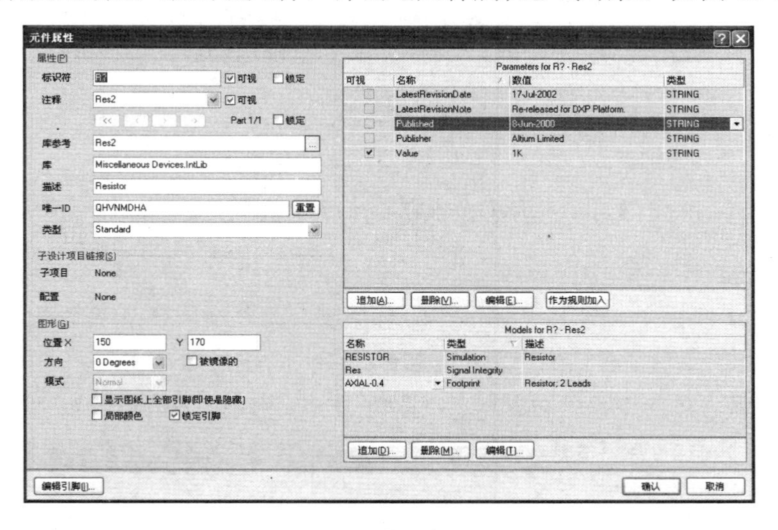

图 10-11 【元件属性】对话框

修改元件的标号与元件注释后，在 Models for R?-Res2 选项栏中选择【Simulation】，双击或单击 编辑(I)... 按钮，即可打开如图 10-12 所示的【Sim Model-General/Resistor】对话框，在其中修改元件的【模型名】和【描述】。

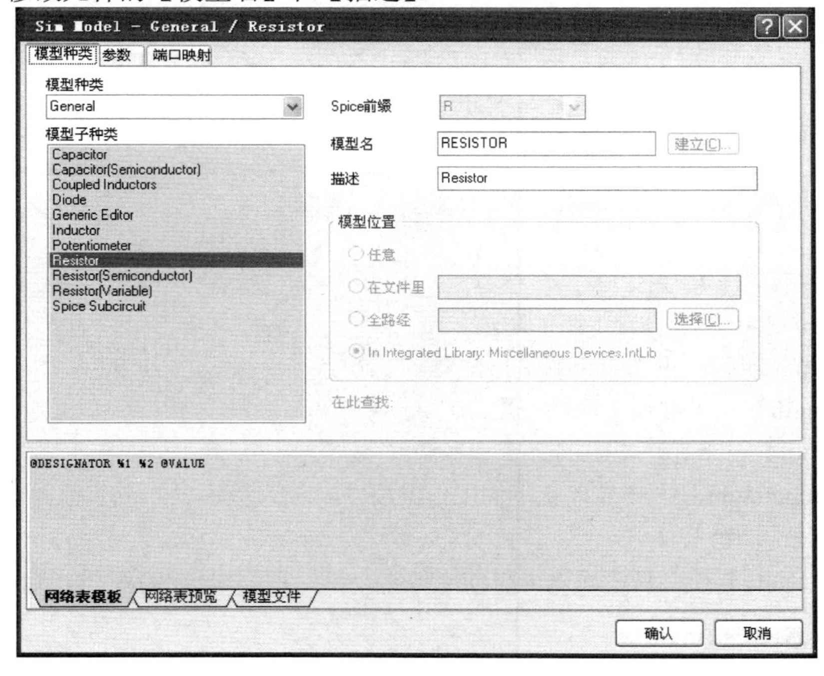

图 10-12 【Sim Model-General/Resistor】对话框

打开【参数】选项卡，弹出图 10-13 所示的对话框，用于设置电阻的阻值。在 Value

中输入电阻的阻值，并勾选 Component parameter 复选框。

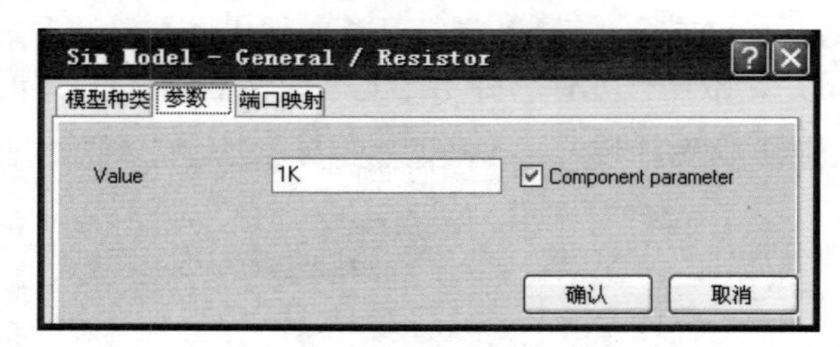

图 10-13 【Sim Model-General/Resistor】对话框的【参数】选项卡

（2）Res Semi 半导体电阻

在【元件库】面板中选择 Res Semi 半导体电阻，放置到仿真电路原理图中，双击电阻符号，在【元件属性】设置对话框中，双击 Models for R?-Res Semi 选项卡中的【Simulation】选项，打开【参数】选项卡，可以设置 Res Semi 半导体电阻的仿真参数，如图 10-14 所示。

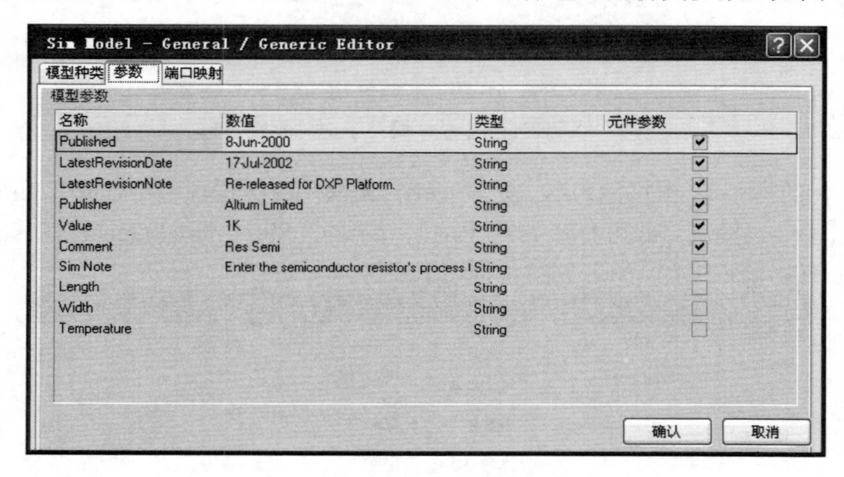

图 10-14 设置半导体电阻电阻的仿真参数

主要参数有以下几项。

- 【Value】：用于设置电阻的阻值。
- 【Comment】：用于对电阻进行注释。
- 【Length】：半导体电阻的长度，可选。
- 【Width】：半导体电阻的宽度，可选。
- 【Temperature】：半导体电阻的工作温度，单位为摄氏度，缺省值为 27 摄氏度，可选。
- 【Sim Note】：可直接输入电阻的阻值，不受长度、温度和宽度的影响。

2. 电位器

在 Protel DXP 的仿真元器件库中，提供了多种具有仿真模型的电位器，如图 10-15 所示。

图 10-15　两种类型的可变电阻

在【元件库】面板中选择电位器，如 Res Adj1，放置到仿真电路原理图中，双击电位器符号，在【元件属性】对话框中，双击 Models for R?-Res Adj1 选项卡中的【Simulation】选项，打开【参数】选项卡，用来设置电位器的仿真参数，如图 10-16 所示。

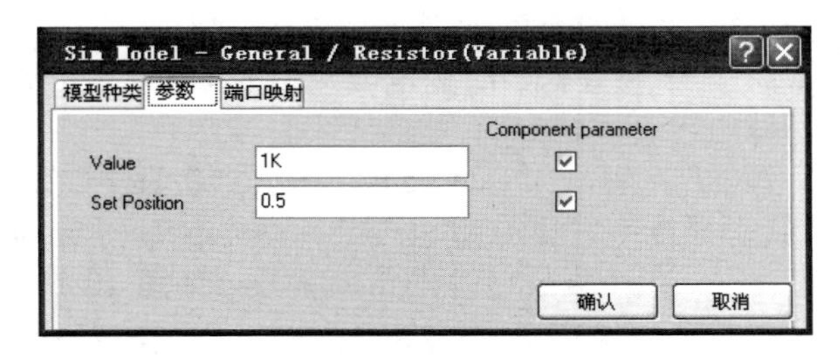

图 10-16　电位器仿真参数设置

主要参数有以下几项。

- 【Value】：用于设置电阻的阻值，以欧姆为单位。
- 【Set Position】：第一引脚和中间引脚之间的阻值与可变电阻总阻值之比，缺省值为 0.5。

3．电容

在 Protel DXP 的仿真元器件库中，提供了三种具有仿真模型的电容：Cap（无极性电容）、Cap Semi（半导体电容）和 Cap Pol（极性电容），如图 10-17 所示。

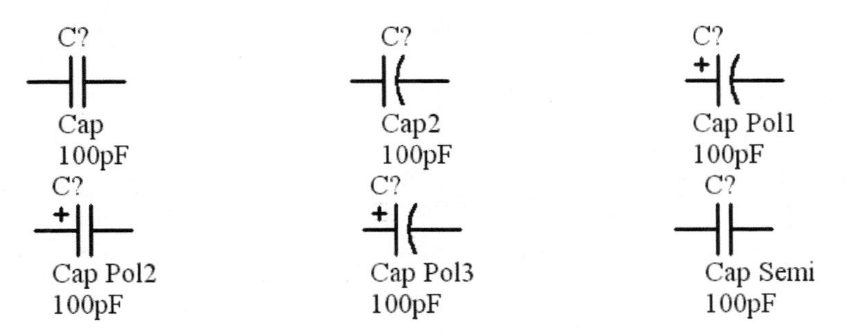

图 10-17　三种类型的电容

（1）Cap 和 Cap Pol 电容

Cap 和 Cap Pol 电容具有相同仿真参数，在【元件库】面板中选择电容，如 Cap，放置到仿真电路原理图中，双击电容符号，在【元件属性】设置对话框中，双击 Models for R?-Cap 选项卡中的【Simulation】选项，打开【参数】选项卡，用来设置电容的仿真参数，如图 10-18 所示。

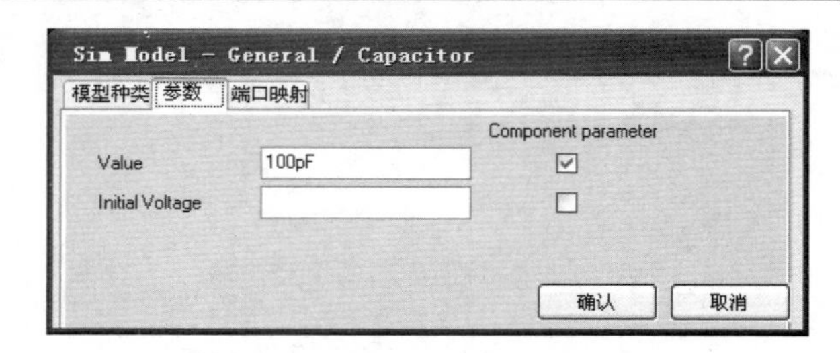

图 10-18 电容的仿真参数设置

主要有以下参数。

- 【Value】：用于设置电容的容值。
- 【Initial Voltage】：用于设置初始时刻电容两端的电压，单位为 V，其缺省值是 0V。

（2）Cap Semi 半导体电容

在【元件库】面板中选择电容，如 Cap Semi，放置到仿真电路原理图中，双击电容符号，在【元件属性】设置对话框中，双击 Models for C?-Cap Semi 选项卡中的【Simulation】选项，打开【参数】选项卡，用来设置电容的仿真参数，如图 10-19 所示。

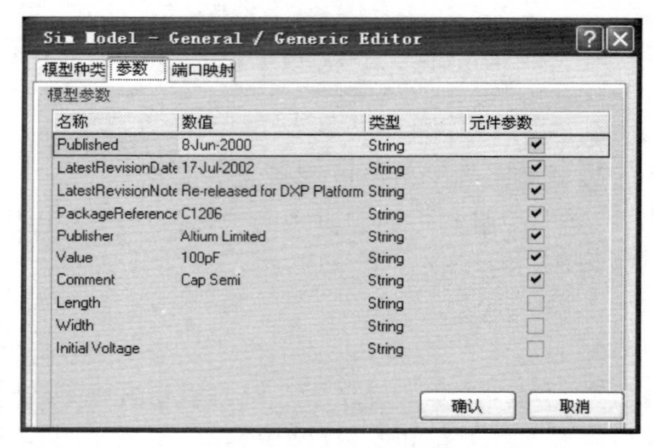

图 10-19 Cap Semi 半导体电容仿真参数设置

主要有以下参数。

- 【Value】：用于设置电容的容值。
- 【Comment】：用于对电容进行注释。
- 【Length】：半导体电容的长度，可选。
- 【Width】：半导体电容的宽度，可选。
- 【Initial Voltage】：用于设置初始时刻电容两端的电压，单位为 V，其缺省值是 0V。

4. 电感

在 Protel DXP 的仿真元器件库中，提供了多种具有仿真模型的电感，其名称为 Inductor（普通电感）或 Inductor Iron（带铁芯的电感），如图 10-20 所示。

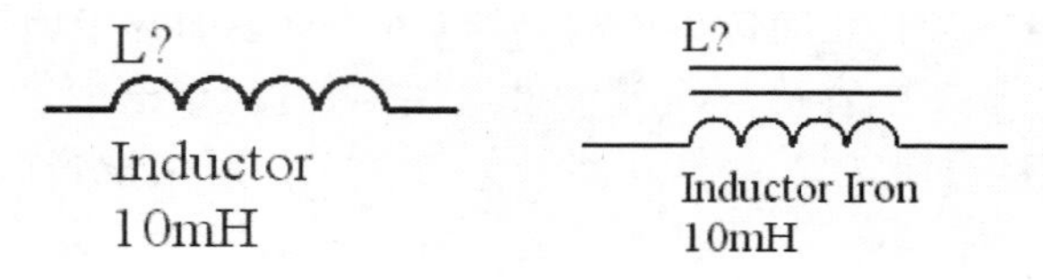

图 10-20 仿真电感

这几种电感具有相同仿真参数，在【元件库】面板中选择电感，如 Inductor，放置到仿真电路原理图中，双击电感符号，在【元件属性】对话框中，双击 Models for L?-Inductor 选项卡中的【Simulation】选项，打开【参数】选项卡，用来设置电感的仿真参数，如图 10-21 所示。

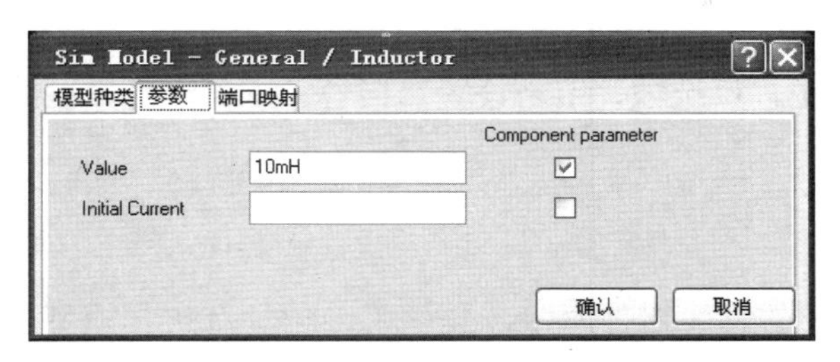

图 10-21　电感仿真参数的设置

主要有以下参数。

- 【Value】：用于设置电感的电感值，单位为亨利，其缺省值是 10mH。
- 【Initial Current】：用于设置初始时刻电感上的电流值，单位为 A，其缺省值是 0A。

5. 二极管

在 Protel DXP 的仿真元器件库中，提供了多种具有仿真模型的二极管，如 Diode（普通二极管）、Diode Zener（稳压二极管）、Diode Schottky（肖特基二极管）等，如图 10-22 所示。

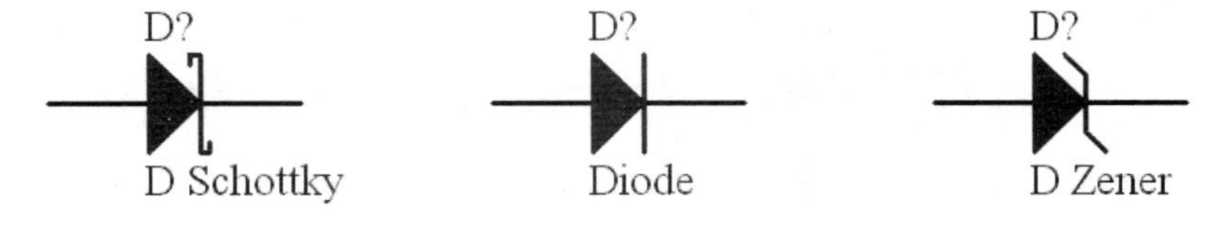

图 10-22　仿真二极管

这几种二极管具有相同的仿真参数，在【元件库】面板中选择二极管，如 Diode Schottky，放置到仿真电路原理图中，双击二极管符号，在【元件属性】对话框中，双击【Models for D?-D Schottky】选项卡中的【Simulation】选项，打开【参数】选项卡，用来设置二极管的仿真参数，如图 10-23 所示。

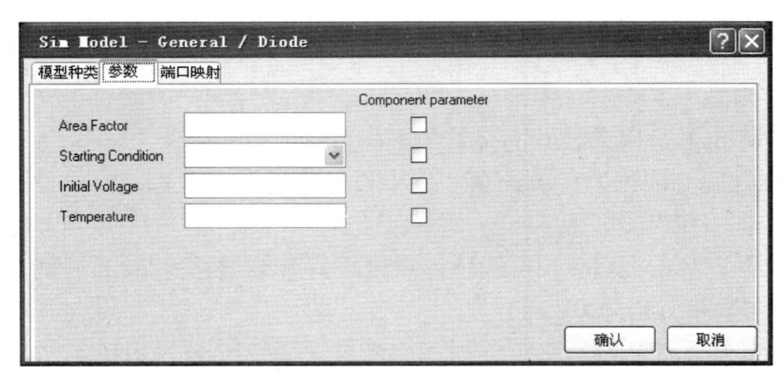

图 10-23　二极管的仿真参数设置

主要有以下参数。

- ❑【Area Factor】：可选项，用于设置二极管的环境因数。
- ❑【Starting Conditions】：用来设置二极管的初始状态，一般选择“OFF”选项。
- ❑【Initial Voltage】：可选项，用来设置通过二极管的初始电压，单位为 V，其缺省值是 0V。
- ❑【Temperature】：可选项，用来设置二极管的工作温度，以摄氏度为单位，缺省时为 27 摄氏度。

6. 晶体管

在 Protel DXP 的仿真元器件库中，提供了多种具有仿真模型的三极管，如图 10-24 所示。

图 10-24 仿真三极管

这几种晶体管具有相同的仿真参数，在【元件库】面板中选择晶体管，如 NPN，放置到仿真电路原理图中，双击晶体管符号，在【元件属性】对话框中，双击 Models for Q?-2N3904 选项卡中的【Simulation】选项，打开【参数】选项卡，用来设置晶体管的仿真参数，如图 10-25 所示。

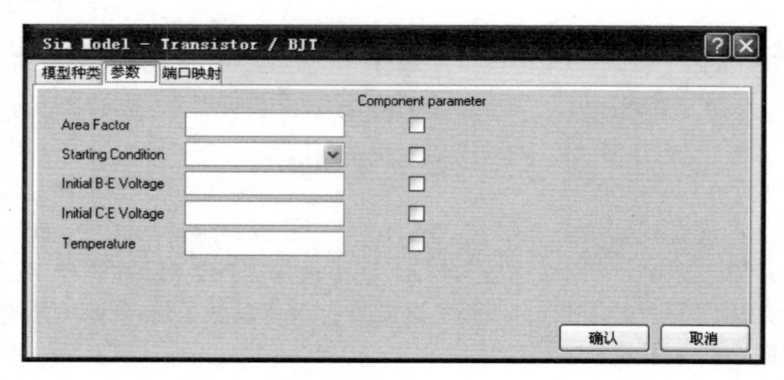

图 10-25 晶体管的仿真参数设置

主要有以下参数。

- ❑【Area Factor】：用来设置晶体管的环境因数。
- ❑【Starting Conditions】：可选项，用来设置分析静态工作点时晶体管的初始状态，一般选择“OFF”选项。
- ❑【Initial B-E Voltage】： 可选项，用来设置基极 B-发射极 E 之间的初始电压，单位为 V，其缺省值为 0V。
- ❑【Initial C-E Voltage】： 可选项，用来设置集电极 E-发射极 E 之间的初始电压，单位为 V，其缺省值为 0V。

- 【Temperature】：可选项，用来设置晶体管的工作温度，以摄氏度为单位，缺省时为 27 摄氏度。

7. 熔断器（保险丝）

在 Protel DXP 的仿真元器件库中，提供了多种具有仿真模型的熔断器，如图 10-26 所示。

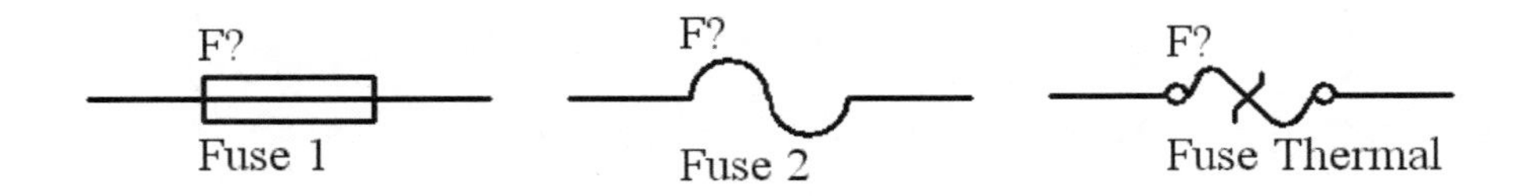

图 10-26　仿真熔断器

这几种熔断器具有相同仿真参数，在【元件库】面板中选择熔断器，如 Fuse 1，放置到仿真电路原理图中，双击熔断器符号，在【元件属性】对话框中，双击 Models for F?-Fuse1 选项卡中的【Simulation】选项，打开【参数】选项卡，用来设置熔断器的仿真参数，如图 10-27 所示。

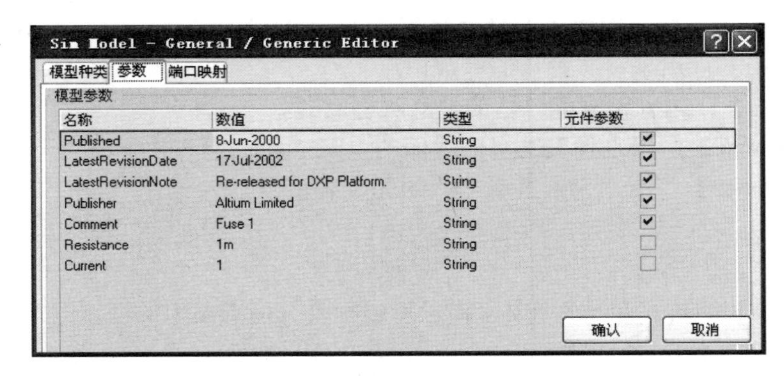

图 10-27　熔断器的仿真参数设置

主要有以下参数。

- 【Resistance】：用来设置熔断器的电阻值，可选项，以欧姆为单位。
- 【Current】：用来设置熔断器的熔断电流值。

8. 继电器

在 Protel DXP 的仿真元器件库中，提供了多种具有仿真模型的继电器，如 Relay、Relay-DPDT 和 Delay-SPST 等，如图 10-28 所示。

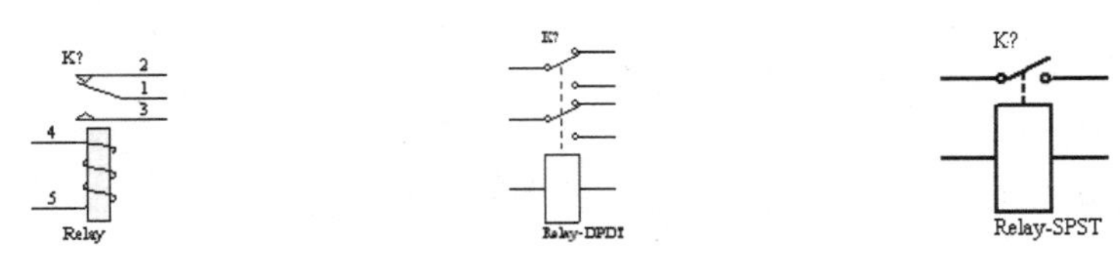

图 10-28　仿真继电器

这几种继电器具有相同的仿真参数，在【元件库】面板中选择继电器，如 Relay，放置到仿真电路原理图中，双击继电器符号，在【元件属性】对话框中，双击 Models for K?-Relay 选项卡中的【Simulation】选项，打开【参数】选项卡，用来设置继电器的仿真参数，如图 10-29 所示。

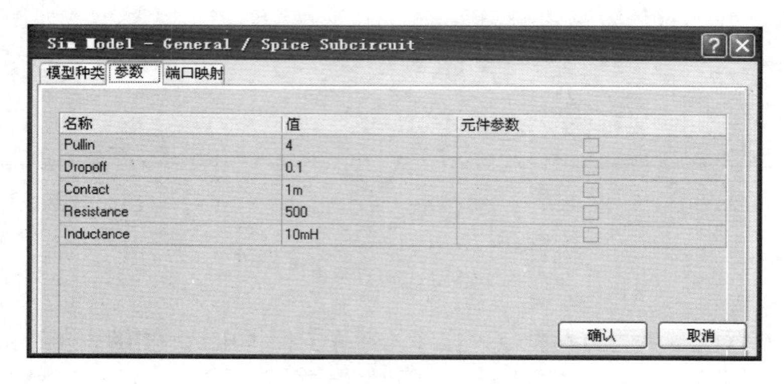

图 10-29　继电器的仿真参数设置

主要有以下参数。

- 【Pullin】：用来设置触点的吸合电压。
- 【Dropoff】：用来设置触点的释放电压。
- 【Contact】：用来设置继电器的铁心吸合时间。
- 【Resistance】：用来设置继电器线圈的电阻值。
- 【Inductance】：用来设置继电器线圈的电感值。

9. 变压器

在 Protel DXP 的仿真元器件库中，提供了多种具有仿真模型的变压器，如 Trans、Trans Adj、Trans CT 等，如图 10-30 所示。

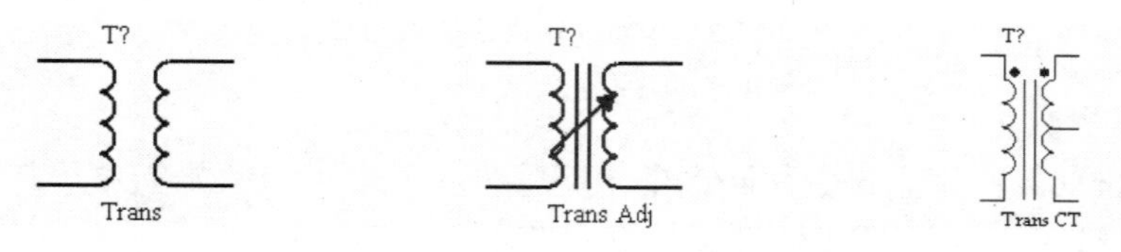

图 10-30　仿真变压器

这几种变压器具有相同的仿真参数，在【元件库】面板中选择变压器，如 Trans，放置到仿真电路原理图中，双击变压器符号，在【元件属性】对话框中，双击 Models for T?-Trans 选项卡中的【Simulation】选项，打开【参数】选项卡，用来设置变压器的仿真参数，如图 10-31 所示。

主要有以下参数。

- 【Inductance A】：用来设置变压器 A 边的电感值。
- 【Inductance B】：用来设置变压器 B 边的电感值。
- 【Coupling Factor】：用来设置变压器的耦合系数。

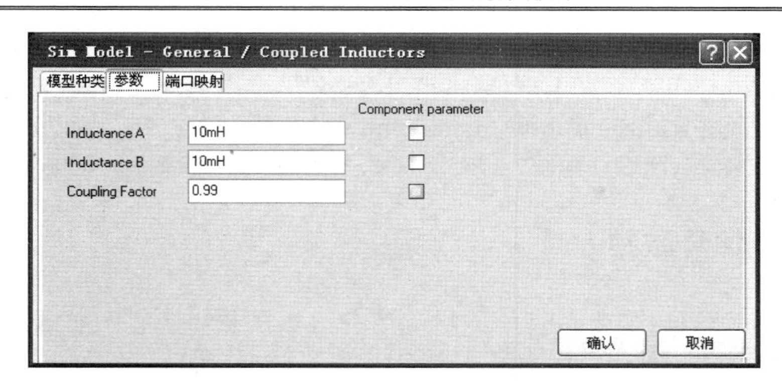

图 10-31　变压器的仿真参数设置

在一般情况下，设计者很难对变压器的参数进行精确设置。在一般的变压器应用中，常常在输出端整流、滤波，然后加三端稳压，因此，这些参数的影响比较小，可以忽略不计。

10．晶振

在 Protel DXP 的仿真元器件库中，提供了一种具有仿真模型的晶振 XTAL，如图 10-32 所示。

在【元件库】面板中选择晶振，如 XTAL，放置到仿真电路原理图中，双击晶振符号，在【元件属性】对话框中，双击 Models for Y?-XTAL 选项卡中的【Simulation】选项，打开【参数】选项卡，用来设置晶振的仿真参数，如图 10-33 所示。

Y?
1
2
XTAL

图 10-32　晶振 XTAL

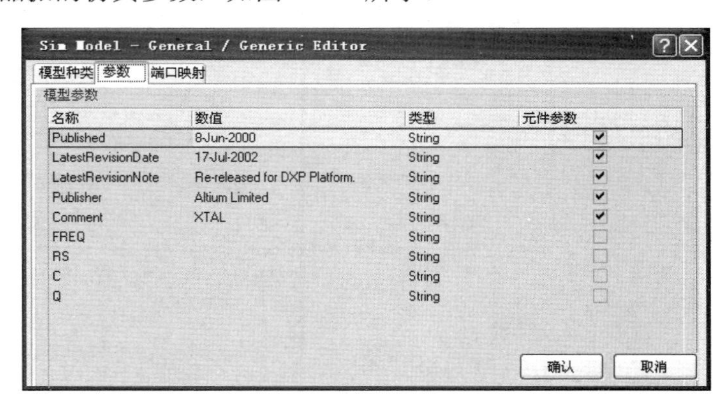

图 10-33　晶振的仿真参数设置

主要有以下参数。

- ❑【FREQ】：用来设置晶振的振荡频率，可选项。
- ❑【RS】：用来设置晶振的内阻，可选项。
- ❑【C】：用来设置晶振的电容值，可选项。
- ❑【Q】：用来设置晶振的品质因数，可选项。

10.4　仿真信号源

绘制电路原理图后，必须在电路中放置合适的仿真激励源，这样才可以在仿真的过程中，给电路提供驱动，使电路正常工作。Protel DXP 提供了多种仿真激励源，有直流信号激励电源、正弦信号激励源、周期性脉冲信号激励源、指数脉冲信号激励源和调频信号激励电源等。这些元件在“Simulation Sources.IntLib”库中可以找到。可以通过单击【元件库】面板中的[元件库...]按钮进行加载，路径为“C:\Program Files\Altium 2004\Library\”。

10.4.1 直流信号激励源

直流信号激励源用于为仿真电路提供的直流电压和电流，包括直流电压激励源（VSRC、VSRC2）和直流电流激励源（ISRC），如图 10-34 所示。

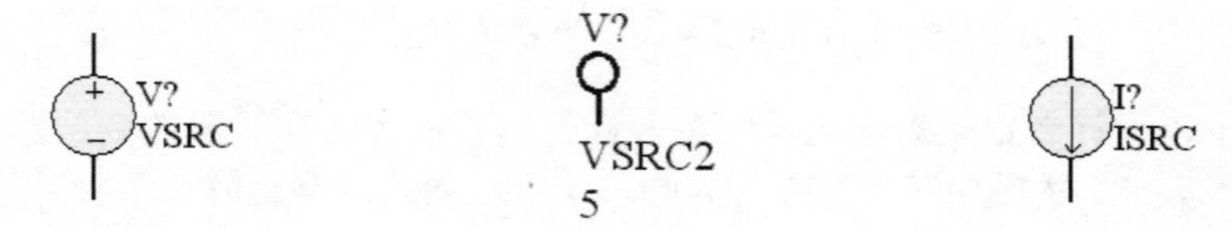

图 10-34 直流仿真电源

在【元件库】面板“Simulation Sources.IntLib”库中选择直流电源，如 VSRC，放置到仿真电路原理图中，双击直流电压源符号，在【元件属性】对话框中，双击 Models for V?-VSRC 选项卡中的【Simulation】选项，打开【参数】选项卡，用来设置直流电源的各项仿真参数，如图 10-35 所示。

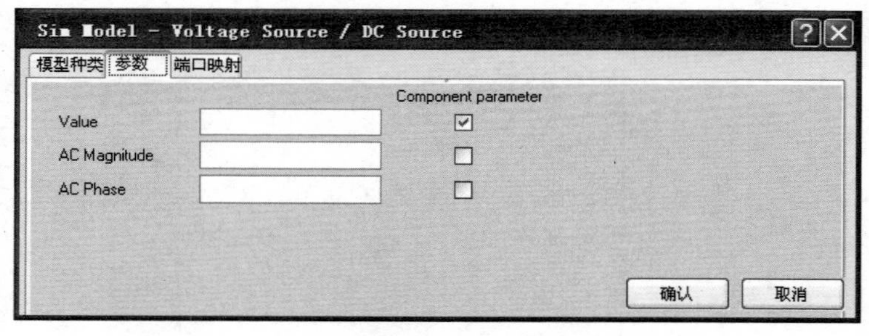

图 10-35 直流信号激励源的仿真参数设置

主要有以下参数。

- 【Value】：用来设置直流电压值，如设置为 5V。
- 【AC Magnitude】：用来设置交流小信号分析时的电压值，通常设置为 1V。
- 【AC Phase】：用来设置交流小信号分析时的相位，通常设置为 0。

10.4.2 正弦信号激励源

正弦信号激励源主要为仿真电路提供激励信号，包括正弦交流电压源（VSIN）和正弦交流电流源（ISIN），如图 10-36 所示。常用于瞬态分析和交流小信号分析中。

图 10-36 正弦信号激励源

在【元件库】面板“Simulation Sources.IntLib”库中选择正弦信号激励源，如 VSIN，放置到仿真电路原理图中，双击正弦信号激励源，弹出【元件属性】对话框，双击 Models for V?-VSIN 选项卡中的【Simulation】选项，打开【参数】选项卡，用来设置正弦信号激励源的各项仿真参数，如图 10-37 所示。

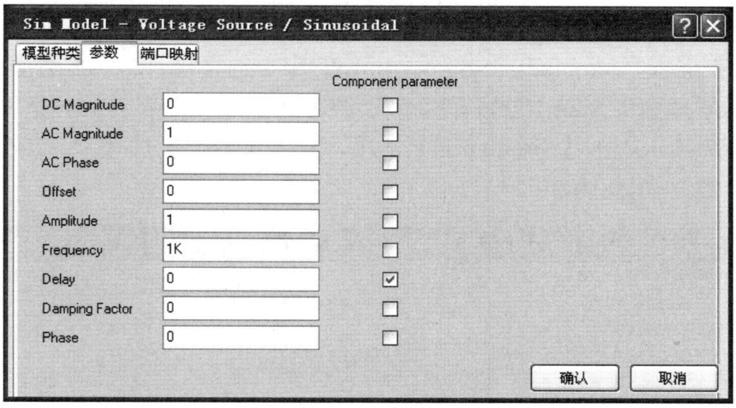

图 10-37　正弦信号激励源的仿真参数设置

主要有以下参数。

- 【DC Magnitude】：用来设置正弦信号的直流参数，表示此正弦信号的直流偏置，通常设置为 0。
- 【AC Magnitude】：用来设置交流小信号分析电压值，通常设置为 1V，不进行小信号分析时可以任意设置。
- 【AC Phase】：用来设置交流小信号分析的初始相位值，通常设置为 0。
- 【Offset】：用来设置叠加在正弦波信号上的直流分量。
- 【Amplitude】：用来设置正弦波信号的振幅。
- 【Frequency】：用来设置正弦波信号的频率。
- 【Delay】：用来设置正弦波信号初始时刻的延时时间。
- 【Damping Factor】：用来设置正弦波信号的阻尼因子，该值影响正弦波信号的振幅随时间的变化。如果设置为 0，表示正弦波为等幅正弦波；如果设置为正值，表示正弦波幅值随时间的变化而递减；如果设置为负值，表示正弦波幅值随时间的变化而递增。
- 【Phase】：用来设置正弦波信号的初始相位，单位为度。

📖：正弦波信号激励源的主要参数值有振幅、频率、初始相位。

10.4.3　脉冲信号激励源

脉冲信号激励源主要为仿真电路提供周期性的脉冲信号，一般有两种：脉冲电压源（VPULSE）和脉冲电流源（IPULSE），可以产生矩形波、方波、三角波等多种波形，如图 10-38 所示。常用于脉冲数字电路的瞬态分析中。

图 10-38　脉冲信号激励源

在【元件库】面板“Simulation Sources.IntLib”库中选择脉冲信号激励源，如 VPULSE，放置到仿真电路原理图中，双击脉冲信号激励源，弹出【元件属性】对话框，双击 Models for V?-VPULSE 选项卡中的【Simulation】选项，打开【参数】选项卡，用来设置脉冲激励源的各项仿真参数，如图 10-39 所示。

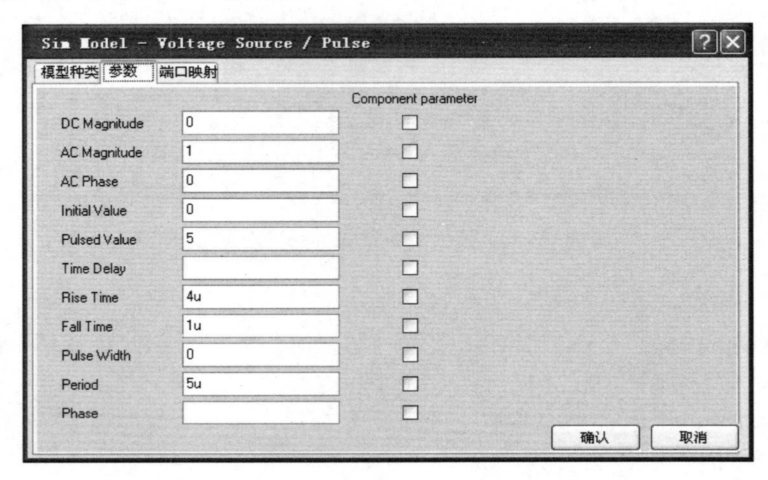

图 10-39　脉冲信号激励源的仿真参数设置

主要有以下参数。

- 【DC Magnitude】：用来设置脉冲的直流参数，通常设置为 0，一般可以忽略。
- 【AC Magnitude】：用来设置交流小信号分析的电压值，通常设置为 1V，在不进行小信号分析时可以任意设置。
- 【AC Phase】：用来设置交流小信号分析的初始相位值，通常设置为 0。
- 【Initial Value】：用来设置脉冲波的初始电压或电流值。
- 【Pulsed Value】：用来设置脉冲波的电压或电流幅值。
- 【Time Delay】：用来设置初始时刻的延迟时间。
- 【Rise Time】：用来设置脉冲波的上升时间，必须大于 0。
- 【Fall Time】：用来设置脉冲波的下降时间，必须大于 0。
- 【Pulse Width】：用来设置脉冲波的宽度，单位 S。
- 【Period】：用来设置脉冲波的周期。
- 【Phase】：用来设置脉冲波的初始相位，单位为度。

10.4.4　调频信号激励源

调频信号激励源常用于高频电路仿真分析中，主要为仿真电路提供一个频率随调制信号变化而变化的调频信号，一般有两种：调频电压源（VSFFM）和调频电流源（ISFFM），如图 10-40 所示。

图 10-40　调频信号激励源

在【元件库】面板“Simulation Sources.IntLib”库中选择调频信号激励源，如 VSFFM，放置到仿真电路原理图中，双击调频仿真源，弹出【元件属性】对话框，双击 Models for V?-VSFFM 选项卡中的【Simulation】选项，打开【参数】选项卡，用来设置调频信号激励源的各项仿真参数，如图 10-41 所示。

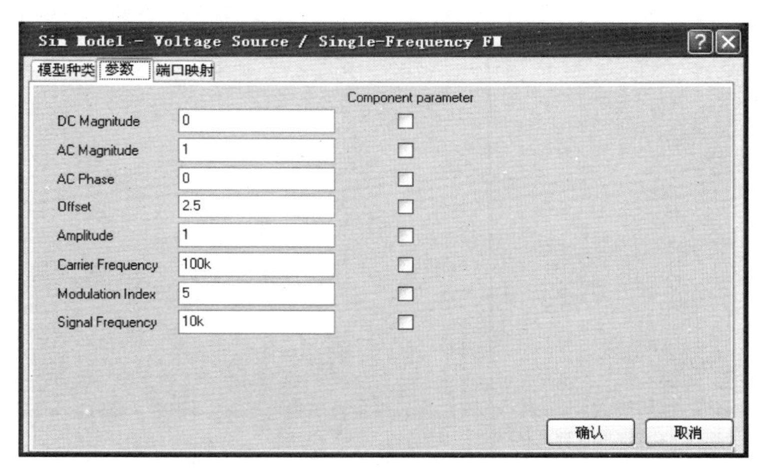

图 10-41　调频信号激励源的仿真参数设置

主要有以下参数。

- 【DC Magnitude】：用来设置调频的直流参数，通常设置为 0，一般可以忽略。
- 【AC Magnitude】：用来设置交流小信号分析的电压值，通常设置为 1V，在不进行小信号分析时可以任意设置。
- 【AC Phase】：用来设置交流小信号分析的初始相位值，通常设置为 0。
- 【Offset】：用来设置叠加在调频信号上的直流分量。
- 【Amplitude】：用来设置载波信号的振幅。
- 【Carrier Frequency】：用来设置载波信号的频率。
- 【Modulation Index】：用来设置调制系数。
- 【Signal Frequency】：用来设置调制信号的频率。

10.4.5　指数函数激励源

指数函数激励源常用于高频电路仿真分析中，一般有两种：指数函数电压源（VEXP）

和指数函数电流源（IEXP），如图 10-42 所示。

图 10-42　指数函数激励源

在【元件库】面板“Simulation Sources.IntLib”库中选择指数函数激励源，如 VEXP，放置到仿真电路原理图中，双击指数函数激励源，弹出【元件属性】对话框，双击 Models for V?-VEXP 选项卡中的【Simulation】选项，打开【参数】选项卡，用来设置指数函数激励源的各项仿真参数，如图 10-43 所示。

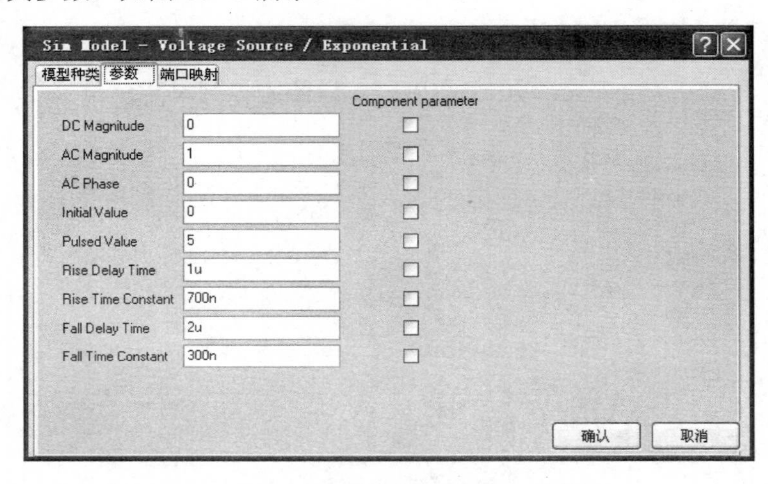

图 10-43　指数函数激励源的仿真参数设置

主要有以下参数。

- 【DC Magnitude】：用来设置直流参数，通常设置为 0，一般可以忽略。
- 【AC Magnitude】：用来设置交流小信号分析的电压值，通常设置为 1V，在不进行小信号分析时可以任意设置。
- 【AC Phase】：用来设置交流小信号分析的初始相位值，通常设置为 0。
- 【Initial Value】：用来设置指数函数的初始电压或电流值。
- 【Pulsed Value】：用来设置指数函数的电压幅值。
- 【Rise Delay Time】：用来设置指数函数的上升延迟时间。
- 【Rise Time Constant】：用来设置指数函数的上升时间。
- 【Fall Delay Time】：用来设置指数函数的下降延迟时间。
- 【Fall Time Constant】：用来设置指数函数的下降时间。

10.4.6　特殊的仿真元器件

在 Protel DXP 的仿真元器件库中，提供了几种特殊的具有仿真模型的仿真元器件，它们不属于真正意义上的仿真元器件。

1．节点电压初值

节点电压初值元件“.IC”位于“Simulation Sources.InLib”库中，如图 10-44 所示，其主要用于在瞬态特性分析时设置电路上某个节点的电压初值，其作用与电容中的【Initial Voltage】参数的作用相似。当电路中存在储能元器件（如电容、电感等）时，常会用到电压初值“.IC”。其放置方法是将“.IC”用导线或直接与仿真的节点相连，然后修改其初值。

在【元件库】面板“Simulation Sources.IntLib”库中选择.IC 元件，放置到仿真电路原理图中，双击该元件，弹出【元件属性】对话框，双击 Models for IC?-IC 选项卡中的【Simulation】选项，打开【参数】选项卡，用来设置该元件的各项仿真参数，如图 10-45 所示。

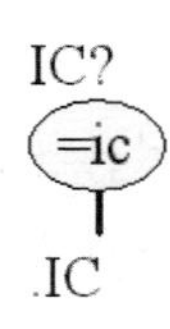

图 10-44　节点电压初值

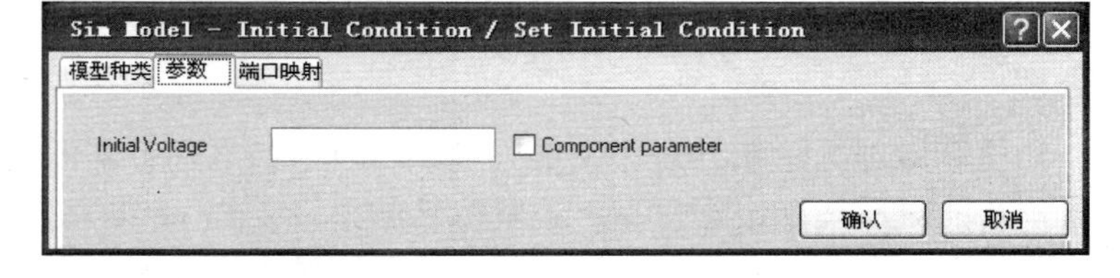

图 10-45　.IC 元件的仿真参数设置

主要有以下参数。

- 【Initial Voltage】：用来设置该节点的电压初始值。

2．节点电压设置

节点电压设置仿真元件“.NS”位于“Simulation Sources.InLib”库中，如图 10-46 所示，其主要用于在进行双稳态或不稳定电路的瞬态分析时设置电路上某个节点电压的预收敛值。它是在求节点电压收敛值的辅助手段，放置方法直接将“.NS”与仿真的节点相连，然后修改其 Value 值。

在【元件库】面板“Simulation Sources.IntLib”库中选择.NS 元件，放置到仿真电路原理图中，双击该元件，弹出【元件属性】对话框，双击 Models for NS?-NS 选项卡中的【Simulation】选项，打开【参数】选项卡，用来设置该元件的各项仿真参数，如图 10-47 所示。

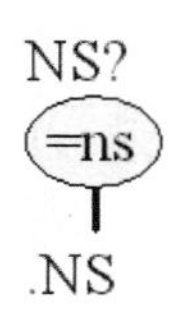

图 10-46　节点电压初值

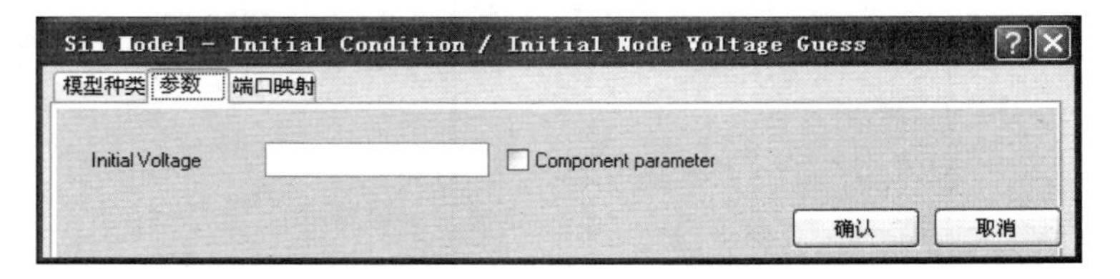

图 10-47　.NS 元件的仿真参数设置

主要有以下参数。

- 【Initial Voltage】：用来设置该节点的初始电压值。

10.5 仿真数学函数库

在 Protel DXP 的电路仿真器中还提供了丰富的仿真数学函数，位于“C:\Program Files\Altium 2004\Library\Simulation\Simulation Math Function.IntLib”库中，它同样可以用于电路仿真原理图中，主要是对仿真电路图中的两个节点信号进行合成，执行加、减、乘、除等运算，也可以变换一个节点信号，如正弦变换、余弦变换、双曲线变换等。

使用时，只需将仿真数学函数功能模块放到仿真电路中需要进行信号处理的地方即可，不需要手工设置仿真。

10.6 仿真模式设置

仿真原理图绘制好后，在进行电路仿真分析之前，需要选择合适的参数设置和仿真方式，才能对原理图进行仿真，观察仿真结果。在 Protel DXP 的电路仿真中，仿真方式的设置分为两部分，一是常规参数设置；二是特殊参数设置。

在原理图编辑窗口中，执行【设计】→【仿真】→【Mixed Sim】菜单命令，弹出【分析设定】对话框，如图 10-48 所示。

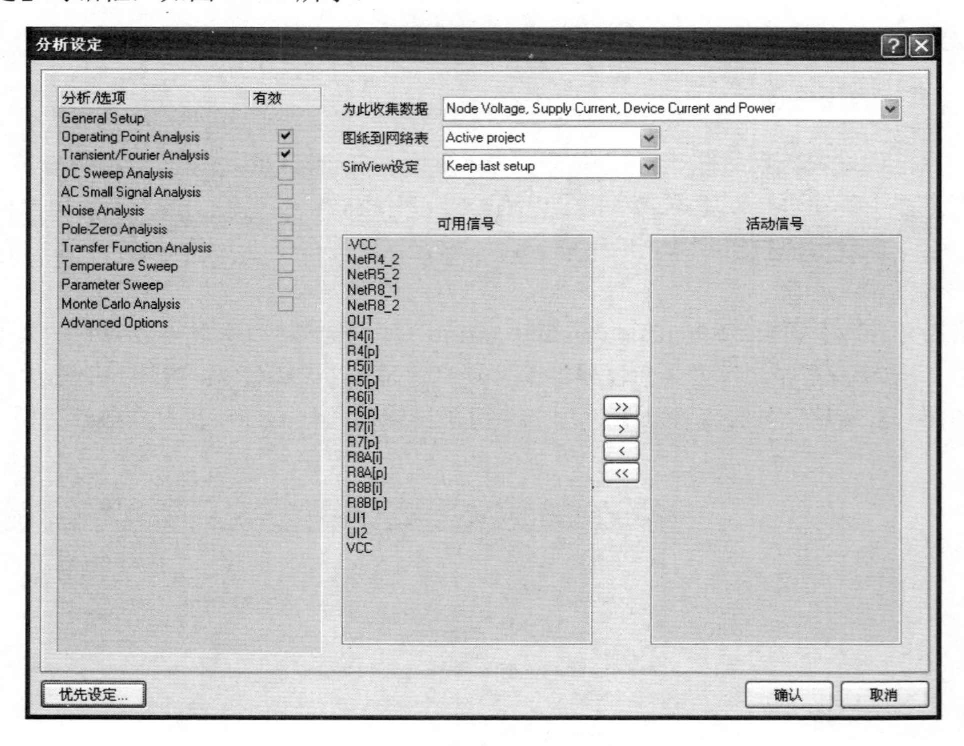

图 10-48 【分析设定】对话框

【分析设定】对话框主要分为两部分，左边为【分析/选项】栏，主要列出各种具体的仿真方式，供用户选择。右边列出与左边选项对应的仿真方式中的具体参数设置。系统默认分析选项为【General Setup】，即常规参数设置。

10.6.1 【General Setup】设置

从图 10-48 所示的【分析设定】对话框中可以看到，常规参数的设置包括如下几项内容。

1．为此收集数据

用来选择仿真程序需要计算的节点数据类型，在图 10-48 中单击该选项右边的下拉按钮，如图 10-49 所示。

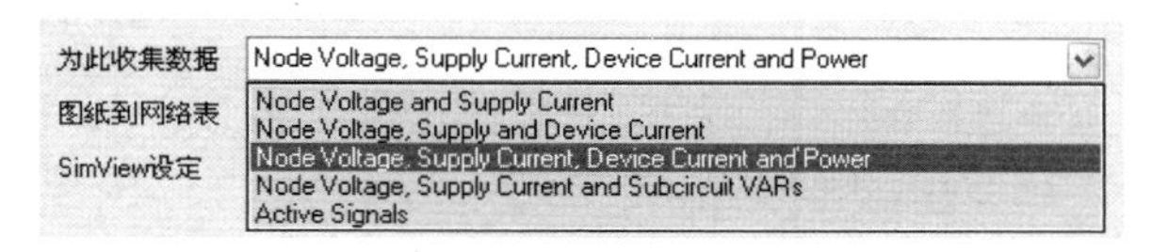

图 10-49　为此收集数据下拉表

主要有以下参数。

- 【Node Voltage and Supply Current】：用于计算节点电压和流过电源的电流。
- 【Node Voltage，Supply and Device Current】：用于计算节点电压、流过电源和元器件的电流。
- 【Node Voltage，Supply Current and Subcircuit VARS】：用于计算节点电压、流过电源的电流、子电路的端电压和电流。
- 【Node Voltage，Supply Current，Device Current and Power】：用于计算节点电压、流过电源和元件上的电流、在元件上消耗的功率。
- 【Active Signals】：用于计算本列框中所列出的激活信号。

系统默认的选项为“Node Voltage，Supply Current，Device Current and Power”。但用户可以根据自己的需要选择数据类型。

2．图纸到网格表（Sheets to Netlist）

用来设置仿真程序的作用范围，在图 10-48 中单击该选项右边的下拉按钮，如图 10-50 所示。

主要有以下参数。

- 【Active sheet】：仅对当前电路仿真原理图进行仿真。
- 【Active project】：对当前的整个项目下的所有仿真原理图进行仿真。

3．SimView设定

用来设置仿真输出波形的显示方式，在图 10-48 中单击该选项右边的下拉按钮，如图 10-51 所示。

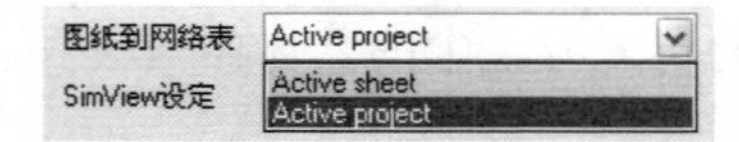

图 10-50 【图纸到网络表】下拉列表框

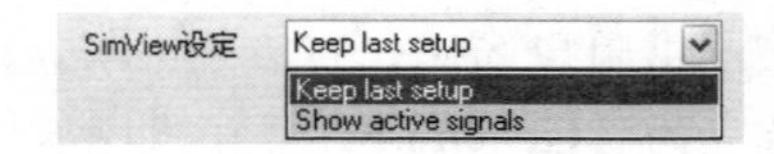

图 10-51 【SimView 设定】下拉列表框

主要有以下参数。

- 【Keep last setup】：保持最近的设置。按照上一次仿真操作的设置在仿真结果内显示信号波形，而忽略【Active Signals】栏中所列出的激活信号。
- 【Show active signals】：按照【Active Signals】栏中所列出的激活信号，在仿真结果图中显示其波形。

4. 可用信号（Available Signals）

该列表框中列出了所有可供选择的观测信号，随【为此收集数据】下拉列表框中所选择的内容变化而变化。

5. 活动信号（Active Signals）

该列表框中列出了运行仿真程序后，能够在仿真结果图显示波形的信号，如图 10-49 所示。在【可用信号】列表框中选择某个信号，单击下面的箭头选择显示或不显示。

- [>>]：将当前的可用信号全部添加到活动列表中。
- [>]：将当前选中的可用信号添加到活动列表中。
- [<]：将当前选中的活动信号删除。
- [<<]：将当前选中的活动信号全部删除。

10.6.2 工作点分析

工作点分析（Operating Point Analysis）也就是通常说的静态工作点分析，此时，所有电容被开路，所有电感被短路，然后计算各节点对地的电压及流过每一个元器件的电流。

在进行工作点分析时，不需要用户进行仿真参数的设置，只需选中该复选框即可。运行仿真后，就能得到仿真文件。

在进行瞬态特性分析和小信号分析时，仿真程序会首先执行工作点分析，以确定电流中非线性元器件的线性化参数的初始值。

10.6.3 瞬态/傅里叶分析

瞬态/傅里叶分析（Transient/Fourier Analysis）是一种最常用的仿真分析方式。瞬态特性分析类似一个真实的示波器显示输出波形，在某一时间段指定的时间间隔内，处理随时间变化的变量（电压或电流）的瞬时输出。在进行瞬态分析之前，除使用初始的条件参数外，系统会自动完成对静态工作点的分析，以确定电路中的 DC 直流偏压。单击图 10-48 所示【分析/选项】栏中的 Transient/Fourier Analysis 项，则在右边将出现瞬态分析/傅里叶分析参数设置项，如图 10-52 所示。

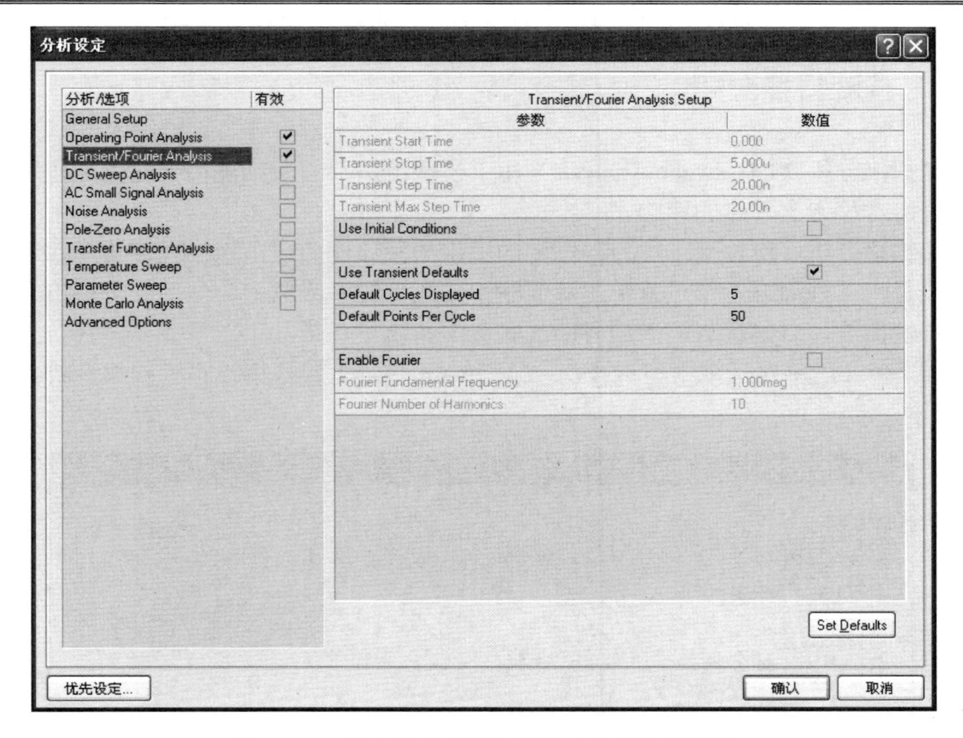

图 10-52　瞬态特性分析与傅里叶分析参数设置

瞬态特性分析主要参数设置如下。

- 【Transient Start Time】：用于设置瞬态特性分析的起始时间。
- 【Transient Stop Time】：用于设置瞬态特性分析的终止时间。
- 【Transient Step Time】：用于设置瞬态特性分析的时间步长。
- 【Transient Max Step Time】：用于设置瞬态特性分析的最大步长。
- 【Use Initial Conditions】：用于设置是否使用初始设置条件。勾选该复选框，表示使用用户设置的初始条件。
- 【Use Transient Defaults】：选中该项，使用瞬态仿真分析默认参数。
- 【Default Cycles Displayed】：用于设置仿真分析窗口中波形显示的周期数。
- 【Default Points Per Cycle】：用于设置每个周期内需要仿真计算的时间点数。
- 【Enable Fourier】：用于选择使用傅立叶分析模型。

傅里叶分析是建立在最后一个周期的瞬态分析数据基础上的一种分析。例如，假定基本频率为 1.0 KHz，则最后 1ms 内（周期）的瞬态分析数据将用于傅里叶分析。和瞬态特性分析相同，都属于频域分析，用于分析电路中各非正弦波的信号源及节点电压波形的频谱。

在图 10-52 中，勾选【Enable Fourier】复选框，则表示选择了傅里叶仿真分析方式。傅里叶主要参数设置如下。

- 【Fourier Fundamental Frequency】：用于设置傅里叶分析的基波频率，默认值为信号源的频率。
- 【Fourier Number of Hamonics】：用于设置傅里叶分析的谐波分量数目，默认值为 10。

10.6.4 直流扫描分析

直流扫描分析（DC Sweep Analysis）用于检验电路中的激励源在一定范围按照指定规律变化时，对静态工作点的影响。

直流扫描分析（DC Sweep Analysis）的输出如同绘制曲线，产生直流传递曲线。直流分析将执行一系列静态工作点分析，从而获得一系列的直流输出，然后即可得出电路的直流传输特性曲线，以确认可输入信号的最大范围和噪声容量。

在图 10-48 所示对话框中勾选【DC Sweep Analysis】复选框，直流扫描分析窗口如图 10-53 所示。

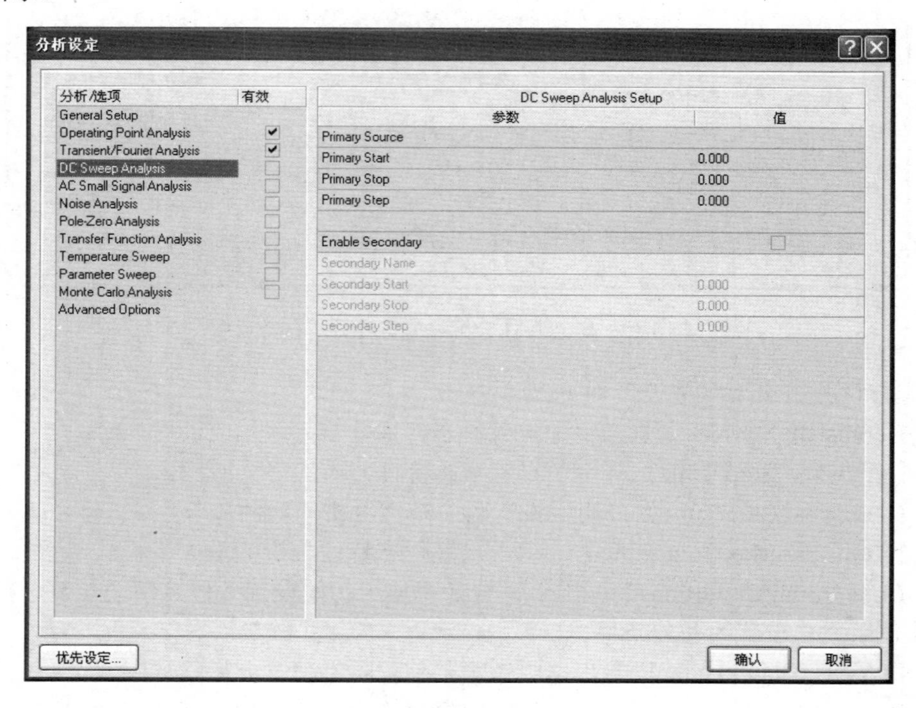

图 10-53　直流扫描分析参数设置

直流扫描分析主要参数设置如下。

- 【Primary Source】：用于设置扫描激励源的名称。
- 【Primary Start】：用于设置激励源幅值的起始值。
- 【Primary Stop】：用于设置激励源幅值的终止值。
- 【Primary Step】：用于设置扫描参数的变化步长。
- 【Enable Secondary】：勾选复选框，【Secondary source】参数起作用，能同时用于分析两个激励源直流变化对电路的影响。

📖: Primary Source（扫描激励源）是必须的，但次扫描激励源（Secondary Source）根据需要而定。如果勾选【Enable Secondary】复选框，则次扫描激励源的参数就必须进行设置。

10.6.5　交流小信号分析

交流小信号分析（AC Small Signal Analysis）主要用来分析仿真电路的频率响应特性，属于电路的幅频特性分析，即输出信号是频率的函数。它首先执行静态工作点分析以确定电路仿真节点的直流偏压，然后以一个固定振幅的正弦信号源分析设定频段内该节点的频率相应。理想的交流小信号的输出通常是一个传递函数，如电压增益、传输阻抗等。在图10-48所示对话框中勾选【AC Small Signal Analysis】复选框，交流小信号分析窗口如图10-54所示。

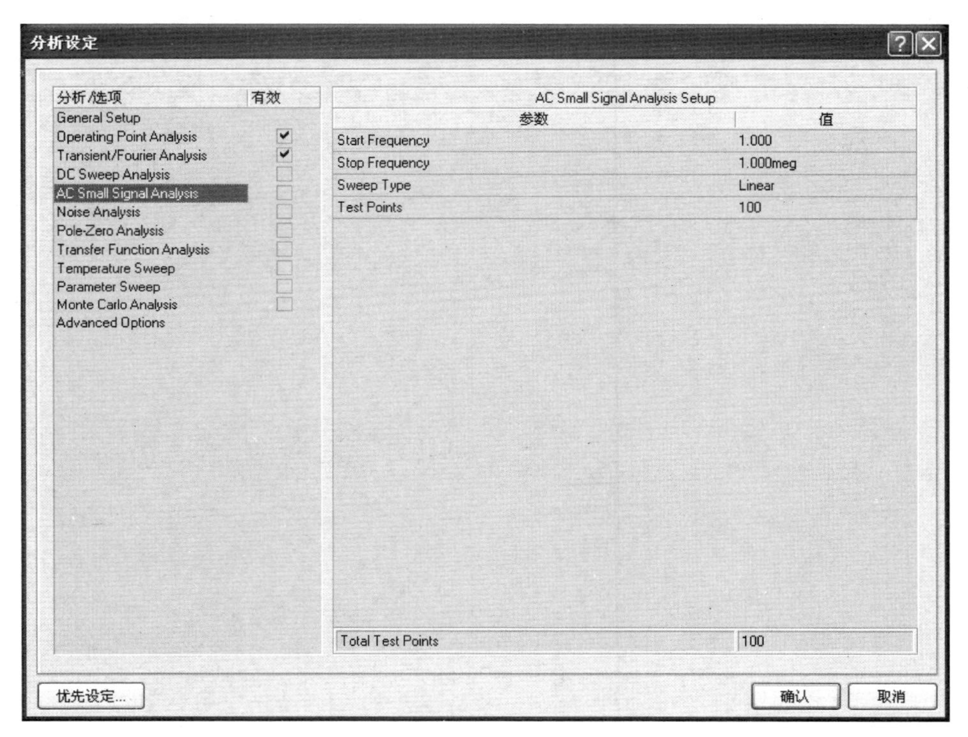

图 10-54　交流小信号分析参数设置

交流小信号分析主要参数设置如下。

- 【Start Frequency】：用于设置交流分析的起始频率。
- 【Stop Frequency】：用于设置交流分析的终止频率。
- 【Sweep Type】：用于设置扫描方式。
- 【Test Points】：用于设置交流小信号分析时测试点的数目。
- 【Total Test Points】：用于设置交流小信号分析的总测试点数目。

📖：进行交流小信号分析之前，必须保证电路中至少有一个交流激励源，即将激励源中的【AC Magnitude】设置为一个大于 0 的值，一般幅度为 1，相位为 0。

10.6.6 噪声分析

系统能够计算的噪声主要包括输入噪声、输出噪声和器件噪声。器件噪声主要包括电阻、电容、电感及半导体器件等。电容和电感经过处理被认为是没有噪声的元件。因此，噪声分析（Noise Analysis）同交流分析一起进行。电路中产生噪声的器件有电阻器和半导体器件，每个器件的噪声源在交流小信号分析的每个频率上都可计算出相应的噪声，并传送到一个输出节点，所有传送到该节点的噪声进行 RMS（均方根）相加，就得到了指定输出端的等效输出噪声。在图 10-48 所示对话框中勾选【Noise Analysis】复选框，噪声分析窗口如图 10-55 所示。

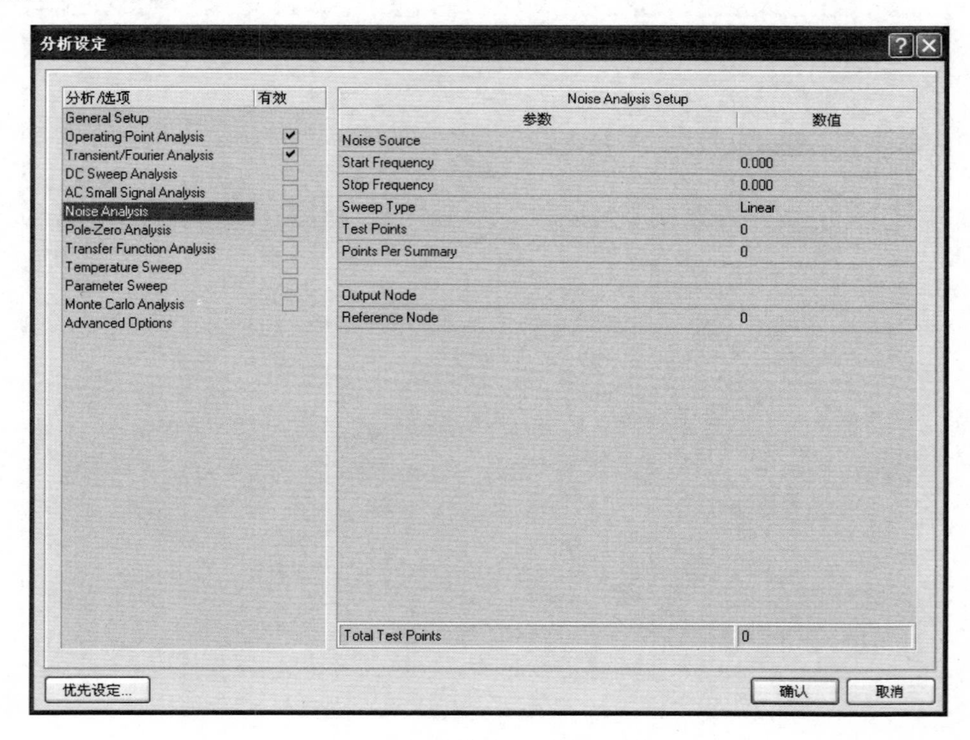

图 10-55　噪声分析参数设置

噪声分析主要参数设置如下。

- 【Noise Source】：用于设置噪声源。
- 【Start Frequency】：用于设置交流分析的起始频率。
- 【Stop Frequency】：用于设置交流分析的终止频率。
- 【Sweep Type】：用于设置扫描方式。
- 【Test Points】：用于设置测试点的数目。
- 【Points Per Summary】：用于计算噪声范围。输出“0”则只计算输入和输出噪声，输入“1”则同时计算各元件噪声影响。
- 【Output Node】：用于设置输出噪声节点。

- 【Reference Node】：用于设置参考节点，一般设置为“0”，表示以接地点位参考点。

10.6.7 极点-零点分析

极点-零点分析（Pole-Zero Analysis）通过计算电路的交流小信号传递函数完成分析，数字信号被视为高阻接地。它通常是从直流工作点，对非线性器件求得线性化的小信号模型。在此基础上再进行传递函数的极点-零点分析。在图 10-48 所示对话框中勾选【Pole-Zero Analysis】复选框，极点-零点分析窗口如图 10-56 所示。

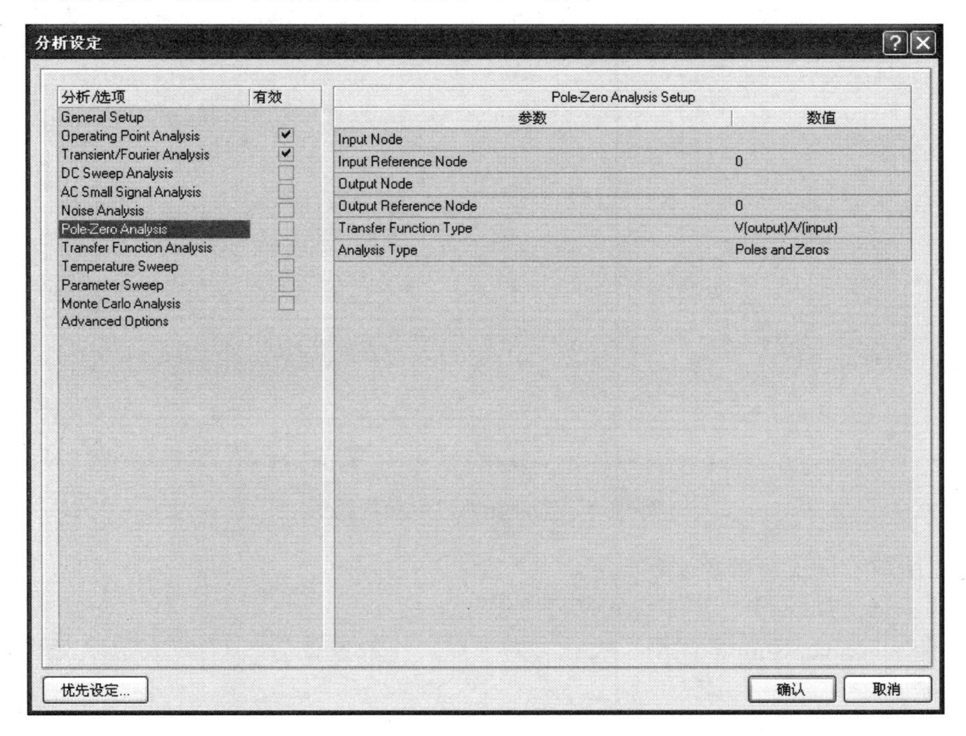

图 10-56 极点-零点分析参数设置

极点-零点分析主要参数设置如下。

- 【Input Node】：用于设置输入节点。
- 【Input Reference Node】：用于设置输入参考点。
- 【Output Node】：用于设置输出节点。
- 【Output Reference Node】：用于设置输出参考点。
- 【Transfer Function Type】：用于设置传输类型。
- 【Analysis Type】：用于设置分析类型。

10.6.8 传递函数分析

传递函数分析（Transfer Function Analysis）又称为直流小信号分析，是在直流工作点的基础上将电路线性化，从而分析电路中每个电压节点上的 DC 输入阻抗，DC 输出阻抗和 DC 直流增益。在图 10-48 所示对话框中勾选【Transfer Function Analysis】复选框，传递函数分析窗口如图 10-57 所示。

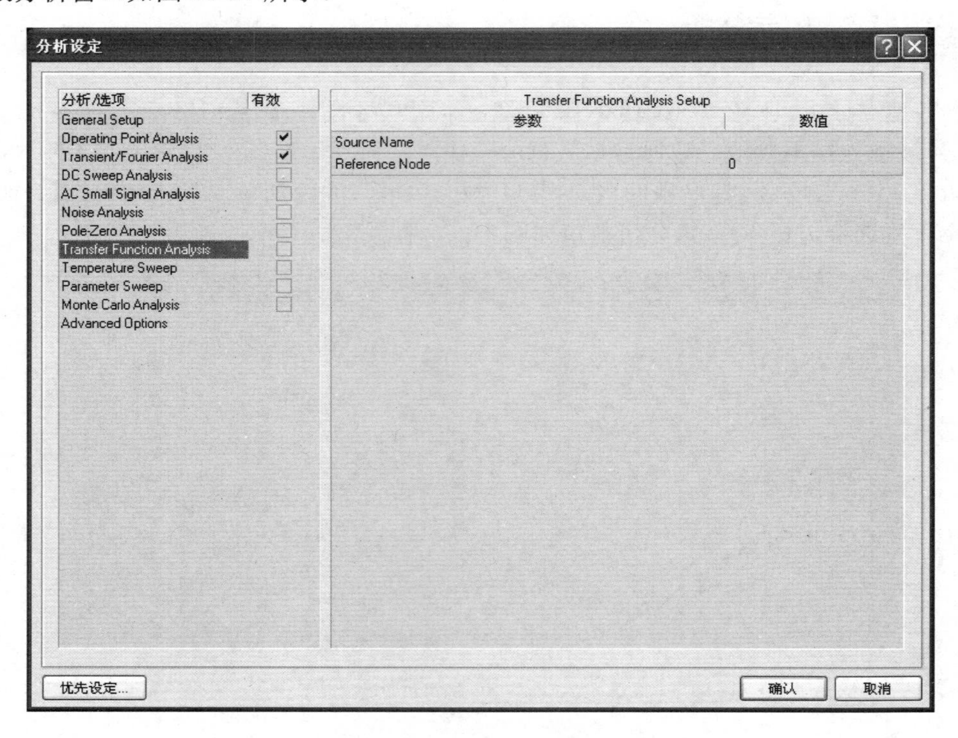

图 10-57　传递函数分析参数设置

传递函数分析主要参数设置如下。

- 【Source Name】：用于设置参考电源。
- 【Reference Node】：用于设置参考节点，一般设置为“0”，表示以接地点为参考点。

10.6.9　温度扫描分析

温度扫描分析（Temperature Sweep）是指在指定温度范围内每个温度节点按指定的步长变化时，通过对电路参数进行各种仿真分析，确定电路的温度漂移等性能指标。输出一系列曲线，每条曲线对应一个温度点。

📖：温度扫描分析不能单独进行，需伴随其他仿真方式，如瞬态特性分析、交流小信号分析、直流扫描分析、传递函数分析等一起进行仿真分析。

在图 10-48 所示对话框中勾选【Temperature Sweep】复选框，温度扫描分析窗口如图 10-58 所示。

温度扫描分析参数设置如下。

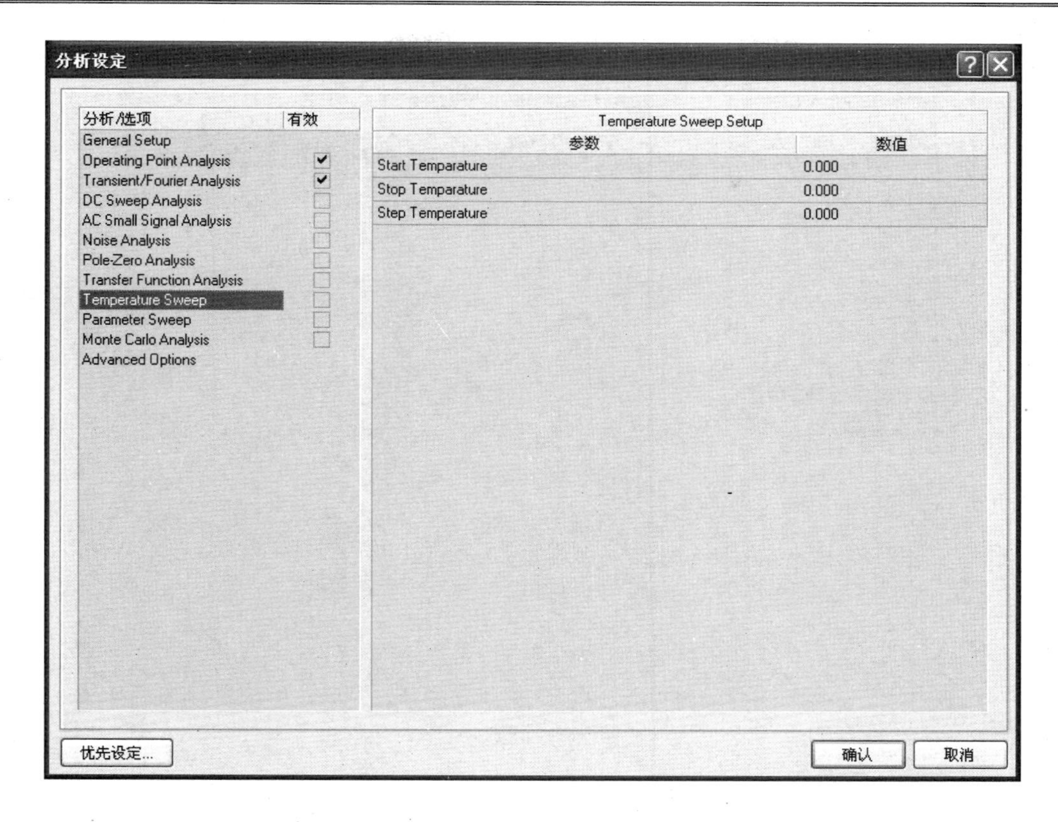

图 10-58　温度扫描分析窗口

- 【Start Temperature】：用于设置扫描的起始温度。
- 【Stop Temperature】：用于设置扫描的终止温度。
- 【Step Temperature】：用于设置扫描的温度变化步长。

10.6.10　参数扫描分析

参数扫描分析（Parameter Sweep）允许设计者在指定的元器件参数范围内、以自定义的增幅扫描元器件的参数值，它可以与其他分析方法配合使用，通过分析电路参数变化对电路特性的影响，从而找到某一元器件在仿真电路中的最佳参数。在图 10-48 所示对话框中勾选【Parameter Sweep】复选框，参数扫描分析窗口如图 10-59 所示。

参数扫描分析主要参数设置如下。

- 【Primary Sweep Variable】：用于设置参数扫描的对象。
- 【Primary Start Value】：用于设置参数扫描的初始值。
- 【Primary Stop Value】：用于设置参数扫描的终止值。
- 【Primary Step Value】：用于设置参数扫描的步长。
- 【Primary Sweep Type】：用于设置参数扫描的方式。单击该参数后面的下拉列表，可以选择如图 10-60 所示的两种扫描方式。

➢ 【Absolute Values】：参数扫描以绝对值变化方式计算。

➢ 【Relative Values】：参数扫描以相对值变化方式计算。

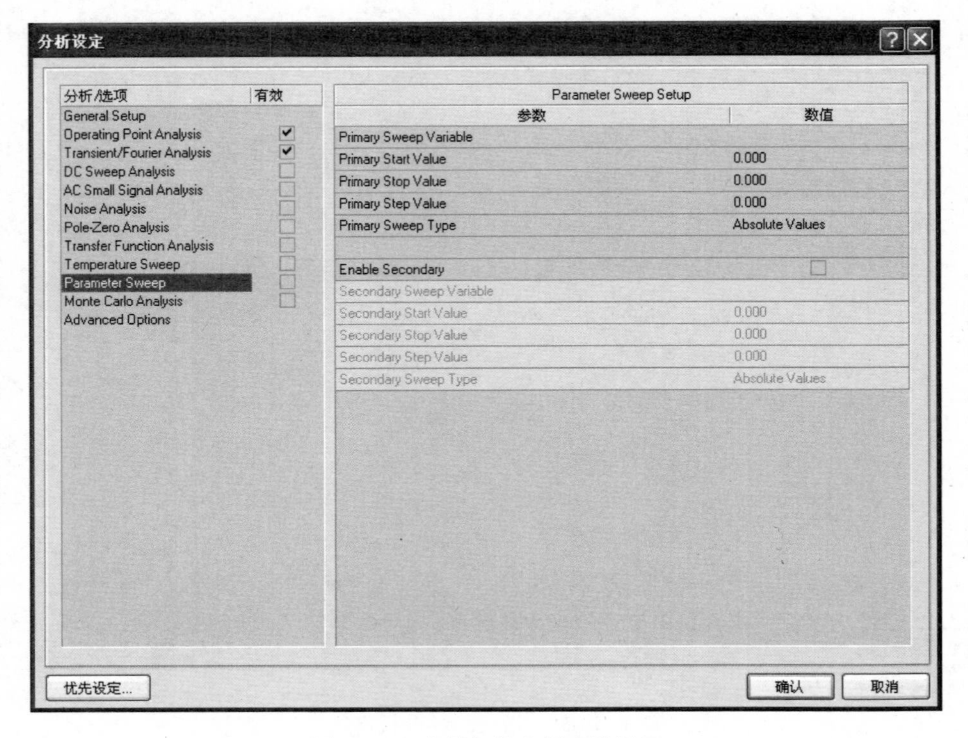

图 10-59　参数扫描分析参数设置

❑ 【Enable Secondary】：如果选中该项，则允许次级参数扫描分析，设置内容与方法同主元器件扫描参数设置完全相同。如果指定了次级元器件，那么扫描时，在主元器件的参数变化范围内，按次级元器件的设置值变化。

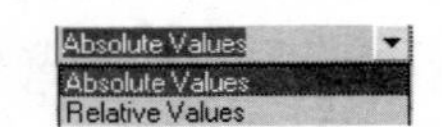

图 10-60　两种扫描方式

10.6.11　蒙特卡罗分析

蒙特卡罗分析是一种统计模拟方法，它是在给定仿真元器件参数容差的统计分布规律基础上，用一组伪随机数求得元器件参数的随机抽样序列。对这些随机抽样的电路进行直流、交流小信号和瞬态分析，并通过多次分析结果估算出电路性能的统计分布规律和电路合格率、生产成本等。在图 10-48 所示对话框中勾选【Monte Carlo Analysis】复选框，蒙特卡罗分析窗口如图 10-61 所示。

蒙特卡罗分析主要参数设置如下。

❑ 【Seed】：用于设置随机数发生器的种子数，默认值为“1”。

❑ 【Distribution】：用于设置元器件的分布规律。

❑ 【Number of Runs】：用于设置仿真的运行次数，默认值为“5”。

❑ 【Default Resistor Tolerance】：用于设置电阻的容差，默认值为“10%”。

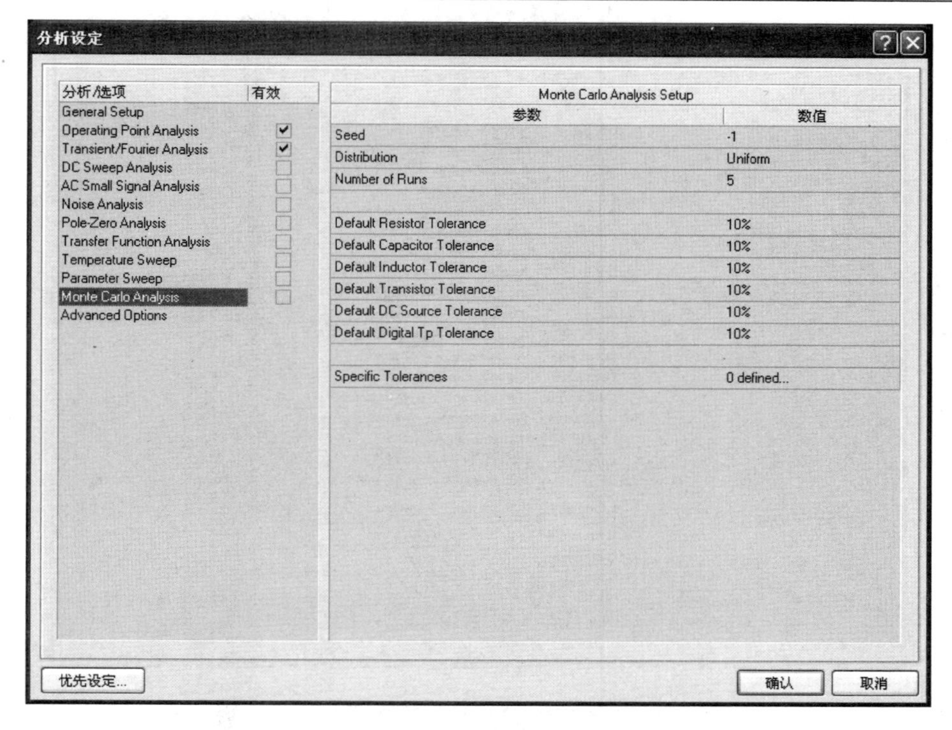

图 10-61　蒙特卡罗分析参数设置

- 【Default Capacitor Tolerance】：用于设置电容的容差，默认值为“10%”。
- 【Default Inductor Tolerance】：用于设置电感的容差，默认值为“10%”。
- 【Default Transistor Tolerance】：用于设置晶体管的容差，默认值为“10%”。
- 【Default DC Source Tolerance】：用于设置直流电源的容差，默认值为“10%”。
- 【Specific Tolerance】：用于设置特定器件的单独容差。
- 【Default Digital TP Tolerance】：用于设置数字器件的传播延迟容差，默认值为“10%”。

10.6.12　高级仿真参数设置

在图 10-48 所示的电路仿真分析/选项对话框中，选择【Advanced Options】选项，弹出如图 10-62 所示的高级仿真参数设置窗口。一般情况下，为了能够准确地进行电路仿真，建议设计者不要轻易修改这些参数，因为它们都是最常用的，修改后所有的相关元器件的默认值都会发生变化。

高级仿真参数设置主要参数如下。

- 【Spice Options】：用于更改参数。在数值栏可以更改数值，然后按【Enter】键确定，如果要恢复默认值，只需在数值栏中输入“*”即可。
- 【集成方法】：用来设置仿真时采用的集成方法。
- 【Spice 参考网络名】：用于设置电路中信号的默认参考网络名称，默认值是“GND”。
- 【数字供电 VCC】：用于设置数字逻辑元器件对电源的工作电压值。

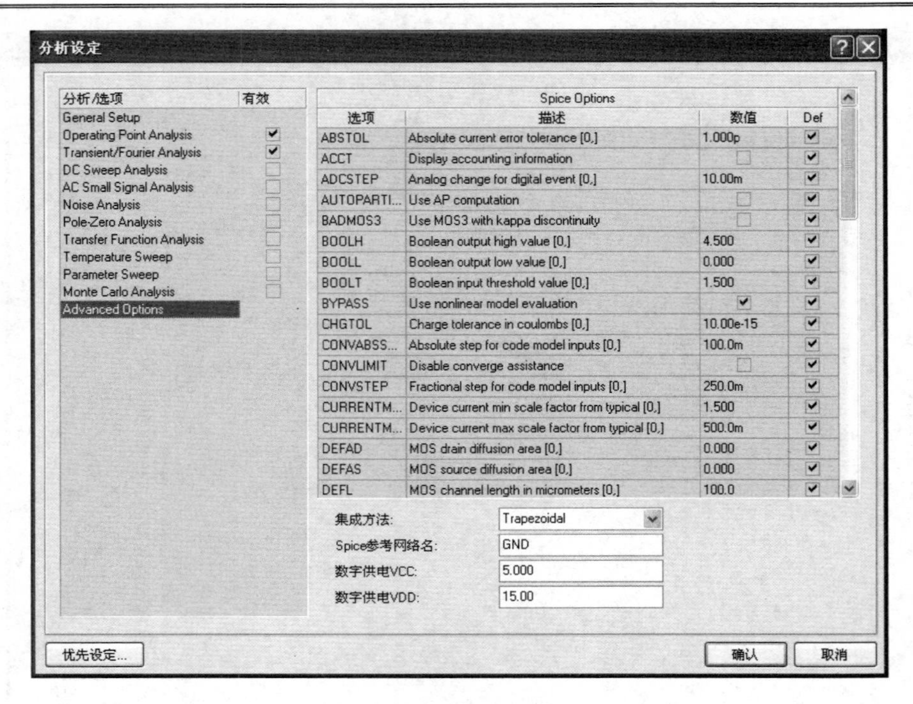

图 10-62　高级仿真参数设置

❑【数字供电 VDD】：用于设置数字逻辑元器件对地的工作电压值。

10.7　仿真显示窗口的设置

当系统根据用户设置运行仿真后，仿真波形将在波形显示窗口中显示出来，因此，熟练使用波形显示窗口，方便进行波形分析。用户可以改变 Protel DXP 的仿真显示窗口的默认设置，使波形的显示结果更为直观和清晰。图 10-63 所示为将原理图和波形图并列显示的窗口。

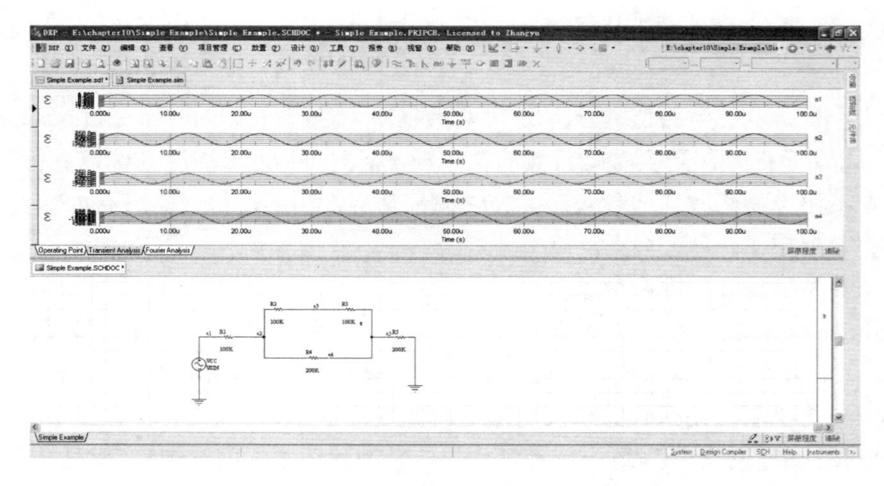

图 10-63　原理图和波形图并列显示的窗口

可以对仿真显示窗口进行如下操作。

1．突出显示某个波形

将光标指向某个仿真节点名，光标会变成一只小手，单击，该节点波形自动变粗，如图 10-64 所示。

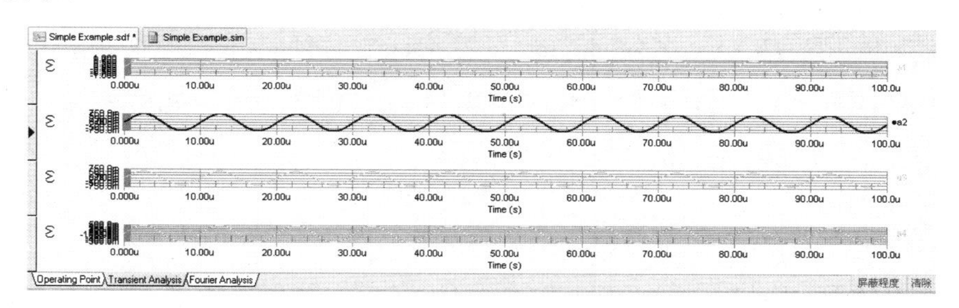

图 10-64　突出显示某个波形

2．比较波形

将光标指向某个仿真节点名，光标会变成一只小手，按住鼠标将其拖到要比较的波形图上，即可进行直接波形比较，如图 10-65 所示。

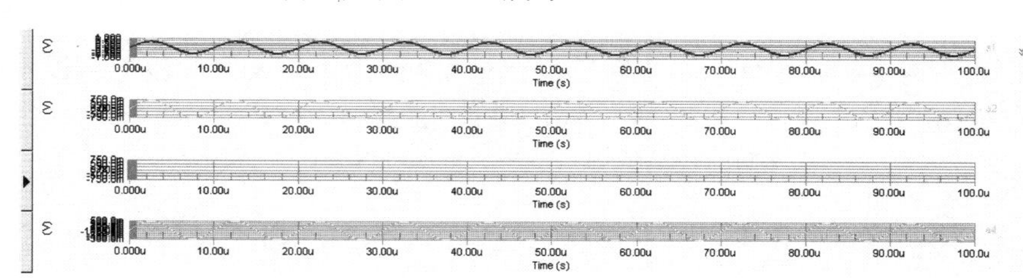

图 10-65　波形比较

3．改变波形显示窗口的显示状态

单击波形显示窗口，弹出快捷菜单，如图 10-66 所示，执行【Document Options...】菜单命令，即可出现如图 10-67 所示的【文档选项】对话框，各项设置如下。

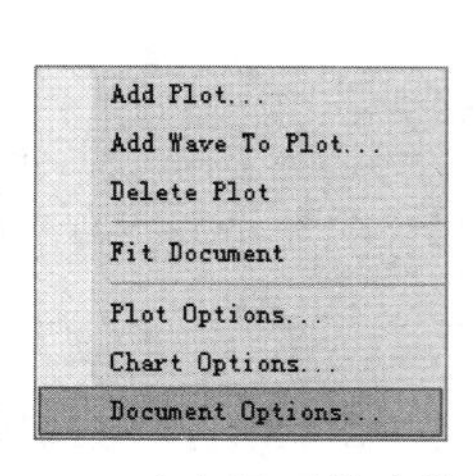

图 10-66　改变显示状态快捷菜单

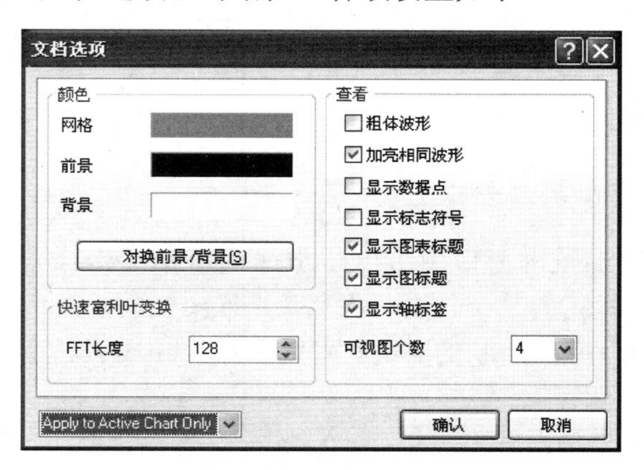

10-67　【文档选项】对话框

【粗体波形】：以粗线显示波形，选择该项后的窗口中所有的波形将加粗显示，如图 10-68 所示。

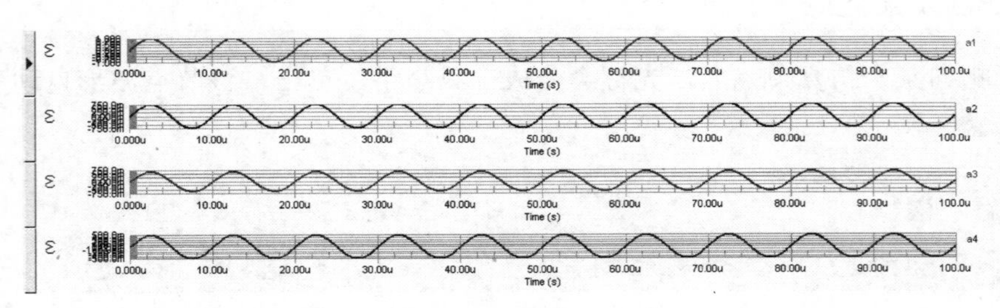

图 10-68　粗线显示波形

【显示数据点】：显示波形数据点，选择该项后的波形如图 10-69 所示。

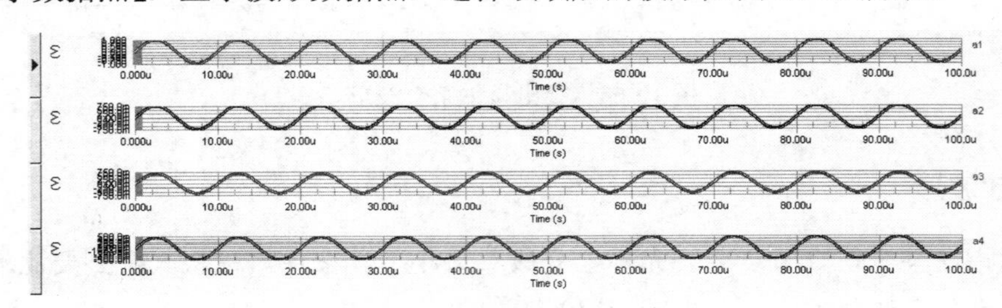

图 10-69　显示数据点

【显示标志符号】：选择该项后，在直接比较两个波形时，不同的波形将以不同的标记标出，如图 10-70 所示。将 a1 和 a3 两个波形进行比较，a1 上有小方框标记；a3 上有小三角标记。

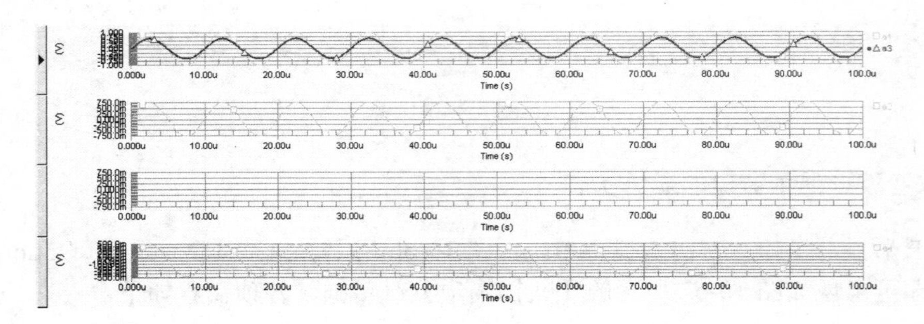

图 10-70　显示波形标示符号

其他设置用于改变仿真波形显示窗口的显示颜色等，设置比较简单，这里不再介绍。

4．添加测量坐标

在波形显示窗口中可以添加两组可移动坐标来测量波形的大小。将光标指向某个仿真节点名，光标会变成一只小手，单击右键，出现如图 10-71 所示的右键菜单，单击 Cursor A 或者 Cursor B 即可添加测量坐标。

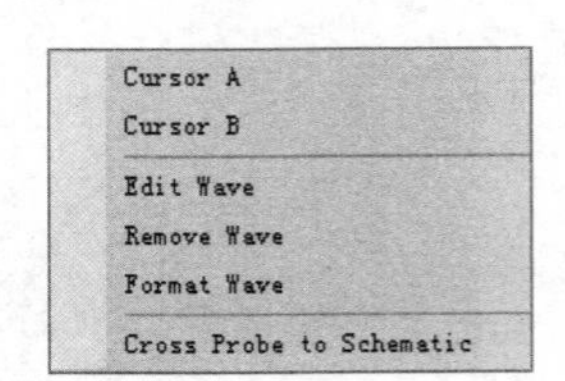

图 10-71　波形快捷菜单

将光标指向某个测量坐标标签上，光标会变成一只小手，按住鼠标，拖动就可以实现对波形的测量，如图 10-72 所示。

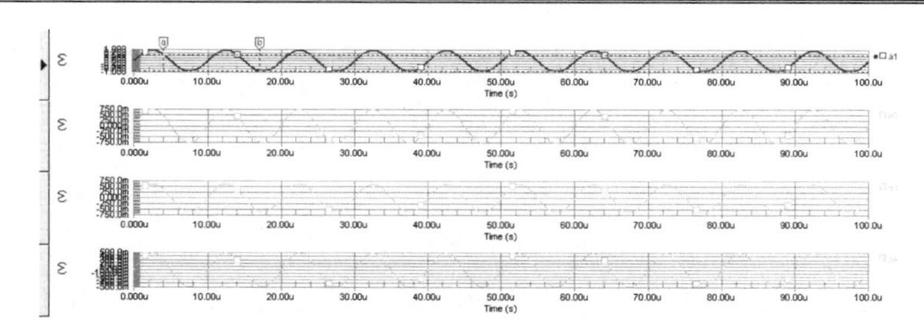

图 10-72　对波形的测量

在实现对波形的测量过程中，单击工作区面板下的【Sim Data】选项卡，弹出如图 10-73 所示的仿真数据工作面板。

该工作面板中，包含 3 个参数设置栏，其含义分别如下。

- 【波形名】：显示出在本原理图文件中可以进行仿真的所有节点。选中的节点是当前正在显示的波形，如图 10-72 所示中的 a1 节点。
- 【测量光标】：在图 10-72 中所设置的 A、B 测量坐标中，当前光标的坐标值。在【测量光标】栏中，还可以对 A、B 的测量坐标进行各种计算，如在图 10-73 中，RMS A..B 就是求 A、B 测量坐标的均方根。
- 【Waveform a1】：显示了当前仿真节点 a1 的波形的各参数，如在图 10-73 中，该栏显示了波形 a1 的上升时间和下降时间。

将光标指向某个测量坐标标签上，光标会变成一只小手，单击右键，将弹出如图 10-74 所示的右键菜单，单击 Cursor off 命令，即可将该测量坐标删除。

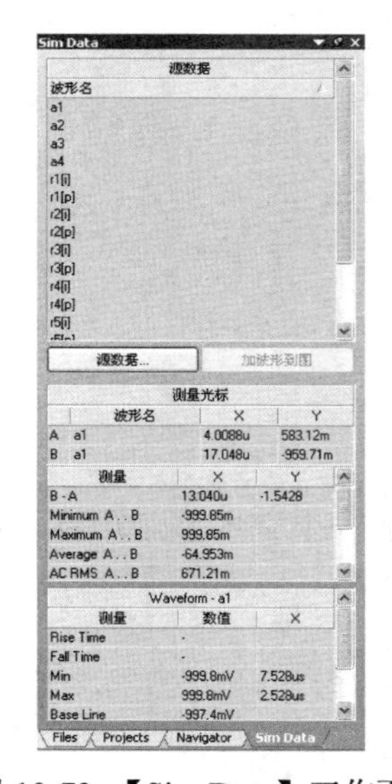

图 10-73 【Sim Data】工作面板

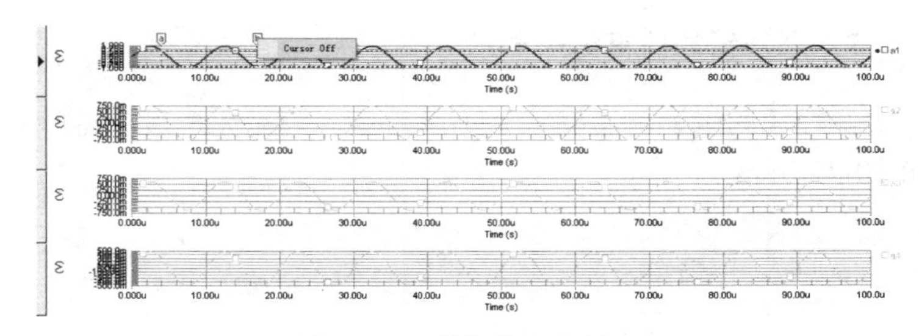

图 10-74　删除测量坐标

5．不同仿真项目的切换

单击图 10-64 所示的仿真项目切换标签，实现在不同仿真项目间的切换，如图 10-75 所示，切换了 Operating Point（直流工作点分析）标签，波形显示窗口显示该项仿真结果。

6．调整波形显示范围

当需要调整波形的显示范围时，可以按下面的方法进行设置。

图 10-75 切换到直流工作点分析

执行【仿真图表】→【仿真图表选项】菜单命令，弹出【图表选项】对话框，在对话框中选择【刻度】选项卡，如图 10-76 所示。可以通过修改对话框中的参数来调整波形显示范围。

图 10-76 【图表选项】对话框

7. 添加新的仿真波形显示

执行【编辑】→【插入】菜单命令，会在波形显示窗口中增加一个空的显示项目，如图 10-77 所示。

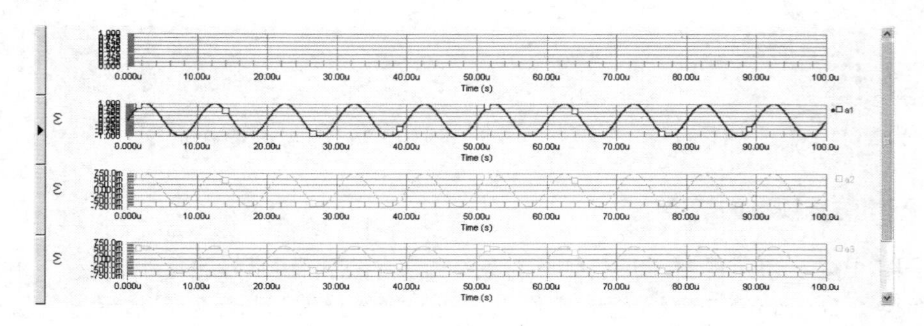

图 10-77 添加新的仿真波形显示

然后执行【波形】→【追加波形】菜单命令，弹出如图 10-78 所示的【Add Wave To Plot】

对话框。

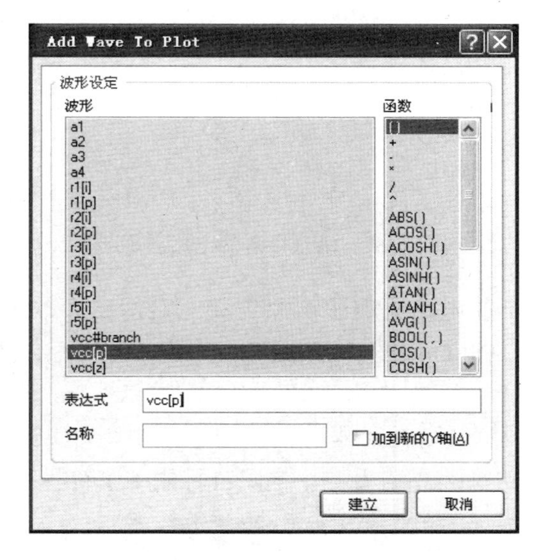

图 10-78 【Add Wave To Plot】对话框

选择需要添加的波形，例如，这里选择 VCC(p)，单击 建立 按钮，则 VCC 处的电压波形被添加到显示窗口中，如图 10-79 所示。

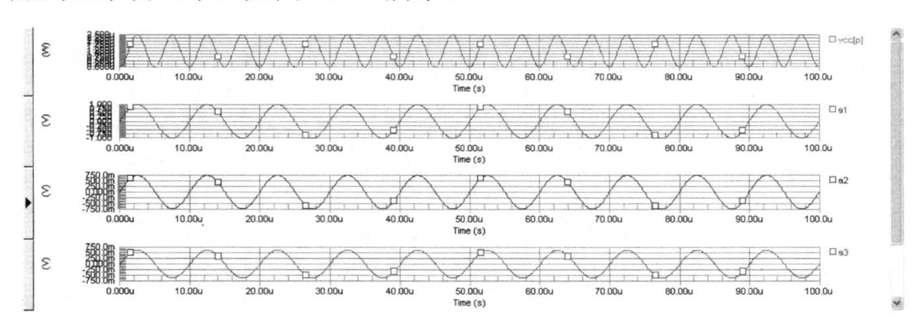

图 10-79　VCC(p)处的电压波形

10.8　实 例 讲 解

本节通过几个电路实例，介绍电路的仿真过程和仿真方法。

10.8.1　实例：简单电路仿真实例

本实例要求对如图 10-80 所示的简单电路图进行仿真。

（1）创建一个新的 PCB 项目文件，保存在“E:\Chapter10\Simple Example”目录下，并且命名为“Simple Example.PRJPCB”。

（2）创建一个新的原理图文件，并且命名为“Simple Example.SchDoc”。

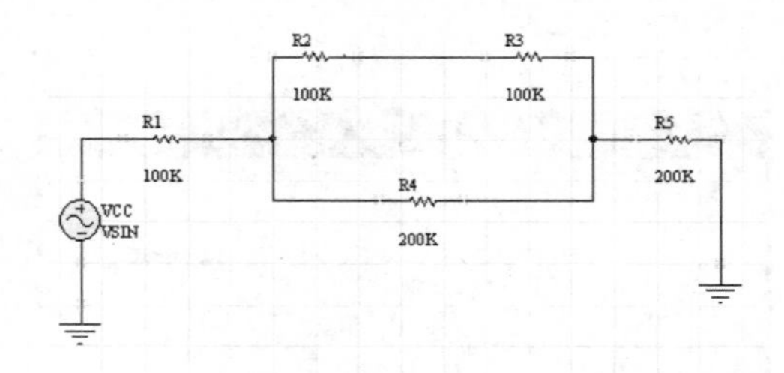

图 10-80　进行仿真的电路原理图

（3）为图 10-80 所示的电路原理图添加仿真元器件库，本例中用到“Miscellaneous Devices.IntLib”库文件和“Simulation Voltage Source.IntLib”库文件，如图 10-81 所示。

（4）在【元件库】面板中，选中为“Miscellaneous Devices.IntLib”为当前库。在库名下的过滤器栏里键入“resl”，则在元器件列表中显示电阻 RES1，选中该电阻，并单击 Place Res1 按钮。此时光标变为黏附着一个电阻符号的十字符号，如图 10-82 所示。

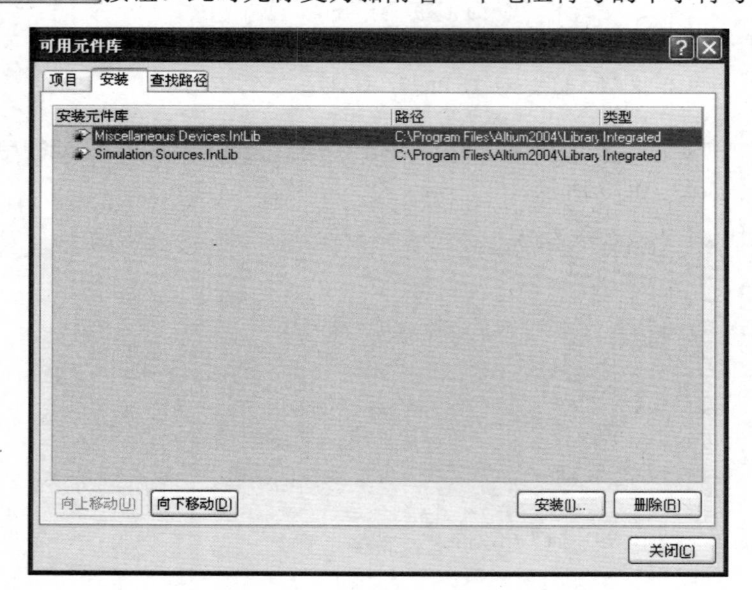

图 10-81　添加/删除元器件库对话框

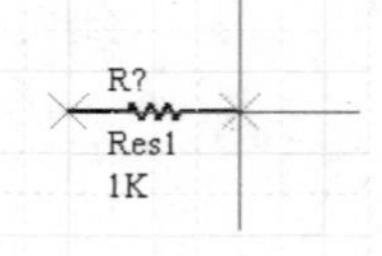

图 10-82　放置电阻 R1

（5）按下【Tab】键，打开【元件属性】对话框，如图 10-83 所示，在该对话框中修改电阻的属性。具体修改如下。

- 【标识符】：设置为“Rl”。
- 【注释】：输入“l00K”，取消可视复选框的选择。
- 【Value】：输入“l00K”，确认其类型为“String”，并且勾选【Value】的【可视】复选框，单击 确认 按钮，关闭该对话框。

（6）将光标移到合适位置单击，放置电阻 R1。

（7）重复（4）～（6）步，放置电阻 R2 和 R3，仿真和参数设置与 Rl 完全相同。

（8）重复（4）～（6）步，放置电阻 R4 和 R5，阻值为 200 K，其他仿真和参数设置与 Rl 相同。

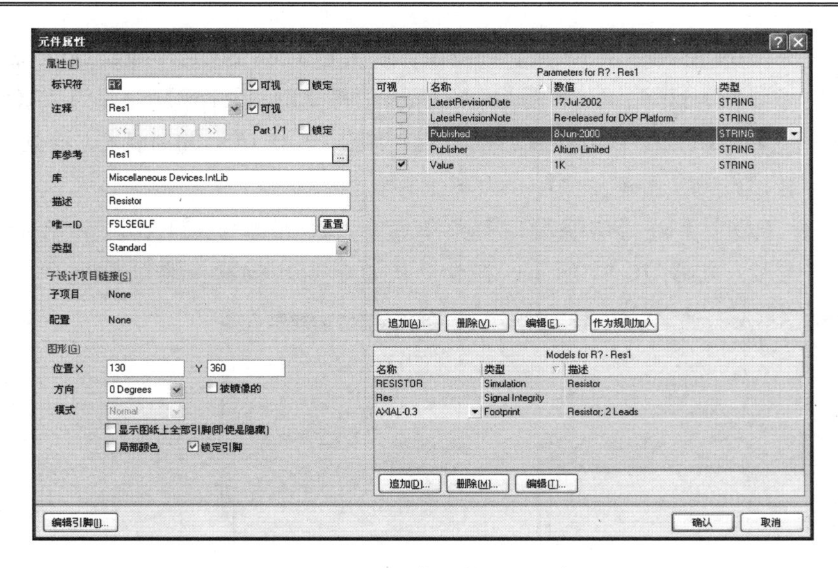

图 10-83　【元件属性】对话框

（9）在【元件库】面板中，选择“Simulation Sources.IntLib”为当前库。在库名下的过滤器栏里键入“vsin”，则在元器件列表中显示正弦波激励源“VSIN”，选中该激励源，并单击 Place VSIN 按钮。此时光标变为黏附着一个正弦波激励源符号的十字符号，如图 10-84 所示。

（10）按下【Tab】键，弹出【元件属性】对话框，如图 10-85 所示，在该对话框中修改其属性。具体修改如下。

- 【标识符】：设置为“VCC”。
- 【注释】：输入“VSIN”，取消可视复选框的选择。

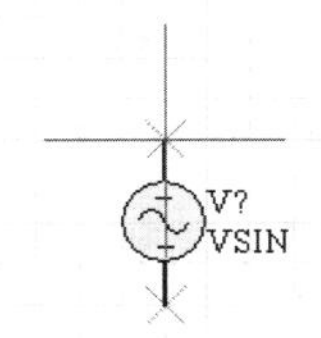

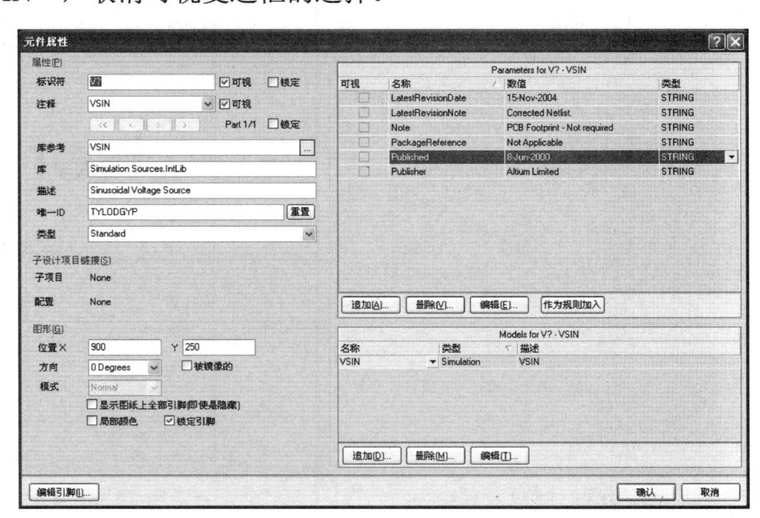

图 10-84　放置正弦波激励源　　　　图 10-85　【元件属性】对话框

（11）移动光标到合适位置单击，放置该正弦波激励源。

（12）双击图 10-85 中【Models for V？-VSIN】设置栏下的【Simulation】，或者单击

Models for V？-VSIN 设置栏下的 编辑(I)... 按钮，弹出【Sim Model-Voltage Source/Sinusoidal】对话框，选择【参数】选项卡，如图 10-86 所示，将【Frequency】设置为“100K”。

（13）单击 确认 按钮，关闭该对话框。返回到图 10-85 所示的对话框，继续单击 确认 按钮，关闭该对话框。

（14）执行【放置】→【电源端口】菜单命令，将光标移到工作区，光标变成黏附着地符号的十字形状，如图 10-87 所示。在合适位置单击，放置“地”元件。

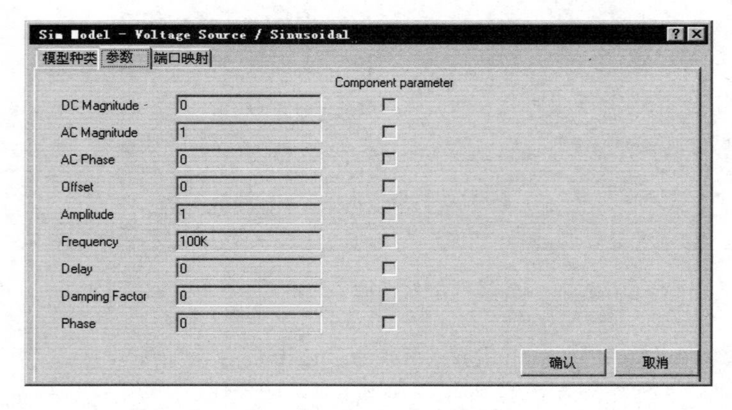

图 10-86 【Sim Model-Voltage Source/Sinusoidal】对话框

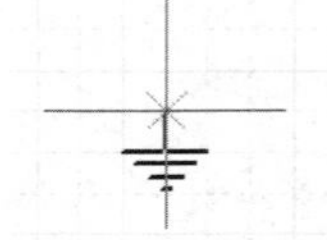

图 10-87 放置地

（15）按照图 10-80 所示将所有的元器件连接起来。

（16）执行【放置】→【网络标签】菜单命令，将光标移到工作区，光标变成黏附着网络标识符号的十字形状，如图 10-88 所示。按下【Tab】键，弹出【网络标签】对话框，在该对话框中，设置【网络】为“a1”，如图 10-89 所示，单击 确认 按钮，关闭该对话框。在电路合适位置单击，放置该网络标识。

NetLabel22

图 10-88 放置网络标识

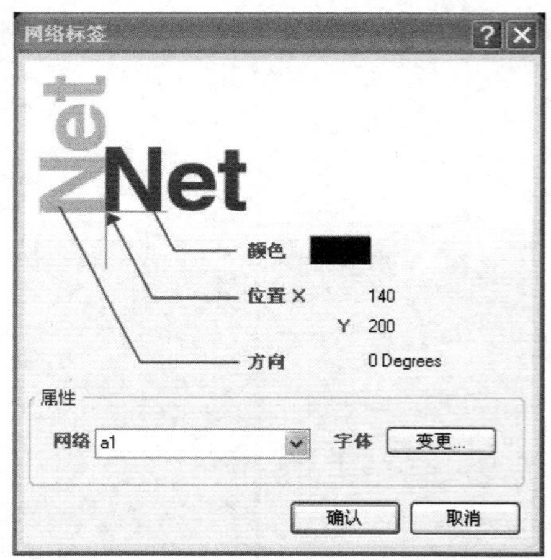

图 10-89 【网络标识】对话框

（17）用同样的方法，按照图 10-80 所示，分别放置“a2”、“a3”和“a4”等网络标号。

（18）完成网络标识的放置后，单击右键或按下【Esc】退出放置模式。

（19）执行【文件】→【保存】菜单命令，保存该仿真电路。

（20）目前原理图已经具备了所有必备的条件，因此，这里设置一个电路瞬态特性分析。在本实例电路中，正弦波的信号频率是 100 KHz，即信号周期是 10 us。要查看到振荡的 10 个周期，需要设置看到波形的一个 100 us 部分。执行【设计】→【仿真】→【Mixed Sim】菜单命令，弹出【分析设定】对话框，如图 10-90 所示。

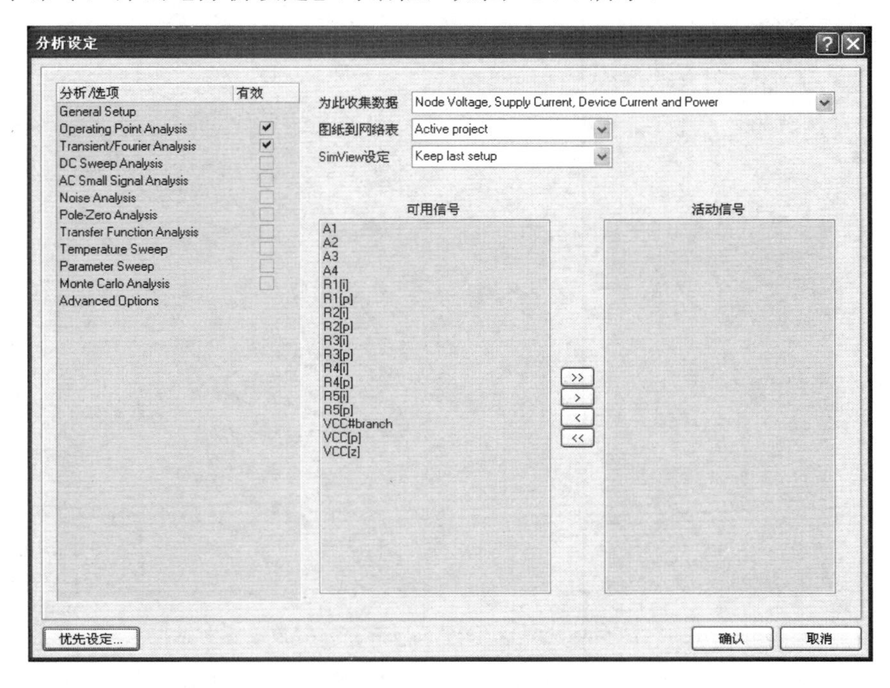

图 10-90　【分析设定】对话框

（21）首先设置希望观察到的电路中的中心点。在【为此收集数据】栏，从列表中选择【Node Voltage，Supply Current, Device Current and Power】，该选项定义了在仿真运行期间想计算的数据类型。

（22）在【可用信号】栏，双击 A1、A2、A3 和 A4 网络标号名。每双击一个名称时，它会移动到【活动信号】栏。

（23）在【分析/选项】设置栏中勾选【Operating Point Analysis】和【Transient/Fourier Analysis】分析项，单击【Transient/Fourier Analysis】项，弹出如图 10-91 所示的参数设置对话框。

（24）取消【Use Transient Default】右面的复选框的选择，将该选项设置为无效。此时瞬态特性分析规则才可用。要指定一个 100 us 的仿真窗口，将【Transient Stop Time】栏设为 100 us。

（25）设置【Transient Step Time】栏为 100 ns，表示仿真可以每 100 ns 显示一个点。在仿真期间，系统自动随机获取实际的时间间隔。在【Maximum Step】栏限制时间间隔大小的随机性，设置 Transient Max Step Time 为 100 ns，设置完后的对话框如图 10-92 所示。

（26）单击【分析设定】对话框底部的 确认 按钮运行仿真。仿真执行后，出现如图 10-93 所示的输出波形。其中 a1、a2、a3 和 a4 分别显示了电阻 R1、R2、R3 和 R4 处的电压波形。

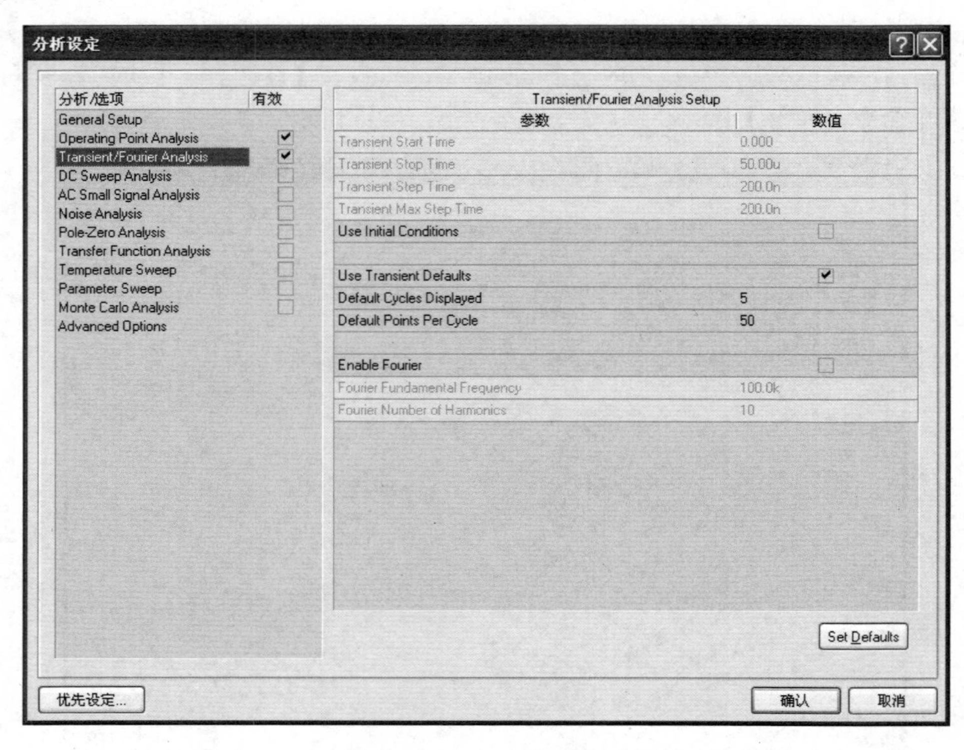

图 10-91 【Transient/Fourier Analysis】项参数设置对话框

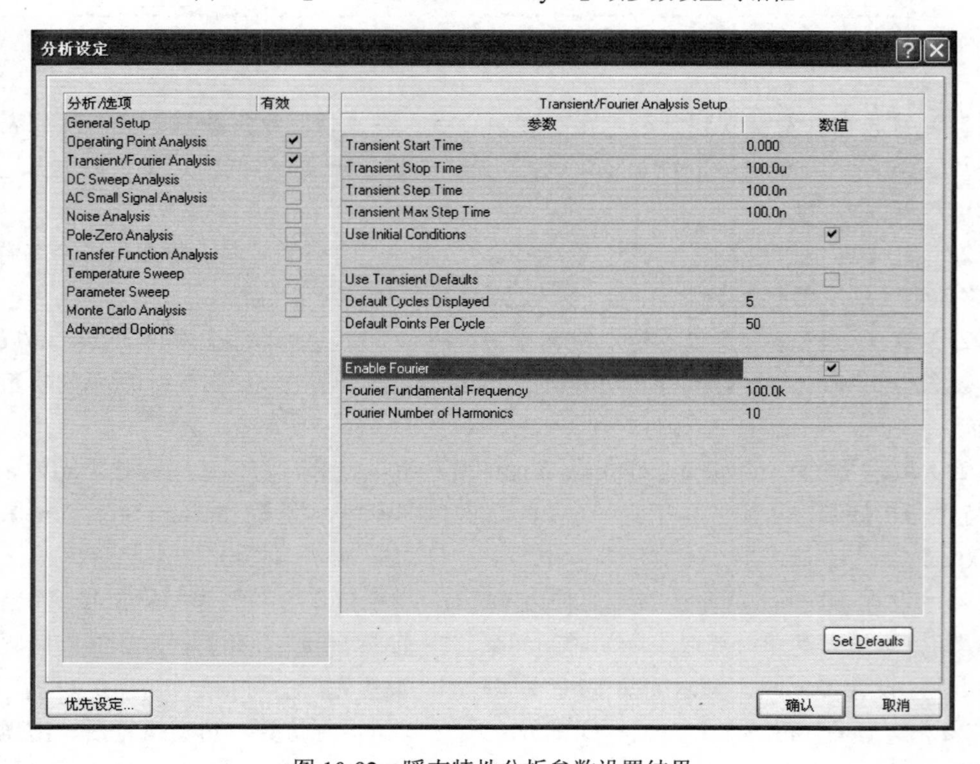

图 10-92 瞬态特性分析参数设置结果

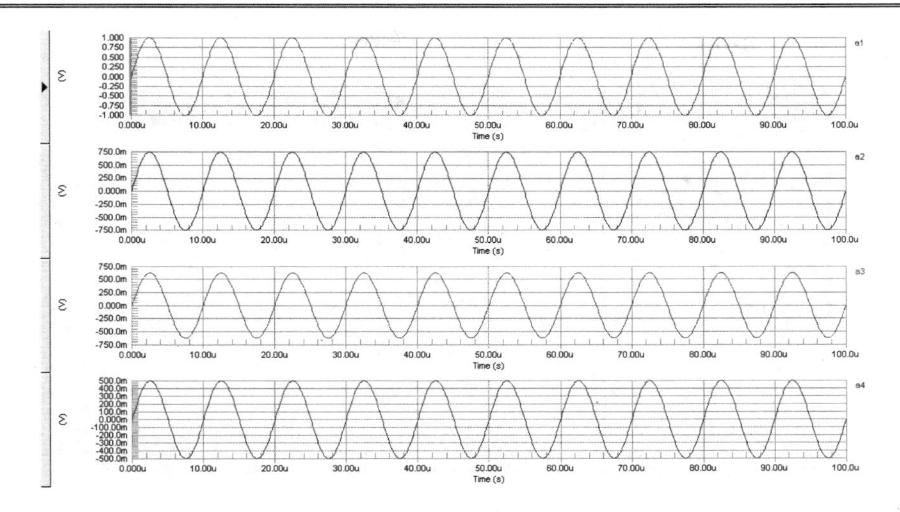

图 10-93　仿真输出波形

本例详细介绍了一个简单电路图的仿真全过程，通过该实例，用户可以了解仿真的一般步骤。可以看出，许多步骤都和一般原理图的设计基本相同。因此，后续的实例将只介绍与一般原理图设计不同的部分，包括仿真器件、仿真选项的设置等，而忽略各实例中的共同部分，包括原理图设计、网络标号的放置等。

10.8.2　实例：共射放大电路的静态工作点分析

本实例要求对如图 10-94 所示的共射放大电路进行静态工作点分析。

（1）创建一个新的 PCB 项目文件，保存在“E:\Chapter10\Common-Emmiter Amplifier”目录下，并且命名为“Common-Emmiter Amplifier.PRJPCB”。

（2）创建一个新的原理图文档，并且命名为“Common-Emmiter Amplifier.SchDoc”。

（3）按照图 10-94 所示绘制电路原理图并保存。

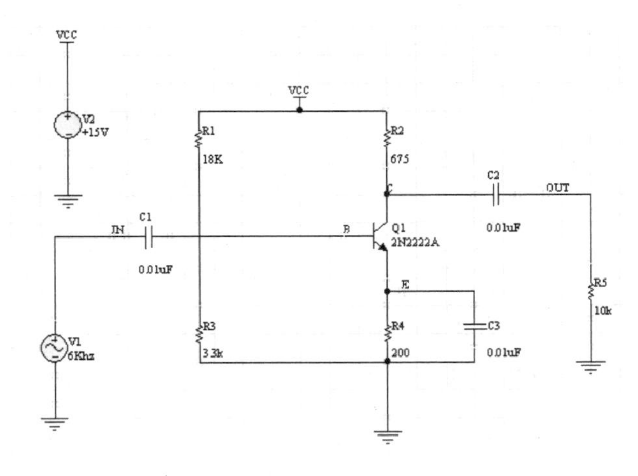

图 10-94　共射放大电路

（4）设置正弦激励源 V1 的参数，如图 10-95 所示。单击 确认 按钮，关闭该对话框，返回到【元件属性】对话框，再次单击 确认 按钮，关闭【元件属性】对话框，返回到原理图编辑界面。

Sim Model - Voltage Source / Sinusoidal

模型种类 参数 端口映射

		Component parameter
DC Magnitude	0V	☐
AC Magnitude	1V	☐
AC Phase	0V	☐
Offset	0	☐
Amplitude	240mV	☐
Frequency	6kHz	☐
Delay	0	☐
Damping Factor	0	☐
Phase	0	☐

确认 取消

图 10-95　正弦激励源 V1 的参数设置

（5）执行【设计】→【仿真】→【Mixed Sim】菜单命令，弹出【分析设定】对话框，选择仿真类型为“Operating Point Analysis”，并且设置活动信号为“C”、“IN”和“OUT”，如图 10-96 所示。

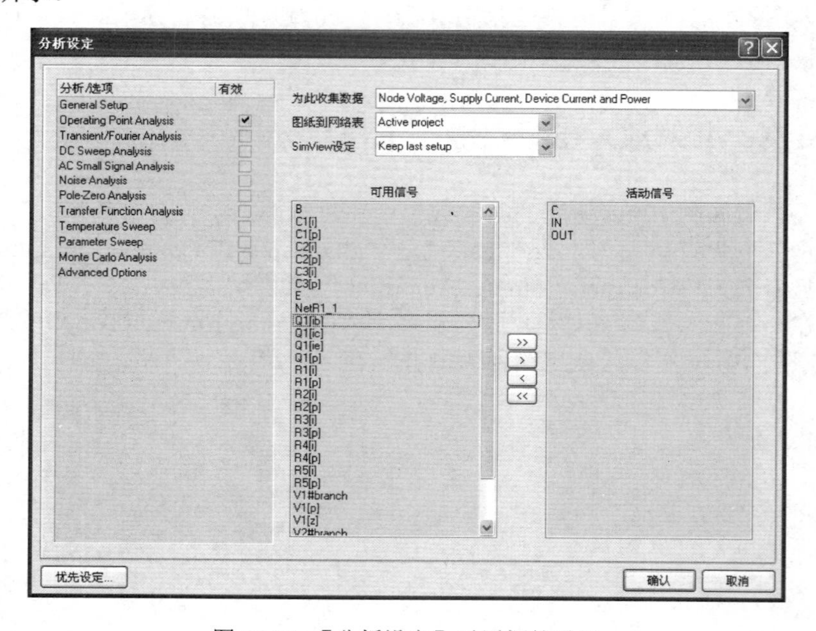

图 10-96　【分析设定】对话框的设置

（6）单击【分析设定】对话框的 确认 按钮，开始对电路进行静态工作点分析，最后可得分析结果，如图 10-97 所示。

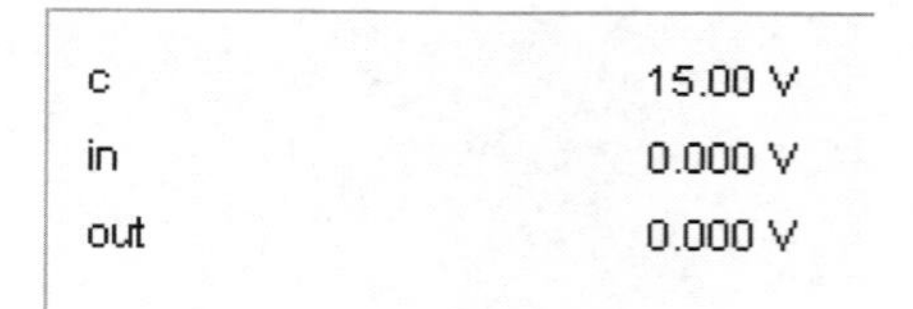

c	15.00 V
in	0.000 V
out	0.000 V

图 10-97　静态工作点分析结果

10.8.3　实例：电路瞬态分析

本实例要求对图 10-98 所示的电路中的节点“IN”、“X”和“OUT”进行瞬态分析。

（1）创建一个新的 PCB 项目文件，保存在“E:\Chapter10\Transient Analysis”目录下，并且命名为“Transient Analysis.PRJPCB”。

（2）创建一个新的原理图文档，并且命名为“Transient Analysis.SchDoc”。

（3）按照图 10-98 所示绘制电路原理图并保存。

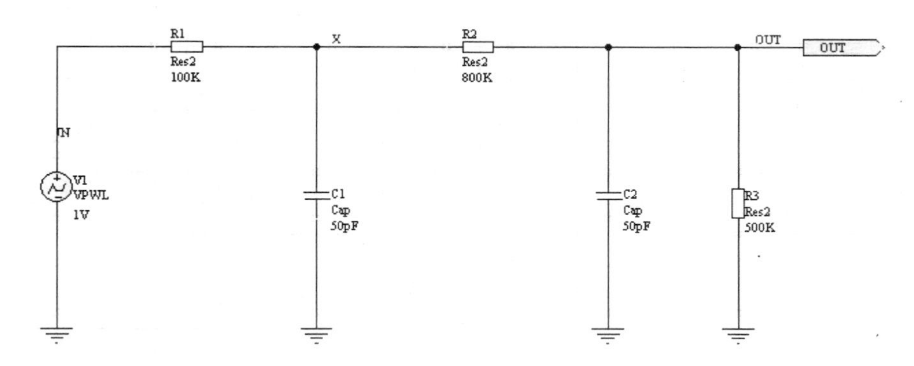

图 10-98　进行瞬态分析的电路

（4）设置 VPWL 激励源的参数，如图 10-99 所示。单击【确认】按钮，关闭该对话框，返回到【元件属性】对话框，再次单击【确认】按钮，关闭【元件属性】对话框，返回到原理图编辑界面。

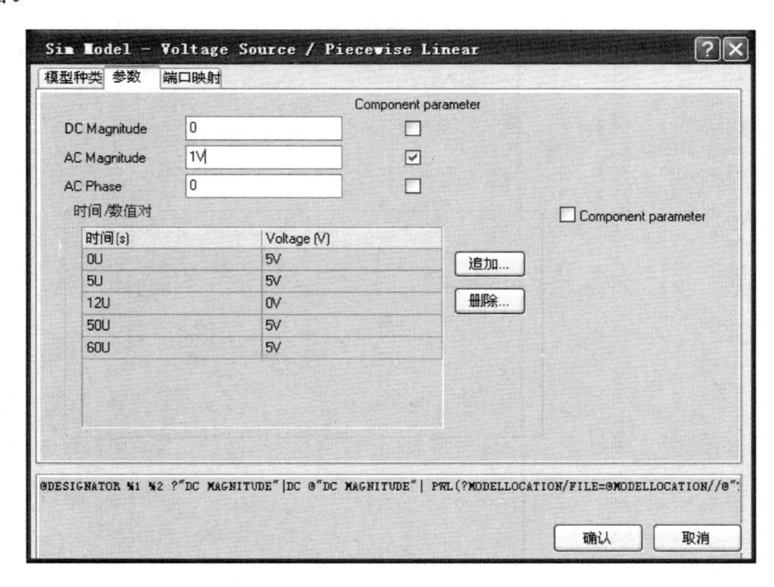

图 10-99　VPWL 激励源仿真参数设置

（5）执行【设计】→【仿真】→【Mixed Sim】菜单命令，弹出【分析设定】对话框，选择仿真类型为“Transient/Fourier Analysis”，仿真参数的设置如图 10-100，并且设置活动信号为“X”、“IN”和“OUT”，如图 10-101 所示。

（6）单击【分析设定】对话框的【确认】按钮，开始对电路进行瞬态分析，最后可得分析结果，如图 10-102 所示。

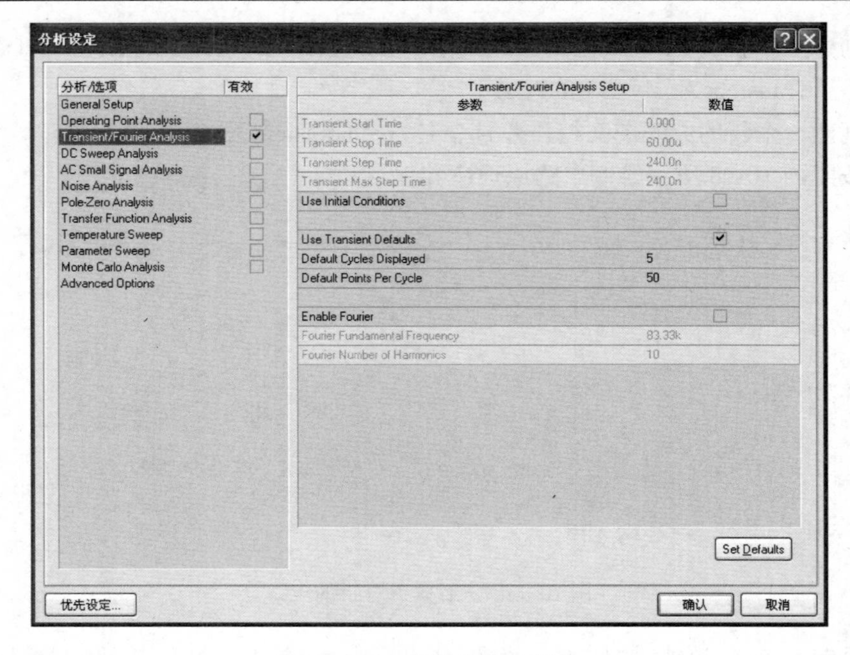

图 10-100　仿真参数的设置

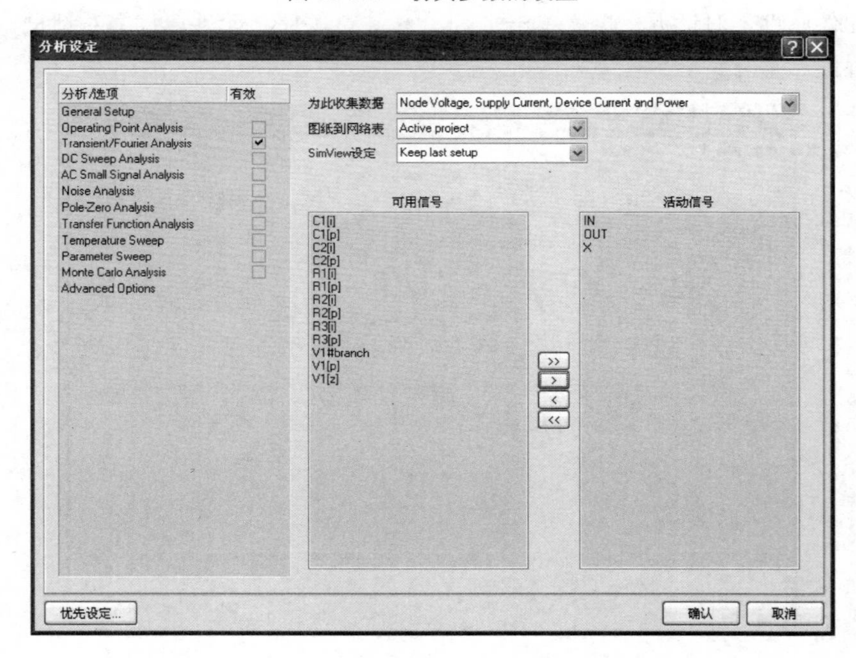

图 10-101 【分析设定】对话框中活动信号的设置

10.8.4　实例：傅里叶分析

本实例要求对如图 10-103 所示的电路进行傅里叶分析。

（1）创建一个新的 PCB 项目文件，保存在“E:\Chapter10\Fourier Analysis”目录下，并且命名为“Fourier Analysis.PRJPCB”。

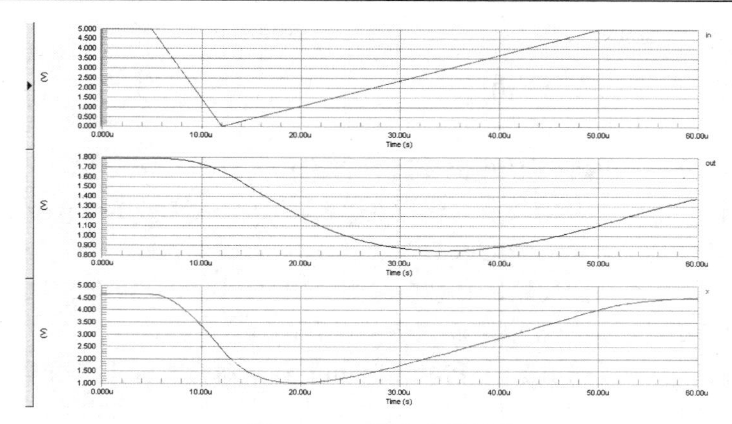

图 10-102　瞬态分析结果

（2）创建一个新的原理图文档，并且命名为“Fourier Analysis.SchDoc”。

（3）按照图 10-103 所示绘制电路原理图并保存。

（4）执行【设计】→【仿真】→【Mixed Sim】菜单命令，弹出【分析设定】对话框，选择仿真类型为“Transient/Fourier Analysis”，仿真参数的设置如图 10-104。

（5）单击【分析设定】对话框的 确认 按钮，开始对电路进行傅里叶分析，最后可得分析结果，如图 10-105 所示。

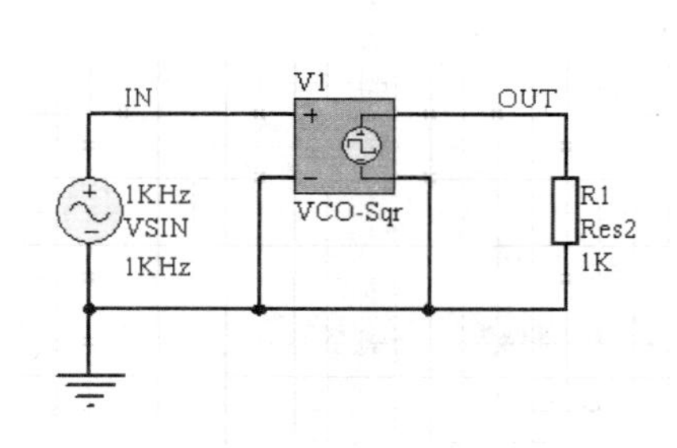

图 10-103　进行傅里叶分析的电路

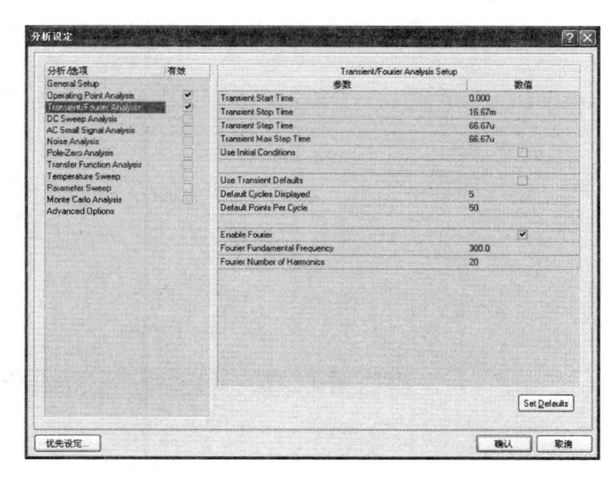

图 10-104　傅里叶分析参数的设置

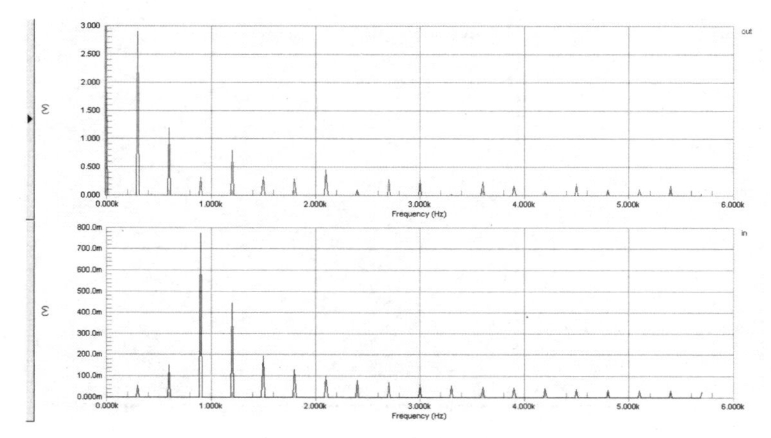

图 10-105　傅里叶分析结果

10.8.5 实例：直流扫描分析

本实例要求对图 10-106 所示的电路图进行直流扫描分析。

（1）创建一个新的 PCB 项目文件，保存在“E:\Chapter10\DC Sweep Analysis”目录下，并且命名为“DC Sweep Analysis .PRJPCB”。

（2）创建一个新的原理图文档，并且命名为“DC Sweep Analysis.SchDoc”。

（3）按照图 10-106 所示绘制电路原理图并保存。

（4）执行【设计】→【仿真】→【Mixed Sim】菜单命令，弹出【分析设定】对话框，选择仿真类型为“DC Sweep Analysis”，仿真参数的设置如图 10-107 所示。

（5）单击【分析设定】对话框的 确认 按钮，开始对电路进行直流扫描，最后可得分析结果，如图 10-108 所示。

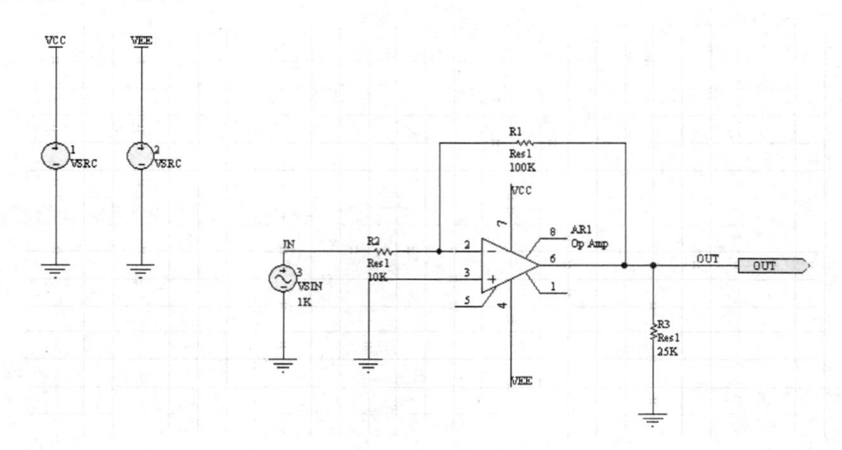

图 10-106　进行直流扫描分析的电路

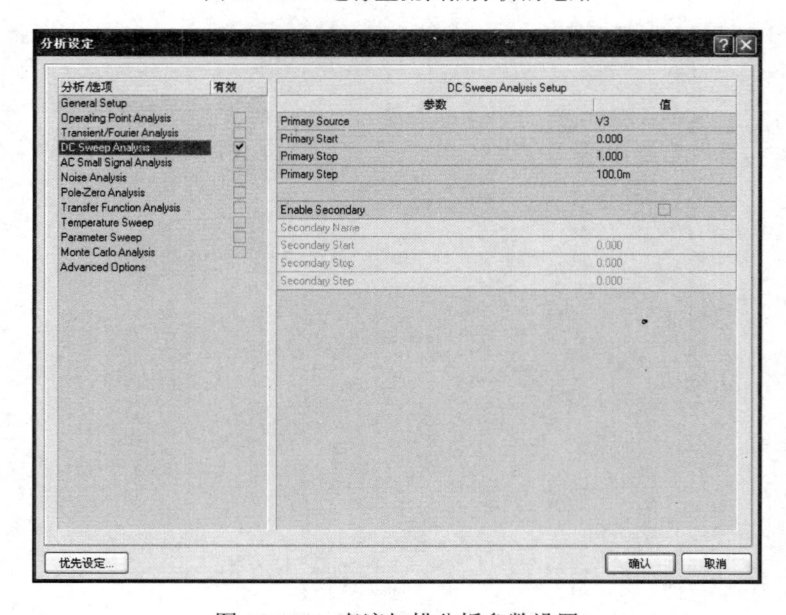

图 10-107　直流扫描分析参数设置

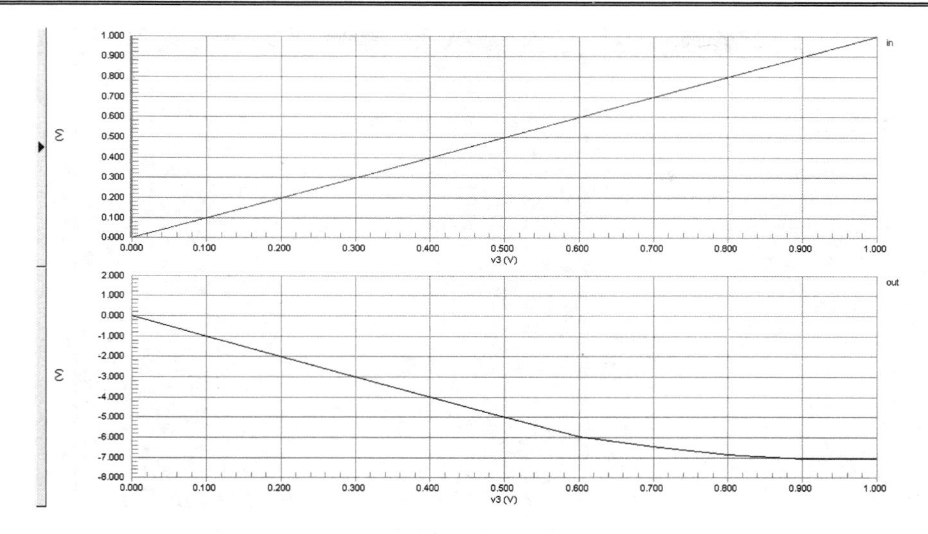

图 10-108　直流扫描分析结果

10.8.6　实例：交流小信号分析

本实例要求对如图 10-109 所示的电路进行交流小信号分析。

（1）创建一个新的 PCB 项目文件，保存在“E:\Chapter10\AC Small Signal Analysis”目录下，并且命名为“AC Small Signal Analysis.PRJPCB”。

（2）创建一个新的原理图文档，并且命名为“AC Small Signal Analysis.SchDoc”。

（3）按照图 10-109 所示绘制电路原理图并保存。

（4）执行【设计】→【仿真】→【Mixed Sim】菜单命令，弹出【分析设定】对话框，选择仿真类型为“AC Small Signal Analysis”，仿真参数的设置如图 10-110 所示。

（5）单击【分析设定】对话框的 确认 按钮，开始对电路进行交流小信号分析，最后可得分析结果，如图 10-111 所示。

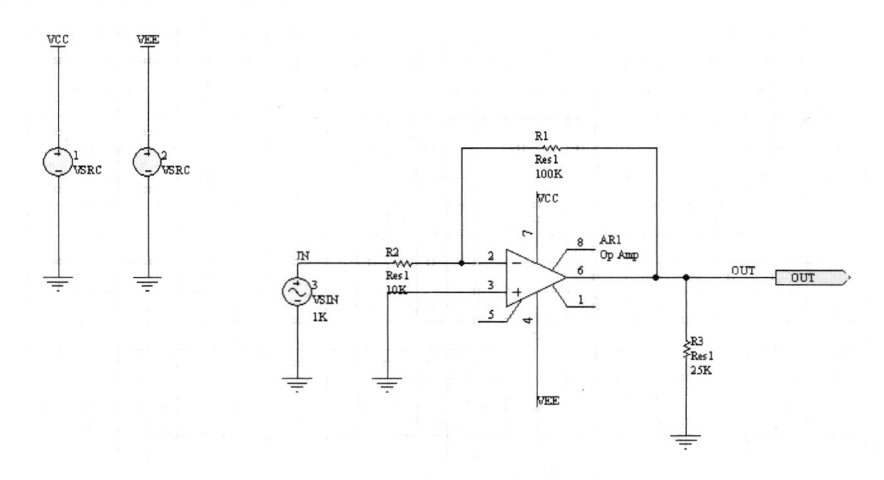

图 10-109　进行交流小信号分析的电路

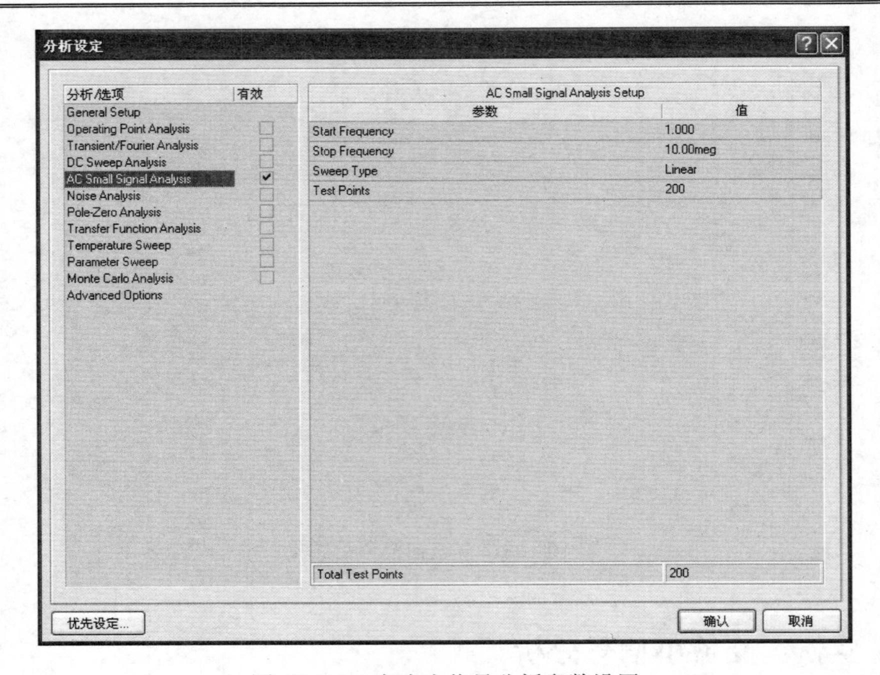

图 10-110　交流小信号分析参数设置

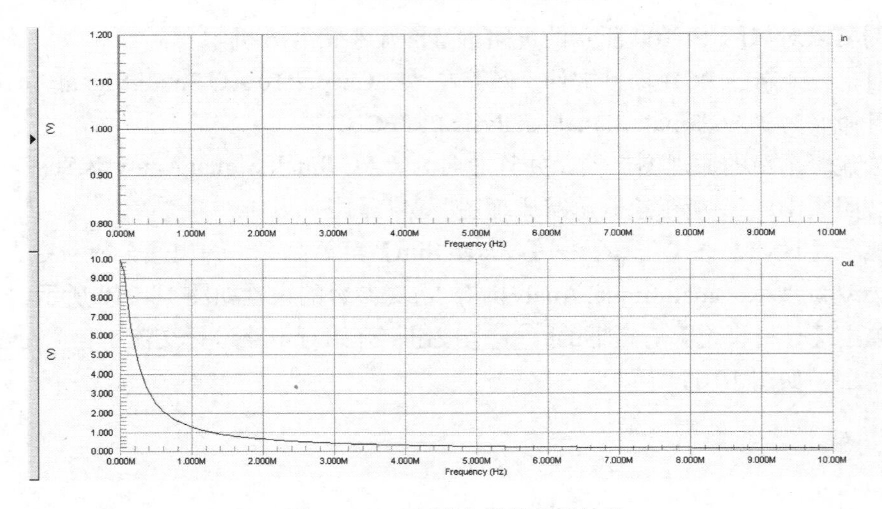

图 10-111　交流小信号分析结果

10.8.7　实例：噪声分析

本实例要求对如图 10-112 所示的电路进行噪声分析。

（1）创建一个新的 PCB 项目文件，保存在“E:\Chapter10\Noise Analysis”目录下，并且命名为“Noise Analysis.PRJPCB”。

（2）创建一个新的原理图文档，并且命名为“Noise Analysis.SchDoc”。

（3）按照图 10-112 所示绘制电路原理图并保存。

（4）执行【设计】→【仿真】→【Mixed Sim】菜单命令，弹出【分析设定】对话框，选择仿真类型为“Noise Analysis”，仿真参数的设置如图 10-113 所示。

（5）单击【分析设定】对话框的确认按钮，开始对电路进行噪声分析，最后可得分析结果，如图 10-114 所示。

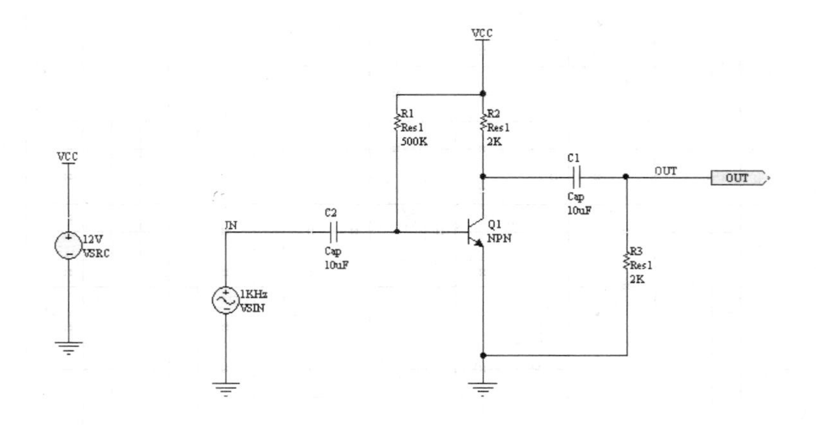

图 10-112　进行噪声分析的电路

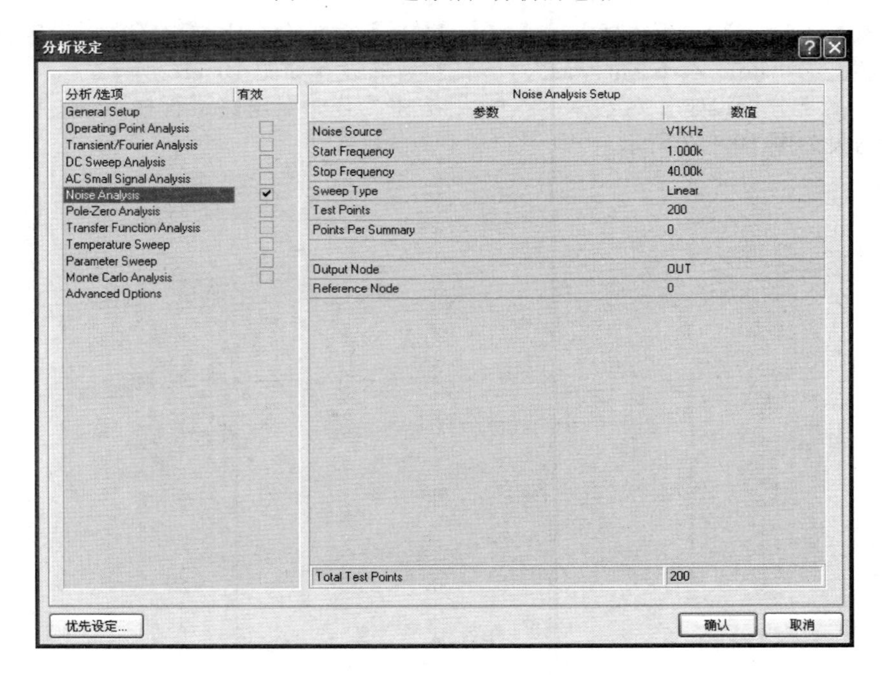

图 10-113　噪声分析参数的设置

10.8.8　实例：极点-零点分析

本实例要求对如图 10-115 所示的电路图进行极点-零点分析。

（1）创建一个新的 PCB 项目文件，保存在“E:\Chapter10\Pole-Zero Analysis”目录下，并且命名为“Pole-Zero Analysis.PRJPCB”。

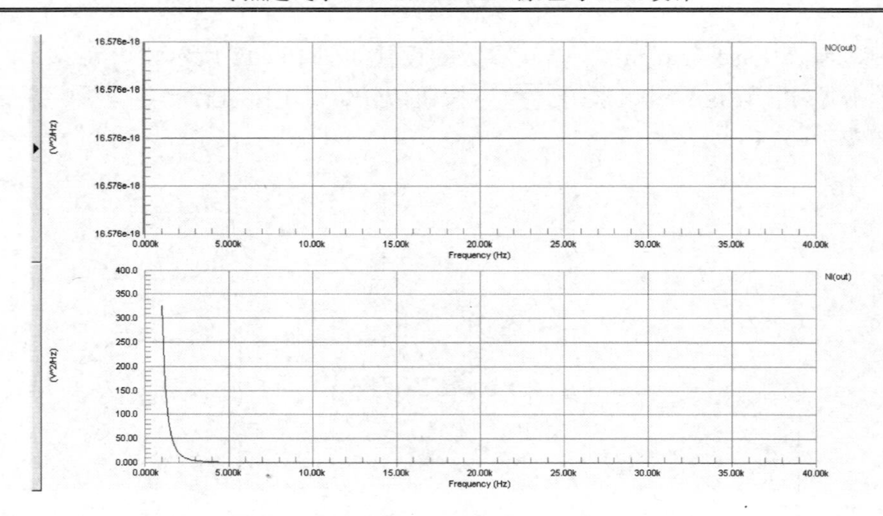

图 10-114　噪声分析结果

（2）创建一个新的原理图文档，并且命名为“Pole-Zero Analysis.SchDoc”。

（3）按照图 10-115 所示绘制电路原理图并保存。

（4）执行【设计】→【仿真】→【Mixed Sim】菜单命令，弹出【分析设定】对话框，选择仿真类型为“Pole-Zero Analysis”，仿真参数的设置如图 10-116 所示。

（5）单击【分析设定】对话框的 确认 按钮，开始对电路进行极点-零点分析，最后可得分析结果如图 10-117 所示。

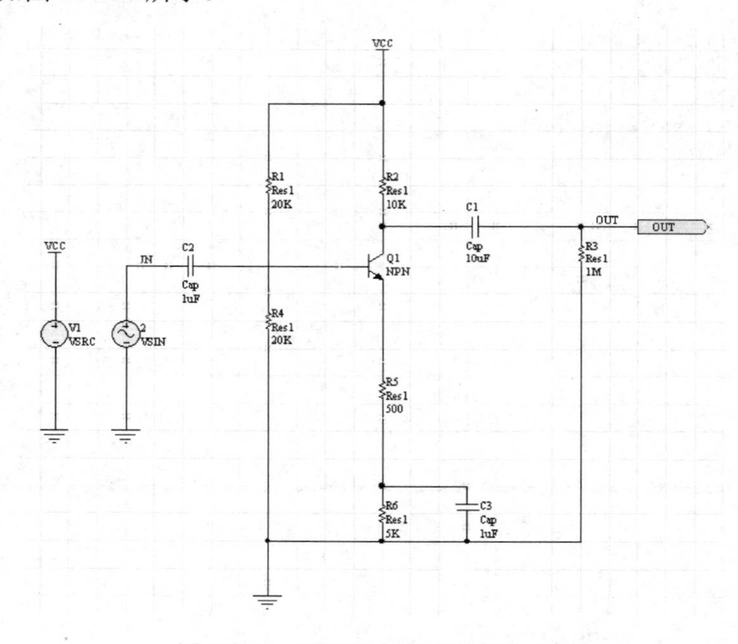

图 10-115　进行极点-零点分析的电路

10.8.9　实例：传递函数分析

本实例要求对如图 10-118 所示的电路图进行传递函数分析。

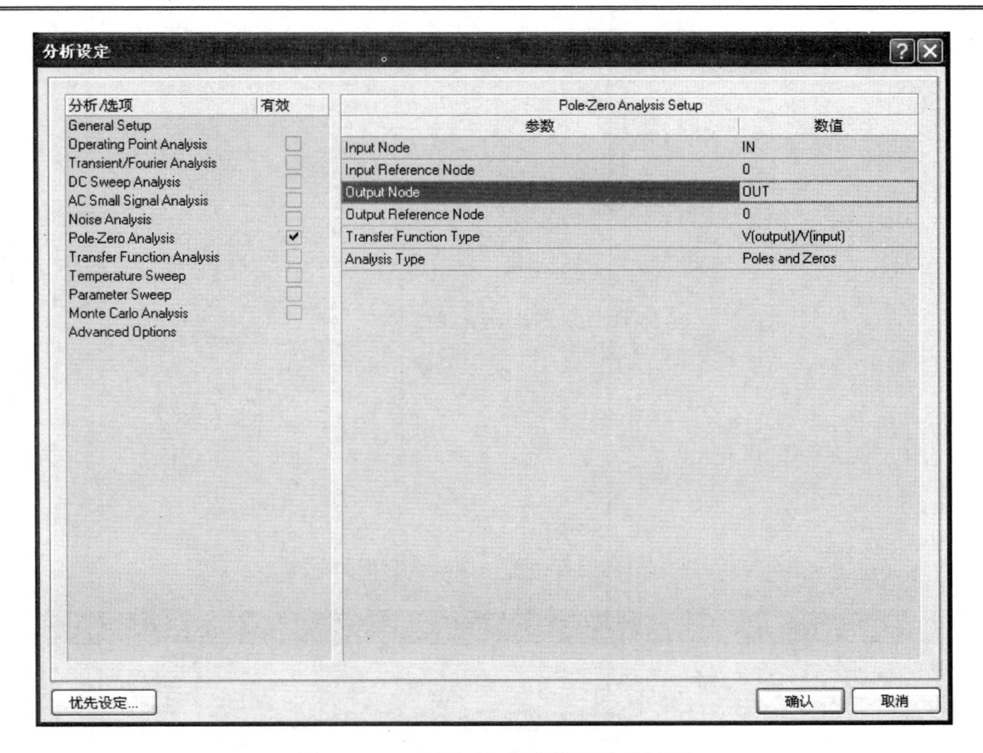

图 10-116　极点-零点分析参数的设置

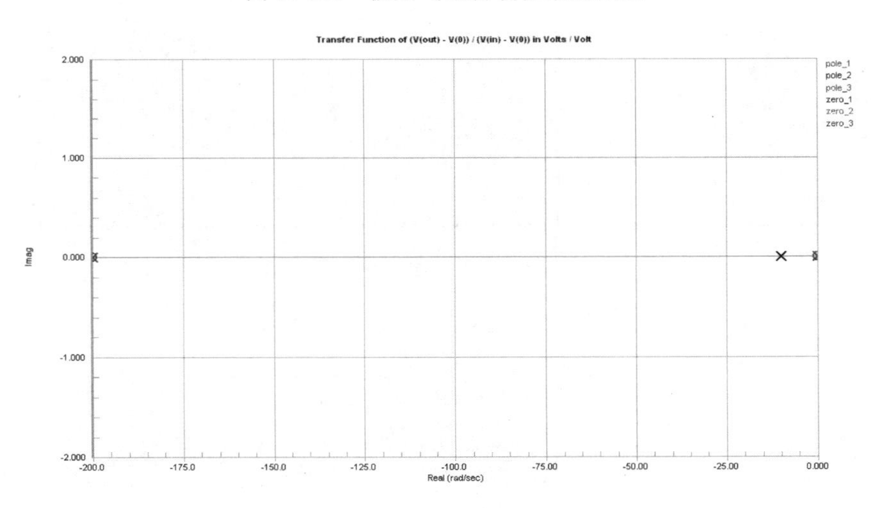

图 10-117　极点-零点分析结果

（1）创建一个新的 PCB 项目文件，保存在“E:\Chapter10\Transfer Function Analysis”目录下，并且命名为“Transfer Function Analysis.PRJPCB”。

（2）创建一个新的原理图文档，并且命名为“Transfer Function Analysis.SchDoc”。

（3）按照图 10-118 所示绘制电路原理图并保存。

（4）执行【设计】→【仿真】→【Mixed Sim】菜单命令，弹出【分析设定】对话框，选择仿真类型为“Transfer Function Analysis”，仿真参数的设置如图 10-119 所示。

（5）单击【分析设定】对话框的 确认 按钮，开始对电路进行传递函数分析，最后分析结果如图 10-120 所示。

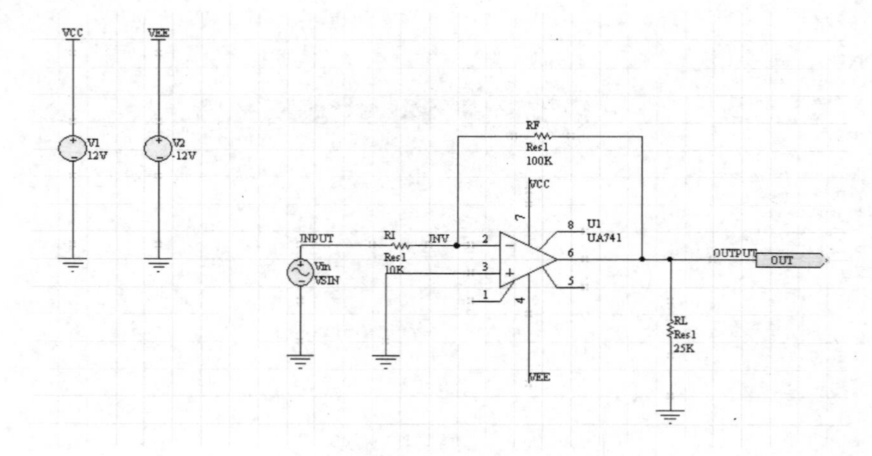

图 10-118　要进行传递函数分析的电路

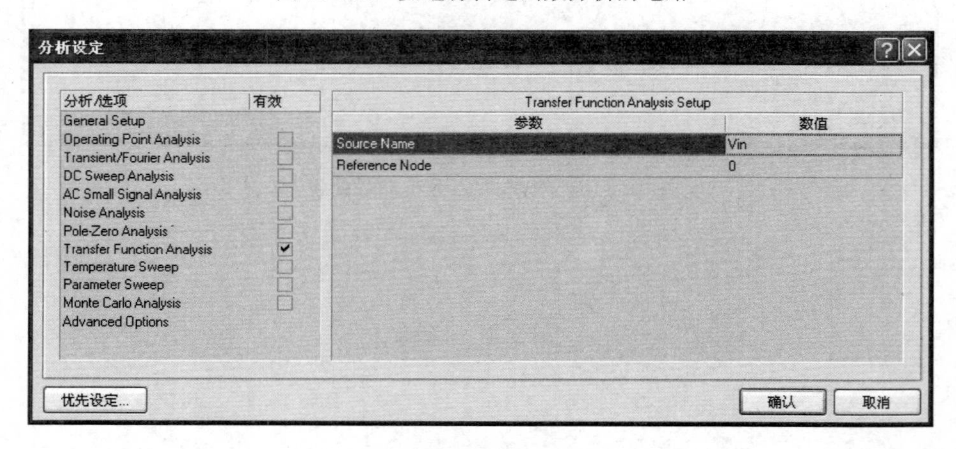

图 10-119　传递函数分析参数设置

TF_V(OUTPUT)/VIN	-9.999 : Transfer Function for V(OUTPUT)/VIN
IN(OUTPUT)_VIN	10.00k : Input resistance at VIN
OUT_V(OUTPUT)	15.38m : Output resistance at OUTPUT
TF_V(INV)/VIN	46.54u : Transfer Function for V(INV)/VIN
IN(INV)_VIN	10.00k : Input resistance at VIN
OUT_V(INV)	465.4m : Output resistance at INV
TF_V(INPUT)/VIN	1.000 : Transfer Function for V(INPUT)/VIN
IN(INPUT)_VIN	10.00k : Input resistance at VIN
OUT_V(INPUT)	0.000 : Output resistance at INPUT

图 10-120　传递函数分析结果

10.8.10　实例：蒙特卡罗分析

本实例要求对如图 10-121 所示的电路图进行蒙特卡罗分析。

（1）创建一个新的 PCB 项目文件，保存在“E:\Chapter10\Monte Carlo Analysis”目录

下，并且命名为“Monte Carlo Analysis.PRJPCB”。

（2）创建一个新的原理图文档，并且命名为“Monte Carlo Analysis.SchDoc”。

（3）按照图 10-121 所示绘制电路原理图并保存。

（4）执行【设计】→【仿真】→【Mixed Sim】菜单命令，弹出【分析设定】对话框，选择仿真类型为“Transient/Fourier Analysis”、“AC Small Signal Analysis”、“Monte Carlo Analysis”，仿真参数的设置如图 10-122 所示。

（5）单击【分析设定】对话框的 确认 按钮，开始对电路进行蒙特卡罗分析，最后分析结果如图 10-123 所示。

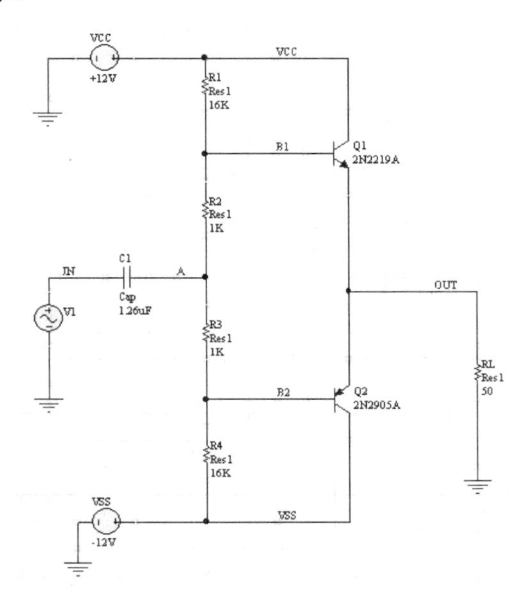

图 10-121　进行蒙特卡罗分析的电路

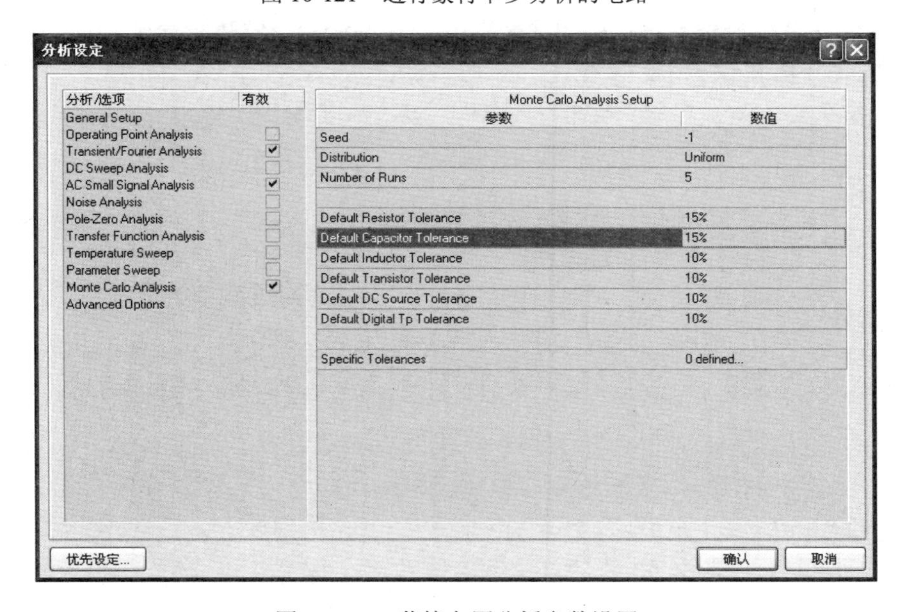

图 10-122　蒙特卡罗分析参数设置

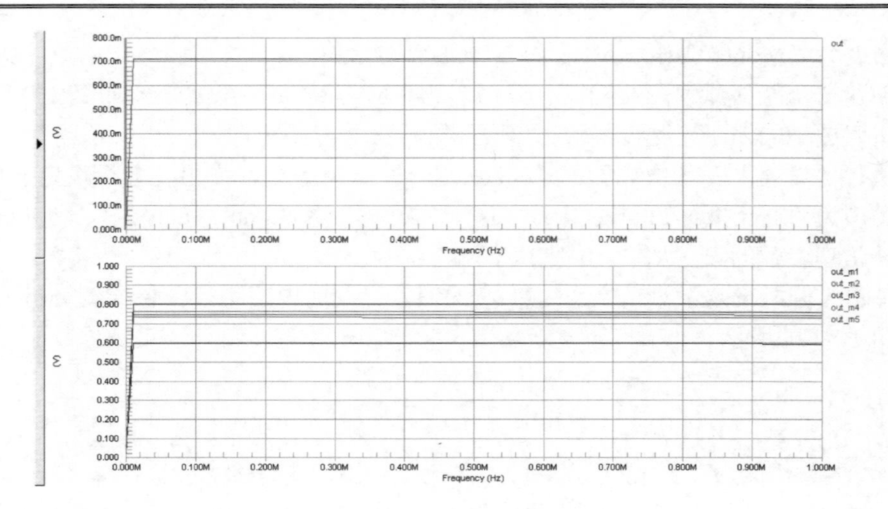

图 10-123 蒙特卡罗分析的结果

10.8.11 实例：参数扫描分析

本实例要求对如图 10-124 所示的电路图进行参数扫描分析。

（1）创建一个新的 PCB 项目文件，保存在“E:\Chapter10\Parameter Sweep Analysis”目录下，并且命名为“Parameter Sweep Analysis.PRJPCB”。

（2）创建一个新的原理图文档，并且命名为“Parameter Sweep Analysis.SchDoc”。

（3）按照图 10-124 所示绘制电路原理图并保存。

（4）执行【设计】→【仿真】→【Mixed Sim】菜单命令，弹出【分析设定】对话框，选择仿真类型为“Parameter Sweep Analysis”，仿真参数的设置如图 10-125 所示。

（5）单击【分析设定】对话框的 确认 按钮，开始对电路进行参数扫描分析，最后分析结果如图 10-126 所示。

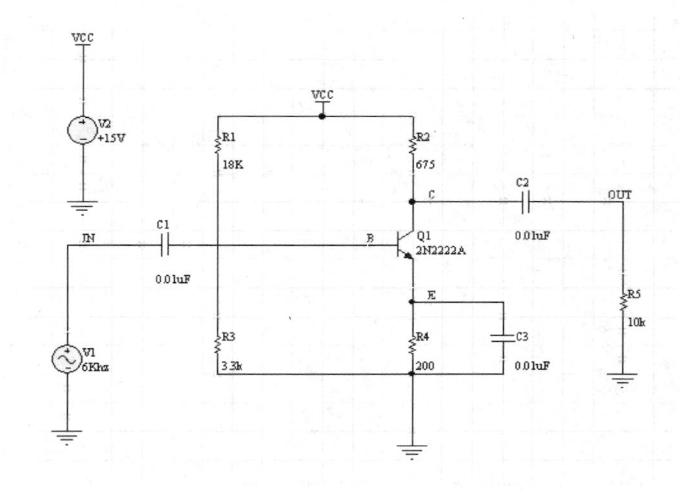

图 10-124 参数扫描分析电路

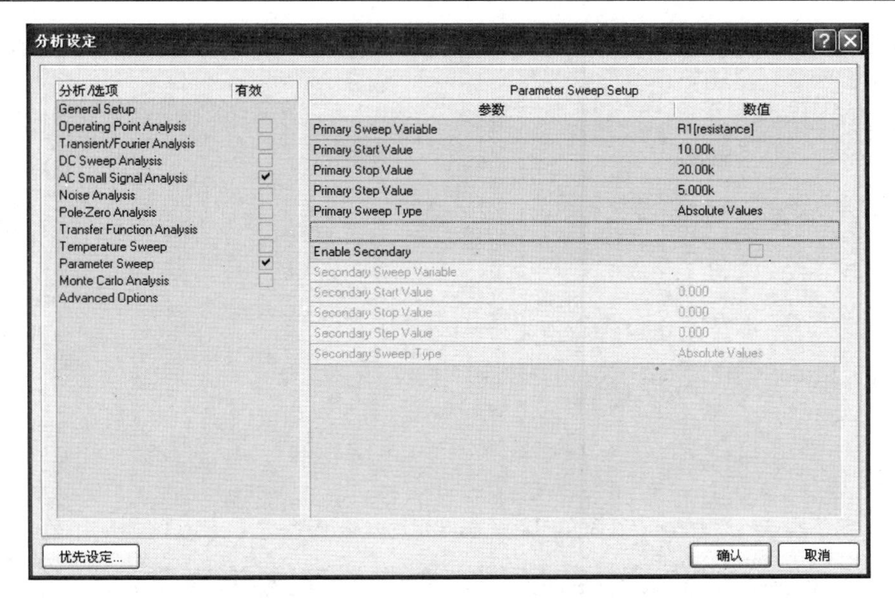

图 10-125　参数扫描分析的参数设置

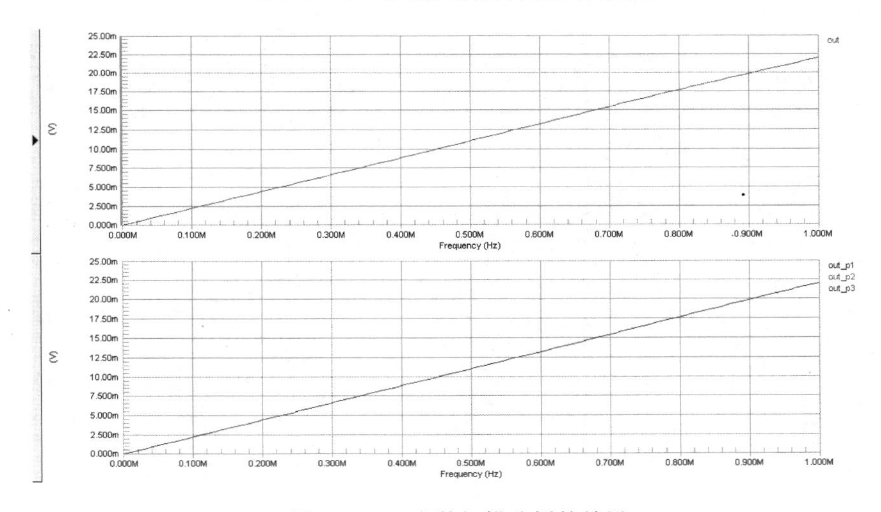

图 10-126　参数扫描分析的结果

10.8.12　实例：温度扫描分析

本实例要求对如图 10-127 所示的电路图进行温度扫描分析。

（1）创建一个新的 PCB 项目文件，保存在“E:\Chapter10\Temperature Sweep Analysis”目录下，并且命名为“Temperature Sweep Analysis.PRJPCB”。

（2）创建一个新的原理图文档，并且命名为“Temperature Sweep Analysis.SchDoc”。

（3）按照图 10-127 所示绘制电路原理图并保存。

（4）执行【设计】→【仿真】→【Mixed Sim】菜单命令，弹出【分析设定】对话框，选择仿真类型为“Temperature Sweep Analysis”，仿真参数的设置如图 10-128 所示。

（5）单击【分析设定】对话框的 确认 按钮，开始对电路进行温度扫描分析，最后分析结果如图 10-129 所示。

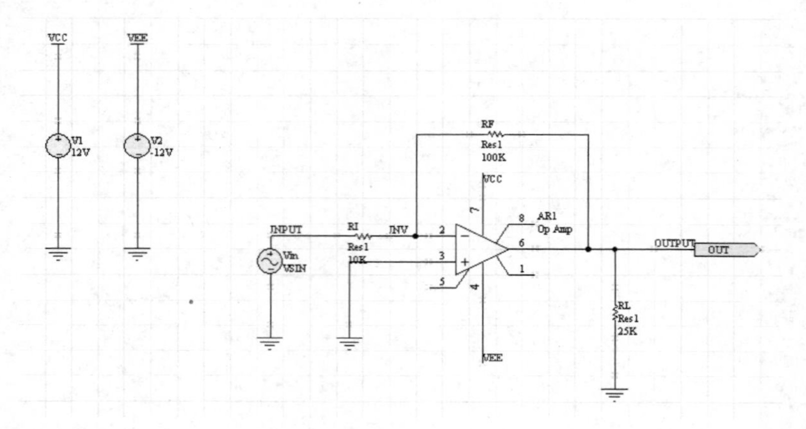

图 10-127　温度扫描分析电路

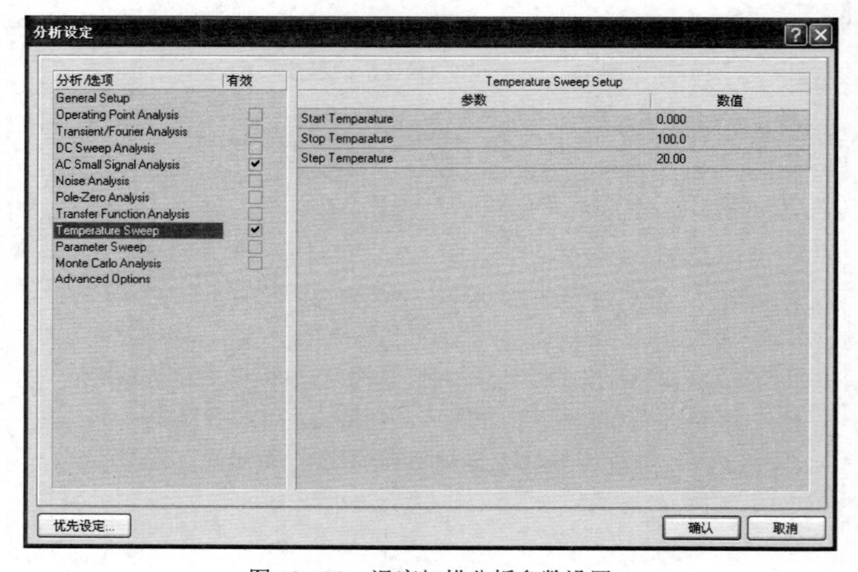

图 10-128　温度扫描分析参数设置

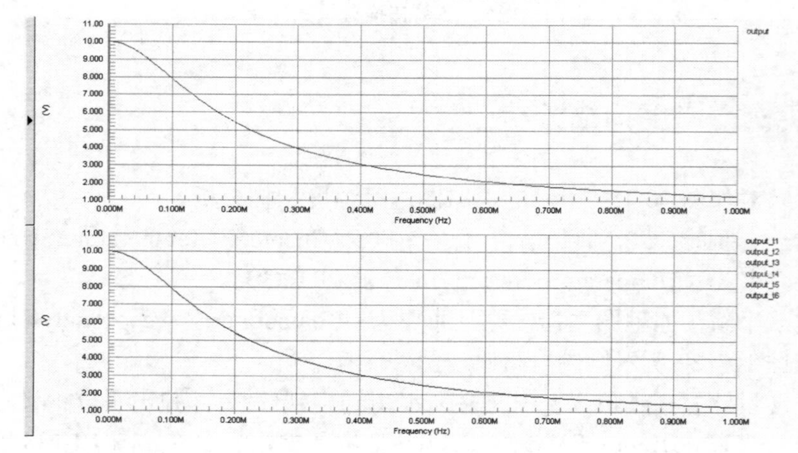

图 10-129　温度扫描分析结果

10.9　本 章 小 结

本章介绍了在 Protel DXP 中电路仿真的一般步骤、仿真分析的种类及其仿真参数的设置，详细介绍了仿真过程中用到的各种信号源和各种元器件库。在此基础上，通过电路实例阐述了各种仿真分析的参数设置及其具体的仿真步骤，包括静态工作点分析、瞬态分析、傅里叶分析、直流扫描分析、交流小信号分析、噪声分析、极点-零点分析、传递函数分析、蒙特卡罗分析、参数扫描分析及温度扫描分析，用户可以根据自己的实际需要对其中的一种或几种仿真分析进行具体学习。

10.10　思考与练习

1．简答题

（1）如何进行电路仿真？
（2）Protel DXP 提供了哪些仿真激励源？
（3）Protel DXP 提供了哪几种常用的电路仿真分析类型？

2．练习题

对 Protel DXP 安装路径“C:\Program Files\Altium 2004\Examples\Circuit Simulation\Differential Amplifier”下的电路“Differential Amplifier.SchDoc”进行以下几种仿真。

- ❑ 静态工作点分析。
- ❑ 瞬态分析。
- ❑ 交流小信号分析。
- ❑ 温度扫描分析。

第 11 章　DXP 环境下的 FPGA 设计

FPGA 是现场可编程门阵列（Field Programmable Gate Array）的简称，它是在 PAL（Programmable Array Logic）、GPL（Global Programmable Logic）、EPLD（Electrically Programmable Logic Device）等可编程器件的基础上进一步发展的产物。它作为专用集成电路（ASIC）领域中的一种半定制电路，既解决了定制电路的不足，又克服了原有可编程器件门电路数有限的缺点，具有设计开发周期短，设计制造成本低，开发工具先进，标准产品无需测试，质量稳定、编程灵活及实时在线检验、可以实现较大规模的电路设计等优点，因而广泛应用于产品的原型设计和产品生产中。

Protel DXP 2004 SP2 全面支持 FPGA 的设计，用其原理图编辑器就可以进行 FPGA 的设计输入，还能实现原理图和 VHDL 混合输入，并与 Altera 及 Xilinx 建立良好的接口，提供了大量的 FPGA 设计宏单元及强大的 VHDL 仿真综合功能。

本章介绍如何在 Protel DXP 2004 SP2 的环境下进行 FPGA 设计。

11.1　FPGA 设计初步

FPGA 具有体系结构和逻辑单元灵活、集成度高级适用范围宽的特点，兼容了 PLD 和通用门阵列的特点，同一片 FPGA 通过不同的编程数据可以产生不同的电路功能，因此，可以实现大规模的集成电路设计。在进行 FPGA 项目设计前，首先要了解 FPGA 设计的相关基础知识，包括基本概念、设计流程等。

11.1.1　FPGA 的基本概念

FPGA 通常包含三类可编程资源：可编程逻辑功能块、可编程 I/O 块和可编程内部互连。

- 可编程逻辑功能块：它是实现用户功能的基本单元，它们通常排列成一个阵列，散布于整个芯片。
- 可编程 I/O 块：用于完成芯片上逻辑与外部封装脚的接口，常围绕着阵列排列于芯片四周。
- 可编程内部互连：它包括各种长度的连线线段和一些可编程连接开关，它们将各个可编程逻辑块或 I/O 块连接起来，构成特定功能的电路。

1．FPGA内部多采用查找表的结构。

查找表简称为 LUT（Look-Up-Table），LUT 本质上就是一个 RAM。目前 FPGA 中多

使用 4 输入的 LUT，所以每一个 LUT 都可以看成一个具有 4 位地址线的 16×1 的 RAM。当用户通过原理图或 HDL 语言描述了一个逻辑电路以后，FPGA 开发软件将会自动计算该逻辑电路所有可能的结果，并把结果事先写入 RAM。这样，每输入一个信号进行逻辑运算就等于输入一个地址进行查表，找出地址对应的内容，然后输出即可。如表 11-1 所示是一个 4 输入与门的例子。

表 11-1　4 输入与门的查找表实现

实际逻辑电路		LUT 的实现方式	
a b c d → out		地址线 a b c d → 16x1 RAM (LUT) → 输出	
a,b,c,d 输入	逻辑输出	地址	RAM 中存储的内容
0000	0	0000	0
0001	0	0001	0
…	0	…	0
1111	1	1111	1

2. 基于查找表（LUT）的FPGA的结构

采用这种查找表结构的 FPGA 有 Altera 的 ACEX 和 APEX 系列及 Xilinx 的 Spartan 和 Virtex 系列等。下面以 Xilinx Spartan-II 的内部结构为例，如图 11-1 所示。

Spartan-II 主要包括 CLBs、I/O 块、RAM 块和可编程连线（未表示出）。在 SpanaIl-n 中，一个 CLB 包括两个 Slices，Slices 的结构如图 11-2 所示，每个 Slices 包括两个 LUT，两个触发器和两个相关逻辑。Slices 可以看成是 Spartan-II 实现逻辑的最基本结构（Xilinx 其他系列，如 SpartanXL，Virtex 的结构与此稍有不同，具体请参阅数据手册）。

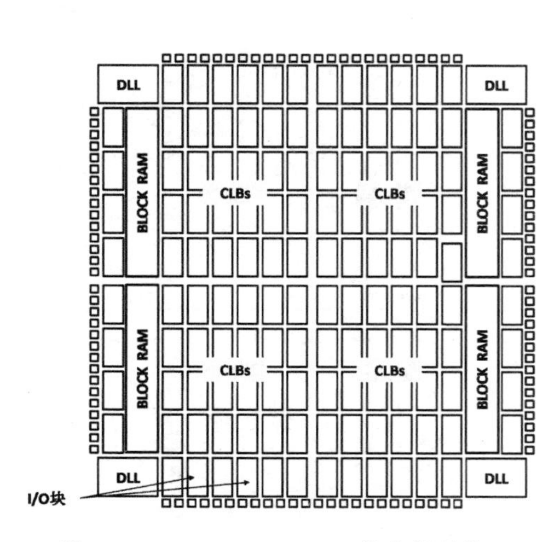

图 11-1　Xilinx Spartan-II 的内部结构

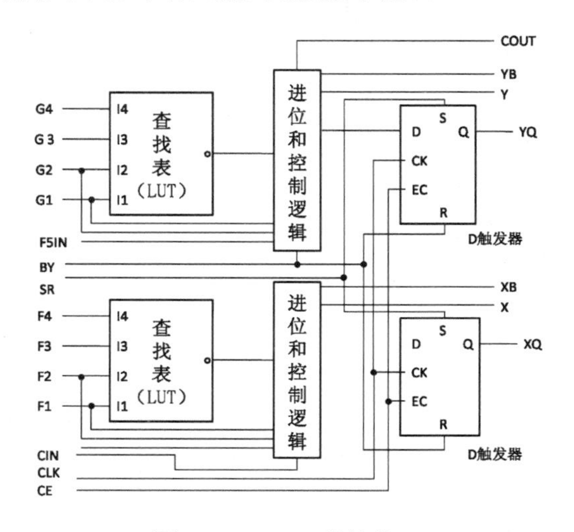

图 11-2　Slices 的结构

3. 查找表结构的FPGA逻辑实现原理

简单的 4 输入与门电路如图 11-3 所示。下面说明其 FPGA 的逻辑实现原理。A，B，C，

D 由 FPGA 芯片的引脚输入后进入可编程连线，然后作为地址线连到 LUT，LUT 中已经事先写入了所有可能的逻辑结果，通过地址查找到相应的数据后输出，这样组合逻辑就实现了，该电路中 D 触发器是直接利用 LUT 后面 D 触发器来实现的。时钟信号 CLK 由 I/O 脚输入后进入芯片内部的时钟专用通道，直接连接到触发器的时钟端。触发器的输出与 I/O 脚相连，把结果输出到芯片引脚，从而完成了图 11-3 所示的 4 输入与门电路的功能。以上这些步骤都是由软件自动完成的，不需要人为干预。

对于一个 LUT 无法完成的电路，就需要通过进位逻辑将多个单元相连，这样 FPGA 就可以实现复杂的逻辑。

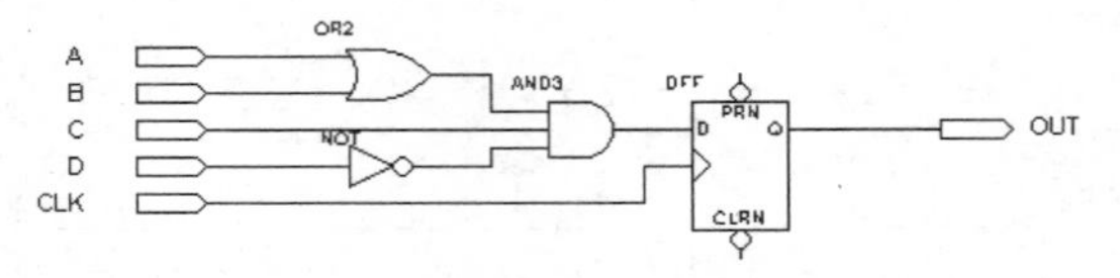

图 11-3　简单的 4 输入与门电路

11.1.2　FPGA 设计流程

Protel DXP 中的 FPGA 设计一般要经过以下几个步骤。

1．创建FPGA项目

通过以下方法可以创建 FPGA 项目：

- 执行【文件】→【创建】→【项目】→【FPGA 项目】菜单命令，创建一个新的 FPGA 项目，此时，在工作区面板的【Projects】选项卡中将显示一个名为 FPGA_Project1.PrjFpg 的项目，但在此项目中无任何文件，如图 11-4 所示。
- 单击主工具栏中的按钮也可以创建 FPGA 项目，在弹出的【Files】面板的【新建】区域中选择【Blank Project（FPGA）】选项来建立 FPGA 项目，如图 11-5 所示。

图 11-4　新建 FPGA 项目

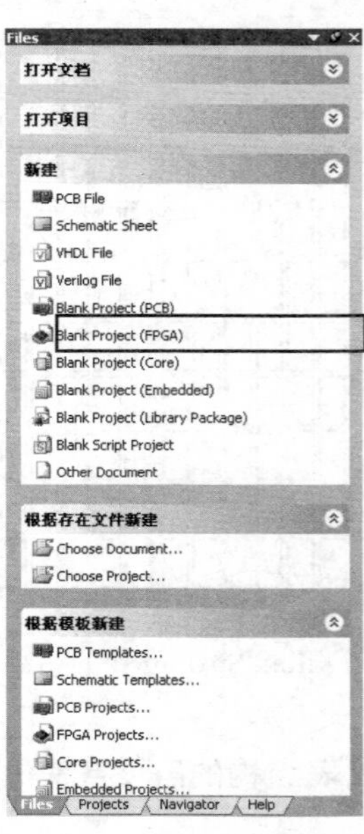

图 11-5　新建 FPGA 项目

执行【文件】→【另存项目为…】菜单命令，弹出【Save FPGA_Project1.PrjFpg As…】对话框，如图 11-6 所示，选择项目保存的路径和文件名，注意扩展名为“.PrjFpg”。

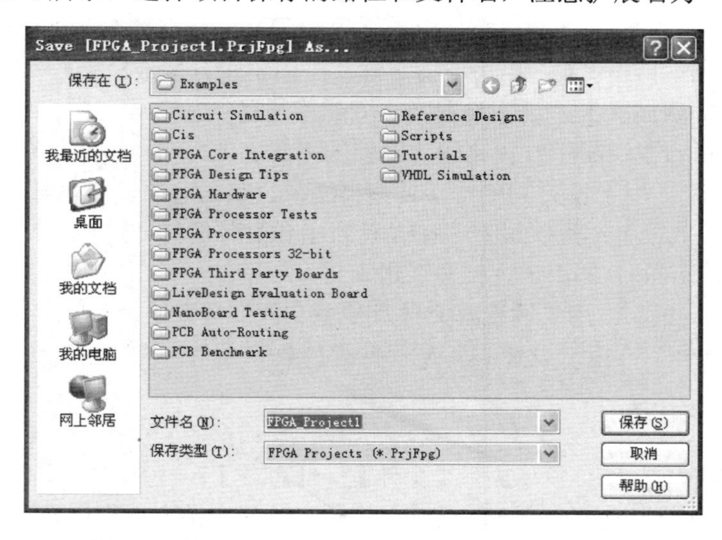

图 11-6　【Save FPGA_Project1.PrjFpg As…】对话框

2. 设置FPGA项目的属性

创建好 FPGA 项目后，还需要对相关属性，如错误报告、比较器、综合和仿真等进行设置，以帮助项目的设计和优化。

通过以下方法可以打开【Options for FPGA Project…】对话框，对 FPGA 项目属性进行设置。

- ❑ 执行【项目管理】→【项目管理选项】菜单命令。
- ❑ 快捷键 C+O。
- ❑ 将光标移动到项目上，单击右键，在弹出快捷菜单中选择【项目管理选项】选项。

【Options for FPGA Project …】对话框，如图 11-7 所示。

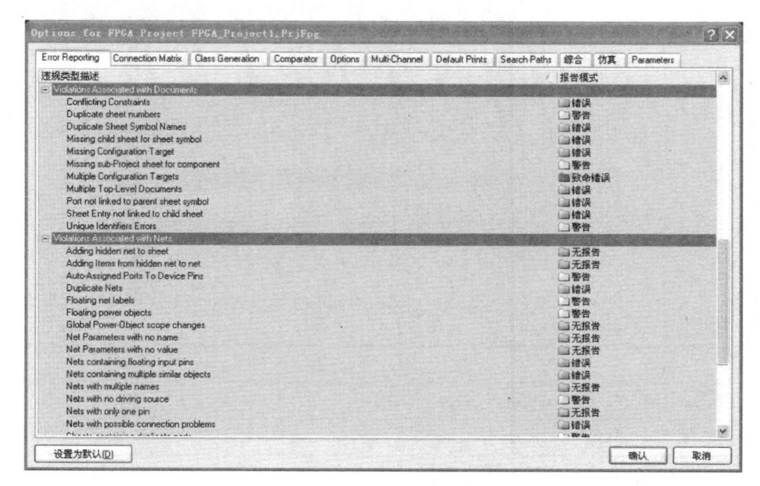

图 11-7　【Options for FPGA Project FPGA_Project1.PrjFpg】对话框

各选项卡的作用分别如下。

- 【Error Reporting】：用于设置系统在运行 ECO 时，出错的状态：错误、警告还是无报告。
- 【Connection Matrix】：用于连接矩阵，一般不进行修改。
- 【Class Generation】：用于设置类生成的相关属性。
- 【Comparator】：用于设置比较时比较的不同之处。
- 【Options】：用于设置 FPGA 项目输出路径、输出选项、网表选项和导航选项。
- 【Default Prints】：用于设置 FPGA 项目中各文件的打印选项。
- 【Multi-Channel】：用于进行多通道设置。
- 【Search Paths】：用于设置库文件及模型文件的搜索路径。
- 【Parameters】：用于设置 FPGA 项目的参数等。

3. VHDL编译环境

在已创建的 FPGA 项目中，执行【文件】→【创建】→【VHDL 文件】菜单命令，在项目文件夹中将自动生成一个 VHDL1.Vhd 文件。同时，此文件在主窗口中被打开，处于文本编辑器状态，如图 11-8 所示。

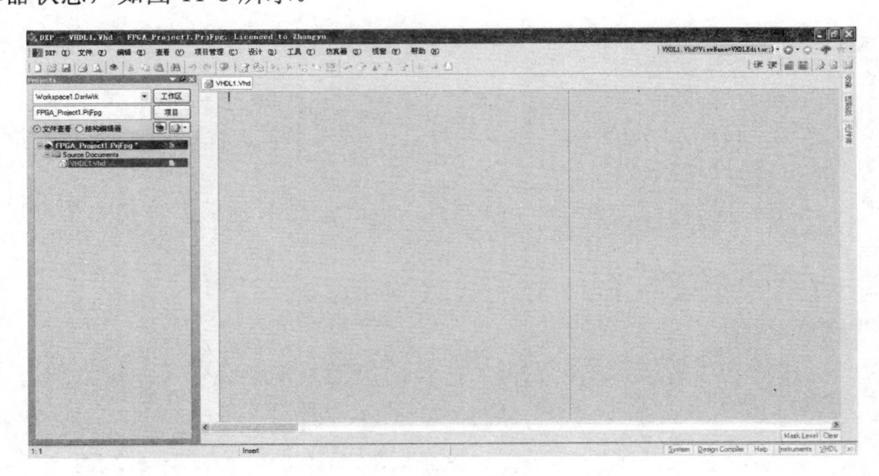

图 11-8　新建 VHDL 文件

可以发现工作界面中出现了【VHDL 工具栏】按钮，如图 11-9 所示。

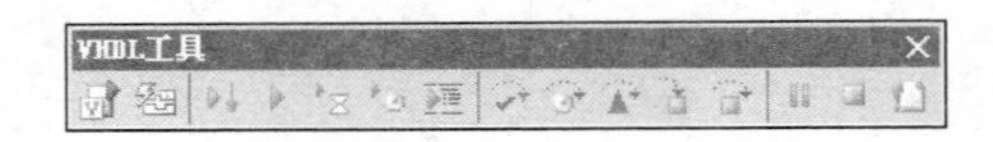

图 11-9　VHDL 工具栏按钮

各按钮功能描述如下。

按钮	功能
	用于编译当前的项目，快捷键为 Ctrl+F9
	用于仿真当前的项目
	用于持续执行仿真，快捷键为 F9
	用于执行仿真一个时间段

续表

按钮	功能
	按最后时间段执行仿真，快捷键为 Ctrl+F5
	用于执行仿真到某一时间，快捷键为 Ctrl+F8
	用于执行仿真到光标位置为止
	用于执行仿真到下一个调试断点，快捷键为 Ctrl+F11
	用于按时间段单步执行仿真，且要执行仿真进程或函数内的语句，快捷键为 Ctrl+F7
	用于单步进入执行仿真，但不执行进程或函数内的语句，快捷键为 F7
	用于单步跨越执行仿真，快捷键为 F8
	用于停止仿真
	用于重置仿真阶段，快捷键为 Ctrl+F2
	用于结束仿真阶段，快捷键为 Ctrl+F3
	用于 Delta 单步执行仿真，快捷键为 F6

11.1.3　VHDL 语言简介

随着 EDA 技术的发展，使用硬件描述语言（HDL）进行设计输入已成为一种趋势。目前，最主要的硬件描述语言是 VHDL 和 Verilog HDL。VHDL 是超高速集成电路硬件描述语言（Very High Speed Integrated Circuit Hardware Description Language）的简称，它发展得较早，语法严格，而 Verilog HDL 是在 C 语言的基础上发展起来的一种硬件描述语言，语法较自由。

一个完整的 VHDL 程序包括实体（entity）、结构体（architecture）、配置（configuration）、包（package）、库（library）五个部分。其中，前四个部分是可分别编译的源设计单元。VHDL 程序结构可以用图 11-10 表示。

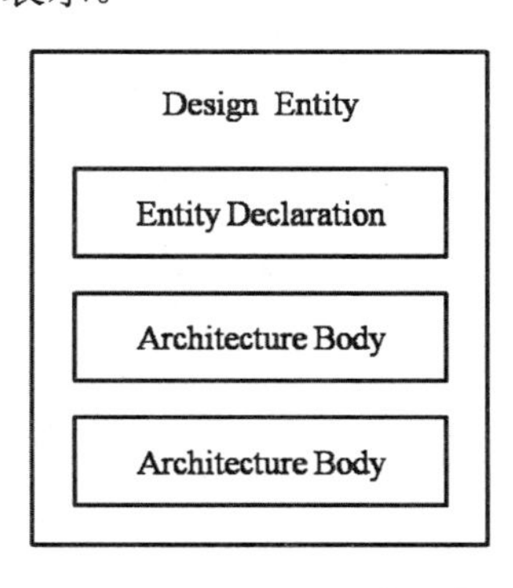

图 11-10　VHDL 程序结构

从图 11-5 中可以看出，VHDL 设计项目至少要包含一个实体和结构体的定义。一个程序只能有一个实体，但可以有多个结构体。实体相当于元器件的外壳，用于描述设计系统的外部接口信号，而结构体相当于内部电路结构，用于描述系统的行为、系统数据的流程或系统组织结构形式。元器件是固定的，但具体的电路实现可以是多样化的。

实体是 VHDL 程序的基本设计单元，是电子系统的抽象。简单的实体可以是一个与门电路，复杂的实体可以是一个微处理器或一个数字电子系统。实体由实体说明和结构体说明两部分组成。

1．实体说明

实体说明是一个器件的外观视图，即从外部看到的器件外貌，包括端口等。实体说明也可以定义参数，并把参数从外部传入模块内部。任何一个基本设计单元的实体说明都具有如下结构。

```
ENTITY 实体名 IS
[GENERIC(类属表);]
[PORT(端口表);]
实体说明部分;
[BEGIN
实体语句部分;]
END [ENTITY][实体名];
```

[ ]中的内容是可选的，即可以没有这部分内容。

可以看出，实体说明以“ENTITY 实体名 IS”开始，以“END 实体名”结束。实体说明在 VHDL 程序设计中描述一个元器件或一个模块与设计系统的其余部分（其余元器件、模块）之间的连接关系，可以看作一个电路图的符号。

2．端口说明

端口说明是对设计实体与外部接口的描述，也可以说是对外部引脚信号的名称、数据类型和输入输出方向的描述。端口为设计实体和其外部环境通信的动态信息提供通道，其功能对应于电路图符号的一个引脚。实体说明中的每一个 I/O 信号被称为一个端口，一个端口就是一个数据对象。每个端口必须有一个名字、一个通信模式和一个数据类型，是实体的重要组成部分。端口说明的一般格式如下。

```
Port(端口名：模式    数据类型名;
     端口名：模式    数据类型名）;
```

- 端口名：端口名是定义的每个外部引脚的名称，通常用几个英文字母或一个英文字母加数字表示。名称的含义要明确。
- 模式：用来说明数据、信号通过该端口的传输方向。端口模式有 in、out、buffer、inout。
- 数据类型：数据类型用于标明出入端口的数据类型。VHDL 语言的 IEEE 1706/93 标准规定，EDA 综合工具支持的数据类型为布尔型（boolean）、位型（bit）、位矢量型（bit-vector）和整数型（integer）。

由 IEEE std_logic_1164 所约定的、由 EDA 工具支持和提供的数据类型为标准逻辑（standard logic）类型，即布尔型、位型、位矢量型和整数型。为了使 EDA 工具的仿真、综合软件能够处理这些逻辑类型，这些标准库必须在实体中声明或在 USE 语句中调用。

下面以 2 输入与门的 VHDL 描述为例，了解其实体说明的结构。

```
ENTITY and2 IS
GENERIC(tpd_hl, tpd_lh: TIME:=2ns);
PORT(input: IN Bit_vector(1 to 0);
Output: OUT Bit);
END and2;
```

3．结构体

结构体是次级设计单元，具体指明了该设计实体的结构或行为，定义了该设计实体的功能，规定了该设计实体的数据流程，指定了该实体中内部元器件的连接关系，把一个设计的输入和输出之间的关系建立起来。由于结构体是对实体功能的具体描述，因此，一定要跟在实体的后面。

从图 11-5 中可以看出，一个设计实体可以有多个结构体，分别代表该器件的不同实现方案。一个结构体的一般书写格式如下。

```
ARCHITECTURE 结构体名 OR 实体名 IS
[定义语句]
BEGIN
[并行处理语句]
[进程语句]        --器件的功能实现部分
END 结构体名;
```

一个结构体的组织结构从“ARCHITECTURE 结构体名 OR 实体名 IS”开始，到“END 结构体名”结束。

4．描述风格

描述风格也就是建模方法。

用 VHDL 语言描述结构体有以下四种方法。

- ❑ 行为描述法：采用进程语句，顺序描述被称为设计实体的行为。
- ❑ 数据流描述法：采用进程语句，顺序描述数据流在控制流作用下被加工、处理、存储的全过程。
- ❑ 结构描述法：采用并行处理语句描述设计实体内的结构组织和元器件互连关系。
- ❑ 混合描述法：采用多个进程(process)、多个模块(blocks)、多个子程序(subprograms)的子结构方式，将前三种基本的描述方法组合起来。

关于 VHDL 语言更为详细的知识，用户可参阅有关 VHDL 语言方面的书籍。

11.2　对 VHDL 和原理图的混合设计与仿真

Protel DXP 不仅支持原理图的输入方法和 VHDL 输入方法，还支持 VHDL 和原理图混合输入方法，该方法在适合用 VHDL 的地方用 VHDL，适合用原理图的地方用原理图，既增强了电路的可移植性，又减轻了设计者的设计压力，提高了设计效率。

VHDL 和原理图相结合的输入方法属于层次化设计的范畴，层次化设计的概念在第 5 章已有描述。不同的是，在 VHDL 和原理图的混合设计中，顶层原理图中的子图符号既可以是原理图，也可以是 VHDL 语言描述的电路系统或模型。

该方法设计流程如图 11-11 所示。

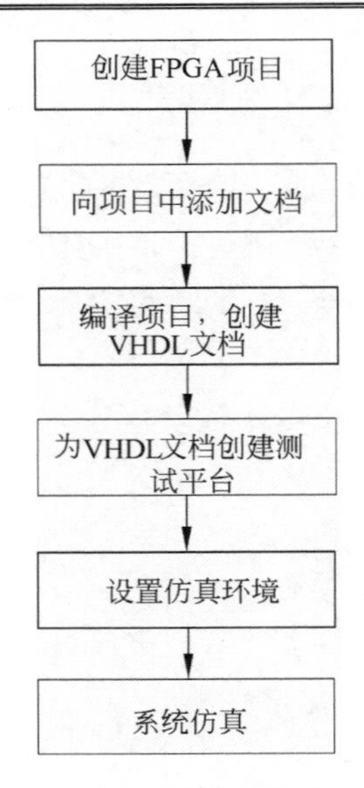

图 11-11　采用 VHDL 和原理图相结合的输入方法设计流程

📖：要在 Protel DXP 中引入 VHDL 文件以及对 VHDL 文件进行编译，必须安装 Protel DXP Service Pack2。

本节将通过一个实例介绍如何用 DXP 来建立与仿真 VHDL 和原理图的混合设计。本例要求采用 VHDL 和原理图的混合设计方法，设计一个一位的二进制全加器。全加器的 VHDL 和原理图的混合设计原理图如图 11-12 所示。

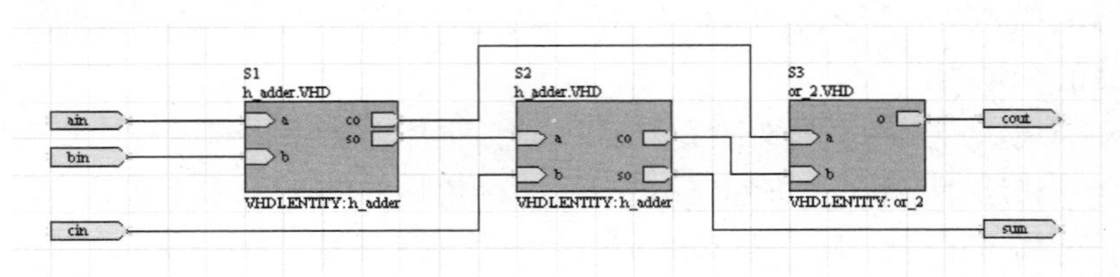

图 11-12　一位二进制全加法器

一位二进制半加器真值表如表 11-2 所示。其中 a、b 是输入端，So 是和、Co 是进位端。

表 11-2　二进制半加器真值表

a	b	So	Co
0	0	0	0
0	1	1	0
1	0	1	0
1	1	0	1

11.2.1　创建一个 FPGA 项目

（1）执行【文件】→【创建】→【项目】→【FPGA 项目】菜单命令，创建一个新的

FPGA 项目，此时，在工作区面板的【Projects】选项卡中将显示一个名为 FPGA_Project1.PrjFpg 项目，但在此项目中无任何文件。

（2）执行【文件】→【另存项目为...】菜单命令，弹出【Save FPGA_Project1.PrjFpg As...】对话框，选择项目保存的路径为“E:\Chapter11\”和文件名为“f_adder.PrjFpg”。

（3）向项目中添加文档。本例采用自底向上的设计方法，先创建底层文档。将光标移动到在工作区面板中的【Projects】选项卡中的项目文件“f_adder.PrjFpg”上，单击右键，在弹出的快捷菜单中选择【追加新文件到项目】→【VHDLDocument】命令，系统自动为该项目创建一个新的名为“VHDLl.Vhd”文件。

（4）执行【文件】→【另存为...】菜单命令，弹出【Save VHDL1.Vhd As...】对话框，如图 11-13 所示。选择文件保存的路径为“E:\Chapter11\”和文件名为“h_adder.Vhd”。

（5）“h_adder.vhd”文件，用于描述一个一位的半加器，该半加器有两个输入端“a”和“b”，两个输出端“So”和“Co”。其中“So”是两个输入端的和，“Co”是两个输入端求和后的进位标志，该半加器的模型如图 11-14 所示。

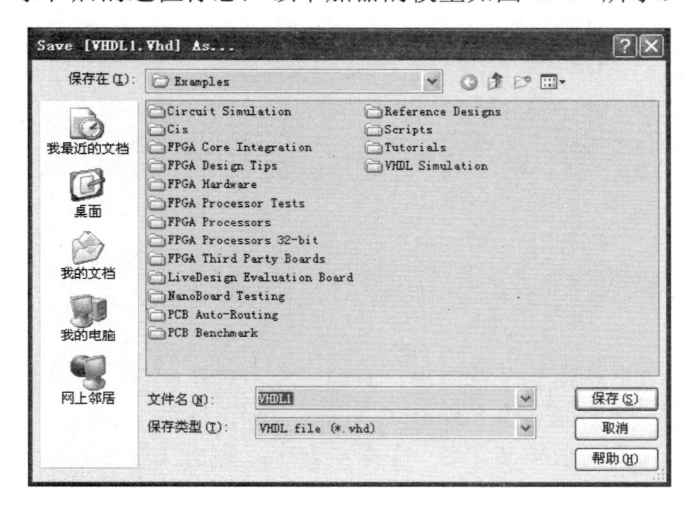

图 11-13 【Save VHDL1.Vhd As...】对话框

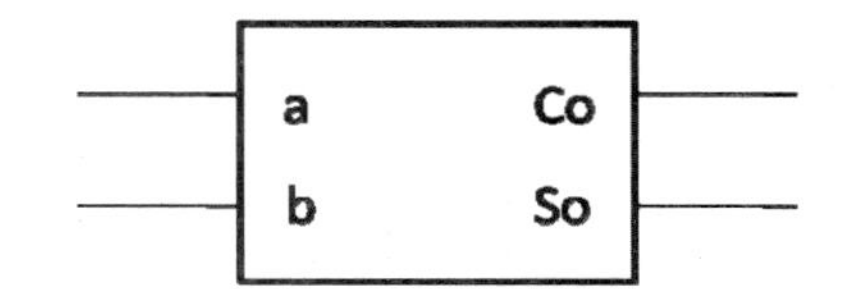

图 11-14　半加器的模型

其 VHDL 代码如下。

```
-------------------------------------------
library ieee;
use ieee.std_logic_1164.all;
entity h_adder is
port(a,b:in std_logic;
        co,so:out std_logic);
end entity h_adder;
architecture str of h_adder is
signal abc:std_logic_vector(1 downto 0);
begin
abc<=a&b;
process(abc)
begin
case abc is
when ¡°00¡±=>so<=¡®0¡¯;co<=¡®0¡¯;
when "01"=>so<='1';co<='0';
when "10"=>so<='1';co<='0';
```

```
when "11"=>so<='0';co<='1';
when others=>null;
end case;
end process;
end architecture str;
----------------------------------------
```

（6）将以上代码带入“h_adder.vdh”中保存。

（7）重复（3）～（4），继续为该项目添加一个 VHDL 文件，文件名为：“or_2.vhd”。

该文件用于描述一个或门，有两个输入端“a”和“b”，一个输出端“o”。其模型如图 11-15 所示。

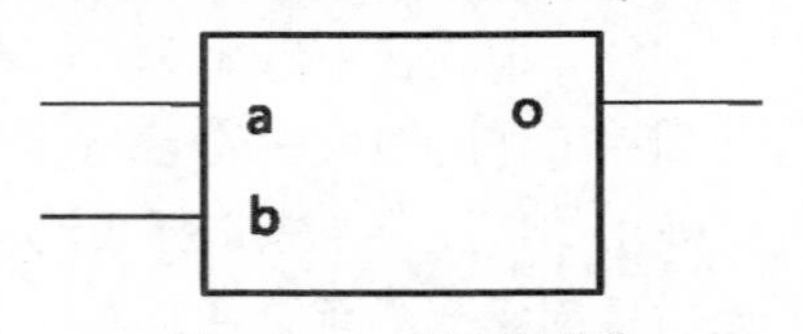

图 11-15　或门的模型

其 VHDL 代码如下。

```
---------------------------------------------
library ieee;
use ieee.std_logic_1164.all;
entity or_2  is
port(a,b:in std_logic;
         c:out std_logic);
end entity or_2;
architecture str of or_2  is
architecture str of or_2  is
begin
c<=a or b;
end architecture str;
```

至此，底层文档已经创建好了。

11.2.2　创建顶层原理图文档

（1）执行【文件】→【创建】→【原理图】菜单命令，新建一个原理图文件，并且执行【文件】→【另存为…】菜单命令，将其命名为 f_adder.SchDoc，如图 11-16 所示。

（2）执行【设计】→【模版】→【设定模版文件名…】菜单命令，弹出【打开】对话框，在“\Altium\Template\”文件夹中找到 A4.SchDot 模板文件，如图 11-17 所示。单击【打开】按钮，弹出【更新模板】对话框，如图 11-18 所示。

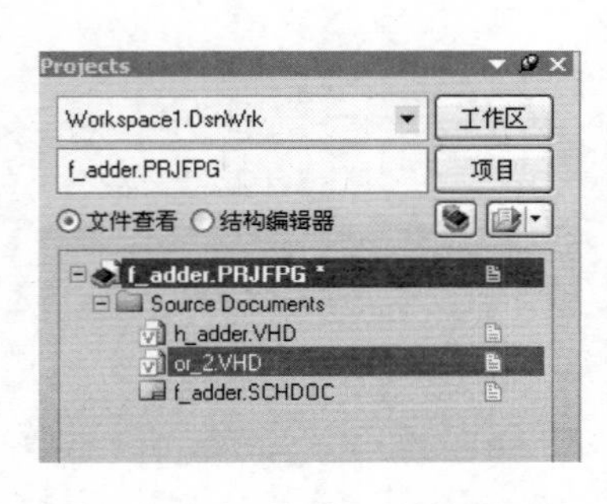

图 11-16　创建顶层原理图文件

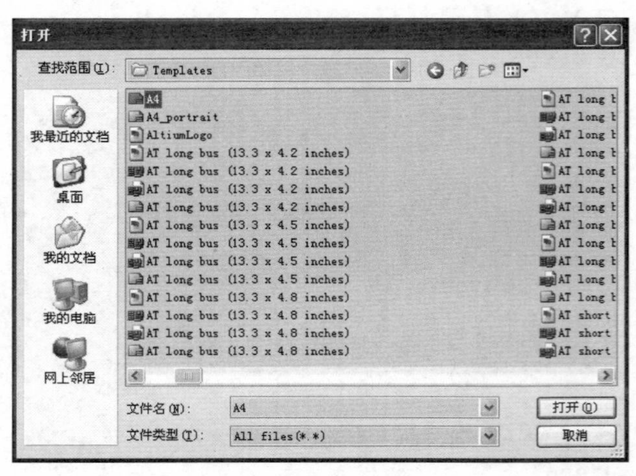

图 11-17　选择模板对话框

（3）用户可根据需要进行选择，单击 确认 按钮，弹出如图 11-19 所示的【DXP Information】对话框，显示应用此模板的文件个数。单击 OK 按钮，关闭该对话框，返回到原理图工作界面。

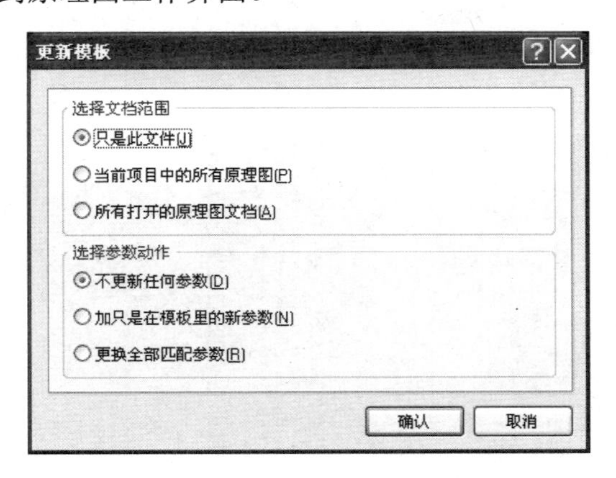

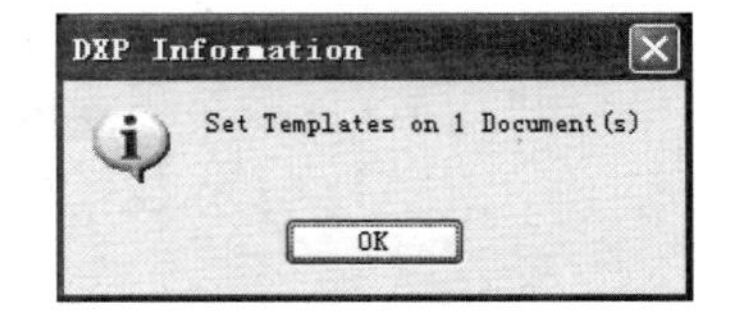

图 11-18 【更新模板】对话框　　　　图 11-19 【DXP Information】对话框

Symbol（符号）是 VHDL 文件和原理图文件联系的桥梁。VHDL 文件属于底层文件，在顶层文件中 VHDL 文件以“黑匣”的形式，只显示其外部端口用于与其他部分电路连接，这些端口则是 VHDL 文件中定义的实体的端口。

（4）在原理图文件“f_adder.SCHDOC”窗口中，执行【设计】→【根据图纸建立图纸符号】菜单命令，弹出【Choose Document to Place】对话框，如图 11-20 所示。

图 11-20 【Choose Document to Place】对话框

（5）选择要生成符号的文件（本例中选择 h_adder.VHD）后，单击 确认 按钮，则在鼠标上有一个浮动的符号出现在原理图上，如图 11-21 所示。在此需要说明的是，如果 VHDL 文件包含有多个实体，弹出选择 VHDL 实体对话框，要求设计者选择实体。

如果选择了文档“or_2.Vhd”，并单击 确认 按钮，弹出如图 11-22 所示的【DXP Error】对话框，这种错误大都是由错误的语法或错误的结构引起的，用户需要仔细检查 VHDL 文档中的错误并进行修改。

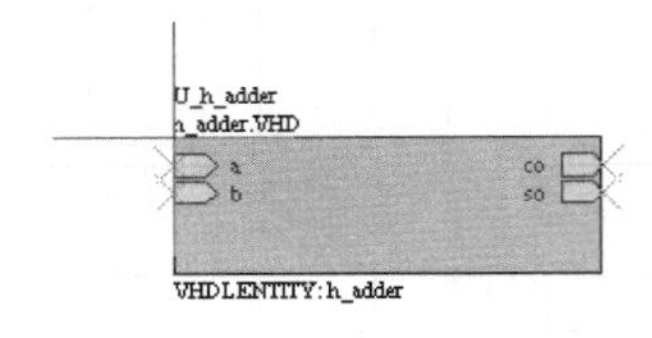

图 11-21　光标上黏附着图纸符号的轮廓　　　　图 11-22 【DXP Error】对话框

（6）从轮廓图中可以看到，图纸符号上已经添加了与文档“h_adder.Vhd”中用 VHDL 描述器件的端口相对应的图纸入口。在图纸符号放置状态按下【Tab】键，弹出【图纸符号】对话框，修改【标识符】为“S1”，检查【文件名】是否为“h_adder.Vhd”，如图 11-23 所示。单击 确认 按钮，关闭该对话框，系统处于放置图纸符号状态，移动光标到适当位置，单击放置该图纸符号。

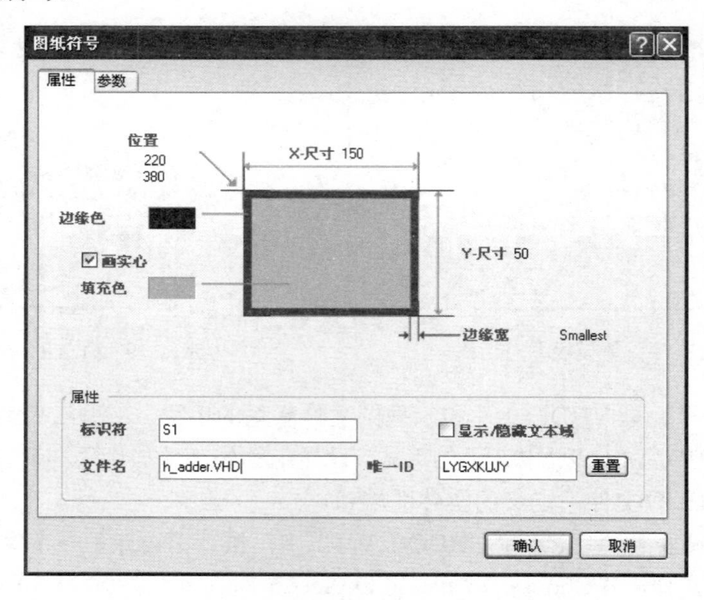

图 11-23 【图纸符号】对话框的设置

（7）重复步骤（4）～（6），在原理图上放置由同一个 VHDL 文档“h_adder.Vhd”产生的图纸符号，检查其【图纸符号】对话框中的【文件名】是否为“h_adder.Vhd”，并设置其【标识符】为“S2”。

（8）用同样的方法在原理图上放置一个由 VHDL 文档“or_2.Vhd”产生的图纸符号，检查其【图纸符号】对话框的【文件名】是否为“or_2.Vhd”，并编辑其【标识符】为“S3”。至此，完成了由底层 VHDL 到顶层图纸符号的放置，放置结果如图 11-24 所示。

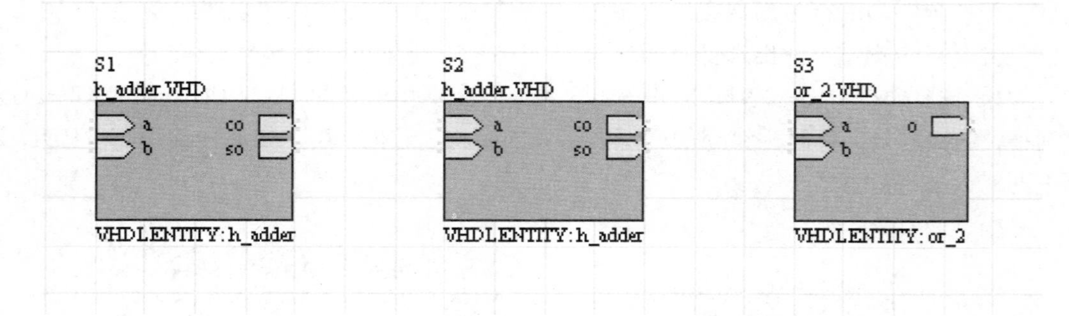

图 11-24 放置好图纸符号后的顶层原理图

（9）重复执行【放置】→【端口】菜单命令，在图纸上放置如表 11-3 所示的端口。

表 11-3　端口名称和I/O类型

名　　称	I/O 类型
ain	Input
bin	Input
cin	Input
cout	Output
sum	Output

（10）放置完各端口的原理图如图 11-25 所示。

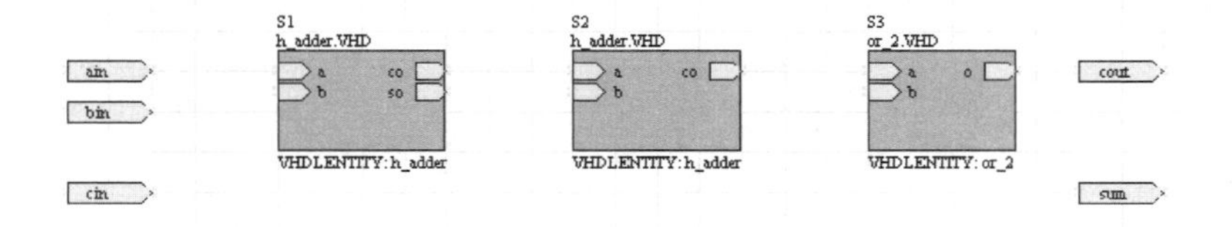

图 11-25　放置完各端口的原理图

（11）根据电气连接属性，调整图纸符号、各图纸入口以及端口的布局，用导线对其进行连接，并放置相应的网络标号，完成顶层原理图的设计。设计结果如图 11-26 所示。

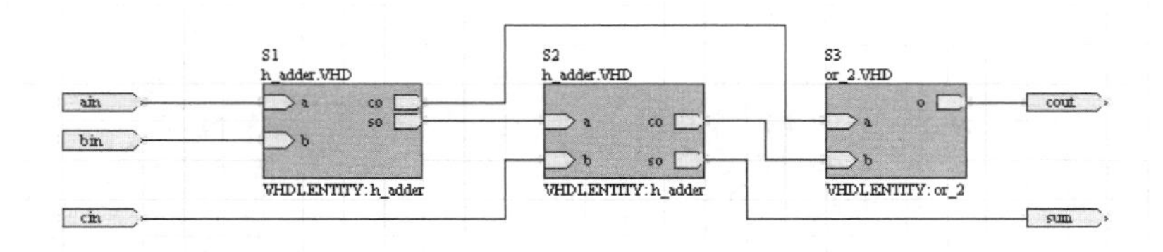

图 11-26　连接好的顶层原理图的设计

11.2.3　编译项目，由顶层原理图创建 VHDL 文档

（1）在原理图设计状态，执行【项目管理】→【Compile FPGA Project f_adder.PgjFpg】菜单命令，对项目进行编译。

（2）打开项目中的“h_adder.Vhd”文档，切换到 VHDL 文档设计界面，执行【项目管理】→【Compile Document h_adder.Vhd】菜单命令或单击工具栏上的按钮，对该 VHDL 文档进行编译，此时，系统弹出【选择顶级】对话框，正确设置对话框参数，如图 11-27 所示。

（3）单击 确认 按钮，关闭该对话框，等待系统完成编译。编译完成后，在工作区面板的【Projects】选项卡中可以看到，系统新创建了文件夹“Generated\VHDL Files”，并且新创建了一个顶级“f_adder.VHD”文件，如图 11-28 所示。

（4）打开文件“f_adder.VHD”，可以看到生成的 VHDL 文件如下。

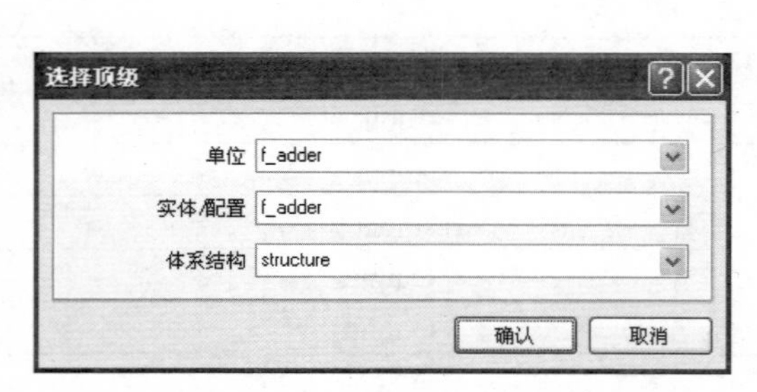

图 11-27 【选择顶级】对话框

图 11-28 编译后创建的文件夹和生成的 VHDL 文件

```
------------------------------------------------------------
-- VHDL f_adder
-- 2013 5 22 16 36 39
-- Created By "DXP VHDL Generator"
-- "Copyright (c) 2002-2004 Altium Limited"
------------------------------------------------------------

------------------------------------------------------------
-- VHDL f_adder
------------------------------------------------------------

Library IEEE;
Use     IEEE.std_logic_1164.all;

Entity f_adder Is
  port
  (
    AIN  : In    STD_LOGIC;       -- ObjectKind=Port|PrimaryId=AIN
    BIN  : In    STD_LOGIC;       -- ObjectKind=Port|PrimaryId=BIN
    CIN  : In    STD_LOGIC;       -- ObjectKind=Port|PrimaryId=CIN
    COUT : Out   STD_LOGIC;       -- ObjectKind=Port|PrimaryId=COUT
    SUM  : Out   STD_LOGIC        -- ObjectKind=Port|PrimaryId=SUM
  );
  attribute MacroCell : boolean;

End f_adder;
------------------------------------------------------------
architecture structure of f_adder is
   Component h_adder      -- ObjectKind=Sheet Symbol|PrimaryId=S1   port
      (
        A  : in  STD_LOGIC;    -- ObjectKind=Sheet Entry |PrimaryId= h_adder.
       VHD-A
        B  : in  STD_LOGIC;    -- ObjectKind=Sheet Entry|PrimaryId= h_adder.
       VHD-B
        CO : out STD_LOGIC;     -- ObjectKind=Sheet Entry|PrimaryId=h_adder.
       VHD-CO
        SO : out STD_LOGIC      -- ObjectKind=Sheet Entry|PrimaryId=h_adder.
       VHD-SO
      );
   End Component;

   Component or_2                -- ObjectKind=Sheet Symbol|PrimaryId=S3
     port
      (
```

```
      A : in  STD_LOGIC;        -- ObjectKind=Sheet Entry|PrimaryId=or_2.
      VHD-A
      B : in  STD_LOGIC;        -- ObjectKind=Sheet Entry|PrimaryId=or_2.
      VHD-B
      O : out STD_LOGIC         -- ObjectKind=Sheet Entry|PrimaryId=or_2.
      VHD-O
    );
  End Component;

   Signal PinSignal_S1_CO : STD_LOGIC; -- ObjectKind=Net|PrimaryId=CO
   Signal PinSignal_S1_SO : STD_LOGIC; -- ObjectKind=Net|PrimaryId=SO
   Signal PinSignal_S2_CO : STD_LOGIC; -- ObjectKind=Net|PrimaryId=CO
   Signal PinSignal_S2_SO : STD_LOGIC; -- ObjectKind=Net|PrimaryId=SO
   Signal PinSignal_S3_O  : STD_LOGIC; -- ObjectKind=Net|PrimaryId=O

begin
   S3 : or_2                       -- ObjectKind=Sheet Symbol|PrimaryId=S3
     Port Map
     (
       A => PinSignal_S1_CO,       -- ObjectKind=Sheet Entry|PrimaryId=or_2.
       VHD-A
       B => PinSignal_S2_CO,       -- ObjectKind=Sheet Entry|PrimaryId=or_2.
       VHD-B
       O => PinSignal_S3_O         -- ObjectKind=Sheet Entry|PrimaryId=or_2.
       VHD-O
     );

   S2 : h_adder                    -- ObjectKind=Sheet Symbol|PrimaryId=S2
     Port Map
     (
       A  => PinSignal_S1_SO,    -- ObjectKind=Sheet Entry| PrimaryId=h_
       adder.VHD-A
       B  => CIN,             -- ObjectKind=Sheet Entry|PrimaryId=h_adder.
       VHD-B
       CO => PinSignal_S2_CO, -- ObjectKind=Sheet Entry|PrimaryId=h_adder.
       VHD-CO
       SO => PinSignal_S2_SO   -- ObjectKind=Sheet Entry|PrimaryId=h_adder.
       VHD-SO
     );

   S1 : h_adder                 -- ObjectKind=Sheet Symbol|PrimaryId=S1
     Port Map
     (
       A  => AIN,             -- ObjectKind=Sheet Entry|PrimaryId=h_adder.
       VHD-A
       B  => BIN,             -- ObjectKind=Sheet Entry|PrimaryId=h_adder.
       VHD-B
       CO => PinSignal_S1_CO, -- ObjectKind=Sheet Entry|PrimaryId=h_adder.
       VHD-CO
       SO => PinSignal_S1_SO   -- ObjectKind=Sheet Entry|PrimaryId=h_adder.
       VHD-SO
     );

    -- Signal Assignments
    ---------------------
   COUT <= PinSignal_S3_O; -- ObjectKind=Net|PrimaryId=O
   SUM  <= PinSignal_S2_SO; -- ObjectKind=Net|PrimaryId=SO
```

```
end structure;
-------------------------------------------------------------
```

11.2.4 为 VHDL 创建测试平台

（1）打开系统创建的顶级 VHDL 文档“f_adder.VHD”。

（2）执行【设计】→【创建 VHDL 测试台】菜单命令，利用系统的测试平台程序模板自动创建一个名称为“Test _f_adder.VHDTST”的测试平台文档模板，以供用户在应用时进行修改，对该文档进行保存，创建的测试台文档如下。

```
-------------------------------------------------------------
-- VHDL Testbench for f_adder
-- 2013 5 22 16 49 48
-- Created by "EditVHDL"
-- "Copyright (c) 2002 Altium Limited"
-------------------------------------------------------------

Library IEEE;
Use     IEEE.std_logic_1164.all;
Use     IEEE.std_logic_textio.all;
Use     STD.textio.all;
-------------------------------------------------------------

-------------------------------------------------------------
entity Testf_adder is
end Testf_adder;
-------------------------------------------------------------

-------------------------------------------------------------
architecture stimulus of Testf_adder is
   file RESULTS: TEXT open WRITE_MODE is "results.txt";
   procedure WRITE_RESULTS(
      AIN: std_logic;
      BIN: std_logic;
      CIN: std_logic;
      COUT: std_logic;
      SUM: std_logic
   ) is
      variable l_out : line;
   begin
      write(l_out, now, right, 15);
      write(l_out, AIN, right, 2);
      write(l_out, BIN, right, 2);
      write(l_out, CIN, right, 2);
      write(l_out, COUT, right, 2);
      write(l_out, SUM, right, 2);
      writeline(RESULTS, l_out);
   end procedure;

   component f_adder
      port (
         AIN: in std_logic;
         BIN: in std_logic;
         CIN: in std_logic;
         COUT: out std_logic;
         SUM: out std_logic
      );
```

```
    end component;

    signal AIN: std_logic;
    signal BIN: std_logic;
    signal CIN: std_logic;
    signal COUT: std_logic;
    signal SUM: std_logic;

begin
    DUT:f_adder port map (
        AIN => AIN,
        BIN => BIN,
        CIN => CIN,
        COUT => COUT,
        SUM => SUM
    );

    STIMULUS0:process
    begin
        -- insert stimulus here
        wait;
    end process;

    WRITE_RESULTS(
        AIN,
        BIN,
        CIN,
        COUT,
        SUM
    );

end architecture;
------------------------------------------------------------
```

（3）向测试平台文档“Test_f_adder. VHDTST”中添加仿真测试数据。在该测试平台文档中找到如下所示程序段。

```
    STIMULUS0:process
    begin
        -- insert stimulus here    --在此添加仿真测试数据
        wait;
    end process;
```

添加的仿真测试数据如下代码。

```
STIMULUS0:process
 begin
     ain <= '1';
     bin <='1';
cin <='1';
     wait;
 end process;
```

添加完后，保存测试平台文档。

11.2.5　设置仿真环境

（1）执行【项目管理】→【项目管理选项】菜单命令，弹出【Options for FPGA Project

f_adder.PrjFpg】对话框，打开该选项的【仿真】选项卡，设置【工具】文本框为“DXP Simulator”、【Testbench 文档】下拉文本框为“Test_f_adder.VHDTST”、【顶层实体/模块/配置】文本框为“Testf_adder”、【最上层体系结构】文本框为“stimulus”、【SDF 优化】下拉文本框为“Avg”、【VHDL 标准】下拉文本框为“VHDL93”，如图 11-29 所示。对于其他选项卡的设置，用户可选择系统默认设置，也可根据自己的习惯进行修改。

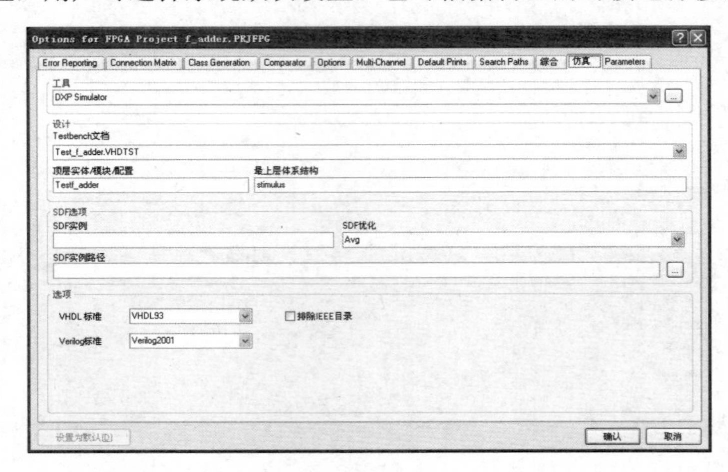

图 11-29 【仿真】选项卡的设置

（2）设置完成后，单击确认按钮，关闭该对话框。

（3）执行【工具】→【FPGA 优先选择项】菜单命令，弹出【优先设定】对话框，根据对话框中有关“FPGA”的选项进行设置。本例选择默认设置。如图 11-30 所示，单击确认按钮，关闭该对话框。

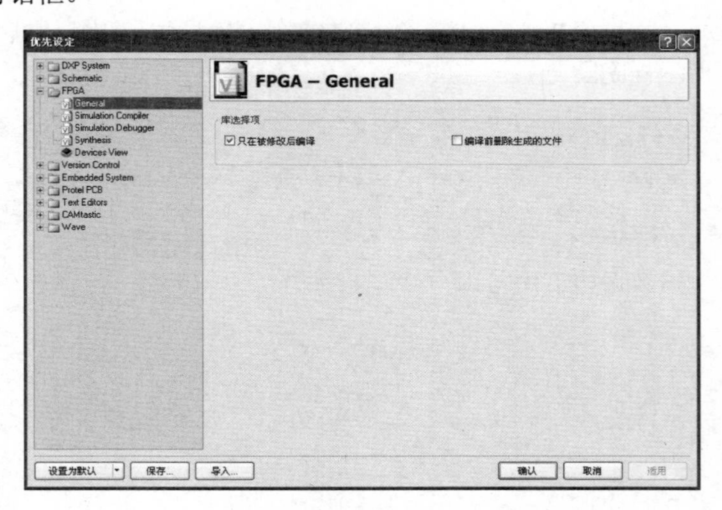

图 11-30 【优先设定】对话框“FPGA”选项

11.2.6 系统仿真

（1）执行【仿真器】→【仿真】菜单命令，开始进行仿真编译。编译结束后，系统弹出【编辑仿真信号】对话框，按照如图 11-31 所示，“Enabled（使能）”要观察的波形信号并选择“显示波形”。

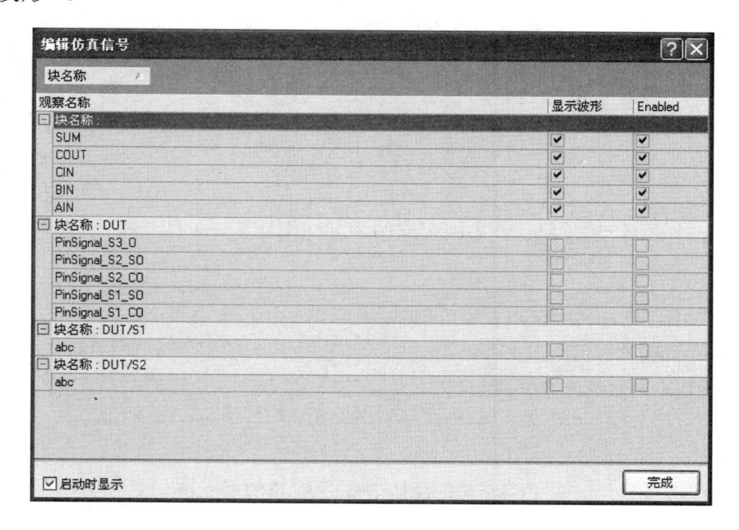

图 11-31 【编辑仿真信号】对话框

（2）设置完成后，单击 完成 按钮，关闭该对话框，弹出【仿真】对话框，并自动生成仿真波形文件“f_adder.SO”，如图 11-32 所示。

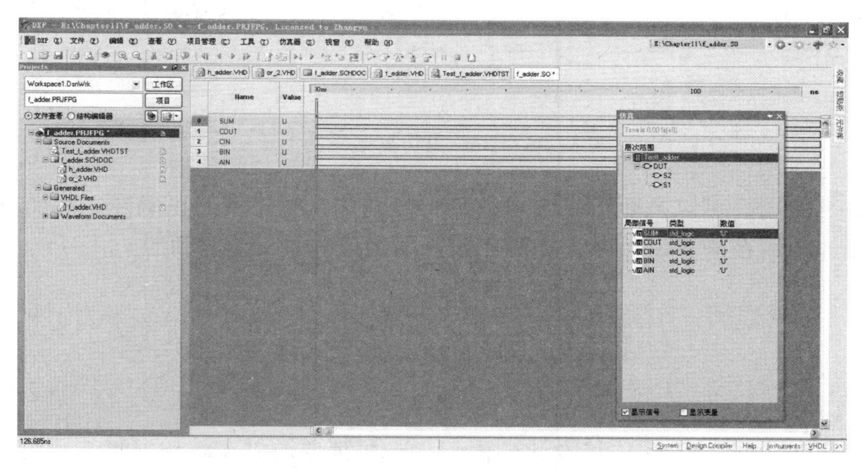

图 11-32 【仿真】对话框和生成的仿真波形文件

（3）执行【仿真器】→【执行】菜单命令，弹出【Enter time step】（设置时间步长）对话框，设置时间步长为“10.00us”，如图 11-33 所示。

图 11-33 【Enter time step】对话框

（4）单击 确认 按钮，系统开始进行波形仿真，仿真结果如图 11-34 所示。

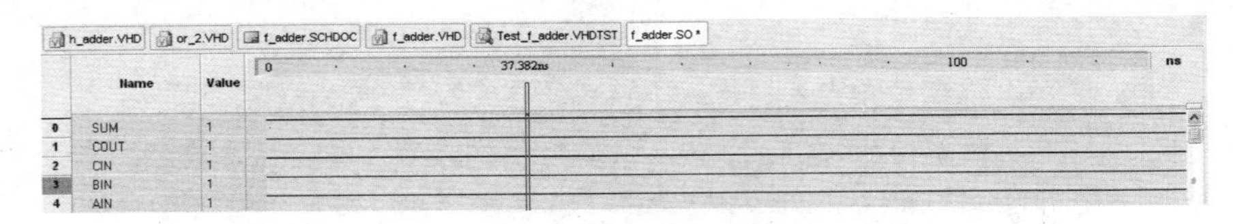

图 11-34　仿真结果

（5）拖动窗口中的滑动标尺，可以查看仿真时间内某一时刻各信号的状态，如图 11-35 所示。

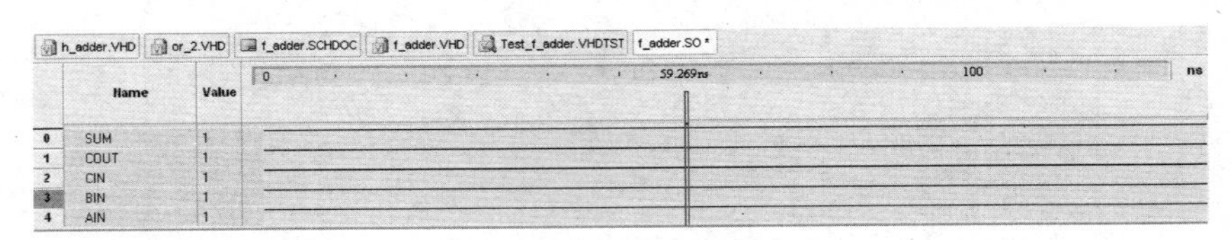

图 11-35　查看某仿真时刻的信号状态

（6）按住【Ctrl】键并滚动鼠标滑轮，可以对仿真图放大或缩小。例如，查看 10us 内的仿真结果，如图 11-36 所示。

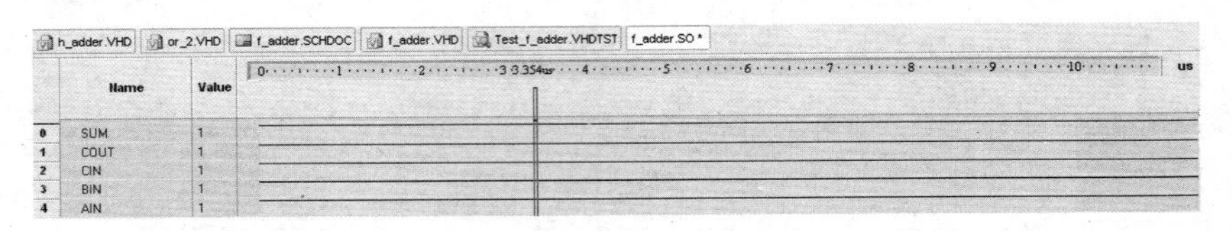

图 11-36　10us 内仿真结果的浏览

通过仿真，用户可以判断仿真波形中某一时刻仿真结果值的正确性，从而及时发现和修改电路设计中潜在的错误，大大提高了设计的效率和设计的正确性。

11.3　FPGA 属性设置

在 Protel DXP 的 FPGA 项目设计过程中，一般都要通过在端口属性、元件符号属性、项目属性、文件属性和导线属性等对话框的【参数】面板中对 FPGA 项目进行相应的参数设置。一般有两种属性：一般属性和高级属性。

11.3.1　一般属性

几乎所有的 FPGA 项目设计中都要对项目进行一般属性的设置。一般属性主要用来设置目标器件及 FPGA 项目中的引脚锁定的相关信息。

1. 【引脚锁定】属性

【引脚锁定】属性用于锁定目标器件中用于信号传递和数据交换的引脚。【引脚锁定】

属性主要放置在项目顶层文件中的端口上，通过添加或者修改参数来设置引脚的属性。【引脚锁定】属性的参数语法如下。

```
NAME: PINNUM
TYPE: STRING
VALUE:
```

【VALUE】项是设计者要分配的引脚名称。对于总线端口，在分配引脚时，【VALUE】中的各引脚名称应该用“,”隔开，且这些引脚从左至右的顺序必须与总线端口的引脚顺序保持一致。

2. 【目标器件】属性

任何 FPGA 项目的设计都是先软件仿真，然后对器件进行选型和连接。【目标器件】属性主要用于向布局和布线工具传送信息，以方便后面软件设计向硬件的转化。【目标器件】属性设定的参数语法如下。

```
NAME: PART NAME
TYPE: STRING
VALUE:
```

【VALUE】属性一般需要从器件厂商的布线和布局工具中获得。

11.3.2　高级属性

高级属性主要用于优化 EDIF 文件，同时也可为器件或端口加入更多的用于设计的信息。Protle DXP 中的高级属性包括【关键路径】属性、【约束缓冲】属性，【FPGA_GSR】属性、【时钟缓冲】属性。

1. 【关键路径】属性

参数语法如下。

```
NAME: CRITICAL
TYPE: BOOLEAN
VALUE: TRUE
```

【关键路径】属性中的关键路径主要是指目标器件中关键信号的路径。这是因为逻辑综合时，综合器会在导线上加入特定的因子，从而导致了信号的时延。此时，如果在导线上加入【关键路径】属性参数，设定其为关键路径就可以得到解决。

2. 【约束缓冲】属性

参数语法如下。

```
NAME: INHIBITBUF
TYPE: BOOLEAN
VALUE:TRUE
```

【约束缓冲】属性主要用于在【Insert I/O-Buffers】选项打开时，禁止向端口插入 I/O 缓冲。

3. 【FPGA_GSR】属性

参数语法如下。

```
NAME: FPGA_GSR
TYPE: BOOLEAN
VALUE: TRUE
```

如果将 FPGA 项目的各部分分开进行编译，或者当前编译后的 EDIF 文件将与其他项目连接，那么顶层的文件中必须有 STARTUP 符号，而其他层的 RESET 端则必须添加一个【FPGA_GSR】属性。一旦为端口加入了【FPGA_GSR】属性，那么这个端口将不与任何触发器的置 1 和置 0 端连接。

4. 【时钟缓冲】属性

参数语法如下。

```
NAME: CLOCK_BUFFER
TYPE: BOOLEAN
VALUE: TRUE
```

【时钟缓冲】属性主要用于在【Insert I/O Buffers】选项打开时，为输入缓冲加入时钟缓冲。如果没有加入输入缓冲，则只需要在系统时钟之前放置一个时钟缓冲符号即可。

11.4 Protel DXP 和 Altera FPGA 接口

Protel DXP 支持几乎所有的 Altera 的元件集成库，如表 11-4 所示。

表 11-4 Protel DXP支持的Altera库

型　　号	FPGA 库
Stratix	Altera FPGA
Apex 20k/20kE/20KC/II	Altera FPGA
Flex 10K/A/B/E	Altera FPGA
Flex 6000/8000	Altera FPGA
Acex 1k	Altera FPGA
Max3000A/5000A/9000A	Altera FPGA
Max7000/A/E/S/AE	Altera FPGA
Classic	Altera FPGA
Mercury	Altera FPGA

如果在设计 FPGA 项目时使用了 Altera 的库文件，同时利用了 FPGA 的 EDIF 网表生成器，那么项目输出文件夹中必然包含 EDF、ACF 和 TCL 等文件。此时，用户就可以通过 Altera 所提供的布局和布线工具（如 Quarters II、Max+plus II）对这些文件进行编译，并在配置完成 LMF 文件和编译完成后，通过编程器和下载器将该设计下载到 MAX 系列、FLEX 系列和 ACEX 系列等 FPGA 器件中。关于这方面更多的知识用户可参考 Max+plus II 和 Quarters II 软件的相关资料。

11.5　实例讲解——VHDL 与原理图的混合设计

为了加深用户对 VHDL 和原理图混合设计 FPGA 项目方法的理解，下面以一个 2 位十进制的计数器的设计为例介绍 VHDL 和原理图混合设计的方法和步骤。

本实例要求利用 VHDL 和原理图的混合输入方法，设计一个 2 位的十进制计数器。计数器的 VHDL 和原理图的混合设计原理图如图 11-37 所示。

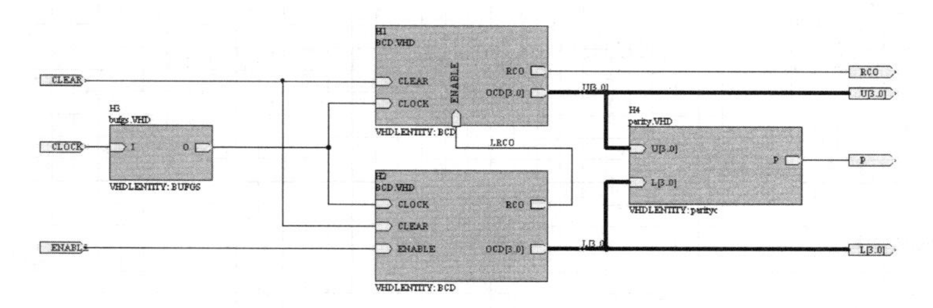

图 11-37　连接好的顶层原理图的设计

11.5.1　创建一个 FPGA 项目

（1）执行【文件】→【创建】→【项目】→【FPGA 项目】菜单命令，系统自动创建一个名称为“FPGA_Projectl.PrjFpg”的 FPGA 项目，如图 11-38 所示。

图 11-38　新建一个 FPGA 项目

（2）执行【文件】→【另存项目为】菜单命令或者将光标移到该项目文件上，单击右键，在弹出的快捷菜单中选择【另存项目为】，如图 11-39 所示，将项目保存到“E:\Chart11\BCD\”目录下，并将其重新命名为“BCD8.PrjFpg”，如图 11-40 所示。

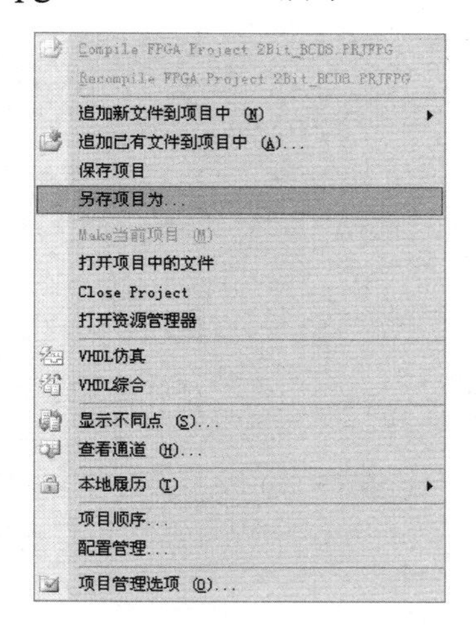

图 11-39　项目快捷菜单

图 11-40　重命名新建项目文件

11.5.2 向项目中添加文档

本例采用自底向上的设计方法，先创建底层文档。

（1）移动光标到项目文件名称上单击右键，从弹出快捷菜单中执行【追加新文件到项目中】→【VHDL Document】菜单命令，如图 11-41 所示，在项目中新添加了一个名称为“VHDL1.Vhd”的 VHDL 文档，将该 VHDL 文档重新命名为“BCD.Vhd”并保存。该文档主要用 VHDL 语言来描述实现一个一位的十进制计数器，该计数器有 1 个清零输入端（CLEAR）、1 个时钟输入端（CLOCK，上升沿计数）、1 个计数器使能端（ENABLE）、4 位计数输出端（BCD 码输出，OCD[3..0]）和 1 个进位输出端（RCO），该计数器的模型如图 11-42 所示。

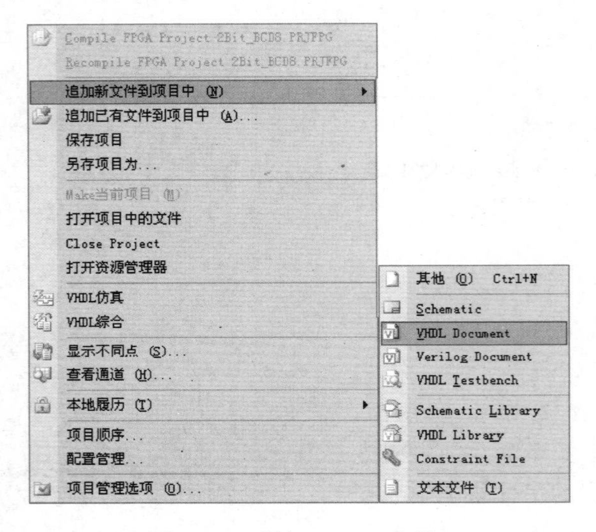

图 11-41 添加 VHDL 文档

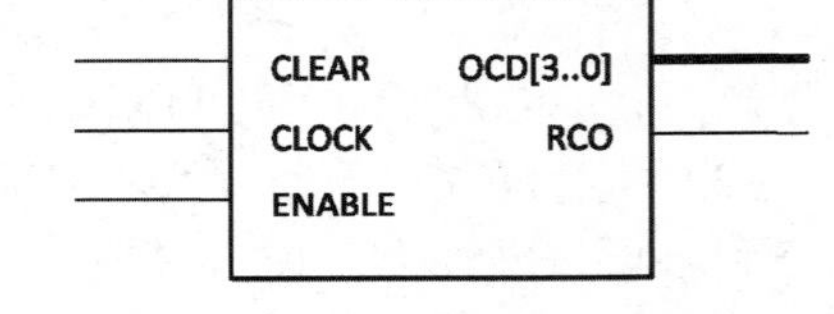

图 11-42 计数器模型

（2）在文档“BCD.Vhd”中输入以下描述十进制计数器的语言模型并进行保存。

```
----------------------------------------
library IEEE;
use IEEE.STD_LOGIC_1164.all;
use ieee.std_logic_unsigned.all;
--------BCD-----------------------------
entity BCD is
port(CLEAR,CLOCK,ENABLE:in std_logic;
            RCO:out std_logic;
            OCD:out std_logic_vector(3 downto 0));
end;
architecture RTL of BCD is
   signal CURRENT_COUNT,NEXT_COUNT: std_logic_vector(3 downto 0);
begin
REGISTER_BLOCK: process (CLEAR,CLOCK,NEXT_COUNT)
begin
    if (CLEAR='1') then
CURRENT_COUNT<=x"0";
    elsif (CLOCK='1' and CLOCK'event) then
CURRENT_COUNT<=NEXT_COUNT;
     end if;
```

```
    end process;
----------------------------------------
BCD_GENERATOR: process (CURRENT_COUNT,ENABLE)
begin
        if (CURRENT_COUNT=x"9") and (ENABLE='1') then
           NEXT_COUNT<=x"0";
           RCO<='1';
        else
           if (ENABLE='1') then
              NEXT_COUNT<= CURRENT_COUNT +1;
           else
              NEXT_COUNT <= CURRENT_COUNT;
           end if;
           RCO<='0';
        end if;
end process;
OCD <= CURRENT_COUNT;
end;
----------------------------------------
```

（3）重复步骤（1），为该项目中继续添加一个名称为“bufgs.Vhd”的 VHDL 文档并保存。

该文档主要用 VHDL 语言来描述实现一个缓冲器的模型，缓冲器具有一个输入端（I）和一个输出端（O），其模型如图 11-43 所示。

（4）向文档“bufgs.Vhd”中输入以下描述该缓冲器的 VHDL 语言模型并保存。

```
----------------------------------------
library IEEE;
use IEEE.STD_LOGIC_1164.all;
use ieee.std_logic_unsigned.all;
entity bufgs is port
   (
   I    :in  std_logic;
   O    :out  std_logic
    );
end ;
----------------------------------------
architecture rtl of bufgs is
begin
    O<=I;
end ;
```

（5）重复步骤（1），为该项目中继续添加一个名称为“parity.Vhd”的 VHDL 文档并保存。

该文档主要用 VHDL 语言来描述实现一个奇偶校验器的模型，该模型有两个 4 位 BCD 码输入端（高位 BCD 码数据 U[3..0]；低位 BCD 码数据 L[3..0]）、一个奇偶校验结果输出端（P），该元器件的模型如图 11-44 所示。

图 11-43　缓冲器模型　　　　图 11-44　奇偶校验器模型

（6）向文档“parity.Vhd”中输入以下描述该奇偶校验器的 VHDL 语言模型并保存。

```
package body utility is
```

```
        function fparity( vtctp : std_logic_vector ) return std_logic is
        variable respar:std_logic;
        begin
                respar :=.'0';
                for i in o to vtctp'length -1 loop
                    if vtctp(i) = '1' then
                       respar:= not respar;
                    end if;
                end loop;
         return respar;
       end function fparity;
end   package body utility;
-----------------------------------------------------------------------
---
library IEEE;
use IEEE.Std_Logic_1164.all;
use work.utility.all;
entity parityc is port
(
            U                : in       std_logic_vector(3 downto 0);
            L                : in       std_logic_vector(3 downto 0);
            P                : out       std_logic
);
end parityc;
-----------------------------------------------------------------------
---
 architecture parity_arch of parityc is
 signal VTC : std_logic_vector(7 downto 0);
begin
       VTC(7 downto 4)<= U;
       VTC(3 downto 0)<= L;
       P <= fparity(VTC);
 end parity_arch;
```

现在，原理图中所需要的底层文档已经创建完毕。

11.5.3 创建顶层原理图文档

（1）将光标移动到工作区面板【Projects】选项卡上，在项目文件“BCD8.PrjFpg”的名称上单击右键，从弹出快捷菜单中执行【追加新文件到项目中】→【Schematic】菜单命令。为该项目中添加一个名称为“Sheetl.SchDoc”的原理图文档，并将其重新命名为“bcd8.SchDoc”并保存。

（2）打开原理图文档“bcd8.SchDoc”，系统处于原理图编辑状态，执行【设计】→【根据图纸创建图纸符号】菜单命令，弹出【Choose Document to Place】对话框，如图 11-45 所示。

图 11-45 【Choose Document to Place】（选择放置文档）对话框

（3）选择文档“BCD.Vhd”，单击 确认 按钮，返回到原理图编辑设计界面的放置对象状态，在光标上黏附着一个图纸符号的轮廓，如图 11-46 所示。

如果选择了文档“Bufgs.Vhd”并单击 确认 按钮，弹出如图 11-47 所示的【DXP Error】对话框，这种错误大都是由错误的语法或错误的结构引起的，用户需要仔细检查 VHDL 文档中的错误并进行修改。

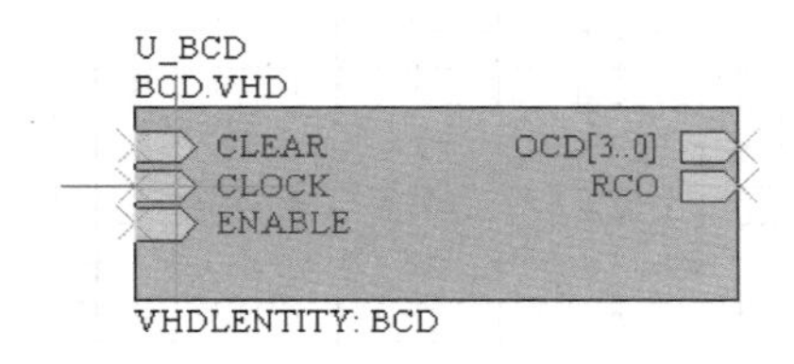

图 11-46　光标上黏附的图纸符号的轮廓

图 11-47　【DXP Error】对话框

（4）从轮廓图中可以看到，图纸符号上已经添加了与文档“BCD.Vhd”中用 VHDL 描述器件的端口相对应的图纸入口。在图纸符号放置状态按【Tab】键，弹出【图纸符号】对话框，修改【标识符】为“H1”，检查【文件名】是否为“BVD.Vhd”，如图 11-48 所示。单击 确认 按钮，关闭该对话框，系统处于放置图纸符号状态，移动光标到适当位置，单击放置该图纸符号。

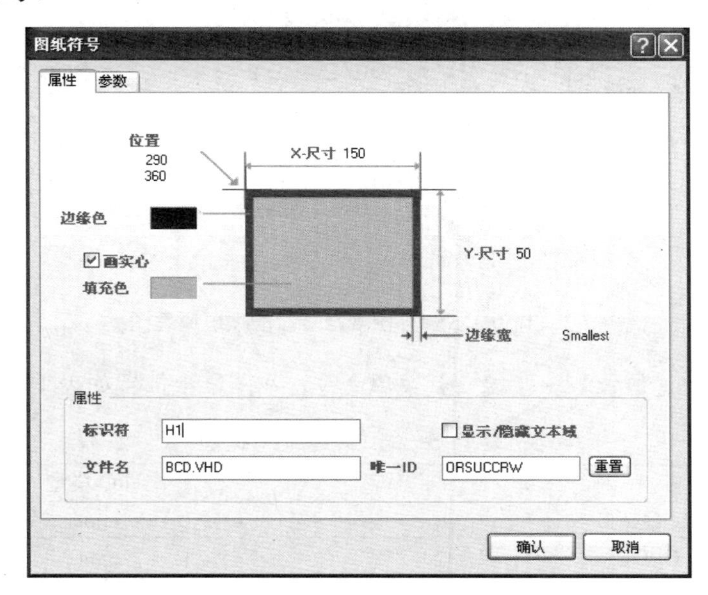

图 11-48　【图纸符号】对话框的设置

（5）重复步骤（2）～（4），在原理图上放置由同一个 VHDL 文档“BVD.Vhd”产生的图纸符号，检查其【图纸符号】对话框中的【文件名】是否为“BVD.Vhd”，并设置其【标识符】为“H2”。

（6）用同样的方法在原理图上放置一个由 VHDL 文档“bufgs.Vhd”产生的图纸符号，检查其【图纸符号】对话框的【文件名】是否为“bufgs.Vhd”，并编辑其【标识符】为“H3”。

（7）用同样的方法在原理图上放置一个由 VHDL 文档“parity.Vhd”产生的图纸符号。

在【Choose Document to Place】对话框里选择文档“parity.Vhd”，单击 确认 按钮，弹出【Choose VHDL Entities】对话框，单击选择“parityc”，如图 11-49 所示。

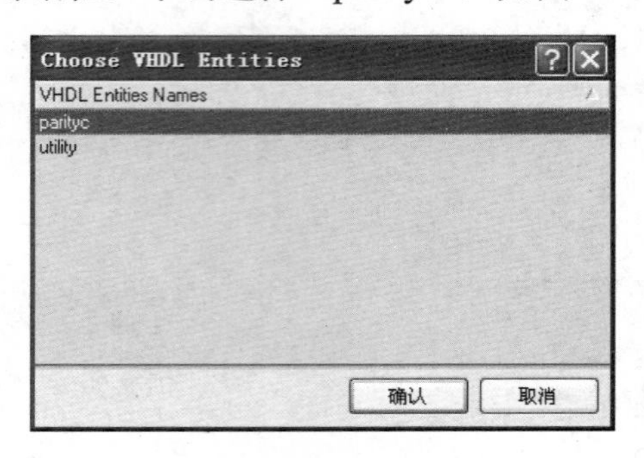

图 11-49 【Choose VHDL Entities】对话框

（8）单击 确认 按钮，系统回到原理图编辑状态，光标上黏附着一个图纸符号，检查【图纸符号】对话框中的【文件名】是否为“parity.Vhd”，并编辑其【标识符】为“H4”，将光标移到适当位置，单击放置该图纸符号。至此，完成了由底层 VHDL 到顶层图纸符号的放置，放置结果如图 11-50 所示。

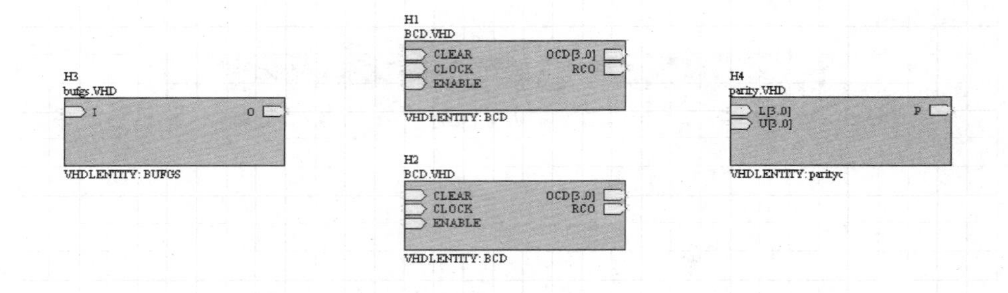

图 11-50 放置好图纸符号后的顶层原理图

（9）重复执行【放置】→【端口】菜单命令，在图纸上放置如表 11-5 所示的端口。

表 11-5 端口名称和I/O类型

名　称	I/O 类型
CLEAR	Input
CLOCK	Input
ENABLE	Input
RCO	Output
P	Output
U[3..0]	Output
L[3..0]	Output

（10）放置完各端口的原理图如图 11-51 所示。

（11）根据电气连接属性，调整图纸符号、各图纸入口以及端口的布局，用导线和总线对其进行连接，并放置相应的网络标号，完成顶层原理图的设计。设计结果如图 11-52

所示。

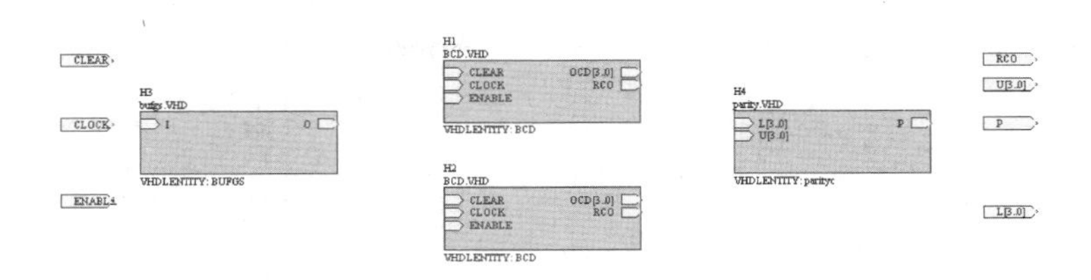

图 11-51　放置完各端口的原理图

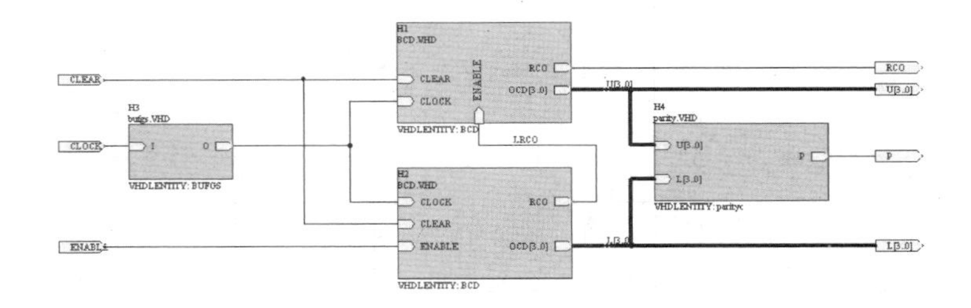

图 11-52　连接好的顶层原理图的设计

11.5.4　编译项目，由顶层原理图创建 VHDL 文档

（1）在原理图设计状态，执行【项目管理】→【Compile FPGA Project BCD8.PgjFpg】菜单命令，对项目进行编译。

（2）打开项目中的“BCD.Vhd”文档，切换到 VHDL 文档设计界面，执行【项目管理】→【Compile Document BCD.Vhd】菜单命令或单击工具栏上的按钮，对该 VHDL 文档进行编译，此时，系统弹出【选择顶级】对话框，正确设置对话框参数，如图 11-53 所示。

（3）单击 确认 按钮，关闭该对话框，等待系统完成编译。编译完成后，在工作区面板的【Projects】选项卡中可以看到，系统新创建了文件夹“Generated\VHDL Files”，并且新创建了一个顶级“bcd8.VHD”文件，如图 11-54 所示。

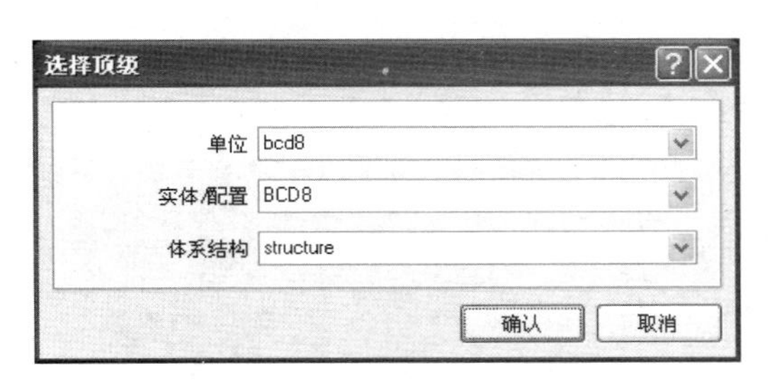

图 11-53 【选择顶级】对话框

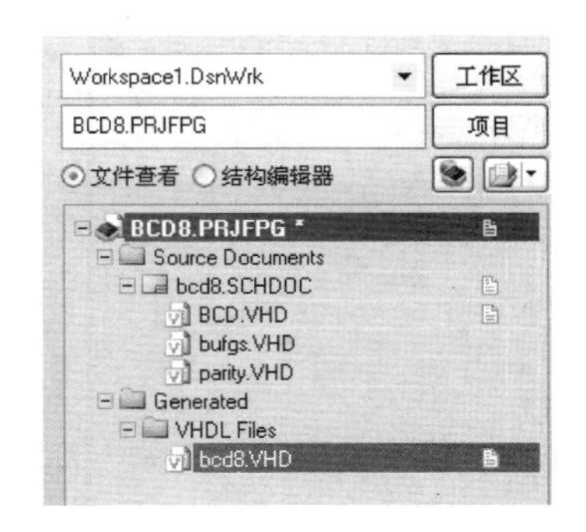

图 11-54　编译后创建的文件夹和生成的 VHDL 文件

（4）打开文件“bcd8.VHD”，可以看到生成的 VHDL 文件如下。

```
----------------------------------------------------------------
```

```
-- VHDL bcd8
-- 2013 5 14 17 27 6
-- Created By "DXP VHDL Generator"
-- "Copyright (c) 2002-2004 Altium Limited"
------------------------------------------------------------

------------------------------------------------------------
-- VHDL bcd8
------------------------------------------------------------

Library IEEE;
Use     IEEE.std_logic_1164.all;

Entity BCD8 Is
  port
  (
    CLEAR  : In    STD_LOGIC;                            --
     ObjectKind=Port|PrimaryId=CLEAR
    CLOCK  : In    STD_LOGIC;                            --
     ObjectKind=Port|PrimaryId=CLOCK
    ENABLE : In    STD_LOGIC;                            --
     ObjectKind=Port|PrimaryId=ENABLE
    L      : Out   STD_LOGIC_VECTOR(3 downto 0);         --
     ObjectKind=Port|PrimaryId=L[3..0]
    P      : Out   STD_LOGIC;                            --
     ObjectKind=Port|PrimaryId=P
    RCO    : Out   STD_LOGIC;                            --
     ObjectKind=Port|PrimaryId=RCO
    U      : Out   STD_LOGIC_VECTOR(3 downto 0)          --
     ObjectKind=Port|PrimaryId=U[3..0]
  );
  attribute MacroCell : boolean;

End BCD8;
------------------------------------------------------------

------------------------------------------------------------
architecture structure of BCD8 is
   Component BCD                                         --
   ObjectKind=Sheet Symbol|PrimaryId=H1
      port
      (
        CLEAR  : in  STD_LOGIC;                          --
    ObjectKind=Sheet Entry|PrimaryId=BCD.VHD-CLEAR
        CLOCK  : in  STD_LOGIC;                          --
    ObjectKind=Sheet Entry|PrimaryId=BCD.VHD-CLOCK
        ENABLE : in  STD_LOGIC;                          --
    ObjectKind=Sheet Entry|PrimaryId=BCD.VHD-ENABLE
        OCD    : out STD_LOGIC_VECTOR(3 downto 0);       --
    ObjectKind=Sheet Entry|PrimaryId=BCD.VHD-OCD[3..0]
        RCO    : out STD_LOGIC                           --
    ObjectKind=Sheet Entry|PrimaryId=BCD.VHD-RCO
      );
   End Component;

   Component BUFGS                                       --
   ObjectKind=Sheet Symbol|PrimaryId=H3
      port
      (
        I : in  STD_LOGIC;                               -- ObjectKind=Sheet
    Entry|PrimaryId=bufgs.VHD-I
```

```
      O : out STD_LOGIC                                  --
   ObjectKind=Sheet Entry|PrimaryId=bufgs.VHD-O
     );
   End Component;

   Component parityc                                     -- ObjectKind=Sheet
    Symbol|PrimaryId=H4
     port
     (
       L : in  STD_LOGIC_VECTOR(3 downto 0);             -- ObjectKind=Sheet
    Entry|PrimaryId=parity.VHD-L[3..0]
       P : out STD_LOGIC;                                -- ObjectKind=Sheet
    Entry|PrimaryId=parity.VHD-P
       U : in  STD_LOGIC_VECTOR(3 downto 0)              -- ObjectKind=Sheet
    Entry|PrimaryId=parity.VHD-U[3..0]
     );
   End Component;

   Signal PinSignal_H1_OCD  : STD_LOGIC_VECTOR(3 downto 0); --
    ObjectKind=Net|PrimaryId=U[3..0]
   Signal PinSignal_H1_RCO  : STD_LOGIC; -- ObjectKind=Net|PrimaryId=RCO
   Signal PinSignal_H2_OCD  : STD_LOGIC_VECTOR(3 downto 0); --
    ObjectKind=Net|PrimaryId=L[3..0]
   Signal PinSignal_H2_RCO  : STD_LOGIC; -- ObjectKind=Net|PrimaryId=LRCO
   Signal PinSignal_H3_O    : STD_LOGIC; -- ObjectKind=Net|PrimaryId=CLOCK
   Signal PinSignal_H4_P    : STD_LOGIC; -- ObjectKind=Net|PrimaryId=P

begin
   H4 : parityc                                          -- ObjectKind=Sheet
    Symbol|PrimaryId=H4
     Port Map
     (
       L => PinSignal_H2_OCD,                          --     ObjectKind=Sheet
    Entry|PrimaryId=parity.VHD-L[3..0]
       P => PinSignal_H4_P,                            --     ObjectKind=Sheet
    Entry|PrimaryId=parity.VHD-P
       U => PinSignal_H1_OCD                           --     ObjectKind=Sheet
    Entry|PrimaryId=parity.VHD-U[3..0]
     );

   H3 : BUFGS                                            --
   ObjectKind=Sheet Symbol|PrimaryId=H3
     Port Map
     (
       I => CLOCK,                                     --     ObjectKind=Sheet
     Entry|PrimaryId=bufgs.VHD-I
       O => PinSignal_H3_O                             --     ObjectKind=Sheet
     Entry|PrimaryId=bufgs.VHD-O
     );

   H2 : BCD                                              --
   ObjectKind=Sheet Symbol|PrimaryId=H2
     Port Map
     (
       CLEAR  => CLEAR,                                  --
   ObjectKind=Sheet Entry|PrimaryId=BCD.VHD-CLEAR
       CLOCK  => PinSignal_H3_O,                         --
   ObjectKind=Sheet Entry|PrimaryId=BCD.VHD-CLOCK
       ENABLE => ENABLE,                                 --
   ObjectKind=Sheet Entry|PrimaryId=BCD.VHD-ENABLE
       OCD    => PinSignal_H2_OCD,                       --
```

```
    ObjectKind=Sheet Entry|PrimaryId=BCD.VHD-OCD[3..0]
      RCO    => PinSignal_H2_RCO                              --
    ObjectKind=Sheet Entry|PrimaryId=BCD.VHD-RCO
     );

    H1 : BCD                                                --
    ObjectKind=Sheet Symbol|PrimaryId=H1
     Port Map
     (
      CLEAR  => CLEAR,                                       --
    ObjectKind=Sheet Entry|PrimaryId=BCD.VHD-CLEAR
      CLOCK  => PinSignal_H3_O,                               --
    ObjectKind=Sheet Entry|PrimaryId=BCD.VHD-CLOCK
      ENABLE => PinSignal_H2_RCO,                             --
    ObjectKind=Sheet Entry|PrimaryId=BCD.VHD-ENABLE
      OCD    => PinSignal_H1_OCD,                             --
    ObjectKind=Sheet Entry|PrimaryId=BCD.VHD-OCD[3..0]
      RCO    => PinSignal_H1_RCO                              --
    ObjectKind=Sheet Entry|PrimaryId=BCD.VHD-RCO
     );

    -- Signal Assignments
    ---------------------
    L   <= PinSignal_H2_OCD; -- ObjectKind=Net|PrimaryId=L[3..0]
    P   <= PinSignal_H4_P; -- ObjectKind=Net|PrimaryId=P
    RCO <= PinSignal_H1_RCO; -- ObjectKind=Net|PrimaryId=RCO
    U   <= PinSignal_H1_OCD; -- ObjectKind=Net|PrimaryId=U[3..0]

end structure;
------------------------------------------------------------
```

11.5.5 为 VHDL 创建测试平台

（1）打开系统创建的顶级 VHDL 文档“bcd8.VHD”。

（2）执行【设计】→【创建 VHDL 测试台】菜单命令，利用系统的测试平台程序模板自动创建一个名称为“Test _BCD8.VHDTST”的测试平台文档模板，以供用户在应用时进行修改，对该文档进行保存，创建的测试台文档如下。

```
------------------------------------------------------------
-- VHDL Testbench for BCD8
-- 2013 5 14 17 32 33
-- Created by "EditVHDL"
-- "Copyright (c) 2002 Altium Limited"
------------------------------------------------------------

Library IEEE;
Use     IEEE.std_logic_1164.all;
Use     IEEE.std_logic_textio.all;
Use     STD.textio.all;
------------------------------------------------------------

------------------------------------------------------------
entity TestBCD8 is
end TestBCD8;
------------------------------------------------------------

------------------------------------------------------------
architecture stimulus of TestBCD8 is
```

```
    file RESULTS: TEXT open WRITE_MODE is "results.txt";
    procedure WRITE_RESULTS(
        CLEAR: std_logic;
        CLOCK: std_logic;
        ENABLE: std_logic;
        L: std_logic_vector(3 downto 0);
        P: std_logic;
        RCO: std_logic;
        U: std_logic_vector(3 downto 0)
    ) is
        variable l_out : line;
    begin
        write(l_out, now, right, 15);
        write(l_out, CLEAR, right, 2);
        write(l_out, CLOCK, right, 2);
        write(l_out, ENABLE, right, 2);
        write(l_out, L, right, 5);
        write(l_out, P, right, 2);
        write(l_out, RCO, right, 2);
        write(l_out, U, right, 5);
        writeline(RESULTS, l_out);
    end procedure;

    component BCD8
        port (
            CLEAR: in std_logic;
            CLOCK: in std_logic;
            ENABLE: in std_logic;
            L: out std_logic_vector(3 downto 0);
            P: out std_logic;
            RCO: out std_logic;
            U: out std_logic_vector(3 downto 0)
        );
    end component;

    signal CLEAR: std_logic;
    signal CLOCK: std_logic;
    signal ENABLE: std_logic;
    signal L: std_logic_vector(3 downto 0);
    signal P: std_logic;
    signal RCO: std_logic;
    signal U: std_logic_vector(3 downto 0);

begin
    DUT:BCD8 port map (
        CLEAR => CLEAR,
        CLOCK => CLOCK,
        ENABLE => ENABLE,
        L => L,
        P => P,
        RCO => RCO,
        U => U
    );

    STIMULUS0:process
    begin
         -- insert stimulus here
        wait;
    end process;

    WRITE_RESULTS(
```

```
        CLEAR,
        CLOCK,
        ENABLE,
        L,
        P,
        RCO,
        U
    );

end architecture;
----------------------------------------------------------------
```

（3）向测试平台文档“Test_ BCD8”中添加仿真测试数据，在该测试平台文档中找到如下所示程序段。

```
    STIMULUS0:process
    begin
        -- insert stimulus here    --在此添加仿真测试数据
       wait;
    end process;
```

添加的仿真测试数据如下代码所示。

```
STIMULUS0:process
 begin
     ENABLE <= '1';
     CLEAR <='1';
     wait for 1 ns;
     CLEAR <= '0';
     wait;
 end process;

CLK0:process
 begin
     CLOCK <= '1';
     wait for 10 ns;
     CLOCK <= '0';
     wait for 10 ns;
end  process;
```

添加完后，保存测试平台文档。

11.5.6 设置仿真环境

（1）执行【项目管理】→【项目管理选项】菜单命令，弹出【Options for FPGA Project 2Bit_BCD8.PrjFpg】对话框，打开该选项的【仿真】选项卡，设置【工具】文本框为“DXP Simulator”、【Testbench 文档】下拉文本框为“Test_BCD.VHDTST”、【顶层实体/模块/配置】文本框为“TestBCD”、【最上层体系结构】文本框为“stimulus”、【SDF 优化】下拉文本框为“Avg”、【VHDL 标准】下拉文本框为“VHDL93”，如图 11-55 所示。对于其他选项卡的设置，用户可选择系统默认设置，也可根据自己的习惯进行修改。

（2）设置完成后，单击 确认 按钮，关闭该对话框。

（3）执行【工具】→【FPGA 优先选择项】菜单命令，弹出【优先设定】对话框，根据对话框中有关“FPGA”的选项进行设置。本例选择默认设置。如图 11-56 所示，单击确认按钮，关闭该对话框。

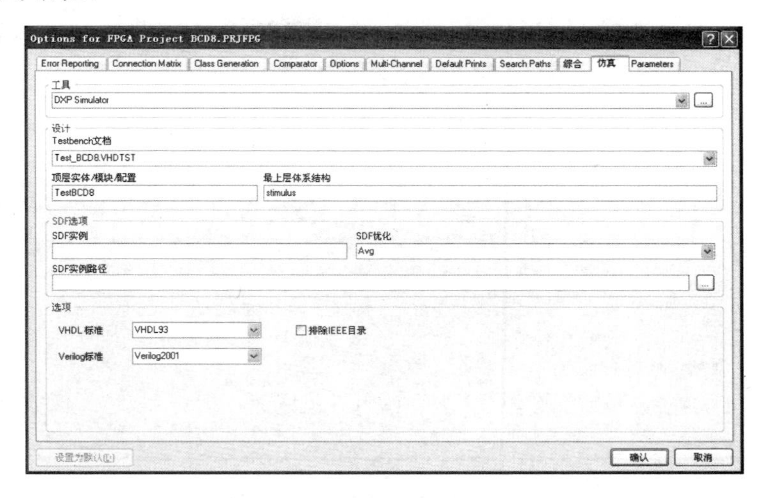

图 11-55 【仿真】选项卡的设置

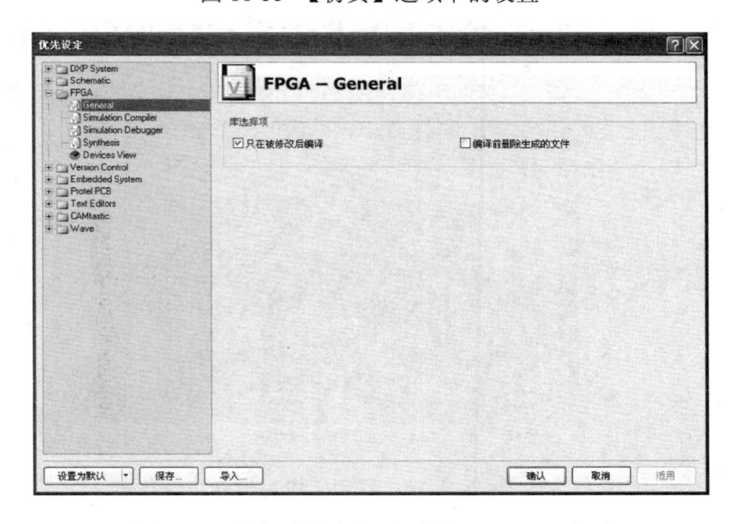

图 11-56 【优先设定】对话框“FPGA”选项

11.5.7　系统仿真

（1）执行【仿真器】→【仿真】菜单命令，开始进行仿真编译。编译结束后，系统弹出【编辑仿真信号】对话框，按照如图 11-57 所示，“Enabled（使能）”要观察的波形信号并选择“显示波形”。

（2）设置完成后，单击完成按钮，关闭该对话框，弹出【仿真】对话框，并自动生成仿真波形文件“BCD8.SO”，如图 11-58 所示。

（3）执行【仿真器】→【执行】菜单命令，弹出【Enter time step】（设置时间步长）对话框，设置时间步长为“10.00us”，如图 11-59 所示。

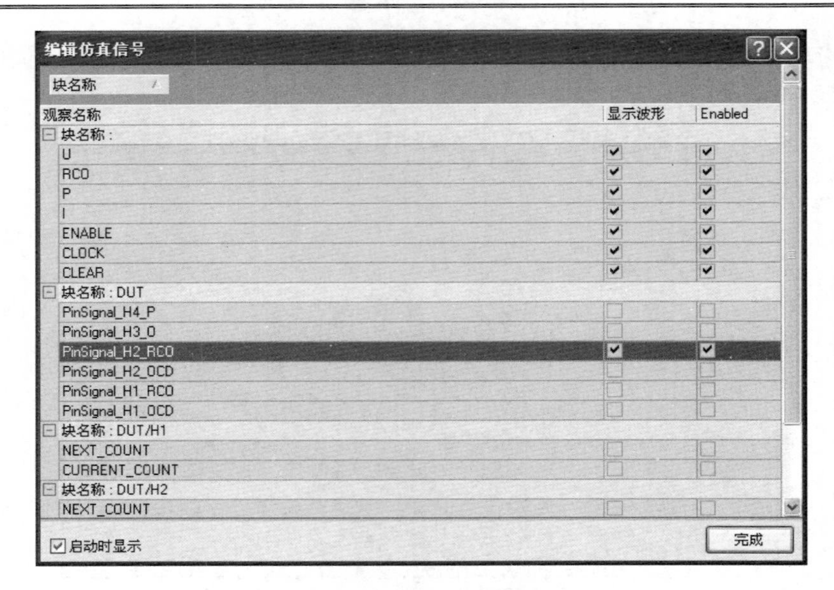

图 11-57 【编辑仿真信号】对话框

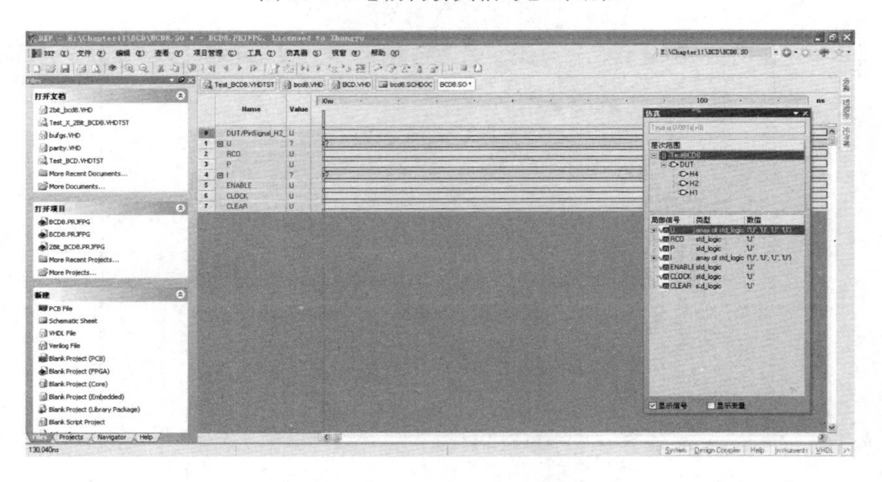

图 11-58 【仿真】对话框和生成的仿真波形文件

图 11-59 【Enter time step】对话框

（4）单击 确认 按钮，系统开始进行波形仿真，仿真结果如图 11-60 所示。

（5）拖动窗口中的滑动标尺，可以查看仿真时间内某一时刻各信号的状态，如图 11-61 所示。

（6）按住【Ctrl】键并滚动鼠标滑轮，可以对仿真图进行放大或缩小。例如，查看 l0us 内的仿真结果，如图 11-62 所示。

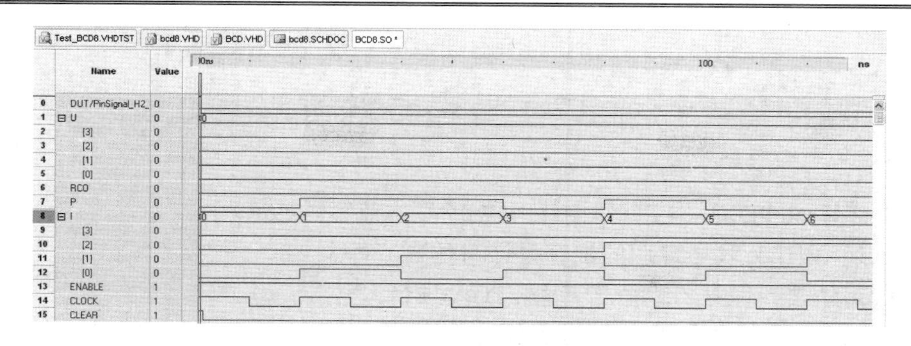

图 11-60　仿真结果

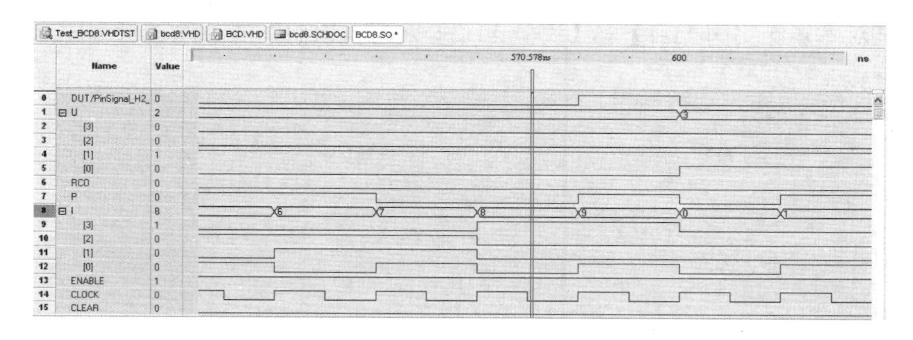

图 11-61　查看某仿真时刻的信号状态

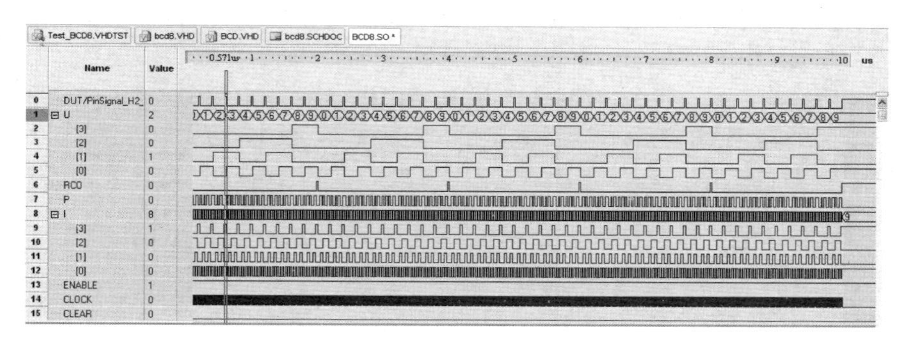

图 11-62　10us 内仿真结果的浏览

通过仿真，用户可以判断仿真波形中某一时刻仿真结果值的正确性，从而及时发现和修改电路设计中潜在的错误，大大提高了设计的效率和设计的正确性。

11.6　本 章 小 结

本章简要介绍了 FPGA 的概念及其设计流程，并简单对 VHDL 语言作了介绍。更为详细的 CPLD/FPGA 及 VHDL 方面的知识，用户可以参考相关的书籍。本章通过实例介绍在 Protel DXP 中进行 FPGA 设计的基本步骤和方法，重点讲解了 VHDL 和原理图的混合设计与仿真方法，可以在此基础上仔细研究并多做练习。

11.7 思考与练习

（1）简述 Protel DXP 中 FPGA 项目开发的基本流程。

（2）试述 VHDL 和原理图的混合设计与仿真流程。

（3）练习新建、保存、重命名一个 FPGA 项目。

（4）为（3）所创建的 FPGA 项目添加一个 VHDL 文件，进行保存和重命名的练习操作。

（5）试对本章【实例 11-1】和【实例 11-2】采用自顶向下的方法进行 VHDL 和原理图的混合设计。

第 12 章　综 合 实 例

前面各章分别介绍了原理图的设计和输出过程，制作与建立原理图元器件库和 PCB 封装库的方法，电路仿真的类型和一般步骤，PCB 布局和布线的一般过程及 PCB 输出的各种报表文件等。本章将通过几个实例来复习已经学过的内容，掌握 Protel DXP SP2 的使用过程。

12.1　仪用放大器电路设计

由三运放组成的仪用放大器具有高输入阻抗、高共模抑制比、高精度、高稳定性等特点，因而广泛应用在仪器仪表和测控系统中。其电路原理图如图 12-1 所示。下面通过实例介绍仪用放大器电路的设计与制作过程。

本实例要求利用前面各章所学的原理图设计及 PCB 设计的相关知识，对仪用放大器电路进行设计。

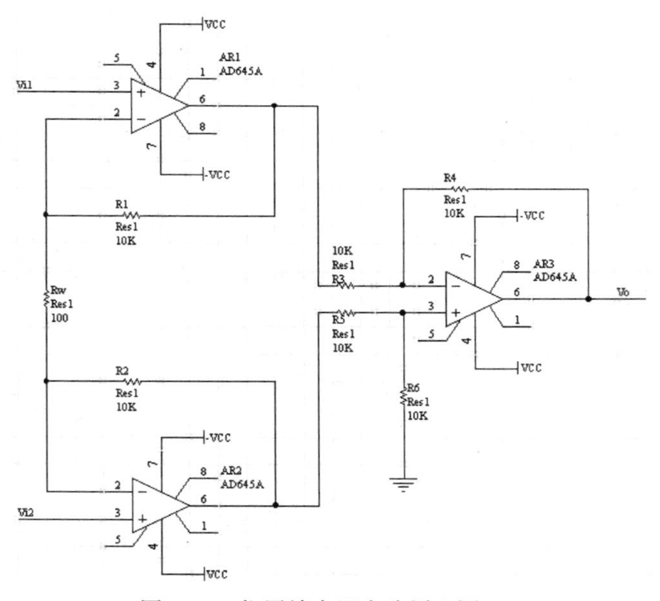

图 12-1　仪用放大器电路原理图

12.1.1　创建项目文件

（1）执行【文件】→【创建】→【项目】→【PCB 项目】菜单命令，创建一个新的 PCB

项目并命名为“Instrument_amp.PRJPCB”，保存该项目到“E:\Chapter12\Instrument amplifier\”下。

（2）移动光标到工作区面板【Project】选项卡上的项目文件“Instrument_amp.PRJPCB”上，单击右键，在弹出的下拉快捷菜单中执行【追加新文件到项目中】→【Schematic】菜单命令，向该项目中添加一个原理图文件，命名为“Instrument_amp.SchDoc”，并保存在同一目录下。

12.1.2 原理图设计

1. 设置图纸参数和环境参数

（1）在原理图编辑状态，执行【设计】→【文档选项】菜单命令，弹出【文档选项】对话框，如图 12-2 所示，选中【图纸选项】，系统默认“方向”为“Landscape”；“标准风格”为“A4"，这里接受默认设置即可。

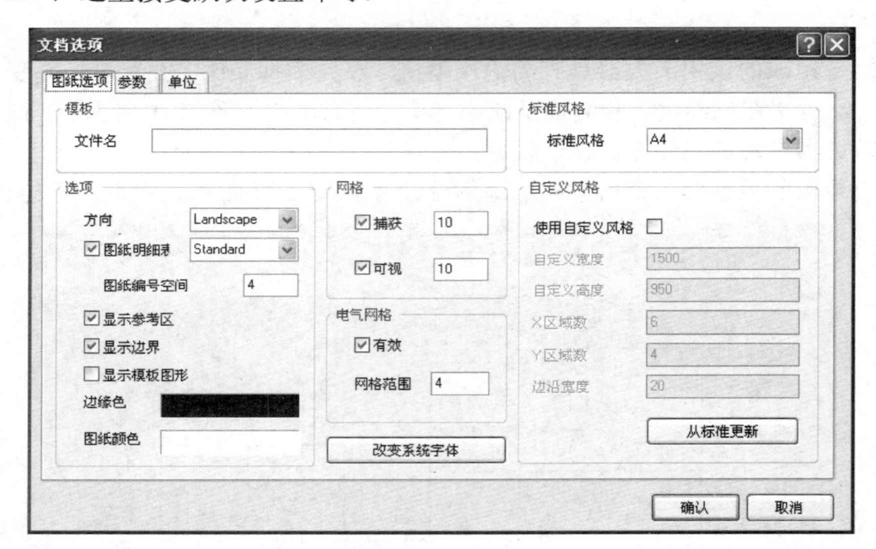

图 12-2 【文档选项】对话框

（2）单击 确认 按钮，关闭对话框，完成对图纸尺寸和版面的设置。

（3）执行【工具】→【原理图优先设定】菜单命令，弹出【优先设定】对话框，如图 12-3 所示。可以按照个人的使用习惯，对原理图的环境参数进行设置。此处采用默认设置。

（4）单击 确认 按钮，关闭对话框，并执行【文件】→【全部保存】菜单命令，保存当前的原理图参数设置。

2. 装入元器件库

（1）执行【设计】→【浏览元件库】菜单命令或者单击窗口右侧工作区面板的【元件库】选项卡，如图 12-4 所示。打开如图 12-5 所示的【元件库】对话框。

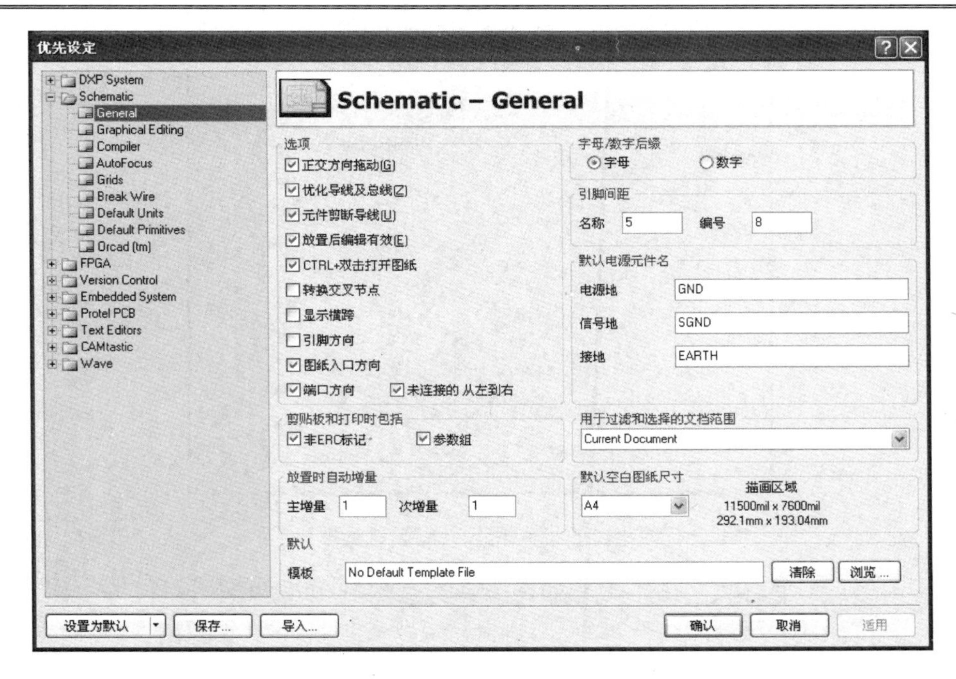

图 12-3 【原理图优先设定】对话框

图 12-4　打开【元件库】选项

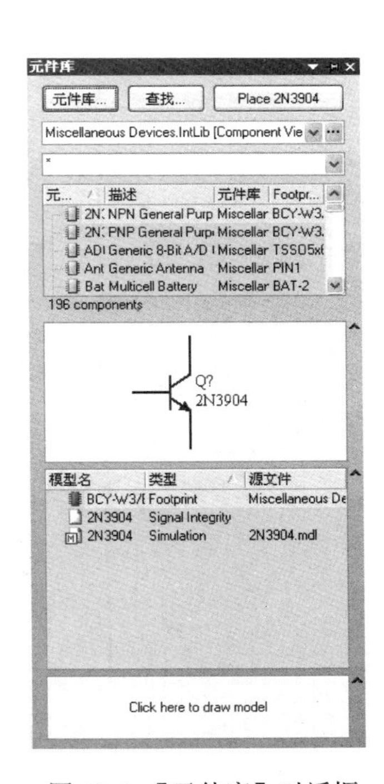

图 12-5 【元件库】对话框

（2）单击【元件库】对话框的元件库...按钮，弹出如图 12-6 所示的【可用元件库】对话框，单击【项目】选项卡下的加元件库(A)按钮，弹出【打开】对话框，如图 12-7 所示。

（3）添加所需要的元件库，本例只用到电阻、运算放大器和电源等元器件，因此只需要添加“Miscellaneous Devices.IntLib”库，则选择该库后单击打开(O)按钮，回到【可用元件库】对话框，可以看到新添加的库文件已经出现在【可用文件库】列表中，如图 12-8 所示。

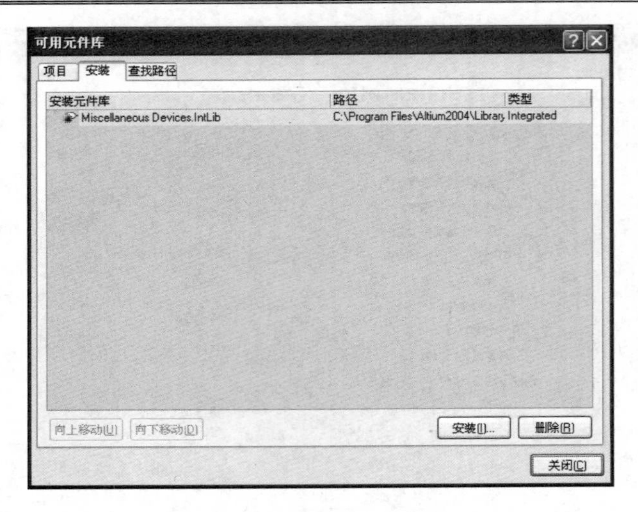

图 12-6 【可用元件库】对话框

图 12-7 【打开】库文件对话框

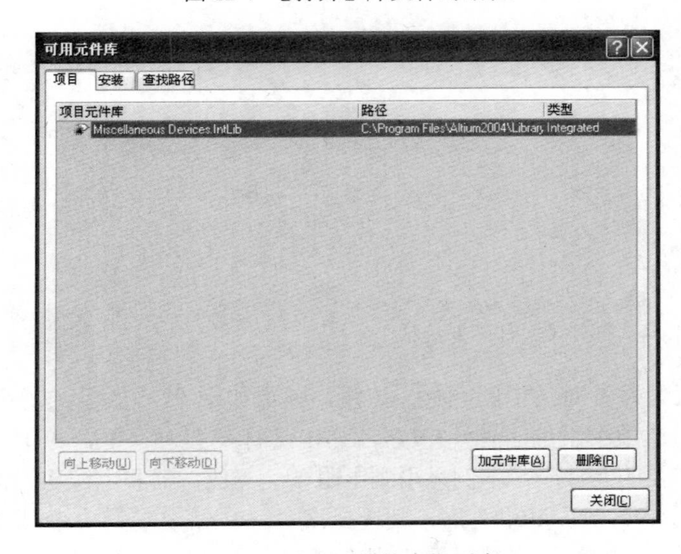

图 12-8 【可用文件库】列表

（4）单击[关闭(C)]按钮，回到【元件库】对话框，可以看到新添加的库已经列在表中了，如图 12-9 所示。

3．放置元器件

装入元器件库后，就可以进行原理图设计了，也就是在原理图纸上放置所需要的元器件。为了提高绘制效率，最好将所设计电路中的每个元器件所在的元器件库整理出来。下面开始放置仪用放大器电路中的各元器件。

（1）放置电阻元件。在图 12-9 中，拖动元器件列表框的滚动条，找到所需的电阻元件“Res1”，如图 12-10 所示。

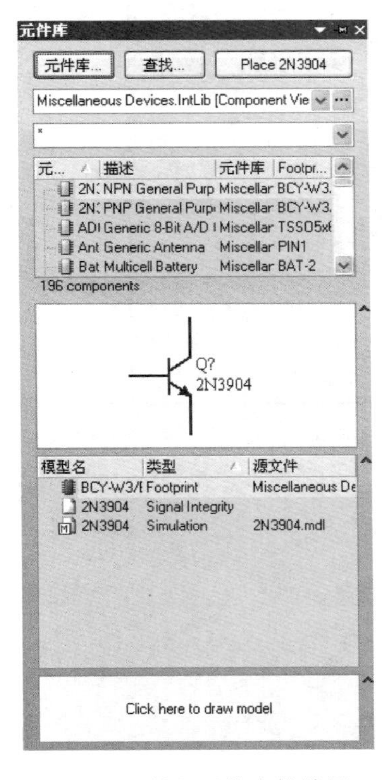

图 12-9　装入元件库的结果

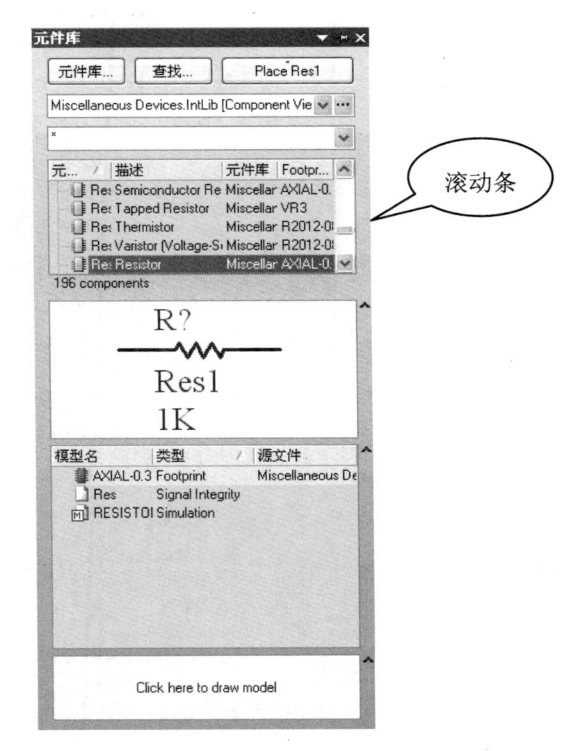

图 12-10　找到电阻元件

（2）单击[Place Res1]按钮，返回原理图编辑状态，此时一个浮动的电阻符号随着光标一起移动，如图 12-11 所示。移动光标到原理图中适当位置，单击放置该元件。在光标仍处于放置状态的情况下，多次单击连续放置多个电阻元件。然后单击右键或按下【Esc】键退出元器件放置命令。

图 12-11　执行【Place Res1】命令后的状态

（3）单击各个电阻的 R?，弹出如图 12-12 所示的【元件属性】对话框，修改电阻元件的标识符、数值等属性。本例中各电阻阻值见表 12-1 所示，设置结果如图 12-13 所示。

表 12-1 仪用放大器电路中电阻元件参数

元件标识符	数　　值
R_1	10K
R_2	100
R_W	10K
R_3	10K
R_4	10K
R_5	10K
R_6	10K

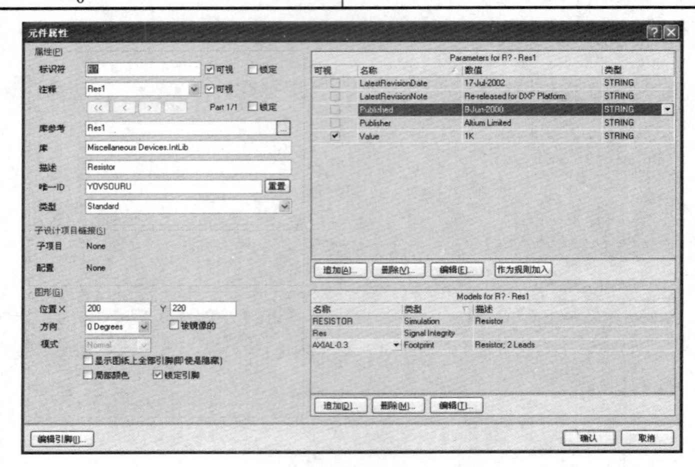

图 12-12 【元件属性】对话框

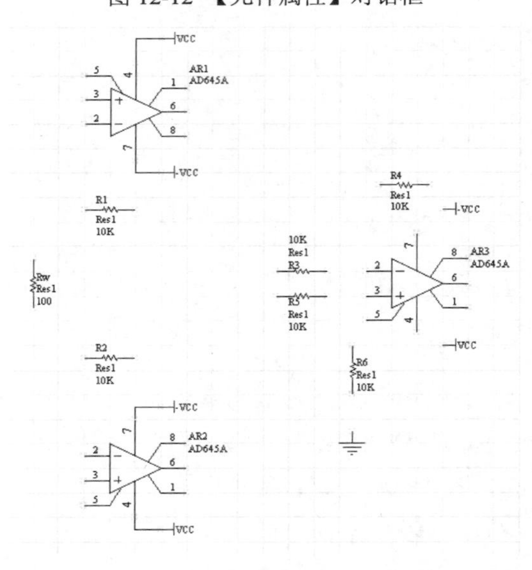

图 12-13 放置仪用放大器电路中元器件的结果

（4）放置其他元器件：采用同样的方法添加运算放大器等其他的元器件并修改属性。

（5）放置电源端口：单击工具栏上的 VCC 按钮，放置电源器件。然后单击⏚按钮放置接地器件。

（6）调整元器件的位置：在元器件放置完成以后，如果对其位置不满意，可以拖动元器件调整各元器件的位置。合理调整布局后的原理图如图 12-13 所示。

4．连接电路

放置完电路元器件后，接下来依据电气规则用导线将原理图中的元器件的引脚连接起来。具体步骤如下。

（1）执行【放置】→【导线】菜单命令，或者单击工具栏中的≈按钮，如图 12-14 所示。

（2）移动光标到要连接元件的引脚处，确定导线的起始位置。由于系统会自动捕捉电气节点，因此，当光标移动到一个元器件的引脚处时，光标就会变成一个大的红色星形连接标志，表示其电气节点，如图 12-15 所示。

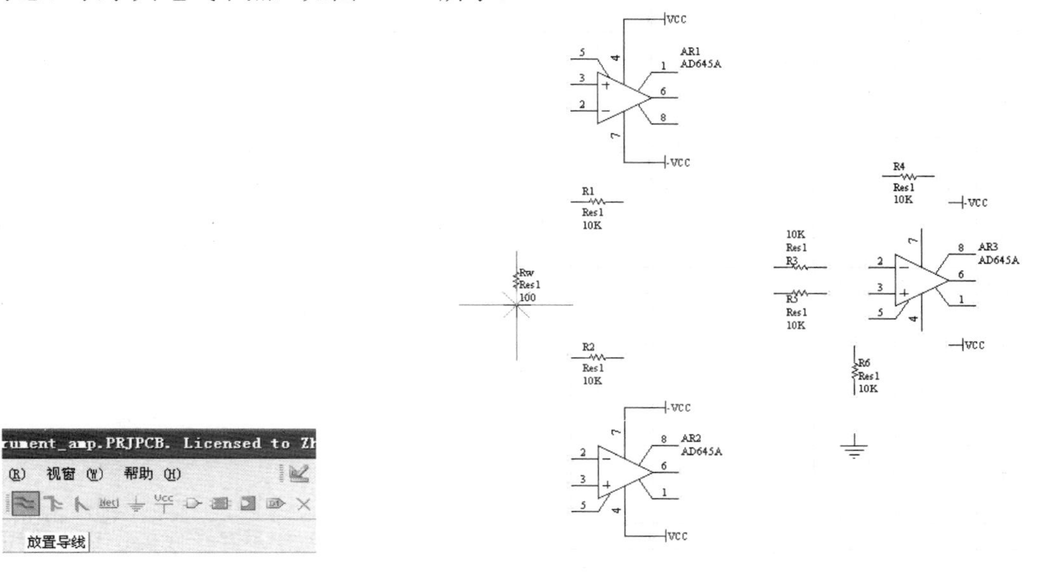

图 12-14　执行【放置导线】命令　　　　图 12-15　捕捉电气节点

（3）单击或者按【Enter】键确定导线的一端，移动光标会看见一个导线从所确定的端点延伸出来，如图 12-16 所示。

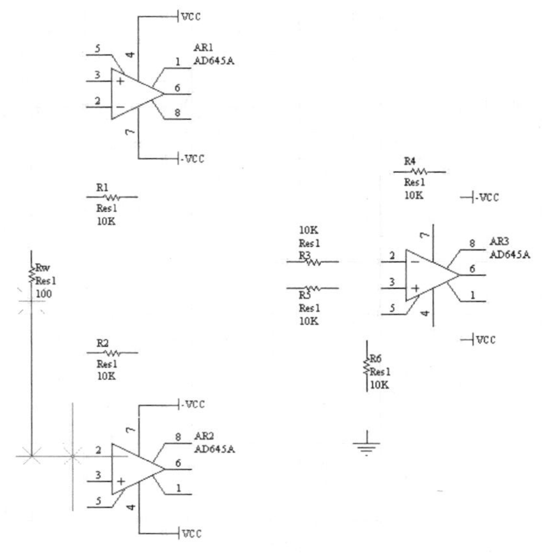

图 12-16　导线端点的延伸

（4）移动光标绘制导线，如果当遇到折点时，单击确定折点的位置；单击要连接的另一个元器件的电气节点，确定导线的第二个端点，完成连接。

（5）移动鼠标，选择新的端点绘制导线。

（6）重复上述方法，直到完成所有元器件之间的电路连接后，单击右键或按下【Esc】键退出导线的绘制状态。完成后的电路原理图如图 12-17 所示。

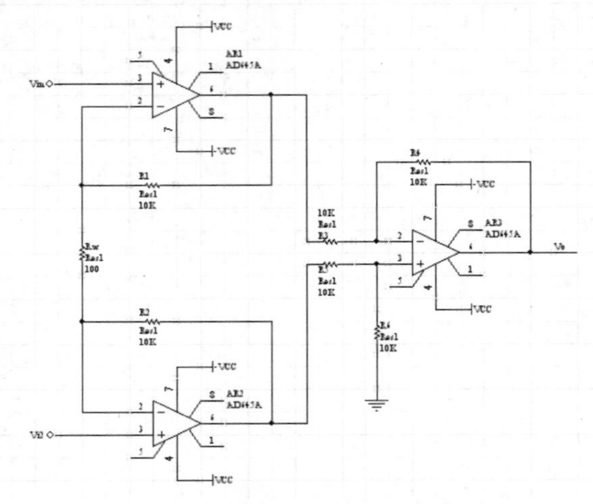

图 12-17　仪用放大器电路原理图结果

12.1.3　报表生成

在原理图绘制完成后，就可以编译原理图，找出错误的地方并进行修改，同时生成所需的各种报表文档。

（1）项目编译，执行【项目管理】→【Compile PCB Project Instrument_amp.PrjPcb】菜单命令，对项目进行编译，编译结束后，会弹出【Message】对话框，在该对话框中列出了编译和警告等信息。根据编译的信息，仔细检查原理图并进行提示的错误信息。

（2）生成元器件报表，执行【报告】→【Bill of Material】菜单命令，弹出如图 12-18 所示的【Bill of Materials For Project[Instrument_amp.PRJPCB]】对话框。

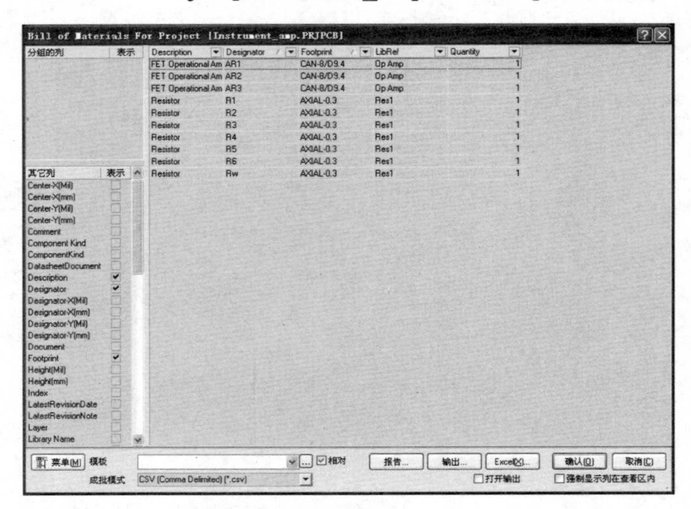

Description	Designator	Footprint	LibRef	Quantity
FET Operational Am	AR1	CAN-8/D9.4	Op Amp	1
FET Operational Am	AR2	CAN-8/D9.4	Op Amp	1
FET Operational Am	AR3	CAN-8/D9.4	Op Amp	1
Resistor	R1	AXIAL-0.3	Res1	1
Resistor	R2	AXIAL-0.3	Res1	1
Resistor	R3	AXIAL-0.3	Res1	1
Resistor	R4	AXIAL-0.3	Res1	1
Resistor	R5	AXIAL-0.3	Res1	1
Resistor	R6	AXIAL-0.3	Res1	1
Resistor	Rw	AXIAL-0.3	Res1	1

图 12-18　【Bill of Materials For Project[Instrument_amp.PRJPCB]】对话框

（3）单击[报告...]按钮，弹出【报告预览】对话框，如图 12-19 所示。用户可以打印该报表，也可以输出报表。

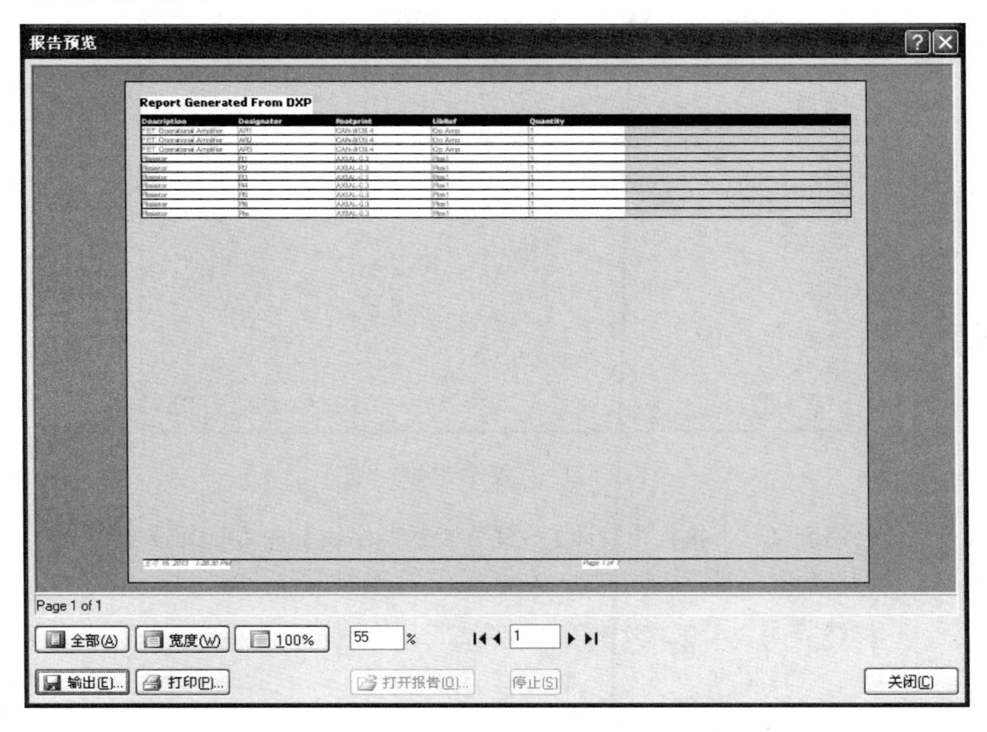

图 12-19 【报告预览】对话框

（4）单击[Excel(X)...]按钮，可以生成 Excel 文件格式“Instrument_amp.XLS”的元器件报表，如图 12-20 所示。

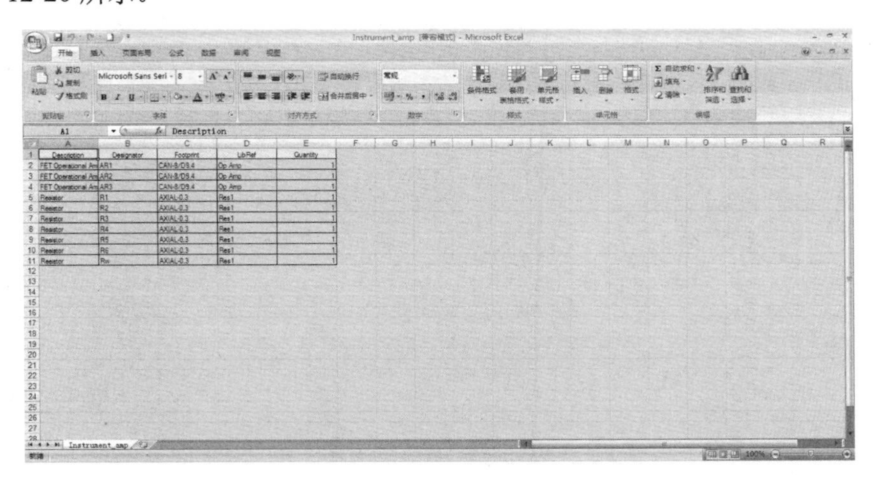

图 12-20 生成的 Excel 元器件报表

（5）生成元器件交叉参考表。执行【报告】→【Component Cross Reference】菜单命令，弹出【Component Cross Reference Report For Project[Instrument_amp.PRJPCB]】对话框，如图 12-21 所示。

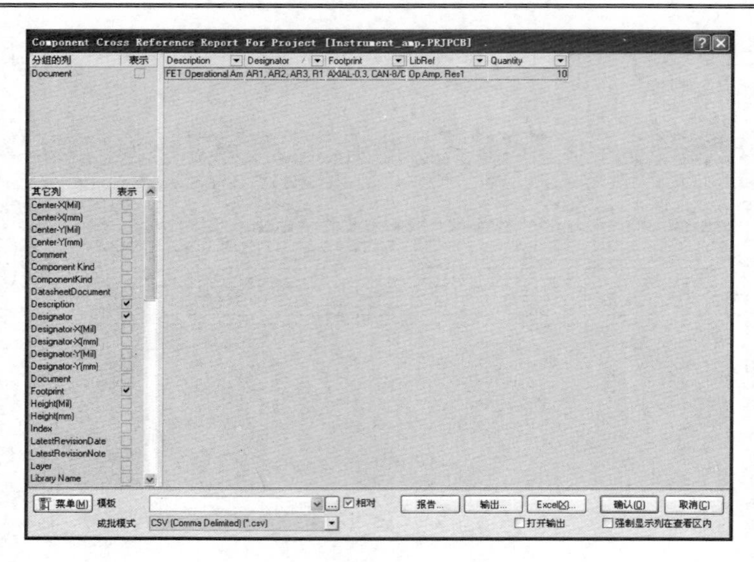

图 12-21 元器件交叉参考表

（6）生成网络表文件。执行【设计】→【文档的网络表】→【Protel】菜单命令，系统自动生成文档的网络表文件“Instrument_amp.NET”，如图 12-22 所示。

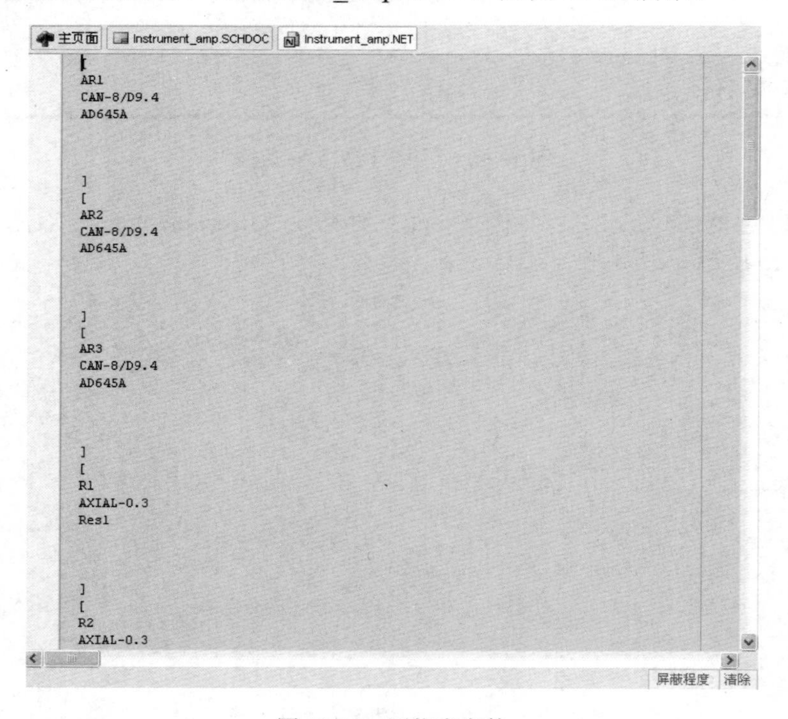

图 12-22 网络表文件

12.1.4 创建 PCB 文件

在完成原理图的绘制并输出了所需的报表后，接下来就要创建 PCB 文件，并且设置

PCB 的属性。

（1）追加 PCB 文件到项目“Instrument_amp.PRJPCB”中，将光标移动工作区面板的【PROJECT】选项卡中的项目“Instrument_amp.PRJPCB”上，单击右键，在弹出的快捷菜单中执行【追加新文件到项目中】→【PCB】菜单命令，创建一个新的 PCB 文件，重新命名为“Instrument_amp.PCBDOC”，并保存到项目目录下，如图 12-23 所示。

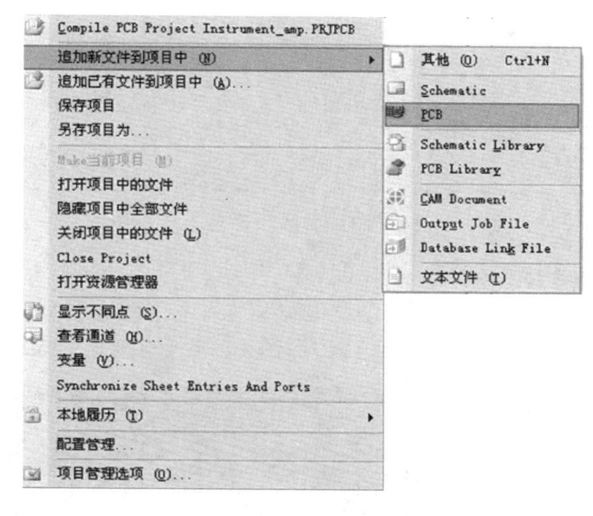

图 12-23　追加 PCB 文件到项目中

（2）设置 PCB 编辑器参数。执行【工具】→【优先设定】菜单命令，系统弹出【优先设定】对话框，如图 12-24 所示。对【GENERAL】、【DISPLAY】、【SHOW/HIDE】、【DEFAULTS】和【PCB 3D】各选项卡进行适当设置。

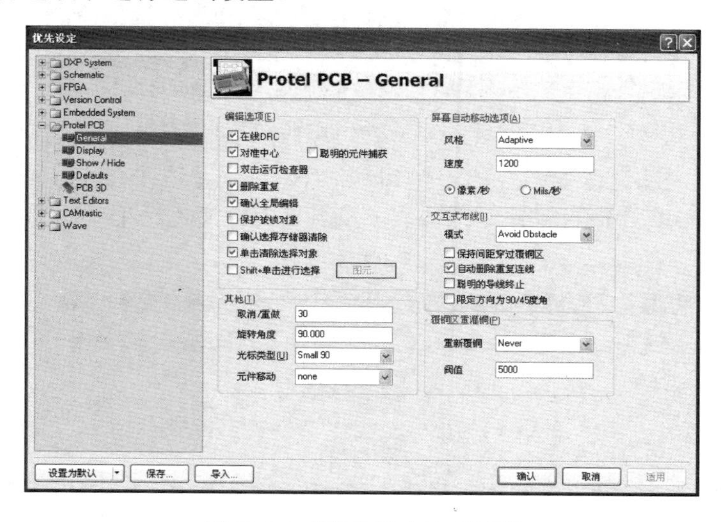

图 12-24　【优先设定】对话框

（3）设置印制板属性。在 PCB 编辑状态下，执行【设计】→【层堆栈管理器】菜单命令，打开【层堆栈管理】对话框，如图 12-25 所示，并设置电路板为双层板。

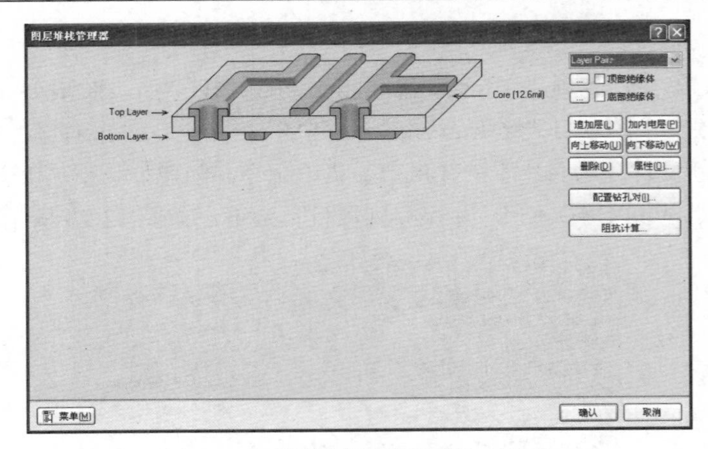

图 12-25 【图层堆栈管理器】对话框

（4）设置物理边界和电器边界。在 PCB 编辑状态下，单击窗口下部的 Mechanical 1 标签，切换到机械层窗口，绘制 PCB 物理边界，然后将 PCB 编辑器的当前层置于 Keep-Out Layer，绘制 PCB 的电器边界，规划好物理边界和电器边界的 PCB，如图 12-26 所示。

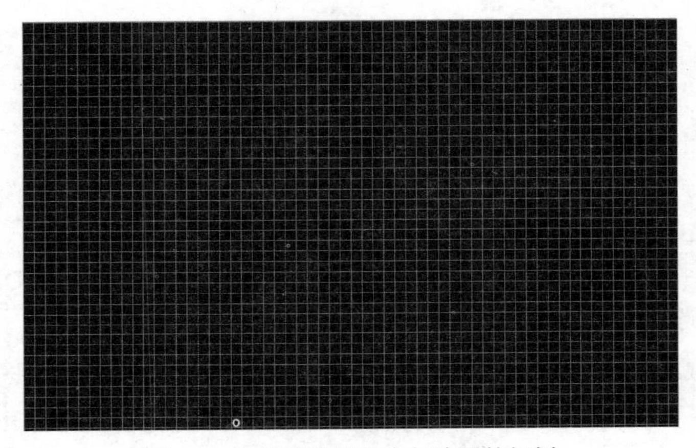

图 12-26 物理边界和电气边界的规划

（5）载入网络表和元器件。在 PCB 编辑状态下，执行【设计】→【Import Changes From Instrument_amp.PRJPCB】菜单命令，系统将弹出【工程变化订单（ECO）】对话框，如图 12-27 所示。

工程变化订单 (ECO)

有效	行为	受影响对象		受影响的文档	检查	完成	消息
	Add Components(10)						
✔	Add	AR1	To	Instrument_amp.PCBDOC			
✔	Add	AR2	To	Instrument_amp.PCBDOC			
✔	Add	AR3	To	Instrument_amp.PCBDOC			
✔	Add	R1	To	Instrument_amp.PCBDOC			
✔	Add	R2	To	Instrument_amp.PCBDOC			
✔	Add	R3	To	Instrument_amp.PCBDOC			
✔	Add	R4	To	Instrument_amp.PCBDOC			
✔	Add	R5	To	Instrument_amp.PCBDOC			
✔	Add	R6	To	Instrument_amp.PCBDOC			
✔	Add	Rw	To	Instrument_amp.PCBDOC			
	Add Nets(12)						
✔	Add	-VCC	To	Instrument_amp.PCBDOC			
✔	Add	GND	To	Instrument_amp.PCBDOC			
✔	Add	NetAR1_2	To	Instrument_amp.PCBDOC			
✔	Add	NetAR1_6	To	Instrument_amp.PCBDOC			
✔	Add	NetAR2_2	To	Instrument_amp.PCBDOC			
✔	Add	NetAR2_6	To	Instrument_amp.PCBDOC			
✔	Add	NetAR3_2	To	Instrument_amp.PCBDOC			
✔	Add	NetAR3_3	To	Instrument_amp.PCBDOC			
✔	Add	VCC	To	Instrument_amp.PCBDOC			
✔	Add	VI2	To	Instrument_amp.PCBDOC			

使变化生效　执行变化　变化报告(R)...　只显示错误　关闭

图 12-27 【工程变化订单（ECO）】对话框

（6）单击[使变化生效]按钮，进行状态检查，检查的状态会在【工程变化订单（ECO）】对话框中的【状态】项目的“检查“一栏中显示。根据检查信息修改其中的错误，直到没有错误为止，检查结果如图 12-28 所示。

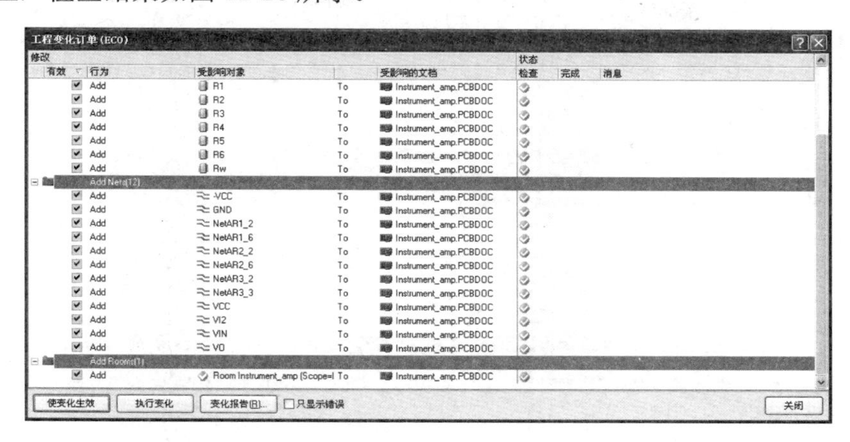

图 12-28　检查结果

（7）单击[执行变化]按钮，完成网络表的导入，如图 12-29 所示。

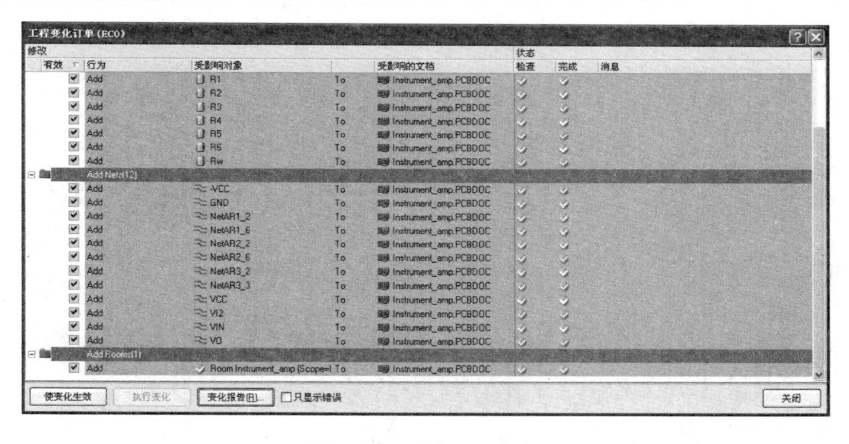

图 12-29　导入网络表

（8）在完成了网络表的导入后，用户可以单击[变化报告(R)...]按钮，打开【报告预览】对话框，如图 12-30 所示，用户可以对变化报表进行输出。

（9）完成网络表的导入后，单击【工程变化订单（ECO）】对话框中的[关闭(C)]按钮。在 PCB 编辑状态下，可以看到导入网络表后的 PCB，如图 12-31 所示。

12.1.5　PCB 布局

PCB 的布局一般先用自动布局，然后根据电气特性及布线方便等属性手动调整元器件的布局。

（1）执行【工具】→【放置元件】→【自动布局】菜单命令，弹出【自动布局】对话框，如图 12-32 所示。

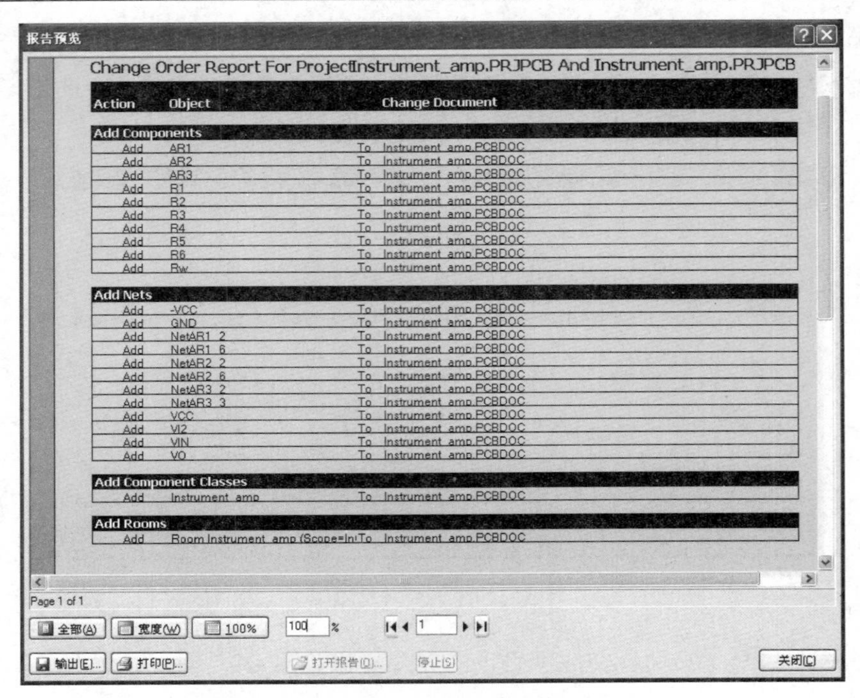

图 12-30 【报告预览】对话框

图 12-31 完成网络表导入的 PCB 界面

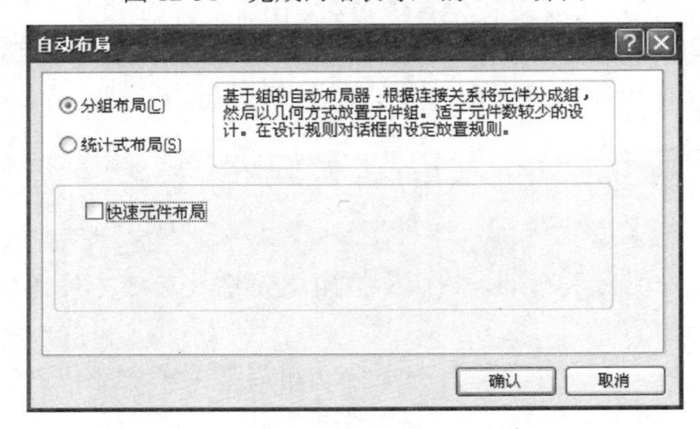

图 12-32 【自动布局】对话框

（2）选择“分组布局”选项，单击确认按钮，进行 PCB 布局，自动布局的结果如图 12-33 所示。

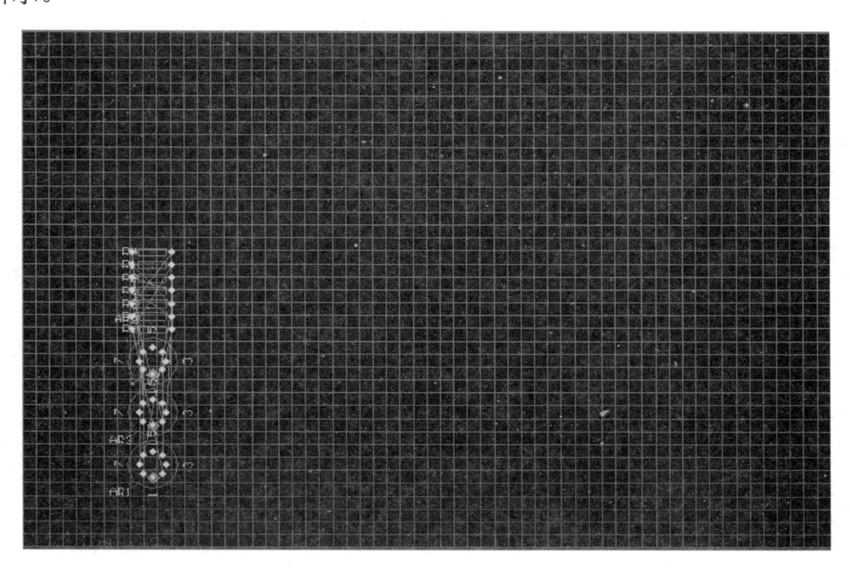

图 12-33　PCB 的自动布局结果

（3）元器件自动布局结束后，如果自动布局调整不理想，用户可以对其进行手动调整。本例中，自动布局调整结果不理想，需要对此结果进行手动调整，调整后的结果如图 12-34 所示。

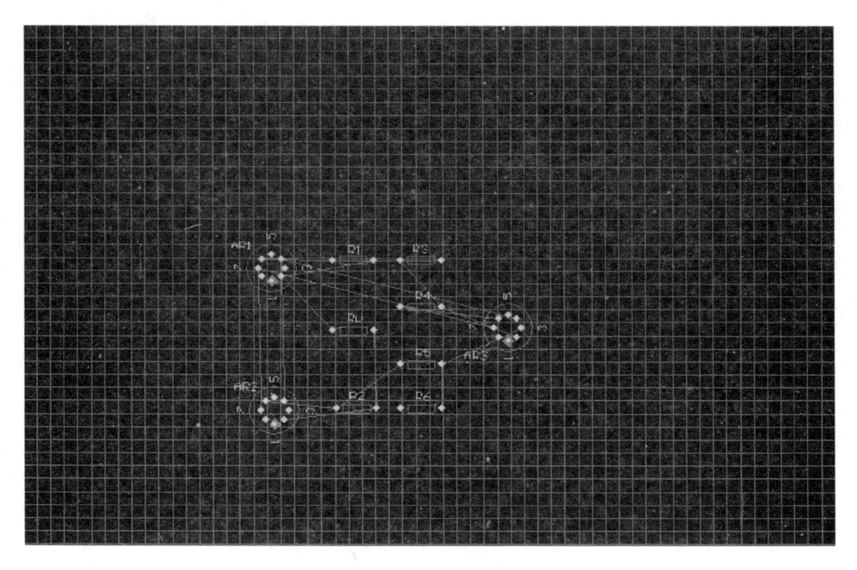

图 12-34　手动布局调整后的结果

12.1.6　PCB 布线

（1）设置布线参数，执行【设计】→【规则】菜单命令，弹出【PCB 规则和约束编辑器】对话框，如图 12-35 所示。通过该对话框设置线宽，安全距离，布线拐弯等布线参数，设置完成后，单击 确认 按钮，关闭该对话框。

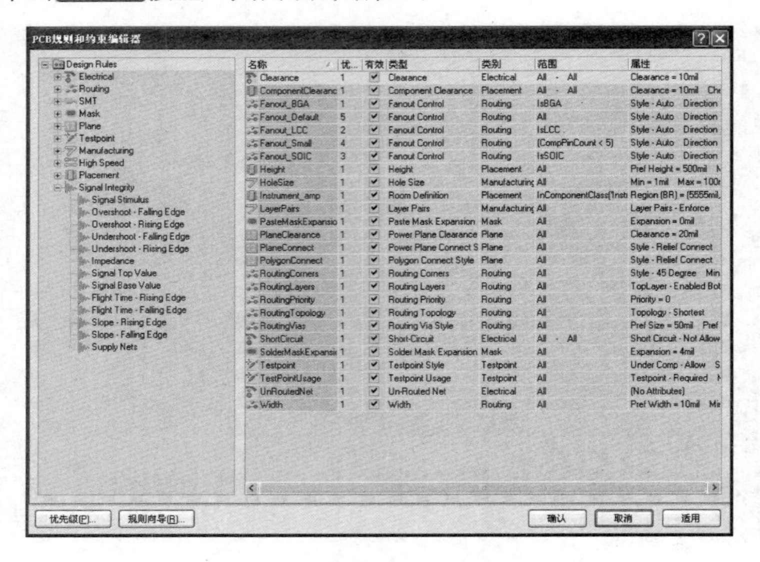

图 12-35 【PCB 规则和约束编辑器】对话框

（2）自动布线，执行【自动布线】→【全部对象】菜单命令，弹出【Situs 布线策略】对话框，如图 12-36 所示。

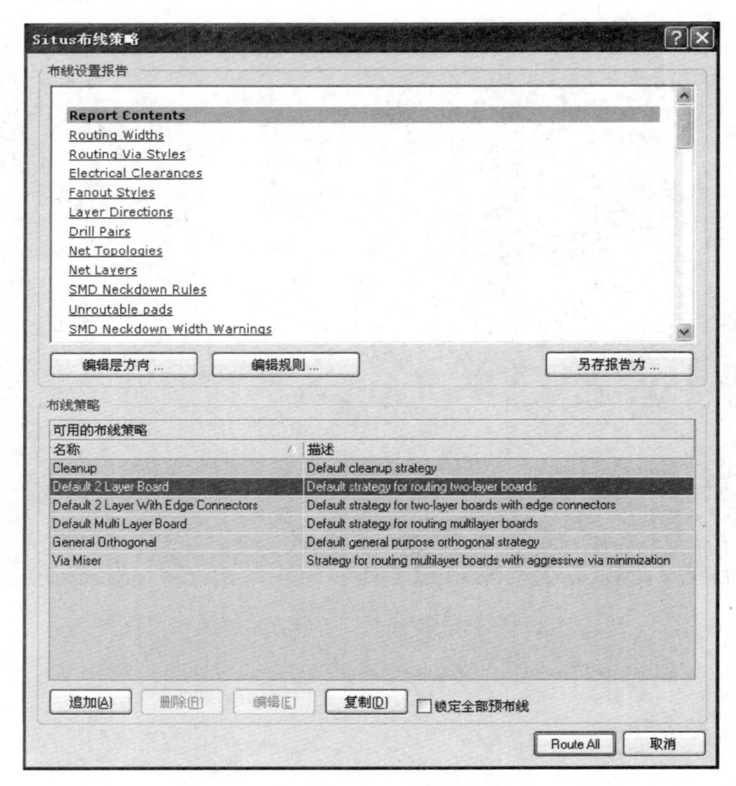

图 12-36 【Situs 布线策略】对话框

（3）单击 Route All 按钮，对 PCB 进行自动布线，自动布线的结果如图 12-37 所示。

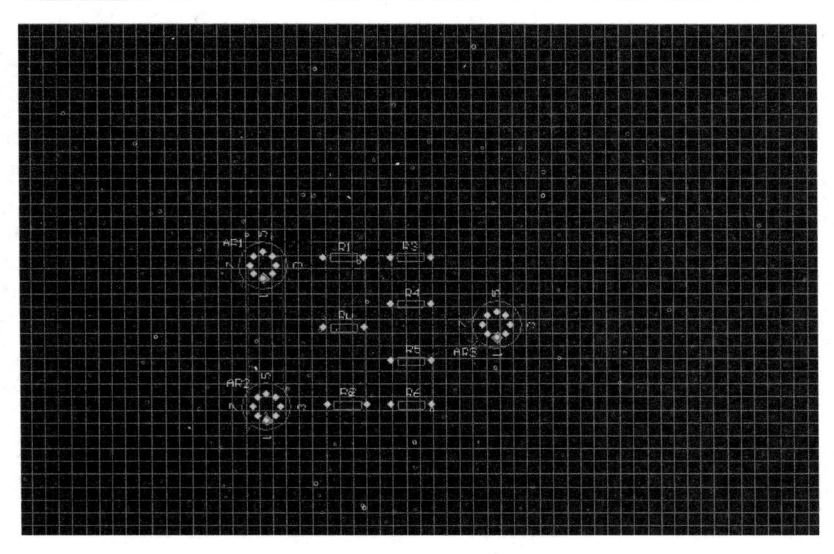

图 12-37　自动布线结果

（4）手动调整布线，在自动布线结束后用户可以调整布线不合理的地方，进行手动调整。本例自动布线结果比较理想，基本不需要进行手动调整。

12.1.7　设计规则检查

执行【工具】→【设计规则检查】菜单命令，弹出【设计规则检查器】对话框，如图 12-38 所示。

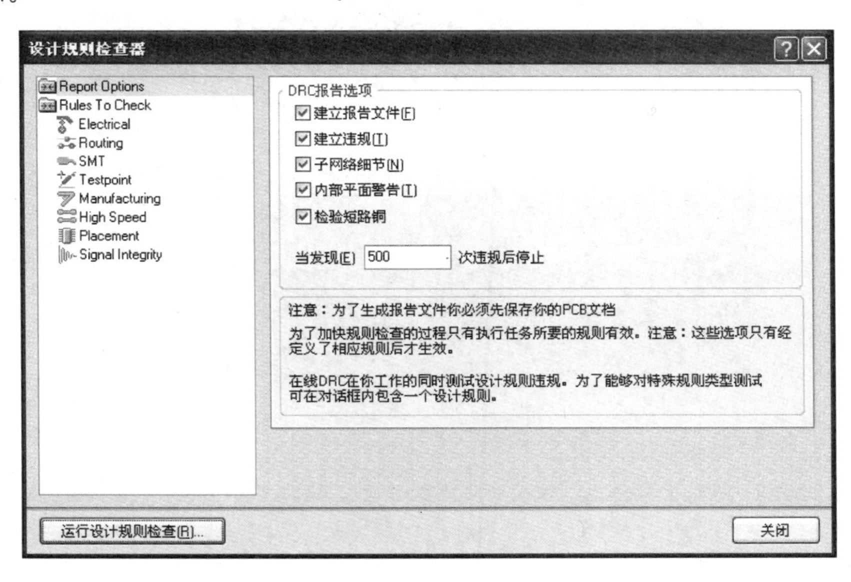

图 12-38　【设计规则检查器】对话框

设置好检查的规则，然后单击 运行设计规则检查(R)... 按钮，对 PCB 进行设计规则检查。设计规则检查结束后，系统生成设计规则检查报告“Instrument_amp.DRC”，如图 12-39 所示。

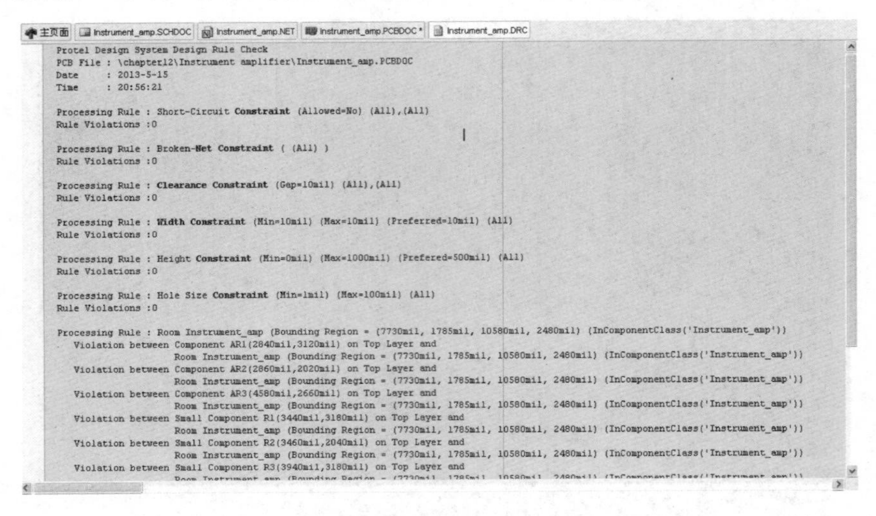

图 12-39 设计规则检查报告

12.1.8 3D 效果图

执行【查看】→【显示三维 PCB 板】菜单命令，查看 PCB 的 3D 效果图，如图 12-40 所示。

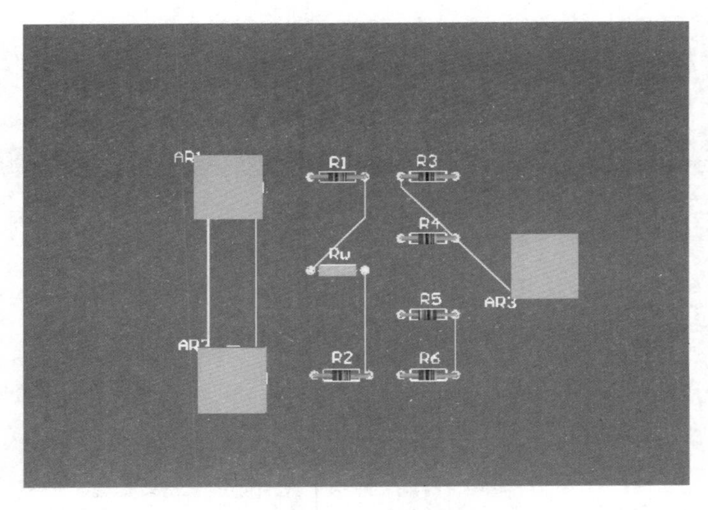

图 12-40 三维 PCB 板

12.2 八路流水灯的设计

流水灯又称为“跑马灯”，是一串按一定规律像流水一样连续闪亮的 LED 灯。它在单片机系统中一般用来指示和显示单片机的运行状态。一般情况下，由 8 个 LED 发光二极管组成，因而组成一个八路的流水灯。本节通过实例介绍八路流水灯的设计与实现。

本实例要求利用前面各章所学的原理图设计及 PCB 设计的相关知识，对八路流水灯电路（如图 12-41 所示）进行设计。

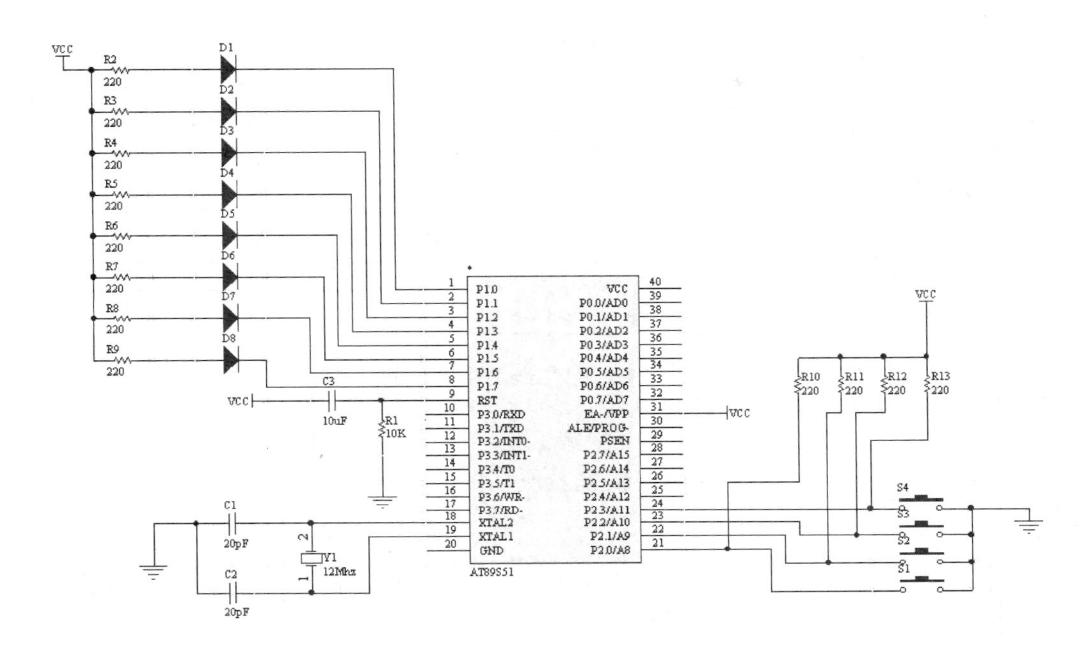

图 12-41　八路流水灯电路原理图

12.2.1　创建项目文件

（1）执行【文件】→【创建】→【项目】→【PCB 项目】菜单命令，创建一个新的 PCB 项目并命名为“EightRunningLight.PRJPCB”，保存该项目到“E:\Chapter12\EightRunningLight\”下。

（2）在该项目中添加一个原理图文件，命名为“EightRunningLight.SchDoc”并保存在同一目录下。

12.2.2　原理图设计

1. 设置图纸参数和环境参数

（1）在原理图编辑状态，执行【设计】→【文档选项】菜单命令，弹出【文档选项】对话框，如图 12-42 所示，选中【图纸选项】，系统默认“方向”为“Landscape”；“标准风格”为“A4”，这里接受默认设置即可。

（2）单击 确认 按钮，关闭对话框，完成对图纸尺寸和版面的设置。

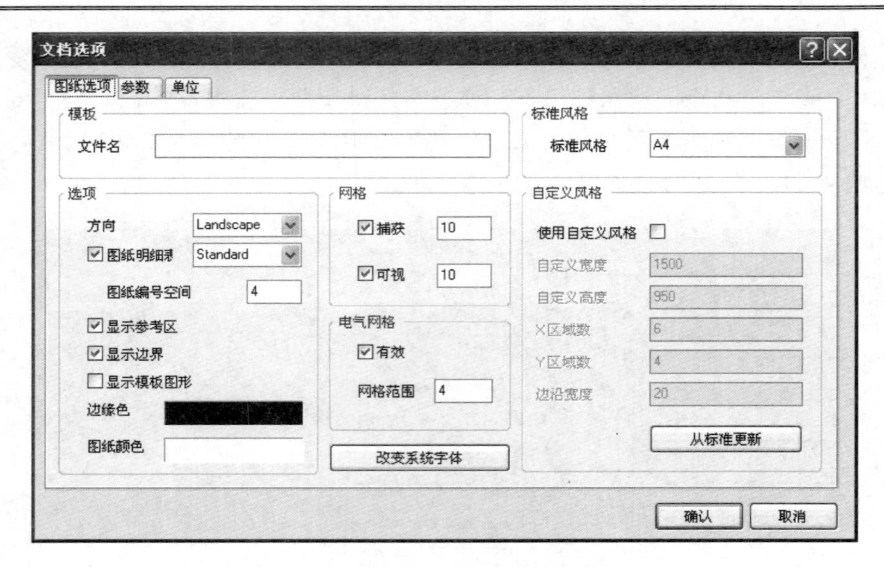

图 12-42 【文档选项】对话框

（3）执行【工具】→【原理图优先设定】菜单命令，弹出【优先设定】对话框，如图 12-43 所示。可以按照个人的使用习惯，对原理图的环境参数进行设置，此处采用默认设置。

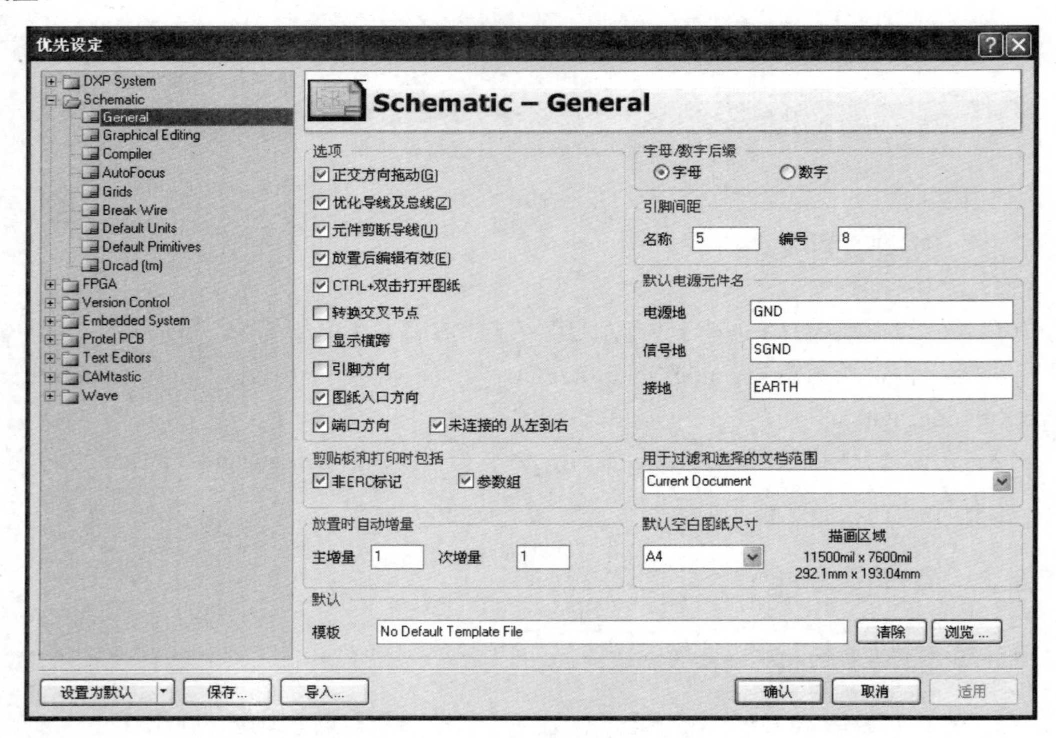

图 12-43 【原理图优先设定】对话框

（4）单击 确认 按钮，关闭对话框，并执行【文件】→【全部保存】菜单命令，保存当前的原理图参数设置。

2．装入元器件库

（1）执行【设计】→【浏览元件库】菜单命令或者单击窗口右侧工作区面板的【元件库】选项卡，如图 12-44 所示，都可以打开如图 12-45 所示的【元件库】对话框。

图 12-44　打开【元件库】选项

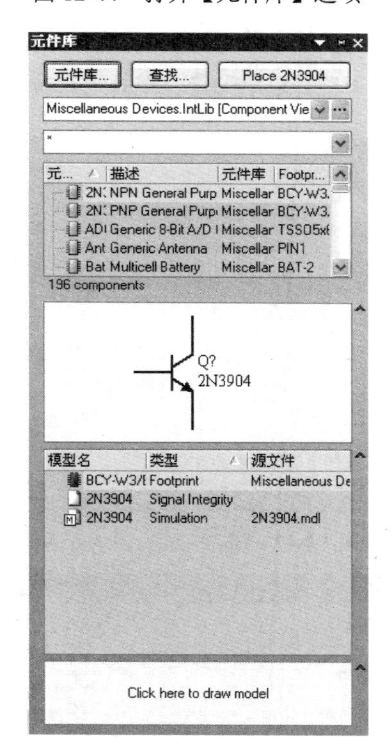

图 12-45　【元件库】对话框

（2）单击【元件库】对话框中的元件库...按钮，弹出如图 12-46 所示的【可用元件库】对话框，单击【项目】选项卡下的加元件库(A)按钮，弹出【打开】对话框，如图 12-47 所示。

（3）添加所需要的元件库，本例用到电阻、电容、晶振等元器件，因此，需要添加“Miscellaneous Devices.IntLib”库，在选择该库后单击打开(O)按钮，回到【可用元件库】对话框，可以看到新添加的库文件已经出现在【可用文件库】列表中。由于 Protel DXP 中没有 MCS51 单片机的元件库，因此，用同样的方法添加第 3 章中用户创建的元件库“Mylib1.SchLib”，如图 12-48 所示。

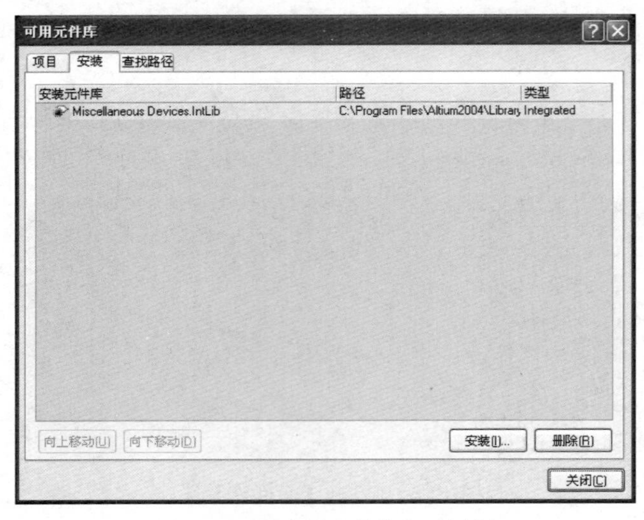

图 12-46 【可用元件库】对话框

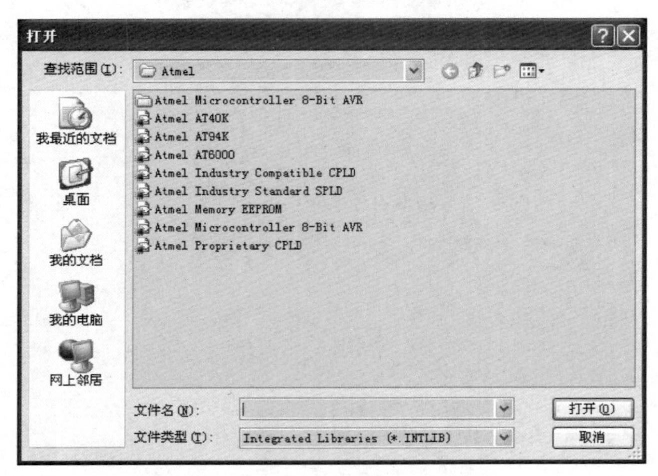

图 12-47 【打开】库文件对话框

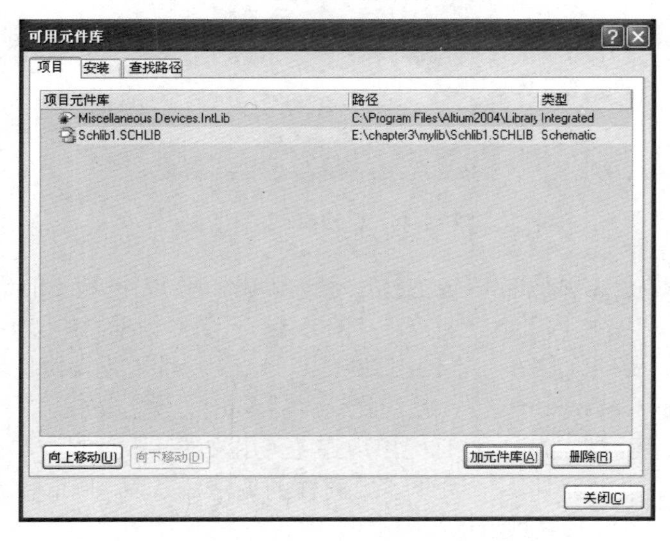

图 12-48 【可用文件库】列表

（4）单击[关闭(C)]按钮，回到【元件库】对话框，可以看到新添加的库已经列在表中了，如图 12-49 所示。

3．放置元器件

装入元器件库后，就可以进行原理图设计了，也就是在原理图纸上放置所需要的元器件。为了提高绘制效率，最好将所设计电路中的每个元器件所在的元器件库整理出来。下面开始放置流水灯电路中的各个元器件。

（1）放置电阻元件。在图 12-48 中，拖动元器件列表框的滚动条，找到所需的电阻元件“Res1”，如图 12-50 所示。

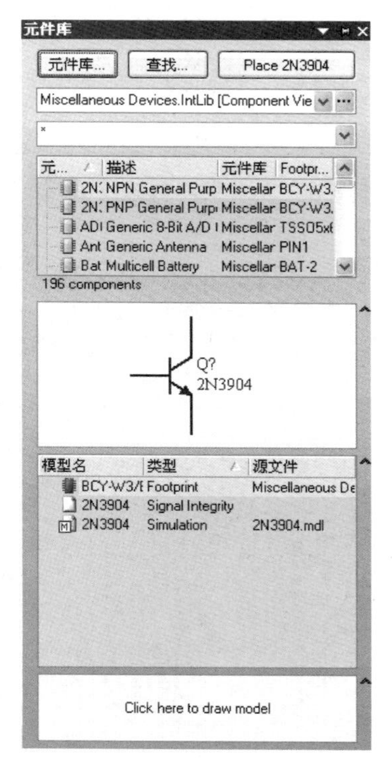

图 12-49　装入元件库的结果

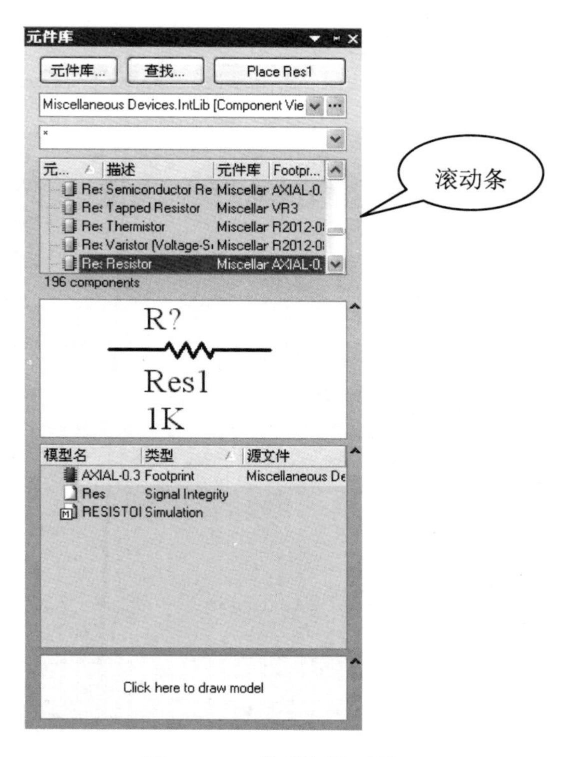

图 12-50　找到电阻元件

（2）单击[Place Res1]按钮，返回原理图编辑状态，此时一个浮动的电阻符号随着光标一起移动，如图 12-51 所示。移动光标到原理图中适当位置，单击放置该元件。在光标仍处于放置状态的情况下，多次单击连续放置多个电阻元件。然后单击右键或按下【Esc】键退出元器件放置命令。

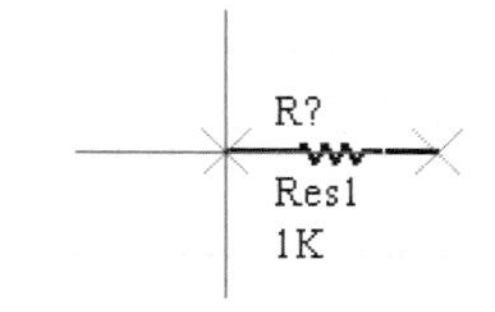

图 12-51　执行【Place Res1】命令后的状态

（3）单击各个电阻的 R?，弹出如图 12-52 所示的【元件属性】对话框，修改电阻元件的标识符、数值等属性。本例中各电阻阻值见表 12-2。

表 12-2　流水灯电路中电阻元件参数

元件标识符	数　值
R_1	10 K
R_2	220 K
R_3	220 K
R_4	220 K
R_5	220 K
R_6	220 K
R_7	220 K
R_8	220 K
R_9	220 K
R_{10}	220 K
R_{11}	220 K
R_{12}	220 K
R_{13}	220 K

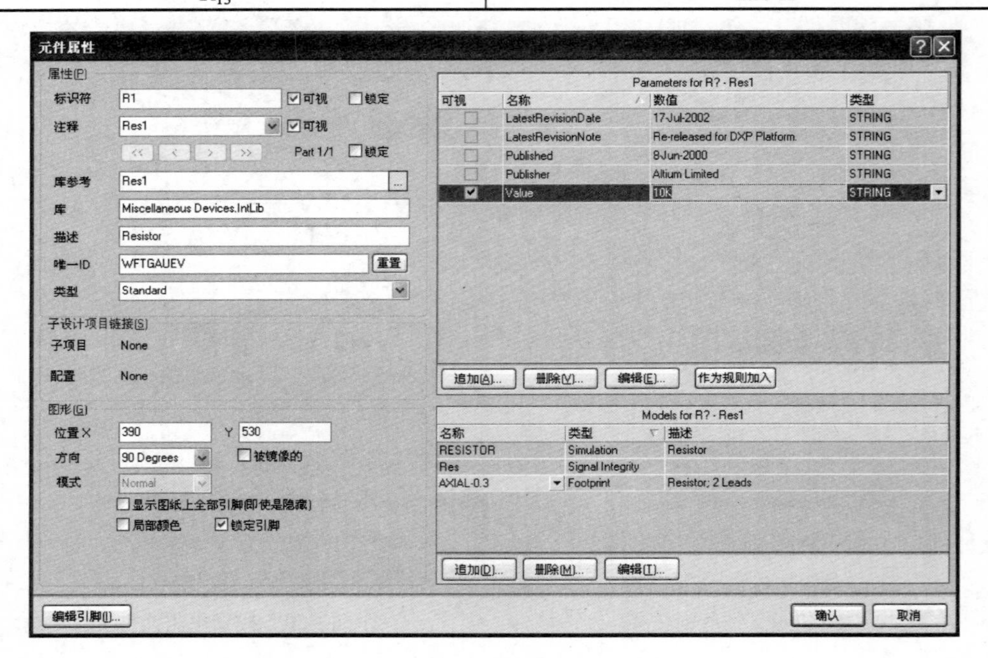

图 12-52 【元件属性】对话框

（4）放置其他元器件：采用同样的方法添加二极管、电容等其他的元器件并修改属性。

（5）放置电源端口：单击工具栏上的按钮，放置电源器件，然后单击按钮放置接地器件。

（6）放置 AT89S51：在【元件库】对话框中，打开“Mylib.SchLib”库文件，找到“AT89S51”元器件，将其放置到工作界面中并修改属性。

（7）调整元器件的位置：在元器件放置完成以后，如果对其位置不满意，可以拖动元器件调整各元器件的位置。合理调整布局后的原理图如图 12-53 所示。

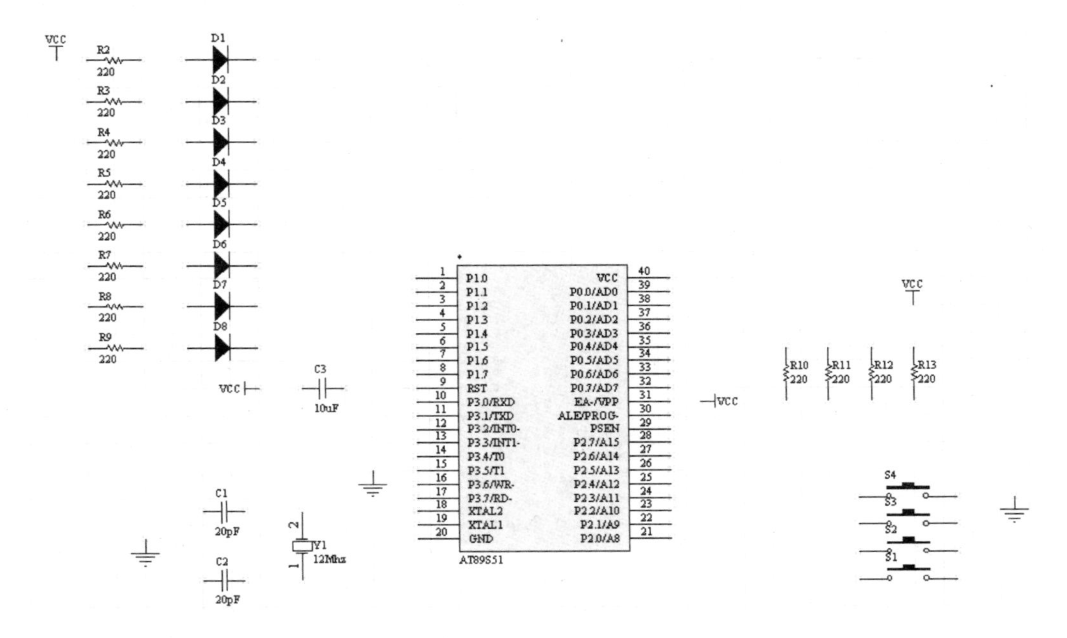

图 12-53 放置流水灯电路中元器件的结果

4．连接电路

放置完电路元器件后，依据电气规则用导线将原理图中的元器件的引脚连接起来。具体步骤如下。

（1）执行【放置】→【导线】菜单命令，或者单击工具栏中的≈按钮，如图 12-54 所示。

图 12-54 执行【放置导线】命令

（2）移动光标到要连接元件的引脚处，确定导线的起始位置。由于系统会自动捕捉电气节点，因此，当光标移动到一个元器件的引脚处时，光标就会变成一个大的红色星形连接标志，表示其电气节点，如图 12-55 所示。

（3）移动光标绘制导线，如果当遇到折点时，单击确定折点的位置；单击要连接的另一个元器件的电气节点，确定导线的第二个端点，完成连接。

（4）移动鼠标，选择新的端点绘制导线。

（5）重复上述方法，直到完成所有元器件之间的电路连接后，单击右键或按下【Esc】键退出导线的绘制状态。完成后的电路原理图如图 12-56 所示。

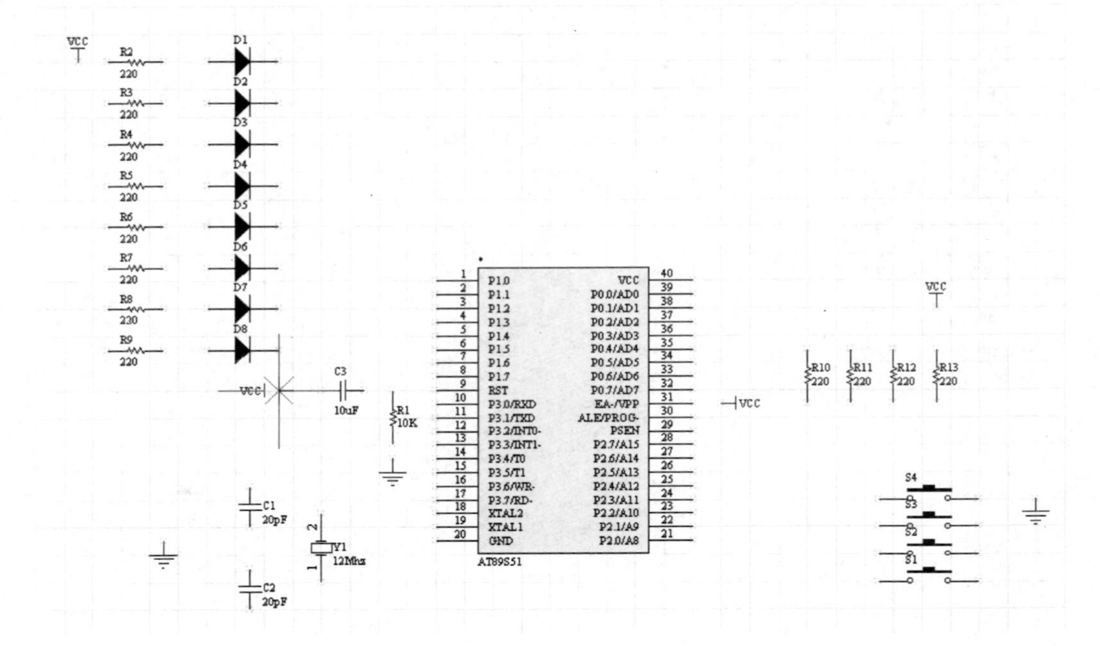

图 12-55　捕捉电气节点

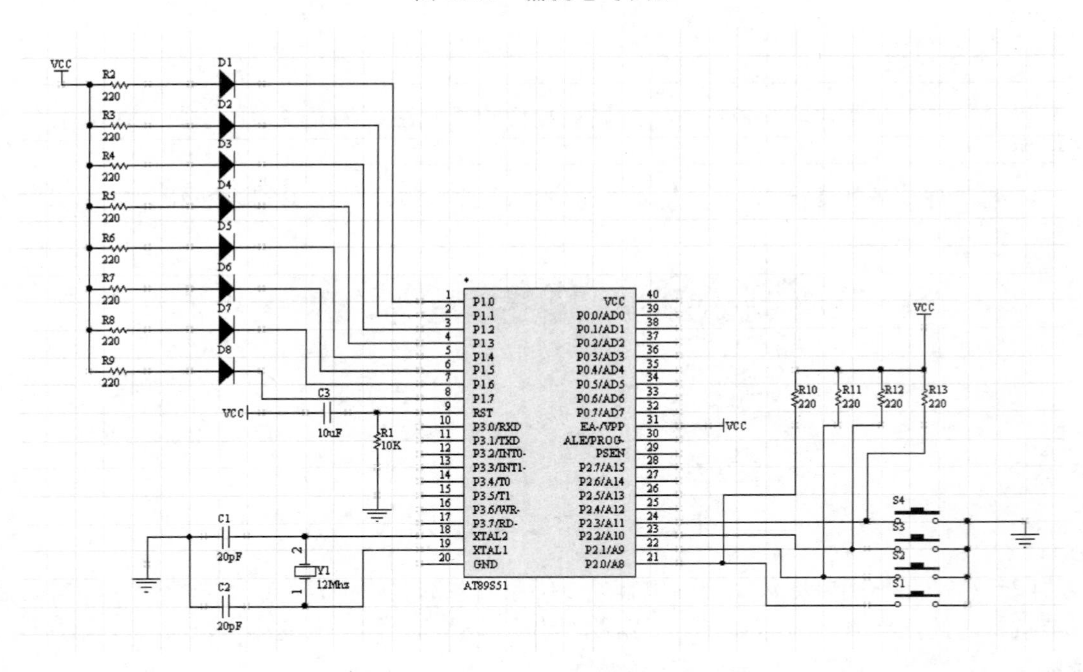

图 12-56　流水灯电路原理图结果

12.2.3　报表生成

在原理图绘制完成后，就可以编译原理图，找出错误的地方并进行修改，同时生成所需的各种报表文档。

（1）项目编译，执行【项目管理】→【Compile PCB Project EightRunningLight.PRJPCB】菜单命令，对项目进行编译，编译结束后，会弹出【Message】对话框，在该对话框中列出了编译和警告等信息。根据编译的信息，仔细检查原理图并进行提示的错误信息。

（2）生成元器件报表，执行【报告】→【Bill of Material】菜单命令，弹出如图 12-57 所示的【Bill of Materials For Project[EightRunningLight.PRJPCB]】对话框。

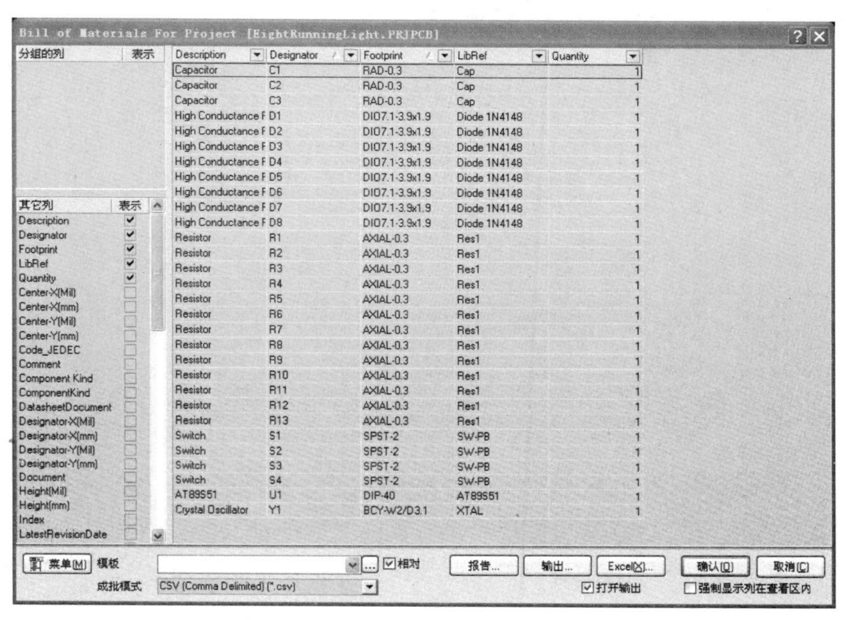

Description	Designator	Footprint	LibRef	Quantity
Capacitor	C1	RAD-0.3	Cap	1
Capacitor	C2	RAD-0.3	Cap	1
Capacitor	C3	RAD-0.3	Cap	1
High Conductance F	D1	DIO7.1-3.9x1.9	Diode 1N4148	1
High Conductance F	D2	DIO7.1-3.9x1.9	Diode 1N4148	1
High Conductance F	D3	DIO7.1-3.9x1.9	Diode 1N4148	1
High Conductance F	D4	DIO7.1-3.9x1.9	Diode 1N4148	1
High Conductance F	D5	DIO7.1-3.9x1.9	Diode 1N4148	1
High Conductance F	D6	DIO7.1-3.9x1.9	Diode 1N4148	1
High Conductance F	D7	DIO7.1-3.9x1.9	Diode 1N4148	1
High Conductance F	D8	DIO7.1-3.9x1.9	Diode 1N4148	1
Resistor	R1	AXIAL-0.3	Res1	1
Resistor	R2	AXIAL-0.3	Res1	1
Resistor	R3	AXIAL-0.3	Res1	1
Resistor	R4	AXIAL-0.3	Res1	1
Resistor	R5	AXIAL-0.3	Res1	1
Resistor	R6	AXIAL-0.3	Res1	1
Resistor	R7	AXIAL-0.3	Res1	1
Resistor	R8	AXIAL-0.3	Res1	1
Resistor	R9	AXIAL-0.3	Res1	1
Resistor	R10	AXIAL-0.3	Res1	1
Resistor	R11	AXIAL-0.3	Res1	1
Resistor	R12	AXIAL-0.3	Res1	1
Resistor	R13	AXIAL-0.3	Res1	1
Switch	S1	SPST-2	SW-PB	1
Switch	S2	SPST-2	SW-PB	1
Switch	S3	SPST-2	SW-PB	1
Switch	S4	SPST-2	SW-PB	1
AT89S51	U1	DIP-40	AT89S51	1
Crystal Oscillator	Y1	BCY-W2/D3.1	XTAL	1

图 12-57　【Bill of Materials For Project[EightRunningLight.PRJPCB]】对话框

（3）单击［报告...］按钮，弹出【报告预览】对话框，如图 12-58 所示。用户可以打印该报表，也可以输出报表。

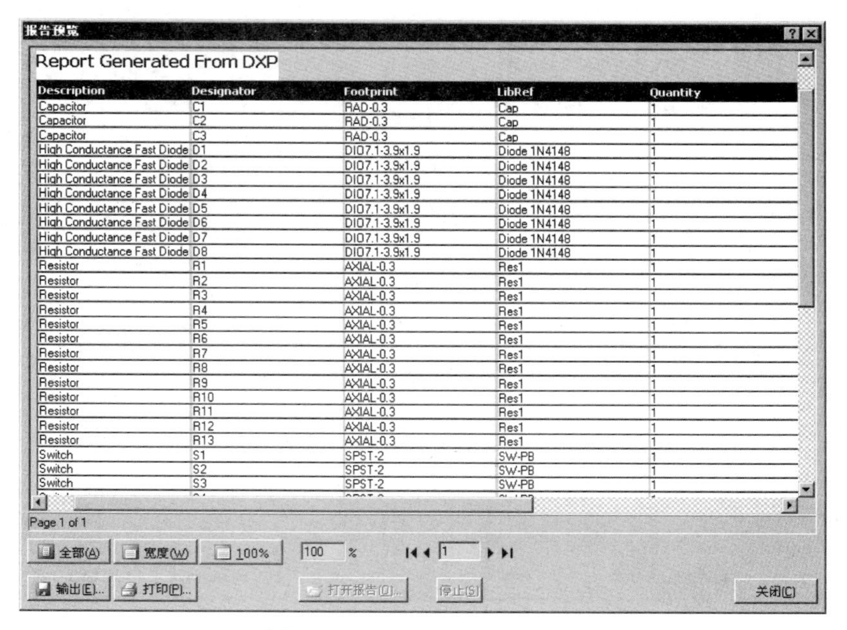

Report Generated From DXP

Description	Designator	Footprint	LibRef	Quantity
Capacitor	C1	RAD-0.3	Cap	1
Capacitor	C2	RAD-0.3	Cap	1
Capacitor	C3	RAD-0.3	Cap	1
High Conductance Fast Diode	D1	DIO7.1-3.9x1.9	Diode 1N4148	1
High Conductance Fast Diode	D2	DIO7.1-3.9x1.9	Diode 1N4148	1
High Conductance Fast Diode	D3	DIO7.1-3.9x1.9	Diode 1N4148	1
High Conductance Fast Diode	D4	DIO7.1-3.9x1.9	Diode 1N4148	1
High Conductance Fast Diode	D5	DIO7.1-3.9x1.9	Diode 1N4148	1
High Conductance Fast Diode	D6	DIO7.1-3.9x1.9	Diode 1N4148	1
High Conductance Fast Diode	D7	DIO7.1-3.9x1.9	Diode 1N4148	1
High Conductance Fast Diode	D8	DIO7.1-3.9x1.9	Diode 1N4148	1
Resistor	R1	AXIAL-0.3	Res1	1
Resistor	R2	AXIAL-0.3	Res1	1
Resistor	R3	AXIAL-0.3	Res1	1
Resistor	R4	AXIAL-0.3	Res1	1
Resistor	R5	AXIAL-0.3	Res1	1
Resistor	R6	AXIAL-0.3	Res1	1
Resistor	R7	AXIAL-0.3	Res1	1
Resistor	R8	AXIAL-0.3	Res1	1
Resistor	R9	AXIAL-0.3	Res1	1
Resistor	R10	AXIAL-0.3	Res1	1
Resistor	R11	AXIAL-0.3	Res1	1
Resistor	R12	AXIAL-0.3	Res1	1
Resistor	R13	AXIAL-0.3	Res1	1
Switch	S1	SPST-2	SW-PB	1
Switch	S2	SPST-2	SW-PB	1
Switch	S3	SPST-2	SW-PB	1

图 12-58　【报告预览】对话框

（4）单击Excel(X)...按钮，可以生成 Excel 文件格式“EightRunningLight.XLS”的元器件报表，如图 12-59 所示。

Description	Designator	Footprint	LibRef	Quantity
Capacitor	C1	RAD-0.3	Cap	1
Capacitor	C2	RAD-0.3	Cap	1
Capacitor	C3	RAD-0.3	Cap	1
High Conductance	D1	DIO7.1-3.9x1.9	Diode 1N4148	1
High Conductance	D2	DIO7.1-3.9x1.9	Diode 1N4148	1
High Conductance	D3	DIO7.1-3.9x1.9	Diode 1N4148	1
High Conductance	D4	DIO7.1-3.9x1.9	Diode 1N4148	1
High Conductance	D5	DIO7.1-3.9x1.9	Diode 1N4148	1
High Conductance	D6	DIO7.1-3.9x1.9	Diode 1N4148	1
High Conductance	D7	DIO7.1-3.9x1.9	Diode 1N4148	1
High Conductance	D8	DIO7.1-3.9x1.9	Diode 1N4148	1
Resistor	R1	AXIAL-0.3	Res1	1
Resistor	R2	AXIAL-0.3	Res1	1
Resistor	R3	AXIAL-0.3	Res1	1
Resistor	R4	AXIAL-0.3	Res1	1
Resistor	R5	AXIAL-0.3	Res1	1
Resistor	R6	AXIAL-0.3	Res1	1
Resistor	R7	AXIAL-0.3	Res1	1
Resistor	R8	AXIAL-0.3	Res1	1
Resistor	R9	AXIAL-0.3	Res1	1
Resistor	R10	AXIAL-0.3	Res1	1
Resistor	R11	AXIAL-0.3	Res1	1
Resistor	R12	AXIAL-0.3	Res1	1
Resistor	R13	AXIAL-0.3	Res1	1
Switch	S1	SPST-2	SW-PB	1
Switch	S2	SPST-2	SW-PB	1
Switch	S3	SPST-2	SW-PB	1
Switch	S4	SPST-2	SW-PB	1
AT89S51	U1	DIP-40	AT89S51	1
Crystal Oscillator	Y1	BCY-W2/D3.1	XTAL	1

图 12-59　生成的 Excel 元器件报表

（5）生成元器件交叉参考表。执行【报告】→【Component Cross Reference】菜单命令，弹出【Component Cross Reference Report For Project[EightRunningLight.PRJPCB]】对话框，如图 12-60 所示。

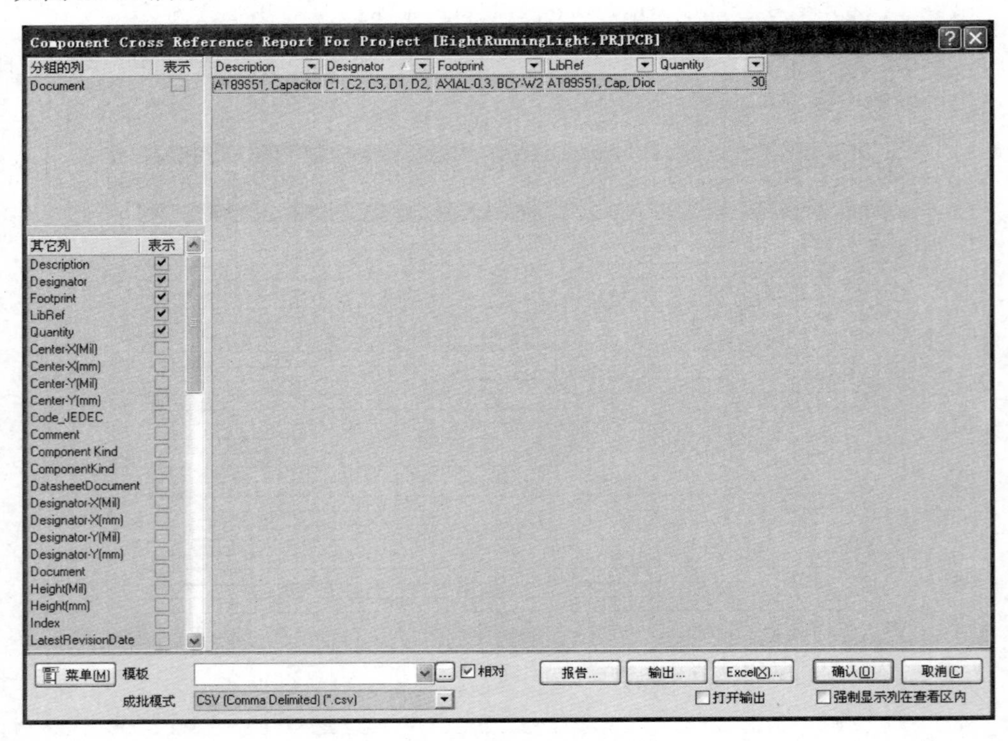

图 12-60　元器件交叉参考表

（6）生成网络表文件。执行【设计】→【文档的网络表】→【Protel】菜单命令，系统自动生成文档的网络表文件“EightRunningLight.NET”，如图 12-61 所示。

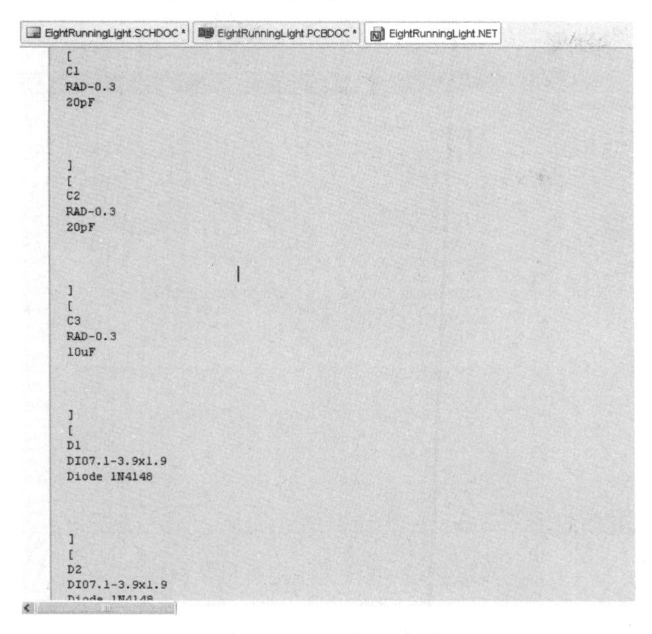

图 12-61　网络表文件

12.2.4　创建 PCB 文件

在完成原理图的绘制并输出了所需的报表后，就要创建 PCB 文件，并且设置 PCB 的属性。

（1）追加 PCB 文件到项目“EightRunningLight.PRJPCB”中，将光标移动工作区面板的【PROJECT】选项卡中的项目“EightRunningLight.PRJPCB”上，单击右键，在弹出的快捷菜单中执行【追加新文件到项目中】→【PCB】菜单命令，创建一个新的 PCB 文件，重新命名为“EightRunningLight.PCBDOC”，并保存到项目目录下，如图 12-62 所示。

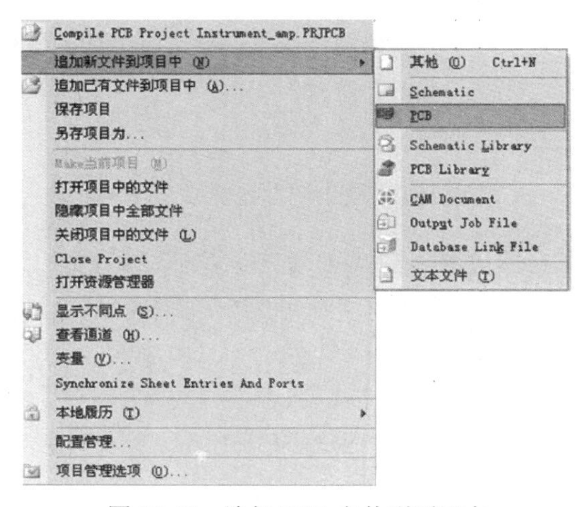

图 12-62　追加 PCB 文件到项目中

（2）设置 PCB 编辑器参数。执行【工具】→【优先设定】菜单命令，弹出【优先设定】对话框，如图 12-63 所示。对【GENERAL】、【DISPLAY】、【SHOW/HIDE】、【DEFAULTS】和【PCB 3D】各选项卡进行适当设置。

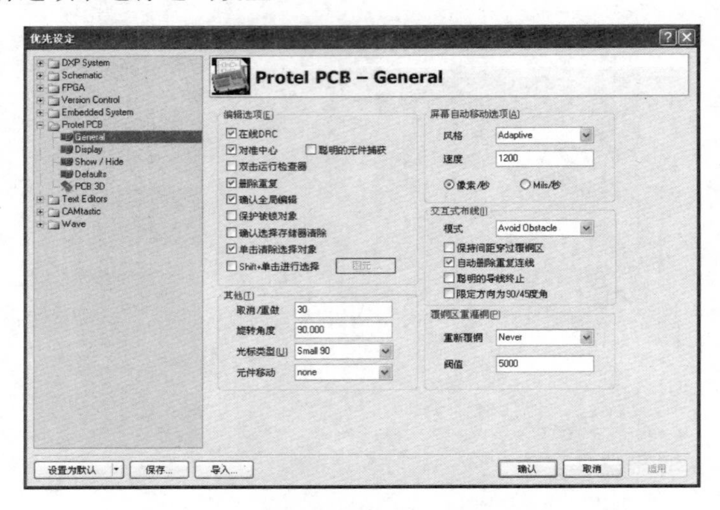

图 12-63 【优先设定】对话框

（3）设置印制板属性。在 PCB 编辑状态下，执行【设计】→【层堆栈管理器】菜单命令，打开【图层堆栈管理器】对话框，如图 12-64 所示，并设置电路板为双层板。

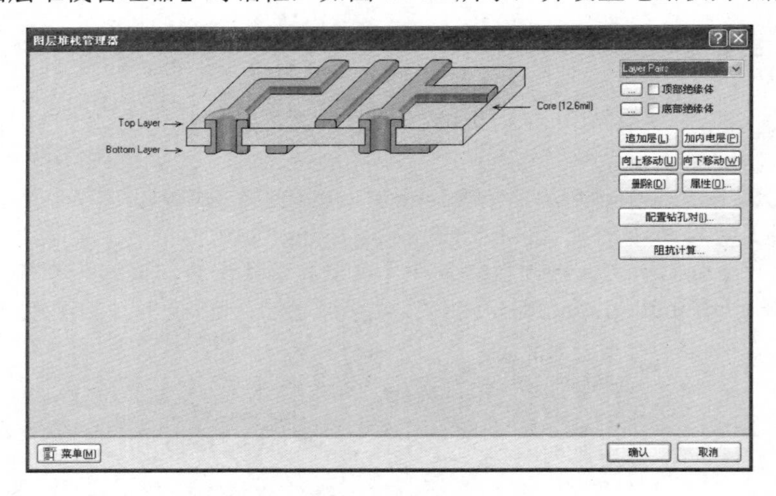

图 12-64 【图层堆栈管理器】对话框

（4）设置物理边界和电器边界。在 PCB 编辑状态下，单击窗口下部的 Mechanical 1 标签，切换到机械层窗口，绘制 PCB 物理边界，然后将 PCB 编辑器的当前层置于 Keep-Out Layer，绘制 PCB 的电器边界，规划好物理边界和电器边界的 PCB，如图 12-65 所示。

（5）载入网络表和元器件。在 PCB 编辑状态下，执行【设计】→【Import Changes From EightRunningLight.PRJPCB】菜单命令，系统将弹出【工程变化订单（ECO）】对话框，如图 12-66 所示。

图 12-65　物理边界和电气边界的规划

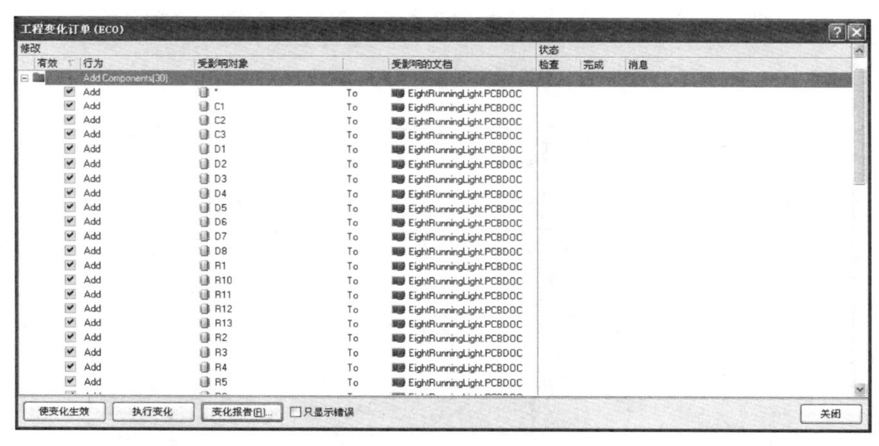

图 12-66 【工程变化订单（ECO）】对话框

（6）单击 使变化生效 按钮，进行状态检查，检查的状态会在【工程变化订单（ECO)】对话框中的【状态】项目的“检查“一栏中显示。根据检查信息修改其中的错误，直到没有错误为止，检查结果如图 12-67 所示。

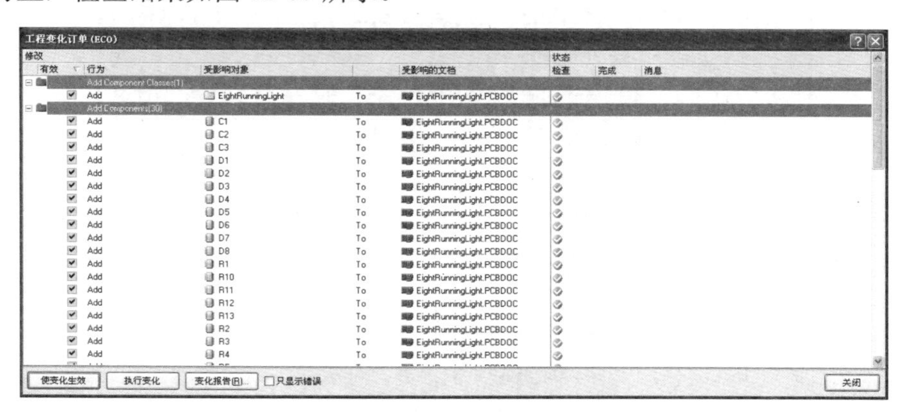

图 12-67　检查结果

（7）单击[执行变化]按钮，完成网络表的导入，如图 12-68 所示。

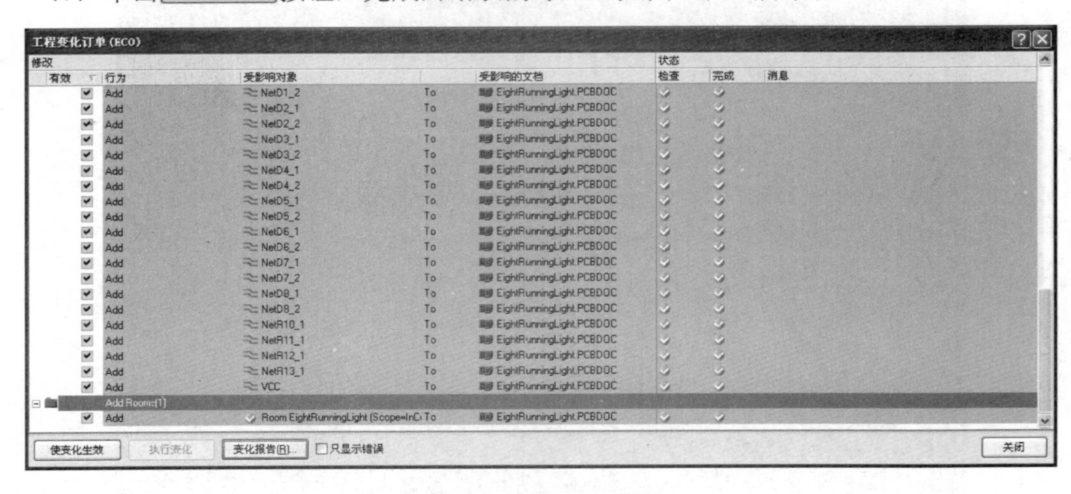

图 12-68　导入网络表

（8）在完成了网络表的导入后，用户可以单击[变化报告(R)...]按钮，打开【报告预览】对话框，如图 12-69 所示，用户可以对变化报表进行输出。

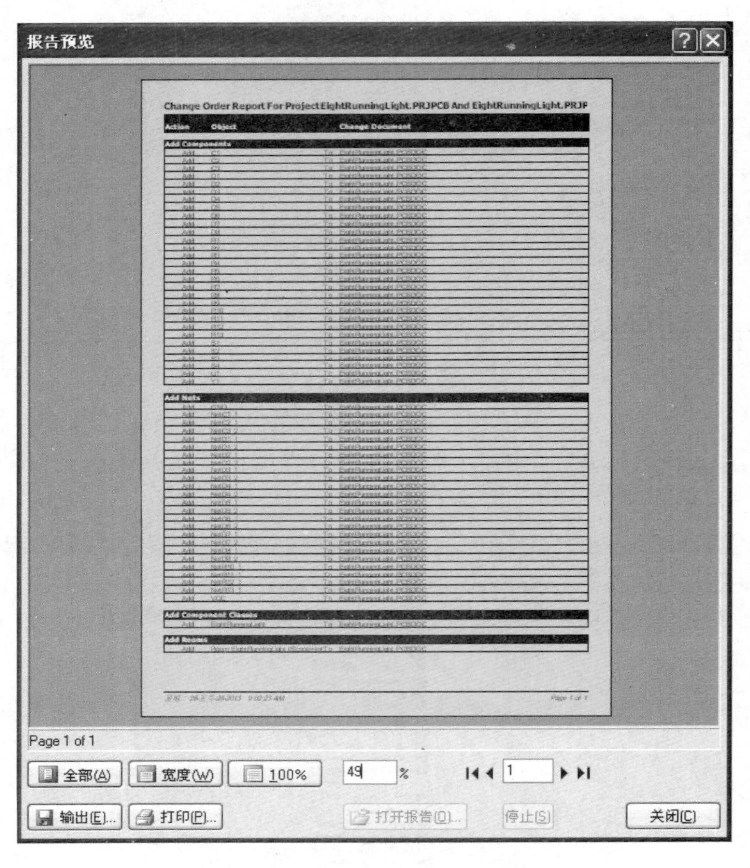

图 12-69　【报告预览】对话框

（9）完成网络表的导入后，单击【工程变化订单（ECO）】对话框中的关闭(C)按钮。在 PCB 编辑状态下，可以看到导入网络表后的 PCB，如图 12-70 所示。

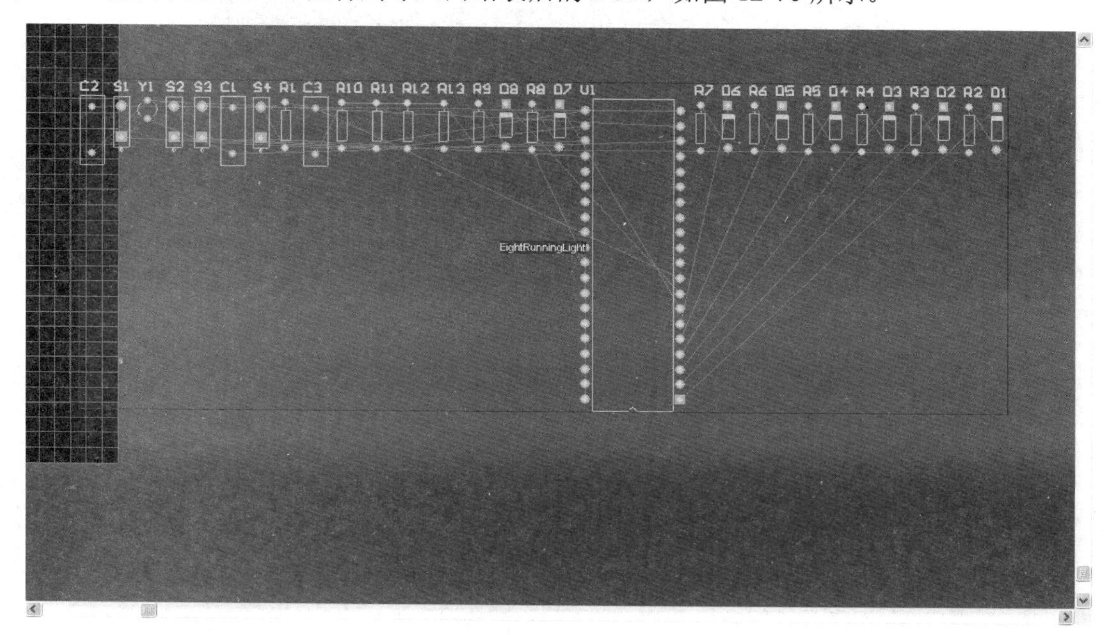

图 12-70　完成网络表导入的 PCB 界面

12.2.5　PCB 布局

PCB 的布局一般先用自动布局，然后根据电气特性及布线方便等属性手动调整元器件的布局。

（1）执行【工具】→【放置元件】→【自动布局】菜单命令，弹出【自动布局】对话框，如图 12-71 所示。

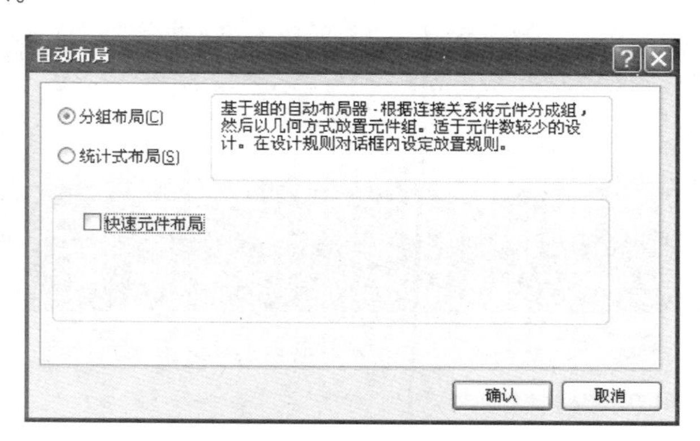

图 12-71　【自动布局】对话框

（2）选择“分组布局”选项，然后单击确认按钮，进行 PCB 布局，自动布局的结果如图 12-72 所示。

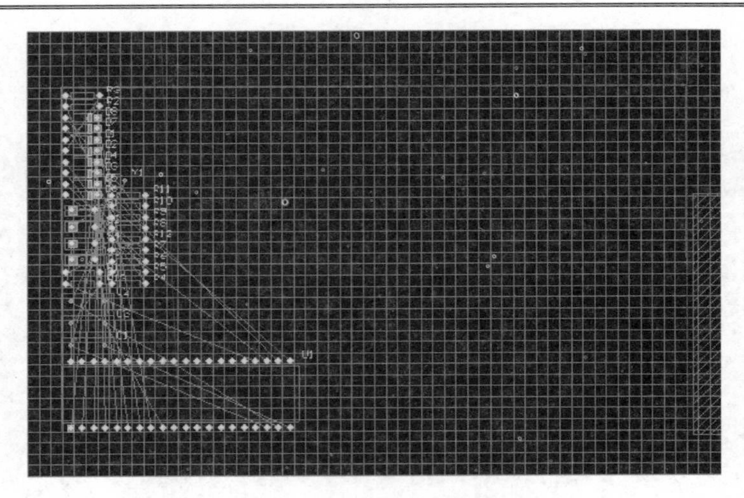

图 12-72　PCB 的自动布局结果

（3）元器件自动布局结束后，如果自动布局调整不理想，用户可以对其进行手动调整。本例中，自动布局调整结果不理想，需要对此结果进行手动调整，调整后的结果如图 12-73 所示。

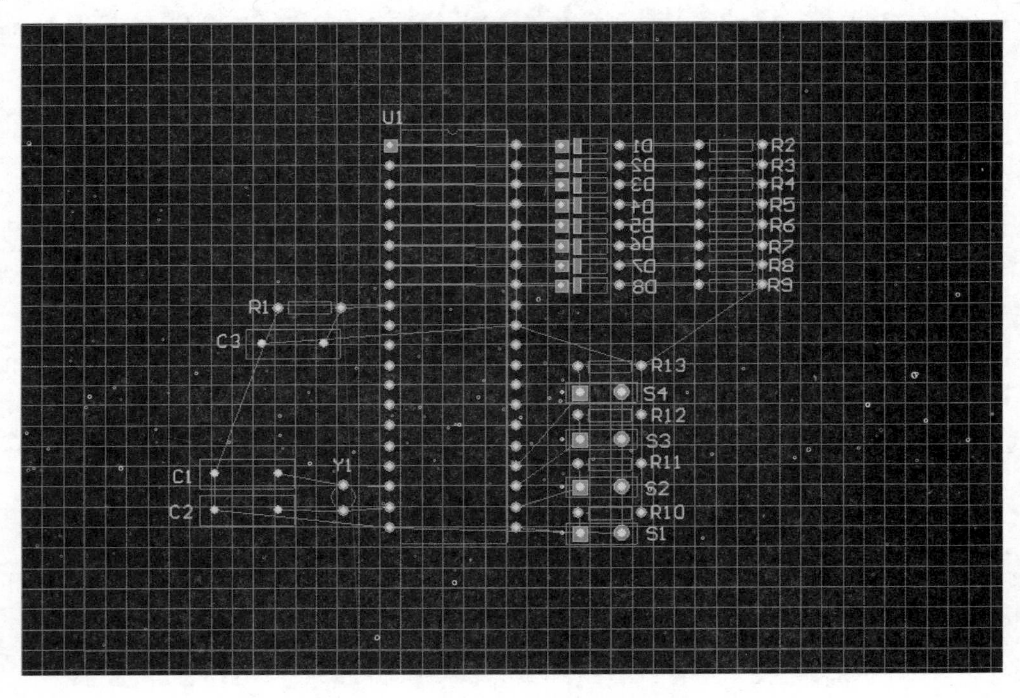

图 12-73　手动布局调整后的结果

12.2.6　PCB 布线

（1）设置布线参数，执行【设计】→【规则】菜单命令，弹出【PCB 规则和约束编辑器】对话框，如图 12-74 所示。通过该对话框设置线宽、安全距离、布线拐弯等布线参数，设置完成后，单击确认按钮，关闭该对话框。

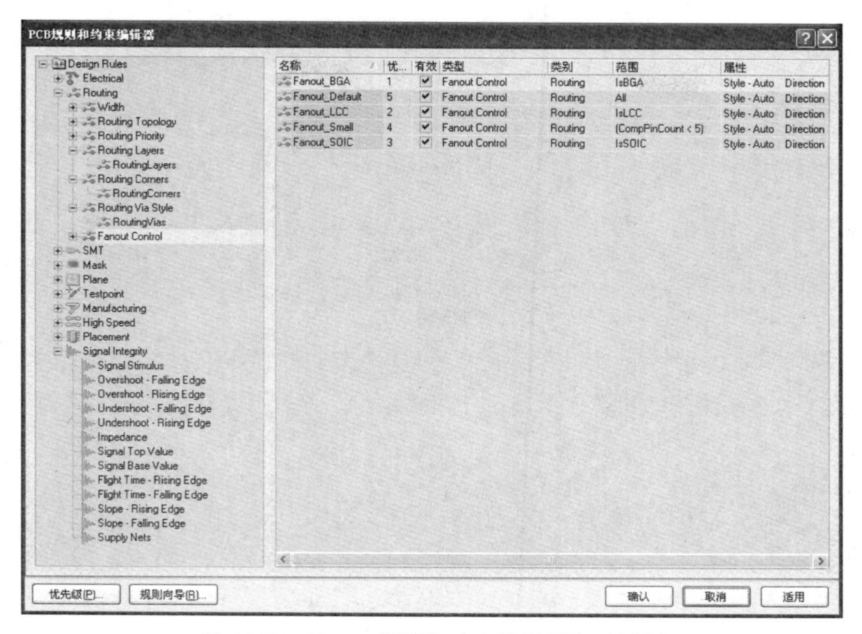

图 12-74 【PCB 规则和约束编辑器】对话框

（2）自动布线，执行【自动布线】→【全部对象】菜单命令，弹出【Situs 布线策略】对话框，如图 12-75 所示。

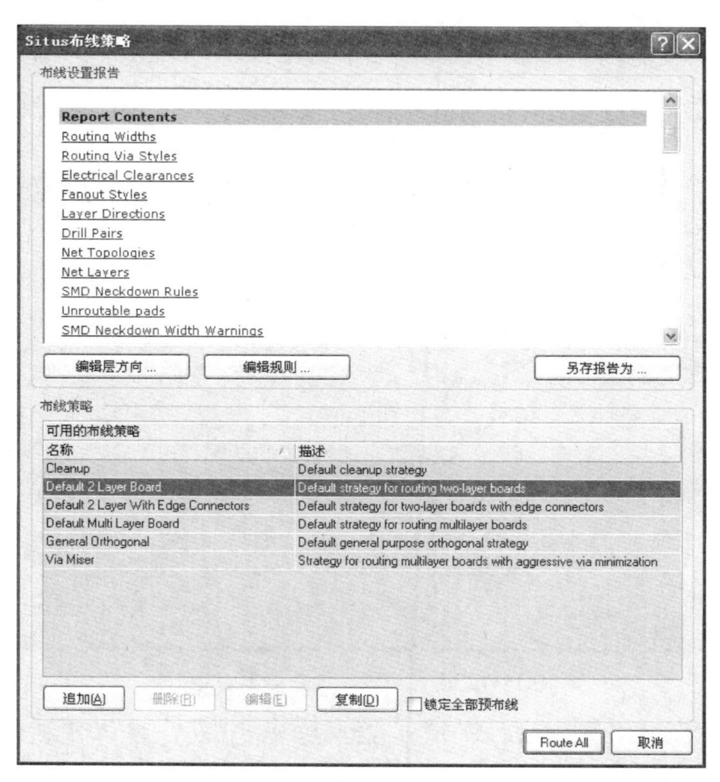

图 12-75 【Situs 布线策略】对话框

（3）单击 Route All 按钮，对 PCB 进行自动布线，自动布线的结果如图 12-76 所示。

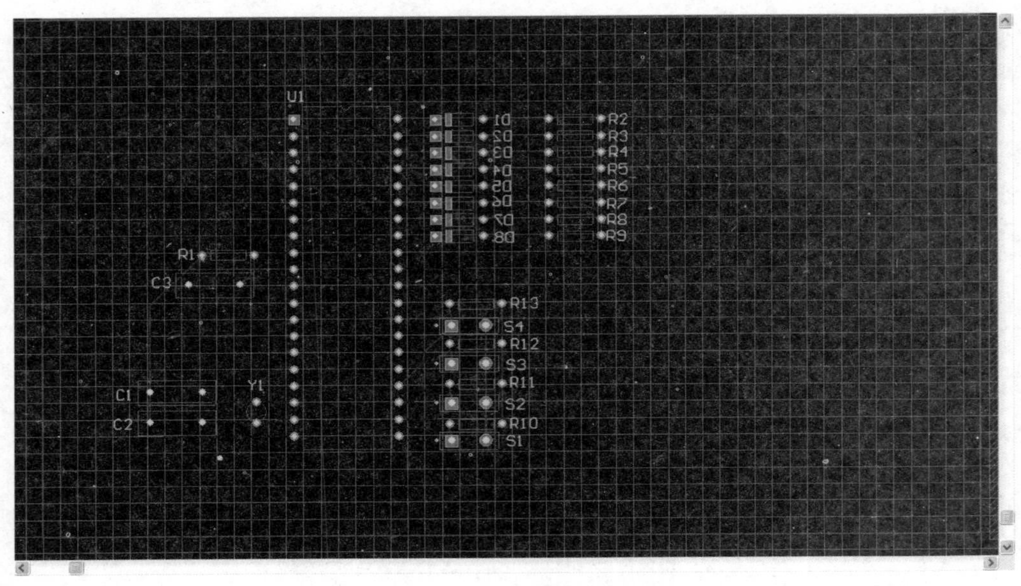

图 12-76　自动布线结果

（4）手动调整布线，在自动布线结束后用户可以调整布线不合理的地方，进行手动调整。本例自动布线结果比较理想，基本不需要进行手动调整。

12.2.7　设计规则检查

（1）执行【工具】→【设计规则检查】菜单命令，弹出【设计规则检查器】对话框，如图 12-77 所示。

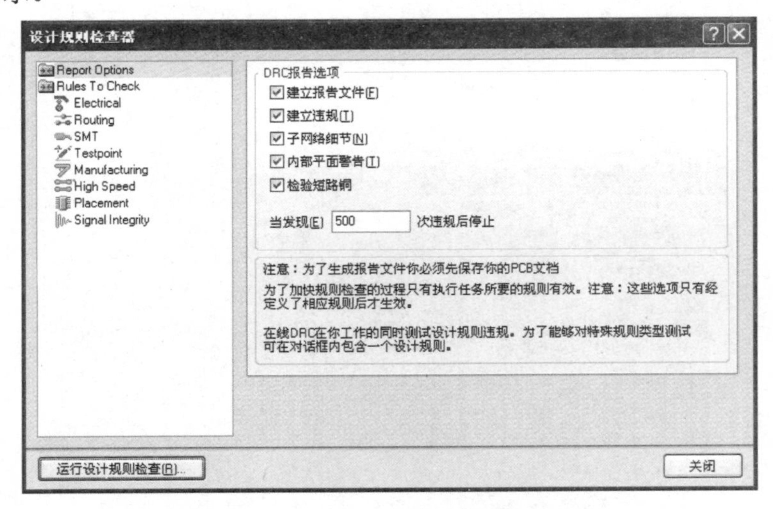

图 12-77　【设计规则检查器】对话框

（2）设置好检查的规则，然后单击 运行设计规则检查(R)... 按钮，对 PCB 进行设计规则检查。设计规则检查结束后，系统生成设计规则检查报告“EightRunningLight.DRC”，如图 12-78 所示。

主页面　EightRunningLight.SCHDOC　EightRunningLight.PCBDOC *　EightRunningLight.DRC

```
Protel Design System Design Rule Check
PCB File : \Chapter11\EightRunningLight\EightRunningLight.PCBDOC
Date     : 2013-5-28
Time     : 9:35:31

Processing Rule : Short-Circuit Constraint (Allowed=No) (All),(All)
Rule Violations :0

Processing Rule : Broken-Net Constraint ( (All) )
Rule Violations :0

Processing Rule : Clearance Constraint (Gap=10mil) (All),(All)
Rule Violations :0

Processing Rule : Width Constraint (Min=10mil) (Max=10mil) (Preferred=10mil) (All)
Rule Violations :0

Processing Rule : Height Constraint (Min=0mil) (Max=1000mil) (Prefered=500mil) (All)
Rule Violations :0

Processing Rule : Hole Size Constraint (Min=1mil) (Max=100mil) (All)
Rule Violations :0

Processing Rule : Room EightRunningLight (Bounding Region = (6750mil, 1355mil, 12625mil, 3525mil) (InComponentClass('EightRunningLight'))
   Violation between Small Component C1(2070mil,2260mil) on Top Layer and
                     Room EightRunningLight (Bounding Region = (6750mil, 1355mil, 12625mil, 3525mil) (InComponentClass('EightRunningLight'))
   Violation between Small Component C2(2070mil,2080mil) on Top Layer and
                     Room EightRunningLight (Bounding Region = (6750mil, 1355mil, 12625mil, 3525mil) (InComponentClass('EightRunningLight'))
   Violation between Small Component C3(2290mil,2905mil) on Top Layer and
                     Room EightRunningLight (Bounding Region = (6750mil, 1355mil, 12625mil, 3525mil) (InComponentClass('EightRunningLight'))
   Violation between Small Component D1(3705mil,3890mil) on Top Layer and
                     Room EightRunningLight (Bounding Region = (6750mil, 1355mil, 12625mil, 3525mil) (InComponentClass('EightRunningLight'))
   Violation between Small Component D2(3705mil,3790mil) on Top Layer and
                     Room EightRunningLight (Bounding Region = (6750mil, 1355mil, 12625mil, 3525mil) (InComponentClass('EightRunningLight'))
   Violation between Small Component D3(3705mil,3690mil) on Top Layer and
```

图 12-78　设计规则检查报告

12.2.8　3D 效果图

执行【查看】→【显示三维 PCB 板】菜单命令，查看 PCB 的 3D 效果图，如图 12-79 所示。

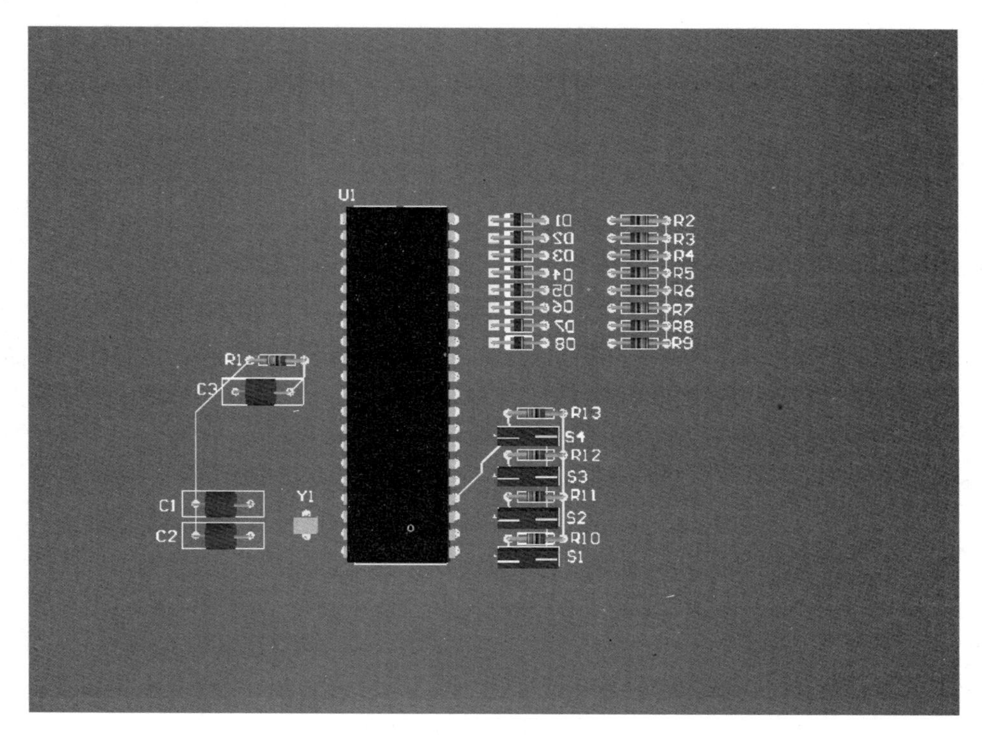

图 12-79　三维 PCB 板

12.3 频率计电路的设计

频率检测是电子测量领域中最基本的测量之一，并且与许多电参量的测量方案、测量结果都密切相关。频率信号抗干扰性强、易于传输，可以获得较高的测量精度，因此，频率计的设计与实现具有重要的意义。

本节通过实例介绍基于单片机的数字频率计电路的设计与实现，该频率计具有操作简单方便、响应速度快、体积小等一系列优点，可以及时准确地测量低频信号频率。

本实例要求利用前面各章所学的原理图设计及 PCB 设计的相关知识，对频率计电路（如图 12-80 所示）进行设计。

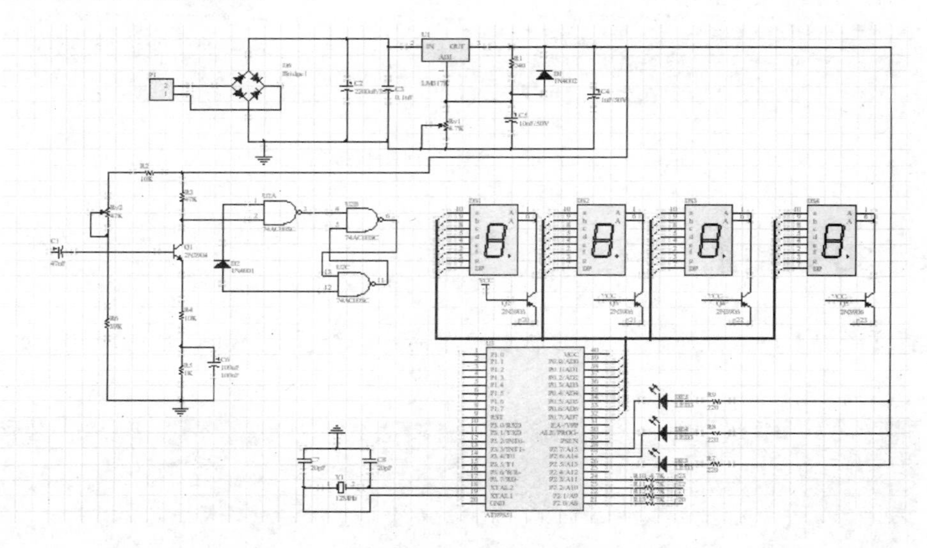

图 12-80 频率计电路原理图

12.3.1 创建项目文件

（1）执行【文件】→【创建】→【项目】→【PCB 项目】菜单命令，创建一个新的 PCB 项目并命名为“frequencymeter.PRJPCB”，保存该项目到“E：\Chapter12\frequencymeter\”下。

（2）在该项目中添加一个原理图文件，命名为“frequencymeter.SchDoc”并保存在同一目录下。

12.3.2 原理图设计

1. 设置图纸参数和环境参数

（1）在原理图编辑状态，执行【设计】→【文档选项】菜单命令，弹出【文档选项】对话框，如图 12-81 所示，选中【图纸选项】，系统默认“方向”为“Landscape”；“标准风格”为“A3”，这里接受默认设置即可。

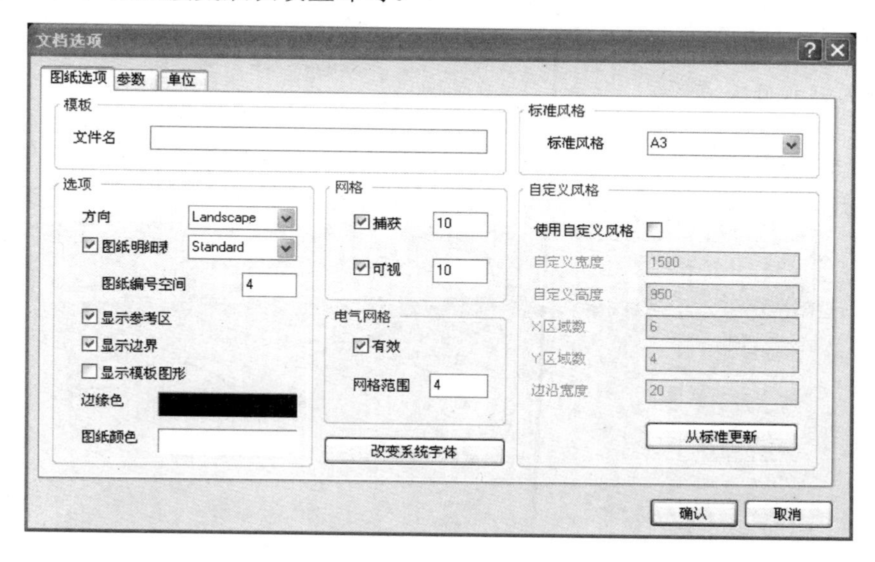

图 12-81 【文档选项】对话框

（2）单击 确认 按钮，关闭对话框，完成对图纸尺寸和版面的设置。

（3）执行【工具】→【原理图优先设定】菜单命令，弹出【优先设定】对话框，如图 12-82 所示。可以按照个人的使用习惯，对原理图的环境参数进行设置，此处采用默认设置。

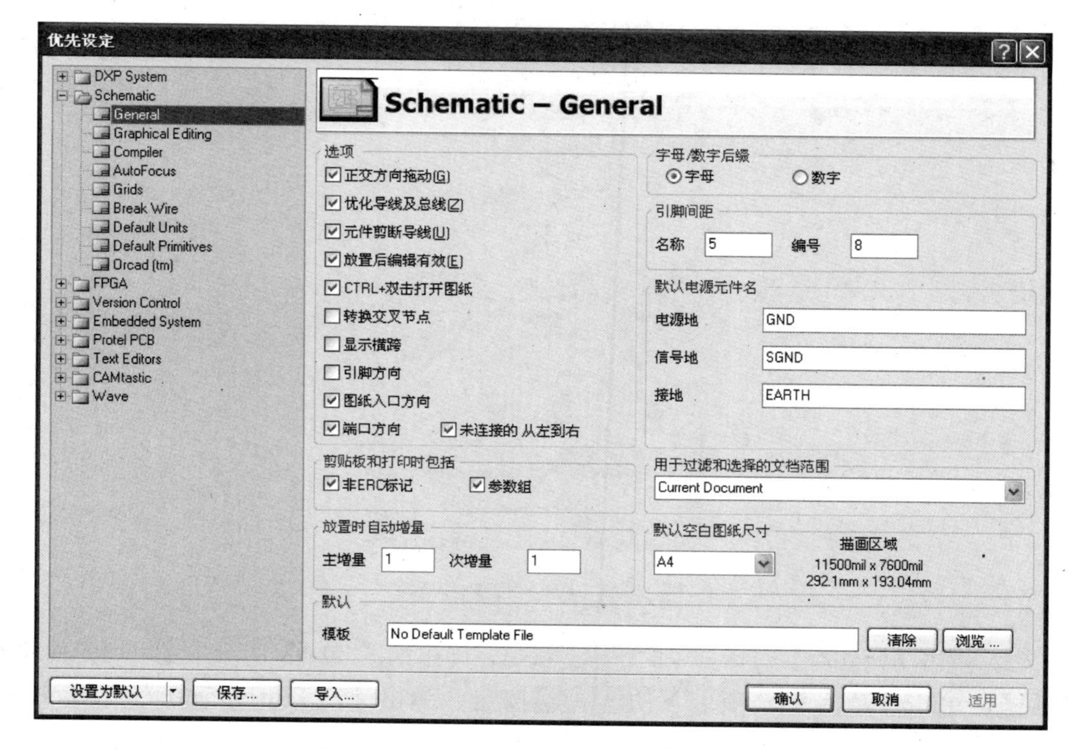

图 12-82 【原理图优先设定】对话框

（4）单击确认按钮，关闭对话框，并执行【文件】→【全部保存】菜单命令，保存当前的原理图参数设置。

2．装入元器件库

（1）执行【设计】→【浏览元件库】菜单命令或者单击窗口右侧工作区面板的【元件库】选项卡，如图 12-83 所示，都可以打开如图 12-84 所示的【元件库】对话框。

图 12-83　打开【元件库】选项

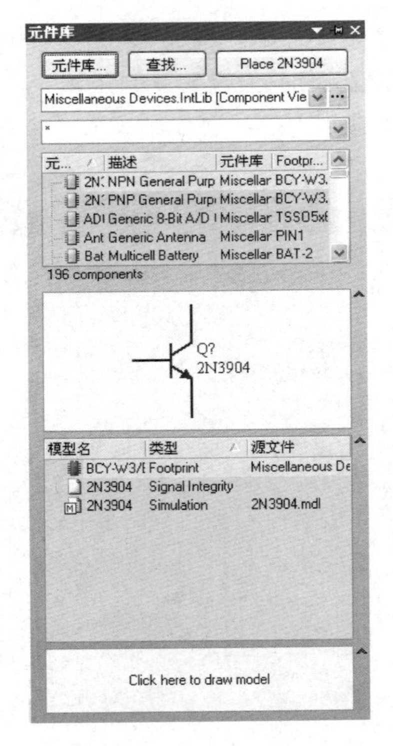

图 12-84　【元件库】对话框

（2）单击【元件库】对话框中的元件库...按钮，弹出如图 12-85 所示的【可用元件库】对话框，单击【项目】选项卡下的加元件库(A)按钮，弹出【打开】对话框，如图 12-86 所示。

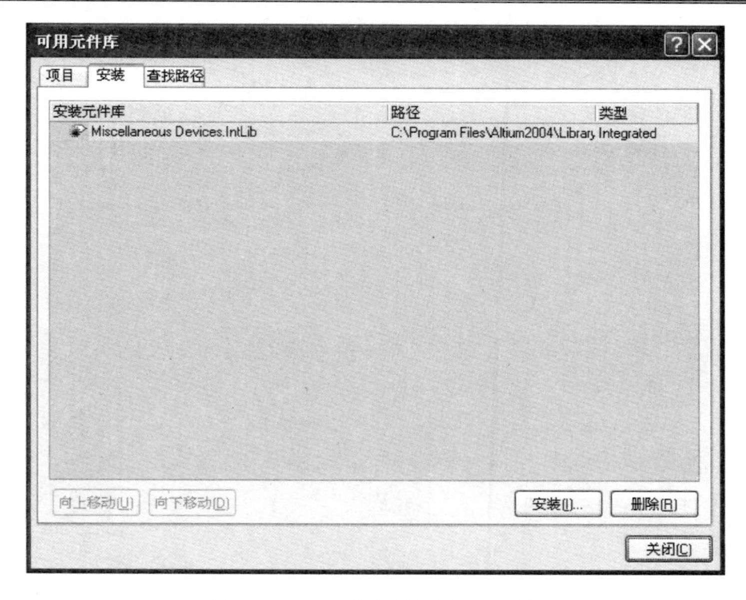

图 12-85　【可用元件库】对话框

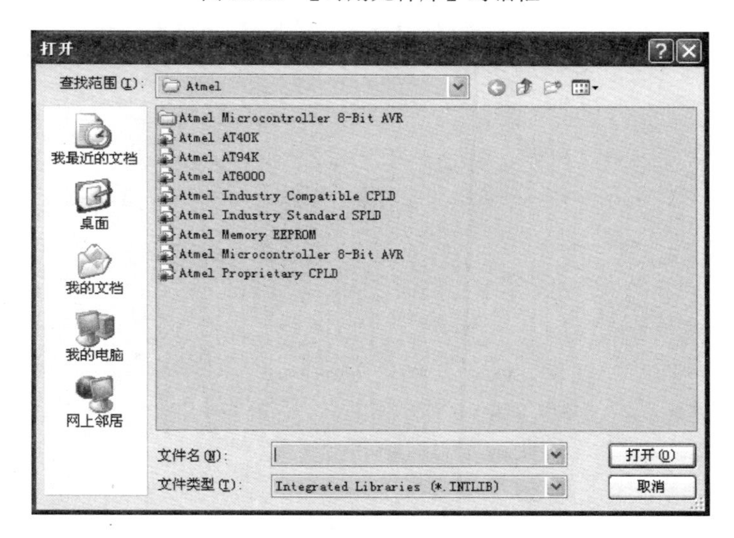

图 12-86　【打开】库文件对话框

（3）添加所需要的元件库，本例用到电阻、电容、晶振等元器件，因此，需要添加“Miscellaneous Devices.IntLib”库，则选择该库后单击打开(O)按钮，回到【可用元件库】对话框，可以看到新添加的库文件已经出现在【可用文件库】列表中。由于 Protel DXP 中没有 MCS51 单片机的元件库，因此，用同样的方法添加第 3 章中用户创建的元件库“Mylib1.SchLib”。由于本实例中要用到元件“74LS00”和稳压器“LM317”，因此，继续添加其所在的元件库“FSC Logic Gate.IntLib”和“ST Power Mgt Voltage Regulator”，添加结果如图 12-87 所示。

（4）单击关闭(C)按钮，回到【元件库】对话框，可以看到新添加的库已经列在表中了，如图 12-88 所示。

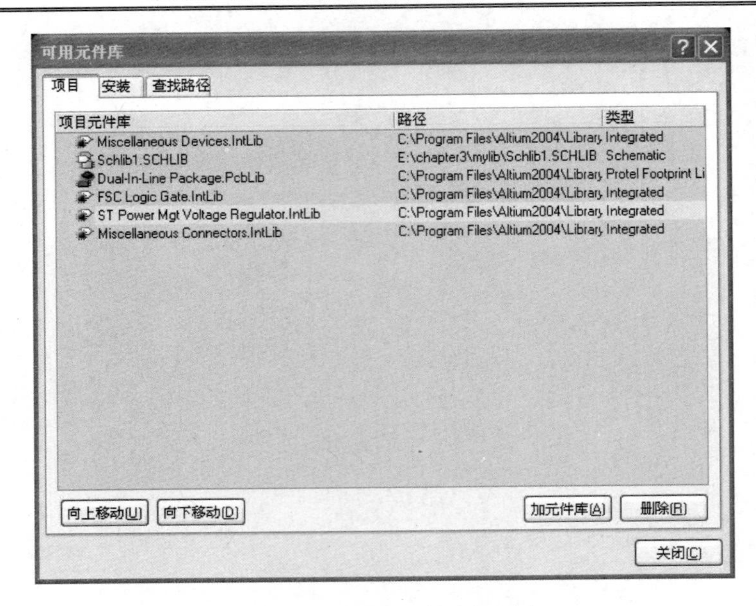

图 12-87 【可用文件库】列表

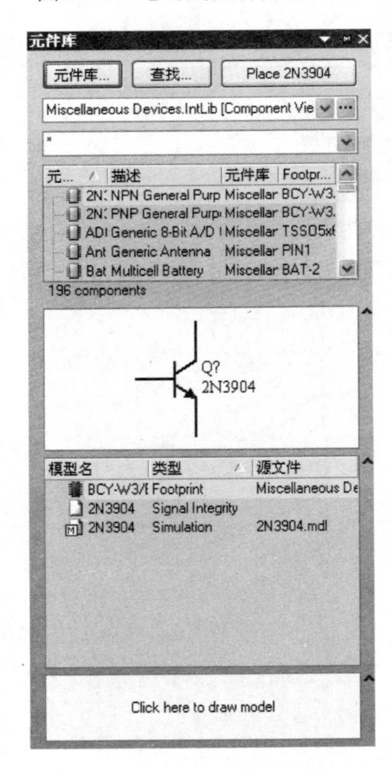

图 12-88 装入元件库的结果

3．放置元器件

装入元器件库后，就可以进行原理图设计了，也就是在原理图纸上放置所需要的元器件。为了提高绘制效率，最好将所设计电路中的每个元器件所在的元器件库整理出来。下面开始放置频率计电路中的各元器件。

（1）放置电阻元件。在图 12-88 中拖动元器件列表框的滚动条，找到所需的电阻元件“Res1”，如图 12-89 所示。

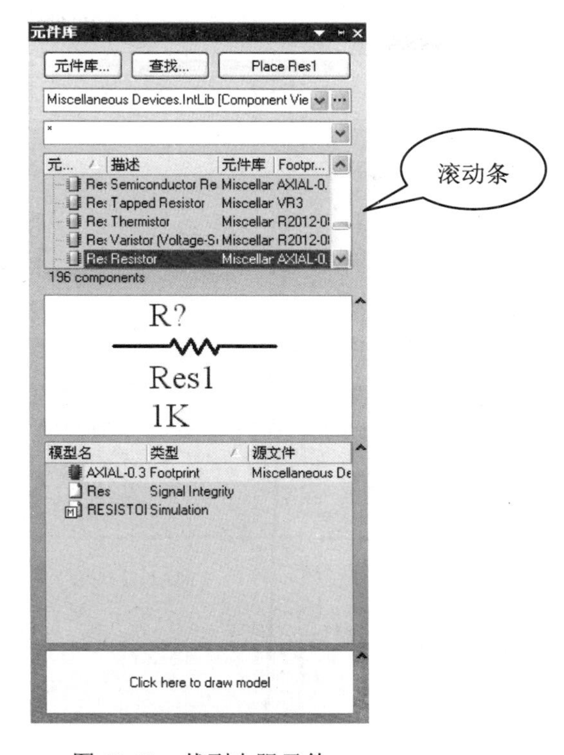

图 12-89　找到电阻元件

（2）单击 Place Res1 按钮，返回原理图编辑状态，此时一个浮动的电阻符号随着光标一起移动，如图 12-90 所示。移动光标到原理图中适当位置，单击放置该元件。在光标仍处于放置状态的情况下，多次单击连续放置多个电阻元件。然后单击右键或按下【Esc】键退出元器件放置命令。

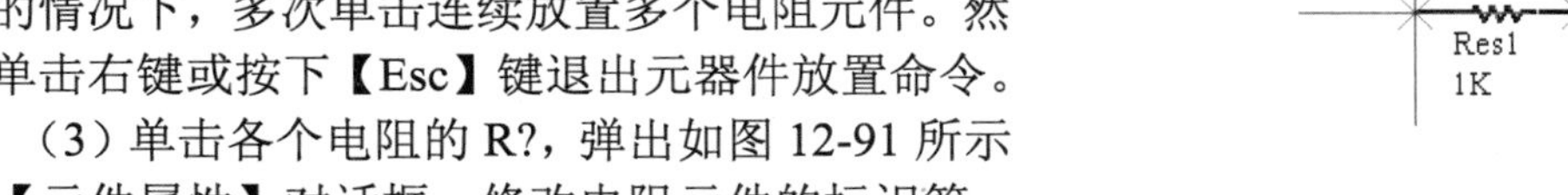

图 12-90　执行【Place Res1】命令后的状态

（3）单击各个电阻的 R?，弹出如图 12-91 所示的【元件属性】对话框，修改电阻元件的标识符、数值等属性。本例中各电阻阻值见表 12-3。

表 12-3　频率计电路中电阻元件参数

元件标识符	数　值
R_1	240K
R_2	10K
R_3	47K
R_4	10K
R_5	1K
R_6	39K
R_7	220K
R_8	220K
R_9	220K

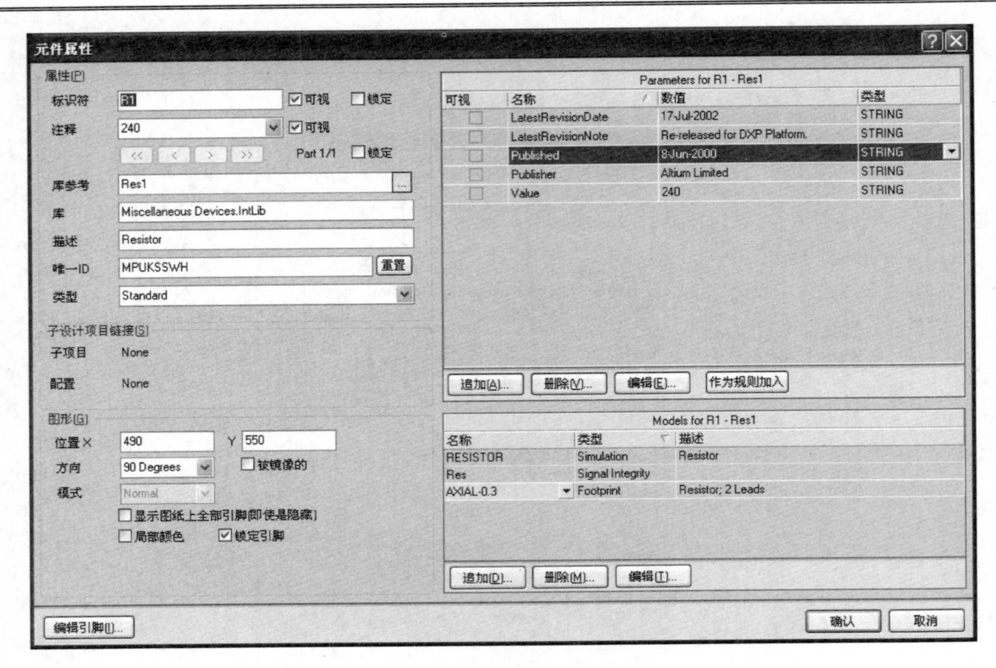

图 12-91 【元件属性】对话框

（4）放置其他元器件：采用同样的方法添加二极管、电容等其他的元器件并修改属性。

（5）放置电源端口：单击工具栏上的 VCC 按钮，放置电源器件，然后单击⏚按钮放置接地器件。

（6）放置 AT89S51：在【元件库】对话框中，打开“Mylib.SchLib”库文件，找到“AT89S51”元器件，将其放置到工作界面中并修改属性。

（7）调整元器件的位置：在元器件放置完成以后，如果对其位置不满意，可以拖动元器件调整各元器件的位置。合理调整布局后的原理图如图 12-92 所示。

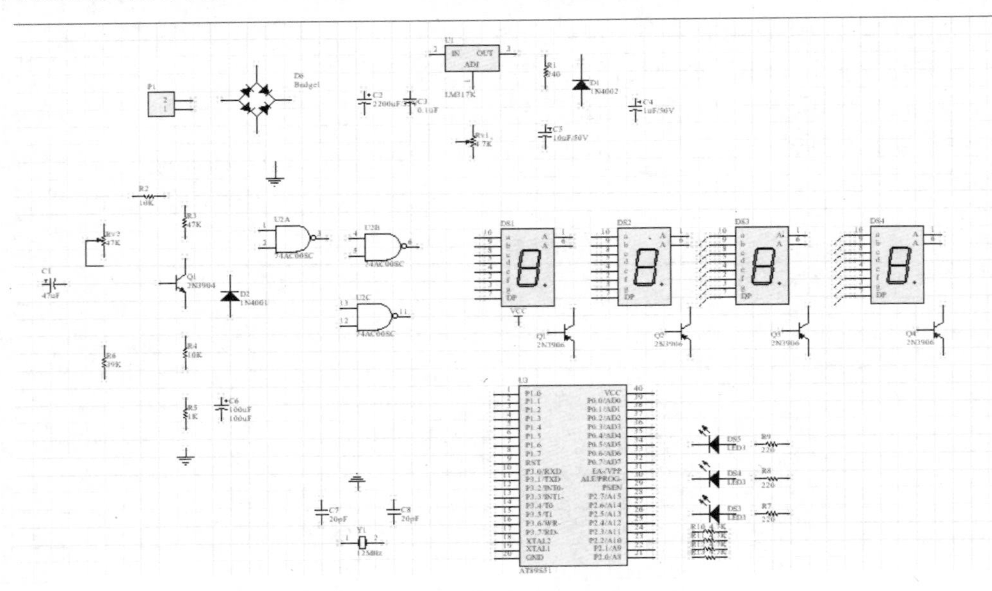

图 12-92 放置频率计电路中元器件的结果

4．连接电路

放置完电路元器件后，依据电气规则用导线将原理图中的元器件的引脚连接起来。具体步骤如下。

（1）执行【放置】→【导线】菜单命令，或者单击工具栏中的≈按钮，如图 12-93 所示。

（2）移动鼠标光标到要连接元件的引脚处，确定导线的起始位置。由于系统会自动捕捉电气节点，因此，当光标移动到一个元器件的引脚处时，光标就会变成一个大的红色星形连接标志，表示其电气节点，如图 12-94 所示。

图 12-93　执行【放置导线】命令

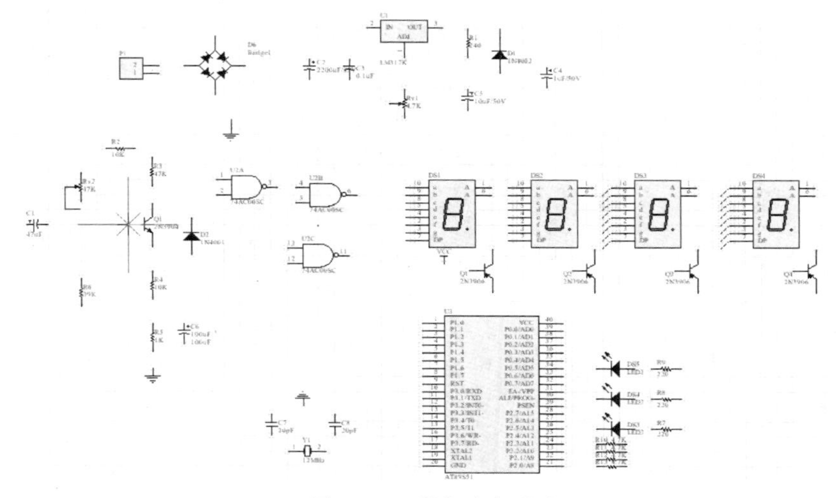

图 12-94　捕捉电气节点

（3）单击要连接的另一个元器件的电气节点，确定导线的第二个端点，完成连接。

（4）移动鼠标，选择新的端点绘制导线。

（5）重复上述方法，直到完成所有元器件之间的电路连接后，单击右键或按下【Esc】键退出导线的绘制状态。完成后的电路原理图如图 12-95 所示。

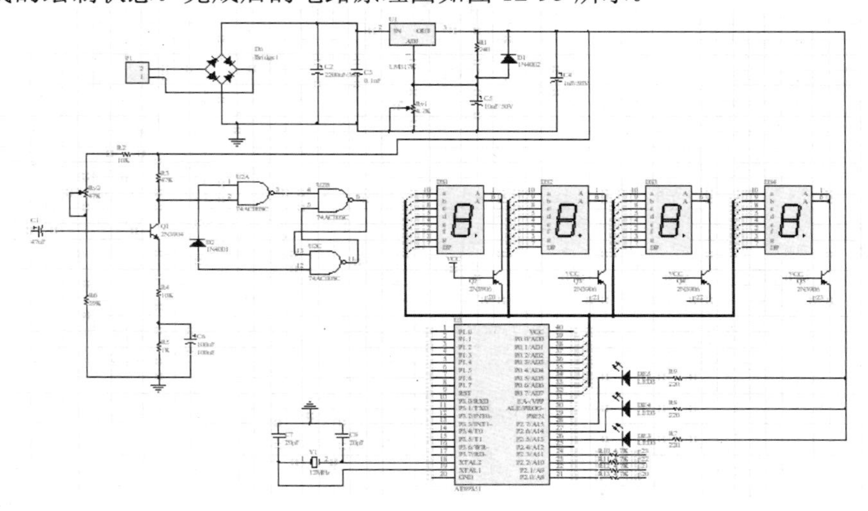

图 12-95　频率计电路原理图结果

12.3.3 报表生成

在原理图绘制完成后，就可以编译原理图，找出错误的地方并进行修改，同时生成所需的各种报表文档。

（1）项目编译，执行【项目管理】→【Compile PCB Project EightRunningLight.PrjPcb】菜单命令，对项目进行编译，编译结束后，会弹出【Message】对话框，在该对话框中列出了编译和警告等信息。根据编译的信息，仔细检查原理图并进行提示的错误信息。

（2）生成元器件报表，执行【报告】→【Bill of Material】菜单命令，弹出如图 12-96 所示的【Bill of Materials For Project[EightRunningLight.PRJPCB]】对话框。

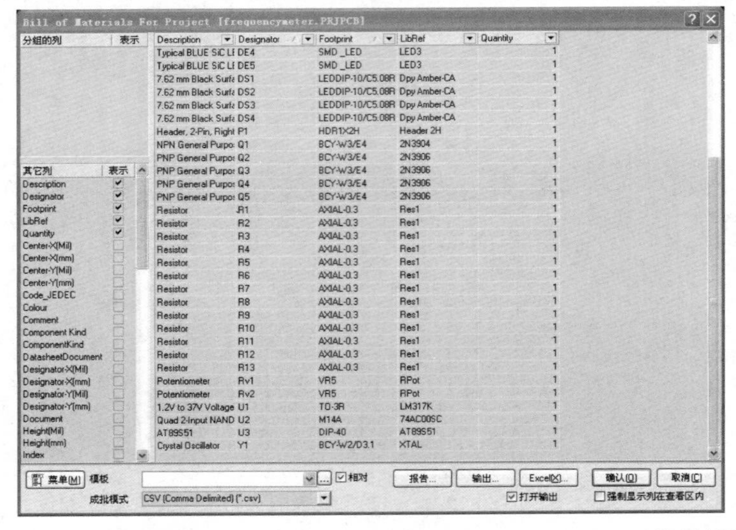

图 12-96 【Bill of Materials For Project[Instrument_amp.PRJPCB]】对话框

（3）单击 报告... 按钮，弹出【报告预览】对话框，如图 12-97 所示。用户可以打印该报表，也可以输出报表。

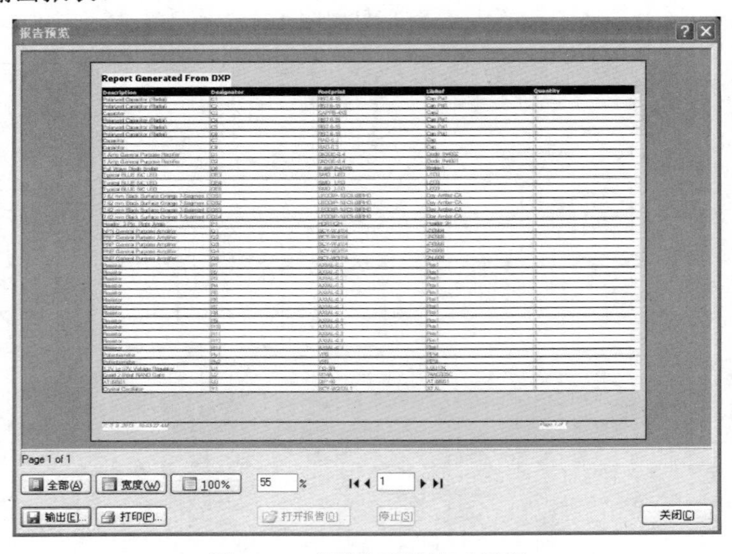

图 12-97 【报告预览】对话框

（4）单击 Excel(X)... 按钮，可以生成 Excel 文件格式“EightRunningLight.XLS”的元器件报表，如图 12-98 所示。

	A	B	C	D	E	F
1	Description	Designator	Footprint	LibRef	Quantity	
2	Polarized Capacitor	C1	RB7.6-15	Cap Pol1	1	
3	Polarized Capacitor	C2	RB7.6-15	Cap Pol1	1	
4	Capacitor	C3	CAPR5-4X5	Cap2	1	
5	Polarized Capacitor	C4	RB7.6-15	Cap Pol1	1	
6	Polarized Capacitor	C5	RB7.6-15	Cap Pol1	1	
7	Polarized Capacitor	C6	RB7.6-15	Cap Pol1	1	
8	Capacitor	C7	RAD-0.3	Cap	1	
9	Capacitor	C8	RAD-0.3	Cap	1	
10	1 Amp General Purp	D1	DIODE-0.4	Diode 1N4002	1	
11	1 Amp General Purp	D2	DIODE-0.4	Diode 1N4001	1	
12	Full Wave Diode Bri	D6	E-BIP-P4/D10	Bridge1	1	
13	Typical BLUE SiC LI	DE3	SMD _LED	LED3	1	
14	Typical BLUE SiC LI	DE4	SMD _LED	LED3	1	
15	Typical BLUE SiC LI	DE5	SMD _LED	LED3	1	
16	7.62 mm Black Surfa	DS1	LEDDIP-10/C5.08R	Dpy Amber-CA	1	
17	7.62 mm Black Surfa	DS2	LEDDIP-10/C5.08R	Dpy Amber-CA	1	
18	7.62 mm Black Surfa	DS3	LEDDIP-10/C5.08R	Dpy Amber-CA	1	
19	7.62 mm Black Surfa	DS4	LEDDIP-10/C5.08R	Dpy Amber-CA	1	
20	Header, 2-Pin, Right	P1	HDR1X2H	Header 2H	1	
21	NPN General Purpos	Q1	BCY-W3/E4	2N3904	1	
22	PNP General Purpos	Q2	BCY-W3/E4	2N3906	1	
23	PNP General Purpos	Q3	BCY-W3/E4	2N3906	1	
24	PNP General Purpos	Q4	BCY-W3/E4	2N3906	1	
25	PNP General Purpos	Q5	BCY-W3/E4	2N3906	1	
26	Resistor	R1	AXIAL-0.3	Res1	1	
27	Resistor	R2	AXIAL-0.3	Res1	1	
28	Resistor	R3	AXIAL-0.3	Res1	1	

frequencymeter

图 12-98　生成的 Excel 元器件报表

（5）生成元器件交叉参考表。执行【报告】→【Component Cross Reference】菜单命令，弹出【Component Cross Reference Report For Project[EightRunningLight.PRJPCB]】对话框，如图 12-99 所示。

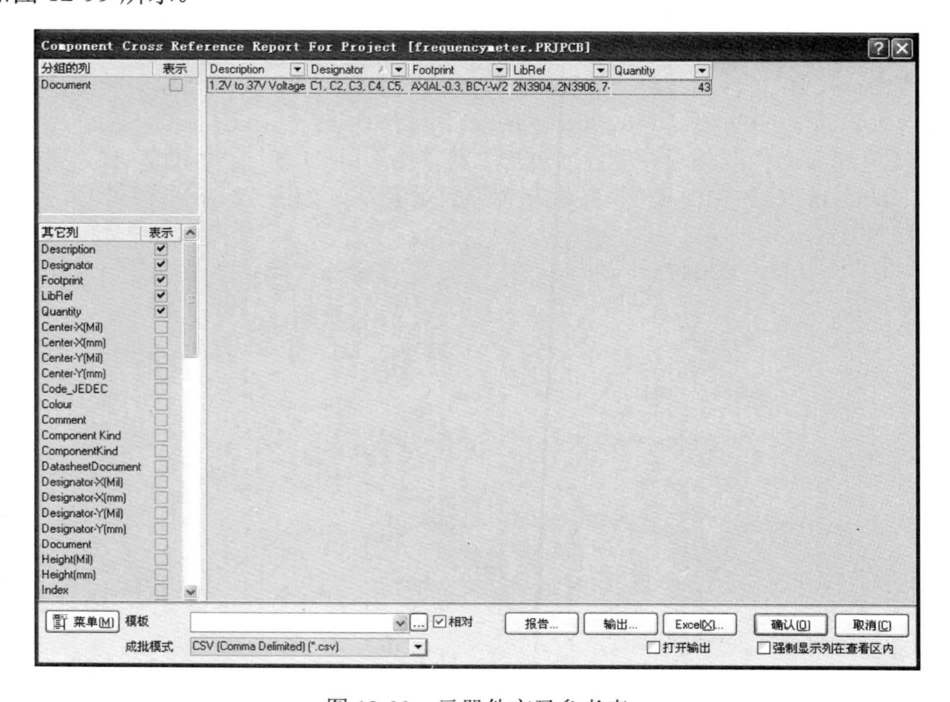

图 12-99　元器件交叉参考表

（6）生成网络表文件。执行【设计】→【文档的网络表】→【Protel】菜单命令，系统自动生成文档的网络表文件“EightRunningLight.NET”，如图 12-100 所示。

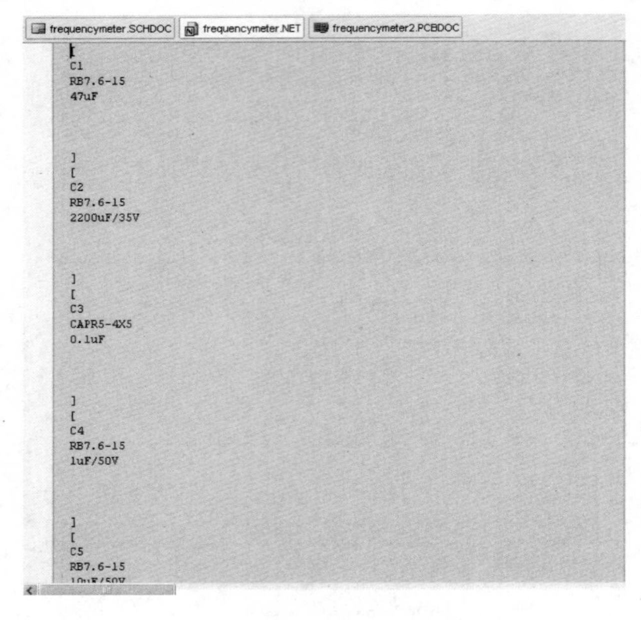

图 12-100　网络表文件

12.3.4　创建 PCB 文件

在完成原理图的绘制并输出了所需的报表后，就要创建 PCB 文件，并且设置 PCB 的属性。

（1）追加 PCB 文件到项目“frequencymeter.PRJPCB”中，将光标移动工作区面板的【PROJECT】选项卡中的项目“frequencymeter.PRJPCB”上，单击右键，在弹出的快捷菜单中执行【追加新文件到项目中】→【PCB】菜单命令，创建一个新的 PCB 文件，重新命名为“frequencymeter.PCBDOC”，并保存到项目目录下，如图 12-101 所示。

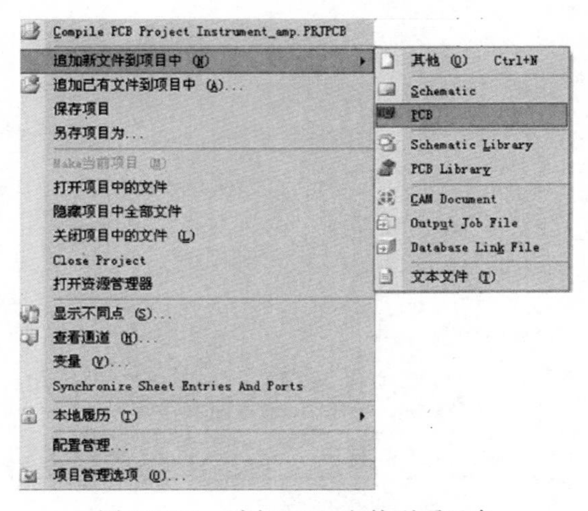

图 12-101　追加 PCB 文件到项目中

（2）设置 PCB 编辑器参数。执行【工具】→【优先设定】菜单命令，系统弹出【优先设定】对话框，如图 12-102 所示。对【General】、【Display】、【Show/Hide】、【Defaults】和【PCB 3D】各选项卡进行适当设置。

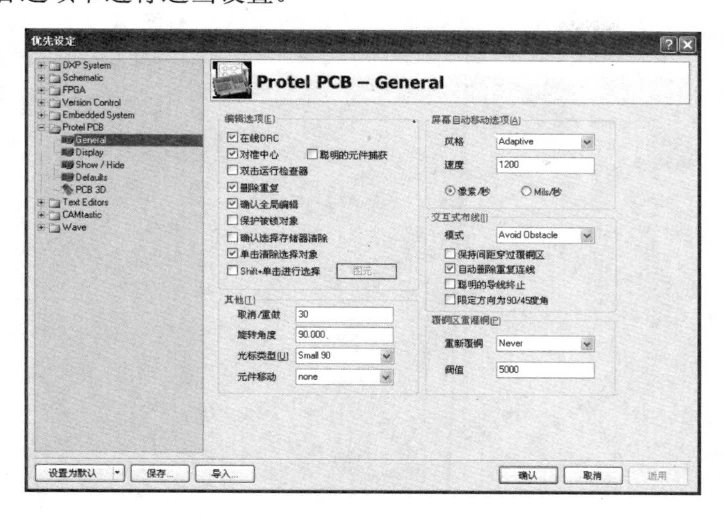

图 12-102　【优先设定】对话框

（3）设置印制板属性。在 PCB 编辑状态下，执行【设计】→【层堆栈管理器】菜单命令，打开【图层堆栈管理器】对话框，如图 12-103 所示，并设置电路板为双层板。

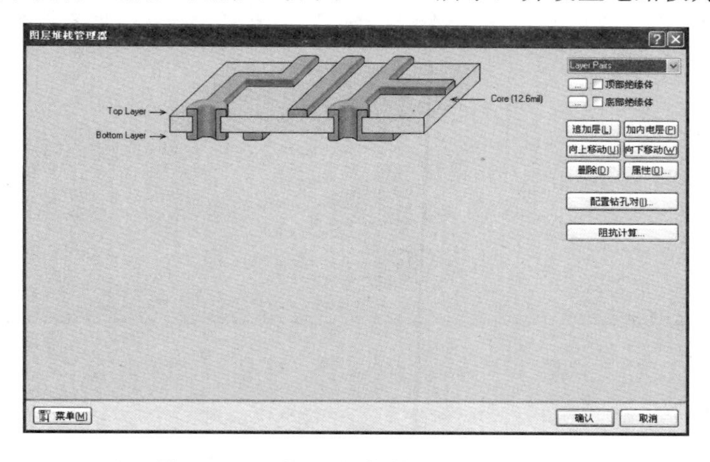

图 12-103　【图层堆栈管理器】对话框

（4）设置物理边界和电器边界。在 PCB 编辑状态下，单击窗口下部的 Mechanical 1 标签，切换到机械层窗口，绘制 PCB 物理边界，然后将 PCB 编辑器的当前层置于 Keep-Out Layer，绘制 PCB 的电器边界，规划好物理边界和电器边界的 PCB，如图 12-104 所示。

（5）载入网络表和元器件。在 PCB 编辑状态下，执行【设计】→【Import Changes From Frequencymeter.PRJPCB】菜单命令，系统将弹出【工程变化订单（ECO）】对话框，如图 12-105 所示。

（6）单击 使变化生效 按钮，进行状态检查，检查的状态会在【工程变化订单（ECO）】对话框中的【状态】项目的“检查“一栏里显示。根据检查信息修改其中的错误，直到没有错误为止，检查结果如图 12-106 所示。

图 12-104　物理边界和电气边界的规划

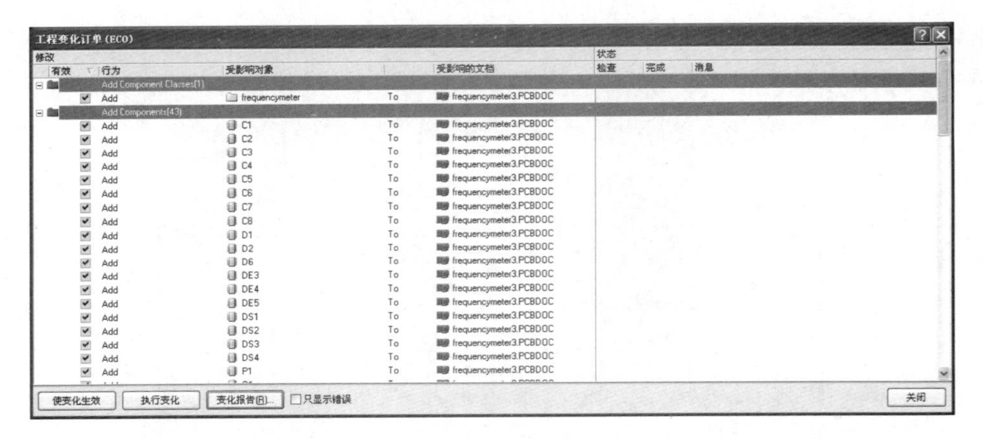

图 12-105　【工程变化订单（ECO）】对话框

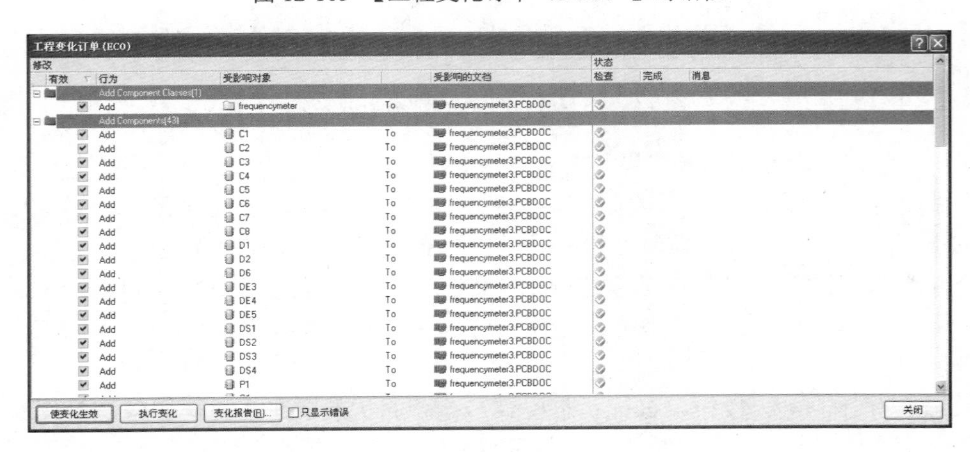

图 12-106　检查结果

（7）单击[执行变化]按钮，完成网络表的导入，如图 12-107 所示。

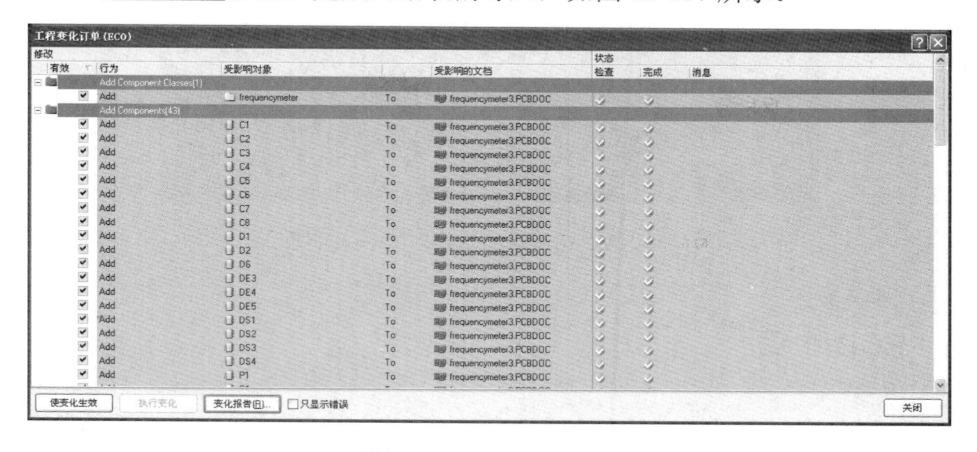

图 12-107　导入网络表

（8）在完成了网络表的导入后，用户可以单击[变化报告(R)...]按钮，打开【报告预览】对话框，如图 12-108 所示，用户可以对变化报表进行输出。

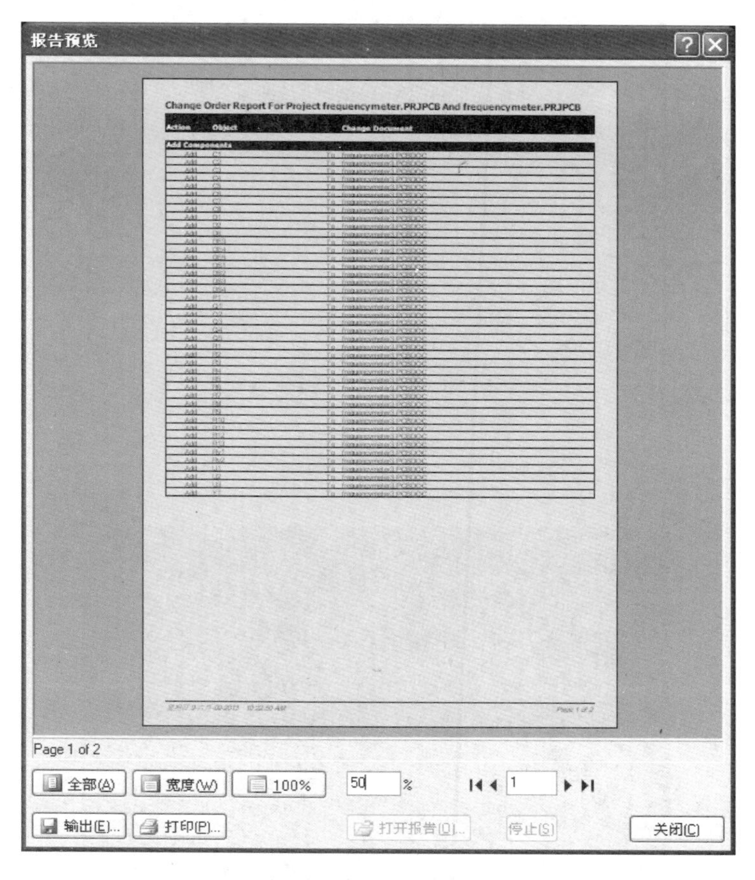

图 12-108　【报告预览】对话框

（9）完成网络表的导入后，单击【工程变化订单（ECO）】对话框中的[关闭(C)]按钮。

在 PCB 编辑状态下，可以看到导入网络表后的 PCB，如图 12-109 所示。

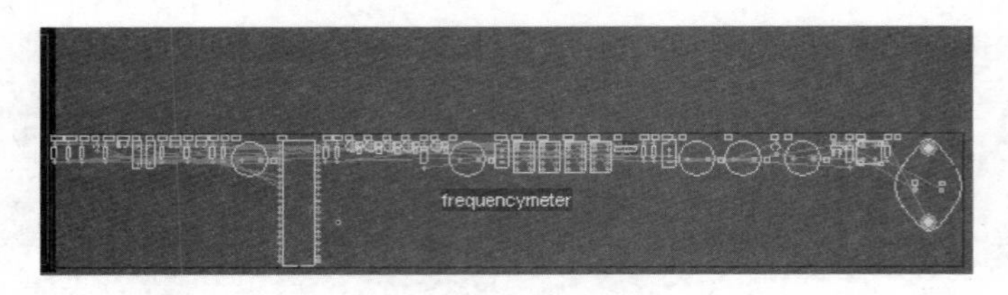

图 12-109　完成网络表导入的 PCB 界面

12.3.5　PCB 布局

PCB 的布局一般先用自动布局，然后根据电气特性及布线方便等属性手动调整元器件的布局。

（1）执行【工具】→【放置元件】→【自动布局】菜单命令，弹出【自动布局】对话框，如图 12-110 所示。

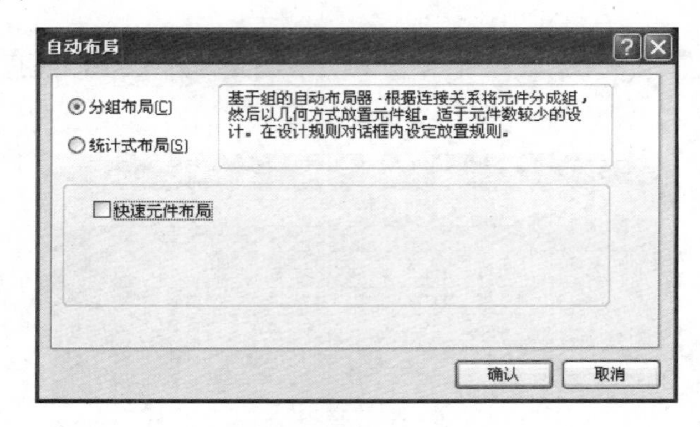

图 12-110　【自动布局】对话框

（2）选择“分组布局”选项，然后单击 确认 按钮，进行 PCB 布局，自动布局的结果如图 12-111 所示。

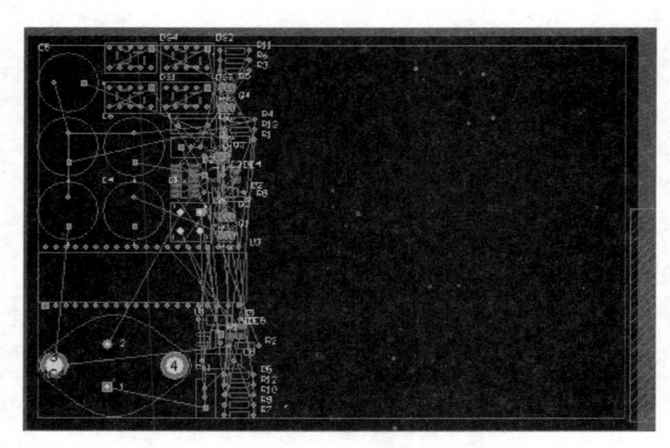

图 12-111　PCB 的自动布局结果

（3）元器件自动布局结束后，如果自动布局调整不理想，用户可以对其进行手动调整。本例自动布局调整结果不理想，需要对此结果进行手动调整，调整后的结果如图 12-112 所示。

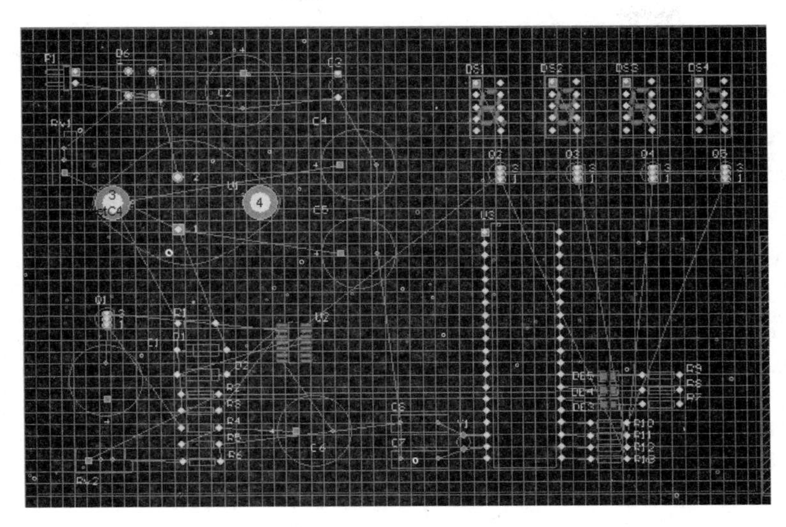

图 12-112　手动布局调整后的结果

12.3.6　PCB 布线

（1）设置布线参数，执行【设计】→【规则】菜单命令，弹出【PCB 规则和约束编辑器】对话框，如图 12-113 所示，通过该对话框设置线宽，安全距离，布线拐弯等布线参数，设置完成后，单击 确认 按钮，关闭该对话框。

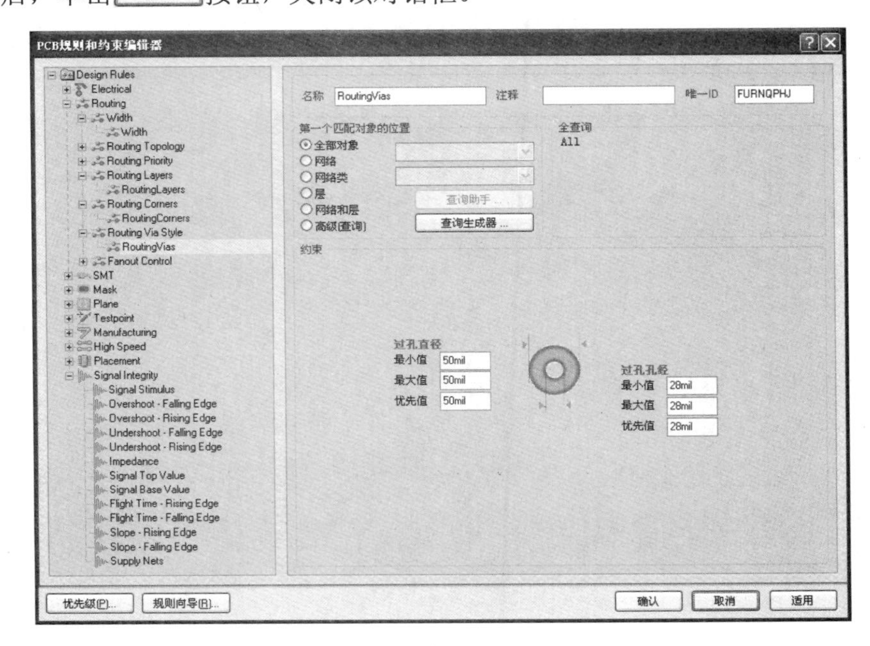

图 12-113　【PCB 规则和约束编辑器】对话框

（2）自动布线，执行【自动布线】→【全部对象】菜单命令，弹出【Situs 布线策略】对话框，如图 12-114 所示。

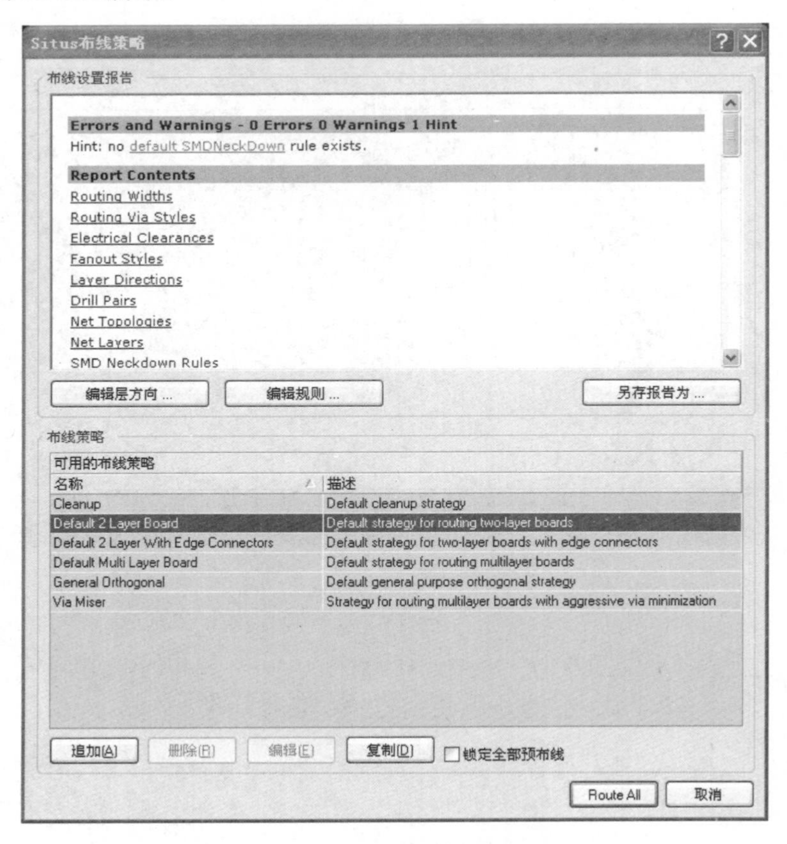

图 12-114 【Situs 布线策略】对话框

（3）单击 Route All 按钮，对 PCB 进行自动布线，自动布线的结果如图 12-115 所示。

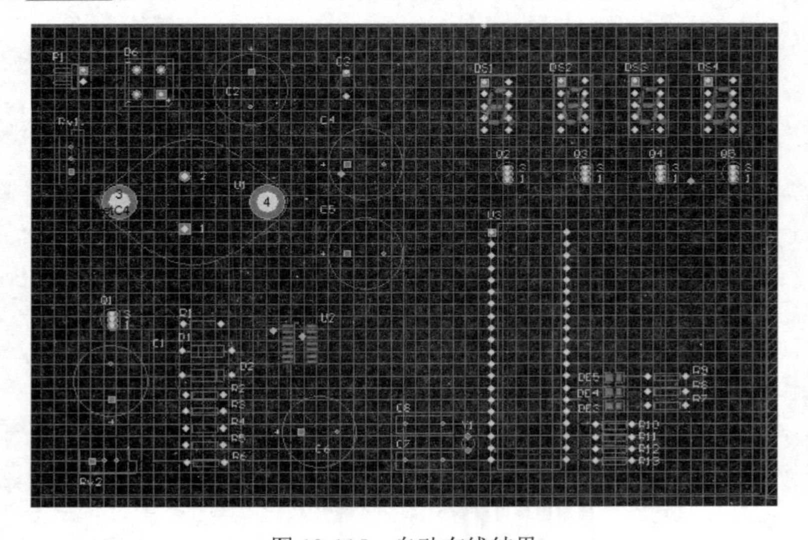

图 12-115 自动布线结果

（4）手动调整布线，在自动布线结束后用户可以调整布线不合理的地方，进行手动调整。本例中，自动布线结果比较理想，基本不需要进行手动调整。

12.3.7　设计规则检查

执行【工具】→【设计规则检查】菜单命令，弹出【设计规则检查器】对话框，如图 12-116 所示。设置好检查的规则，然后单击运行设计规则检查(R)...按钮，对 PCB 进行设计规则检查。设计规则检查结束后，系统生成设计规则检查报告“Frequencymeter.DRC”，如图 12-117 所示。

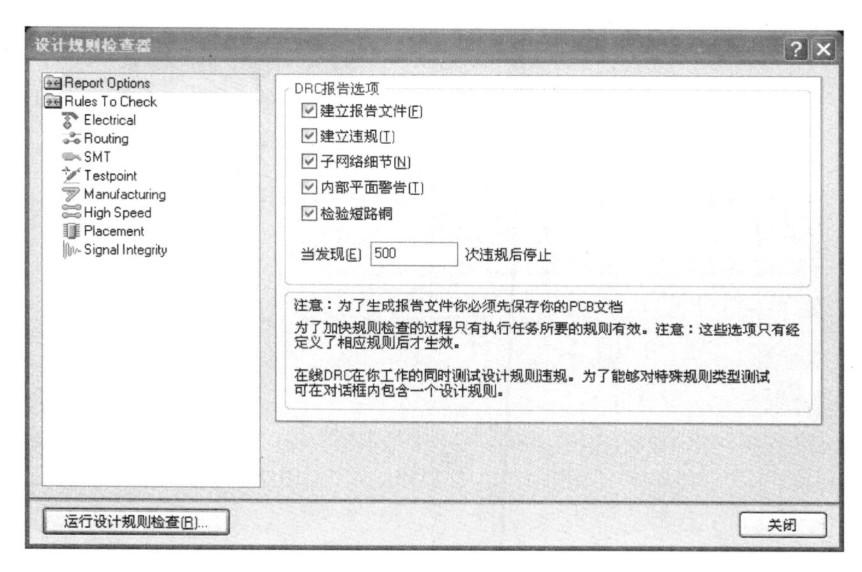

图 12-116 【设计规则检查器】对话框

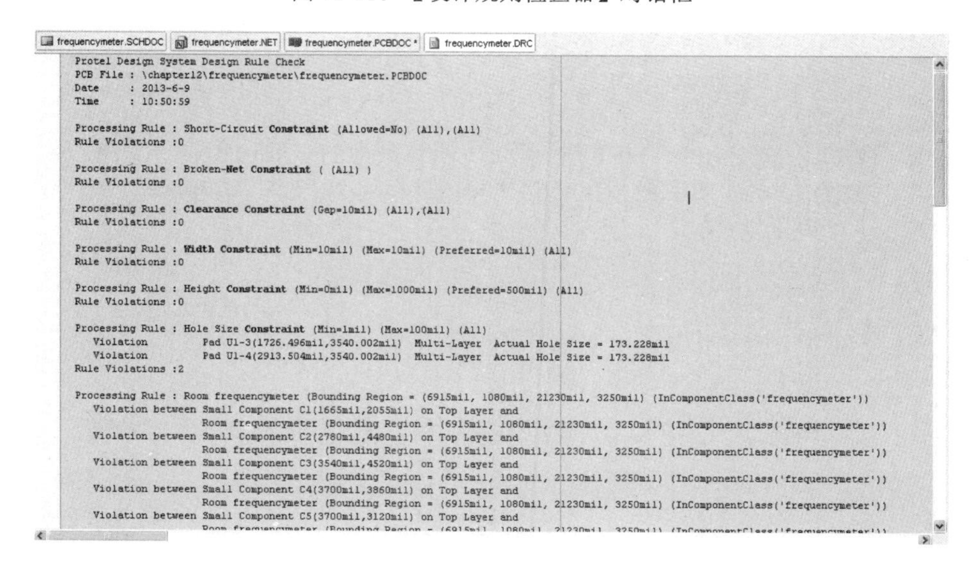
frequencymeter.SCHDOC　frequencymeter.NET　frequencymeter.PCBDOC *　frequencymeter.DRC

```
Protel Design System Design Rule Check
PCB File : \chapter12\frequencymeter\frequencymeter.PCBDOC
Date     : 2013-6-9
Time     : 10:50:59

Processing Rule : Short-Circuit Constraint (Allowed=No) (All),(All)
Rule Violations :0

Processing Rule : Broken-Net Constraint ( (All) )
Rule Violations :0

Processing Rule : Clearance Constraint (Gap=10mil) (All),(All)
Rule Violations :0

Processing Rule : Width Constraint (Min=10mil) (Max=10mil) (Preferred=10mil) (All)
Rule Violations :0

Processing Rule : Height Constraint (Min=0mil) (Max=1000mil) (Prefered=500mil) (All)
Rule Violations :0

Processing Rule : Hole Size Constraint (Min=1mil) (Max=100mil) (All)
   Violation         Pad U1-3(1726.496mil,3540.002mil)  Multi-Layer  Actual Hole Size = 173.228mil
   Violation         Pad U1-4(2913.504mil,3540.002mil)  Multi-Layer  Actual Hole Size = 173.228mil
Rule Violations :2

Processing Rule : Room frequencymeter (Bounding Region = (6915mil, 1080mil, 21230mil, 3250mil) (InComponentClass('frequencymeter'))
   Violation between Small Component C1(1665mil,2055mil) on Top Layer and
                     Room frequencymeter (Bounding Region = (6915mil, 1080mil, 21230mil, 3250mil) (InComponentClass('frequencymeter'))
   Violation between Small Component C2(2780mil,4480mil) on Top Layer and
                     Room frequencymeter (Bounding Region = (6915mil, 1080mil, 21230mil, 3250mil) (InComponentClass('frequencymeter'))
   Violation between Small Component C3(3540mil,4520mil) on Top Layer and
                     Room frequencymeter (Bounding Region = (6915mil, 1080mil, 21230mil, 3250mil) (InComponentClass('frequencymeter'))
   Violation between Small Component C4(3700mil,3860mil) on Top Layer and
                     Room frequencymeter (Bounding Region = (6915mil, 1080mil, 21230mil, 3250mil) (InComponentClass('frequencymeter'))
   Violation between Small Component C5(3700mil,3120mil) on Top Layer and
```

图 12-117　设计规则检查报告

12.3.8 3D 效果图

执行【查看】→【显示三维 PCB 板】菜单命令，查看 PCB 的 3D 效果图，如图 12-118 所示。

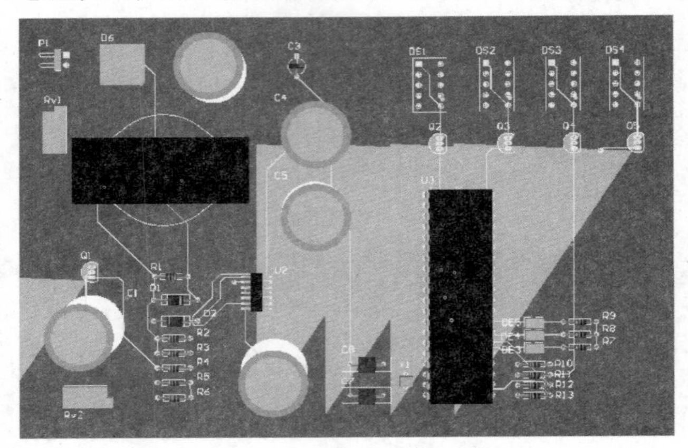

图 12-118 三维 PCB 板

12.4 本 章 小 结

本章通过多个实例的设计过程，详细介绍了采用 Protel DXP 进行电路设计的一般过程，包括创建项目文件、设计电路原理图、生成报表、创建 PCB 文件、PCB 布局和布线、设计规则检查和 3D 显示及输出等多个步骤。通过对本章实例的学习，用户基本上能够独立完成一个 PCB 项目的设计了。

12.5 思考与练习

（1）试简要叙述采用 Protel DXP 进行 PCB 项目设计的一般过程。

（2）根据如图 12-119 所示的电压频率转换电路的电路原理图，创建一个 PCB 项目，绘制该原理图，并设计 PCB。

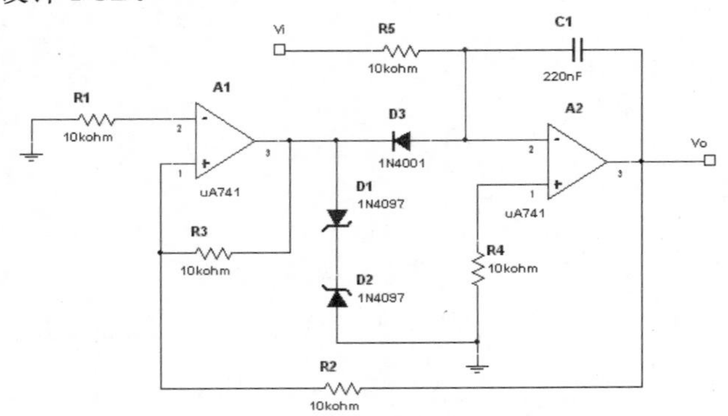

图 12-119 电压频率转换电路的电路原理图